GESCHICHTE DER ERDE UND DES LEBENS

VON

JOHANNES WALTHER
O. Ö. PROFESSOR DER GEOLOGIE UND PALÄONTOLOGIE
AN DER UNIVERSITÄT HALLE

MIT 353 ABBILDUNGEN

LEIPZIG
VERLAG VON VEIT & COMP.
1908

Druck von Oscar Brandstetter in Leipzig.

Inhalt

1

Die Eigenschaften der Erde

Unaufhaltsam fließt das Weltgeschehen an uns vorüber. Wohl leuchtet uns jeden Abend derselbe Sternenhimmel, aber die Sterne haben ihren Platz verändert, und niemals gruppieren sie sich wieder in derselben Weise; neue Wolken ziehen täglich über uns dahin, neue Wassertropfen rinnen im Strom an uns vorbei, und in immer neue Formen kleidet sich das Landschaftsbild.

Unsere Sinne sind nicht geübt, um die bleibenden Wirkungen aller hierbei tätigen geheimnisvollen Kräfte zu verfolgen. Nur wenn sie gewalttätig auftreten, wenn Wolkenbrüche weite Flächen verheeren, wenn ein Bergsturz die Gestalt des Berges verändert, wenn Erdbeben den Boden zerklüften, oder wenn ein neuer Vulkan entsteht, dann erkennt jeder, daß die Erde einem beständigen Wandel unterworfen ist.

Sobald wir uns aber geologisch schulen, unsere Sinne schärfen und über die Grenzen eines Menschenalters hinaus in Jahrhunderte und Jahrtausende blicken, dann fügen sich die kleinen, in der Regel kaum erkennbaren Veränderungen zu großen Ketten aneinander, die Gegenwart erscheint als flüchtiger Augenblick in einer unübersehbar langen Zeitfolge, und die unbedeutenden Wirkungen schwacher Kräfte summieren sich zu gewaltigen Umgestaltungen.

Indem wir uns weiterhin darüber klar werden, daß die geologischen Veränderungen der Gegenwart nur die letzten Nachklänge ähnlicher Vorgänge sind, die unsren Planeten seit Jahrtausenden und Jahrmillionen gewandelt haben, gestaltet sich uns ein neues Weltbild. Der heutige Zustand der Erde erscheint uns als die letzte vorübergehende Phase eines langen Entwickelungsvorganges. Unser Blick dringt in die weiten Fernen einer unbegrenzten Vergangenheit, und der Wunsch regt sich, deren frühere Zustände Schritt für Schritt zu verfolgen.

Unter allen Fragen, die den Geist denkender Menschen beschäftigt haben, ist wohl keine häufiger gestellt und verschiedenartiger beantwortet worden, als die nach dem Urzustande und der Vergangenheit unseres Erdballes. Der Schöpfungsbericht der Bibel, die Kosmogonien der Griechen und Römer, ebenso wie die heiligen Sagen der Naturvölker versuchten eine Antwort zu geben auf das alte Problem, das die moderne Naturwissenschaft mit zielbewußten Methoden zu lösen bestrebt ist.

Eine ganze Anzahl naturwissenschaftlicher Disziplinen sind bei dieser Arbeit beteiligt. Astronomie und Geologie, Mineralogie, Physik und Chemie, Physiologie, Zoologie und Botanik, Ozeanographie und Klimakunde teilen sich in die vielgestaltige Aufgabe, und wenn die Geologie auch unter ihren Schwestern ein höheres Anrecht besitzt, sich mit diesen Fragen zu beschäftigen, so sind doch ihrer Kraft gewisse Grenzen gezogen, jenseits deren die anderen Disziplinen zu Rate gezogen werden müssen. Was sie erforscht haben, vom Standpunkte des Geologen kritisch zu beurteilen und mit den eigentlichen geologischen Tatsachen zu einem Gesamtbilde zu vereinen, soll die Aufgabe dieses Buches sein.

Wie uns die Geschichte des Menschengeschlechtes um so deutlicher vor Augen steht, je näher ein bestimmter Vorgang der Gegenwart liegt, und ihre Daten um so lückenvoller und vieldeutiger werden, je mehr wir uns den Anfängen der menschlichen Kultur nähern, so sind auch die geologischen Tatsachen um so zahlreicher und fester in Stein gemeißelt, je mehr sie an die geologische Neuzeit heranreichen. Wollen wir aber die ältesten Urzustände unseres Planeten untersuchen, dann werden die Dokumente spärlich, ihre Schriftzeichen sind schwer zu deuten und ihr Inhalt zeigt große Lücken.

Die Geschichte des Menschengeschlechtes zerfällt in zwei Abschnitte, ungleich an Dauer und Bedeutung. In der ältesten Zeit, der sogenannten „Urgeschichte“, hat der Mensch seine wichtigsten Eigenschaften erhalten: den aufrechten Gang, die gegliederte Sprache, die Kunst des Feuers und der Herstellung von Werkzeugen, sowie die ältesten Formen des gesellschaftlichen Zusammenlebens. Aber diese grundlegenden und wichtigsten Schritte seiner Entwickelung sind in ein geheimnisvolles Dunkel gehüllt, das nur schwankende Hypothese zu ergründen versucht. Erst wenn jene Zeit beginnt, die man die „Weltgeschichte“ zu nennen pflegt, gewinnt die Arbeit des Geschichtsforschers sicheren Boden.

So zerfällt auch die Geschichte der Erde in zwei Abschnitte von verschiedener Dauer, ungleicher Sicherheit der Forschung, aber gleichem Interesse. Der „Weltgeschichte“ des Historikers entspricht das Gebiet der historischen Geologie. Hier strömt uns von allen Seiten eine unermeßliche Fülle von Dokumenten entgegen. Wir brauchen sie nur chronologisch zu ordnen und sorgfältig zu lesen. Schicht um Schicht versteinerungsführender Gesteine betrachten wir wie die Blätter einer Chronik und finden darin aufgezeichnet: die Grenzen einstiger Meere, die Sandfelder ehemaliger Wüsten, die Mündungsgebiete riesiger Flüsse, die Richtung gewaltiger Kettengebirge und die Verteilung längst erloschener Vulkane. Wir können die Florengebiete ebenso wie die tiergeographischen

Provinzen uralter Perioden umgrenzen, wir sehen die Wanderungen der Tiere, die Veränderung ihrer Gestalt.

Aber indem wir hinabtauchen in die Zeiträume einer noch älteren Vergangenheit, werden die Dokumente seltener, und langsam überschreiten wir die Grenzen der historischen Geologie gegen die Urgeschichte der Erde. In jenen Zeiten hat auch unsere Erde ihre wichtigsten Eigenschaften erhalten, aber mit unsicheren Methoden tasten wir im Dämmerlicht der Urzeit umher, große Lücken unterbrechen die Folge der Beobachtungen, unsere Schlüsse sind auf vereinzelte Tatsachen aufgebaut und stehen oder fallen mit bestimmten Voraussetzungen. Trotzdem wollen wir den Versuch unternehmen, auch diese Perioden der Urzeit mit in den Kreis unserer Betrachtungen zu ziehen. Wenn wir uns bewußt bleiben, daß jeder Tag eine Entdeckung bringen kann, die scheinbar Gefestigtes zu Boden reißt, dann werden wir wohl keine Gefahr laufen, Unsicheres als sicher zu betrachten oder manche hier vorgetragene Vermutungen für wissenschaftlich festgelegte Tatsachen zu halten.

Ehe wir aber beginnen, diese ältesten Zustände unseres Planeten zu untersuchen, wollen wir die heutige Erde betrachten, nicht als einer ihrer Bewohner, der mit all seinen Geschicken an sie gefesselt ist, und für den die Erde den Mittelpunkt des Weltgeschehens bildet, sondern als ein Naturforscher, der aus dem fernen Weltenraume seinen Blick nach dem Teile des Himmelsgewölbes richtet, wo unser Sonnensystem schwebt.

Ein solcher Beobachter würde ein Stück Sternenhimmel vor sich sehen, von denselben Lichtpunkten übersät, die auch andere Teile des Firmamentes zieren. Sterne erster bis siebenter Größe würde er mit bloßem Auge erkennen, aber sein Fernrohr würde ihm noch unzählige lichtschwächere Fixsterne enthüllen.

Einer der mittelhellen Sterne würde unsere Sonne sein. Ihr gelbes Licht würde sicherlich von manchem weißleuchtenden Stern überstrahlt werden, und jener Beobachter würde kaum Veranlassung haben, gerade diesen Fixstern zum Gegenstande besonderer Untersuchung zu wählen. Noch viel weniger aber würde er auf den Gedanken kommen, einen 324000mal kleineren dunklen Stern ins Auge zu fassen, der in 365 Tagen die ferne Sonne umkreist. Und doch ist dieses verschwindend kleine Sternchen unsere Welt, unser Universum, und bildet für die Mehrzahl aller Menschen den Ausgangs- und Mittelpunkt ihres Fühlens und Denkens. —

Betrachten wir nun die wesentlichen und augenfälligen Eigenschaften, die jener Beobachter an diesem unscheinbaren Sternchen feststellen würde, indem er sich ihm immer mehr nähert.

Der wichtigste Charakter der heutigen Erde ist ihre kugelrunde Form. Mit feinsinnigen Methoden hat man zwar festgestellt, daß die Oberfläche der Erde keine richtige Kugelfläche ist, sondern einer ziemlich unregelmäßigen Fläche (Geoid) entspricht, die nicht nur an den Polen abgeplattet, sondern auch in anderer Hinsicht verändert ist; aber für unsere jetzigen Betrachtungen spielen diese Abweichungen von der Kugelgestalt (Geoid-Deformationen) keine irgendwie bemerkbare Rolle.

Beim Anblick einer sogenannten Weltkarte oder einer Globuskugel fällt unser Auge zuerst auf das Gradnetz, die Bahnen der Dampferlinien und Telegraphenkabel, das Netz der Eisenbahnen, die vielfarbigen politischen Grenzen und die städtischen Wohnsitze der Menschen. Alle diese für uns Menschen so wichtigen Dinge würden aber einem Naturforscher, der die Erde zum ersten Male besucht, von geringerer Wichtigkeit erscheinen. Wenn auf einem Globus von 60 cm Durchmesser der Äquator als eine 0,1 mm breite Linie eingetragen ist, so bedeckt das schwarze Band einen Gürtel von etwa 20 km Breite; wenn Berlin durch einen Kreis von 1 mm Durchmesser dargestellt ist, so bedeutet das eine Fläche, die etwa fünfzigmal so groß ist, als die wirkliche Fläche der deutschen Hauptstadt beträgt. Genau so übertrieben sind auf unseren Landkarten die Breite der Flüsse, die plastische Wirkung der Gebirge und viele andere Einzelheiten.

Wenn wir also von diesen für uns Erdgeborene so bedeutungsvollen Dingen absehen, so würde jener Beobachter zuerst feststellen, daß die Erde eine glatte, rotierende Kugel ist. Obwohl wir wissen, daß ihr polarer Durchmesser etwas kürzer ist als der Äquatorialdurchmesser, daß 8800 m hohe Gebirge das Festland überragen und 9500 m tiefe Senken am Meeresgrunde auftreten, so sind doch diese Abweichungen von der Kugelgestalt nur geringfügig.

Auf einem Globus von Manneshöhe beträgt der Unterschied beider Erdachsen 5 mm; der höchste Berg der Erde ragt dann $1^1/_8$ mm über ihre Länder empor, die größten Meerestiefen aber sinken nur $1^1/_8$ mm unter die normale Kugelfläche. Der etwa 2000 m tiefe Taleinschnitt des Colorado in Arizona (Fig. 1) würde etwa $^1/_4$ mm betragen; der höchste Berg würde, neben die größte Ozeantiefe gestellt, nur einen Höhenunterschied von 2,5 mm erkennen lassen. Noch viel geringer erschienen aber die Unterschiede der mittleren Höhe der Kontinente, die 700 m über der mittleren Tiefe der Ozeane von 3500 m aufragen. Auf einem manneshohen Globus ergibt dies einen Unterschied von 0,5 mm — so dünn ist das Wasserhäutchen, das wir als „Weltozean" bezeichnen.

Der Erdball wird nach außen von der Atmosphäre umgeben, die von unten nach oben dünner wird und wahrscheinlich ohne scharfe Grenze in den luftleeren Weltenraum übergeht. Es ist deshalb sehr schwierig, die Höhe der Atmosphäre genau zu bestimmen, doch mag sie etwa 200 km hoch und auf unserem Globus zu 25 mm gerechnet werden.

Das Weltmeer bildet zwar auch eine in sich geschlossene Hülle um

Figur 1.
Blick in das Colorado-Cañon.

den ganzen Erdball, allein der Wassermantel ist von großen Lücken, die wir Festländer und Inseln nennen, vielfach unterbrochen. $28\,{}^0/_0$ der Erdoberfläche sind festes Land, und $72\,{}^0/_0$ gehören zur Fläche der Hydrosphäre. Die großen Festländer sind von einer mehr oder weniger breiten Zone flachen Wassers umgeben, jenseits deren der Kontinentalsockel endet und der eigentliche Abfall zur Tiefsee beginnt. Man nennt diese Flachseeregion die Kontinentalstufe[1] oder den „Schelf", und hat zeigen können, daß sie durch die vereinte Wirkung von Brandung und Flüssen an jedem Ufer entsteht.

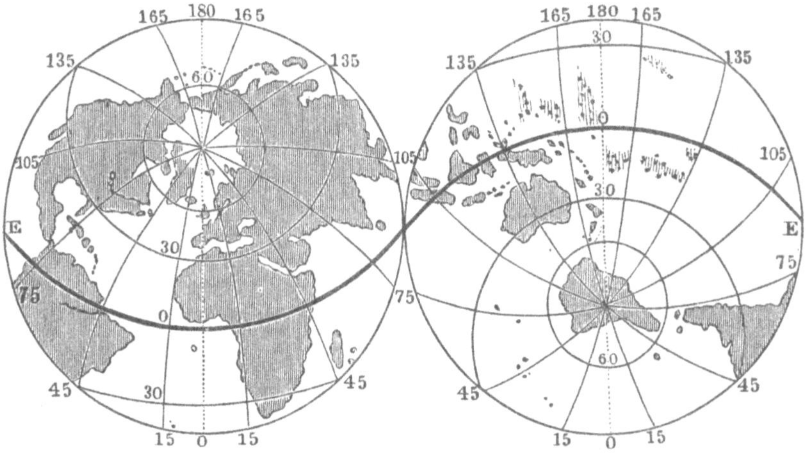

Figur 2.

Die Land- und Wasserhalbkugel. (E—E kennzeichnet die Lage des Äquators.)

Bis weit in das Herz der Festländer reicht der Einfluß des Meeres. Ein vielverästeltes Netz von Wasserfäden überzieht als Strom, Fluß, Bach, See, Gletscher und Schneeflächen das Festland, und so muß das Verhältnis des trockenen Landes zu den Flächen des Wassermantels für ersteres noch viel ungünstigere Zahlen ergeben.

Bei der Betrachtung der Meerestiefen erkennen wir, daß unsere heutigen Weltmeere nicht etwa flache Schüsseln sind, deren Tiefe vom Land nach der Hochsee beständig zunimmt, sondern daß gerade die aller-

---

Anmerkung. Da es nicht in meiner Absicht liegen konnte, eine Übersicht der geologischen Literatur zu geben, habe ich im folgenden nur solche Stellen zitiert, wo ich eine größere Tatsachengruppe in einer für den Ausgang meiner Schlußfolgerungen bedeutsamen Weise verwertet fand. Es dürfte aber wohl manchem Leser von Wert sein, nach dem Studium dieses Buches sich noch weiter mit der einschlägigen Literatur zu beschäftigen. Daher sind am Schlusse dieses Abschnittes eine Anzahl Lehr- und Handbücher genannt, die zum Teil auch bei der Ausarbeitnng des Textes oft zu Rate gezogen wurden, ohne daß sie jedesmal zitiert werden konnten.

größten Meerestiefen oft in nächster Nähe von Inseln oder Festländern liegen. Die Tuscaroratiefe bei den Kurilen beträgt 8512 m, die Kermadektiefe nördlich von Neuseeland sogar 9528 m.

In der Gegenwart gehören etwa zwei Drittel der gesamten Erdoberfläche zu den lichtlosen, eiskalten Regionen der Tiefsee. Aber dieses Verhältnis war nicht immer so und hat sich erst im Laufe der geologischen Geschichte herausgebildet.

Wir sind gewöhnt, jede Landkarte und jeden Globus nach seiner Orientierung zur Drehungsachse der Erde zu betrachten und können dabei die Verteilung von Wasser und Land auf der Erdkugel nicht ganz richtig würdigen. Aber wenn wir uns einmal im Geiste die Erdkugel aus ihren Angeln heben, um sie dann von allen Seiten anzusehen, so erkennen wir (vgl. Fig. 2) sofort, daß nicht fünf Ozeane existieren, sondern daß ein einziges universales Weltmeer seinen Mittelpunkt im südlichen Pazifik hat, und daß von hier aus große und kleine Buchten, nach Norden vordringend, große Festlandsmassen trennen und von allen Seiten umspülen.

Nur die Seen und Flußsysteme der abflußlosen Gebiete sind vollkommen abgetrennt vom Ozean; ein Fünftel der gesamten heutigen Landoberfläche gehört zu diesen regenarmen Wüsten und Steppenländern.

Das Weltmeer ist in einer beständigen Bewegung begriffen. Ebbe und Flut verschieben die Strandlinie, Wind und Stürme erzeugen mächtige Wellen, Passatwinde leiten die oberflächlichen Strömungen und Wärmeunterschiede versetzen tiefere Wasserschichten in eine langsame, kaum meßbare Zirkulation. Sonnenwärme verdunstet die Oberfläche des Wasserspiegels, das Wasser steigt in die Atmosphäre empor, fällt als Regen und Schnee wieder herab und in der Mündung großer Flüsse strömt der Überfluß des Landes dem mütterlichen Ozeane zu. So sehen wir zwar, wie sich die Hydrosphäre beständig ändert, aber wir möchten glauben, daß wenigstens die großen Umrisse der Meeresbecken unveränderlich sind.

Gehen wir jedoch weiter zurück in die Vergangenheit, so sehen wir z. B. bei Bajae römische Bauwerke mehrere Meter unter dem Wasserspiegel und an der Felsenküste von Capri 200 m hoch deutliche Symptome eines früheren Meeresspiegels. So erscheint uns also auch der Ozean als ein unbeständiges, ewig wechselndes Reich, dessen Grenzen ebenso beweglich sind wie seine Fluten.

Unter der Atmosphäre und der Hydrosphäre finden wir eine dritte Hülle um den Erdball geschlungen. Wenn wir uns einmal von der Vorstellung befreien, daß ein Wald aus Tausenden von einzelnen Bäumen, ein Korallenriff aus Millionen einzelner Tiere besteht, dann können wir diese mit tierischem und pflanzlichem Leben bedeckten Flächen als eine einheitliche, allerdings sehr lückenvolle Schicht lebendiger Substanz: die

Biosphäre, betrachten. Sie ist über die Festländer und über den Meeresgrund wie ein bunter Teppich ausgebreitet, nimmt als Tundra, Wald, Sumpf, Rasen, Korallenriff, Fischschwarm, Tierherde sehr mannigfaltige Formen an, aber überall setzt sie sich aus lebenden Organismen zusammen, die oft dicht gedrängt nebeneinander wachsen, sich vermehren und sterben. Von den Grasmatten der tibetanischen Hochländer bis hinab zu den spongienbewachsenen Abgründen der Tiefsee reicht diese vielgestaltige Organismenwelt, und während sie ihre Nahrung zum größeren Teile aus der Atmosphäre und der Hydrosphäre entnimmt, lagert sie andrerseits ihre unverweslichen Überreste nach dem Tode als Kalkbank, Kohlenlager oder Knochenanhäufung der Erdrinde auf.

Nachdem wir die drei oberen Hüllen der Erdkugel durchschritten haben, setzen wir unseren Fuß auf den Steinmantel der festen Erde, die Lithosphäre. Daß sie aus mehr oder weniger harten Felsarten besteht, daß Berge und Täler von ihr gebildet werden, lehrt uns alltägliche Erfahrung, aber eins interessiert uns besonders: zu wissen, bis in welche Tiefe der feste, harte Felsengrund reicht.

Die großartige Schlucht des Colorado in Arizona (Fig. 1) steigt fast 2000 m tief hinab, und bis zum Boden werden die steilen Wände von festen Felsmassen gebildet. Dagegen will es nicht viel bedeuten, daß der tiefste Schacht eines Bergwerkes in Nordamerika 1388 m weit in feste Gesteinsmassen eingedrungen ist. Festes Gestein traf aber auch das tiefste Bohrloch der Erde bei Paruschowitz in Oberschlesien. Die Temperatur desselben betrug nahe der Oberfläche 12° C; in einer Tiefe von 2003 m aber stieg sie auf 69,3°.

Da man überall eine ähnliche Wärmezunahme beobachten konnte und die Temperatur im Durchschnitt bei einer Tiefe von 33 m um 1° C steigt, so werden wir notwendig zu der Ansicht geführt, daß unterhalb der festen kalten Erdrinde eine immer heißer werdende Zone liegt, die wir als den glühenden Erdkern oder die Pyrosphäre bezeichnen. Eine einfache Rechnung zeigt, daß in einer Tiefe von 50 bis 75 km unter unseren Füßen überall eine Temperatur von etwa 1500° herrschen muß.

Wenn wir Granit, Basalt oder irgend ein anderes Gestein im Schmelzofen einer Hitze von 1500° aussetzen, so wird es nicht nur 1500° warm, sondern es beginnt auch zu schmelzen und verwandelt sich in eine zähe Flüssigkeit. Bei vulkanischen Ausbrüchen dringt tatsächlich eine geschmolzene glühende Masse (das Magma) bis zur Erdoberfläche, um daselbst als Lava zu erstarren.

Man hat nun daraus den Schluß gezogen, daß auch das Erdinnere von einer beweglichen Flüssigkeit erfüllt sei — aber astronomische Tatsachen widersprechen einer solchen Annahme durchaus. Die Erdkugel, als Ganzes genommen, verhält sich bei ihren kosmischen Bewegungen wie eine harte, starre Masse, gerade als wenn sie aus Stahl bestände.

Dieser Widerspruch erklärt sich jedoch leicht, wenn wir erwägen, daß eine erhitzte Gesteinsmasse nur unter geringem Druck flüssig werden kann; sobald wir mit zunehmender Temperatur auch den Druck steigern, so erwärmt sich die Masse, ohne zu schmelzen; allerdings reicht dann eine kleine Druckentlastung hin, um die überhitzte starre Masse sofort in eine Flüssigkeit zu verwandeln.

Die Pyrosphäre wird umspannt von dem lückenlos gefügten Gewölbe der Lithosphäre, die einen solchen Druck auf das Erdinnere ausübt, daß dieses trotz seiner hohen Temperatur als Ganzes nicht flüssig sein kann, sondern sich wie eine starre Stahlkugel verhält. Aber bei jeder Druckentlastung ist das glühendheiße Erdinnere bereit, sofort als Schmelzfluß aufzusteigen.

Welche Temperaturen im eigentlichen Erdkerne herrschen, ist nur vermutungsweise zu schätzen. Manche Geophysiker nehmen eine Temperatur von 5000^0 an, während andere[2] berechnen, daß am Ende eines bis zum Mittelpunkte der Erde reichenden Schachtes eine Wärme von $32\,000^0$ herrschen müsse.

Auch über den Aggregatzustand des Erdinnern hat man auf Grund physikalischer Gesetze ein Urteil zu gewinnen versucht. Danach würde sich unterhalb der festen Erdrinde ein Gasball befinden, in dessen tieferen Teilen die verschiedenen chemischen Grundstoffe in isoliertem Zustande nebeneinander existierten, während sie weiter außen in dem Übergangs- (Dissoziations-) Gebiet abwechselnd zu chemischen Verbindungen zusammentreten und sich wieder von einander trennen könnten.

Über die chemische Beschaffenheit des Erdinnern läßt sich nur so viel sagen, daß dort schwere Elemente vorwiegen. Denn die ganze Erde hat ein spezifisches Gewicht von 5,6 (ungefähr das des Magneteisens), während die in der Erdrinde weitverbreiteten Gesteine nur ein solches von 2,5 besitzen.

Daß die Massen schon unterhalb der Erdrinde und in der Außenzone der Pyrosphäre nicht gleichmäßig verteilt sind, wird durch die Resultate der in den letzten Jahren vorgenommenen Pendel-Beobachtungen bewiesen. Danach ist die Erdrinde unter den Alpen[3] um so viel leichter, wie einer Gesteinsmasse von 1200 m Dicke entspricht, während zwischen dem Gardasee und Mantua ein Massenüberschuß von 700 m vorhanden ist. Unter dem Riesengebirge[4] muß man einen Massendefekt von 240 m annehmen, im Odergebiet einen Massenüberschuß von 350 m. Sollten weitere Pendelmessungen bestätigen, daß im Durchschnitt die Kontinentalflächen leichter sind als die Gebiete der Tiefsee, so würde sich ergeben, daß sogar die Lokalisierung der Meere durch lokale Anziehung von Seiten der Erdrinde bedingt sei.

Über die Zunahme der Dichte von der Erdrinde nach dem Kern sind mehrfach Rechnungen[5] ausgeführt worden, die zu ziemlich übereinstimmenden Resultaten führten:

Halbmesser	Spezifisches Gewicht nach Waltershausen	Laplace	Darwin
1	2,6	2,7	3,7
0,9	3,9	3,8	4,1
0,8	5,1	5,0	4,6
0,7	6,2	6,1	5,3
0,6	7,0	7,2	6,1
0,5	7,8	8,2	7,4
0,4	8,4	9,0	9,2
0,3	8,9	9,8	12,3
0,2	9,3	10,3	18,5
0,1	9,5	10,6	37,0
0	9,5	10,7	∞

Daraus geht jedenfalls soviel hervor, daß eine Eisenhohlkugel (spez. Gew. = 5—6) in einer Tiefe von rund 1600 km ruhen dürfte, unterhalb deren schwerere Metalle folgen. Ein Überschuß von reinem Eisen im Erdkern aber ist nicht wahrscheinlich, da dessen spezifisches Gewicht etwa dem des Kupfers entspricht.

Aus unseren bisherigen Betrachtungen ergibt sich, daß von den fünf großen Kugelschalen, welche als

1. Atmosphäre oder Lufthülle,
2. Hydrosphäre „ Wasserhülle,
3. Biosphäre „ Lebenshülle,
4. Lithosphäre „ Erdrinde,
5. Pyrosphäre „ Feuerkugel = Erdkern

den Erdball zusammensetzen, die drei äußersten Hüllen (der Schauplatz der äußeren oder exogenen Kräfte) sehr leicht verschoben und bewegt werden können; dann folgt die verhältnismäßig schwer veränderliche Steinkruste und unter ihr eine glühende Gaskugel, die zwar die Hauptmasse unseres Planeten bildet und in der Urzeit oft die dünnere Erdkruste durchbrochen haben mag, jetzt aber nur unter ganz besonderen Verhältnissen (endogene Kräfte) in und auf der Lithosphäre in die Erscheinung tritt.

Die große Mannigfaltigkeit der an der Oberfläche der Erdrinde sich vollziehenden Massenbewegungen kann man[6] vom Standpunkte des Geologen in zwei Kategorien einteilen:

a) Durch Verwitterung, Lockerung und Zerfall der anstehenden Gesteine wird fast überall ein fein- oder grobkörniger Schutt gebildet, der nur selten liegen bleibt, unter dem Einfluß der Schwerkraft in die Tiefe sinkt und stürzt (Bergsturz, Schlammstrom), in der Regel aber von Wind, Wasser oder Gletschern ergriffen und davongetragen wird. Wir nennen die Wirkung aller in dieser Richtung tätigen atmosphärischen Kräfte Abtragung (Denudation). Durch sie wird der Erdhalbmesser lokal verkürzt.

b) Wo aber nach längerer oder kürzerer Frist die obengenannten Transportkräfte erlahmen und ihre Fracht abwerfen, da wird der inzwischen sortierte Verwitterungsschutt niedergelegt, und der Erdhalbmesser verlängert sich hier durch Auflagerung (Gesteinsbildung).

Abtragung und Auflagerung sind nicht nur die Endstadien eines einheitlich verlaufenden Vorganges, sondern sie schließen sich auch räumlich und zeitlich aus.

Indem Verwitterung und Abtragung eine gelockerte Gesteinsschicht nach der anderen entfernen, entstehen immer größere und tiefere Wunden in der festen Erdrinde, die wir, wenn sie eng umgrenzt sind: Täler, wenn sie flächenhaft ausgedehnt sind: Tiefen oder Wannen nennen, und die Summe des abgetragenen oder ausgeräumten Materials entspricht dem Umfange des entstandenen Hohlraumes. So können ganze Gebirgssysteme bis auf ihre Wurzel abgetragen werden, und nur der innere Bau des übrigbleibenden Grundgebirges verrät uns, daß an einer jetzt vielleicht völlig ebenen Stelle dereinst ein hohes Gebirge existierte.

Was aber wird aus dem ausgeräumten und durch allerlei transportierende Kräfte entfernten Gebirgsschutt, dem Staub und Schlamm, dem Sand und Kies, den Geröllen und Gesteinsblöcken? Sie werden nach kürzerem oder längerem Transport wieder abgelagert, und es hängt ganz von der Dauer und dem Charakter der betreffenden Bedingungen ab, ob hierbei eine nur papierdünne Staubschicht oder im Laufe langer Perioden eine Sandsteinablagerung von 4000 m Mächtigkeit entsteht.

Indem sich so Schuttdecke über Schuttdecke ausbreitet, wandert eine vorher an der Erdoberfläche befindliche Schicht langsam in die Tiefe und erleidet dabei in der Regel sehr merkwürdige Veränderungen.

Man kann[7] innerhalb der Erdrinde, mit Rücksicht auf die daselbst vorwaltenden physikalischen oder chemischen Vorgänge von oben nach unten drei Zonen unterscheiden:

1. die Zone der Abtragung und Auflagerung,

deren Erscheinungen wir soeben betrachtet haben; darunter folgt in einem wechselnden Abstand von der Erdoberfläche

2. die Zone der Verkittung.

Hier ist in allen Hohlräumen warmes Wasser vorhanden, das chemische Substanzen gelöst hat und geneigt ist, dieselben überall da abzuscheiden, wo es längere Zeit stagniert, oder wo sich Lösungen von verschiedener Wärme und Zusammensetzung begegnen. Daß hierbei sehr leicht gerade die am schwersten löslichen Verbindungen (Kieselsäure, Schwerspat) ausgefällt werden, aber natürlich auch leichter lösliche Kalk- und Eisensalze, ist wohl verständlich. Und so kommt es, daß die durch Überlagerung mit jüngeren Gesteinsdecken allmählich passiv in immer größere Tiefe hinabsinkenden lockeren Auflagerungsmassen (Gerölle, Sand, weicher Ton und Muschelsand) in dieser Zone rasch verkittet und in feste Konglomerate, Sandsteine, Schiefertone oder Kalke verwandelt werden.

In noch größerer Tiefe folgt

3. die Zone der plutonischen Erdwärme.

Hier werden die Gesteine von unten her durch heißes Wasser und magmatische Dämpfe durchtränkt, und es bilden sich dabei oft so tiefgreifende Veränderungen in Zusammensetzung und Gefüge, daß ein anfangs lockerer Quarzsand, der in der zweiten Zone zu Sandstein verkittet wurde, hier zu einem klingend harten Quarzit werden kann, während lockerer Muschelsand, der inzwischen zu einem porösen Kalkstein verkittet wurde, hier in kristallinischen Marmor übergeht. (Die weiteren Strukturänderungen, die Erzgänge und Mineralbildungen, die in diesem Gebiete nahe der Pyrosphäre entstehen, werden wir noch später gesondert betrachten.) Endlich gelangen wir an die Grenze der Pyrosphäre und zu den überhitzten Massen (Magma), die bei vulkanischen Ausbrüchen nach oben befördert werden.

Die Erdkugel dreht sich mit der Geschwindigkeit einer Kanonenkugel (in einer Sekunde 450 m) um ihre Achse, und da sie hierbei der leuchtenden und wärmenden Sonne immer eine andere Seite zuwendet, so entspricht jene Umdrehungszeit dem Wechselspiel von Tag und Nacht.

Gleichzeitig dreht sich die Erdkugel in 365 Tagen 5 Stunden, 48 Minuten und 46 Sekunden um die Sonne und durchmißt hierbei in der Sekunde 30000 m auf einer Bahn, die nur um ein Sechzigstel von der Kreislinie abweicht. Die Erdachse steht nicht senkrecht auf der Umdrehungsebene um die Sonne, deshalb erhält in dem einen Halbjahr die nördliche, im nächsten Halbjahr die südliche Halbkugel eine größere Menge von Sonnenstrahlen.

Die Strahlen der Sonne durcheilen einen 149000000 km langen Weg, um Wärme und Licht auf die Erde zu bringen. Die in einem Querschnitt von 1 qm enthaltene Menge von Sonnenstrahlen trifft in der Nähe des Äquators auf eine ebenso große Fläche der Erde. Infolge der Kugelgestalt derselben verteilt sich aber diese Wärmemenge nach den Polen zu auf eine immer größere Fläche und kann daher hier viel weniger wirken. Durch diese gesetzmäßige Abnahme der Sonnenwärme vom Äquator gegen die Pole entstehen die Klimazonen, die wir auf der Erde unterscheiden:

a) Um den Äquator schlingt sich der breite Tropengürtel, ausgezeichnet durch hohe, gleichmäßige Temperatur, reichliche Niederschläge und üppige Vegetation. Er umfaßt die Hälfte der gesamten Erdoberfläche und ist durch Übergänge mit

b) dem nördlichen und südlichen Wüstengürtel verbunden, der ebenfalls durch hohe Temperaturen, aber zugleich durch sehr geringe Niederschläge und Pflanzenmangel ausgezeichnet ist. Es folgt

c) die nördliche und südliche gemäßigte Zone, in denen der Gegensatz von Sommer und Winter besonders deutlich in die Erscheinung tritt. Die während des Winters vom Polarkreis herabdringende Schneedecke wird durch die sommerliche Sonnenwärme geschmolzen und das organische Leben ebenso wie die anorganischen Vorgänge werden im rhythmischen Wechsel durch die Jahreszeiten bestimmt.

d) Nur ein Zwölftel der Erdoberfläche liegt innerhalb des nördlichen und südlichen Polarkreises; Schnee und Eis bedecken seine Flächen und das organische Leben kann sich auf dem Lande nur kümmerlich entfalten. Um so reicher ist die marine Flora und Fauna. Obwohl uns das polare Klima wie eine Anomalie erscheinen möchte, so entspricht es doch am nächsten den gegenwärtig der Erde eigentümlichen Verhältnissen. Unser Planet würde überall mit ewigem Eis und Schnee bedeckt sein, wenn nicht die Sonne beständig ihre Wärmestrahlen zu uns sendete.

Man hat berechnet,[8] daß unsere Erde, wenn wir die Sonnenstrahlen abblenden könnten, eine Temperatur von -200^0 annehmen müßte. Aber die tiefsten Wintertemperaturen an den Kältepolen betragen nur etwa -70^0. Wie kommt es also, daß unsere Erde nicht so kalt werden kann, wie jene Berechnung vermuten lassen würde? Die Ursachen hierfür liegen in der Lufthülle, der Atmosphäre, welche wie das Fenster eines Treibbeetes einen großen Teil der darauffallenden und hindurchdringenden Wärmestrahlen nicht gleich wieder in den Weltenraum zurückläßt. So schützt die Atmosphäre unseren Planeten vor dem vernichtenden Einflusse der im Weltenraume herrschenden niedrigen Temperatur.

Kalte Luft ist schwer, warme Luft ist leicht; deshalb steigt im Äquatorialgebiete die Luft empor, fließt in den oberen Schichten der Atmosphäre polwärts und kehrt von hier an der Erdoberfläche nach dem

Tropengürtel wieder zurück. Diese große tellurische Luftzirkulation der Passatwinde würde auf einer ruhenden Erdkugel längs der Meridiane verlaufen. Durch die Rotation der Erde werden die Passatwinde abgelenkt, und so strömen die mächtigsten Winde auf der nördlichen von SW. nach NO., auf der südlichen Halbkugel von NW. nach SO. Indem sich ihre Bewegung an der Meeresoberfläche reibt, überträgt sich die Bewegung der Luftströmungen auf das Wasser, und es entstehen die großen Meeresströmungen, welche von so maßgebendem Einfluß auf das Klima der Küstenländer und die geographische Verteilung der marinen Organismen sind.

Da die Temperatur der Meeresoberfläche ebenso wie die des Landes durch die astronomische Stellung der Erde zur Sonne geregelt wird, können wir auch dort klimatische Wärmezonen unterscheiden, welche von 35° C am Äquator bis zu — 2,5° C an den Polen schwanken. Aber nur eine Wasserschicht von etwa 400 m wird durch die Sonne stärker erwärmt, dagegen ist die Temperatur der Tiefsee selbst unter dem Äquator nur wenige Grade über 0°. Wir müssen uns erinnern (siehe Fig. 2), daß der Mittelpunkt des großen Weltmeeres in den südlichen Gebieten des Pazifik nahe dem südlichen Eismeere gelegen ist. Kaltes Wasser ist schwer, und die Bodentemperaturen eines größeren Wasserbeckens werden durch die Wintertemperatur der Wasseroberfläche bestimmt. Deshalb dringt eine eiskalte Wassermasse vom Südpolarmeer nach dem Äquatorgebiete des Stillen, Indischen und Atlantischen Ozeans, bringt in die lichtlosen Tiefen frischen Sauerstoff und Nahrung für die Tiefseefauna und bestimmt die Temperatur der untersten Wasserschichten. Zu allen Zeiten muß die Tiefsee die niedrigsten Wassertemperaturen des jeweilen herrschenden Klimas gehabt haben.

Da die Erdachse nicht senkrecht auf ihrer Umdrehungsbahn um die Sonne steht, sondern um 23° von ihr abweicht (Ekliptik), verschieben sich die Klimazonen in jedem Jahre um diesen Betrag bald auf der nördlichen, bald auf der südlichen Halbkugel gegen den Pol und es entsteht die Erscheinung von Sommer und Winter. Hierdurch werden eine Reihe von periodischen Vorgängen und Bewegungen in der Atmosphäre, der Hydrosphäre und Biosphäre ausgelöst, deren geologische Wirkung uns noch später beschäftigen wird.

Obwohl wir kurzlebigen Menschen gewohnt sind, alle diese Verhältnisse für unveränderlich zu halten, so lehren doch zahlreiche Tatsachen, daß die bisher geschilderten Eigenschaften der Erde einem unaufhörlichen Wechsel unterworfen waren. In Thüringen wuchsen einstmals Palmen, das Klima von Grönland ließ den Brotfruchtbaum gedeihen, und arktische Muscheln lebten in einer späteren Periode an den Küsten Englands. In den dünnplattigen Kalkschichten von Solnhofen sind Meeresfische so wunderbar versteinert, daß man ihren Darminhalt und die mikroskopische Struktur der Muskeln untersuchen kann. Über 3000 m hoch finden wir Meeresversteinerungen in den Alpen und im Himalaja. Im September 1538 entstand bei Neapel auf dem ebenen Küstenlande ein neuer Vulkanberg (Monte nuovo), und 1897 wurden bei dem Erdbeben in Assam in Nordindien 30 m hohe Bergrücken emporgehoben und die Signalsteine der trigonometrischen Vermessungen um 50 m verschoben. Eine Spalte kreuzte die Schienen der Station Nilphamari und erzeugte eine fast 2 m hohe Stufe (Fig. 3) darin.

Figur 3.
Verwerfungsspalte von etwa 2 m Sprunghöhe, die bei dem indischen Erdbeben von 1897 den Schienenstrang bei Nilphamari knickte. Arbeiter sind beschäftigt, die Schienen wieder horizontal zu legen.

Auch die systematische Zusammensetzung unserer Tierwelt hat sich in historischer Zeit verändert. Im Jahre 1844 wurde das letzte Exemplar eines Tauchervogels (der Alca impennis) erlegt, der früher auf den Inseln des nördlichen Atlantik heimisch war, und von den Millionen von Büffeln, die noch vor wenigen Jahrzehnten die Prärien Nordamerikas belebten, sind nur einige kleine Herden in staatlichen Gehegen gerettet worden.

So hat sich vieles gewandelt, was uns dauernd und bleibend erscheint, und es erhebt sich die Frage: welche Eigenschaften unserer Erde sind vom Augenblick ihrer Entstehung bis zum heutigen Tage unverändert dieselben geblieben?

Das Relief unseres Planeten gehört nicht zu diesen wesentlichen Eigenschaften. Wo früher hohe Gebirge emporragten, ist später ebenes Land entstanden, und die riesenhohen Ketten des Himalaja gehören zu den jüngsten Faltengebirgen der Erde. Ja selbst die Kugelgestalt ist nicht immer vorhanden gewesen; sie ist erst das Resultat langer astrophysischer Verwandlungen. Auch die polare Abplattung von etwa fünf geographischen Meilen hat sich erst allmählich herausgebildet, denn wenn uns die Astronomie lehrt, daß der Tag früher einmal nur vier Stunden lang war, so mußte damals auch die Abplattung des Rotationsellipsoids wesentlich größer gewesen sein.

Wenn wir erwägen, daß die steinige Lithosphäre nur als eine dünne Haut den großen glühenden Erdball gegen den eiskalten Weltenraum abgrenzt, so werden wir zu der Vorstellung geführt, daß die hohen Temperaturen des Erdinnern dereinst auch die Erdoberfläche beherrschten. Dann aber konnte auch die Hydrosphäre nicht existieren, und organisches Leben war noch weniger möglich. Durch allmähliche Übergänge mußten Pyrosphäre und Atmosphäre verbunden sein und eine untrennbare Einheit bilden. Diese heiße Uratmosphäre muß eine wesentlich andere Zusammensetzung gehabt haben, denn es waren darin die Wasser des ältesten Meeres, die Masse des in den Kohlenlagern aufgespeicherten Kohlenstoffes und viele andere Elemente enthalten, die gegenwärtig am Aufbau der festen Erdrinde beteiligt sind.

Indem wir zugeben, daß die Urerde heißer gewesen ist, ergibt sich nach bekannten physikalischen Gesetzen von selbst, daß sie auch größer war, und eine ganze Reihe von unzweideutigen Tatsachen beweisen selbst für die letzte genau untersuchte Phase der Erdentwickelung eine Kontraktion unseres Erdballes. Jedes Faltengebirge entspricht einem Stück Erdrinde, das für den sich verkleinernden Erdball zu weit wurde und sich deshalb zusammenrunzeln mußte. Das Gebiet des Säntisstockes[9] ist während der Tertiärperiode von 15 km auf etwa 5 km zusammengeschoben worden. Wenn wir die Falten des Alpengebirges ausglätten könnten, so würden sie eine um mindestens 50 km breitere Fläche bedecken; andere Faltengebirge ergäben noch höhere Werte.

Man betrachtet oftmals die Lage der Drehungspole und mithin die Verteilung der Klimazonen als ein bleibendes Element unseres Planeten; allein wir kennen geologische Tatsachen, die auf eine andere Lage der Erdachse hindeuten, und die astronomische Beobachtung hat sogar in den letzten Jahren eine — wenn auch nur geringe — Polverschiebung nachweisen können.

Auch die wärmeabsorbierende Kraft der Atmosphäre war nicht immer dieselbe wie heutzutage. Solange die Kohlenlager noch nicht gebildet waren, mußte die Luft viel mehr Kohlensäure enthalten, und dadurch[10] ward ihre Absorptionskraft so erhöht, daß die Klimate nach ganz anderen Normen verteilt waren.

Als besonders charakteristisches Merkmal unserer Erde könnte man vielleicht ihre Masse bezeichnen. Aber jeden Tag fallen Meteorstaub und Meteorsteine zur Erde herab, um ihre Masse zu vermehren, während die Bildung des Mondes mit einer Verminderung der Erdmasse verbunden war.

Es scheint uns fast selbstverständlich, daß die Sonne immer als wärmender und leuchtender Zentralkörper im Mittelpunkte unseres Planetensystems gestanden habe — aber selbst gegen diese Annahme lassen sich gewichtige Gründe geltend machen.

So scheint alles zu schwinden, was uns fest und unveränderlich erschien, und wenn wir nur die im Laufe ihrer Vergangenheit bleibenden Eigenschaften der Erde aufzählen wollen, dann können wir etwa folgendes sagen:

Die Erde ist ein kleiner Himmelskörper von wechselnder Masse und Gestalt, der sich um seine Achse dreht und sich gleichzeitig um den Mittelpunkt unseres Planetensystems in einer nahezu kreisförmigen Bahn bewegt. Ihre Geschichte besteht aus zahlreichen, auf lange Äonen verteilten Veränderungen, die anfangs wohl katastrophenartig, dann immer langsamer und gleichmäßiger erfolgten und allmählich zu einer Sonderung der leichteren äußeren Hüllen und des schweren Kernes führten. Indem jene immer mehr von Mond und Sonne beeinflußt wurden, blieb die Wärmeabgabe des irdischen Feuerballes an den Weltenraum die wesentliche Ursache für Änderungen des Gefüges und der Gestalt der Erdrinde. Tag und Nacht, vielleicht auch die Jahreszeiten sind uralte Erbstücke einer längstverflossenen Urperiode, aber alle anderen Erscheinungen, besonders auch die heutige Verteilung wärmerer und minder warmer Klimagebiete, sind späterer Entstehung.

Lehrbücher

J. Walther, Vorschule der Geologie, III. Aufl., Jena 1907; Einleitung in die Geologie als historische Wissenschaft, Jena 1893/94. — H. Credner, Elemente der Geologie, X. Aufl., Leipzig 1906. — J. Dana, Manual of Geology, IV. Aufl., New York 1895. — Frech (mit Römer, Noetling, v. Arthaber, Philippi, Geinitz), Lethaea geognostica, Stuttgart 1880—1906. — E. Haeckel, Generelle Morphologie, Jena 1866, Neudruck 1906; Systematische Phylogenie, Berlin 1896. — Hatch & Corstorphine, Geology of South Africa, London 1905. — Katzer, Geologie von Böhmen, Prag 1892; Geologie des unteren Amazonasgebietes, Leipzig 1903. — E. Kayser, Lehrbuch der Geologie, Stuttgart 1906. — de Lapparent, Traité de Géologie, III. Aufl., Paris 1900. — M. Neumayr (Uhlig), Erdgeschichte, Leipzig 1906. — R. D. Oldham, Geology of India, Calcutta 1893. — Potonié, Lehrbuch der Pflanzenpaläontologie, Berlin 1899. — Ramsay, Physic. Geology of Gr. Britain, VI. Aufl., London 1894. — de Saporta, Le monde des plantes, Paris 1879. — E. Sueß, Das Antlitz der Erde, Wien 1886—1891; La face de la terre, Paris 1897. — Woodward, Geology of England and Wales, II. Aufl., London 1887. — Yukes-Browne, Handb. of stratigraphical Geology, London 1902. — Zeiller, Éléments de Paléobotanique, Paris 1900. — v. Zittel, Handbuch der Paläontologie, München 1876—92; Grundzüge der Paläontologie, II. Aufl., München 1903.

Verweise

[1] J. Walther, Über den Bau der Flexuren an den Grenzen der Kontinente, Jen. Zeitschr. f. Naturw. 1886; Nansen, The Norwegian North Polar Expedition 1893/95, Vol. IV, S. 193. — [2] A. Ritter, Anwendung der mech. Wärmetheorie auf kosmologische Probleme, Leipzig 1882, S. 14, 16. — [3] v. Sterneck, N. Jahrb. f. Min. 1893, I, S. 481. — [4] Helmert, Sitz.-Ber. Acad. Berlin 1896, S. 409. — [5] O. Fisher, Physics of the earth's crust, London 1889, S. 34. — [6] J. Walther, Lithogenesis der Gegenwart, S. 549. — [7] van Hise, Monogr. of the U. S. Geol. Survey Nr. 47, S. 159. — [8] Langley, Professional Papers of the Signal Survey XV. — [9] A. Heim, Das Säntisgebirge. Beitr. z. geol. Karte der Schweiz. Lfg. XVI. — [10] Arrhenius, Philosophical Magazine 1896, Nr. 251.

2

Die geologischen Kräfte

Obwohl alle Völker des Altertums in ihren heiligen Sagen auch die Erschaffung der Erde berücksichtigen, so hat doch nur der Schöpfungsbericht des Moses einen nachhaltigen Einfluß auf das Denken späterer Zeiten gewonnen. Mit der Bibel wurde er über die ganze Erde verbreitet, und jetzt vernehmen wir sein Echo selbst bei den Bewohnern der Wildnis.

Als der Verfasser der Bücher Mosis uralte babylonische Überlieferungen neu redigierte, lag es ihm sicherlich fern, eine Erdgeschichte schreiben zu wollen. Die sieben Schöpfungstage können ebensowenig wie die lange Lebensdauer der Patriarchen als mathematische Zeitangaben betrachtet werden; es sind Größen, welche bestimmt sind, mehr auf das Gemüt, wie auf den rechnenden Verstand zu wirken. Und wenn es noch heutzutage Forscher gibt, welche die geologischen Perioden mit der Tageszahl der alten heiligen Woche in Einklang bringen möchten, so scheinen sie uns den symbolischen Sinn des mosaischen Berichtes völlig zu verkennen.

Anders verhält es sich mit dem biblischen Berichte von der Sintflut und der Katastrophe von Sodom und Gomorrha. Hier werden in dichterischer Fassung zwei Ereignisse geschildert, denen zweifellos geologische

Vorgänge zugrunde liegen. Durch die babylonischen Ausgrabungen kennen wir jetzt den Originalbericht[1] des Izdubar-Epos, dessen Urschrift um das Jahr 3000 v. Chr. verfaßt, dann von Moses übernommen und als „Sintflut" beschrieben wurde. Wir lesen da von einer großen Überschwemmung, welche die Niederungen Mesopotamiens verheerte; Erdbeben zerklüfteten den Boden, so daß überall Sturzbäche von Grundwasser hervorbrachen; ein Zyklon führte die Fluten des Meeres weit über das fruchtbare Tiefland, und von den Tausenden von Menschen, die dort lebten, retteten sich nur wenige, die, von den Vorboten der Katastrophe gewarnt, ein wohlgefügtes Schiff betreten hatten.

Die geologische Untersuchung[2] der Umgebungen des Toten Meeres hat ergeben, daß wohl auch der Untergang von Sodom durch ein großes Erdbeben erfolgte. Der an Erdöl, Asphalt und leicht brennbaren Gasen reiche Boden des Ufergebietes mag bei dieser Gelegenheit zerklüftet worden sein, so daß Explosionen und Entzündungen dieser Massen erfolgen konnten. Selbst die Salzfigur von Lots Weib mag einer richtigen Beobachtung entsprechen, denn von dem Steinsalzlager am Djebel Usdom könnte wohl damals ein Stück abgegliedert und durch die Atmosphärilien zu einer menschenähnlichen Gestalt umgeformt worden sein.

Lange Jahrhunderte hindurch blieb besonders die Sintflutsage ein notwendiges Requisit jeder dogmatischen oder wissenschaftlichen Erderklärung. Man sah in ihr ein Ereignis, das die ganze Welt betroffen habe, und da die Herkunft so ungeheuerer Wassermengen schwer zu erklären war, so war man bemüht, diese Schwierigkeit aus dem Wege zu räumen. Die einen nahmen an, daß die „Wasser der Tiefe" aus großen Höhlensystemen hervorgebrochen seien und sich dann wieder darin verlaufen hätten. Silberschlag[3] erfand sogar einen Apparat, um diese Wasserversetzung physikalisch verständlich zu machen. Andere dachten, daß ein nasser Komet die Erde überflutet und ein trockener Partner den Wasserüberschuß wieder entfernt habe, und so schwankten die Meinungen von einem Dogma zum andern.

Inzwischen hatte man in Oberitalien begonnen, die Schichten der Erdrinde zu untersuchen und fand darin wohlerhaltene Fische, Austern und andere „Seekörper". Besonders die herrlichen Fischabdrücke des Monte Bolca erregten allgemeine Aufmerksamkeit.[4] Im Jahre 1707 war bei Santorin[5] eine neue vulkanische Insel entstanden, auf deren auftauchendem Rücken man Meeresmuscheln gefunden haben wollte, kein Wunder, daß man jetzt statt der Sintflut eine vulkanische Hebung des Landes zur Erklärung geologischer Tatsachen benutzte.

Die mehr phantastischen als wissenschaftlichen Versuche des 18. Jahrhunderts, die Vorgeschichte der Erde zu enträtseln, hatten die „Geologie" sehr in Mißkredit gebracht; es war daher eine folgenreiche Tat, als A. G. Werner in Freiberg um das Jahr 1790 statt der „geologischen“ Spekulation die „geognostische“ Untersuchung der Erdrinde als das wichtigste Ziel der Wissenschaft bezeichnete. Leider fiel er aber in die von ihm selbst so sehr gerügten Fehler zurück, indem er die Bildung aller Gesteine und Berge aus einem langsam einschrumpfenden „Urmeer“ zu erklären versuchte. Selbst der Basalt, welcher in Sachsen die höchsten Bergkuppen krönt, sollte aus dem großen Ozean niedergeschlagen worden sein. Gegen diese extreme Auffassung wandten sich namentlich der Thüringer Voigt und der Schotte Hutton, und so begann der Streit der Neptunisten und Vulkanisten, der lange Jahrzehnte hindurch die wissenschaftliche Welt in Atem gehalten und leider gerade in Deutschland mehr geschadet als genützt hat.

In sophistischer Weise wurde endlich von radikalen Neptunisten der Basalt, dessen marine Bildung man schließlich nicht mehr retten konnte, wenigstens für „pseudovulkanisch“, d. h. für ein durch Kohlenbrände umgeschmolzenes Sediment erklärt, und selbst der feinsinnige Beobachter Goethe wurde in den Wirrwarr dieser Irrlehren mit hineingezogen.

Uralt ist das Bestreben, diesen fabelhaften Kräften, diesen unkontrollierbaren Hypothesen, diesen gewalttätigen Phantasiegebilden eine wissenschaftlich klare, leicht nachzuprüfende Methode gegenüberzustellen. Manche sahen dieselbe in dem Experiment, das auf dem Gebiete der Chemie, Physik und Mineralogie so unbeschränkte Beweiskraft besitzt. Aber so oft man auch unternommen hat, kleine und große geologische Vorgänge durch einen Versuch nachzuahmen, ebenso oft mußte man einsehen, daß dem Experiment für die Erklärung geologischer Vorgänge keine zwingende Beweiskraft innewohnt. Sehen wir doch oft, wie ein chemischer Versuch, den wir ohne Mühe im Reagenzglas ausführen können, leicht mißlingt, wenn man ihn in der chemischen Fabrik im großen zu wiederholen versucht; Nebenumstände, die vorher keine Rolle spielten, werden jetzt von maßgebender Bedeutung und verändern das Resultat in tiefgreifender Weise. Zahlreiche geologische Irrlehren sind experimentell „bewiesen“ worden, und oft wurden aus richtig angestellten Versuchen irrige Schlüsse gezogen. So schien die Erfahrung denjenigen recht zu geben, welche meinten, daß eine exakte Beweisführung für geologische Hypothesen überhaupt unmöglich sei. Da wurde langsam eine neue Methode ausgearbeitet, welche zwar auch gewisse Fehlerquellen birgt, die aber in ihrer kritischen Anwendung den ganzen Fortschritt der neueren Geologie begleitet hat.

Hutton[6] gilt als der erste, welcher den Gedanken aussprach, daß man durch die Beobachtung der jetzt noch tätigen geologischen Kräfte die Rätsel der Vergangenheit erklären solle. Aber wenn wir bei ihm lesen, daß am Boden der Tiefsee sehr hohe Temperaturen herrschten, welche vermodernden Seetang zu Kohlenlagern umschmolzen, welche frisch gebildete Salzkristalle zu festem Steinsalz zusammenbuken, so verstehen wir, welch weiter Weg zu durchwandern war von der Konzeption dieses Gedankens bis zu seiner methodischen Verwertung.

Da entstand im Jahre 1805 in der Havel bei Pichelsdorf eine neue Insel und regte den Gothaischen Legationsrat Dr. K. v. Hoff[7] an, ähnliche Erscheinungen zu registrieren, um damit ein Vergleichsmaterial für die früheren Veränderungen der Erde zu gewinnen. Im Jahre 1822 erschien der erste Band seines preisgekrönten Werkes,[8] das einen Markstein in der Geschichte der Geologie bildet. Noch niemals war mit so klaren Worten die ontologische Methode als Grundlage geologischer Schlußfolgerungen ausgesprochen worden, keiner seiner Vorgänger hatte so umfassende Vorstudien gemacht, um es jedem zu ermöglichen, diese Methode anzuwenden. Im Jahre 1832 erschienen dann die „Principles of Geology" von Charles Lyell, der zum erstenmal den Hoffschen Gedanken ausführte, allerdings ohne seinen Vorgänger zu nennen, und damit die hohe Entwicklung der modernen Geologie begründete.

In fast unübersehbarer Weise ist seither die Beobachtung der gegenwärtigen Vorgänge gewachsen. Die Tiefsee hat uns ihre Rätsel enthüllt, kühne Reisende haben die Festländer bis nahe an den Pol durchstreift und eine so große Fülle von Tatsachen für die Geologie gewonnen, daß es schon unmöglich ist, dies gewaltige Vergleichsmaterial zu beherrschen, und jeder Versuch[9], es zu sammeln, fragmentarisch bleiben muß. Aber mit suggestiver Kraft durchdringt der ontologische Gedanke alle Zweige geologischer Forschung. Freilich hat sich unter dem Einflusse von Ch. Lyell allmählich die Vorstellung ausgebildet, als ob alle Vorgänge der Vorzeit sich stets in derselben Weise wie jetzt abgespielt hätten, vielleicht sogar in periodischem Wechsel immer wiederkehrten. Während L. v. Buch mit einem gewaltsamen Rucke die Alpen sich heben ließ, so daß die großen Felsenstücke mit einer Geschwindigkeit von 175 Fuß in der Sekunde bis in die Ebenen flogen und hier als „erratische Blöcke" zerstreut blieben, möchte man jetzt selbst bei gewaltigen Erdbeben die Schollen der Erdrinde nur um Millimeter sich verschieben sehen, — während man früher die Kontinente auf und ab schaukeln ließ, als wenn die Erde ein Gummiball wäre, suchen manche Forscher jetzt alle Hebungen der Erdrinde auszuschalten und nur langsame Bewegungen des Ozeans für möglich zu halten — und während Cuvier nur gewaltsame Katastrophen kannte, die in wiederholtem Wechsel alle Lebewesen der Erde vernichteten und eine Neuschöpfung der Organismen bedingten, spielt jetzt der unmerkliche Übergang einer Varietät in die andere eine so wichtige Rolle, daß sich die geologischen Zeiträume über alle Vorstellung hinaus verlängern.

Auch wir sind von der langen Dauer der geologischen Perioden überzeugt, wir glauben nicht an Katastrophen und wunderbare Revolutionen der ganzen Erde, wir betrachten die Entwicklung einer Tierform aus der anderen als die einzige wissenschaftliche Erklärung der paläontologischen Tatsachen. Aber es gab Zeiten, in denen die Zustände der unorganischen Erde sich rasch wandelten und Perioden, in denen nur langsame Änderungen erfolgten. Manche geologischen Ereignisse waren so eigenartig, so seltsam, daß sie sich nicht ohne weiteres nach den Vorgängen der Gegenwart beurteilen lassen, ihre Wirkungen auf die organische Natur waren bisweilen von so tiefgreifender Macht, daß in einem verhältnismäßig kurzen Zeitraume die größten Umgestaltungen der organischen Formen erfolgten.

Wir betrachten es als die wichtigste Aufgabe unseres Buches, gerade auf derartige einzigartige Erscheinungen besonders hinzuweisen und selbst von lokalen geologischen Katastrophen zu sprechen, wenn wir gewaltsame Änderungen im Schichtenbau der Erdrinde erkennen.

Mit dieser durch den Fortschritt der Wissenschaft nötig gewordenen Beschränkung halten wir aber die ontologische Methode für die wichtigste Leuchte, um das Dunkel der geologischen Vorzeit zu enthüllen. War früher die geologische Forschung vielfach der divinatorischen Begabung des einzelnen Geologen überlassen, so gibt uns die ontologische Methode jetzt einen Kompaß in die Hand, der, recht gehandhabt, unser Steuer einem großen glänzenden Ziele entgegenlenken soll.

So wollen wir jetzt zuerst versuchen, die Mannigfaltigkeit der gegenwärtigen irdischen Vorgänge auf ihre großen Kraftquellen zurückzuführen.

Die Erde ist ein Stern und als solcher ein Teil des Sonnensystems; dieses aber ist eine dynamische Einheit. Alle sich in demselben abspielenden Bewegungsvorgänge können ohne Zwang durch die innerhalb des Sonnensystems waltenden Kräfte erklärt werden. Es liegt nicht die geringste Veranlassung vor, die tellurischen Vorgänge auf irgend eine, außerhalb des Sonnensystems herrschende Kraft zurückzuführen; selbst die bisweilen angenommene, verschiedene Temperatur des Weltenraumes ist für die Erklärung geologischer Vorgänge vollkommen entbehrlich.

Wenn unsere Erde als isolierter erkalteter Stern im Weltenraume schwebte, von keinem benachbarten Weltkörper angezogen, von keiner Sonne durch Licht- und Wärmestrahlen übergossen, so würde nur die Schwerkraft auf ihr tätig sein. Diese würde bewirken, daß lockere und weiche Massen von den Höhen zur Tiefe glitten, daß Berge sich langsam erniedrigten, die Täler sich allmählich mit Schuttmassen anfüllten. Bald wäre ein allgemeiner Gleichgewichtszustand erreicht und ewige Ruhe herrschte vom Pol bis zum Äquator, nur gelegentlich unterbrochen von dem Herniederprasseln eines Meteorsteins.

Daß tatsächlich die Erdrinde der Schauplatz beständiger Veränderungen war und ist, liegt an der Einwirkung äußerer und innerer Kräfte, welche der Schwerkraft entgegenarbeiten, und die wir jetzt auf ihre wichtigsten gemeinsamen Ursachen zurückführen wollen.

Unter den irdischen Vorgängen spielen die atmosphärischen Niederschläge die bekannteste Rolle. Schnee und Regen fallen aus der Luft hernieder, Flüsse und Gletscher strömen über das geneigte Gelände und riesige Schuttmassen werden spielend dabei bewegt. Wenn bei einer Überschwemmung des Hoangho eine Million Menschen umkam, wenn der mächtige Wasserfall des Niagara sich eine 10 km lange und 100 m tiefe

Figur 4.
Beginn eines Staubsturmes in Neu-Südwales.

Schlucht durch feste Steintafeln gegraben hat, wenn ein Bergsturz vor Menschengedenken das Rheintal bei Flims 100 m hoch mit Steinen auffüllte, durch die sich seither der grüne Strom eine enge malerische Schlucht einschnitt, wenn ganz Norddeutschland zur Eiszeit mit einer oft 100 m mächtigen Decke nordischer Gerölle und Sande überschüttet wurde so sind das Teilerscheinungen der Kräfte, die durch fallende Wassermassen ausgelöst werden; und alle diese mannigfaltigen Phänomene wurzeln in der Sonnenwärme.

Ein Wirbelsturm im Oktober 1844 entfaltete auf der Insel Kuba[10] fast 500 Millionen Pferdekräfte; das entspricht ungefähr der täglichen Leistung sämtlicher Dampfmaschinen der Welt. In den dürren Sandwüsten sehen wir 30 m hohe Sandberge unter dem Einflusse des Windes in Bewegung; die Dünenkämme der Karakum wandern während des Sommers 18 m nach Süden; himmelhoch jagt der Samum (Fig. 4) seine braunen Staubwolken in die Lüfte. Ungeheure Kraftmengen entfesselt ein Sturm auf dem Meere; er treibt das Wasser in 15 m hohen Wellenkämmen daher, und an der Küste erhebt sich (Fig. 5) die Brandungswoge sogar 60 m hoch. Derselbe Wind versetzt ganze Meeresteile in eine gleichsinnige Bewegung, so daß der Golfstrom an den Küsten von Florida mit einer Geschwindigkeit von 2 m in einer Sekunde vorbeiflutet, — und alle diese Bewegungen werden ausgelöst durch die Sonnenwärme.

Figur 5.
Brandungswoge an der englischen Küste.

Wenn wir im Hochgebirge an steilen Felswänden vorbeiwandern, welche eben von den wärmenden Strahlen der Sonne getroffen werden, dann schmilzt das Eis in den Felsenspalten, und in gefährlichen Steinschlägen stürzen große Blöcke herab, um sich am Fuße des Abhangs zu hohen Schutthalden aufzuhäufen. In den Wüsten sehen wir haushohe Granitblöcke (Fig. 6) wie eine Apfelsine in Stücke zerlegt, die durch Temperaturdifferenzen gespalten wurden. Andere Granitfelsen zerbröckeln zu einem groben Sande, den der Samum rundet und zu hohen Dünen aufhäuft. Die hierbei herausgeblasenen staubförmigen Teilchen trägt der Wind aus der Wüste heraus und häuft sie in den umgebenden Steppenländern zu 100 m hohen Lößlagern (Fig. 20) auf. Und wiederum ist es die Sonnenwärme, auf die wir diese Erscheinungen zurückführen müssen.

In jeder Sekunde gelangen 3800 Milliarden Pferdekräfte als Sonnenwärme auf die Erde herab. — Kein Wunder, daß auch das Räderwerk der tellurischen Kräfte so tief beeinflußt wird von den thermischen Strahlen des fernen Feuerballes. Aber mit der Wärme kommen ungeheure Strahlenbündel von Licht zu uns, die ebenfalls auf unserem Planeten wunderbare Wirkungen ausüben.

Figur 6.
Granitblock in der Sierra de los dolores (W. Texas); in drei Stücke gesprungen durch die abkühlende Kraft eines Gewitterregens nach starker Besonnung.

Sobald der Winter sein Ende erreicht, verändert sich in unseren Breiten das Landschaftsbild durch das Wachsen, Grünen und Blühen der Pflanzen. Wenn wir uns klar machen, welche Gewalt es erfordert, einen großen Baum wachsend über den Erdboden zu erheben, welche Kräfte bei der Entfaltung der Blätter und Zweige frei werden, welche Energie die zahllosen Tiere auslösen, vom Flügelschlage des Schmetterlings bis zum Sprunge des Löwen, dann können wir ahnen, welche

Kräfte die Biosphäre als Ganzes genommen entfaltet. Und wenn wir 500 m hohe Kalkfelsen von Korallen und anderen kalkabscheidenden Tieren und Pflanzen gebildet sehen, oder die Kohlenlager ins Auge fassen, welche in uralten Zeiten den Erdschichten eingeschaltet wurden, dann erkennen wir die geologische Bedeutung des organischen Lebens. Aber alle diese Vorgänge werden und wurden eingeleitet durch die Kohlensäure-Assimilation grüner Pflanzen, und da diese nur unter dem Einflusse der Lichtstrahlen zustande kommt, so sind alle organischen Bewegungen und Wirkungen eine Folge des Sonnenlichtes.

Figur 7.
Die Abtei St. Michel in der Bretagne (von Nordosten) bei Ebbe.

In der Gegenwart spielt die Ebbe und Flut des Meeres eine zwar bemerkenswerte, aber doch nur geringfügige Rolle im Wechselspiel der tellurischen Veränderungen. Anders war es in der Urzeit, als sich die Erde rascher um ihre Achse drehte, der Mond ihr näher stand und der irdische Tag, wie G. H. Darwin gezeigt hat, statt 24 Stunden nur 4 Stunden lang war.

Indem sich die Zenit- und die Nadirflut des Mondes und der Sonne auf der bewegten Erde reiben, wird die Rotation unseres Planeten verlangsamt und der Tag verlängert. Bei Sturmfluten werden gewaltige Kräfte ausgelöst. Donnernd bricht sich die Welle am Gestade, unterwühlt die Felsenküste, zerreißt die Dünen und überflutet die durch sie geschützten Niederungen. Alle damit zusammenhängenden geologischen Veränderungen werden also durch kosmische Massen beeinflußt, und so tritt die Anziehung von Mond und Sonne in die Reihe der großen geologischen Kräfte.

Von grundlegendem Einflusse auf die Wirkungsweise aller bisher betrachteten Vorgänge ist die Stellung der Erdachse im Sonnensystem. Die Licht- und Wärmestrahlen der Sonne treffen in paralleler Richtung auf die Erdoberfläche, und während sie am Äquator ihre ganze Kraft entfalten können, mindert sich diese mit zunehmender geographischer Breite. Durch die schiefe Stellung der Erdachse gegenüber der Sonnenbahn (Ekliptik) wird abwechselnd ein halbes Jahr lang die nörd-

Figur 8.
Die Abtei St. Michel (von Osten) bei Flut.

liche und dann die südliche Halbkugel mit einer größeren Menge von Sonnenwärme bedacht. Während die Schiefe der Ekliptik jetzt 23° beträgt, war sie um das Jahr 29400 v. Chr. sogar 27° und um 14400 v. Chr. nur 21°.

Die sogenannte Nutation der Erdachse vollzieht sich in einer Periode von 10 Jahren und ist daher geologisch ohne wesentlichen Einfluß, aber die Präzession ist vielfach zur Erklärung geologischer Veränderungen herangezogen worden. Man versteht darunter die langsame Bewegung der Äquinoktialpunkte auf der Ekliptik. Durch dieselbe wird in einer Periode von 26000 Jahren bald die nördliche, bald die südliche Halbkugel mehr erwärmt und belichtet. Aber auch diese periodisch wiederkehrende Erscheinung konnte bisher nicht in den geologischen Urkunden wiedererkannt werden.

So bleiben schließlich nur die geringen unperiodischen Schwankungen des Poles übrig, die durch neuere Untersuchungen über die Änderung der Polhöhe nachgewiesen (Fig. 9) werden konnten, und die es nicht unwahrscheinlich machen, daß bisweilen auch beträchtlichere Änderungen in der Lage der Erdachse eingetreten sind.

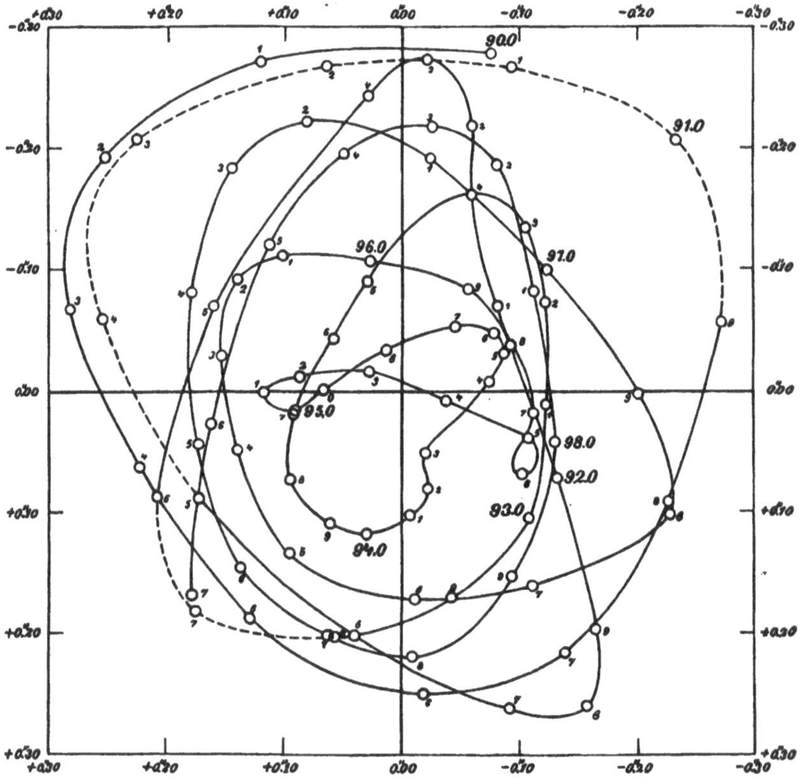

Figur 9.
Die Wanderung des Nordpols in den Jahren 1890—1898.

Wo wir Gelegenheit finden, das Gefüge der Erdrinde zu untersuchen, beobachten wir vielfach eigentümliche Faltenbiegungen (Fig. 10). In den Hochgebirgen und den Gebieten der sogenannten kristallinischen Schiefer liegen diese Falten zutage, oft sind sie tief unter horizontalen Gesteinsdecken verborgen, aber fast überall können wir im Grundgebirge den Faltenbau erkennen. Wir wissen, daß die gefalteten Schichten einstmals horizontale Bänke und Decken bildeten, daß zu verschiedenen Zeiten bald hier, bald dort die Erdrinde zusammengeschoben wurde; und wenn wir alle diese Falten ausglätten könnten, so würden sie vielleicht reichen, um mit dieser Erdrinde zwei Kugeln vom Durchmesser der heutigen Erde zu umspannen.

Diese Tatsachen drängen zu dem unabweisbaren Schlusse, daß die Erdkugel einst größer war, und daß ihr das Rindenkleid angemessen wurde zu einer Zeit, als sie einen viel größeren Durchmesser besaß. Eben so sicher erscheint es aber, daß eine Zusammenziehung des Erdballes durch die ganze Dauer der geologischen Perioden hindurch erfolgt ist. Erdbeben und Gebirgsbildung, die Entstehung von Spalten und Klüften,

Figur 10.
Zu einem Sattel gefaltete Muschelkalkschichten im Wolfsgrund bei Gotha.

Hebung und Senkung, Verschiebungen und Überschiebungen — alles dies hängt mit dem Schrumpfungsprozesse der Erdkugel ursächlich zusammen.

Der Weltenraum ist eisig kalt. Schon bei Ballonfahrten im Sommer hat man in einer Höhe von 12 km Temperaturen von -60^0 beobachtet, und es ist wahrscheinlich, daß die Wärme des Weltenraumes sich noch viel weiter vom Nullpunkte entfernt. Der von einer dünnen Steinhaut umgebene Erdball aber enthält einen ungeheuren Vorrat an Wärme. Selbst wenn die Erdrinde überall eine Temperatur von -60^0 zeigte, so würde trotzdem noch die Temperaturdifferenz gegen den Weltenraum mehr als 100^0 betragen. Wenn, wie manche glauben, diese Wärmeabgabe mit der Umbildung radioaktiver Substanzen zusammenhängt, so ändert das doch nichts an der Tatsache, daß unsere Erde heute, ebenso wie in der Vorzeit, überall und beständig Wärme verliert.

Wärmeverlust ist gleichbedeutend mit Volumverminderung. Wohl hat Ritter[11] gezeigt, daß eine durch Wärmeverlust sich zusammenziehende Gaskugel — und gasförmig ist wohl der Erdkern — wärmer wird; aber die Volumverminderung bleibt bestehen, und indem wir sie als die eigentliche Ursache des Faltungsprozesses betrachten, erkennen wir in der Wärmeabgabe des Erdkernes an den Weltenraum eine großartige geologische Kraft.

Die Entstehung der Vulkane, der Thermen, der Geysire und Mofetten steht in so engem Zusammenhange mit dem Gebirgsbildungsprozesse, daß wir auch hier auf dieselbe Kraftquelle geführt werden.

Allein neben den durch Brüche ausgelösten Spannungen und den kurzwelligen Gebirgsfalten erkennt man in der Erdgeschichte andere Bewegungen, die das Verhältnis von Land und Wasser sehr wesentlich umgestalten. Es gibt Perioden, wo das Meer seine Grenzen verläßt, unaufhaltsam gegen die Küsten drängt und langsam ganze Kontinente überschreitet. Auf Ablagerungen mit festländischen Pflanzen und Tieren folgen dann im geologischen Profile marine Gesteine voll von den Schalen einstiger Meeresbewohner, oder die Sedimente einer eng begrenzten Meeresbucht werden überlagert von weit ausgedehnten Deckschichten der folgenden Periode. Man bezeichnet dieses Eindringen des Ozeans nach dem Festlande als Transgression und die entsprechenden Rückzugserscheinungen als Regression. Viele Geologen sehen die Ursache dieser Phänomene in einer aktiven Bewegung des flüssigen Elements. Von rätselhaften Kräften angezogen, soll das Meer seine Tiefen und seine Grenzen ändern und bald erobernd gegen das Festland vordringen, bald in langsamem Rückzuge seinen Boden an das Tageslicht bringen und neue Länder schaffen. Wir werden bei einer späteren Gelegenheit zu zeigen haben, daß viele sogenannte Transgressionen nichts weiter sind als tiergeographische Wanderungen einzelner Faunen oder sogar nur Veränderungen des Salzgehaltes litoraler Gewässer; aber auch wenn wir solche Fälle ausschalten, bleiben noch immer eine ganze Reihe „echter" Transgressionen des Ozeans übrig.

Wir neigen uns der älteren Auffassung zu, die als die Ursache der Transgressionen langsame flache Aufwölbungen oder Hinabbiegungen der unter den größeren Meeresbecken liegenden Stücke der Erdrinde betrachtet. Es wäre doch sehr seltsam, wenn zwei Drittel der Erdkugel nur deshalb keinerlei Bewegungen erlitten, weil darüber eine Schicht leichten Meerwassers steht, während wir doch auf allen Festländern sehen, daß Schichtenstöße fester, schwerer Gesteine von 3000 und mehr

Metern Mächtigkeit spielend durch den Faltungsvorgang gebogen und gehoben werden konnten.

Wir müssen uns darüber klar bleiben, daß die Pyrosphäre aus verschieden dichten und verschieden schweren Schlieren zusammengesetzt ist, welche unter dem Einflusse der allgemeinen Abkühlung des Erdballs seltsame Diffusionsbewegungen erleiden, langsam ihren Ort wandeln und sich an ihren Grenzen gegenseitig durchfließen. Stets folgt, wie erst kürzlich[12] trefflich ausgeführt wurde, die dünne Erdhaut diesen Fundamentalbewegungen, und bildet sie vielfach verändert, in Gestalt von flachen Auf- und Abbiegungen ab.

Wenn wir zum Schlusse alle bisher betrachteten geologischen Veränderungen unseres Planeten mit Rücksicht auf die ihnen zugrunde liegenden Kraftquellen zusammenstellen sollen, so ergibt sich folgendes Bild:

Meteorfälle, Bergstürze, Sedimentbildung, Oszillation der Strandlinie usw.
bedingt durch die Schwerkraft der Erde.

Gezeiten, Sturmfluten, Verlängerung des Tages, Nutation, Präzession (Schwankungen der Erdachse?)
bedingt durch Anziehung von Sonne und Mond.

Physikalische Verwitterung, Kreislauf des Wassers, Winde, Meereswellen, Strömungen, Regen, Schnee, Flüsse, Gletscher, Verdampfung von abflußlosen Becken usw.
bedingt durch die Wärmestrahlen der Sonne.

Organisches Leben, Leitfossilien, Kalkbildung, Dolomit, Kohle
bedingt durch die Lichtstrahlen der Sonne.

Gebirgsbildung, plutonische Herde, Vulkane, Thermen, viele Transgressionen und Regressionen, säkulare Hebung und Senkung großer Flächen, vielleicht auch Polverschiebungen
bedingt durch die Wärmeabgabe der Erde an den Weltenraum.

Durch das Wechselspiel dieser Kräfte entsteht jene kaum zu übersehende Mannigfaltigkeit der geologischen Vorgänge in der Gegenwart, und wir sind der Überzeugung, daß auch in der geologischen Vorzeit keine anderen Kräfte tätig waren. Es wird die Aufgabe der folgenden Kapitel sein, zu zeigen, wie merkwürdige Wechselbeziehungen zwischen den genannten Kräftegruppen bestehen, wie unerwartete Wirkungen durch sie hervorgebracht und weitreichende Kausalreihen durch sie veranlaßt worden sind. Zugleich aber gedenken wir den Beweis zu führen, daß nicht der geringste Grund vorliegt, andere außerirdische oder rätselhafte Wunderursachen zur Erklärung der Geschichte der Erde und des Lebens anzunehmen.

Die Fülle des geologischen Geschehens, die tatsächliche Aufeinanderfolge der Ereignisse, die reiche Entfaltung des organischen Lebens sind für Jeden, der sie ernsthaft betrachtet, ein so zauberhaftes Bild, daß man nur die Augen zu öffnen braucht, um sich überall von „natürlichen" Wundern umgeben zu sehen.

Zum Schluß müssen wir aber noch eine interessante Seite des erdgeschichtlichen Problems hervorheben: Wenn wir die Aufeinanderfolge geologischer Ereignisse, wie sie uns die Schichten der Erdrinde in klarer Sprache erzählen, unbefangen überschauen, dann drängt sich uns die Tatsache auf, daß der Gang der Erdgeschichte keineswegs immer im ruhigen Gleichmaße verlief. Wohl gibt es lange Perioden, in denen eine Schicht voll Meerestiere über die andere gebreitet wurde, oder an einem anderen Orte Hunderte von Metern gleichartige fossilleere Sandsteindecken übereinander gebaut wurden. Es gibt Zeiten, in denen die Arten der Tiere, durch unmerkliche Übergänge verbunden, ruhig aufeinanderfolgen, und wo die Gattungen sich mit der Regelmäßigkeit einer periodischen Erscheinung ablösen. Dann aber sehen wir mit einem Male, wie alle diese ruhigen Kausalreihen unvermittelt durchbrochen werden. Tumultuarisch gebildete Konglomerate bauen sich lokal zu ungeheurer Mächtigkeit, auf festländischen Kohlen liegen plötzlich marine Kalke, mitten zwischen mächtigen versteinerungsleeren Sandsteinen tritt eine nur wenige Zentimeter hohe Schicht auf, die mit zahllosen Meerestieren erfüllt ist. Oder aber nach Perioden langer Ruhe dringen plötzlich vulkanische Massen aus den Tiefen der Erdrinde auf, und wo vorher ein ebenes Hügelland war, erheben sich schneebedeckte Vulkanriesen. Auch das organische Leben scheint zu gewissen Zeiten ganz anderen Gesetzen zu gehorchen, mächtige Antriebe verändern rasch ganze Faunen; Tiergruppen, die eine lange Zeit verborgen und kümmerlich dahinvegetierten, deren seltene Vertreter keine Rolle im Faunenbild spielten, blühen mit einem Male mächtig auf, bilden zahllose Gattungen und Ordnungen, bevölkern ungeheuere Strecken neuen Landes und erscheinen mit wunderbarer Schnelle an den fernsten Fundorten.

Man hat diese oft übersehenen lithologischen und biologischen Kontraste in den geologischen Dokumenten, die sprungweise Entwicklung ganzer Floren und Faunen und die Grenzen der großen geologischen Perioden ausschließlich durch die Lückenhaftigkeit der geologischen Urkunde zu erklären versucht. Allein so fest wir von dem phyletischen Übergange einer Tierart in eine andere, wie von der langsamen Wirkung der einzelnen Naturkräfte überzeugt sind, und so zweifellose

Lücken in der Überlieferung erdgeschichtlicher Ereignisse vorhanden sind, so scheint uns doch die Annahme, als ob alle jene Sprünge, Lücken und Kontraste nur scheinbar wären, den Tatsachen nicht gerecht zu werden.

Wir möchten schon hier darauf hinweisen, daß im Wechselspiele der irdischen Kräfte zwei verschiedene Kausalreihen nicht notwendig in demselben Sinne und derselben Stärke tätig sein müssen. Oft werden sie interferieren und entweder ihre Wirkung gegenseitig beeinträchtigen oder steigern. Zum Beispiel kann eine Verminderung der Sonnenwärme, vielleicht bedingt durch die Vermehrung der Sonnenflecke, für eine bestimmte Breite dadurch vollkommen ausgeglichen werden, daß sich gleichzeitig die Erdachse im umgekehrten Sinne verschiebt, so daß die klimatische Erwärmung des betreffenden Ortes kaum verändert wird. Die Hebung eines gewaltigen Faltensystems braucht keineswegs zur Bildung eines hohen Gebirges zu führen, wenn gleichzeitig eine intensive Verwitterung die entstehenden Faltenzüge beständig erniedrigt. Ein reichbesiedelter Kontinent kann einen beträchtlichen Landzuwachs erhalten, ohne daß dadurch seine Flora und Fauna wesentlich verändert wird, denn wenn das Wachsen nach Längengraden erfolgt, werden ganz andere Siedelungsbedingungen geschaffen, als wenn das Land sich polwärts verbreitert.

Wenn aber einmal zufällig mehrere Kausalreihen geologischer Veränderungen in derselben Richtung umgestaltend tätig sind und ihre Wirkung gegenseitig steigern, dann kann durch das Zusammentreffen von Vorgängen, die, einzeln betrachtet, keine wesentliche Umgestaltung hervorrufen konnten, doch eine großartige Wirkung ausgeübt werden.

Es soll unsere besondere Aufgabe sein, solch einzigartige, bedeutungsvolle Ereignisse aus der langen Reihe unmerklicher Veränderungen klar herauszuheben. Wir wollen zeigen, daß die Erdgeschichte meist im langsamen Schritte dahingezogen ist, bisweilen aber in rascher Folge der Ereignisse neue unerwartete Wege einschlug und in schnellerem Tempo ihrer eigenen Entwicklung vorauseilte. Betreffen solche energische Veränderungen die anorganische Natur, das geographische Antlitz der Erde, dann könnte man von einem „heroischen Zeitalter" sprechen, handelt es sich aber um eine sehr tiefgreifende Umgestaltung einzelner oder gar mehrerer zusammenlebender Tiergruppen, dann wird das Wort „Anastrophe" die bemerkenswerte Tatsache kennzeichnen.

Da manche der oben angeführten geologischen Veränderungen auf periodisch wiederkehrende Ursachen zurückzuführen sind, ist oftmals der Versuch gemacht worden, auch die geologischen Ereignisse als periodische Prozesse zu betrachten. Bald hat man periodische Eiszeiten, bald einen geschlossenen Zyklus der marinen Ablagerungen, bald eine regelmäßige Verlagerung des Ozeans von den Polen nach dem

Äquator, bald einen gesetzmäßigen Rhythmus in der Umbildung der Organismen nachweisen zu können geglaubt.

Aber wenn wir ohne Vorurteil die chronologisch völlig gesicherte Aufeinanderfolge geologischer Ereignisse betrachten, dann sehen wir zwar überall lithogenetische, phylogenetische oder bionomische Kausalreihen, aber diese kehren niemals wieder zu ihrem Ausgangspunkte zurück, und alle Versuche, eine periodische Wiederkehr dieser Vorgänge in den Schichten der Erdrinde nachzuweisen, tun den Tatsachen Gewalt an.

Verweise

[1] E. Sueß, Das Antlitz der Erde I, S. 29; Duparc, Le déluge biblique, Genève 1897. — [2] Blanckenhorn, Z. d. Deutschen Palästinavereins XIX, 1896; Diener, Mitteil. der K. k. Geogr. Gesellschaft, Wien 1897. — [3] E. Silberschlag, Geogenie oder Erklärung der mosaischen Erderschaffung nach physik. und mathem. Grundsätzen, Berlin 1780. — [4] Valisneri, De' corpi marini che su' monti si trovano, Venezia 1721. — [5] Lazzaro Moro, De' crostacei e degli altri marini corpi che si trovano su' monti, Venezia 1740. — [6] Hutton, Theory of the earth, Edinburgh 1790. — [7] Reich, K. E. A. von Hoff, der Bahnbrecher moderner Geologie, Leipzig 1905. — [8] K. E. A. von Hoff, Geschichte der durch Überlieferung nachgewiesenen natürlichen Veränderungen der Erdoberfläche, Berlin 1822—1841. — [9] J. Walther, Einleitung in die Geologie als historische Wissenschaft, Jena 1893/4. — [10] Ampferer, Z. d. K. k. geol. R.-Anstalt, Wien 1906, S. 539.

3

Die Stellung der Erde im Sonnensystem

Wenn das durch Raum und Zeit beschränkte Auge des Menschen eine Pflanze wachsen sieht, die sich mit bunten Blüten schmückt und endlich welkend zu Boden sinkt, dann glaubt er, daß etwas neu entstehe und wieder verschwinde, und spricht von Werden und Vergehen. Der Naturforscher aber weiß, daß sich dabei nur die Form des Stoffes wandelte und sieht nicht Anfang und Ende, sondern nur den Wechsel der Erscheinungen.

Auch am Himmelsgewölbe glaubte man ähnliche Vorgänge zu beobachten. Eine durch das Alter geheiligte Ansicht läßt die ganze Welt aus dem Nichts entstehen und rechnet mit ihrem materiellen Untergange, ohne zu bedenken, daß vorhandener Stoff nicht zerstört, neuer Stoff nicht geschaffen werden kann, daß wir im Weltgeschehen nur den Querschnitt endloser Kausalreihen sehen, die sich vorwärts und rückwärts im Dämmerscheine der Unendlichkeit verlieren.

Auch unsere Erde ist einmal entstanden, jedoch nur in dem Sinne, daß vorhandene Weltenmaterie sich zu unserem Planeten zusammenballte, und unsere Erde wird vergehen, indem der sie bildende Stoff neue Formen annimmt.

Kant[1] nahm an, daß der ursprünglich über die Neptunsbahn hinausreichende Nebel in langsame Rotation geriet, daß sich dann ein äußerer Ring absonderte, vergleichbar dem Ringe des Saturn, daß der Ring zerriß und sich zum ältesten Kinde der Sonne, dem äußersten Planeten, zusammenballte. Lange Perioden hindurch zog sich der Nebel weiter zusammen und bildete nacheinander Neptun, Uranus, Saturn, Jupiter, Mars, Erde, Venus und Merkur.

Die meisten Planeten wiederholten im kleinen den Entwicklungsgang des ganzen Systems, um ihre Monde abzusondern.

Neptun	bildete	1	Mond
Uranus	„	4	Monde
Saturn	„	8	„
Jupiter	„	5	„
Mars	„	2	„
Erde	„	1	„

Daß der Saturn außer seinen acht Monden noch einen Ring besaß, schien den besten Beweis für jene Hypothese zu bilden, obwohl gerade diese Tatsache eine große Schwierigkeit enthält. Waren die acht Saturnmonde gleichzeitig oder nacheinander entstanden? war der Ring im Begriffe, einen neuen Mond zu bilden? — alle diese Fragen blieben unbeantwortet.

Der französische Mathematiker und Astronom Laplace[2] veröffentlichte fünfzig Jahre später eine der Kantschen Theorie überaus ähnliche Ansicht, allerdings ohne Kants Priorität auch nur mit einem Worte zu erwähnen. Er sah besonders in der gleichsinnigen Bewegung aller Planeten und ihrer Monde einen zwingenden Beweis für die Richtigkeit seiner Theorie und erklärte, daß man nach den Gesetzen der Wahrscheinlichkeit 1 : 1000 Milliarden wetten könne, daß auch ein vielleicht noch unentdeckter Mond sich ebenfalls in der normalen Richtung von rechts nach links bewegen müsse.

Als man aber die Monde des Neptun und Uranus auffand, stellte sich heraus, daß sie sich den anderen Himmelskörpern gegenüber rückläufig bewegten.

Seither sind aber noch manche andere astronomische Tatsachen bekannt geworden, die sich schwer mit jener so einleuchtenden Ansicht vereinigen lassen:

Es scheint wahrscheinlich, daß die äußeren Planeten noch mit eigenem Lichte leuchten, also jünger sein könnten wie ihre inneren Brüder; der Saturnring löst sich unter dem Fernrohre in ein rotierendes System fester Körperchen auf; die Doppelsterne zeigen uns zahlreiche Fälle einer wesentlich anderen Verteilung der Masse in einem Fixsternsystem, und das Gesetz von der Erhaltung der Kraft, zusammen mit den jüngsten Forschungen über die radioaktiven Substanzen, hat uns ebenfalls neue Gesichtspunkte für die genetische Beurteilung unseres Sonnensystems gegeben.

Unser Sonnensystem zeigt eine sehr eigenartige Verteilung der Masse, denn der Zentralkörper ist siebenhundertmal so groß als alle Planeten und Monde zusammen genommen. Das Übergewicht des Zentralkörpers wird durch folgende Erwägung besonders drastisch beleuchtet: Wenn man die in unserem Sonnensystem vorhandene Masse auf den Raum der Neptunbahn gleichmäßig verteilen wollte, dann würde in einem Würfel von 570 m Kantenlänge nur 1 g Weltenstoff vorhanden sein. (Dagegen würde ein solcher Würfel, mit atmosphärischer Luft gefüllt, 240000000 kg wiegen.) Die ungeheure Öde und Leere des heutigen interplanetarischen Raumes in unserem Sonnensystem wird dadurch treffend gekennzeichnet.

Betrachten wir nun andere Weltensysteme am Himmelsgewölbe, so sehen wir bald, daß unser Sonnensystem keineswegs den einzigen Typus der Verteilung der Massen darstellt. Die Astronomen unterscheiden unter den Weltkörpern daneben folgende Gruppen: zuerst die kosmischen Nebel, die entweder eine gleichartig-chaotische Massenverteilung zeigen oder einzelne Verdichtungen erkennen lassen. Trotz der verschiedensten Formen des Umrisses und der Massengruppierung stimmen ihre Spektren ganz auffallend überein. Danach bestehen die Nebelflecken aus leuchtenden Gasen in überaus großer Verdünnung; Wasserstoff und Helium sind leicht nachzuweisen, andere Spektrallinien lassen sich schwer identifizieren. Es ist fraglich, ob man annehmen darf, daß sich die astronomisch sichtbaren kosmischen Nebelflecke in Fixsterne verwandeln können, denn sie zeigen eine wesentlich andere chemische Zusammensetzung als diese, jedenfalls stehen sie ziemlich unvermittelt den anderen Weltmassen gegenüber.

Einen bemerkenswerten Typus bilden die Nebelsterne,[5] bei denen innerhalb einer nebligen Masse ein heller Stern schwebt, und die mit einem gewissen Rechte als beginnende Fixsternbildungen betrachtet werden können.

Sehr merkwürdig sind die neuerdings in ungeheurer Zahl (gegen 20000) nachgewiesenen Doppelsterne.[6] Es sind Systeme, deren Masse in mehrere gleiche oder ungleiche Teile zerlegt ist, die sich um einen gemeinsamen Mittelpunkt bewegen. Aus der Helligkeit der beiden

Partner kann man mit einem gewissen Rechte auf die Größenverhältnisse derselben schließen:

γ Virginis	zeigt	zwei	Sterne	mit	der	Helligkeit	3:3
der Polarstern	,,	,,	,,	,,	,,	,,	2:9
Sirius	,,	,,	,,	,,	,,	,,	1:9
Aldebaran	,,	,,	,,	,,	,,	,,	1:11.

Vielfach ist aber der eine Stern unsichtbar und wohl schon völlig erkaltet; nur aus den Bewegungen seines leuchtenden Bruders kann man seine Existenz erschließen. Besonders interessant ist dabei, daß manche dieser dunklen Sterne (Lyratypus) periodisch aufleuchten, nicht etwa, weil sie, wie bei Algol, durch den anderen Stern vorübergehend verdeckt wurden, sondern wahrscheinlich, weil durch diesen eine Flutwelle erzeugt wird, welche die dünne erkaltete Kruste zerreißt und eine Überflutung durch glühende Magmaströme hervorruft.

Die Dimensionen der einzelnen Sonnen innerhalb eines Doppelsternsystems lassen sich nach ihren Umlaufszeiten schätzen. Die Umlaufszeit

von	δ Equulei	beträgt	11,5	Jahre
,,	42 Comae	,,	25,7	,,
,,	Sirius	,,	49,4	,,
,,	γ Virginis	,,	169,5	,,
,,	ν im Löwen	,,	296	,,
,,	36 Andromeda	,,	349	,,
,,	Z im Wassermann	,,	1578	,,

Ein vierter Typus sind die Sternhaufen, die allem Anscheine nach einheitliche Systeme von zahlreichen großen glühenden Himmelskörpern bilden. Z des Krebses besteht aus nur drei Sternen von gleicher Helligkeit, von denen der eine sich in 60, der andere in 700 Jahren um den gemeinsamen Mittelpunkt bewegt. Im Θ des Orion bewegen sich vier Hauptsterne, IV., VI., VII. und VIII. Größe, und zwei kleine, fast unsichtbare Sternchen. Andere Sternhaufen bestehen aus Tausenden von Fixsternen. Manche Sternhaufen sind unregelmäßig begrenzt, spindelförmig oder spiralig, andere scheinen riesige Kegel zu bilden, in deren Mitte die Sterne viel näher zusammenstehen, wie am Rande, und so finden wir alle Übergänge bis zu dem großen spiraligen Andromedanebel, den das Fernrohr noch nicht in einzelne Lichtpunkte zerlegen konnte, trotzdem uns der Spektralapparat beweist, daß er ein Sternhaufen sein muß.

Wir sehen also, daß die Verdichtung kosmischer Massen zu einzelnen Sterngebilden keineswegs normalerweise nach dem Typus unseres Sonnensystems erfolgt, und wir müssen dieses letztere als einen seltenen Spezialfall betrachten. Auch hier hat der geozentrische Standpunkt einer veralteten Weltanschauung lange Zeit hindurch die Forschung auf einem falschen Wege erhalten.

Zugleich aber erhebt sich die andere Frage: ob die in unserem Sonnensysteme vorhandene Harmonie der Bewegungen eine gesetzmäßige Folge älterer einfacher Bewegungen sei, oder ob nicht vielleicht, wie dies du Prel[7] schon früher vermutete, die jetzige Gruppierung der Planeten um die Sonne das Ergebnis zahlreicher Übergangstadien war, die ganz allmählich den regellosen Urzustand in geordnete Bahnen leiteten.

Unser Planetensystem besteht aus drei Gruppen von größeren Körpern, die in nahezu kreisförmigen Bahnen um die Sonne wandeln. Der Schwarm der etwa 600 Planetoiden trennt die vier inneren von den vier äußeren Planeten.

		Masse in Erden	spez. Gew.	Thermischer Zustand	Rotationsrichtung der Monde
Innere Planeten	Merkur	0,04	0,8	erkaltete Rinde	←
	Venus	0,81	0,9	und	←
	Erde	1,00	1,0	gasarme dünne	←
	Mars	0,12	0,8	Atmosphäre	←
	Planetoiden				
Äußere Planeten	Jupiter	309,61	0,23	Kern wahrscheinlich	←
	Saturn	92,65	0,12	rotglühend, mit stark ab-	←
	Uranus	14,74	0,25	sorbierender	→
	Neptun	16,47	0,14	Atmosphäre	→

Betrachten wir zuerst das spezifische Gewicht der planetarischen Massen, so sehen wir deutlich, daß die inneren Planeten vollkommen mit der Erde übereinstimmen, während die unter sich sehr gleichartigen äußeren Planeten aus wesentlich leichteren Massen bestehen.

Der von den Planetoiden erfüllte Zwischenraum bildet also auch eine Dichte-Grenze, und wir werden dadurch auf die Vermutung geführt, daß die beiden Planetengruppen aus verschiedenen Massenansammlungen entstanden sind. Wenn man aus der Dichte einen Schluß auf die genetischen Verhältnisse ziehen will, so ergibt sich, daß die Sonne (mit einer Dichte von 0,25) mit den Gliedern der äußeren Planetengruppe verwandt ist, obwohl sie jetzt den Mittelpunkt unseres Systems einnimmt.

Vergleichen wir nun die thermischen Verhältnisse, so ergibt sich dasselbe auffallende Resultat. Die inneren Planeten sind erkaltet, ihre gasarme Atmosphäre bietet für den Durchtritt der Sonnenstrahlen kein wesentliches Hindernis. Die äußeren Planeten aber sind mit einer dichten Dampfatmosphäre umgeben, welche zwar das Sonnenlicht auf ihrer Oberfläche reflektiert, aber zugleich bisweilen die dunkle Rotglut des wahrscheinlich noch heißen Weltkörpers hindurchschimmern läßt.

Diese widerspruchsvollen Tatsachen sucht Faye[3] astronomisch zu erklären durch folgende Annahmen: Den Ausgangspunkt unseres Sonnensystems bildete eine nahezu kugelige, langsam rotierende Masse. Dieselbe verwandelte sich in einen abgeplatteten rotierenden Ring, der sich um einen stoffarmen Mittelpunkt drehte. Da hier die überwiegende Ansammlung anziehender Materie noch fehlte, konnten sich in dem Gasringe einzelne Wirbel bilden, welche im Sinne der allgemeinen Bewegung rotierend, sich langsam verdichteten, benachbarte Materie in sich aufnahmen und nacheinander einzelne Planeten bildeten. Merkur wäre dann zuerst entstanden, dann folgten Venus, Erde, Mars, Jupiter und Saturn. Aber noch immer existierte die Sonne nicht, noch fehlte die zentrale anziehende Masse; ihre Substanz war in dem interplanetarischen Raume diffus verteilt und besaß noch kein dynamisches Übergewicht.

Allmählich verdichtete sich dieser noch übrigbleibende Stoff, kleinere und größere Massen wanderten nach dem Mittelpunkte des Systems, um sich hier zusammenzuballen, an der äußeren Peripherie aber schwebten zwei weite Nebelringe, und auch die übrigen Planetenmassen waren noch in einem Zustande, der die Bildung kleiner Ringe ermöglichte. Durch einen glücklichen Umstand ist eine Gruppe dieser Ringe noch bis heute erhalten geblieben und umkreist den Saturn, alle übrigen ballten sich zu einem oder mehreren Individuen zusammen und bildeten die Satelliten der verschiedenen Planeten.

Inzwischen aber wuchs die zentrale Masse der werdenden Sonne immer mehr; $^{699}/_{700}$ des gesamten Stoffes wurde daselbst zusammengeballt, das System bekam einen schweren Mittelpunkt und die sich zuletzt bildenden äußersten Planeten entstanden unter total verschiedenen Umständen wie ihre älteren Brüder.

Es kann nicht unsere Aufgabe sein, zu diesen schwierigen Problemen Stellung zu nehmen, aber die Frage mag noch berührt werden, ob unser Sonnensystem schon jetzt das Ende seiner Entwicklung erreicht hat, oder ob noch weitere Veränderungen wahrscheinlich sind; mit anderen Worten: ob der jetzige Zustand des Zentralkörpers einen Abschluß oder nur den Übergang zu anderen Stadien darstellt.

Ein normales Auge kann bei klarer Luft 5500 Fixsterne oder „Sonnen“ zählen. Im Fernrohre erhöht sich ihre Zahl auf 65000000, und wenn wir das Licht derselben im Spektroskope zerlegen, dann können wir auch den thermischen und chemischen Zustand der Sterne beurteilen. Dabei ergibt sich nach Scheiner[4], daß etwa die Hälfte aller Fixsterne mit weißblauem Lichte strahlt. Sie bilden die Sternklasse I. Ihre Temperatur ist weit über 7000° hoch. Ihr Spektrum ist kontinuierlich vom äußersten Rot bis zum äußersten Violett. Die deutlichen Linien des Wasserstoffes sprechen dafür, daß dieses Element in der Atmosphäre überwiegt, während Helium, Natrium, Magnesium, Kalzium und Eisen eine geringere Rolle spielen.

Alle Übergänge leiten hinüber zu der Sternklasse II, deren Vertreter mit gelbem Lichte leuchten und etwa 7000° heiß sind. Das Spektrum ist an der violetten Seite lichtschwach und von zahllosen dunklen Linien durchzogen, in denen man mit Sicherheit Kalzium, Eisen, Wasserstoff, Natrium, Nickel, Magnesium, Kobalt, Silizium, Kupfer, Zink, Silber, Zinn, Blei, im ganzen gegen vierzig irdische Elemente nachgewiesen hat, während manche Stoffe, wie Sauerstoff, Stickstoff, Phosphor, Brom, Chlor, Schwefel, Fluor, nicht sicher erkannt werden können.

Nur ein Achtel der sichtbaren Fixsterne gehört zur Klasse III. Sie haben eine orangegelbe oder rote Farbe. Ihre Temperatur beträgt 3000—4000°. In ihrer Atmosphäre sind schon chemische Verbindungen enthalten, besonders Kohlenwasserstoffe.

Obwohl damit die Grenzen der sichtbaren Sternenwelt erreicht sind, so ist doch höchst wahrscheinlich die Anzahl der (Klasse IV) völlig erkalteten Sterne am Firmamente eine ungeheuer große. Von einem anderen Sterne aus würde man in unserem Sonnensysteme nur den Zentralkörper, aber nicht die 600 Planeten, Planetoiden und Satelliten sehen können; viele Doppelsterne drehen sich um einen dunklen Begleiter, dessen Existenz man nur durch Berechnung nachweisen kann; Millionen von kleinen Weltkörpern werden für uns nur sichtbar, wenn sie als Meteore in die irdische Atmosphäre eintreten, und die sogenannten „neuen Sterne" zeigen uns das vorübergehende Aufflammen eines Weltkörpers, der sich schon mit einer Kruste umgeben hatte.

Das eigentümliche Zahlenverhältnis der drei leuchtenden Sternklassen ist von Scheiner zu einer interessanten Gedankenreihe verwendet worden. Wenn nämlich die Hälfte aller Sterne zur ersten Klasse, drei Achtel zur zweiten und ein Achtel zur dritten Klasse gehören, so können wir schließen, daß die Weltkörper in dem weißleuchtenden Stadium am längsten beharren, im Stadium II einen fast ebenso langen Zeitraum verweilen, um dann ziemlich rasch zu erkalten und ihre Leuchtkraft einzubüßen. Unsere Sonne gehört zur Sternenklasse II. Ihre Temperatur beträgt mithin nahe der Oberfläche noch etwa 7000°, während es ganz unmöglich ist, die riesenhohen Temperaturen im Innern des Sonnenballs auch nur annähernd zu taxieren.

Wenn wir die Sonne durch einen dünnen Wolkenschleier betrachten, so erscheint sie uns als eine völlig kreisrunde Scheibe. Aber wenn bei einer totalen Verfinsterung die Sonne abgeblendet wird und unser Auge die verhältnismäßig weniger hellen Randpartien betrachten kann, verschwindet die regelmäßige Kugelform (Fig. 11). Überall tauchen Unebenheiten (Protuberanzen) auf, die ihre Gestalt wandeln, und in denen das Spektroskop glühenden Wasserstoff, Magnesium, Helium, Natrium, Baryum, Titan und Eisendämpfe entdeckt. Nach außen aber sehen wir dann eine mild leuchtende zarte Atmosphäre von ganz unregelmäßiger Begrenzung den Sonnenkern umgeben. Die Sonnenmaterie wird in der Korona so dünn, daß der Komet von 1843 sie ungehindert passierte, während nach dem Zentrum zu die Dichte beständig zunimmt.

Durch theoretische Erwägungen hat Schmidt[8] gezeigt, daß in einem glühenden Gasballe, dessen Dichte von innen nach außen abnimmt, eine kugelförmige Ebene existiert, welche die Lichtstrahlung in der Weise

Figur 11.
Die Sonne, nach einer Aufnahme bei der totalen Sonnenfinsternis am 28. Mai 1900, Der punktierte Kreis gibt den Umriß der leuchtenden Sonnenscheibe wieder.

beeinflußt, daß alle innerhalb dieser Ebene liegenden Teile sehr hell leuchten, während die außerhalb gelegenen Massen nur mit schwachem Lichte scheinen. Danach könnte der Gegensatz zwischen einer leuchtenden Sonnenkugel und einer darum gelegten dünnen „Atmosphäre“ gar nicht so scharf sein, und die Sonne wäre ein unregelmäßig gestalteter leuchtender Gasball, der von innen nach außen allmählich an Dichte abnimmt, und dessen wirklicher Durchmesser vielleicht dreimal so groß ist, als die uns wohlbekannte Sonnenscheibe.

Gegenüber den älteren Rechnungen von Thomson und Helmholtz, wonach die Sonne beständig kälter werden muß, und sich, um den

Wärmeverlust zu decken, im Jahrhundert um 6 km zusammenzieht, hat Ritter[9] gezeigt, daß ein sich kontrahierender Gasball, und ein solcher ist zweifellos die Sonne, nur 19% der durch Kontraktion gebildeten Wärme ausstrahlt, dagegen 81% auf eine Temperaturerhöhung seiner Masse verwendet. Man hat berechnet, daß die Sonne in jeder Minute auf jeden Quadratzentimeter so viel Wärme ausstrahlt, daß sie hinreicht, um die Temperatur von 4 g Wasser um 1° C zu erhöhen, oder, wie man dies technisch ausdrückt, 4 Grammkalorien. Danach beträgt der ständige Wärmeverlust der Sonne in der Minute 580000000000000000000000000000000 Grammkalorien. Freilich verstreut die Sonne den größten Teil dieser Wärme in den kalten Weltenraum und nur $^1/_{2250}$ Millionstel gelangt auf die Erde herab. Wenn nun die Sonne in derselben Zeit viermal soviel Wärme in sich aufspeichert, werden natürlich alle auf der Wärmeabgabe der Sonne basierenden Berechnungen über das Alter des Zentralkörpers oder unserer Erde unsicher. Wir können nur sagen, daß die Sonne voraussichtlich ziemlich lange Zeit auf ihrem jetzigen thermischen Entwicklungsstadium verharrt hat und bleiben wird.

Eine besondere Art der weiteren Veränderung unseres Sonnensystems ist darin gegeben, daß die größeren planetarischen Massen beständig kleinere Körper an sich ziehen und sich auf deren Kosten vergrößern. Wir werden diesen Vorgang an einigen besonders charakteristischen Beispielen im nächsten Abschnitte betrachten. Jedenfalls muß der interplanetarische Raum unseres Sonnensystems immer ärmer an meteorischen Massen werden, sofern nicht neue kosmische Massen hineingeraten.

Eine sehr merkwürdige Veränderung unseres Sonnensystems scheint endlich darauf zu beruhen, daß der nach der Sonne größte Körper, der Jupiter, mit seiner Bahn dem Schwarme der Planetoiden so nahe liegt, daß er einen stark störenden Einfluß gewinnt, wenn die Bahn eines der Planetoiden in seinen Anziehungsbereich kommt. Die Planetoidenbahn wird stark exzentrisch; außerdem muß der kleine Weltkörper, wenn er der Sonne im Perihel nahe kommt, sehr hoch erhitzt, im Aphel aber fern von der Sonne, um so energischer abgekühlt werden. Dadurch werden überall Sprünge entstehen und seine Oberfläche wird immer wieder zerklüftet. Nun gibt es für jeden Weltkörper eine bestimmte Grenze der Geschwindigkeit, bis zu welcher einer seiner Teile bewegt werden kann, ohne seinen Anziehungsbezirk zu verlassen. Man müßte einer Kanonenkugel eine Anfangsgeschwindigkeit von 11 km in der Sekunde geben, wenn sie von der Erde in den Weltenraum fliegen sollte. Auf einem Planetoiden von 10 km Durchmesser genügt eine Wurfgeschwindigkeit von 6 m, auf einem 1 km großen Planetoiden von 0,6 m, um seine Schwerkraft zu überwinden und abgesprungene Teilstücke nach dem Weltenraume zu befördern. d'Arloz[10] vermutet nun, daß ein durch

Wärmedifferenzen immer wieder zerklüfteter Planetoid sich allmählich in einen Schwarm kleiner Stücke zerlegen könne, welche als Kometen in stark exzentrischer Bahn um die Sonne kreisen und endlich von dieser oder von einem seine Bahn kreuzenden größeren Planeten völlig vernichtet werden müsse.

So ist also nicht nur die Erde, sondern ebenso die Sonne und wohl auch die meisten anderen Körper unseres Systems einem beständigen Wechsel unterworfen, und manche Perioden der geologischen Vergangenheit standen unter wesentlich anderen astronomischen Bedingungen wie die Gegenwart.

Verweise

[1] Kant, Naturgeschichte des Himmels, 1755. — [2] Laplace, Exposition du système du monde, Note VII et dernière. — [3] Faye, Sur l'origine du monde, Paris 1896. — [4] Scheiner, Der Bau des Weltalls, Leipzig 1901. — [5] Seeliger, Sitzungsber. d. Kgl. Akad. d. Wissensch., München 1901 III. — [6] Th. J. J. See, Die Entwicklung der Doppelsternsysteme; Diss., Berlin 1892, S. 51. — [7] du Prel, Der Kampf ums Dasein am Himmelsgewölbe; 3. Aufl. u. d. T.: Entwickelungsgeschichte des Weltalls, Berlin 1884. — [8] Schmidt, Die Strahlenbrechung auf der Sonne, Stuttgart 1891. — [9] Ritter, Anwendung der mechan. Wärmetheorie auf kosmologische Probleme, Leipzig 1882, S. 29. — [10] d'Arloz, Sirius 1894, Bd. XXII, S. 72. E. Abbe das., S. 169.

4

Die Bildung des Mondes und die Meteoriten

In der Geschichte der Erde ist die Abtrennung ihres Satelliten ein einzigartiger und höchst bedeutsamer Vorgang. Hat doch damals, und nur in diesem einzigen Falle, die Erde Substanz verloren. Die Masse des Mondes ist ein Fünfzigstel derjenigen der Erde, seine Dichte beträgt 3.6, er ist also leichter als die Gesamterde, aber wesentlich schwerer als die Erdrinde. Daraus schließen wir, daß unser Planet zur Zeit der Mondbildung schon nach Dichtezonen geschichtet war; aber diese Schichtung war noch nicht so weit gediehen wie gegenwärtig, denn sonst würde das spez. Gewicht des Mondes, der doch unzweifelhaft aus einem äquatorialen Ringe der Erdoberfläche entstand, nur 2,5 schwer sein.

In einem Abstand von 385000 km umkreist der Mond in $27^1/_3$ Tagen seine Mutter und rotiert in nahezu derselben Zeit um seine Achse; daher wendet er uns immer dieselbe Seite zu; sein Tag beträgt also 14 Erdentage, dann folgt eine ebenso lange Nacht. Da der Mond ohne eine merkbare Atmosphäre, ungeschützt im kalten Weltenraum schwebt, muß am

Abend eine sehr intensive Abkühlung seiner durch die Sonne stark erhitzten Oberfläche eintreten. Die Vorgänge der physikalischen Verwitterung, die Zerklüftung aller Erhabenheiten, die Zerbröckelung polychromer zusammengesetzter Gesteine muß dort ebenso stark sein, wie in den trockensten Wüsten. Durch die jeden vierten Tag eintretende Sonnenfinsternis wird diese Wirkung noch gesteigert.

Mit der Atmosphäre fehlen dem Mond alle Erscheinungen der Luftströmungen, Winde, Sandschliffe, äolische Abtragung, ebenso fehlt das Wasser und damit fällt die wichtigste irdische Kraft der Talbildung dort weg. Allerdings ist die Schwerkraft auf dem Monde sechseinhalbmal geringer wie auf der Erde, daher werden sich die durch die Insolation erzeugten Schuttmassen nur ganz langsam nach den Niederungen bewegen, und die Möglichkeit viel höherer und steilerer Gebirgsabhänge ist dadurch gegeben. Besonders auffallend ist es, daß der Schwerpunkt des Mondes 59 km jenseits seines Mittelpunktes liegt; mit anderen Worten: der Mond trägt auf der uns zugewandten Seite eine verdickte Kappe.

Schon das bloße Auge erkennt auf dem Monde helle und dunkle Flächen. Aus dem Winkel,[1] unter dem polarisiertes Licht von den helleren Teilen zurückgeworfen wird, hat man geschlossen, daß diese die Beschaffenheit eines erstarrten Glasflusses haben. Die grauen Flächen, die man irrtümlicherweise als „Meere“ bezeichnet, sind dagegen höchstwahrscheinlich ungeheuere Trümmerfelder, in welche die Felsmassen der Mondrinde unter dem Einfluß der Wärmeunterschiede zerfielen, und deren zerklüftete rauhe Masse daher das Sonnenlicht anders reflektiert.

Mit Hilfe des Fernrohres kann man auf dem Monde alle Oberflächenformen erkennen, die größer als 30 m sind; seine Gestalt ist daher verhältnismäßig besser bekannt als das Relief einer gleich großen Fläche der Erde.

Man kann besonders folgende Formen unterscheiden:

1. Die Gebirgsketten, langgestreckte, meist flache Bergzüge, welche oft nur 100 m hoch, aber bis 300 km lang in unregelmäßigen Wellenlinien dahinziehen. Man gewinnt aus ihrer Anordnung den Eindruck, daß sie flache Schuttwälle sind, die aus der Zerstörung höherer, zufällig zusammenliegender Berge hervorgingen.

2. Die Rillen; flache Gräben von 1—2 km Breite, die sich als geradlinige, gelegentlich in scharfem Winkel abgelenkte Streifen bis 500 km weit verfolgen lassen.

3. Das größte Interesse aber beanspruchen die Ringberge, welche in allen Größen über die Mondoberfläche verteilt sind. Man zählt auf der uns zugekehrten Mondseite 33000 derselben (s. Fig. 12) und darf wohl nach ihrer Anordnung vermuten, daß sie auch die andere Mondhalbkugel bedecken. Ihr Durchmesser schwankt von 1—215 km; solche

von 40—80 km Breite sind am häufigsten. Sie stehen vereinzelt oder in ungeordneten Gruppen, oft einer vom andern umschlossen; aber nur selten läßt sich eine konzentrische Anordnung der Ringberge erkennen, meist (s. Fig. 13) sitzen kleinere ganz regellos innerhalb oder außerhalb des größeren Ringes, verzieren seine Abhänge und seinen Kamm, wobei die Form der kleineren Ringe sich stets deutlich von der ringförmigen

Figur 12.
Die Ringgebirge und Schuttebenen des Mondes.

Unterlage abhebt; niemals durchschneiden sie sich gegenseitig, und wo ein neuer Ring entstand, da wurde die Ringform des älteren verwischt. In manchen Fällen erhebt sich ein zackiges Felsengebirge mitten in einem Bergring, sonst ist die vom Ring umschlossene Ebene glatt und liegt in der Regel beträchtlich (bis zu 3000 m) tiefer als die umgebende Mondoberfläche. Niemals beobachten wir eine Talschlucht, welche den Wall kreuzte, und die Abhänge der Ringberge sind von so starker Böschung, oft fast senkrecht gestaltet, daß man notwendig annehmen muß, sie bestehen aus festem Gestein und nicht aus lockerem Schutt. Die höchsten Ringberge ragen 7500 m hoch empor, sechs sind 6000 m hoch, 22 erreichen eine Höhe von 4500 m. Im Verhältnis zu dem kleinen Weltkörper sind das ganz gewaltige Niveauunterschiede. Die kleinsten Ringberge liegen unterhalb der Auflösungskraft des Fernrohres, und man kann also vermuten, daß noch zahllose ganz kleine Ringe über die Mondoberfläche verteilt sind.

Man pflegt die Ringberge des Mondes „Krater" zu nennen und verbindet damit die Vorstellung einer vulkanischen Entstehung. In vielen Büchern wird ein stark verkleinertes Bild solcher Mondberge (gezeichnet nach einem Gipsmodell!) mit einem Zerrbild irdischer Vulkane

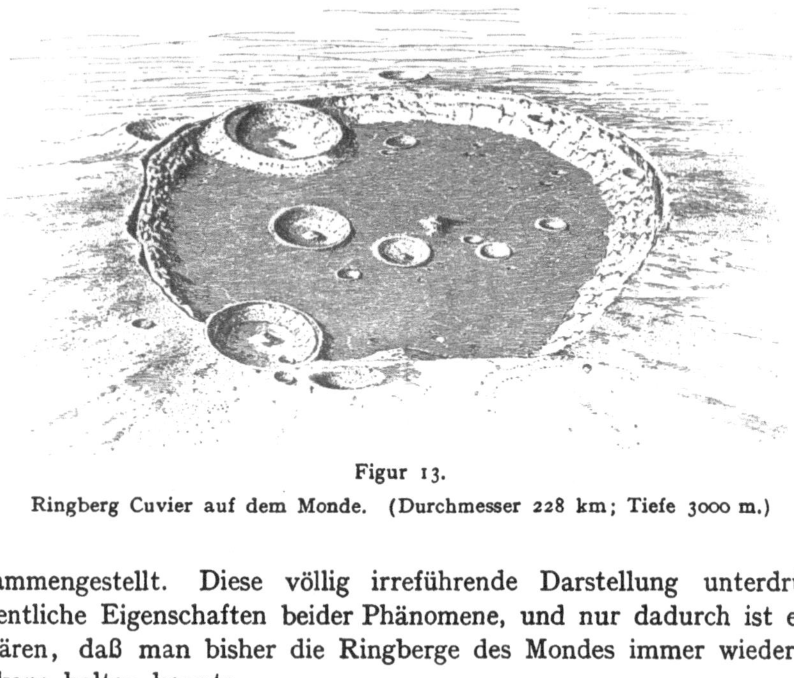

Figur 13.
Ringberg Cuvier auf dem Monde. (Durchmesser 228 km; Tiefe 3000 m.)

zusammengestellt. Diese völlig irreführende Darstellung unterdrückt wesentliche Eigenschaften beider Phänomene, und nur dadurch ist es zu erklären, daß man bisher die Ringberge des Mondes immer wieder für Vulkane halten konnte.

Ein irdischer Vulkan ist, wie wir später noch ausführlich zu behandeln haben, ein aufgeschütteter Kegelberg, der an seiner Spitze eine enge trichterförmige Öffnung, den Kraterschlund besitzt. Die äußere Böschung dieses Aschenkegels beträgt meist 10—15°, höchstens 32°, die Kratermündung hat steilere Wände, aber ihr Durchmesser ist meist nur einige hundert Meter; die größten tätigen Krater sind 1600 m breit.

Wenn aber ein solcher Vulkan lange Zeit erloschen ist und von den atmosphärischen Kräften bearbeitet wird, dann erweitert sich allmählich die runde Kratervertiefung, besonders dann, wenn ihr Wall von einer tiefen Talrinne (Barranco) angeschnitten wird, durch welche fließendes Wasser das verwitterte Material heraustragen kann. So entstehen runde Kratertäler von 10—20 km Durchmesser.

In vulkanischen Gebieten tritt aber neben den tätigen Kraterschlünden und den erodierten Kratertälern noch eine dritte Kesselform auf, es sind die Explosionskrater, welche dadurch entstehen, daß ungeheure Dampfmassen durch die Erdrinde jagen und an deren Oberfläche eine tiefe Grube zurücklassen. Hierbei werden Kesseltäler von 3—20 km Durchmesser gebildet, die entweder trocken liegen oder von einem sogenannten Kratersee (Maar) erfüllt werden.

Auf dem wasserleeren und luftleeren Monde kann aber weder durch Abtragung noch durch Dampfexplosionen eine solche Unzahl großer und kleinster Ringgebirge entstanden sein, denn wir müßten dann die völlig unwahrscheinliche Annahme machen, daß der Mond noch vor kurzem eine Atmosphäre besessen habe. Aber selbst wenn wir dies annehmen und diese hypothetische Lufthülle wieder verschwinden ließen, so könnten wir doch nicht erklären, warum die innere Ringebene 3000 m tiefer liegt als die Mondoberfläche, warum die Ringberge so steil sind, warum kleinere Ringe ganz regellos die größeren überlagern und deren Form neu geprägt haben.

Vom Standpunkte des Geologen muß man also die Annahme zurückweisen, daß die Ringberge des Mondes ebenso entstanden sind, wie die irdischen Vulkane, denn die Eigenschaften beider Bergformen sind grundverschieden.

Nur eins muß betont werden: die Ringberge sind eine so bezeichnende und häufige Oberflächenform des Mondes, daß jede Theorie über seine Bildung diesen Tatsachen Rechnung tragen muß.

Die Untersuchungen von G. H. Darwin[2] haben eine Anzahl höchst wichtiger Tatsachen über die Entstehungsgeschichte des Mondes und die Zustände der Erde zur Zeit der Mondbildung ergeben:

Bekanntlich erzeugt der Mond auf den flüssigen Teilen der Erde einen Flutberg, und dieser reibt sich auf der unter ihm rotierenden Erde. Nach dem Gesetz von der Erhaltung der Kraft muß hierbei eine Arbeitsleistung vollbracht werden, welche die Umdrehung der Erde verlangsamt, d. h. den Tag verlängert. Der Betrag dieser Verzögerung ist gegenwärtig sehr gering. Eine vor 3000 Jahren beobachtete Sonnenfinsternis läßt sich mit einer kleinen Fehlergrenze auf Grund der jetzigen Verhältnisse zurückberechnen. Aber eine geringe Abweichung bleibt bestehen, die sich mit einer Verlängerung des Tages leicht erklären läßt. Darwin hat nun wahrscheinlich gemacht, daß die Gezeitenreibung in der Vergangenheit unverhältnismäßig größer war. Als der Mond um die Hälfte der Erde näher stand, war die Gezeitenreibung 64 mal größer. Solange er um ein Viertel des jetzigen Abstandes von der Erde entfernt war, mußte sie 4096 mal so stark wie jetzt sein.

Indem wir rückwärts in die Vergangenheit schauen, kommen wir endlich zu einem Anfangszustande, bei welchem der Mond noch fast einen Teil der Erdoberfläche bildete. Die Erde drehte sich in vier Stunden um ihre Achse, statt der jetzigen Tageslänge von 24 Stunden, und diese riesige Rotationsgeschwindigkeit war hinreichend, um Teile der Erdoberfläche abzureißen. „Es übersteigt die Macht der mathematischen Berechnung, die Einzelheiten dieser Zerreißung zu verfolgen.“ Darwin vermutet, daß eine auf der noch flüssigen Erde erzeugte Sonnenflut die Ursache der Lostrennung äquatorialer Massen gegeben habe. Aber es ist wahrscheinlich, daß sich eine größere Anzahl von Stücken vom Äquator abtrennten, die sich erst später zu dem jetzigen Monde vereinigten. „Das System muß eine Periode allgemeiner Verworrenheit durchschritten haben, ehe mit der Bildung eines einzigen Satelliten wieder Ordnung hergestellt wurde.“

Die Mondmasse bewegte sich anfangs in der Ebene des Erdäquators, in naher Entfernung an der Erde hin, und wir müssen annehmen, daß der Mond etwas langsamer umlief, als sich die Erde drehte. Die dadurch veranlaßte Gezeitenreibung verminderte die Umdrehungszeit der Erde erst rasch, dann immer langsamer, der Mond aber wurde gleichzeitig gezwungen, von der Erde schraubenförmig zurückzuweichen und eine immer größere Bahn zurückzulegen. Es verlängerte sich der vierstündige Tag und der anfangs vierstündige Monat immer mehr und mehr. Doch der Monat nimmt viel schneller zu, bis er ungefähr 29 Tage erreicht hat. Darwin zeigt, daß dieser Zustand ein Wendepunkt in der Geschichte der Erde sein mußte; denn jetzt nimmt der Monat langsamer zu, während sich die Zahl der Umdrehungen der Erde rascher vermehrt; der Mond gewinnt einen Vorsprung vor der Erde, und die Zahl der Tage im Monat nimmt verhältnismäßig ab. Unser gegenwärtiger Monat von $27^1/_3$ Tag entspricht vielleicht schon dieser zweiten Phase in der Geschichte von Erde und Mond, und das Endresultat dieser Gezeitenreibung wird sein, daß Mond und Erde sich umeinander drehen, als ob sie einen einzigen Körper bildeten; der Tag wird 55 Tage lang sein, und die Länge des Monats wird denselben Betrag erreichen —.

Während so der Mond auf der Erde wesentliche Veränderungen von Tag- und Nachtlänge hervorrief, bewirkte umgekehrt auch die Erde auf dem Monde entsprechende Veränderungen. Solange die Mondmasse noch glühend heiß war, mußten enorme Flutberge in der flüssigen Gesteinsmasse erzeugt werden. Da der Mond sich schneller um seine Achse drehte, war die Gezeitenreibung sehr groß. „Der Mond drehte sich langsamer und langsamer, bis seine glutflüssige Oberfläche erstarrte, und die von der Erde auf dem Monde hervorgerufene Flut erstarrte ebenfalls, so daß der Äquator des Mondes nicht ganz kreisförmig, und die längere Achse gegen die Erde gerichtet ist."

Verfolgen wir nun die weiteren Schicksale der Stücke, welche sich zu Beginn der Mondbildung von der Erdoberfläche abtrennten und wahrscheinlich als ein Ring großer und kleiner Massen die Erde umkreisten.

Solange man die Ringberge des Mondes nach Analogie irdischer Vulkane durch eine von innen nach außen wirkende eruptive Kraft zu erklären versuchte, blieben eine ganze Anzahl wichtiger Tatsachen unverständlich. Die bei jeder Vulkanbildung tätigen Gase und Aschenwolken fand man nicht, die glasige Oberfläche der Ringberge war unvereinbar mit der Annahme, daß sie aus lockeren Auswurfmassen bestanden, ihr Durchmesser überstieg alle Verhältnisse, die man bei irdischen Vulkanen findet, und das Durchschneiden kleiner und großer Ringberge widersprach ebenfalls der herrschenden Vulkantheorie. Unbefangen urteilende Beobachter hatten daher immer wieder darauf aufmerksam gemacht[3], daß man die Ringberge des Mondes auch durch von außen her aufstürzende Massen erklären könne; aber diese Ansicht wurde nicht recht beachtet und bekannt, obwohl man durch verschieden angeordnete Experimente übereinstimmend dasselbe Resultat erhält:

Wenn man kleine Mengen von trockenem Mehl auf eine glatt gestrichene Mehlfläche oder halbflüssigen Ton aus 2 m Höhe auf eine ebensolche Tonfläche fallen läßt, oder wenn man einen weichen Gummiball auf ein mit Staub bedecktes Brett wirft, oder endlich indem man auf eine Wasserfläche eine 1 mm dicke Schicht Bärlappmehl streut und aus 1 m Höhe Wassertropfen herabfallen läßt, so entstehen Ringberge, welche so sehr in allen Einzelheiten mit den Mondbergen übereinstimmen, daß man zu der Annahme einer ähnlichen Entstehungsweise derselben gedrängt wird.

Astronomische Rechnungen hatten G. H. Darwin zu der Annahme geführt, daß unser Mond ursprünglich aus einer Anzahl getrennter Stücke bestand; G. K. Gilbert zeigt nun in überzeugender Weise, wie diese Stücke allmählich den Mond bildeten. Im Laufe der Zeiten zog der größte derselben die kleineren Massen an sich heran und fügte sie seiner Masse zu. Durch den Zusammenstoß dieser Weltkörper wurde jedesmal so viel Wärme frei, daß der inzwischen erkaltete Satellit wieder flüssig wurde. Der Massen-Gegensatz zwischen dem Hauptmonde und seinen kleineren Brüdern wurde immer größer, und diese konnten schließlich nur noch die Fläche zum Schmelzen bringen, auf welche sie auffielen. Während sie selbst verflüssigt wurden, entstand eine kreisförmige Welle in der geschmolzenen Oberfläche des Mondes, die, rasch wieder erstarrend, als Ringgebirge zurückblieb. So vergrößerte sich der Mond durch kleinere Massen vom Weltenstoff, die mit ihm die Erde umkreisten und von dem größeren Bruder allmählich aufgezehrt wurden, gerade wie kleinere Quecksilberkügelchen mit einem größeren Tropfen zusammenfließen, sobald sie ihn berühren. Die Rillen aber könnte man als langgezogene Schußwunden sehr schräg auffallender Projektile (Streifschüsse) betrachten.

So zeigt uns der Mond in ausdrucksvoller Lapidarschrift, welch große Zahl von kleineren Weltkörpern dereinst unsere Erde umkreisten und wie der interplanetarische Raum des Sonnensystems schon seit undenklichen Zeiten immer leerer geworden ist.

Wie dieser Vorgang jetzt noch weitergeht, das lehren uns die Meteoriten, welche auf die Erde herabfallen. Während unsere Erde nur einmal Masse verloren hat, ist ihre Massenzunahme durch Herabstürzen meteorischer Massen bis in die Gegenwart zu verfolgen. Die Störungstheorie[6] läßt 5″ in der mittleren Mondbewegung unerklärt. Wenn wir aber annehmen, daß in zweihundert Jahren eine Schicht von 1 mm Meteorstaub auf die Erde fällt, so würde jene Differenz zwischen Beobachtung und Theorie leicht verständlich sein.

In der Regel sehen wir nur die optischen Erscheinungen in den sogenannten Sternschnuppen, Meteoren und Feuerkugeln. Sobald die in den interplanetarischen Räumen in komplizierten Kurven um die Sonne rotierenden dunkeln Massen von Weltenstoff in die Nähe der Erde kommen, werden sie von dieser angezogen. Die meisten Sternschnuppen beginnen in einer Höhe von 95 km sichtbar zu werden, doch hat man einzelne Lichtpunkte gelegentlich im Fernrohr schon in größerer Höhe aufleuchten sehen. Besonders häufig sind die kleinen, teleskopischen Sternschnuppen, aber größere werden ebenfalls das ganze Jahr hindurch beobachtet. Gewisse Zeiten sind besonders reich, wir sprechen dann von Sternschnuppenschwärmen. Solche beobachtet man:

2.—3. Januar	15.—23. Oktober
5.—11. April	12.—14. November (Leoniden)
25.—30. Juli	27.—29. November
8.—12. August (Perseiden)	6.—13. Dezember.

Die Lichterscheinungen sind der Ausdruck dafür, daß dunkle Massen in die irdische Atmosphäre gelangen, hier schmelzen und verbrennen.

Die feinen Stäubchen, welche von den meteorischen Massen abgelöst werden, die die Atmosphäre mit einer Geschwindigkeit bis zu 40 km pro Sekunde durcheilen, mischen sich auf der Erde mit dem irdischen Staube, den hohe Tromben emporwirbeln oder vulkanische Eruptionen in die Lüfte jagen, so daß es meist unmöglich ist, den meteorischen Ursprung jener Beimengungen zu erkennen. Aber auf den Schneefeldern der Polargebiete und den weichen eisenarmen Sedimenten der Tiefsee

Figur 14.
Der Meteorit von Stannern. Seine Oberfläche zeigt eine geschmolzene schwarze Rindenschicht, bedeckt mit kleinen verästelten Rinnen und Rillen, die, strahlenförmig angeordnet, von einzelnen Vorsprüngen nach dem Rande verlaufen.

Figur 15.
Nachahmung der Oberfläche eines Meteoriten durch die Wirkung eines Dampfstrahles auf Kolophonium.

hat man gelegentlich beträchtliche Mengen von kosmischem Staub nachweisen können.

Nur dann, wenn die Meteore ursprünglich so groß waren, daß nach dem Durcheilen der irdischen Atmosphäre ein ungeschmolzener Rest übrig blieb, haben wir Gelegenheit, die Beschaffenheit [×] jener kleinen Weltkörper zu untersuchen.

Man unterscheidet[7] je nach ihrer wesentlichen Zusammensetzung Eisenmeteoriten (Siderite), Steinmeteoriten (Chondrite) und Glasmeteoriten (Tektite), aber diese verschiedenen Gruppen sind durch allmähliche Übergänge verbunden.

Die petrographische Untersuchung von mehreren hundert Meteoriten hat ergeben, daß sie vorwiegend aus Mineralien bestehen, welche in den Gesteinen der Erdrinde selten sind, oder ganz fehlen. Ihr Aufbau aus kugeligen Gebilden (Chondren), die stark rissige Beschaffenheit der Silikate, das Vorwiegen von Glassubstanz in den Kristallen, ihr lückenvolles Wachstum sind so bezeichnend für die Meteoriten, daß man sie mit keiner irdischen Felsart verwechseln kann.

Mehr als die Hälfte aller bekannten Meteoriten gehört zu den steinigen Chondriten; bei dem Fall von Long Island wurden 3000 Stück mit einem Gesamtgewicht von 564 kg gefunden, bei Pultusk fand man tausend erbsengroße Stückchen, so daß man hier von einem „Steinschauer" sprechen konnte. Die Eisenmeteoriten fallen meist in großen, einzelnen Stücken, deren Gewicht bei Ranchito 50000 kg betrug, während bei Cañon Diablo einige bis 50 kg schwere Blöcke und viele kleine, nur 2 g schwere Stücke mit einem Gesamtgewicht von 4122 kg gesammelt wurden.

Sehr selten sind die Fälle von Glasmeteoriten. Ein mittelmiocäner Steinregen überstreute die Moldauniederung und die dort gefallenen dunkelgrünen, mit eigentümlichen Blatternarben bedeckten Glassteine (Moldavit; s. Fig. 16) boten lange Zeit ein ungelöstes Rätsel, bis ihre außerirdische Herkunft bewiesen wurde. Diluviale Fälle sind aus dem Sundaarchipel und Australien bekannt geworden. Besonders interessant[9] ist ein am 24. Januar 1904 bei Igart-Halle gefallener Glasstein.

Die mineralogische Zusammensetzung der Meteoriten beweist, daß sie ohne Zutritt von Wasser und Sauerstoff gebildet worden sind. Der

---

[×] Obwohl es für den Geologen, der den Bau der Erdrinde kennt, eine ganz unmögliche Vorstellung ist, daß die linsenförmig in der Lithosphäre auftretenden Salzlager oder gar die Kohlenschichten und Granitstöcke einmal als Meteormassen auf die Erde herabgefallen seien, so erfreut sich diese phantastische Ansicht in weiten Kreisen doch ebenso großer Geltung, wie man neuerdings versucht, die Entstehung von ganz Australien durch einen riesigen Meteorfall zu erklären. Wir müssen daher betonen, daß diese abenteuerlichen Ansichten allen geologischen Tatsachen ins Gesicht schlagen und nicht ernsthaft widerlegt zu werden brauchen.

Aufbau der Mineralien spricht für eine überhastete Kristallisation und die Ähnlichkeit der weit verbreiteten Chondren mit Hagel- und Graupelkörnern läßt an eine von vielen Meteoritenforschern vermutete Bildung aus rasch verfestigten glühenden Gasen denken.

Wir dürfen annehmen, daß viele Meteoriten Verdichtungen des bei der Bildung der Planeten nicht völlig aufgebrauchten Stoffes unseres Sonnensystems sind. Die ursprünglichen Dimensionen dieser im interplanetarischen Raume umherirrenden Körper sind jedenfalls sehr verschieden gewesen, wie man mit großer Wahrscheinlichkeit auch aus ihrer mineralogischen Zusammensetzung erschließen kann. Wissen wir doch, daß bei rascher Abkühlung vulkanischer Magmen eine glasartige Substanz entsteht, während bei langsamer Erkaltung eine sehr weitgehende Sonderung der chemisch und physikalisch verschiedenen Bestandteile des ursprünglichen Glasgemisches erfolgt. In den Glasmeteoriten erblicken wir das Produkt einer sehr raschen Erstarrung, wie sie besonders bei kleinen Zusammenballungen von Weltenstoff entstehen müssen. Die weitverbreiteten Glaseinschlüsse in vielen Meteoriten weisen darauf hin, daß auch ihre kristallinische Substanz aus einem früheren Glasgemisch ausgeschieden worden ist. Eine in irdischen Laven nicht beobachtete, aber bei Meteoriten besonders charakteristische Erstarrungsform sind die schon genannten, etwa hirsekorngroßen Kügelchen (Chondren), welche in den Steinmeteoriten weit verbreitet vorkommen. Olivin, Augit, Bronzit, Feldspat und Eisen sind besonders häufig in Chondrenform ausgebildet.

Figur 16.
Moldavit von Mohelno.

Es scheint, daß die in größeren Weltkörpern so reichlich vorhandenen gasförmigen Stoffe aus diesen kleinen Massen so rasch entwichen, daß sie bei ihrer Erstarrung keine Rolle spielen konnten. Bei den größeren Meteormassen kam es aber zugleich zu einer weitgehenden Sonderung eisenarmer leichter und eisenreicher schwerer Mineralien. Diese sammelten sich im Kern, jene an der Oberfläche des kleinen Weltkörpers. In der Übergangszone entstanden die sogenannten Pallasite, bei denen das Nickeleisen ein lockeres Netzwerk bildet, erfüllt mit steinartigen Kieselsäureverbindungen.

Übereinstimmend mit dieser Ansicht hatte schon Daubrée[9] darauf hingewiesen, daß nach seinen Experimenten die Steinmeteoriten sehr rasch abgekühlt worden sein müssen, während Vogel[10] für die Eisenmeteoriten eine sehr langsame Kristallisation annehmen zu sollen glaubt.

Mit wechselnder Geschwindigkeit und in ziemlich regelloser Verteilung irren alle diese glasigen, steinartigen oder metallischen Massen durch den interplanetarischen Raum, und sobald sie in den Anziehungsbereich der Sonne oder eines Planeten kommen, stürzen sie demselben entgegen, um entweder in seiner Atmosphäre mit hellem Glanze verbrannt zu werden, oder als seltsamer Himmelsstein herabzufallen. Der schwarze Stein, der vor langen Jahrhunderten in Arabien zur Erde fiel, wird, in die Kaaba eingemauert, von Millionen verehrt, und bis zum heutigen Tage hat auch die wissenschaftliche Erforschung dieser seltsamen Fremdlinge uns immer neue Wunder enthüllt.

Verweise

[1] Landerer. Compt. rend. de l'Acad. Paris, Bd. 90, S. 210. — [2] G. H. Darwin, Ebbe und Flut, sowie verwandte Erscheinungen im Sonnensystem, 1902, Kap. XVI. — [3] K. L. Althaus, Weltkörperbildung und geologische Probleme, 1839; Gruithuisen, Naturwissenschaftl.-astronom. Jahrbuch, München 1848; R. Prokter, The Moon, 1873, S. 346; A. Meydenbauer, Kant oder Laplace, Marburg 1880; H. u. A. Thiersch, Die Physiognomie des Mondes, Augsburg 1883; G. K. Gilbert, The Moon's Face, Philos. Soc. Washington, Bull. XII, Dez. 1892; E. Althaus, Über Versuche, die eigentümliche Gestaltung der Mondoberfläche zu erklären, Gaea 1895; H. Alsdorf, Experimentelle Darstellung von Gebilden der Mondoberfläche, Gaea 1898, I S. 35, II S. 105, III S. 139. — [4] Klein, Petermanns Geogr. Mitteil., Bd. XXVIII, S. 207. — [5] Archenhold, Das Weltall, 1904, Bd. V, S. 211. — [6] Seeliger, Sirius, Bd. 19, S. 81. — [7] Nach Cohen, Meteoritenkunde, Stuttgart 1894—1903, und F. E. Sueß, Die Herkunft der Moldavite, Jahrb. d. K. k. Geol. R.-Anstalt, Wien 1900. — [8] Brezina, Anz. d. k. k. Akad. d. Wissensch., Wien 1904, S. 41. — [9] Daubrée, Compt. rend. de l'Acad. Paris, 1893, S. 345. — [10] Vogel, Mitteil. des Naturwissenschaftl. Vereins Düsseldorf 1895, III S. 46.

5

Die Bildung und Veränderung der Erdrinde

Als sich die Mondmasse von der Erdmasse sonderte, besaß die Erde höchstwahrscheinlich ein größeres Volumen. Der heutige Gegensatz im spezifischen Gewichte der Erdrinde und des Erdkerns hat sich erst seit jener Zeit ausgebildet. Der heiße Gasball rotierte in drei bis fünf Stunden um seine Achse und wegen dieser sechsmal größeren Umdrehungsgeschwindigkeit bildete er wahrscheinlich ein stark verbreitertes Rotationsellipsoid; erst mit der Zunahme des Tages näherte sich die Form dieses Gasballes immer mehr der Kugelgestalt.

Die Nähe der Mondmasse erzeugte wohl in dem Gasballe ungeheure Flutwellen, und zugleich fand ein beständiger Wärmeaustausch zwischen seinem heißen Kerne und dem kalten Weltenraume statt. Vielleicht dürfen wir an Strömungen denken, wie man sie noch jetzt auf der Sonne beobachtet, an aufsteigende Protuberanzen, an vorübergehende Fleckenbildung und große Wirbelbewegungen, die nach der Art der barometrischen Depressionen von West nach Ost über die Erde zogen.

Wie Scheiner wahrscheinlich gemacht hat, dauert bei den Fixsternen der weißglühende Zustand am längsten; fast ebenso lange senden sie gelbes Licht aus; wenn sie aber erst so weit abgekühlt sind, daß sich das gelbe Licht in Rotglut verwandelt, dann durcheilen sie rasch die letzten Phasen und verwandeln sich in dunkle Sterne mit erkalteter Rinde. Übertragen wir diese Ansichten auf die Erdgeschichte, dann ergibt sich der Schluß, daß unsere Erde auf dem rotglühenden Stadium noch etwa 3000° heiß war. Da fast alle irdischen Gesteine schon bei 1600° schmelzen, konnte damals noch keine steinige Erdrinde existieren, zugleich war weder flüssiges Wasser, noch organische Substanz möglich. In allmählichen Übergängen verlor sich die glühende Pyrosphäre in der heißen dampfreichen Atmosphäre, und ungehindert konnten sich hier die flüchtigeren Gase wie Helium, Argon, Wasserstoff, Sauerstoff, Stickstoff, Chlor usw. ansammeln, während die schweren Metalle nach dem Mittelpunkte hinabsanken.

Es ist sehr wahrscheinlich, daß bei weitergehender Abkühlung die Bildung einer festen Erdkruste mit der Abscheidung einzelner Schollen begann, die sich allmählich zu einem oft zerbrochenen und immer wieder zusammengefügten Gewölbe vereinigten.

Man hat vielfach angenommen, daß der Gneis, der Granit und andere kristallinische Gesteine die älteste Erstarrungskruste der Erde darstellen — allein neuere Untersuchungen haben das Irrige dieser Hypothese bewiesen. Wir kennen k e i n G e s t e i n, das in jenen ältesten Zeiten gebildet worden ist, und sind daher auch außerstande, an der Hand geologischer Beobachtung die Umstände der Krustenbildung zu verfolgen. Nur auf astronomischem Wege lassen sich einige Angaben gewinnen.

Bekanntlich blitzen am Himmel bisweilen sogenannte „neue Sterne" auf; ihr Glanz steigert sich im Laufe weniger Stunden, so daß sie als gelbe Sterne (etwa 7000°) leuchten, häufig aber glänzen sie nur mit rotem Lichte (3000°). Nach wenigen Tagen beginnen sie dunkler zu werden, und nach Verlauf einiger Monate oder eines Jahres kann man selbst im Fernrohre kein Lichtpünktchen mehr erkennen.

Von allen Hypothesen, die man aufgestellt hat, um das Aufleuchten der neuen Sterne zu erklären, scheint uns die Zöllnersche Ansicht am naheliegendsten: daß nämlich die noch dünne Kruste eines eben erkalteten Sternes zerreißt, daß ungeheure Lavafluten plötzlich hervorbrechen, große Flächen überschwemmen, ganze Rindenteile einschmelzen und dann langsam wieder erkalten.

So mag auch unsere Erde wiederholt von gewaltigen Katastrophen heimgesucht worden sein, die sich vielleicht[1] immer mehr steigerten, bis durch beständige Zunahme der Rindendicke endlich ein Zerreißen derselben unmöglich wurde. Es ist für alle weiteren Betrachtungen von großer Wichtigkeit, darauf hinzuweisen, daß alle diese Vorgänge vor Beginn der kambrischen Periode längst abgeschlossen waren, denn wir können an geeigneten Aufschlüssen mit aller Entschiedenheit beweisen, daß die kambrische Erdrinde schon Tausende von Metern dick war.

Aber es hat den Anschein, als ob gewisse leitende Linien im Bauplane der heutigen Erdoberfläche bis in jene Urzeit der Rindenbildung hinabreichten. Seit A. v. Humboldt, Ritter und Elie de Beaumont haben Geologen und Geographen immer wieder darauf hingewiesen, daß die großen Gebirge der Erde und die Umrisse der Kontinente eine gewisse Gesetzmäßigkeit in Lage und Anordnung erkennen lassen. Die einen vermuten, daß schon bei der Abtrennung des Mondes große Narbenzüge auf der Erde zurückgeblieben seien, andere[2] finden im Relief der Erde vier parallele Hauptlinien, oder glauben, nachweisen zu können, daß ein riesiger Tetraeder die Hauptgebirgszüge der Erde bestimme. Bemerkenswert aber ist es auch, daß im Laufe der Erdgeschichte gewisse Länder immer wieder Festland, andere immer wieder Meeresboden waren; daneben gibt es besondere Gebiete, die immer wieder vom Gebirgsbildungsprozesse ergriffen, in Falten gelegt, überschoben und zerbrochen wurden — nahe dabei gelegene Regionen aber blieben von allen diesen Veränderungen nicht berührt. Ein solches Verhältnis deutet notwendig auf allgemeine Ursachen und macht es wahrscheinlich, daß es im Gefüge der Erdrinde seit alter Zeit feste Panzerplatten und leichtbewegliche Nahtregionen gibt, die sich im Laufe der Erdgeschichte immer wieder verschieden verhielten.

Die Bildung einer festen Erdrinde war unzweifelhaft das wichtigste Ereignis in der Geschichte unseres Planeten, sie trennt die astrale Urzeit von der nun beginnenden eigentlichen geologischen Geschichte. Bis jetzt hatte der Austausch der Massen und der Wärme vom innersten Erdkerne bis an die äußersten Grenzen der Atmosphäre ungehindert erfolgen können; die schweren Massen sanken nach den zentralen Regionen hinab, die leichteren Gase bewegten sich in vielgestaltigen Protuberanzen nach oben, gleichzeitig strahlte die Wärme allseitig gegen den kalten Weltenraum und da nirgends eine Scheidewand existierte, so verlor die Erde viel Wärme durch Strahlung. Dementsprechend verkleinerte sich ihre Masse, und während das anfänglich flach linsenförmige Rotationsellipsoid immer kugelähnlicher wurde, verminderte sich zugleich sein Durchmesser beständig.

Das alles wurde anders, sobald zum ersten Male das rotbraune Eigenlicht der Erde erlosch und ein enggefügter Panzer erkalteter Rindenstücke vom Pol bis zum Äquator die Erdkugel umspannte. Wie ein dünner Schirm genügt, um die Glut des Kaminfeuers ganz wesentlich zu mildern, so mußte selbst eine dünne Erdkruste die Wärmeabgabe an den Weltenraum wesentlich verringern. Umschlossen von der neu gebildeten Lithosphäre konnte von jetzt ab die Pyrosphäre nur noch durch Leitung Wärme verlieren, wenn nicht einer jener Glutflüsse aus dem Innern hervorbrach, der die alten Zustände vorübergehend wieder herstellte. Wir sehen in ihnen die ersten gewalttätigen Äußerungen des Vulkanismus, der später, auf immer kleinere Regionen eingeschränkt, der einzige Weg blieb, auf welchem innere Erdwärme direkt in den Weltenraum ausstrahlt.

Bis zur Bildung der Lithosphäre wurde die Geschichte der Erde fast ausschließlich durch die Wärmestrahlung gegen den kalten Weltenraum bestimmt. Wir wissen zwar nicht, ob damals schon die Sonne als glühender „Zentralkörper" existierte, aber selbst, wenn ihre Masse schon im Mittelpunkte des Systems vereinigt war, so konnte sie keinen thermischen Einfluß auf die Veränderungen der Erde haben.

Das alles wurde anders, sobald sich die neu gebildete Erdrinde zwischen Atmosphäre und Pyrosphäre trennend einschaltete. Wohl konnten die Strömungen und Bewegungen innerhalb der Pyrosphäre auch weiterhin ihr eigenes, nunmehr völlig gesondertes Dasein führen, aber dafür gewannen jetzt die Sonnenwärme und die Stellung der Erdachse einen maßgebenden Einfluß auf die Bewegungen der Uratmosphäre; es entstanden allmählich die klimatischen Wärmezonen, Passatströmungen und Kältepole, die von jetzt ab die Geschichte der Erdoberfläche beherrschen.

Die neu entstandene Erdrinde schied aber auch die flüssigen Massen der Erde in zwei ungleiche Teile. Wir unterscheiden von jetzt die Vadose,[3] d. h. alle an der Erdoberfläche und in den äußersten Schichten der Erdrinde zirkulierenden Gewässer, von der Eruptose, d. h. den aus dem Erdinnern stammenden Flüssigkeiten, den juvenilen Quellen, den vulkanischen Dämpfen und den glühendflüssig hervorbrechenden Laven. Wir sehen fortan, wie die Vadose beständig durch eruptose Flüssigkeiten vermehrt wird, und werden diese Frage bei Besprechung der Hydrosphäre noch besonders behandeln.

Jetzt wollen wir verfolgen, welche weiteren Veränderungen die neu gebildete Erdrinde erleiden mußte und bis zum heutigen Tage erleidet.

Nachdem die älteste Erdrinde unter dem Einflusse der Kälte des Weltenraums entstanden war, drang diese zwar langsamer, aber doch unaufhörlich gegen den glühenden Erdkern vor, und so bildeten sich

Verdickungen der Erdrinde von wechselnder Mächtigkeit und Beschaffenheit, welche wie die Panzerplatten eines Schiffes ihre Wände verfestigen. Wenn es wahr ist, wie aus manchen Betrachtungen hervorgeht, daß die erkaltete Erdrinde eine durchschnittliche Dicke von 75 km besitzt, so ist dies der Abstand, bis zu dem die Kälte des Weltenraums schon vorgedrungen ist, und die Flächen gleicher Erdwärme (Gëisothermen, Chthonisothermen) entsprechen den einzelnen Etappen dieses Vorganges.

Im Durchschnitte wächst die Temperatur der Erde um 1° C, wenn man sich um 33 m dem Erdmittelpunkte nähert (geothermische Tiefenstufe), aber in manchen Bohrlöchern hat man wesentlich kleinere oder größere Werte beobachtet; bei Pribram 66 m, bei Pichelbronn nur 14 m. Wenn die Wärmezunahme in beiden Fällen harmonisch weiterginge, so würde man hier in 1000 m Tiefe eine Temperatur beobachten, die dort erst in 4000 m herrschte, und man könnte schon daraus schließen, daß die Dicke der erkalteten Erdrinde ganz verschieden sei.

Es läßt sich schwer entscheiden, welche Rolle die klimatische Temperatur der Erdoberfläche bei der Erkaltung des Erdballes spielt, und ob diese nicht durch die Wärmeleitung der Gesteine viel wesentlicher beeinflußt wird. Soweit uns direkte Beobachtungen möglich sind, besteht die Panzerdecke unterhalb der Erdrinde wesentlich aus granitischen Gesteinen; die kieselsäureärmeren Syenite, Diorite und Gabbros sind weniger verbreitet, und in diesem Sinne kann man den älteren Geologen wohl recht geben, die im Granit und Gneis die Erstarrungskruste der Erde sahen, nur mit dem Unterschiede, daß sie nach unserer Überzeugung nicht die Wirkungen der ältesten Rindenbildung sind, sondern nur der in allen folgenden Perioden bis zur Gegenwart immer wieder gebildete Verband der durch den Gebirgsbildungsprozeß erzeugten inneren Wunden der Lithosphäre.

Die Verdickung der Erdrinde durch Abkühlung einzelner Magmamassen erfolgt aber nicht nur von unten, sondern auch von oben. Wenn tiefe Kanäle die ganze Erdrinde durchsetzen, vulkanische Massen ausfließen und erkalten, dann panzert sich die Lithosphäre auch von außen her mit Decken von Basalt, Porphyr oder Trachyt, und ungeheure Massen vulkanischer Aschen werden auf weiten Flächen aufgelagert.

So sehen wir in jedem dampfenden Vulkan, in jedem erkaltenden Lavastrom, in jeder heißen Quelle eine Teilerscheinung der säkularen Abkühlung der Erde, und wenn wir erwägen, daß diese Vorgänge seit unvordenklichen Zeiten beständig tätig waren, dann werden wir zu der Annahme gedrängt, daß d i e W ä r m e a b g a b e d e r E r d k u g e l a n d e n W e l t e n r a u m während der ganzen Entwicklung unseres Planeten eine der größten und allgemeinsten geologischen Kräfte war.

Da die irdischen Gesteinsmassen bei veränderter Temperatur ein verschiedenes Volumen besitzen, so müssen durch den Temperaturwechsel Hebungen und Senkungen eintreten;[4] ein gleich großes und gleich zusammengesetztes Stück Erdrinde im Polargebiete ist zweifellos schwerer als ein Stück tropischen Bodens. Bei allen klimatischen Veränderungen, beim Wachsen großer Schnee- und Eisfelder, oder beim Schwinden gewaltiger Gletschermassen muß das daruntergelegene Gestein je nachdem ausgedehnt oder kontrahiert werden.

Allein diese Volumvergrößerungen einzelner Rindenstücke sind eine untergeordnete Erscheinung gegenüber der durch fortdauernden Wärmeverlust bedingten Kontraktion der ganzen Erde.

Die Untersuchungen von G. H. Darwin haben ergeben, daß die Umdrehungsgeschwindigkeit der Erde unter dem Einflusse der Gezeitenreibung beständig abnimmt. Der anfangs vierstündige Tag ist gegenwärtig 24 Stunden lang, und man müßte auch jetzt eine Verlängerung der Tageslänge beobachten können, wenn nur dieser eine Vorgang tätig wäre. Da aber die astronomische Berechnung von Sonnenfinsternissen auf der Konstanz der Tageslänge beruht, hätte man an dem Eintritte solcher Verfinsterungen im Laufe der letzten Jahrtausende einen konstanten Fehler finden müssen. Dies ist jedoch nicht der Fall, es muß also ein anderer Vorgang die Wirkung der Gezeitenreibung kompensieren. Es liegt nahe, an die Zusammenziehung der Erdkugel zu denken, die auf Grund anderer geologischer Tatsachen unabweisbar angenommen werden muß.

Der geologische Bau der Erdrinde zeigt uns weite Flächen, die mit völlig horizontalen Schichtentafeln bedeckt sind neben anderen Gebieten, welche aus eng zusammengeschobenen, gebrochenen und gefalteten Gesteinen bestehen. Wenn man nur die oberflächlichen Rindengebiete prüft, so mag etwa die Hälfte der uns bekannten Erdrinde gefaltet, die andere Hälfte horizontal gelagert sein. Aber sobald wir auch die tieferen Aufschlüsse in den Kreis unserer Betrachtungen ziehen, ändert sich dies Verhältnis, denn in einer Tiefe von oft nur wenigen hundert, sonst von einigen tausend Metern beobachten wir überall unter den horizontalen Deckschichten ein gefaltetes Grundgebirge. Der alte geologische Erfahrungssatz, daß das Fundament der Erdrinde überall aus Gneis bestehe, läßt sich richtiger so ausdrücken, daß die tiefsten Teile der Erdrinde überall aus gefalteten, kristallinischen Gesteinen zusammengesetzt sind.

Aber dieser Zusammenschub der Erdrinde ist keineswegs gleichzeitig erfolgt, sondern verteilt sich auf die ganze Erdgeschichte. Bald runzelte sich die Lithosphäre in Zentralasien, bald im Gebiete des Mittelmeeres, das einemal faltete sich Mitteleuropa, ein andermal schob sich das Andengebirge zusammen. Auch die Zeitdauer dieser Bewegungen ist ganz verschieden, und dem wiederholt gefalteten Alpenlande steht ein kurzlebiges karbonisches mitteldeutsches Gebirge gegenüber.

Man hat in einzelnen genau durchforschten Gebirgen Zahlen gewinnen können über das Ausmaß der lokalen Zusammenschiebung der Erdrinde. So sind[5] die Zillertaler Alpen um 37 % verkürzt, der 7 km breite Kettenjura bedeckte früher einen Streifen von 12 km, das 10 km breite kalifornische Küstengebirge von 24 km, und ähnliche Zahlen treten uns in allen Faltengebirgen ebenso wie im Gebiete der kristallinischen Schiefer überall entgegen.

Bei bergbaulichen Arbeiten hat man oft Gelegenheit, zu beobachten, daß die Gesteine in einer eigentümlichen Spannung sind, die durch das Wegräumen des Widerlagers bald rasch, bald langsam ausgelöst wird. In den Kohlengruben[6] von Hausham (Oberbayern) liegen die verschobenen Strecken ganz ruhig, aber die nicht gestörten Schichten brechen explosionsartig (Pfeilerschüsse) auf, sobald der Bergbau ihren Gesteinsverband stört. Seitdem man in den großen Schieferbrüchen[7] von Lehesten (Örtelsbruch) eine 400 m lange und breite und 70 m hohe Gesteinsmasse entfernt hat, ist eine 100 m lange Verschiebung der Rückwand des Schieferbruches eingetreten, die sogar eine Steintreppe durchschnitt und innerhalb dreißig Jahren an mehreren Stellen ein Ausmaß von 8 cm erreichte.

In manchen Aufschlüssen wölben sich vorher horizontale Schichten empor, sobald die hangende Gesteinsdecke abgeräumt wird. Auch aus der Verteilung der Erdbeben, welche meist die Verlagerung der Erdschichten begleiten, hat man oft deutlich zeigen können, wie dieselbe Bewegung in benachbarten Regionen von verschiedener Stärke und Richtung sein kann.

Es geht aus diesen Tatsachen deutlich hervor, daß noch gegenwärtig mächtige Spannungen im Gesteinsverband der Erdrinde existieren und leicht ausgelöst werden können.

Jedenfalls äußert sich der gebirgsbildende Vorgang in und auf der Erdrinde in überaus mannigfaltiger Weise, und aus der großen Fülle von Einzelfällen, welche die „tektonische Geologie“ unterscheidet, wollen wir nur einige besonders bezeichnende Beispiele herausgreifen.

Wie sich ein seitlich zusammengepreßter elastischer Stab zuerst zu einem flachen Bogen wölbt, so wird auch die Erdrinde oftmals in flache, auf oder ab steigende Falten zusammengeschoben, die wir, solange sie einen großen Radius besitzen, als Wölbungen bezeichnen wollen. Indem ganze Länder hinabgewölbt werden, kann das Meer von ihnen Besitz ergreifen und überschreitet in einer unaufhaltsamen Transgression das vorher trockene Land. Wenn aber ehemaliger Meeresboden durch eine Aufwölbung an das Tageslicht emporsteigt, dann zieht sich der Strand zurück, die Küste verbreitert sich, und indem der Vorgang lange Zeit hindurch in gleichem Sinne weitergeht, können weite Ozeanflächen durch eine Regression dem Festlande angegliedert werden. Die Erdgeschichte zeigt uns lange Perioden transgredierender und regredierender Meeresbewegungen, aber irgend welche Gesetzmäßigkeit in dem Auftreten der einen oder anderen Erscheinung konnte bisher nicht nachgewiesen werden.

Wenn die Spannung des Gewölbes der Lithosphäre zunimmt, dann wird die flache Wölbung zu einer stärker (Fig. 10) zusammengeschraubten Falte. Gewöhnlich bildet sich dann eine Anzahl paralleler Faltenzüge, die, langsam emporsteigend, das vorher ebene Land in ein Kettengebirge verwandeln. Wir unterscheiden an jeder Falte den gewölbten Sattel (Antiklinale) von der benachbarten Mulde (Synklinale), beide werden durch den sogenannten Mittelschenkel verbunden. Der Seitenschub kann ein bestimmtes Stück Erdrinde so weit emporheben und falten, bis die Schwere dieser gehobenen Masse der Kraft des Faltungsvorgangs die Wage hält. Aber dieses Gleichgewicht wird rasch durch einen ganz anderen Vorgang verändert, denn sofort beginnen Verwitterung und Abtragung das Gewicht der gehobenen Scholle zu verkleinern, und wenn die Spannung des Seitenschubs noch anhält, dann wird diese in einer Nachfaltung ausgelöst. So können bei länger dauernder Abtragung an den Verwerfungsklüften die gebirgsbildenden Verschiebungen beständig weitergehen, ohne daß es jemals wieder zu einer topographischen Änderung des Reliefs kommt.

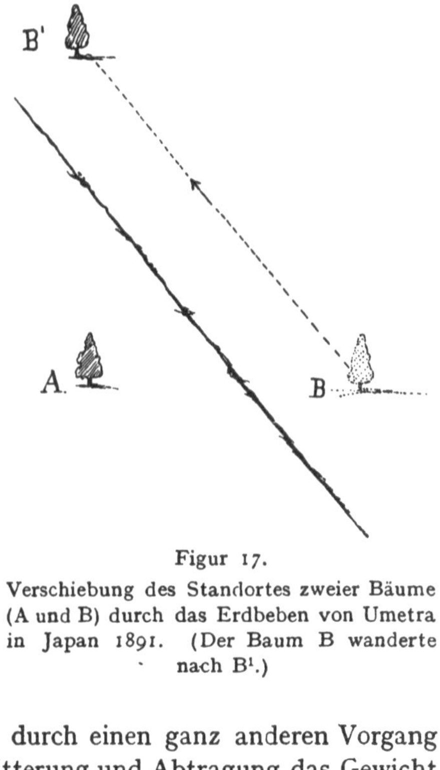

Figur 17.
Verschiebung des Standortes zweier Bäume (A und B) durch das Erdbeben von Umetra in Japan 1891. (Der Baum B wanderte nach B¹.)

Dadurch erklärt sich die oft ganz gewaltige Sprunghöhe mancher Verwerfungen, die Tiefe großer Spaltentäler und die Übertiefung gefalteter Gebirgsrümpfe.

Die sogenannten Verschiebungen sind horizontale Bewegungen zweier Erdschollen an einer Spalte. Obwohl sie verhältnismäßig häufig sein mögen, so lassen sie sich doch aus dem Schichtenbau und dem späteren Relief der Landschaft nur mit Mühe erkennen. Bei dem japanischen Erdbeben von 1891 wurden mit Bäumen bepflanzte Grundstücke in der

Weise verschoben, daß zwei vorher nebeneinanderstehende Bäume dann hintereinander (Fig. 17) standen.

Eine zweite Gruppe von Rindenbewegungen nennen wir Überschiebungen, weil bei ihnen ein Stück Erdrinde horizontal (allerdings verbunden mit einer gewissen Hebung) über ein anderes Stück hinweggeschoben wurde. Lange Zeit hat man die geologische Bedeutung dieses Falles unterschätzt, neuerdings aber ist es gelungen, Überschiebungen von so riesigem Ausmaße nachzuweisen, daß man in ihnen eine der wichtigsten Formen der Auslösung des Seitenschubes erkennen muß. Am Nordrande der Alpen[8] sind Gebirgsmassen von jetzt 2000 m Höhe bis 50 km weit ins Vorland geschoben worden; in Schottland[9] erreichen die Überschiebungen großer Gebirgsteile eine ganz gewaltige Ausdehnung; im westfälischen Steinkohlengebirge ist durch die Sutanüberschiebung[10] eine Gebirgsscholle von 30 km Länge bewegt worden; im nördlichen Norwegen[11] wurde eine 1800 km lange und jetzt noch 1500 m mächtige Gesteinsdecke um 130 km nach Osten über andere Gesteine hinweggeschoben.

Oftmals aber haben sich die Erdschichten nicht in Falten gelegt, sondern wurden durch ein System von Sprüngen in vielgestaltige Stücke gegliedert, die nun nach oben oder unten aneinander hinglitten und die sogenannten Verwerfungen erzeugten. Bei dem engen Zusammenhange, in welchem Verwerfungen und Falten stehen, bei den häufigen Übergängen gefalteter Streifen in zerbrochene Gebiete kann es keinem Zweifel unterliegen, daß auch die Verwerfungen in der Regel der äußere Ausdruck für eine einst vorhandene Seitenspannung sind. Meist sind die nach unten spitz zulaufenden Gebirgskeile nach oben gepreßt worden, oder über einen nach oben zugespitzten Streifen schoben sich die benachbarten Streifen in die Höhe, so daß er als vertiefter Graben zwischen höheren Bergzügen (Horste) eingesenkt zu sein scheint. Bisweilen aber werden ganze Rindenstücke über benachbarte Massen überschoben und liegen dann wurzellos über jüngeren Gesteinen.

Überall, wo die Auslösung dieser Spannung mit einer Zerreißung der Gesteine verknüpft ist, muß im Moment der Auslösung eine Erschütterung der Erdrinde erfolgen, und so entsteht ein Erdbeben, das sich vom Epizentrum des Schüttergebietes als Fernbeben über weite Strecken der Erdkugel verfolgen läßt.

Allerdings bleiben dabei meist die kleineren Verschiebungen unter der Hülle des Verwitterungsschuttes verborgen. Um so interessanter sind die Wirkungen einiger größerer Erdbeben. Bei dem japanischen Erdbeben[12] vom 28. Oktober 1891 entstand ein 100 km langer Spalt, an welchem sich die Erdrinde bis 2 m horizontal und 6 m vertikal verschob. Bei dem Erdbeben auf Sumatra[13] wurde ein Triangulationspfeiler um

123 cm verschoben. Am genausten wurden die topographischen Wirkungen des indischen Erdbebens[14] von 1897 studiert (Fig. 3), wo eine erneute Triangulation Verschiebungen fester Punkte um den Betrag von 2—4 m nachweisen konnte.

Diesen durch ein momentanes Erdbeben ausgelösten Spannungen stehen vielfach andere Bewegungen gegenüber, bei denen Niveauverschiebungen ohne Erschütterung des Geländes erfolgen. So hat man[15] an manchen Höhenfestpunkten in Braunschweig im Laufe von 15—25 Jahren Höhenänderungen bis zum Betrage von 17 cm beobachtet. In Schleswig-Holstein zeigten zahlreiche Bolzensteine Höhenänderungen von 10—23 cm. Auch viele sogenannte Aussichtsänderungen, wo man bestimmte Gebäude, die vorher von einem Aussichtspunkte gut zu sehen waren, nach Jahren nicht mehr im Gesichtskreis findet, mögen auf Änderungen im Bau der Erdrinde zurückgeführt werden.

Trotz der ungeheuren Mannigfaltigkeit in den Bewegungen der Erdrinde begegnen wir zu allen Zeiten einer seltsamen Gesetzmäßigkeit. Wir finden nämlich mitten zwischen kontinentalen Massen weite Depressionen, die ganze Perioden hindurch von neu gebildeten Sedimenten erfüllt werden. In einer Mächtigkeit bis zu mehreren tausend Metern schichtet sich eine Gesteinsdecke über die andere, sei es am Boden eines wasserbedeckten Meeres, sei es im Mittelpunkte einer abflußlosen Wüste. Festländische Konglomerate und Sandsteine, marine Tone und Kalke, vulkanische Laven und Aschen bauen sich übereinander, und lückenlos reihen sich die Ablagerungen einer Periode an die andere. Man[16] nennt ein solches dauerndes Ablagerungsgebiet eine Geosynklinale. Es ist klar, daß während der ganzen Dauer dieser gesteinsbildenden Vorgänge eine beständige langsame Senkung der Erdrinde stattgefunden haben muß. Dann aber wird die Erdrinde an derselben Stelle zusammengeschoben, wobei vielfach die Achse der neu entstehenden Gebirge nicht mit der Längsachse der Geosynklinale zusammenfällt; flache Wölbungen verwandeln sich in enge Falten, lange Gebirgsketten tauchen aus dem ebenen Boden auf, und bald türmen sich die vorher horizontalen Gesteinsdecken zu hohen Bergzügen empor. Eine neuerdings zusammengestellte Statistik[17] ergibt das nach dem Gesagten naheliegende Resultat, daß auch in der Gegenwart 91 % aller Erdbeben auf die Gebiete von Geosynklinalen fallen und nur 9 % auf benachbarte ebenschichtige Tafelländer. Obwohl es noch keine befriedigende Erklärung für die gesetzmäßige Folge dieser beiden Erscheinungen gibt, so beherrschen sie doch in gewissem Sinne die ganze Erdgeschichte, und wir werden wiederholt Gelegenheit haben, die Bildung einzelner Geosynklinalen zu verfolgen.

Da in einer Geosynklinale die Senkung und die Ablagerung neuer

Sedimente sich ungefähr die Wage halten, so entsteht daselbst keineswegs eine übertiefte Wanne, die mit Luft oder mit Meereswasser erfüllt, später erst vielleicht noch zugeschüttet wird, sondern die jeweilige Oberfläche des betreffenden Ablagerungsgebietes bleibt die ganze Zeit hindurch ungefähr in demselben Abstande vom Erdmittelpunkte.

Aber neben diesen meist zur Flachsee gehörenden, durch beständige Sedimentbildung nachgefüllten Synklinalen, die später wieder zu Gebirgssystemen emporgehoben werden, sehen wir im Laufe der Erdgeschichte an anderen Orten ein beständiges Sinken weiter Flächen, die niemals wieder aus der Tiefe emporsteigen. Es sind die eigentlichen Tiefseegebiete des Weltmeeres. Sie übertiefen sich weiter, ohne daß die geringe Menge der dort gebildeten Sedimente imstande wäre, die Senkung auszugleichen. Nur die Riffkorallen können auf den Klippen und Untiefen des weiten Senkungsgebietes Kalkinseln erzeugen, die bei fortdauernder Senkung allmählich jene ungeheure Mächtigkeit erreichen, die zuerst von Ch. Darwin für diese Kalkstöcke angenommen und später durch direkte Bohrungen[18] auf Funafuti genauer nachgewiesen wurden.

Als ein Symptom der Verkleinerung des Erdkernes müssen wir aber auch das Ausstoßen vulkanischer Laven betrachten. Wenn Dekhan durch eine 1000 m mächtige und etwa 700000 qkm große Decke vulkanischer Gesteine verhüllt wird, so bedeutet das einen ebenso großen Volumverlust der Pyrosphäre; ähnliche Lavadecken in Island und Nordamerika beweisen, welche ungeheuren Massen gelegentlich aus dem Erdinnern nach außen geschafft worden sind. Selbst während sie sich abkühlten, schrumpfte noch die Erdkugel an der Ausflußstelle.

Diesen Zeichen der sich verkleinernden Erdoberfläche gegenüber treten die Tatsachen, welche für eine lokale Dehnung der Erdrinde sprechen, sehr zurück. Dennoch dürfen wir nicht verschweigen, daß es zahlreiche Erscheinungen gibt, die auch für eine lokale Expansion der Erdrinde sprechen. Die mächtigen granitischen Stöcke und die zahlreichen, mit neu gebildeten Gesteinen erfüllten Spaltenzüge (Gänge) der Erdrinde beweisen, daß große Stücke der Lithosphäre seitlich gedehnt worden sind. Man hat wiederholt, diese Tatsachen in den Vordergrund rückend, behauptet, daß die Schrumpfungstheorie unrichtig sei, daß vielmehr eine Zerrung der Erdrinde überall beobachtet werden kann.

Dagegen ist zuerst einzuwenden, daß innerhalb eines gewaltigen Faltensystems lokale Stellen vorkommen müssen, wo durch die Interferenz verschiedensinniger Bewegungen eine gewisse Stabilität, ja sogar eine Dehnung der Erdrinde eintreten muß.

Aber selbst abgesehen davon ist der Gegensatz[19] zwischen beiden Erscheinungen wohl nur scheinbar, denn Faltung und Vulkanbildung treten nicht gleichzeitig, sondern in der Regel nacheinander auf. Die lokalen Dehnungen folgen zeitlich auf die Zusammenschiebungen, und, was wir hinzufügen möchten, sie beginnen erst, wenn ein Gebirge wieder abgetragen wird und eine Entlastung desselben eingetreten ist. So können natürlich auch mitten zwischen zusammengeschobenen Falten Zerrungen entstehen, Spalten aufreißen und zahlreiche Klüfte das Gefüge der Gesteine lockern. Aber unseres Erachtens sind diese lokalen und zeitlich begrenzten Erscheinungen nicht geeignet, um den allgemein verbreiteten und immer wieder auftretenden Wirkungen des Seitenschubes ebenbürtig an die Seite gestellt zu werden. Die so entstehenden Spalten und Hohlräume werden nun entweder von unten her mit glühendem Magma ausgefüllt oder von den umgebenden Gesteinen aus mit Minerallösungen zugeheilt. Es entstehen Granitstöcke, Ganggesteine, Erzgänge und Mineralgänge.

Soweit sich die Schrumpfung der Erdrinde im Laufe der Erdgeschichte überschauen läßt, erfolgt sie völlig regellos, bald hier, bald dort, und man kann auch keine periodische Wiederkehr des Gebirgsbildungsvorganges entdecken. Am Schlusse des paläozoischen Zeitalters und in der Tertiärperiode waren die Bewegungen der Erdrinde ganz besonders heftig und erschütterten fast überall ihr Gefüge, aber in den dazwischenliegenden Perioden waren sie, wenn auch minder heftig, immer wieder tätig, ebenso wie die vulkanischen Eruptionen. Es geht wohl daraus mit Sicherheit hervor, daß die beständige Wärmeabgabe der Pyrosphäre an den Weltenraum zwar überall und zu allen Zeiten eine tangentiale Spannung in der Erdrinde hervorruft, daß aber deren Auslösung durch die verschiedene Härte und Gestalt der Gesteinsmassen zeitlich und räumlich lokalisiert wird, und daß sich deshalb der Gebirgsbildungsprozeß so verschiedenartig äußert.

Verweise

[1] Stübel, Über das Wesen des Vulkanismus, 1897. — [2] Lowthian Green, Vestiges of the molten globe, London 1873; F. W. Gregory, The Plan of the earth and its causes. Geogr. Journal 1899, S. 225; Marcel Bertrand, Déformation tétraédrique de la terre et déplacement du pole. Compt. rend. de l'Acad. Paris, 19. Febr. 1900. — [3] Sueß, Über heiße Quellen. V. d. Ges. d. Naturforscher u. Ärzte, Karlsbad 1902, S. 4. — [4] v. Drygalski, Verh. d. D. Geogr. Tages, Berlin 1889, S. 161. — [5] Rothpletz, N. Jahrb. f. Min. 1896, I S. 279; Penck, Morph. der Erde, I S. 429. — [6] Baumgartner, Ref. Geol. C. Blatt, I S. 199. — [7] J. Walther, Z. d. geolog. Ges., Protokoll 1903, S. 15. — [8] Rothpletz, Ein geol. Querschnitt durch d. Alpen u. a.; M. Lugeon, Les grandes nappes de recouvrement. Soc. Géol. de France, Paris 1901, S. 723 f. — [9] A. Geikie, Recent work of the geol. survey in the NW. Highlands of Scotland, Q. J. Geol. Soc. 1888, S. 378. — [10] Cremer, Z. f. prakt. Geol. 1898, S. 66. — [11] Törnebohm, Grunddragen af det Centrale Skand. Bergbyggnad, K. S. V. Acad. Handl. 1896, Nr. 5. — [12] Davison, N. J. f. Min. 1899, I S. 438. — [13] Petermanns Geogr. Mitteil. 1895, S. 97,

Ref. — [14] Oldham, Mem. Geol. Survey of India, XXIX, 1899. — [15] Kahle, Über Änderung der Höhenlage, Sitzungsber. d. Ver. f. Naturw. Braunschweig, 17. März 1895. — [16] J. Dana, Manual of Geology 1875, S. 748; Haug, Bull. de la Soc. Géol. de France 3, 1900, S. 617. — [17] de Montessus de Ballore, Les tremblements de terre, Paris 1906. — [18] Hinde, The Atoll of Funafuti. Mem. Royal Soc. 1904, XI S. 332. — [19] Rothpletz, Sitzungsber. d. Kgl. bayr. Akad. d. Wissensch. München 1902, III.

6

Das Weltmeer

Als sich die erstarrenden Schollen an der Oberfläche unseres Planeten zum Panzergewölbe der Lithosphäre zusammengefügt und die schweren Metalle des Erdkerns von den leichten Gasen der Uratmosphäre geschieden hatten, begann die Kälte des Weltenraumes rasch und unaufhaltsam deren Temperatur zu erniedrigen. Wenn viele Jahrtausende dazu nötig waren, damit die steinige Haut der Erde entstehen konnte, so waren vielleicht einige Tage hinreichend, um die Uratmosphäre so weit abzukühlen, daß das erste tropfbarflüssige Wasser herniederfiel.

Die Wärmegrenzen dieses Vorganges sind zum Gegenstande einer interessanten Studie[1] gemacht worden: Der Druck der heutigen Atmosphäre entspricht im Meeresniveau einem Gewicht von 760 mm Quecksilber, und der Siedepunkt des Wassers ist hier 100° C. Auf dem Gipfel des Mont Blanc vermag die dünnere Atmosphäre nur einer Quecksilbersäule von 417 mm das Gleichgewicht zu halten, und das Wasser siedet bei 84°. Wenn wir aber den Atmosphärendruck erhöhen, dann steigt auch der Siedepunkt, der bei zwei Atmosphären 121°, bei drei Atmosphären schon 134° beträgt.

Wenn man das Wasser des Ozeans gleichmäßig auf der Erdoberfläche verteilen wollte, so würde dieses Weltmeer rund 2000 m tief sein, und da je 10 m Wasser das Gewicht einer Atmosphäre darstellen, so müßte die Uratmosphäre, in der noch alles flüssige Wasser dampfförmig enthalten war, überall einen Druck von rund 200 Atmosphären ausgeübt haben. Man hat nun ausgerechnet, daß bei solchem Atmosphärendruck der Siedepunkt des Wassers 375° C betrug, und daß dies also die höchste Temperatur war, bei der damals flüssiges Wasser existieren konnte. Wenn wir früher festgestellt haben, daß eine feste Kruste sich erst um die Erde bilden konnte, als ihre Wärme unter 2000° gesunken war, so könnten wir daraufhin sagen, daß flüssiges Wasser aus der Uratmosphäre erst niederfallen konnte, als deren sinkende Temperatur 400° überschritten hatte.

Wir wählen absichtlich abgerundete Zahlen, weil solchen Berechnungen eine große Unsicherheit anhaftet. Schon die Annahme, daß die Wassermenge des Weltmeeres damals ebenso groß war wie heutzutage, muß bezweifelt werden. Allein es kommt hier weniger darauf an, eine genaue Zahl zu geben, als einen allgemeinen Ausdruck für die sinkende Temperaturkurve der Erdentwicklung zu finden. Durch jeden herabfallenden Wassertropfen wurde die Schwere der Atmosphäre vermindert und dabei wieder der Siedepunkt herabgesetzt, so daß dieser Vorgang sich selbst beschleunigte und sein Ende erreichte, als bei dem Atmosphärendruck 1 der Siedepunkt des Wassers bis auf 100° gesunken war. Trotzdem nach dieser Hypothese die Bildung des Urmeeres katastrophenartig in einem ganz kurzen Zeitraum erfolgen mußte und seine Gewässer sehr heiß waren, so darf man doch nicht, wie es oft geschieht, von einem »kochenden« Urmeer sprechen. Denn eine Flüssigkeit kocht, sobald wir sie über ihren Siedepunkt erhitzen, und der eben geschilderte Vorgang erfolgte unter umgekehrten Bedingungen.

Ob dieses Urmeer die ganze Erde gleichmäßig bedeckte, oder ob die Unebenheiten der Erdrinde schon damals Wasserflächen und Festland schieden, läßt sich durch keinerlei Beobachtungen entscheiden, und ebensowenig kann man ein sicheres Urteil über die Tiefe des Urmeeres gewinnen. Würden wir annehmen können, daß die Menge des flüssigen Wassers auf der Erde (Vadose) seither unverändert geblieben wäre, dann würde ein gleichmäßig um die Erdkugel geschlungener Wassermantel etwa 2000 m tief sein. Allein es gibt zwei Vorgänge, die bestrebt sind, das Volumen der Hydrosphäre absolut zu verändern:

Erstens werden durch vulkanische Ausbrüche beträchtliche Mengen von Gasen (Eruptose) aus dem Inneren der Erde an die Oberfläche gefördert, und diese stammen nicht etwa, wie man früher annahm, von Meerwasser, das auf Spalten in die Tiefe drang, sondern waren in dem Magma der Pyrosphäre gelöst enthalten. Durch den Vulkanismus wird also die Menge des flüssigen Wassers auf der Erde vermehrt.

Aber seit langem ist ein anderer Vorgang tätig, der jenem entgegenarbeitet. Ein großer Teil der die Erdrinde zusammensetzenden Gesteine ist entstanden durch Verwitterung älterer Felsarten. Alle Sand- und Tongesteine, zu denen wir die Grauwacken, Quarzite, Sandsteine, Mergel, Tone, Schiefertone und Tonschiefer rechnen müssen, entstanden aus den Verwitterungsprodukten von anderen Gesteinen, die auf physikalischem und chemischem Wege zertrümmert, erweicht und zersetzt wurden.

Während im Feldspat nur geringe Spuren von Wasser enthalten sind, besitzt der daraus entstandene Ton 14% Wasser. Eine 100 m mächtige Tonschicht hat also bei ihrer Bildung eine Wasserschicht von 14 m verbraucht. Wenn wir annehmen würden, daß seit der kambrischen Periode im ganzen nur 5000 m klastische Gesteine aus der Verwitterung von Tonerdemineralien und wasserarmen Eisenverbindungen entstanden sind, so würde während dieser Zeit eine ebenso große Wasserdecke von mehr als 500 m chemisch gebunden worden sein.

Wir wählen auch hier absichtlich runde Zahlen, weil jede solche Berechnung eine Menge Fehlerquellen enthält; wir möchten nur zeigen, daß der Wasserhaushalt der Erdoberfläche von zwei großen geologischen Vorgängen beeinflußt wird, welche sich seit alten Zeiten entgegengearbeitet haben. Die Entgasung des Erdkerns durch vulkanische Essen, Fumarolen und heiße Quellen hat die Summe des extra-krustalen Wassers oder der Vadose beständig vermehrt, aber gleichzeitig hat die Verwitterung immer Wasser gebunden. Wenn wir uns der vulkanischen Katastrophen der ältesten Urzeit erinnern, wenn wir die vulkanischen Aschengesteine betrachten, die zu allen Zeiten unter lebhafter Wasserdampfentwicklung entstanden, in viele hundert Meter mächtigen Decken abgelagert worden sind, dann möchten wir allerdings wohl glauben, daß eine beständige Zunahme des flüssigen Wassers auf der Erdoberfläche durch Entgasung des Erdkerns erfolgt sei.

Man hat die Frage[2] aufgeworfen, ob das Urmeer vielleicht salzfrei gewesen sei, und ob nicht der gegenwärtige Salzgehalt des Ozeans durch Auslaugung festländischer Gesteine entstanden sei. Dagegen spricht die Tatsache, daß der Salzgehalt der Flüsse wesentlich anders zusammengesetzt ist, wie derjenige des Meeres. Der Karbonatgehalt[3] des Seewassers könnte in 1200 Jahren durch die einströmenden Flüsse gesammelt werden, der Sulfatgehalt in 480000 Jahren, der Chloridgehalt aber erst in 100 Millionen Jahren.

Das Seewasser enthält also einen unverhältnismäßig hohen Überschuß an Sulfaten und besonders an Chloriden, der nicht durch Auslaugung der Erdrinde entstehen konnte und als ein altes Erbstück des Urozeans betrachtet werden muß, sofern er nicht auf vulkanischem Wege aus dem Magma heraufbefördert worden ist.

Von älteren Geologen sind die sogenannten »Urgesteine« oder, wie wir sie jetzt nennen, die kristallinischen Schiefer als Absatz des Urmeeres betrachtet worden. Man nahm an, daß sich bei der Abkühlung des heißen, salzreichen Wassers ein Niederschlag bildete, dessen Eigenschaften von denjenigen aller späteren Gesteine abweichen mußten. Aber wir haben schon bei Besprechung der Lithosphäre darauf hingewiesen, daß sich die Ansichten über die Bildung der kristallinischen Schiefer sehr wesentlich geändert haben. Wir sehen jetzt in ihnen Umwandlungen ganz verschiedenartiger Gesteine, die nur deshalb einander so ähnlich sind, weil sie durch dieselben Metamorphosevorgänge umgeprägt wurden. Gegen die Annahme, daß sie Absätze des heißen Urmeeres seien, spricht besonders die Tatsache, daß sie fast immer kleine oder große Linsen von wechselnder Beschaffenheit bilden, während man doch von den Ablagerungen eines brodelnden Urmeeres verlangen müßte, daß sie nach Analogie der heutigen Tiefseesedimente mit unveränderter Gleichartigkeit über ungeheuer weite Flächen verbreitet sein müßten.

Nach den Untersuchungen von G. H. Darwin müssen wir annehmen, daß der Tag der Urerde nur wenige Stunden lang war. Mit dem ersten Auftreten des Meeres begann das Phänomen von Flut und Ebbe zu wirken; die Umdrehungsgeschwindigkeit der Erde wurde länger, der Tag nahm zu, und da der Mond noch sehr nahe der Erde stand, waren die Gezeitenunterschiede sehr groß.

Es gibt heute nur wenige Stellen (die Küste der Bretagne (Fig. 7 u. 8) oder von Kanada), wo eine 15 m hohe Flutwelle uns Gelegenheit gibt, jene Sturmfluten zu verstehen, die damals die Erde in rascher Folge umkreist haben müssen. Wenn irgendwo flache Untiefen oder Festländer aus dem Wasser ragten, so mußten sie von rasch wiederkehrenden Wellenbergen in ungestümer Gewalt überflutet werden, und wo vulkanische Inselgruppen entstanden, da fegte sie die Woge bald wieder hinweg. So erscheint uns die jetzige Mondflut nur als ein schwacher Nachklang früherer Zeiten, wo sie die maßgebende Kraft für die Oberflächengestaltung der Erde war.

Vereint mit den Wellen und Strömungen, die in dem Meere sich bald ausbildeten, mußten aber Ebbe und Flut zu allen Zeiten bestrebt sein, die Wasser des Meeres durcheinanderzumischen und aus dem durch lokale Vorgänge immer wieder veränderten Salzgehalt des Wassers jene so einheitlich zusammengesetzte Salzlösung zu erzeugen, die seither eine charakteristische Eigenschaft des Ozeans geblieben ist. Vom Pol zum Äquator und von der Küste bis zur Tiefsee zeigt das heutige Meer eine geradezu überraschende Gleichartigkeit seines Salzgehaltes. Mag das Wasser in den tropischen Meeren 4% Salz enthalten, oder in einem Nebenmeer durch einströmende Flüsse bis auf 1% verdünnt werden — das Verhältnis der chemischen Bestandteile ist nahezu dasselbe. Dadurch allein wird es erklärlich, daß die Meeresfauna der ganzen Erde einen so einheitlichen Charakter besitzt. Wo aber größere Wassermengen lange Jahrtausende hindurch von der offenen Zirkulation mit dem Weltmeere abgeschnitten werden, da ändert sich auch bald die durchschnittliche Zusammensetzung ihres Salzgehaltes. Die weltweite Verbreitung vieler kambrischen und silurischen Meerestiere spricht mit Entschiedenheit dafür, daß auch jene uralten Meere von einer einheitlich gesalzenen Lösung erfüllt waren.

Solange nur flache Untiefen und rasch abgetragene Vulkangruppen das Weltmeer besäten, konnten Flutwellen, Windstau und Strömungen ungehindert die ganze Erde umkreisen und überall die Wasser miteinander mischen, in alle Tiefen gelangte das sauerstoffreiche Oberflächenwasser, und nirgends konnten sich am Meeresboden Lösungen von wesentlich anderer Zusammensetzung anreichern. Aber indem sich Untiefen in trockenes Land, Inselgruppen in kontinentale Flächen verwandelten, indem die Strömungen lokal gehemmt, die Zirkulation des Wassers verlangsamt oder gar verhindert wurde, entstanden tote Winkel, Interferenzpunkte der Wasserbewegung, Gebiete mit vermindertem Wasseraustausch. Man nennt[4] solche Stellen Halistasen und wir werden ihre erdgeschichtliche Bedeutung später eingehender zu schildern haben.

Es ist für unsere weiteren Betrachtungen von großer Bedeutung, hier eine Frage zu prüfen, welche sich leider nur für die Perioden seit dem Kambrium entscheiden läßt, nämlich, ob der Stammbaum des Meeres monophyletisch ist; mit anderen Worten, ob die riesige Wassermasse des Weltmeeres durch eingeschaltete Landmassen jemals in zwei oder mehr völlig getrennte Ozeane zerfiel, oder ob das Meer, wie in der Gegenwart, auch früher eine ununterbrochene Einheit bildete. Zugunsten der letztern Ansicht müssen wir darauf hinweisen, daß eine Anzahl von Meerestieren, wie Lingula, Discina, Avicula, Arca, Pleurotomaria, seit dem Kambrium und Silur mit denselben Gattungscharakteren bis zur Gegenwart gelebt haben. Trotzdem das Meer in der Zwischenzeit beständig seinen Ort gewechselt hat, haben doch diese Tiere darin immer gelebt, und ihre Schalen finden sich oft massenhaft in den Meeresabsätzen der verschiedenen Perioden. Wäre auch nur einmal für längere Zeit die Kontinuität des Weltmeeres unterbrochen worden, so müßten wir auch im Stammbaum der Meerestiere einen scharfen Schnitt beobachten, und man könnte vom Kambrium bis zur Gegenwart nicht dieselben Gattungscharaktere verfolgen.

Während die Anziehung des Mondes die Gezeiten erzeugte, die, in der Urzeit ungemein wirksam, sich später mehr und mehr abschwächten, wurde bald durch die Wärmestrahlen der Sonne ein anderer Vorgang eingeleitet, der immer größeren Einfluß auf die Veränderungen der Erde gewann: es begann der Kreislauf des Wassers. Die Sonnenstrahlen verdampften, besonders am Äquator, das Oberflächenwasser des Meeres, und während das Salz in der Lösung zurückblieb, stieg salzfreier, destillierter Wasserdampf in die Atmosphäre empor. Dieser Vorgang mußte bald jenen so bezeichnenden Gegensatz zwischen dem salzreichen Meere und den salzfreien Wassermengen der Luft und des Festlandes erzeugen. Ein Wasser, das den mittleren Salzgehalt des jeweiligen Weltmeeres besitzt, nennen wir marin; an den Mündungen großer Flüsse finden wir das brackische Wasser; wird der Salzgehalt durch Verdunstung einer vom Ozean völlig oder nahezu abgeschnittenen Wasserfläche erhöht, dann nennen wir diese Gewässer salinisch; sammelt sich aber das verdunstete salzfreie Wasser wieder in größeren Mengen, dann entsteht limnisches Süßwasser.

Für unsere weiteren Betrachtungen ist es aber gut, innerhalb des Meerwassers noch einen Unterschied zu machen. Denn da, wo in einem halb geschlossenen Nebenmeer durch das Einströmen großer Flüsse brackische Wassergebiete, durch den Wechsel der Küstenlinie und den Einfluß des Landes eine große Mannigfaltigkeit der bionomischen Bedingungen entsteht, finden wir eine ganz anders zusammengesetzte Tierwelt, als am Boden des offenen, freien, ungeteilten Ozeans. Mit Dana[5] nennen wir diese Regionen thalassisch und werden öfters Gelegenheit haben, sie den ozeanischen Bildungen der Hochsee gegenüberzustellen.

Sonnenkraft ist es, welche, der Schwere entgegenarbeitend, die verdunstenden Wassertröpfchen emporhebt und jene Fülle von Kräften auslöst, welche beim Fallen des Regens, beim Strömen der Flüsse und Gletscher, beim Sturz der Wasserfälle und bei den Überschwemmungen eines Wolkenbruches das Relief der Erdrinde verändern. Sonnenkraft ist es ebenfalls, die an der Oberfläche des Meeres Wellen und Brandung, Strömungen und Wirbel erzeugt, welche die Küstenlinie und die Gestalt des Ufers so tiefgreifend umgestalten. Und da sich das Wasser allen Unebenheiten anschmiegt, so wird dadurch wieder der Umriß des Meeres ebenso wie alle limnischen Wasserflächen beständig verändert.

Allein die Geschichte des Weltmeeres zeigt neben diesen Veränderungen der Tiefe und der Küstengestalt großzügige Bewegungen, deren Ursachen nicht in der transportierenden Tätigkeit der Wellen begründet sind, vielmehr auf einer Verschiebung des Wasserniveaus beruhen. Der Abstand zwischen dem Wasserspiegel und dem Erdmittelpunkt wird vergrößert oder verkleinert, und infolgedessen ändert sich der Umriß und die Lage eines Wasserbeckens.

Da bei einer Verlängerung des Spiegelabstandes Inseln und Küstenfelsen im Wasser untertauchen, hat man diese Erscheinung früher unbedenklich ein »Sinken der Küste« genannt, während man im umgekehrten Falle von einer »Hebung« sprach.

Untersuchungen über die Verbreitung dieser Bewegungen haben aber zu der Ansicht geführt, daß nicht immer eine Bewegung der Lithosphäre, sondern in vielen Fällen eine Veränderung der Wasserhülle vorliegt. Um nun bei der wissenschaftlichen Beschreibung der genannten Erscheinungen einen völlig neutralen Ausdruck anwenden zu können, hat man[6] vorgeschlagen, von Verschiebungen der Strandlinie zu sprechen, und bezeichnet als positiv ein Ansteigen des Meeresspiegels (= Senkung der Küste), als negativ ein Sinken des Meeresspiegels (= Hebung der Küste).

So leicht es ist, diese Strandverschiebungen zu erkennen und zu messen, so schwer ist es, in jedem einzelnen Falle zu erklären, weshalb sich an einer bestimmten Küste die Elementengrenze verlagert hat.

Wie eine Wasserwage sich immer in dieselbe Niveauebene einstellt, mag ihre Lage auch noch so sehr verändert werden, so stellt sich auch die große Wasserwage der Hydrosphäre immer wieder in die Geoidfläche ein. Aber so einfach diese Formel auch erscheint, so verwickelt wird das Problem, wenn wir einen einzelnen Fall ins Auge fassen.

Auf einer ruhenden kugelrunden, völlig glatten Erde, deren Inneres aus konzentrischen Schalen von gleicher Dichte ohne lokale Abweichungen gebildet ist, würde die Hydrosphäre, wenn die Schwere des Wassers überall dieselbe wäre, eine gleichförmige, überall gleich dicke Wasserhülle bilden. Aber keine dieser Bedingungen trifft auf die Erde zu. Sie ist abgeplattet, ihre Oberfläche ist uneben, und die Ränder der Kontinente ziehen das Wasser ebenso nach oben, wie die Masse des Erdkerns es nach unten zieht. Wenn ein Gebirge vom Charakter der Anden entsteht, so muß das Meer an der Westküste Südamerikas emporsteigen, und wenn dieses Gebirge wieder abgetragen wird, dann folgt der Meeresspiegel dem sinkenden Erdprofil.

Man hat berechnet,[7] daß die Bildung einer mächtigen Eisdecke in Nordeuropa die Küstenwasser des Atlantischen Ozeans durch Anziehung heben mußten, und nach der Eiszeit, als das Eis geschmolzen war, gelangte nicht nur diese ganze Eismasse als flüssiges Wasser wieder ins Meer, sondern es verschwand zugleich die anziehende Eismasse, und beide Vorgänge beeinflußten den Wasserstand in entgegengesetzter Weise.

Wo durch Kontraktion des Erdkerns ein großes Senkungsfeld entsteht, da dringen die Wasser des Meeres hinein, und während hier Festland zum Meeresgrund wird, muß an anderen Stellen eine Verminderung des Meeres, ein Rückzug des Strandes erfolgen.

Salzhaltiges Wasser ist schwerer als Süßwasser; eine Säule von 100 m Seewasser kann also einer größern Säule Süßwasser das Gleichgewicht halten, und der Strand im Mündungsgebiete eines großen Flusses wird deshalb höher stehen als an der benachbarten, von der Salzflut bespülten Küste.

Wenn wir diese und andere Umstände erwägen, wenn wir bedenken, daß alle diese Bedingungen beständig gewechselt haben, dann dürfen wir uns nicht wundern, wenn wir in der Gegenwart wie in der Vergangenheit beobachten, daß die Küstenlinie des Meeres beständig schwankt. Die dauernde Grenze eines alten Meeres werden wir mithin da ziehen müssen, wo marine und festländische Faunen im häufigen Wechsel übereinander liegen. Dieser Fall ist keineswegs so häufig, wie man erwarten sollte, und wenn wir dagegen beobachten, daß ein altes

Meer beständig vorwärtsdringt und neue Flächen erobert, oder sich zurückzieht und seinen Boden verläßt, so können solche Transgressionen und Regressionen nicht auf das Wechselspiel der kleinen anziehenden Kräfte zurückgeführt werden.

Wir haben schon S. 31 auseinandergesetzt, daß diese großzügigen Bewegungen der Hydrosphäre höchstwahrscheinlich auf langsamen Biegungen der Erdrinde beruhen, welche ganze Kontinente emporwölben und ebenso leicht große Landflächen unter den Meeresspiegel versenken können oder den Boden der Tiefsee bewegen.

Es gilt als eine der wichtigsten Aufgaben der historischen Geologie, die Umrisse alter Meere in den aufeinanderfolgenden Phasen der transgredierenden Bewegungen zu zeichnen und auf diesem Wege die paläogeographischen Zustände der Erde zu charakterisieren.

Allein wir brauchen nur die Umrißkarten, die zwei Autoren von derselben Periode entworfen haben, zu vergleichen, um sofort einzusehen, daß jede Karte eine andere Küstenlinie erkennen läßt. So wertvoll daher auch solche Kartenskizzen für den forschenden Geologen sind, der ihre Fehlerquellen und die Tragweite ihrer Angaben zu beurteilen vermag, so wenig dürften sie den Nichtgeologen nützen, da sie immer nur eine hypothetische Kombination darstellen. Aus diesem Grunde haben wir auch davon abgesehen, solche Karten unserer späteren Schilderung der alten Meere einzufügen.

Sehr wichtig ist es, daß beim Herannahen eines transgredierenden Meeres das vorher einheitliche Land in ein System vielgestaltiger Inseln zerlegt wird, und daß ebenso bei der Regression eines Meeres zuerst ein Archipel flacher Inseln aus dem Wasser auftauchen muß. Damit hängt es zusammen, daß viele geologische Ablagerungen an der Grenze zweier Formationen durch das Zusammenauftreten mariner Tierreste und festländischer Pflanzenreste bezeichnet werden.

So ist das Meer ruhelos von einer Stelle der Erdrinde zur andern gewandert; jede Periode der Erdgeschichte ist durch eine andere Verteilung von Wasser und Land ausgezeichnet, und beständig ist auch hier nur der Wechsel.

Die Verteilung der Meere wird aber noch durch einen andern Vorgang sehr wesentlich beeinflußt, nämlich durch die Abtragung des Festlandes und die Zufüllung der Meeresbecken mit den Verwitterungsprodukten des Landes und anderen Sedimenten. Ungeheure Schuttmassen trägt der Fluß ins Meer, schüttet ein hohes Delta auf und schiebt dasselbe langsam nach dem offenen Ozean hinaus. Ein breiter Saum von Küstenablagerungen begleitet das Ufer, und allmählich füllen sich die Senken mit neugebildeten Gesteinen. Die Geschichte der Geosynklinalen hat uns schon gezeigt, welche ungeheuere Rolle die Ausfüllung gewisser Depressionsgebiete spielt, wo organische Kalkbänke und vulkanische Gesteinsmassen mit den mechanischen Sedimenten der Sand- und Schlammablagerungen an Mächtigkeit wetteifern. Jedes Sandkorn verdrängt eine gleiche Menge Wasser, und so muß der Wasserspiegel an allen Küsten um den Betrag steigen, der dem Volumen der gleichzeitig gebildeten marinen Gesteine entspricht.

Alle diese Vorgänge vollziehen sich in so langen Zeiträumen, daß die Dauer eines Menschenlebens nicht hinreicht, um sie in der Gegenwart direkt zu beobachten. Es kommt noch hinzu, daß es sehr leicht ist, eine Hebung der Küste oder einen Rückzug des Meeres festzustellen, weil wir dann auf dem trockenen Lande die Überbleibsel des Ozeans erkennen; Bohrmuscheln stecken in den Felsen, versteinerte Korallenriffe säumen die Küste, und der Anprall der Wogen hat eine rinnenförmige »Strandlinie« ausgearbeitet. Wenn aber die Küste sinkt oder der Meeresspiegel steigt, dann verhüllen die Fluten die Marken des Landes. So kommt es, daß wir fast an allen Küsten sichere Beweise einer ehemaligen »Hebung« oder negativen Strandverschiebung sehen, während „Senkungen“ oder positive Strandverschiebungen schwer erkennbar sind.

Es würde die Arbeit der Erdgeschichte wesentlich erleichtern und eine Abschätzung der einzelnen Perioden ermöglichen, wenn die Bewegungen des Ozeans periodisch erfolgten, wenn wir nachweisen könnten, daß das Meer bald auf die südliche, bald auf die nördliche Halbkugel wanderte oder vielleicht vom Äquator aus über die Wendekreise nach Nord und Süd flutete. Aber keine in dieser Hinsicht aufgestellte Hypothese hat bisher allen Tatsachen Rechnung tragen können, und es erscheint uns richtiger, die chronologische Aufeinanderfolge bestimmter Tatsachenreihen einfach festzustellen, anstatt die ungeheure Mannigfaltigkeit der geologischen Kausalreihen in eine Formel bannen zu wollen.

Während aber die Grenzen des Meeres beständig verschoben wurden und der Ozean ruhelos über die Erdkugel wanderte, scheint ein anderer Vorgang nebenherzugehen, der, gleichsinnig verlaufend, allmählich ein neues Element in das Wechselspiel der irdischen Kräfte einfügte.

Die heutige Erdoberfläche besteht aus etwa drei Achtel Festland, ein Achtel Flachsee und vier Achtel Tiefsee, und wenn dieses Verhältnis immer bestanden hätte, müßten wir auch in den Schichten der Erdrinde viermal so häufig Tiefseeablagerungen und Tiefseefaunen als die Symptome der Flachsee finden. Dagegen kennt man, von kleinen Ausnahmen abgesehen, trotz der zahlreichen Transgressionen der Vorzeit fast keine Ablagerung der älteren Periode, die den heutigen Tiefseebildungen äquivalent wäre. Immer wieder wanderte der Ozean um die Erdkugel, aber nirgends hat er abyssale Reste in größerer Ausdehnung hinterlassen. Auch die Leichtigkeit, mit der besonders in den älteren Perioden das Meer die Erde umkreiste und immer wieder die jetzigen Kontinentalflächen überspülte, sowie die weite Verbreitung kosmopolitischer Fossilien in paläozoischer Zeit machen es unwahrscheinlich, daß die heutige Tiefsee schon damals existierte.

Betrachten wir nun die Fauna der heutigen Tiefsee nach ihrer Verwandtschaft mit der Fauna der verschiedenen Erdepochen, so fällt uns auf, daß sie keine einzige für das Altertum der Erde bezeichnende Tierform enthält, dafür aber um so mehr Gattungen, die erst im Mittelalter der Erdgeschichte entstanden und damals weit verbreitet waren.

Die Tiefsee ist lichtlos und besitzt daher kein Pflanzenleben. Infolgedessen kann sie sich nicht selbst ernähren, und alle Tiefseetiere sind in ihrer Existenz auf die Zufuhr von Nahrung aus den flachen Wassergebieten angewiesen. Die Tiefsee gleicht, nationalökonomisch gesprochen, einem reinen Industriestaat ohne Landwirtschaft, der in seiner ganzen Existenz von Ackerbau und Viehzucht treibenden Ländern abhängig ist.

Daraus ergibt sich als notwendige Folgerung, daß die Fauna der Tiefsee dort nicht entstanden sein kann, sondern aus lichteren, pflanzenreichen Wasserschichten in die dunkle Tiefe hinabgewandert sein muß.

Sobald wir uns diese unbestreitbare Tatsache klar gemacht haben, tritt uns ein sehr bedeutsames, geologisches Problem[8] entgegen. Wir fragen:

wann ist die Tiefsee besiedelt worden? und
wann entstanden die Tiefseebecken?

Wir werden nun später zu zeigen haben, daß die erste Anlage jener ungeheuren Senkungsräume am Schluß des paläozoischen Zeitalters in Zusammenhang mit starken Äußerungen des Gebirgsbildungsprozesses erfolgte, und daß in der Tertiärperiode, wo wiederum fast die ganze Erdrinde bebte und bewegt wurde, dieser große Senkungsprozeß abschloß.

Indem so große Flächen der Erdrinde, dem schrumpfenden Erdkern folgend, gegen den Erdmittelpunkt bewegt und gleichzeitig die Räume des eigentlichen Tiefseebodens beständig vergrößert wurden, mußten sich notwendig die Festländer verbreitern.

So wird es uns wohl verständlich, daß die Tiefseebecken sich nicht wieder in Festländer verwandeln, und daß diese gewaltigen Senken sich wohl verbreitern und vertiefen, aber ihre Lage auf der Erdrinde dann nicht mehr verschieben können.

Verweise

[1] Mallet, Q. Journal Geol. Soc. London 1880, S. 116. — [2] Kuntze, Das salzfreie Urmeer. — [3] Agassiz, Three cruises of the Blake I S. 119; Joly, Compt. rend. VIII. Congrès géol. Paris I. S. 147. — [4] Haeckel, Planktonstudien, Jena 1890. — [5] Dana, Manual of geology 1894, S. 535. — [6] E. Sueß, Antlitz der Erde II S. 29. [7] v. Drygalski, Geoiddeformationen, Zeitschr. d. Ges. f. Erdkunde. Berlin 1887. — [8] J. Walther, Über die Entstehung und Besiedelung der Tiefseebecken, Naturw. Wochenschr. 1903.

7

Das organische Leben

Neben dem Kreislauf des Wassers ist seit undenklichen Zeiten ein zweiter Kreislauf im Gange, der zwar zwischen Erdrinde und Lufthülle wesentlich geringere Massen in Bewegung setzt, aber dabei eine ungleich höhere erdgeschichtliche Bedeutung besitzt — es ist die Entstehung und Verwandlung der organischen Substanz, des Protoplasmas.

Ein Mantel buntgefärbter Pflanzen umgibt die Erde überall, wo die Temperatur nicht dauernd unter 0° bleibt, wo flüssiges Wasser vorhanden ist, und wo die leuchtenden Strahlen der Sonne hingelangen. Aus der Atmosphäre oder aus dem umgebenden Wasser nehmen die grünen Pflanzen Kohlensäure und Wasser auf, zerlegen diese Verbindungen unter dem Einfluß des Lichtes in ihre Elemente, und während sie Kohlenstoff, Wasserstoff und einen Teil des Sauerstoffes zum Aufbau neuer organischer Substanz verwenden, scheiden sie den Überschuß von Sauerstoff wieder in die Atmosphäre ab. Diese sogenannte „Kohlensäure-Assimilation" der Pflanzen ist der wichtigste Vorgang, der das irdische Leben gegenwärtig regelt und erhält.

Aber so wie es noch jetzt gewisse Spaltpilze und vereinzelte andere Pflanzen gibt, die einen anderen Weg einschlagen, um anorganische Stoffe zu assimilieren, so dürfen wir wohl auch für die Urzeit der Erdgeschichte vermuten, daß ursprünglich die Assimilation der lebendigen Substanz in sehr verschiedenartiger Weise ausgeübt und ausprobiert wurde, bis endlich die Kohlensäure-Assimilation belichteter grüner Pflanzenfarbstoffe als die zweckmäßigste[1] und maßgebende Form übrig blieb.

Das durch die irdische Atmosphäre veränderte und geschwächte Sonnenlicht enthält hauptsächlich blaue und rote Farbentöne. Die blauen Strahlen werden aber von den verschiedenen gelben und gelbroten Farbstoffen im Blattgrün, und die roten Strahlen von den blaugrünen Elementen im Chlorophyll besonders leicht absorbiert. Von den Pflanzen nähren sich nun die Tiere, sei es, daß sie Pflanzengewebe fressen oder von dem Fleische der Pflanzenfresser leben, deshalb ist auch die gesamte Tierwelt direkt oder indirekt von der Kohlensäure-Assimilation grüner Pflanzen im Sonnenlicht abhängig.

Alles Lebendige ist einem beständigen Wechsel unterworfen; Entwicklung und Wachstum, Reife und Vermehrung, Anpassung und Vererbung, Siedelung und Wanderung sind nur Teilerscheinungen in der nimmer ruhenden Veränderlichkeit der lebendigen Substanz. In noch höherem Grade wie die Hydrosphäre schmiegt sich die Biosphäre beständig den äußeren Umständen an und ändert sich mit ihnen in jedem Augenblick.

Jedes Einzelleben ist bestrebt, seine Eigenschaften in Harmonie mit den äußeren Umständen zu setzen und ändert sie so lange, bis es an diese völlig „angepaßt" ist. Wir unterscheiden danach variierende Formen und verhältnismäßig stabile Arten, und dieser Unterschied läßt sich nicht nur in der Lebewelt der Gegenwart (rezent), sondern auch in der Organismenwelt der geologischen Vergangenheit (fossil) überall beobachten. Weder variieren alle Arten, noch sind alle Artcharaktere jederzeit unveränderlich. Vielmehr lassen sich in der historischen Entwicklung der meisten Formenkreise Perioden einer großen Veränderlichkeit (Anastrophen) von den Zeiten gefestigter, nur wenig schwankender Eigenschaften leicht unterscheiden.

Aber die Veränderlichkeit und Anpassungsfähigkeit des Protoplasma hat bestimmte Grenzen, die wesentlich in den äußeren Umständen gegeben sind. Alles Leben ist vom Wasser abhängig, und selbst die Pflanzen der trockensten Wüsten blühen und vermehren sich nur, solange die Feuchtigkeit in der Luft oder im Boden eine gewisse Höhe erreicht. Außerdem aber ist alles Leben gebunden an eine Temperatur unter 100° C, und dauernde Erhitzung über den Siedepunkt tötet selbst die lebenszähesten Spaltpilze.

Aus unseren früheren Betrachtungen geht hervor, daß die Urerde einmal über 100° C heiß war, und daß flüssiges Wasser auf ihrer Oberfläche nicht existieren konnte; also müssen wir schließen, daß es einen Moment in der Erdgeschichte gab, wo auch das Leben zum ersten Male auftrat.

Man hat nun, um diese erste Besiedlung der Erde zu erklären, die Annahme gemacht, daß das Leben von einem anderen Weltkörper durch meteorische Massen zu uns gebracht worden sei. Aber erstens hat man noch nie eine Spur von lebendiger Substanz in den Meteoriten beobachtet, und die[2] vor einer Reihe von Jahren darin entdeckten „organischen Formen" beruhten auf Täuschung. Da wir außerdem sahen, daß die Masse der Meteoriten bei Abwesenheit flüssigen Wassers gebildet worden ist, so kann weder auf Meteoriten-Weltkörpern organisches Leben existiert haben, noch von ihnen nach der Erde gelangt sein.

Wenn aber die Urerde leblos war, und wenn das Leben auch nicht von einem anderen Weltkörper durch Meteormassen nach unserem Planeten getragen worden sein kann, dann bleibt uns nur die Annahme übrig, daß das Leben auf der Erde neu entstanden ist.

Es mag dem gläubigen Gemüte eine leichtverständliche Vorstellung sein, daß das Leben mit hochentwickelten spezialisierten Formen begonnen habe, die durch einen Schöpfungsakt einmal oder mehrfach entstanden sind — der Naturforscher, welcher sieht, wie selbst die höchststehenden Pflanzen und Tiere noch jetzt vor unseren Augen aus ganz einfachen, wenig differenzierten Anfangsformen (Ei und Samenzelle) entstehen, wird dagegen davon überzeugt sein, daß das Leben auf unserem Planeten mit einfachen Urformen begann, die sich erst ganz allmählich umbildeten und höher entfalteten.

Wenn wir uns auch nur durch spekulatives Denken ein Bild von jenen ältesten Lebewesen machen können, so leitet uns die Physiologie doch zu ganz bestimmten Vorstellungen über die Bedingungen, unter denen jenes älteste organische Leben auftrat und sich erhielt. Zahlreiche Tatsachen drängen uns zu der Annahme, daß das Leben im Meere entstanden ist. Alle wachsenden pflanzlichen und tierischen Gewebe sind wasserreich und enthalten zugleich eine gewisse Menge von Kochsalz. Außerdem finden wir in den ältesten fossilen Ablagerungen nur Meerestiere, und die primitiven Urformen, welche sich bis in die Gegenwart gerettet haben, leben ebenfalls fast alle im Meere.

Man hat geglaubt, daß das Leben in der Tiefsee entstanden sei, ja vielleicht jetzt noch dort entstehen könne, und als Huxley im Jahre 1857 in den Grundproben aus den Tiefen des Atlantischen Ozeans eine schleimige Substanz fand, die sich nach seinem Urteil wie Protoplasma bewegte, da glaubte er den vielgesuchten „Urschleim" gefunden zu haben, und nannte ihn Bathybius Haeckeli, um dem kühnen Vorkämpfer der Entwicklungslehre eine Patenfreude zu machen. Leider beruhten die Beobachtungen von Huxley auf einem Irrtum. J. Murray und K. Möbius erkannten 1874 fast gleichzeitig, daß es sich um einen chemischen Niederschlag von Gips handelt, der aus Seewasser bei Zusatz von starkem Alkohol leicht ausfällt.

Aber dem Gedanken vom Urschleim in der Tiefsee lag nicht allein ein Fehler der Beobachtung, sondern auch ein solcher des biologischen Denkens zugrunde. Das tierische Leben ist immer abhängig vom Pflanzenleben und mit ihm vom Sonnenlicht. Da in der lichtlosen Tiefsee keine Kohlensäureassimilation stattfinden kann, so ist hier ursprüngliches Leben unmöglich. Tatsächlich bewohnt auch heute keine assimilierende Pflanze die dunklen Abgründe, und wenn nicht ein Strom sauerstoffreichen, nahrungsreichen, kalten Polarwassers nach der Tiefsee strömte, so würde sie völlig leblos sein. Wir werden zudem zeigen können, daß in den ältesten Zeiten der Erdgeschichte noch gar keine „Tiefsee“ existierte, daß vielmehr die älteren Ozeane nur geringere Wassertiefe besaßen. Es kann also das Leben vom Charakter der heutigen Biosphäre nicht in lichtloser (aphotischer) Tiefsee seinen Anfang genommen haben, sondern wenn es marin war, so mußte es in der durchleuchteten (diaphanen) Region der Flachsee entstehen. Das Leben konnte auch nicht beginnen mit tierischem Protoplasma, denn solches zerstört vorhandene organische Substanz, ohne deren absolute Menge zu vermehren. Assimilierendes, pflanzliches Protoplasma mußte zuerst vorhanden sein, ehe sich die ersten Tiere daraus entwickeln konnten.

Wenn wir auch zugeben wollen, daß die Entstehung des Lebens ein nach der chemischen Seite bisher ungelöstes Problem ist, und indem wir glauben, daß viele Übergangsstadien durchlaufen werden mußten, ehe sich zum ersten Male echtes Protoplasma regte, wuchs und sich vermehrte, so wollen wir doch darauf hinweisen, daß höchstwahrscheinlich auch das Leben unter dem Einfluß der sinkenden Temperaturkurve der Erdentwicklung allmählich auf der Erde erschien. Der zwischen 400° und 100° entstandene Urozean mußte sich weiter abgekühlt haben, ehe sich Protoplasma darin bilden und erhalten konnte, und damit jene ungeheure Fülle organischer Bewegungen eingeleitet wurde, die seither das organische Leben beherrscht.

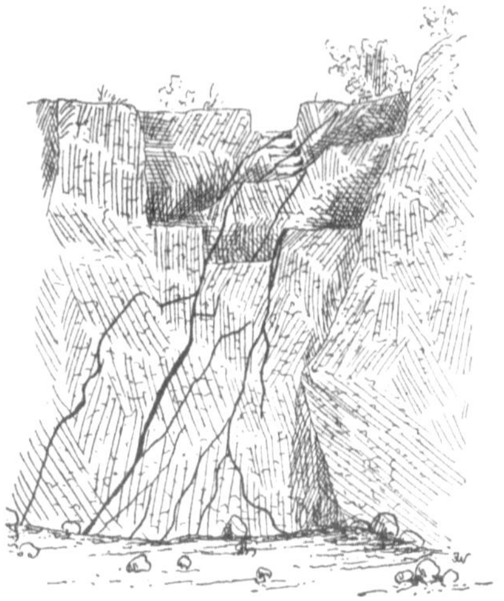

Fig. 18.
Graphitgänge im zersetzten Gneis von Ceylon.

Mit dem ersten Leben aber begann der Kampf gegen den Tod; denn aus der anorganischen, toten Natur hat sich das Leben entfaltet; ein Kampf gegen die Angriffe der unbelebten Natur und gegen die Konkurrenz des anderen Lebens sind alle Lebensäußerungen. Das komplizierte Eiweißmolekül kehrt durch den Tod in die stabileren Verbindungen der anorganischen Natur wieder zurück.

Man hat vielfach in dem Graphit der kristallinischen Schiefer die Überreste der ältesten irdischen Pflanzen zu sehen vermeint. Aber seitdem festgestellt ist,[8] daß der Graphit im Gneis von Ceylon gangförmig auftritt (Fig. 18), also auf chemischem Wege entstanden sein muß, kann selbst das Vorkommen von graphitreichen Schichten im Urgebirge nicht mehr als ein Beweis für eine uralte Lebewelt betrachtet werden.

Zwischen dem Tage, wo die erste Urpflanze zu assimilieren begann, und der Periode, aus der uns die ältesten Versteinerungen erhalten sind, liegt freilich ein ungeheuer langer Zeitraum. Wir werden bei Besprechung der ältesten bekannten, kambrischen Fauna überzeugende Beweise für diese Ansicht bringen und wollen hier nur auf eine andere Reihe von Tatsachen eingehen, die zu demselben Schlusse drängt:

Die fast unübersehbare Fülle der Versteinerungen, welche in den Erdschichten begraben sind, ist chronologisch so sicher geordnet, daß für die überwiegende Mehrzahl derselben jeder Zweifel ausgeschlossen ist, welche Fauna für älter, gleichzeitig oder jünger als eine andere zu halten ist. Die Mächtigkeit der Schichten, welche diese Versteinerungen enthalten, gibt uns zugleich einen ungefähren Maßstab für die Länge der Zeiträume, die zwischen dem Auftreten zweier Faunen verflossen sind. Zwar können wir sie nicht nach Jahrhunderten oder Jahrtausenden messen, wir wissen nur, daß Äonen nötig waren, um die Schichtenreihe seit dem Kambrium bis heute zu bilden.

Während dieser ungeheuer langen Zeiträume folgt Fauna auf Fauna, Flora auf Flora mit meist so geringen Abänderungen, daß wir leicht die aufeinanderfolgenden Querschnitte eines einheitlichen Stammbaumes erkennen. Wenn man noch zu Cuviers Zeiten von Kataklysmen reden konnte, welche wie ein tiefer Abgrund die Lebewelt einer Periode von der anderen schied, so hat uns seither tausendfältige Beobachtung gelehrt, daß die meisten dieser Lücken zwischen den Faunen nur lokale Unterbrechungen sind.

Wenn sich also seit dem Kambrium bis zur Gegenwart eine Fauna aus der anderen in kontinuierlichen Reihen entfaltete, wenn diese Umbildung in sehr langen Zeiträumen erfolgte und nirgends eine wirkliche Unterbrechung des organischen Stammbaumes zu finden ist, dann müssen wir auch die vorkambrische Zeit mit demselben Maßstabe messen und annehmen, daß die älteste uns bekannte hochentwickelte Fauna nur das Ende langer Entwicklungsreihen darstellt, die ohne Unterbrechung in langsamen Übergängen bis zu den einfachen Anfängen des irdischen Lebens zurückführen.

Man pflegt die Lebewelt in zwei große Reiche, die Pflanzen und die Tiere, einzuteilen, aber sowohl vom morphologischen, wie vom physiologischen Standpunkte kann man zwischen beiden keine scharfen Grenzen ziehen.

Es ist für unsere erdgeschichtlichen Betrachtungen auch gar nicht so wichtig, ob eine fossile Lebewelt von bestimmten Gattungen und Ordnungen des Pflanzen- und Tierreiches zusammengesetzt ist, da wir doch in erster Linie mit deren Hilfe die allgemeinen biologischen und geographischen Umstände einer längst verflossenen Zeit erschließen wollen. Zu diesem

Zwecke ist es von unvergleichlich höherem Werte zu wissen, welche Lebensgewohnheiten eine bestimmte Pflanzen- oder Tiergesellschaft besaß. Eine festsitzende Koralle hat eine andere geologische Bedeutung wie eine freischwimmende Meduse, ein fossiler Süßwasserfisch drängt zu anderen Schlüssen, wie der Rest eines das offene Meer bewohnenden Haifisches.

Wir unterscheiden auf der heutigen Erdoberfläche bestimmte Lebensbezirke,[4] d. h. Gebiete von nahezu gleichartigen Existenzbedingungen, und da es unsere fernere Aufgabe sein wird, ähnliche Lebensbezirke auch in der Erdgeschichte aufzufinden, so mögen deren wichtigste Eigenschaften hier aufgezählt werden.

1. Das Meer. Der Ozean bildet eine sehr gleichartige Salzlösung, von wechselnder Temperatur, Belichtung und Tiefe. Die an seinem Boden gebildeten Sedimente sind meist wohlgeschichtet und enthalten fast stets eine reiche Fülle von Resten der Tiere und Pflanzen, die ihn dereinst belebten. Je normaler gesalzen das Meerwasser ist, desto reicher an Gattungen und Arten ist seine Fauna, ein geringer Wechsel im Salzgehalt vermindert sofort den tierischen Formenreichtum, dagegen können die überlebenden Formen in um so größerer Individuenzahl auftreten. Die Meeresfauna ist beständig bestrebt neue Gebiete zu besiedeln. Solche Wanderungen erfolgten wiederholt in das Süßwasser hinein, wo sich dann Relikte aus einer vergangenen Periode lange Zeit halten können.

Wichtig für die Verteilung der Meerestiere ist zuerst das Sonnenlicht, das in klarem Wasser etwa bis in 400 m Tiefe hinabdringt; dann die Sonnenwärme, die an der Oberfläche des Meeres und im seichten Wasser klimatische Zonen bildet. Aber im Gegensatz zu den festländischen Gebieten spielt die absolute Höhe der Meerestemperatur keine Rolle für den Tierreichtum eines Meeres. Die eisigen Gewässer der Polarmeere sind ebenso reich an Tieren und Pflanzen, wie die warmen Gebiete der äquatorialen Meere. Wir müssen auch darauf hinweisen, daß die solaren Klimazonen am Meeresgrunde verschwinden und durch Klimabänder ersetzt werden, die parallel der Küste und völlig unabhängig von der Lage der Erdachse dahinziehen. Jeder Versuch aus der Verbreitung von Meerestieren die Lage der Klimazonen eines früheren Zeitabschnittes berechnen zu wollen, ist daher völlig vergeblich.

Das Ufergebiet wird als Litoral bezeichnet, es ist der Schauplatz der Gezeiten, die täglich zweimal ein breites Schorrengebiet trocken legen, und steht vorwiegend unter dem Einfluß des Festlandes. Das seichte Wasser des Litorals geht allmählich in die Flachsee über, welche vom Sonnenlicht durchleuchtet, ein reiches Pflanzenleben birgt und mithin auch alle Pflanzenfresser enthält. Die Flachsee wird mit festländischem Gesteinsmaterial (Sand und Schlamm) überdeckt und kann in halb abgeschnittenen Nebenmeeren auch brackisches oder nahezu süßes

Wasser enthalten. Wir unterscheiden solche Gebiete als thalassisch von dem eigentlichen Ozean. Die durchlichtete (diaphane) Flachsee geht bei etwa 400 m in der sogen. Assimilationsgrenze in die Tiefsee über. Die Tiefsee ist lichtlos (aphotisch) und beherbergt nur tierisches Leben, das Wasser ist kalt, Strömungen und Wellen fehlen, und alle Bedingungen sind über ungeheure Strecken unveränderlich. Sehr bemerkenswert ist es, daß festländischer Schlamm nicht bis in die Tiefseebecken gelangt, und daß nur dort gebildete, organische oder vulkanische Ablagerungen daselbst über weite Flächen ausgebreitet werden. Kein Splitter von Quarz ist bisher dort gefunden worden.

Die Mannigfaltigkeit der bionomischen Verhältnisse ist am größten im Gebiete der Archipele. Jedesmal, wenn ehemaliger Meeresboden Festland wird, oder wenn der Ozean transgrediert, entsteht vorübergehend ein Inselland. Hier mischen sich die Existenzbedingungen von Küste und Meer, von Litoral und Flachsee, von offenem Meer und Tiefsee. Deshalb entstehen hier sehr verschiedenartige Sedimente, und diese enthalten eine sehr wechselnde Tierwelt. Überall, wo wir in rascher Wechsellagerung Schichten mit Meerestieren und Landpflanzen beobachten, liegt die Vermutung nahe, daß wir solche Übergangsgebilde eines inselreichen Litorals vor uns sehen.

Es bleibt zum Schlusse der eigentlichen Wasserkörper, die Hochsee oder das offene Meer zu besprechen, das, mit demselben Salzgehalt, über ungeheure Flächen sehr gleichartige Existenzbedingungen bietet. Die diaphane Region ist reich an schwebenden Pflanzenformen, und ernährt die lichtlosen Tiefen unterhalb der Assimilationsgrenze. Während Litoral und Flachsee, Tiefsee und Archipele ihre charakteristischen Ablagerungen besitzen, die an Gestein und Fossilgehalt sofort erkannt werden können, dringt das offene Meer grenzenlos und doch ewig unveränderlich in alle diese Bezirke hinein und bildet das gemeinsame Muttergebiet derselben.

2. Das Festland steht vielfach in einem schroffen Gegensatz zum Meere; es birgt eine luftatmende Fauna und Flora; es wird mehr von abtragenden, wie von gesteinsbildenden Vorgängen beherrscht, und nur die abflußlosen Wüstengebiete ähneln darin dem Meere, daß sie der Schauplatz kolossaler Gesteinsanhäufung sind. Da das Meer so oft seinen Platz mit dem Festlande getauscht hat, läßt sich erdgeschichtlich schwer eine scharfe Grenze zwischen beiden ziehen. Süßwasserflächen und Salzseen enthalten oft eine reiche Tierwelt, die sich aber stets durch Artenarmut selbst bei großer Individuenzahl auszeichnet.

Es würde hier zu weit führen, wenn wir die geschilderten Lebensbezirke noch in Unterabteilungen zerlegen und diese genau charakterisieren wollten. Jedenfalls wird jede derselben von einer eigenartigen Flora und Fauna bewohnt, und wo wir dieselben Existenzbedingungen wiederfinden, da tritt auch sofort dieselbe Lebewelt auf.

Es ist nun eine wohlbekannte geologische Erfahrung, daß bestimmte fossile Floren oder Faunen in Gesteinen von gewissen Eigenschaften auftreten, und in benachbarten, aber anders zusammengesetzten Felsarten verschwinden. Sobald aber, vielleicht in weiter räumlicher oder zeitlicher Entfernung, dasselbe Gestein wieder erscheint, dann begegnet uns wieder dieselbe Lebewelt. Die unterscheidenden Merkmale gleichzeitig gebildeter Gesteine werden als verschiedene Facies (= Antlitz) bezeichnet, und wir sagen also, daß das organische Leben der Gegenwart abhängig ist von den äußeren Existenzbedingungen, dasjenige der geologischen Vergangenheit aber von der Fazies. Es bedarf keiner Begründung, daß die Gesteinsfazies nichts weiter ist, als der lithologische Ausdruck für die damals herrschenden Bildungsbedingungen, und daß diese mit den bionomischen und klimatischen Lebensverhältnissen übereinstimmen.

Die Veränderlichkeit der lebendigen Substanz, ihre Fähigkeit, sich den äußeren Umständen ihres Lebensbezirkes möglichst genau anzupassen, hat dahin geführt, daß jede Art wie einen Prägestempel die Wirkungen ihrer Lebensbedingungen erkennen läßt. Aber zugleich haben sich unter dem Einfluß weitverbreiteter und immer wieder auftretender Verhältnisse gemeinsame Charaktere herausgebildet. Sie haben es bewirkt, daß wir unter der Organismenwelt folgende Gruppen[5] unterscheiden können:

I. Das Halobios umfaßt die pflanzlichen und tierischen Lebewesen des Meeres; es ist das Reich der ältesten organischen Formen, das gemeinsame Ursprungsgebiet aller übrigen Gruppen. Wie in der Gegenwart, so finden wir schon in den ältesten versteinerungsführenden Schichten eine Gliederung des Halobios in Formenkreise von so gesetzmäßiger und bezeichnender Gestaltung, daß wir deren Entstehung in die ältesten Zeiten der Vorgeschichte verlegen müssen.

A) Das Benthos umfaßt alle am Boden des Meeres lebenden Formen, die meisten Algen und Tange, Spongien, Korallen, Mollusken, Echinodermen, Bryozoen, Brachiopoden und viele Krebse. Das festgewachsene (sessile) Benthos steht dem beweglichen (vagilen) Benthos der kriechenden und laufenden Tiere gegenüber. Zwischen beiden gibt es zahlreiche Übergänge, sei es, daß die Larven festsitzender Tiere in ihrer Jugend frei herumschwimmen, oder daß angeheftete Larvenformen sich später ablösen. Da die verschiedene Fazies des Meeresgrundes überaus mannigfaltige Lebensbedingungen ergibt, so erreicht hier der Formenreichtum seine größte Höhe. Vielgestaltige Hartgebilde schützen den Körper gegen die Angriffe der Außenwelt, und ihre Reste können sich zu mächtigen Kalklagern anhäufen. Häufig bleiben dieselben inselartig auf einen engen Raum beschränkt und wachsen dann als organische Kalkriffe hoch über dem Meeresboden hinauf.

Die benthonischen Tiere und Pflanzen sind meist eng an die Fazies des Bodens gebunden und wandern mit der Fazies hin und her. Dadurch werden ihre versteinerten Überreste zu den bezeichnendsten Denkmünzen für bestimmte lithologische und bionomische Verhältnisse.

Die geographische Verbreitung, die Besiedlung neuer Gebiete durch benthonische Tiere und Pflanzen geschieht in der Regel mit Hilfe freischwimmender Larven, die in ganzen Schwärmen die Salzflut erfüllen und als Meroplankton umhergetrieben werden. Meeresströmungen verbreiten die zarten Keime über alle Gebiete, und wo sie die ihnen zusagenden Bedingungen finden, siedeln sich einzelne an, während die große Mehrzahl dem Untergange geweiht ist.

B) Das Plankton umfaßt alle die meist sehr kleinen schwebenden Pflanzen und Tiere des Meeres; dazu gehören auch die größeren Medusen, Siphonophoren, manche Krebse und viele Tunikaten. Das Plankton schwebt während seines ganzen Lebens im Meerwasser und besitzt daher auch sehr wasserreiche Gewebe. Der Körper ist meist durchsichtig und weich, aber bisweilen mit glashellen, zarten Kalk- oder Kieselhüllen umgeben (Globigerinen, Radiolarien, Diatomeen). Der Tiefseeboden der Gegenwart ist mit einem dünnen Brei bedeckt, der ungemein reich an Planktonresten erscheint.

Auch in der geologischen Vergangenheit sind gelegentlich ähnliche Sedimente gebildet worden. Jedenfalls können ihre zarten Reste in jeder beliebigen Ablagerung auftreten und beweisen nichts für die Wassertiefe des Ablagerungsgebietes.

Die größte Bedeutung gewinnt das vegetabilische Plankton dadurch, daß es die Urnahrung des Meeres liefert; nähren sich doch die ungezählten Fischzüge ebenso wie die riesigen Wale, ausschließlich von dem feinen pelagischen Mulder des Meroplankton und Plankton.

C) Eine bemerkenswerte Gruppe nennt man Pseudoplankton; sie enthält festsitzende oder bodenliebende Formen, die entweder im Leben oder nach ihrem Tode passiv weit verbreitet werden. Das bekannte Sargassum, mit allen darauf wachsenden Tierchen, die leeren Schalen von Spirula und Nautilus gehören eigentlich zum benthonischen Reich, aber im Gegensatz zu ihren meisten Genossen überschreiten sie leicht die ihnen durch die Fazies des Meeresbodens gezogenen Grenzen, und ihre Reste können daher weltweit verbreitet sein. Manche andere pseudoplanktonischen Tiere haben, wie wir später zeigen werden, eine sehr große geologische Bedeutung.

D) Das Nekton umfaßt die meisten Krebse und Fische, sowie einzelne höhere Wirbeltiere, die sich dem Wasserleben angepaßt haben, wie die Delphine, Wale der Gegenwart und manche ausgestorbenen Formen. Ihr Körper hat meist Torpedogestalt, ihre Hartgebilde können in allen Meerestiefen abgelagert werden.

II. Den Meeresorganismen stehen die Bewohner des süßen Wassers, das Limnobios, nicht scharf gegenüber, denn im Brackwasser der Flüsse mischen sich beide Gruppen. Allgemeinere biologische Gründe machen es sehr wahrscheinlich, daß das Limnobios aus dem Halobios entstanden ist. Erdgeschichtlich läßt sich zwar das erste Auftreten von Süßwasserorganismen nicht mit Sicherheit festellen, aber es ist jedenfalls bemerkenswert, daß eine intensive Besiedlung süßer Gewässer erst mit der Karbonzeit zu erkennen ist. Bezeichnend für das planktonische, benthonische und nektonische Limnobios ist großer Individuenreichtum bei geringer Artenzahl. Trotzdem vereinzelte Insektenflügel des Untersilur und einige Skorpione des Obersilur zeigen, daß schon damals einige Tiere das trockene Land bewohnten, und statt mit Kiemen den Sauerstoff des Wassers zu verbrauchen, mit neuen Organen den Sauerstoff der Atmosphäre aufnahmen, so fällt doch die reichlichere Besiedlung des Festlandes in die Zeit des Karbon. Auch die festländischen Pflanzen, die im Silur und Devon nur kümmerliche Reste hinterlassen haben, gewinnen erst von der Karbonzeit ab eine größere erdgeschichtliche Bedeutung.

III. Die Bewohner des Festlandes werden als Geobios zusammengefaßt. Besonders die Landpflanzen spielen seit der Karbonzeit eine äußerst wichtige geologische Rolle, denn sie sind ein überaus feines Reagens auf die klimatischen Verhältnisse der Erde. In strenger Abhängigkeit von den Landpflanzen treten die Landtiere auf, und wenn jene durch klimatische Änderungen zum Wandern gezwungen werden, müssen diese folgen.

Wie sich die einzelne Pflanzen- und Tierart in Harmonie mit ihrer Umgebung zu setzen versucht, so sind die soeben unterschiedenen bionomischen Lebensgesellschaften bestrebt, in den ihnen gebotenen Lebensbezirken sich einzurichten. Auch hier würde endlich eine völlige Übereinstimmung erzielt werden können — wenn nicht die Existenzbedingungen durch geologische Umgestaltungen einem steten Wandel unterworfen wären.

Die Gegenwart ist zu kurz, um uns diesen beständigen Wechsel aller äußeren Lebensverhältnisse deutlich erkennen zu lassen — aber um so reicher ist die geologische Urkunde an solchen Symptomen. Wenn jedes Gestein den lithologischen Ausdruck für die bei seiner Bildung herrschenden klimatischen, ozeanologischen usw. Bedingungen bildet, dann dürfen wir uns nicht wundern, wenn bei eintretendem Fazieswechsel auch eine neue Flora oder Fauna erscheint. Und jedes Profil, das uns einen Einblick in den Aufbau der Erdrinde und in die Vorzeit unseres Planeten gewährt, zeigt sich zusammengesetzt aus zahlreichen, verschiedenen Gesteinen, die sich überlagern und uns den häufigen und beständigen Fazieswechsel vor Augen führen. Sandsteinbänke folgen auf Kalkschichten, Konglomerate schalten sich zwischen Tone ein, vulkanische Aschen überschütten mächtige Kalkriffe; und jedesmal erscheint eine anders zusammengesetzte Tierwelt.

Da der Fazieswechsel meist ziemlich langsam erfolgt, so können alle freilebenden Organismen (vagiles Benthos, Nekton und Plankton) der wandernden Fazies folgen, um am neuen Orte die alten Existenzbedingungen wiederzufinden. Aber auch die am Boden angehefteten Tiere und Pflanzen haben durch ihre freischwimmenden Embryonen und Samen ein Mittel, um die neuen Faziesorte zu besiedeln. Was die Meeresströmungen für die Meeresgeschöpfe leisten, das gewährt den festländischen Pflanzen der Wind, und wenn es auch noch eine Reihe von anderen Transportmitteln gibt (Treibholz, Wandervögel, Raubtiere), so werden dadurch nur noch mehr Möglichkeiten geboten, um dem Fazieswechsel durch aktive oder passive Wanderungen zu folgen.

Wenn dann mehrere Transportkräfte einander ablösen, kann selbst eine mitten im Ozean neu entstandene Insel rasch besiedelt werden. Wir finden Meeresfische in den niemals mit dem Meere verbundenen Kraterseen von Albano, Nemi, Bolsena. Auf einer eben entstandenen Insel im Stillen Ozean wuchsen zwei Kokospalmen, sowie drei andere Pflanzen, Früchte von Pandanus und Barringtonia lagen am Ufer und ein kleiner Schmetterling durchschwebte die Luft. 206 Tage nach der Eruption des Krakatau wurden 5000 km von der Sundastraße, auf der Insel Réunion Krakatau-Bimssteine angetroffen, die mit Spirorbis, Serpula, Anatifera ganz bewachsen waren.

Oft erscheinen ungeheure Mengen von Tieren an einer bis dahin von ihnen nur selten erreichten Stelle. An der Küste der Normandie fand man bei Colleville so zahllose Individuen von Cardium edule und Donax anatinum, daß sie den ganzen Strand übersäten. Im folgenden Jahre war weit und breit kein Exemplar zu sehen.

Bei einem Sturme im September 1870 wurden bei Messina 1700 Stück Tiefseefische ans Land geworfen, die zwar rasch starben, aber doch zeigen, welche Mittel die Natur besitzt, um eine Fauna weit über die Grenzen ihrer Wohnsitze zu verbreiten.

Die Geschwindigkeit, mit welcher die Biosphäre jeden irgendwie besiedlungsfähigen Platz erobert, ist ganz auffallend. Es warten eben überall zahllose Keime auf den günstigen Augenblick, um sich zu entfalten, und gehen zugrunde, wenn dieser nicht erscheint.

Wenn aber die Existenzbedingungen des neuerschlossenen Siedelungsgebietes etwas abweichen, dann bietet die Variation der vorhandenen Keime die Möglichkeit, daß etwas abgeänderte Formen entstehen. Wiederholt sind ausgedehnte Festländer vom Meere erobert oder große Flächen des Meeresgrundes in trockenes Land verwandelt worden, und jedesmal trat eine solche Umgestaltung des marinen, resp. festländischen Lebens ein, daß man den ursächlichen Zusammenhang beider Erscheinungen deutlich erkennt.

Obwohl alle freibeweglichen Landtiere und die nektonischen oder vagil benthonischen Tiere des Meeres theoretisch eigentlich ganz beliebige aktive Wanderungen nach jedem anderen Lebensbezirke unternehmen könnten, so lehrt uns doch die Verbreitung der heutigen Tierwelt, daß selbst die leichtfüßigen Steppentiere von der Verbreitung bestimmter Pflanzen abhängig sind, und daß selbst die Fische und Wale scharf umgrenzte Gebiete besiedeln, deren Grenzen sie nicht überschreiten, weil dann die ihnen zusagende planktonische Nahrung fehlt.

So ist also selbst das aktiv beweglichste Tier in seiner Verbreitung abhängig von den nur passiv beweglichen Pflanzen und wird seinen Wohnsitz nur dann ändern, wenn seine Futterplätze sich verlagern.

Die Verbreitung der festländischen Flora erfolgt wesentlich durch den Wind, die des marinen Plankton durch die von den Passatwinden abhängigen Meeresströmungen. Die Bewegungen der Atmosphäre und der Hydrosphäre werden aber nun in ganz gesetzmäßiger Weise von der Erdrotation beeinflußt, so daß auf der nördlichen Halbkugel vorwiegend SW-, auf der südlichen Halbkugel NW-Winde herrschen. Wohl gibt es zahlreiche örtliche und zeitliche Abweichungen von dieser Regel, aber wenn man diese ausschaltet und die maßgebenden und kräftigsten Zugstraßen der Winde und der Meeresströmungen ins Auge faßt, dann haben sie meist eine der Erdrotation entsprechende west-östliche Richtung. Winde und Meeresströmungen spielen aber bei der Verteilung der Pflanzensamen und des marinen Plankton eine maßgebende Rolle, und da ihre W-O gerichtete Tendenz durch die Rotation der Erdkugel um ihre Achse bedingt ist und stets in derselben Richtung ausgelöst war, so läßt sich unter Berücksichtigung mancher Ausnahmen sagen: Die Biosphäre wird in eine W-O gerichtete Bewegung versetzt, und diese Richtung muß zu allen Zeiten bei den passiven Wanderungen der Pflanzen und Tiere eine gewisse Rolle gespielt haben. Es ist, als ob die Biosphäre um die Lithosphäre rotierte, und als ob selbst die standfestesten und größten Tiere mit in diese rotierende Bewegung hineingezogen werden könnten. Wir werden zahlreiche Fälle noch zu schildern haben, wo diese W-O-Richtung pflanzen- oder tiergeographischer Wanderungen ganz augenfällig ist.

So oft aber in der Erdgeschichte ein tiefgreifender Fazieswechsel, eine gründliche Umgestaltung aller äußeren Lebensbedingungen eintritt, dann sehen wir, daß die Lebewelt darauf in verschiedener Weise reagiert:

1. Die einen Formen sind an ihre alten Wohnsitze und die daselbst herrschenden bionomischen Umstände so sehr angepaßt, daß sie eine Änderung derselben nicht vertragen und einem raschen Tode verfallen.

So sterben nicht nur unzählige Individuen, sondern Arten, Gattungen, Familien, Ordnungen, ja sogar ganze Klassen aus.

2. Andere Formen müssen zwar den geänderten Lebensbedingungen weichen, aber sie besitzen die Fähigkeit aktiven oder passiven Lebenswechsels und wandern bis dahin, wo sie wieder ihre alten, ihnen zusagenden Faziesverhältnisse finden.

3. Eine letzte Gruppe von Formen passen sich an die neuen Bedingungen an, durch intensive Auslese ändern sich ihre Lebensgewohnheiten und ihre Eigenschaften — es entstehen neue Arten.

So regelt der Fazieswechsel den Tod, neue Wanderzüge und die Artbildung.

Die unverweslichen Reste jedes Tieres und oft auch die Substanz der Pflanzen werden naturgemäß jederzeit in die Gesteine eingebettet, die während ihres Todes gebildet wurden. Ist eine Sandwüste oder eine Halistase wenig belebt, dann werden wir in den darin angehäuften Sandmassen oder Schlammablagerungen vielleicht nur den Fußeindruck eines Tieres, das gelegentlich die Einöde betrat, oder die Trift pseudoplanktonischer Tiere finden; war aber eine Meeresbucht erfüllt mit allerlei Schaltieren, ein stiller See umstanden von einem insektenreichen Walde, dann finden wir in dem daselbst gebildeten Schlamm die Schalen der einst darauf lebenden Seetiere oder die zarten Blattabdrücke der Waldbäume. Solche Überreste, Spuren oder Abdrücke nennt man Versteinerungen (oder Fossilien); hierbei ist keineswegs immer eine „Versteinerung" der Substanz des fossilen Tieres oder der Pflanze eingetreten.

Die Versteinerungen, deren Studium der Gegenstand der Paläontologie ist, geben uns nun nicht allein ein wichtiges Hilfsmittel an die Hand, um die Bildungsverhältnisse der sie umhüllenden Gesteine zu erschließen, sondern da im Laufe der Erdgeschichte immer wieder andere Tiere und Pflanzen lebten, deren Form niemals wiederkehrt, so kann man mit Hilfe der Fossilien auch das geologische Alter einer Schicht bestimmen. Solche, nur für eine gewisse Periode bezeichnende Organismenreste nennt man Leitfossilien; sie entsprechen den Seitenzahlen in den Dokumenten der Erdgeschichte.

Bisweilen leben Pflanzen und Tiere in solchen Mengen dicht gedrängt nebeneinander und ihre Überreste häufen sich dann in solchen Massen an, daß sie gesteinsbildend werden. Man nennt solche durch die Überreste von Organismen gebildeten Ablagerungen organische Gesteine; neben vielen, verhältnismäßig seltenen Vorkommnissen müssen wir hier besonders die Kohlen und die Kalksteine nennen.

Alle Kohlenlager sind Anhäufungen von zerfallener Pflanzensubstanz. Entsprechend den im Laufe der Erdgeschichte nacheinander auftretenden Floren, zeigen auch die daraus entstandenen Kohlen eine verschiedene

Beschaffenheit, die durch nachträgliche Umwandlungen noch wesentlich abgeändert werden kann. In den ältesten Perioden existierten noch keine Landpflanzen, oder waren wenigstens so spärlich, daß sie nirgends größere Anhäufungen von Kohlen bilden konnten. Daher finden wir in den Ablagerungen der kambrischen, silurischen und devonischen Zeit nur marine Kohlengesteine. Da sich aber am Meeresgrunde verweste Pflanzensubstanz leicht mit dem lockeren Meeresschlamme mischt, so sind alle diese Kohlen sehr verunreinigt und können nicht zu Heizzwecken verwendet werden. Solche ältere kohlenstoffreichen Schiefer zeigen neben marinen Tierresten oft deutliche Spuren von Algen, aus denen sie entstanden sind.

Langsam entwickelten sich inzwischen die Farne, Schachtelhalme, Sigillarien und Schuppenbäume, und diese marin entstandene neue Flora wanderte während der Karbonperiode auf das Küstengebiet. Dem Einfluß der Meereswellen halb entzogen, bildeten die genannten Geschlechter jetzt ausgedehnte litorale Sümpfe, an deren Grund sich mächtige Schichten von reiner verwester Pflanzensubstanz anhäuften.

Lange Zeit hindurch blieb die litorale Schorre das eigentliche Kohlenbildungsgebiet, und in ungeheuerer Mächtigkeit entstanden die Steinkohlenlager des Karbons und des Perms.

Inzwischen aber faßten die Pflanzen auf dem trockenen Festlande Fuß, es entfalteten sich die Koniferen, Cykadeen und die höheren Holzgewächse. Ist doch die elastische Holzfaser eine Anpassung an das Leben auf dem trockenen, sturmreichen Festlande. Aber es kam fortan nur da zur Kohlenbildung, wo die festländische Flora am Ufer großer Wasserflächen üppig gedeihen und unter dem Schutze des Wasserspiegels langsam vermodern konnte.

So lassen sich drei verschiedene Kohlenarten unterscheiden:

1. die marinen präkarbonen Algenkohlen,

2. die litoralen, aus amphibischen Sumpfgewächsen entstandenen Steinkohlen der Karbon-Permzeit,

3. die aus holzreichen Gymnospermen und Angiospermen gebildeten festländischen postkarbonen (Braun-)Kohlen.

In der Regel ist die Kohle eine amorphe Masse, gemengt aus verschiedenen Kohlenstoffverbindungen (nicht Kohlenstoff!), in der man selbst bei mikroskopischer Betrachtung die einstige Pflanzensubstanz nicht mehr erkennen kann. Aber die verschiedene Entstehungsweise der Steinkohlen und der Braunkohlen prägt sich in ihrer verschiedenen chemischen Zusammensetzung noch jetzt deutlich aus. Braunkohle kann zwar äußerlich der Steinkohle ähnlich werden, aber sich niemals in solche verwandeln; wohl aber entsteht aus Steinkohle durch den Gebirgsdruck und die Erdwärme der bekannte Anthrazit.

Während die Kohlen immer in Schichten abgelagert worden sind, treten die ebenfalls organisch entstandenen Kalksteine bald in Schichten, bald in ungeschichteten Massen auf. Geschichtete Kalke entstehen überall da, wo zertrümmerte Muschelschalen und andere Kalkreste durch die Meereswellen über weite Flächen ausgebreitet wurden; wo aber festsitzende, ästige Tierkolonien (Riffbildner) in ihren Lücken und Hohlräumen den Kalksand zusammenhalten und auffangen, da entstehen isolierte Kalkriffe, die, am Meeresgrunde steilwandig emporwachsend, eine ganz gewaltige Mächtigkeit erreichen können. Ist doch in der Gegenwart ein Zweiundzwanzigstel der gesamten Erdoberfläche mit Korallenriffen bedeckt,[6] und auch in der Vorzeit kennen wir zahlreiche Riffgebiete von ähnlicher Ausdehnung.

Ganz verschiedene Organismen beteiligen sich am Aufbau der geschichteten Kalksteine und der Kalkriffe, aber alle erleiden, ganz ähnlich wie das Pflanzengewebe bei der Kohlenbildung, eine sehr tiefgreifende Umwandlung. Räuberische Fische und Krebse zerknacken die Kalkschalen, die Wellen runden den scharfeckigen Muschelsand, Kalkalgen und Bryozoen überrinden ihn, und bald zerfällt auch die Kalksubstanz in ein amorphes Kalkpulver. Aber das im Kalkstein zirkulierende Wasser verkittet die feinen Teilchen wieder, und so entstehen amorphe Kalkmassen, denen man vielleicht nur noch an angewitterten Flächen ansieht, daß sie aus zahllosen organischen Resten zusammengesetzt sind. So besteht eine ganz auffallende Parallele in der geologischen Umbildung der organischen Kohlen und Kalksteine. Beide, ursprünglich aus deutlich unterscheidbaren und wohlgeformten organischen Überresten entstanden, werden durch einen eigentümlichen Zerfall in amorphe Kohlenteilchen und amorphes Kalkpulver zerlegt, und wenn diese sich wieder zu festen Gesteinen zusammenfügen, dann ist die einstige organische Struktur fast ganz verschwunden.

Beim Absterben der Riffkalke vollzieht sich aber außerdem sehr oft eine chemische Umwandlung, indem (wohl auch unter dem Einfluß von Bakterien[7] aus dem in allen Poren stehenden Seewasser) kohlensaure Magnesia ausgefällt wird, die den Kalk in Dolomit verwandelt.

So sind und waren zu allen Zeiten zahlreiche Pflanzen und Tiere geschäftig, mächtige organische Kohlenlager und marine Kalksteine den Erdschichten einzufügen; aber die Intensität dieser Vorgänge war keineswegs davon abhängig, ob besonders große Mengen von Kohlensäure in der Luft oder von kohlensaurem Kalk im Seewasser enthalten waren, sondern nur von den für das Gedeihen kohlenbildender Pflanzen oder kalkbildender Tiere günstigen bionomischen Umständen.

Wir werden die Bedeutung der letzteren besonders leicht verstehen, wenn wir zum Schluß noch die Ausscheidung von Kieselsäure auf organischem Wege betrachten. Planktonische Diatomeen und Radiolarien, sowie benthonische Kieselschwämme sind die einzigen Wesen, welche die Fähigkeit besitzen, die geringen, kaum nachweisbaren Mengen von Kieselsäure, die im Meerwasser enthalten sind, an sich zu ziehen und in solcher Menge anzusammeln, daß ganze Gesteine (Tripel, Radiolarienschlick, Kieselguhr usw.) entstehen. Aber die Verteilung der genannten Kieselorganismen zeigt keinerlei Abhängigkeit von einem irgendwie bemerkbaren höheren Kieselsäuregehalt des Meeres, vielmehr sind es allgemeine bionomische Verhältnisse, wie Licht, Temperatur, Salzgehalt und Bewegung des Seewassers, die ihre geographische Verbreitung regeln.

Die Summe des in den Kohlenlagern festgelegten Kohlenstoffes war vorher als Kohlensäure in der Atmosphäre enthalten, und der Kalk der geschichteten und ungeschichteten Kalksteine war im Seewasser gelöst. Es muß also die Atmosphäre früher viel kohlensäurereicher, das Meerwasser kalkreicher gewesen sein, sofern nicht durch andere geologische Vorgänge ein beständiger Ersatz dieser Stoffe stattfand.

So bildet die Biosphäre eine eigentümliche Übergangszone zwischen Atmosphäre, Hydrosphäre und Lithosphäre. Die Kohlensäure der Luft kann als festes Kohlengestein ebenso an der Zusammensetzung der Erdrinde teilnehmen, wie der einst im Meerwasser gelöste Kalk; und wenn wir erwägen, daß die Kohlensäure vielleicht durch vulkanische Vorgänge aus der Pyrosphäre emporgestiegen ist, so tritt sogar der heiße Erdkern in Wechselbeziehung zur lebendigen Substanz.

Verweise

[1] E. Stahl, Laubfarbe und Himmelslicht. Naturw. Wochenschrift, 6. Mai 1906. — [2] O. Hahn, Die Meteoriten und ihre Organismen, 1880. — [3] J. Walther, Zeitschr. d. D. Geol. Ges. 1889, S. 359. — [4] J. Walther, Einleitung in die Geologie als historische Wissenschaft. Jena 1893/94. I. Bionomie des Meeres. III. Lithogenesis der Gegenwart. — [5] E. Haeckel, Planktonstudien, Jena 1890. — J. Walther, Über die Lebensweise fossiler Meerestiere. Zeitschr. d. D. Geol. Ges. 1897, S. 209. — [6] Penck, Morphologie der Erdoberfläche II, S. 650. — [7] Nadson, Die Mikroorganismen als geolog. Faktoren, St. Petersburg 1903, S. 85.

8

Die Atmosphäre und das Klima

Solange die Erde als ein selbstleuchtender Stern weiße, gelbe oder rote Strahlen in den Weltenraum sandte, ging die Atmosphäre ohne scharfen Übergang in die heiße Pyrosphäre des Erdkernes über. Ungehindert konnten die Gase aus dem Mittelpunkte des glühenden Balles bis nach seinen äußersten Grenzen gelangen, auf immer wechselnden Bahnen vollzogen sich Diffusionsbewegungen, das Schwere sonderte sich vom Leichteren, chemische Verbindungen schlossen und lösten sich, ruhelos wandelte sich die Gruppierung der Atome.

Durch die Bildung eines festen Rindenpanzers wurde der Gegensatz zwischen Vadose und Eruptose geschaffen, und während letztere fortan ihr regelloses Spiel langsamer Mischungen und Sonderungen im Innern der Erde fortsetzte, geriet die Vadose außerhalb der Lithosphäre unter den beherrschenden Einfluß der Sonnenwärme. Es entstand ein regelmäßiger Kreislauf der Gase und Flüssigkeiten vom Äquator nach den Polen und wieder zurück nach dem Tropengürtel, es bildeten sich Passatwinde und barometrische Zugstraßen, Kalmen und Zyklone, Klimagürtel und thermische Gegensätze von bestimmter geographischer Lage.

Diese Bewegungen in der Atmosphäre mußten die allgemeine Abkühlung derselben sehr beschleunigen, und wenn wir die Aufeinanderfolge der Ereignisse nach ihren thermischen Bedingungen beurteilen dürften, so könnte man folgende Reihe aufstellen:

Eigenwärme der Erde:	Ereignisse:
über 7000°	weißglühender Stern
unter 7000°	gelber „
„ 4000°	roter „
—	Abtrennung der Mondmasse
unter 2000°	Entstehung der Erdrinde
„ 400°	„ „ Hydrosphäre
„ 100°	„ des Lebens.

Die nach Ausscheidung der letzten Hüllen übrigbleibende vadose Gasmenge nennen wir die Atmosphäre.

Es frägt sich nun, in welcher Weise die weitere Abkühlung der Erde verlief und wie weit sie seither gediehen ist. Viele geologische Spekulationen über das Klima der Vorzeit rechnen mit einer im Laufe der geologischen Formationsreihen erkennbaren »Abkühlung der Erde«, es ist daher von größter Bedeutung, diese Frage prinzipiell zu entscheiden.

Wenn große Massen des glühenden Erdinnern in die Gesteine der Erdrinde hinaufgepreßt werden und hier als plutonische Stöcke erkalten, dann läßt sich der Wirkungskreis der Erdwärme leicht an den chemischen Veränderungen benachbarter Felsarten, im sogenannten »Kontakthof« wiedererkennen. In deutlich abnehmenden Zonen sehen wir die Gesteine von der Berührungsfläche nach außen erst stark, dann immer weniger chemisch und mineralogisch verändert, und die letzten Spuren solcher Kontakterscheinungen geben uns einen sicheren Maßstab für die Wärmedurchlässigkeit der Erdrinde. Dieser Kontakthof ist nun meist nur wenige hundert Meter breit, er erreicht nur selten im senkrechten Abstand eine Breite von 2000 m.

Wir kennen nun aus den ältesten fossilführenden Schichtensystemen, dem Algonkium und Kambrium, Ablagerungen von Sandsteinen in einer gemessenen Mächtigkeit von mehr als 2000 m, die selbst in ihren tiefsten Schichten da, wo sie auf älteren Graniten und Gneisen auflagern, keinerlei Hitzewirkungen erkennen lassen. Es ist ohne weiteres klar, daß jene 2000 m mächtigen Sandsteine in ihren liegenden Schichten Kontakterscheinungen zeigen müßten, wenn die Erdwärme durch die Sandsteindecke hindurch an der damaligen Erdoberfläche eine klimatisch bedeutsame Erwärmung des Meeres oder der Luftschichten bedingt hätte. Daraus aber schließen wir, daß schon im kambrischen Zeitalter das Klima der Erde nur von den Sonnenstrahlen bedingt war. Es fallen damit alle Hypothesen, welche das warme Klima der Tertiärzeit und die vermeintliche Kälte der sogenannten Eiszeiten auf Änderungen der Erdwärme zurückzuführen versuchen.

Schon seit dem Kambrium ist die Erdoberfläche durch beständigen Wärmeverlust so weit abgekühlt, daß auf ihr niedere Temperaturen, dauernde Schneedecken und Eis möglich waren. Und wenn seither unsere Erde auch beständig noch weiter Wärme verloren hat, wenn zahlreiche Vulkanausbrüche, heiße Dämpfe und Quellen durch die Panzerdecke der Erdrinde hindurch die Erdwärme nach dem Weltenraume beförderten, so äußerte sich die geologische Wirkung dieser Vorgänge nicht in einer Erniedrigung der mittleren Jahrestemperatur oder einer Abkühlung des Klimas, sondern in Senkungen und Schrumpfungen der Erdrinde, in Gebirgsfalten und Überschiebungen, in einer Verkleinerung des Durchmessers unseres Planeten. So verwandelt sich die Wärmeabgabe des Erdinnern an den Weltenraum in lebendige Kraft, in gewaltige Bewegungen, die der Schwerkraft entgegen beständig die Erdrinde umgestalten. Und wenn heute etwa nur $^1/_{50}{}^0$ C Erdwärme an der Erdoberfläche wirksam wird, so erkennen wir daraus den überwiegenden Einfluß der Sonne auf alle klimatischen Temperaturen der Erde.

Die Oberfläche unserer Erde ist längst erkaltet; nicht der tropische

Sommer, sondern der kälteste Polarwinter kommt dem normalen Klima unseres Planeten am nächsten. Wenn die Sonne verlöschen würde und unsere Erde ohne deren Wärmestrahlen im kalten Weltenraume schwebte, so würde ihre Oberfläche längst vereist, ihre Meere erstarrt, alles Leben vernichtet sein. Es gäbe weder Klimazonen noch Kältepole, weder fließendes Wasser noch chemische Verwitterung; die eisige Grabesruhe würde nur selten von dem Herniederprasseln eines Meteoriten oder von vulkanischen Eruptionen und langsamen Schrumpfungen der Lithosphäre unterbrochen.

Das Klima unserer Erde und alle damit zusammenhängenden Bewegungen der Atmosphäre sind also durchaus abhängig von den Strahlen der Sonne, die nach allen Seiten in den Weltenraum so verschwenderisch verstreut werden, daß nur der kleinste Teil davon[1] auf die Erde gelangt. Diese leuchtenden und wärmenden Strahlen durchdringen die Atmosphäre und treffen dann auf die rotierende Erdkugel. Daraus ergibt sich, daß das irdische Klima von folgenden Faktoren bedingt wird:

1. von der Eigenwärme der Sonne,
2. „ „ Durchlässigkeit der Atmosphäre,
3. „ „ Gestalt der Erdkugel und ihres Reliefs,
4. „ „ Orientierung der Erdachse,
5. „ den Bewegungen der Erdkugel.

Die leuchtende Oberfläche der Sonne ist gegenwärtig über 5000° warm. Sie sendet nun in jedem Jahre so viel Wärme aus, daß am Äquator der Erde eine 38 m dicke Eisschicht, und sogar noch in der Polarzone eine 13 m dicke Eisdecke geschmolzen werden könnte. Bestände die Erde aus Steinkohle, so würde die Sonnenwärme hinreichen, um diese in 24 Stunden zu verbrennen. Man hat berechnet, daß die Sonne in jedem Jahre 4—8,° Wärme verliert. Eine einfache Rechnung zeigt uns nun, daß nach diesen Voraussetzungen die Sonne vor 8000 Jahren wesentlich heißer gewesen sein mußte, wenn ihre Veränderungen nur in einer Wärmeabgabe beständen. Es gilt also, in dem Klima der Vergangenheit diese höhere Sonnenwärme wiederzufinden.

Die Ausgrabungen[2] des Turmes zu Babel bei Nippur gestatten uns eine 8000 Jahre alte hochentwickelte und komplizierte Kultur zu studieren. Berichte über die Erträge des Ackerbaues und der Jagd, über die Reisen und Kriegszüge des Königs, über die Reisen der Steuerbeamten usw. geben uns Anhaltspunkte zur Beurteilung der geographisch-klimatischen Verhältnisse des Landes. Noch mündete der Euphrat, getrennt vom Tigris, in den Persischen Golf, noch lebten Elefanten in den Gebirgen, und die jetzt verwahrloste Niederung war durch kunstvolle Bewässerungsanlagen äußerst fruchtbar, — aber sonst herrschte dort dasselbe Klima wie heutzutage und irgend ein Symptom veränderter Sonnenwärme konnte bisher nicht entdeckt werden.

Wenn wir also die Sonnentemperatur seit 8000 Jahren als eine nahezu unveränderte Größe betrachten dürfen, so müssen wir fragen, wodurch die Wärmeabgabe der Sonne ersetzt werden könnte. Man hat angenommen, daß der Wärmeverlust durch Kontraktion des Sonnenballes ausgeglichen würde; denn eine jährliche Verminderung ihres Durchmessers um 60 m würde genügen, um die ausgestrahlte Wärme zu er-

Figur 19.
Die Ausgrabungen am Baltempel zu Nippur, erbaut auf den eingeebneten Fundamenten der sumerischen Königsburg.

setzen. Vor 8000 Jahren müßte dann freilich der Durchmesser der Sonne 480 km größer gewesen sein, und man sollte meinen, daß eine solche beträchtliche Größenänderung der Sonnenscheibe astronomisch irgendwie merkbar geworden wäre. Aber selbst abgesehen hiervon, scheint jene Rechnung nicht allen Tatsachen gerecht zu werden. Nach Ritter[3] ändert sich das Resultat sehr wesentlich, wenn man die Sonne nicht als einen festen Körper, sondern als einen glühenden Gasball betrachtet. Ein solcher verliert bei seiner Kontraktion zwar 19% der gebildeten Wärme, dagegen werden 81% derselben im Innern aufgespeichert, und die Sonne würde demgemäß keineswegs kälter, sondern wärmer werden.

Endlich aber ist noch ein Ersatz für die Wärmeabgabe der Sonne in den Meteormassen gegeben, die den interplanetarischen Raum erfüllen und deren Bedeutung für die Bildung des Mondes und die Rotation der Erde wir schon früher gewürdigt haben. Wenn wir mit Faye annehmen dürfen, daß auch die Sonne aus einer Unzahl kleiner zusammengeballter Meteoriten langsam entstanden ist und dabei immer mehr an Masse zugenommen hat, wenn dieser Vorgang noch jetzt weitergeht — dann ergäbe sich das überraschende Resultat, daß die Sonne beständig wärmer wird, und daß mindestens der Wärmeverlust, den sie durch ihre verschwenderische Ausstrahlung erleidet, gedeckt ist.

Wenn aber so viele Ursachen den Wärmehaushalt der Sonne beeinflussen, dann ist es wohl verständlich, daß die Eigenwärme derselben im Laufe der Zeiten einem immerhin merklichen Wechsel unterworfen ist. Wenn einmal die Zufuhr von Meteormassen vermindert, die Zusammenziehung verlangsamt oder die Ausstrahlung der Photosphäre vermehrt war, dann konnte sehr wohl eine merkliche Abnahme der Sonnenbestrahlung auch auf der Erde eintreten. Zeigen uns doch die Sonnenfleckenperioden, daß geringfügige Änderungen des irdischen Klimas auch jetzt erfolgen, und so erscheint es wohl gerechtfertigt, auch manche klimatischen Erscheinungen der geologischen Vergangenheit mit Änderungen der Sonnenwärme zu verknüpfen.

Die Licht- und Wärmestrahlen der Sonne eilen 149 Millionen Kilometer weit durch den Weltenraum, ohne wesentlich abgeschwächt zu werden, und dringen dann in die irdische Atmosphäre ein. Die etwa 200 km dicke Luftschicht absorbiert einen Teil der eindringenden und beträchtliche Mengen der von der Erdoberfläche reflektierten Strahlen, und die Stärke dieser Absorption ist abhängig von der Zusammensetzung der Atmosphäre. Die Uratmosphäre, in der vielleicht noch das ganze Meerwasser enthalten war, die paläozoische Atmosphäre mit ihrem großen Kohlensäuregehalt sind gesetzmäßige Entwicklungsstadien unserer Lufthülle und mußten die Schicksale der Sonnenstrahlen wesentlich beeinflussen.

Die heutige Atmosphäre besteht zu 79 % aus Stickstoff, den wir als den eigentlichen bleibenden Träger aller anderen Bestandteile betrachten, und dessen Menge im Laufe der Zeiten nur ganz geringen Schwankungen unterworfen gewesen sein kann. Eine kleine Menge des atmosphärischen Stickstoffes nimmt teil an der Zusammensetzung der Biosphäre, einige wenige Mineralien binden ebenfalls Stickstoff, und im Ozeanwasser sind Spuren von Stickstoffverbindungen enthalten. Aber abgesehen von den Salpeterablagerungen einzelner Wüsten nimmt der Stickstoff nirgends einen bemerkenswerten Anteil an der Zusammensetzung der Erdrinde.

Die heutige Atmosphäre enthält sodann 21 % Sauerstoff, und im

Laufe der Zeiten scheint dieses Verhältnis sehr gewechselt zu haben. Der Sauerstoffgehalt der Luft wird vermindert durch die Bildung von Oxydulen und Oxyden, bei der Verwitterung vieler Mineralien und durch den Atmungsprozeß der lebenden Pflanzen und Tiere. Dagegen wird er vermehrt durch die Kohlensäureassimilation der Pflanzen. Wir haben schon angedeutet, daß wahrscheinlich ein großer Teil des freien atmosphärischen Sauerstoffes durch die Pflanzenwelt der Vorzeit gebildet worden ist. Der Sauerstoffgehalt der Atmosphäre entspricht[4] etwa einer 80 m hohen Kohlenschicht, die man leicht mit der Masse aller Kohlenlager vergleichen kann.

Eine gewisse Menge freien Sauerstoffes muß aber schon zur Zeit der Entstehung des Lebens in der Hydrophäre existiert haben, da selbst die Pflanzenwelt, jedenfalls aber die Tierwelt nur bei Anwesenheit von freiem Sauerstoff leben kann.

Obwohl in der heutigen Atmosphäre nur 0,02—0,05 % Kohlensäure enthalten ist, so spielt dieselbe eine sehr große Rolle[5] bei der Absorption der Wärmestrahlen. Wenn der Kohlensäuregehalt der jetzigen Atmosphäre zu = 1 gerechnet wird, dann ergibt sich folgendes Verhältnis:

Kohlensäuregehalt:

— 0,7	Abnahme	der	mittleren	Jahrestemperatur	um	3—3,3°
+ 1,5	Zunahme	„	„	„	„	3—3,7°
+ 2	„	„	„	„	„	4,9—6°
+ 2,5	„	„	„	„	„	6,4—7,9°
+ 3	„	„	„	„	„	7,3—9,3°

Durch mehrere tellurische Vorgänge wird nun tatsächlich der Kohlensäuregehalt der Atmosphäre sehr geändert.

Bei vulkanischen Ausbrüchen gelangen ungeheure Mengen von Kohlensäure aus der Pyrosphäre in die Lufthülle, und selbst wenn die eigentliche vulkanische Periode beendet ist, strömen durch Mofetten und Säuerlinge große Kohlensäuremengen nach. Geringere Mengen werden auch frei bei der Verwitterung von Karbonaten und dem Zerfall von plutonischen Gesteinen, in deren Mineralien Kohlensäurebläschen vorkommen. Wenn in einem Granit[7] etwa 30 % Quarz und in dessen zahlreichen mikroskopischen Poren etwa 5 Volumina flüssiger Kohlensäure enthalten sind, dann würde aus einem Kubikkilometer Granit eine Menge von 15000 Millionen Liter flüssiger und 900000 Millionen gasförmiger Kohlensäure durch Verwitterung des Quarzes frei werden können. Diese Menge wäre hinreichend, um die Kohlensäurequelle von Nauheim 273000 Jahre zu speisen.

Endlich wird bei der Atmung von Tieren und Pflanzen Kohlensäure gebildet.

Dagegen wird Kohlensäure verbraucht durch die Bildung von Karbonaten bei der Verwitterung und besonders durch den Lebensprozeß der Pflanzen und vieler Meerestiere. Wenn man erwägt, daß alle Kohlenlager und fast alle Kalksteine aus der Atmosphäre und Hydrosphäre stammen, so ergibt sich, daß bei der Bildung dieser organischen Gesteine ungeheure Volumina von freier Kohlensäure festgelegt worden sind. Nach Roger entsprechen die in der Erdrinde aufgespeicherten Kohlenlager einer sechsmal so hohen Kohlensäuremenge, als der Gehalt der heutigen Lufthülle beträgt, und die Kalksteine haben nach Högborn sogar 25000 mal mehr Kohlensäure gebunden.

Den Gehalt der Luft an Argon, Ammoniak können wir hier unberücksichtigt lassen, dagegen spielt die bei elektrischen Entladungen entstehende salpetrige Säure eine sehr bemerkenswerte Rolle bei der Verwitterung und Zersetzung der Gesteine. Die starke, tiefgreifende, kumulative Verwitterung in der Tropenzone (Roterde, Laterit) hängt höchstwahrscheinlich mit dem Gewitterreichtum dieses Klimagebietes zusammen.

Von großer Bedeutung ist endlich der Wasserdampf in der Atmosphäre, der, von den verdunstenden Flächen des Ozeans und den wasserbedeckten Landflächen herrührend, einen kürzeren oder längeren Weg zurücklegt, ehe er als Tau, Regen, Hagel oder Schnee wieder herabfällt. Alle vulkanischen Eruptionen sind von großen Wasserdampfmengen begleitet, die aus dem Erdinnern stammen und die vorübergehend den Wasserdampfgehalt der Atmosphäre vermehren. Aber es ist irrig, wenn man glaubt, daß diese eruptosen Wassermengen längere Perioden hindurch als solche in der Atmosphäre enthalten bleiben. Denn fast immer sehen wir den Überschuß von Wasserdampf bei oder nach dem vulkanischen Ausbruch als Regen oder Schnee wieder ausgeschieden. So wird zwar die Masse der Hydrosphäre vermehrt, aber nicht der durchschnittliche Wasserdampfgehalt der Lufthülle dauernd erhöht. In welcher Weise die Wassermenge der Hydrosphäre durch Verwitterung und organisches Leben verändert wird, haben wir schon S. 73 besprochen.

Bei der Ausscheidung des Wasserdampfes aus der gesättigten Luft spielt der atmosphärische Staub eine sehr große Rolle, denn jedes Regentröpfchen bildet sich um ein kleines Staubkorn und so kann man wohl sagen, daß die Niederschläge durch den Staub der Luft beschleunigt und vermehrt werden können. Allein die Staubstürme der Wüsten- und Steppengebiete, in denen es oft mehrere Jahre gar nicht regnet, zeigen, daß eine Vermehrung des atmosphärischen Staubes nicht ohne weiteres eine größere Niederschlagsmenge zur Folge hat.

Nachdem die Sonnenstrahlen die irdische Atmosphäre passiert haben, treffen sie auf die Erdkugel. Ihre Gestalt bedingt es, daß ein Bündel

Sonnenstrahlen von 1 qm Durchschnitt am Äquator eine ebenso große Fläche der Erde erwärmt; aber mit zunehmender Breite verteilt sich die Strahlenmenge auf eine immer größer werdende Fläche, und so nimmt die Temperatur der Erdoberfläche vom Äquator nach den Polen beständig ab. Es entstehen dadurch Klimagürtel, die zwar durch Übergänge verknüpft sind, aber doch in einem bestimmten Gegensatz stehen.

Die heiße Zone oder das Äquatorialgebiet umfaßt sechs Zwölftel der gesamten Erdoberfläche. Die Wahrscheinlichkeit, in einer fossilen Ablagerung Spuren eines warmen, tropischen Klimas zu finden, ist also zwei- bis sechsmal größer als bei den Symptomen eines gemäßigten und kalten Klimas. Die starke Sonnenwärme bedingt eine hohe Verdunstung und eine Vermehrung der Luftfeuchtigkeit, die aber zum größeren Teil rasch wieder ausgeschieden wird und durch ihre Regenmengen (3—6 m im Jahre) das organische Leben sehr befördert. Üppige Urwälder überziehen das Land und in ihrem Schutze dringt die Verwitterung (kumulativ) sehr tief in die Lithosphäre hinein. Die Verwitterungsprodukte eisenhaltiger Gesteine sind meist hochrot (Laterit) gefärbt. Die tropische Regenzeit wird gewöhnlich von einer Periode großer Trockenheit unterbrochen, dann ruht die chemische Verwitterung und dafür wird die mechanische Zerklüftung der Felsen eingeleitet. Die im Boden enthaltenen chemischen Lösungen werden eingetrocknet und scheiden sich überall als Konkretionen aus.[8] Lockere Verwitterungsmassen werden dann vom Winde bewegt, und so können sich ausgedehnte Dünengebiete mit rotem Sand bedecken, zwischen denen salzige Seen zur Eindampfung kommen. Die hohe durchschnittliche Temperatur begünstigt die Entwicklung des Lebens ebensosehr, wie den Zerfall der organischen Substanz. Deshalb können sich Humuslager nur in großer topographischer Höhe oder in der Nähe dauernder Wasserflächen anhäufen.

Während die große Niederschlagsmenge des Tropenlandes zur Entwicklung von gewaltigen Flußsystemen führt, die ihre Wassermengen über weite Strecken tragen und allmählich das ganze Land abräumen, so daß die Bildung klastischer Gesteine keine große Mächtigkeit erreichen kann, schließt sich nördlich und südlich an die Äquatorialzone ein[9] Gürtel von Wüsten, der mit jener die hohe Sonnenwärme teilt, aber durch Armut der Niederschläge ausgezeichnet ist. Eine kümmerliche Vegetation und ein spärliches Tierleben besiedelt die heißen Flächen, und die Niederschläge reichen nicht aus, um dauernde Flußverbindungen mit dem Meere zu unterhalten.

Bei der großen Mannigfaltigkeit der klimatischen und topographischen Umstände kann man neben und in den Wüstengürteln folgende hydrographischen Unterschiede machen:

1. Die Gegend ist oberflächlich drainiert, d. h. die Menge der atmosphärischen Niederschläge ist größer als die Menge des in derselben Zeit verdunstenden Wassers.

2. Die Gegend ist während der Regenzeit drainiert, und die Flüsse versiegen nur während der Trockenzeit.

3. Die Gegend ist normalerweise drainiert, und nur bei mehrjährigen Dürren erreichen die Flüsse nicht mehr das Meer.

Figur 20.
Lößlandschaft in China. Die Berge bestehen aus Anhäufungen windgetragenen Staubes, in die sich periodische Flüsse tiefe Rinnen gegraben haben.

4. Die Gegend ist ohne oberflächliche Abflußrinnen, aber in durchlässigen Gesteinen fließt ein Grundwasserstrom nach drainierten Nachbarländen.

5. Die Gegend ist weder oberflächlich, noch unterirdisch drainiert, das Grundwasser steigt kapillar zur Wüstenoberfläche empor, alle chemischen Lösungen werden konzentriert, die Gegend versalzt.

Trotz der geringen Niederschläge ist die Verwitterung der Gesteine ungemein kräftig, die Temperaturunterschiede zerklüften und zerbröckeln alle Felsen, der heiße Wind saugt chemische Salzlösungen aus den Tiefen des Gesteins empor, und diese zersetzen und zermürben alle festen Massen. So bilden sich ungeheure Schuttmengen, die von den seltenen und rasch versiegenden Niederschlägen zwar kurze Strecken (Fig. 41) transportiert, aber nicht nach dem Meere ausgeräumt werden können. Langsam füllen sich alle Depressionen mit dem meist unsortierten Schutt der umliegenden Gebirge, bis deren letzte Zacken wie versinkende Inseln im Schuttmeere untertauchen.

Wo aber die kurzen Wasserläufe versiegen, da bilden sich flache Seen, deren chemischer Gehalt immer mehr eingedampft wird und zur Abscheidung von Salzlagern, Gips, Dolomit und Kalkkrusten führt.

Als wichtigste Transportkraft erscheint der Wind (Deflation) der, von den Wasserläufen unterstützt, die Berge abträgt, alle Gesteine freibläst, so daß sie leicht bergab rollen können, und große Massen von Sand und Staub zusammenführt. So häufen sich innerhalb der Wüsten ausgedehnte Dünengebiete an, wandern transgredierend über den denudierten Felsboden oder über die ausgetrockneten Absätze toniger und salziger Seen, während der leichtere Staub erst außerhalb der Wüste (s. Fig. 20) zur Ruhe kommt, wo ihn die salzigen Flächen der Steppen und zarte Grasbüschel fangen.

An den Wüstengürtel fügt sich die gemäßigte Zone, die eine Hälfte des Jahres unter dem Einfluß winterlicher Polarkälte, im Sommer aber unter dem des trockenen und warmen Steppenklimas steht. Dauernde Wasserläufe räumen allen Schutt nach dem Meere, hohe Gebirge tragen ewigen Schnee und sind durchzogen von fließenden Gletschern; die lange Winterszeit begünstigt die Anhäufung von verwester Pflanzensubstanz. Chemische Absätze sind vereinzelt, die Seen sind stets dauernden Flußläufen eingeschaltet und gewinnen dadurch keine selbständige lithologische Bedeutung.

Die Polarzone nimmt die kleinsten Flächen auf der Erdkugel ein, nur ein Zwölftel gehört ihr an. Die geringe Sonnenwärme läßt nur ein kümmerliches Pflanzenleben gedeihen und auch das Tierleben ist, sofern es nicht dem Meere oder der Küste angehört, nur gering entwickelt. Große Eisdecken überziehen das Land, Moränenschutt erfüllt die Senken, die physikalische Verwitterung ist lebhaft, die Abtragung kräftig.

Die eben geschilderten klimatischen Gegensätze sind um so greller, je größer die Landflächen sind, und um so geringer, wo das Meer seinen Einfluß ausübt. Sie werden gemildert, ja geradezu verwischt, wenn der Kohlensäuregehalt der Atmosphäre zunimmt; es teilt sich dann die feuchte Wärme des Tropenlandes den Wüstengebieten, die milde Temperatur der gemäßigten Zone dem Polargebiete mit und so ändern sich jedesmal die klimatischen Bedingungen der ganzen Erde.

Die thermischen Klimagürtel des Festlandes ziehen auch über die Meeresflächen hinweg und bedingen, daß das äquatoriale Meer durchschnittlich 35—25, die Meere der gemäßigten Zone 25—10^0 warm, die Polarmeere von 10—0 und sogar bis —2,5^0 abgekühlt erscheinen. Aber das gilt nur für die obersten Wasserschichten. Denn am Boden jedes tieferen Meerbeckens muß sich das schwere Wasser sammeln, und so strömen dahin alle die Wassermengen, die von dem kältesten Punkte jeder Wasserfläche stammen. Ein bis nach hohen Breiten verlängertes Meer wird daher in seinen Tiefen polare Wassertemperaturen zeigen, selbst wenn innerhalb der Wendekreise darüber 35° heißes Wasser schwebt. Andererseits wird ein Meeresbecken, das nur wenige Breitengrade, aber zahlreiche Längengrade umfaßt, verhältnismäßig warmes Tiefenwasser zeigen können. Von Wichtigkeit ist jedenfalls, daß die Bewohner der größeren Meerestiefen und ihre Verteilung unabhängig sind von den Klimagürteln an der Wasseroberfläche.

Alle die bisher geschilderten, mit dem Klima zusammenhängenden geologischen und bionomischen Verhältnisse werden aber sehr wesentlich beeinflußt durch das Relief der Erdrinde. Nicht allein, wenn das Meer in große Senkungsfelder eindringt, sondern ebenso, wenn eine festländische Ebene zu einem Faltengebirge aufgetürmt wird, oder wenn ein Gebirge durch langandauernde Abtragung erniedrigt wird, ändert sich das Wechselspiel der klimatischen Faktoren. Die Verlängerung einer flachen Wasserscheide kann einen wasserreichen Fluß mitten in eine Wüste leiten, ein hohes Kettengebirge kann lithologische und tiergeographische Wanderungen unterbrechen, und auf einem Vulkankegel kann sich mitten im Tropenlande ewiger Schnee und Eis sammeln. Eine Transgression des Meeres wird immer von einem milden insularen Klima begleitet sein, und die Entwicklung großer Landflächen wird die klimatischen Gegensätze meist verschärfen.

Das Klima eines bestimmten Ortes würde das ganze Jahr hindurch unveränderlich sein, wenn die Erdachse genau senkrecht zur Ebene ihres Weges um die Sonne stünde. Aber die von 21—27° wechselnde Schiefe der Erdachse (Ekliptik) bewirkt besonders in den mittleren und höheren Breiten einen Wechsel der Jahreszeiten. Die deutlichen »Jahresringe« im Salz- und Anhydritgestein der permischen Ablagerungen von Staßfurt (Fig. 21) beweisen, daß schon damals die Schiefe der Ekliptik beträchtlich war, und geben uns zugleich ein Mittel an die Hand, um die Zeit zu bestimmen, welche zur Bildung des Salzlagers nötig war. Es ist auffallend, daß[8] das etwa 900 m mächtige Gestein in der verhältnismäßig kurzen Zeitspanne von 10000 Jahren entstanden sein muß.

Aber neben diesen jährlich wiederkehrenden Schwankungen der Erdachse gibt es noch eine Veränderung der Achsenstellung von wesentlich längerer Periode. Infolge der Anziehung von Sonne und Mond beschreibt die Erdachse im Laufe von 26000 Jahren einen Kreis, dessen Halbmesser gleich der Schiefe der Ekliptik ist. Dadurch ändert sich die Länge des Winters bald auf der einen, bald auf der anderen Halbkugel, und im Zusammenhang damit verändern sich eine Menge klimatischer Umstände. Endlich haben neuere Untersuchungen ergeben, daß es auch unperiodische Schwankungen der Polhöhe gibt, die je nachdem den Wert der oben besprochenen Polverschiebungen durch Interferenz mindern oder mehren können.

Bei allen diesen so wechselnden Vorgängen beobachten wir einen Austausch der in der Atmosphäre enthaltenen Stoffe mit den anderen Hüllen des Erdballs. Ihre Zusammensetzung ändert sich durch Massen, die aus der Pyrosphäre aufsteigen, durch die Tätigkeit der Biosphäre

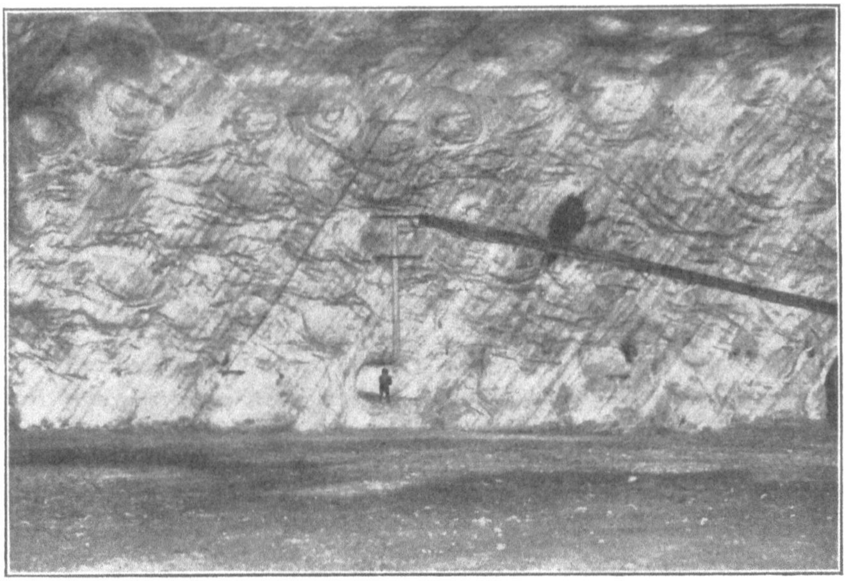

Figur 21.

Jahresringe im Salzlager von Staßfurt. Die ursprünglich horizontal abgelagerten Schichten sind durch tertiäre Faltung schräg gestellt.

und die Veränderungen der Hydrosphäre. Jedes polare Steineis, jede Kalkschicht, jedes Kohlenlager ist ein Stück Atmosphäre, das der Lithosphäre zugefügt wurde, und so erscheint uns die Lufthülle der Erde als ein stets veränderliches Gebilde, als der jeweilig unverbrauchte, bewegliche gasförmige Rest großer geologischer Prozesse.

Wenn wir zum Schluß die Frage aufwerfen, wodurch und in welcher Weise das irdische Klima sich ändern kann, so müssen wir nach den drei wesentlichsten Faktoren des Klimas, die solaren, atmosphärischen und geographischen Klimaänderungen unterscheiden.

1. Die solaren Ursachen einer Klimaänderung beruhen darin, daß der Wärmehaushalt der Sonne beträchtlichen Schwankungen unterworfen

ist. Die Diffusionsbewegungen, Protuberanzen und Strömungen, die wir in der Sonnenatmosphäre mit rasender Geschwindigkeit verlaufen sehen und die in der Zahl der Sonnenflecke einen deutlich wechselnden Ausdruck finden, lassen sich, wie es scheint, auf eine etwa elfjährige Periode zurückführen. Allein es ist wahrscheinlich, daß im Entwicklungsgange des Zentralkörpers auch längere, unperiodische Zeiten erhöhter oder verminderter Fleckenbildung und Wärmestrahlung vorkommen. Der etwa 50000 km breite Fleck, den man im Jahre 1903 selbst mit bloßem Auge auf der Sonnenscheibe erkennen konnte, macht es möglich, daß ein alter Bericht, wonach im Jahre 626 die Hälfte der Sonnenscheibe duukel erschien, auf Wahrheit beruht. Mag sich nach Lord Kelvin der Sonnendurchmesser vermindern oder nach Faye vergrößern, mag die Sonne durch Meteoritenfälle an Wärme zunehmen oder durch Wärmestrahlung kälter werden, sicherlich verläuft weder der eine, noch der andere Vorgang in völlig gleichartiger oder gar periodischer Weise; es werden Remissionen, Pausen, lebhaftere Zustandsänderungen eintreten, und ihre Wirkung auf das Klima der Erde kann sehr beträchtlich sein. Besonders das Auftreten großer Schneemassen und Eisdecken im Perm und im Diluvium kann sehr wohl mit solchen solaren Ursachen zusammenhängen. Andererseits können durch eine geringe Erhöhung der Sonnentemperatur die polaren Eisdecken, als die extremsten Äußerungen klimatischer Umstände, rasch zum Schwinden gebracht werden. Hand in Hand damit würde eine Änderung der Verwitterungsvorgänge, der Passatwinde und der Meeresströmungen erfolgen können, und dadurch würde auch die Verteilung der Organismen beeinflußt.

2. Die atmosphärischen Klimaänderungen beruhen wesentlich darauf, daß die chemische Zusammensetzung der irdischen Lufthülle sich ändert und dadurch ihre Wärmedurchlässigkeit vermehrt oder vermindert wird. Eine Zunahme der atmosphärischen Kohlensäure muß die klimatischen Gegensätze ausgleichen, und ihre Verminderung wird deren Kontrast erhöhen. Es werden also Wüsten und Eisfelder schwinden, wenn der Kohlensäuregehalt der Luft zunimmt, und statt eines kontinentalen Klimas wird sich immer mehr der ausgeglichene Charakter des Küstenklimas ausbilden.

3. Die geographischen Klimaänderungen haben verschiedene Ursachen. Zuerst kommt in Frage die Verlagerung der Drehungspole der Erde. Da die irdischen Klimagürtel senkrecht zur Erdachse angeordnet sind, muß jede Polverschiebung auch ein Wandern der Klimagrenzen zur Folge haben. Das System der sieben Klimagebiete, ihre gegenseitigen Beziehungen und ihre Kontraste werden dadurch in keiner Weise beeinflußt, aber der Äquator schneidet andere Länder und die Wüsten bedecken vorher niederschlagsreichere Gebiete.

In den mittleren Breiten wird die Polverschiebung klimatisch besonders wirksam werden.

Jede Änderung der Meeresgrenzen muß ebenfalls die Klimagebiete verschieben, und bei den zahlreichen Transgressionen und Regressionen, von denen die Erdgeschichte berichtet, wurde jedesmal auch das Klima relativ geändert. Die Entstehung der Tiefseebecken mußte besonders darin zum Ausdruck kommen, daß vor deren Anlage ein mildes Inselklima weit verbreitet war, während die allmählich wachsenden Kontinente die klimatischen Gegensätze verstärkten. Die weltweite Verbreitung der Steinkohlenflora mag gerade damit zusammenhängen.

Alle tektonischen Bewegungen der Erdrinde und alle abtragenden Vorgänge ändern die Ausdehnung und Breite der Klimagürtel. Mitten in einer trockenen Wüste kann durch Faltung ein wasserreiches Gebirge entstehen, und eine geringe Strandverschiebung kann ein vielgestaltiges Inselland in einen einheitlichen Kontinent verwandeln. Durch Verlagerung einer flachen Wasserscheide kann das Flußsystem eines großen Landes vollkommen verändert und alle sich darauf abspielenden bionomischen Erscheinungen umgestaltet werden; eine flache Landbrücke kann eine warme Meeresströmung ablenken und dadurch das Klima des Küstenlandes völlig wandeln.

Neben den genannten Ursachen könnte man noch zahlreiche andere Erscheinungen aufzählen, die eine Klimaänderung bedingen oder beeinflussen, allein es handelt sich dabei doch nur um geringfügige Wirkungen, die an den großen Zügen im Wechselspiel klimatischer Beziehungen kaum Wesentliches ändern.

Für uns scheint es zum Schluß nur noch wichtig, festzustellen, daß eine periodische Änderung des Klimas in der geologischen Vergangenheit ebensowenig nachzuweisen ist, wie eine gleichsinnige Änderung der klimatischen Faktoren. Weder folgen regelmäßige Eisperioden auf Zeiten größerer Sonnenwärme, noch kehrt das Sumpfklima der Steinkohlenbildung in regelmäßigem Rhythmus wieder.

Die Erdgeschichte legt auch nicht Zeugnis ab von einer beständigen Wärmeabnahme an der Erdoberfläche, vielmehr scheint auf Zeiten eines uralten milden Klimas eine Periode großer klimatischer Kontraste gefolgt zu sein; die Abnahme der Temperatur auf der nördlichen Halbkugel, die wir seit der Tertiärzeit deutlich beobachten, schloß keineswegs mit der sogenannten Eiszeit ab, so daß wir jetzt etwa, in einer Interglazialzeit lebend, am Vorabend einer neuen Eisperiode ständen — vielmehr war die sogenannte Eiszeit eine doch nur einzigartige Episode, vor deren Beginn am Fuße der Alpen dasselbe milde Klima herrschte, wie wir es jetzt wieder beobachten.

Es scheint uns vor allen Dingen wichtig, darauf hinzuweisen, daß diese verschiedenen Klimaänderungen in der Regel einander kompensieren dürften, daß aber der Fall eintreten konnte, wo sie zufällig einmal in gleichsinniger Weise das Klima beeinflußten, und dann mußten sie gemeinsam eine sehr bedeutsame Rolle spielen, die nur durch eine dieser Veränderungen niemals hervorgebracht werden konnte. Das würde auch erklären, warum es bisher noch nicht gelungen ist, klimatische Änderungen in der Erdgeschichte nach astronomisch genau wiederkehrenden Perioden nachzuweisen.

Verweise

[1] Siemens, Sirius, Bd. X, S. 183. — [2] Nach mündlichen Mitteilungen von Prof. Hilprecht. — [3] Ritter, Anwendung der mechanischen Wärmetheorie auf kosmologische Probleme, S. 26. — [4] Bischof, Verh. d. Niederrhein. Ges. f. Naturkunde, 4. März 1887. — [5] Arrhenius, Philosoph. Magazine, S. V, Vol. 41, 1896, Nr. 251, S. 266. — [6] Laspeyres, N. Jahrb. f. Min., 1897 I, S. 54. — [7] Ehrhardt, Die norddeutsche Kaliindustrie. Staßfurt 1906, S. 12. — [8] J. Walther, Verh. d. Ges. f. Erdkunde, Berlin 1889, N. 7, S. 4. — [9] J. Walther, Das Gesetz der Wüstenbildung, Berlin 1906.

9

Die eruptiven Vorgänge der Tiefe

Solange die Erde ein heißer rindenloser Gasball war, konnte der Austausch und die Sonderung ihrer Massen ungehindert vom Mittelpunkte der Pyrosphäre bis zu den äußersten Grenzen der Atmosphäre erfolgen. Gewaltige Ströme leichter Gase, glühende Ströme leichtflüssiger Verbindungen bewegten sich zwischen einem vielgestaltigen Gerüste trägerer Stoffe, und so sonderte sich das chaotische Gemisch langsam nach Dichte und Schwere.

Vielleicht dürfen wir die jetzt noch auf der Sonne herrschenden Strömungsvorgänge zum Vergleich für jene ältesten Zustände unseres Planeten heranziehen; beobachten wir doch an deren Oberfläche zwei Erscheinungen, welche auf sehr lebhafte Bewegung im Sonnenkörper schließen lassen. Die Protuberanzen sind lebhafte Ausströmungen glühender Gase (Wasserstoff nebst Helium und Kalzium), die in äußerster Verdünnung mit ungeheurer Geschwindigkeit emporjagen, und deren Umriß sehr wechselt; die Sonnenflecken dagegen sind Lücken in der Sonnenatmosphäre, die wahrscheinlich[1] durch absteigende Wärmeströmungen veranlaßt werden.

An den Bewegungen der Sonnenflecken läßt sich auch die Umdrehungsgeschwindigkeit der Sonne messen, wobei sich das scheinbar sehr auffallende Resultat ergab, daß der Äquator der Sonne in 25 Tagen, die

Polarzone aber in 35 Tagen eine Umdrehung vollendet. Wäre die Sonne ein fester oder flüssiger Körper, so müßte jeder Punkt ihrer Oberfläche in derselben Zeit eine Umdrehung vollenden. Aber die Sonne ist ein glühender Gasball[2], aus dessen glühendem Inneren Strömungen nach den Polargebieten aufdringen und, sich hier an der Peripherie ausbreitend, eine größere Rotationsgeschwindigkeit mitbringen als ihnen eigentümlich sein müßte, wenn sie schon lange Zeit an den Bewegungen der Sonnenperipherie teilhätten.

Ähnliche Strömungen mögen auch ganze Perioden hindurch die Massen unseres Erdballs durcheinanderbewegt und bewirkt haben, daß die ursprünglich regellos verteilten und vielfach gemischten Stoffe sich sonderten.

Als eine Wirkung dieser Diffusionsströme mag die so auffallende Dichteverteilung in unserem Erdball betrachtet werden. Bei einem spezifischen Gewicht der Gesamterde von 5,5 besteht ihre äußerste Peripherie, die Atmosphäre, aus ganz leichten Gasen, dann folgt die Wasserhülle mit einem spezifischen Gewicht von etwa 1. Die Erdrinde besteht vorwiegend aus festem Gestein mit dem spezifischen Gewicht von 2,5. Unterhalb der Lithosphäre folgt die glühend heiße Pyrosphäre, welche, soweit es die direkte Beobachtung erlaubt, aus geschmolzenem Glas (Magma) besteht. Oft dringt dasselbe bei vulkanischen Eruptionen bis zur Erdoberfläche empor und breitet sich als schwarzer glasiger Obsidianstrom oder als bunter Pechstein aus. Die chemische Zusammensetzung und das spezifische Gewicht dieses unterirdischen Glases, aus dem bei der Erkaltung die große Mannigfaltigkeit der plutonischen und vulkanischen Gesteine entsteht, ist großen Schwankungen unterworfen, und aus demselben Kanal dringen oftmals nacheinander ganz verschiedenartige Massen hervor.

Um das geringere spezifische Gewicht der Erdrinde auszugleichen, reicht die Annahme, daß das eisenreiche Magma die äußere Hülle einer großen Eisenkugel bilde, nicht aus. Denn da im Mittelpunkte der Erde das spezifische Gewicht = 9,5 betragen muß, ergibt sich ohne weiteres, daß statt des Eisens dort schwerere Metalle wie:

Kupfer	(8,5)	Quecksilber	(13,5)
Silber	(10,5)	Gold	(19)
Blei	(11,3)	Platin	(21,5)

verbreitet sein müssen.

Der Aggregatzustand der Pyrosphäre läßt sich schwer beurteilen; viele Tatsachen sprechen dafür, daß der Erdkern ein Gasball ist, der von der flüssigen Magmahülle umgeben wird, denn infolge des hohen Druckes, den die Erdrinde ausübt, müssen sich die unterirdischen Massen wie eine feste Substanz verhalten. Nur wo der Druck der Erdrinde vermindert wird, da verflüssigt sich das Magma und beginnt innerhalb der Erdkruste emporzusteigen.

Trotz der lang andauernden Diffusionsströmungen, welche die leichteren Stoffe nach der Peripherie und die schwereren Elemente nach dem Mittelpunkte der Erde bewegten, ist es aber doch nicht zu einer völlig regelmäßigen Anordnung der Elemente nach dem spezifischen Gewicht gekommen. Das darf uns nicht wundern, denn nirgends[2] finden wir in der Natur größere Flüssigkeitsmengen von ganz homogener Beschaffenheit. Das Meer, die Luft, ebenso wie alle künstlich erzeugten Lösungen und alle Glutflüsse lassen Wolken und Flecke von verschiedener Dichte, verschiedener Zusammensetzung und verschiedenem Brechungsvermögen erkennen, und unsere Technik muß ganz besonders sinnreiche Hilfsmittel anwenden, um solche Ungleichmäßigkeiten bei größeren Flüssigkeitsmengen zu vermeiden. Man nennt diese durch allmähliche Übergänge verbundenen, aber differenten Teile einer Flüssigkeit: Schlieren.

Wenn wir uns der Strömungen auf der Sonne erinnern und die dort zu beobachtenden Verhältnisse auf die Vorgeschichte der Erde übertragen, werden wir ohne weiteres zu der Annahme geleitet, daß auch die Pyrosphäre eine schlierige Beschaffenheit haben müsse. Denn zahlreiche, großartige Bewegungsvorgänge, welche die chaotisch gemengten Stoffe der Urerde zu sondern bestrebt waren, wurden plötzlich abgeschnitten und verlangsamt, als sich das Panzergewölbe der Erdrinde zwischen Atmosphäre und Pyrosphäre einschaltete. Wolken und Schlieren eisenreicher schwerer Massen mußten zwischen leichtflüssigen und leichteren Partien schweben, und wenn auch die Diffussionsvorgänge an den Rändern solcher Schlieren beständig fortdauerten, so waren sie doch nicht imstande die Wesensunterschiede vollkommen auszugleichen.

Daß diese schlierige Beschaffenheit im kleinen wie im großen nicht eine bloß theoretische Annahme ist, läßt sich durch verschiedene Beobachtungsreihen beweisen. Zuerst erkennen wir bei der mikroskopischen Untersuchung rasch erstarrter Magmen, die als Ströme und Decken von vulkanischem Glas oder Lavagesteinen auftreten, daß überall kleine Schlieren von wechselnder Beschaffenheit neben- und übereinanderliegen und sich wie die Gerinne eines Flusses (Fluidalstruktur) anordnen. Beim Studium größerer Eruptivmassen beobachtet man ebenfalls große Schlieren von abweichender Zusammensetzung mitten in dem umgebenden Magmaherd.

Sodann lehrt uns die Untersuchung alter Vulkangebirge, daß aus demselben Eruptivkanal miteinander oder nacheinander Magmen von verschiedener Beschaffenheit ausgetreten sind.

Endlich aber lassen uns die Pendelbeobachtungen auf der Erdoberfläche erkennen, daß innerhalb der Erdrinde überall Dichteunterschiede von umschriebenem Umriß auftreten, die nur durch die Aufnahme schwererer oder leichterer Schlieren inner- oder unterhalb der Lithosphäre erklärt werden können. Durch allmähliche Übergänge verbunden und im Laufe der Zeiten langsam ihren Ort ändernd, bewegen sich wahrscheinlich noch jetzt diese Schlieren durcheinander, und an derselben Stelle, wo vorher eine schwere, eisenreiche Masse lagerte, kann in der nächstfolgenden Periode eine eisenarme Wolke schweben.

Nachdem wir festgestellt haben, daß das Magma unterhalb der Erstarrungskruste schlierig ist, müssen wir noch eine zweite Eigenschaft desselben betonen. Bekanntlich treten bei allen vulkanischen Eruptionen ungeheure Massen von Dämpfen auf, die eine hohe, aufsteigende Wolke bilden, den Austritt von Lava und Asche einleiten, begleiten und abschließen. Man hat früher geglaubt, daß diese hauptsächlich aus Wasserdampf bestehenden Gasmengen von Meerwasser herrühren, das auf Spalten nach dem glühenden Erdinnern hinabsickerte und durch die Eruption wieder zutage gefördert würde. Die Lage vieler Vulkane in der Nähe des Meeres schien eine besondere Stütze für diese Annahme zu sein. Aber zahlreiche Vulkangebiete liegen fern vom Meer, die Zusammensetzung ihrer Dämpfe ist vielfach von der des Meerwassers grundverschieden, und nach neueren Untersuchungen scheint Wasser überhaupt nicht als solches im Erdmagma zu existieren. Nirgends beobachten wir auch in den geologisch so gründlich untersuchten Aufschlüssen die Spaltenzüge, die vom Meeresgrunde nach der Pyrosphäre hinabführen. Der Bergmann wie der Geologe haben tausendfältig Gelegenheit, die Wurzeln alter Vulkangebiete zu durchdringen und den Boden uralter Meere zu untersuchen. Vielfach sehen wir noch deutlich, daß die vulkanischen Ausbrüche untermeerisch begonnen haben, aber noch niemals hat man bei solcher Gelegenheit die Zeichen von hinabsteigenden Wasserströmen beobachtet, während die Symptome aufsteigender Gase als Begleiterscheinung eruptiver Vorgänge immer wieder angetroffen werden. Es ist daher eine völlig aus der Luft gegriffene Hypothese, wenn man behauptet, daß das Meerwasser durch Tausende von Gesteinsdecken hindurch bis zu den Magmaherden hinabdringen könne.

Wir müssen vielmehr die eruptiven Dämpfe als integrierende Bestandteile der Pyrosphäre betrachten, die, ursprünglich im Magma gelöst, erst bei der Eruption frei wurden.

Bekanntlich kann man in geschmolzenen Metallen große Mengen von Gasen lösen, die beim Erkalten und Kristallisieren wieder entweichen. Man darf daher keine Schwierigkeit in der Annahme sehen, daß das Magma noch jetzt ungeheure Massen von Wasserstoff, Chlor, Kohlenstoff, Fluor, Bor, Zinn und anderen Elementen enthält, welche bei den Eruptionen mitemporgefördert werden und in oder auf der Erdrinde ihre geologischen Wirkungen hervorrufen.

Man pflegt die eruptiven Vorgänge in zwei Gruppen zu teilen, indem man die sich innerhalb der Erdkruste abspielenden Erscheinungen als plutonisch und die über der Lithosphäre auftretenden Phänomene als vulkanisch bezeichnet. Allein die Untersuchungen zahlreicher Forscher haben in den letzten Jahrzehnten ergeben, daß selbst die plutonischen Vorgänge in der Tiefe nur als spätere Phasen von Bewegungen betrachtet werden können, die sich vorher in noch tieferen Regionen abgespielt haben. Es scheint uns deshalb zweckmäßig, diese ersten und ältesten Stadien des eruptiven Vorgangs, die sich an der unteren Grenze der Lithosphäre abgespielt haben müssen, ehe die plutonischen Veränderungen begannen, als typhonisch zu bezeichnen.

A. v. Humboldt nannte die Vulkane Sicherheitsventile der Erde und verknüpfte damit die Vorstellung, daß durch die unterirdischen Dämpfe leicht Erdbeben verursacht würden, wenn nicht durch vulkanische Eruptionen eine Entlastung der hochgespannten Dämpfe einträte. Und so hat man vielfach gemeint, daß bei einer vulkanischen Eruption eine direkte, offene Verbindung zwischen dem glühenden Erdkern und der Atmosphäre hergestellt würde. Aber eine einfache Überlegung zeigt, daß diese Ansicht nicht richtig sein kann. Denn bei der ungeheuren Masse und der gewaltigen Spannung der unterirdischen Dämpfe könnte sich[2] der einmal geöffnete Schlot nicht eher schließen, bis nicht die ganze Pyrosphäre entgast worden wäre, und die Eruptionen von Asche und Lava müßten an der einen Stelle ununterbrochen weitergehen. Es könnte, wie bei manchen „erloschenen“ Vulkanen der Gegenwart, vielleicht vorübergehend zu einem Verschluß kommen, aber bald würden die Dämpfe wieder eine solche Spannung erreicht haben, daß der Lavapfropf herausgeworfen und der Schlot wieder geöffnet wäre. Die vulkanischen Eruptionen zeigen aber, wenn wir sie durch längere Erdperioden hindurch verfolgen, daß sie sich lokal völlig erschöpfen und erst nach langer Pause wieder an einer anderen Stelle auftreten. So werden wir zu dem Gedanken geführt, daß die Vulkane nicht etwa durch die ganze Dicke der Erdkruste hindurch bis hinab zur Pyrosphäre reichen, sondern auf lokalen Magmaherden aufsitzen, deren glühendes Innere bei der Eruption nach oben befördert und von unten her ersetzt wird.

So notwendig wir zu der Annahme typhonischer Magmaherde gedrängt werden, so schwierig erscheint es, ihren Ursprung zu erklären, und da es naturgemäß unmöglich ist, durch direkte Beobachtung diese Vorgänge zu studieren, bleibt hier der Hypothese ein großer Spielraum. Eine neuerdings viel diskutierte Theorie[3] geht von der Annahme aus, daß die älteste Erstarrungskruste an zahlreichen Punkten durchbrochen und durch aufgelagerte Lavamassen gepanzert wurde. Diese aufgelagerten

Massen umgaben sich mit einer Erstarrungskruste, während ihr Inneres noch glühend heiß blieb, so daß zahlreiche, flüssige Magmaherde entstanden, die man als die Quellen der späteren Vulkane betrachten könnte. Eine ältere Meinung nahm an, daß die Magmaherde innerhalb der Erdkruste durch lokale Verflüssigung infolge hohen Druckes entstanden seien und immer aufs neue entständen, während eine dritte Hypothese, die wir für die wahrscheinlichere halten, die Entstehung der Magmaherde innerhalb der Erdkruste in folgender Weise erklärt: Die Verteilung der Dichte in der Erdrinde und die oft sehr wechselnde Temperaturzunahme mit zunehmender Tiefe ebenso wie das Verhalten benachbarter Rindenteile gegenüber dem Faltungsprozeß machen es sehr wahrscheinlich, daß die Dicke der erkalteten Erdkruste großem Wechsel unterworfen ist, und daß mit anderen Worten die Fläche, bei der die Schmelzwärme aller Gesteine überschritten wird, in sehr unregelmäßiger Weise nach oben und nach unten gebogen ist. Da nun jede Druckveränderung in der Erdkruste, mag sie durch die Auflagerung neuer Sedimente, die Abtragung mächtiger Gesteinsdecken oder den Gebirgsbildungsprozeß veranlaßt sein, stets den Aggregatzustand der darunter befindlichen heißen Massen ändert, so werden sich leicht unterhalb der Erstarrungskruste lokale Magmaherde verflüssigen und sich durch die Vermittlung der bei jeder Druckverminderung entweichenden Dämpfe einen Weg nach oben bahnen. Die feinfühligen Instrumente unserer Erdbebenstationen reagieren auf jede Erschütterung eines in weiter Ferne erfolgten Erdbebens. So müssen auch die labilen Magmaherde in der Erdkruste durch ganz verschiedenartige Ursachen bewegt und erschüttert werden, und der Auftrieb der in ihnen gelösten Gase wird jedesmal bestrebt sein, die verflüssigte Masse ein Stück nach aufwärts zu bewegen. Immer wieder füllen sich von unten her alle Lücken und alle Gebiete verminderten Druckes, und die Erdrinde wird durchschwärmt von immer neu aufdringenden und neu gefüllten typhonischen Magmaherden.

Indem wir uns jetzt der nächsten Region der plutonischen Erscheinungen zuwenden, betreten wir ein Gebiet, das durch zahlreichere Beobachtungen aufgeschlossen ist. Zwar spielen sich auch diese in Tiefen von mehreren tausend Metern ab, aber wenn die Vorgänge abgeschlossen und ihre erstarrten Wirkungen durch Abtragung der hangenden Gesteinsdecken an die Erdoberfläche gebracht worden sind, dann können wir ohne Mühe die Räume durchwandern, in denen vor langen Jahrtausenden die Glutflüsse der Unterwelt tätig waren.

Wenn wir erzhaltige Steine in einem Hochofen großer Hitze aussetzen, dann sondert sich ihr Stoffgemisch in drei scharf unterschiedene Teile: die Gase und Dämpfe steigen nach oben und entweichen durch die Esse. Die trägeren Verbindungen aber sondern sich in die oben schwimmende, leichtere Schlacke und das hinabsinkende schwerere Erz. Die Schlacke ist in der Regel reich an Kieselsäure und ihre Zusammensetzung und Menge hängt von den Eigenschaften des Ursprungsgesteins und der Dauer des Schmelzprozesses ab, währenddessen sich die Schlacke vom Erze sondert.

Gase, Silikate und Erze sind auch die drei wichtigsten Bestandteile des in der Erdrinde aufdringenden Magmas. Zwar wechselt die chemische Zusammensetzung der einzelnen Magmaherde ebenso wie die der darin verteilten Schlieren. Aber die drei genannten Stoffe sind stets darin enthalten, und wenn ein mit Magma erfüllter Hohlraum lange Perioden hindurch sich selbst überlassen bleibt, dann tritt eine ähnliche Sonderung wie im Hochofen ein. Die Dämpfe steigen nach oben und durchdringen das benachbarte Gestein je nach seiner Durchlässigkeit bis zu einem Abstand von 500—2000 m von der Berührungs- (Kontakt-) fläche. Wasserdampf, Kohlensäure, Wasserstoff, Kohlenwasserstoff, Chlorwasserstoff, Chlornatrium, Chlorammonium, Eisenchlorid, Fluor, Borsäure, Phosphate, Zinn, Nickel, Silber und Gold, und zahlreiche andere Stoffe werden mit den Dämpfen emporbefördert. Während Wasser[4] bei gewöhnlicher Temperatur nur ganz schwach saure Wirkungen hat, ist es bei 1000^0 ein achtzigmal kräftigeres Lösungsmittel wie Kieselsäure. Es ergeben sich daher bei diesen hohen Temperaturen ganz andere chemische Beziehungen, als wir sie im Laboratorium nachzuahmen vermögen; die den Magmaherd umgebenden Gesteine werden mineralogisch und chemisch verändert und zeigen die als Kontaktwirkung bekannten Strukturen.

Wenn wir uns jetzt dem Kontakthofe eines plutonischen Gesteins nähern, dann beobachten wir von außen nach innen zuerst eine Zone, wo die Schiefer unzählige, hirsekorngroße Knötchen, dunkle Flecke oder zierliche Chiastolithnadeln enthalten. Ihre Zahl und Größe nimmt immer mehr zu, und nahe der Berührungsfläche ist eine Zone von dichtem Hornfels entstanden. Topas und Flußspatkristalle lassen sich auf Fluordämpfe, prächtige Nadeln von Turmalin auf Bordämpfe, Apatit auf Phosphor zurückführen; viele Granitstöcke sind von einer Zinnaureole umgeben. Aber auch manche wertvolle Erze sind in ihrer Entstehung an das Aufdringen plutonischer Magmen gebunden. Die[2] Nickel-Magnetkieslagerstätten von Skandinavien, Nordamerika, Böhmen usw. sind Ausscheidungen aus basischen Magmen. Gold[3] ist mit sauren Eruptivgesteinen emporgedrungen, während Platin in serpentinisierten Hornblendegesteinen aus den Tiefen der Pyrosphäre heraufgewandert ist. Kalkstein ist in Marmor umgewandelt oder vererzt und enthält oft eine Fülle wunderbar ausgebildeter Mineralien.

Gleichzeitig aber beginnt eine sehr tiefgreifende Sonderung (Fig. 22 u. 23) des ursprünglichen Magmagemisches in eine obere kieselsäurereiche und eisenarme, sowie eine untere eisenreiche und kieselsäurearme Region. Ein feiner Regen von Metallteilchen sickert langsam in die Tiefe, und die leichteren Silikate drängen beständig nach oben.

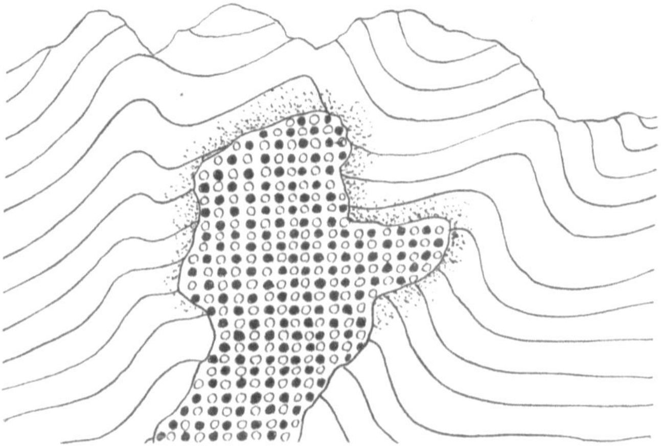

Figur 22.

Bei der Faltung eines Stückes Erdrinde ist unterirdisches Mischmagma, bestehend aus eisenreichen (schwarze Punkte) und kieselsäurereichen (helle Punkte) Teilen in das Faltengebirge eingedrungen und hat die benachbarten Schichten (fein punktiert) durch heiße Dämpfe kontaktmetamorph verändert.

Hand in Hand mit dieser Sonderung der Bestandteile sinkt die Temperatur des Magmaherdes, besonders dann, wenn die hangenden Gesteins-

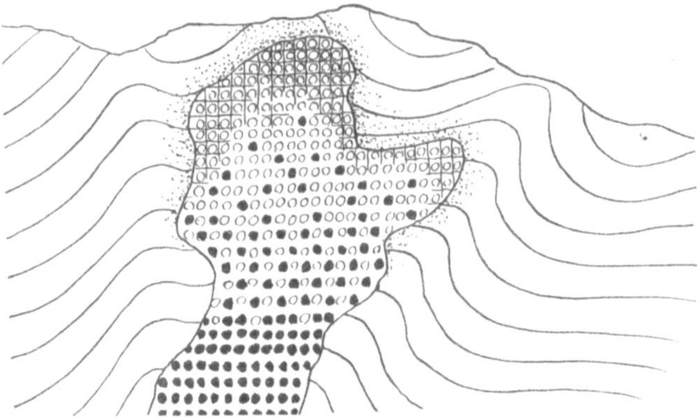

Figur 23.

Infolge tiefgreifender Abtragung beginnt oben der Granit zu erkalten und zu erstarren (quadrierte Stellen), während das eisenreiche Magma in die Tiefe sinkt.

decken durch Abtragung entfernt werden und die Kälte des Weltenraumes nach der Tiefe zu vordringt. Im Kontakthofe gruppieren sich die durch die Dämpfe aufgelockerten Verbindungen zu neuen Mineralgruppen. In dem kieselsäurereichen Schlackenhute des glasigen Magmas wandern die Moleküle gleicher Art einander entgegen und legen sich zu immer größer werdenden, anfangs noch weichen Kristallen zusammen, die endlich die gesamte, ursprüngliche Glasmasse aufgebraucht haben und als glasfreies, vollkristallinisches Granitgestein erstarren.

Wir haben bei der Schilderung der vulkanischen Vorgänge noch zu zeigen, daß in vielen Fällen das halb erkaltete Magma Gelegenheit findet, durch das letzte Stück Erdrinde hindurchzubrechen und als Lavastrom auszufließen. Dann wird die mineralogische Sonderung des ursprünglichen Gasflusses durch die plötzliche Erstarrung verhindert, und so sehen wir in dem glasigen oder halb entglasten Gestein entweder nur die ersten Anfänge der beginnenden Kristallbildung (Mikrolithe) oder ein dichtes Gefüge kleinerer (Felsit) und größerer Kristalle, die durch undifferenzierte Glashäute verbunden werden.

Neben diesen vulkanischen Abkömmlingen der in der Tiefe erkaltenden Magmaherde sind aber außerdem sehr charakteristische, unterirdische, d. h. plutonische Gebilde in deren Umgebung zu beobachten. Denn von der kieselsäurereichen Peripherie oder den eisenreicheren, tieferen Zonen dringen kürzere oder längere Spalten in die Umgebung ein, erfüllt mit dem kristallisierten Mineralbestande der abgespaltenen Teilmagmen. So umgibt oft ein ganzes Ganggefolge den plutonischen Herd und bietet der chemischen und mineralogischen Untersuchung anziehende Probleme.

Wir haben bei unseren bisherigen Betrachtungen nicht berücksichtigt, daß der Seitendruck, der bei Gebirgsfaltungen so leicht unterirdische Hohlräume aufblättert und dem nächsten typhonischen Magmaherde erlaubt, einen Schritt weiter in der Erdrinde emporzusteigen, natürlich sehr häufig auch noch weiterwirkt, nachdem sich der unterirdische Raum mit Magma erfüllt hat. Die Anordnung der zu größeren Kristallen zusammentretenden Moleküle, die Struktur des dadurch entstehenden vollkristallinischen Gesteins wird dabei oft sehr tiefgreifend beeinflußt. Plattige Kristalle ordnen sich zu parallelen Zügen, größere Kristallknoten gleiten aneinander hin, und es entsteht in der noch plastischweichen Granitmasse eine Struktur, die man als Flaserung bezeichnet. Damit aber verwandelt sich der Granit in einen Gneis, der mit jenem durch zahlreiche Übergänge ebenso verbunden sein kann, wie sich die beiden extremen Endglieder der Typen voneinander unterscheiden.

Ein besonders schwierig zu verstehender Fall tritt dann ein, wenn sich bei der Faltung im Innern der Erdrinde nicht ein weiter Hohlraum öffnet, der schrittweise, wie er sich weitet, auch mit Magma erfüllt wird, sondern wenn ein System dünnschichtiger Schiefer gefaltet und in zahlreiche kleine und größere Lücken aufgeblättert wird, welche das aufdringende Magma rasch erfüllt. Es entstehen hierbei seltsame Mischgesteine, bestehend aus Schieferlamellen und granitischen Lagerzügen, zerbrochen, zerrissen, zerteilt und wiedervereinigt durch das alle Zwischenräume schichtartig oder gangförmig erfüllende Magma.

Es kann unter diesen Umständen ein ganzes Schiefergewölbe von unten durch das Magma halbgelöst und verdaut werden; Kontakthof und Granitzone, Schiefermantel und Ganggefolge nehmen dann neue, schwer zu entwirrende Formen an; alles scheint grenzenlos durcheinanderzufließen, und jedes Handstück gewährt einen anderen Anblick. Solche metamorphische Gneisregionen verwickeltster Struktur treten besonders leicht im Faltenkern großer Gebirgszüge auf und werden uns bei späterer Gelegenheit noch einmal beschäftigen.

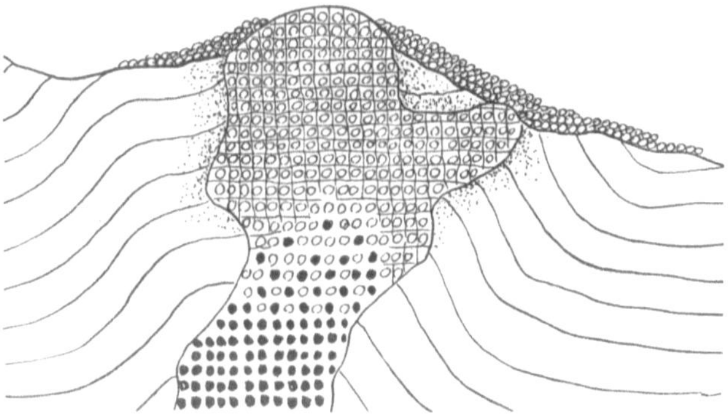

Figur 24.
Die Abtragung hat den erstarrten Granit freigelegt, und durch weitergehende Verwitterung des quarzreichen Gesteins entstehen Sandmassen (kleine Kreise), die sich in dem umgebenden Gebiete als Sandsteindecken ausbreiten. Das eisenreiche Magma in der Tiefe ist noch glühend und kann jederzeit wieder eruptiv werden.

Alle die geschilderten plutonischen Vorgänge verändern zwar sehr tiefgreifend den Bau und die Zusammensetzung der Erdrinde, aber sie spielen sich ausnahmslos tief unter deren Oberfläche ab und werden für uns erst sichtbar, wenn die schützenden Gesteine abgetragen werden. Wir wollen im folgenden Abschnitt die hierbei auftretenden, vulkanischen Vorgänge gesondert schildern und uns hier nur noch mit den sehr merkwürdigen Begleiterscheinungen der Abtragung beschäftigen. Oftmals sind im Laufe der Erdgeschichte hohe Faltengebirge zusammengeschoben worden, und Hand in Hand damit füllten sich Lücken und Hohlräume in den Faltenkernen mit den plutonischen Gesteinen. Aber jedesmal setzte Verwitterung und Abtragung ein und entblößte immer tiefere Horizonte der Faltenkerne. So kann man eine ganze Kette aufeinanderfolgender Stadien unterscheiden, beginnend mit der Abtragung der unveränderten Schieferhülle (Fig. 22, 23) und endend mit der Entblößung der tiefliegenden Wurzeln (Fig. 24) plutonischer Gesteinskörper.

In einzelnen Fällen hat man beobachtet, daß große Granitmassen unter einer nur 500—2000 m mächtigen Schieferhülle erstarrt sind. In anderen Fällen wölbte sich darüber eine 5—6000 m mächtige, schützende Decke. Man sieht aus der erstgenannten Zahl, daß die „hebende Kraft" des aufdringenden Magmas oft nur sehr gering und keineswegs der früher weitverbreiteten Hypothese günstig ist, daß nur die aufsteigenden Magmaquellen Gebirge emporheben könnten.

Sobald die Abtragung die äußersten Hüllen des unveränderten Schiefermantels entfernt hat, beginnt sie sich in die von plutonischen Ganggesteinen durchschwärmte Kontaktzone einzuschneiden. Gerölle von Ganggesteinen und durch Kontaktmetamorphose veränderten Schiefern werden weit talabwärts getragen und finden sich in den Ablagerungen der Flüsse. Aber deren wichtigstes Sediment besteht noch immer aus den zu Schlamm verwitterten und zersetzten Schiefern. Jetzt mischen sich die ersten Granitgerölle den Ablagerungen des Flusses bei, und bald nehmen die freigelegten Granitstöcke mit den ihnen nahe verwandten Gneisgebieten immer weitere Flächen ein.

Es ist wichtig, darauf hinzuweisen, daß gerade an der Grenze der kieselsäurereichen Granitregion eine besonders große Fülle verschiedenartiger Gesteine auftreten, während innerhalb der Granitregion die Gesteinsbeschaffenheit auf weite Entfernung sehr gleichartig ist. Mag ein weißer, grauer oder roter Granit von gleichmäßig körnigem Gefüge oder ein dünnplattiger und flaseriger Gneis im Kern alter Faltenzüge auftauchen, immer wieder begegnen wir der Zusammensetzung aus Feldspat und Quarz mit eingestreuten Kristallen von Glimmer und Hornblende. Gegenüber der ungeheuren Mannigfaltigkeit anderer Gesteine fiel schon den alten Geologen die weltweite Verbreitung und gleichartige Zusammensetzung der Granite auf. Trotzdem die moderne Petrographie in den Syeniten, Dioriten, Gabbros u. a. zahlreiche, völlig anders zusammengesetzte Typen plutonischer Tiefengesteine kennen gelehrt hat, so sind diese doch meist auf enge Räume beschränkt und treten vielfach nur als Einschaltungen in den weiten Granitregionen auf. Nur einige konzentrische Schalen von Syenit sind dem Granitmassiv von Meißen eingeschaltet, und mit dem großen Granitstock des Brocken sind verhältnismäßig kleine Vorkommnisse von Gabbro verbunden. Würde man alle bisher bekannten Granitregionen und die von ihnen kaum trennbaren Gneisgebiete, mit anderen Worten die kieselsäurereichen plutonischen Gesteine mit derselben Farbe bezeichnen, so müßte man schon eine sehr große Weltkarte zeichnen, wenn man in demselben Maßstabe auch die anderen Tiefengesteine deutlich erkennbar eintragen wollte.

Nach dem, was wir über die Sonderung des plutonisch erkaltenden Magmagemisches früher gesagt haben, betrachten wir nicht etwa jeden

Granit als die Kristallisation eines sauren Granitmagmas, sondern als den kieselsäurereichen und dadurch leichteren „Schlackenhut“ des sich nach der Schwere sondernden Magmas, und die Häufigkeit der Granitfamilie ist nicht der Ausdruck für die weite Verbreitung eines bestimmt zusammengesetzten Magmas, sondern beweist, wie durch einen gleichartigen und immer wiederkehrenden Sonderungsprozeß in langsam erkaltenden plutonischen Herden so häufig dieselbe Oberschicht entstand.

Figur 25.
Granitberge der südlichen Sinaihalbinsel, zu Sand verwitternd. der in den Talrinnen herabfließt.

Sobald in einem größeren Faltengebirge durch immer weitergehende Denudation der Kontakthof abgetragen ist und die darunter verborgenen Granitdome zutage treten, ändert sich mit einem Male in ganz auffallender Weise die Sedimentbildung im weiten Umkreise des Gebirgslandes. Obwohl der Granit als Typus eines wetterbeständigen Gesteines gilt, so weiß doch der Geologe, daß unter bestimmten geologischen Umständen eine sehr tiefgreifende Zersetzung und Verwitterung desselben eintritt. Unter einem sehr niederschlagsreichen, warmen Klima wird der Feldspat des Granits rasch in ein weiches Pulver von meist hochroter Farbe verwandelt und die mit dem Feldspat verzahnten Quarzkörner bleiben als gröberer Rückstand übrig, wenn der Feldspat als rötliche Flußtrübe ausgeschwemmt worden ist. So füllen sich die Flußbetten und Niederungen des Tropenlandes mit ausgedehnten Decken von Quarzsand, und am fernen Meeresufer schüttet sich noch ein flaches Sanddelta auf, dessen Material aus plutonischem Granit und Gneisgesteinen stammt.

Wo aber ein trockenes Klima die chemische Zersetzung des Feldspates verhindert, da setzt die physikalische Verwitterung ein. Roter Feldspat, dunkler Glimmer und weißlicher Quarz sind im Granit mit ihren Wachstumsflächen fest verbunden. Aber wenn die heiße Wüstensonne das vielfarbige Mosaik bestrahlt, dann nimmt der dunkle Glimmer größere Mengen von Wärme auf als der rote Feldspat, und dieser erwärmt sich mehr als der helle Quarz. Wenn sich aber die auf 70^0 erwärmte Granitwand des Nachts abkühlt, dann erfolgt auch die Wärmeabgabe der verschiedenen Mineralien in verschieden raschem Tempo. Hand in Hand damit muß auch die Ausdehnung und Zusammenziehung der drei Elemente verschieden rasch erfolgen, und so zerbröckelt der Granit oder Gneis, ohne daß es zu einer stärkeren chemischen Zersetzung käme. Wir sehen dann am Fuße steiler Granitwände (s. Fig. 25) einen bunten Sand, in dem die Mineralien des Granits noch alle vereint sind.

Aber der von zahlreichen Spalten durchsetzte Glimmer und der leicht zerklüftete Feldspat werden durch die heiße Wüstensonne rasch in feinste Splitter zerlegt, die der Wind ergreift und als Wüstenstaub weit davonträgt. Nur der schwer spaltende Quarz bleibt zurück, stärkere Windstöße häufen ihn zu hohen Sicheldünen (s. Fig. 26), und da ihn keine Transportkraft aus dem abflußlosen Gebiete auszuräumen vermag, so überzieht sich die Ebene mit einer Sanddecke, die alle Niederungen erfüllt, wie ein brandendes Meer am Fuße steiler Felsengebirge aufsteigt und bei längerer Dauer dieser lithogenetischen Bedingungen weite Flächen mit ihren gelben oder roten Sandschichten überschreitet, bis die letzte zerbröckelnde Granitzacke darin untertaucht.

So verwandelt sich das Aufdringen plutonischer Magmaherde in ein seltsames Phänomen der Schichtenbildung, und auf einem vorher von quarzarmen Tonen, Schiefern, Mergeln und Kalken bedeckten Meeresgrunde oder auf der unebenen Denudationsfläche eines Festlandes treten plötzlich mächtige marine oder festländische Sandsteine auf. Gerade als wenn ungeheure Sandregen aus der Atmosphäre niedergefallen wären, schichten sich die fast nur aus Quarz bestehenden Gesteinsdecken übereinander und erreichen eine so ungeheure Mächtigkeit, daß man bestimmte Perioden der Erdgeschichte nach den darin häufigen Sandsteinen als Oldredsandstone oder Buntsandstein oder Quadersandsteinformation benannt hat. Ihre Bildung müßte ein unlösbares Rätsel bleiben, wenn wir nicht in der gleichzeitigen Abtragung granitischer Gesteine die erdgeschichtliche Ursache der regionalen Sandschüttung erblicken dürften.

Die alten Geologen sahen in dem Granit das Fundament der Erdrinde und betrachteten dieses weltweit verbreitete Gestein in den Tiefen der Schächte wie auf der Höhe des sagenumwobenen Blocksberges mit geheimnisvollem Schauer. Als „älteste Erstarrungskruste unseres Planeten" besaß das Gestein ein besonderes Interesse, das es für die moderne Geologie eingebüßt hat. Die mitteldeutschen Granite entstanden in

Figur 26.
Das Sandmeer der Wüste Karakum,
deren Bogendünen, aus dem Ufergebiet des Amudarja aufsteigend, von hier transgredierend nach Süden wandern.

den Faltenkernen hoher Gebirge, in derselben Zeit, als an deren Abhängen die Steinkohlenlager gebildet wurden, und selbst der klassische Urgneis des Erzgebirges hat seine charakteristischen Eigenschaften erst in der Karbonzeit erhalten; der Granit von Elba, in dessen Kontakthof die altberühmten Erzlager auftreten, ist sogar tertiärer Entstehung.

Aber wenn auch der Granit seinen historischen Wert verloren hat, so knüpfen sich doch an seine Bildung neue, wunderbare Probleme. Er erscheint uns jetzt als der heilende Verband, der die unterirdischen Wunden der Erdrinde schließt, als die segenspendende Quelle wertvoller Erze und als der Ursprung der mächtigen Sandablagerungen, die zu gewissen Zeiten ungeheure Flächen des Landes und des Meeresgrundes bedecken und der Schauplatz farbenreicher öder Wüsten oder bunter mariner Faunen werden.

Verweise

[1] Scheiner, Der Bau des Weltalls. II. Aufl., S. 75. — [2] Reyer, Die Euganeen. Wien 1877, S. 71. — [3] Stübel, Die Vulkanberge von Ecuadór. — [4] Mallet, Philos. Transact. Vol. 163 I, pag. 143. — [5] Vgl. Spurr, Journal of Geol. 1900, S. 621. — [6] Arrhenius, Geol. Förhandl., Bd. XXII, S. 414. — [7] Vgl. Zeitschr. f. prakt. Geol. 1897, S. 262. — [8] Krahmann, das., S. 118.

10
Der Vulkanismus

Während sich die typhonischen und plutonischen Vorgänge in den Tiefen der Erde vollziehen und nur nach der Abtragung hangender Decken in weit hinabreichenden Aufschlüssen studiert werden können, spielen sich die vulkanischen Erscheinungen auf der Erdoberfläche ab; Anfang, Verlauf und Ende der Eruption kann leicht verfolgt und ihre geologische Wirkung übersehen werden. Aber gerade darin liegt eine Schwierigkeit für die Beurteilung dieser Vorgänge. Denn wir sehen vor uns nur die letzten Symptome von Kausalreihen, die in geheimnisvoller Tiefe vor langen Äonen begonnen haben, die durch eine Fülle von Zwischenstufen immer wieder verändert und abgelenkt wurden, und deren Endergebnis durch Ursachen bedingt ist, die wir in unseren Laboratorien niemals vollständig nachprüfen können.

Auf verschiedenen Wegen ist man bemüht gewesen, die eigentliche Ursache der vulkanischen Vorgänge zu untersuchen, und wie der Arzt, um das Wesen einer Krankheit zu erforschen, nicht allein das Verhalten des Patienten, seine Atemzüge und die Temperatur seiner Haut prüfen, sondern auch die mikroskopischen Krankheitserreger im Auswurfe untersuchen und in methodisch angestellten Kulturversuchen erforschen muß, so war man bestrebt, neben der äußeren Erscheinung der vulkanischen Ausbrüche auch die Auswurfsmassen im Laboratorium zu studieren, um aus ihrem petrographischen Gefüge die Entwicklung der neugebildeten Mineralien zu erkennen.

Dabei ergab sich, daß jede vulkanische Eruption eine lange Vorgeschichte habe, daß Neubildung und Wiedereinschmelzung der ausgeschiedenen Mineralien im bunten Wechsel einander ablösten, lange bevor das vulkanische Magma an der Erdoberfläche erschien.

Figur 27.
Ausbruch des Colima am 24. März 1903.

So wurde die Forschung wiederum auf die plutonische Region der Tiefe gelenkt, und wie ein schwerer Krankheitsfall oftmals erst von dem Pathologen erkannt wird, dessen Messer bis zu dem eigentlichen Sitze der Krankheit dringen kann, so lernte man in tief aufgeschlossenen

Vulkanruinen den eigentlichen Herd der vulkanischen Erscheinungen erfassen. In dem zerschnittenen Kalkplateau der schwäbischen Alb, in der Klippenwelt von Schottland und in den Felsenwüsten Nordamerikas, wie an zahlreichen anderen Punkten bot sich Gelegenheit, Tausende von Metern unterhalb der vulkanischen Kegel den Weg des Magmas zu verfolgen, und damit traten ganz neue Gesichtspunkte für die Beurteilung der Eruptionen auf. Immer deutlicher ergab sich ein zeitlicher und ursächlicher Zusammenhang zwischen plutonischen und vulkanischen Vorgängen, und das eruptive Aufsteigen magmatischer Massen aus der typhonischen durch die plutonische bis in die vulkanische Region läßt sich schon heute in ihren Grundzügen überschauen.

Figur 28.
Beginn der Ascheneruption auf Vulcano 1888.

Der Unterschied einer plutonischen und einer vulkanischen Eruption liegt nicht allein darin, daß jene innerhalb und diese oberhalb der Erdrinde erfolgt, beruht vielmehr (Fig. 27 u. 28) auf der gesteigerten Mitwirkung eruptiver Dämpfe. Bei den plutonischen Vorgängen spielen eruptive Gase nur eine geringe Rolle, und wenn wir auch die Breite des Kontakthofes um ein Granitmassiv als deren Wirkung betrachten dürfen, so sehen wir doch dabei nur chemische, nicht aber mechanische Veränderungen des Gesteins. Ein schwedischer Granit ist nachweislich unter einer nur 1000 m mächtigen Decke von Schiefern erstarrt; der breite Diabaszug der Hühnberge im Thüringerwald blieb unter einer etwa 500 m mächtigen Decke rotliegender Sedimente stecken. In beiden Fällen besaß also das aufdringende Magma nicht die Kraft, die dünne Decke zu heben oder zu spalten. Und doch sehen wir in Böhmen, daß an derselben Stelle, wo vorher dampfarmer Granit entstanden war, später zahlreiche vulkanische Basalteruptionen die Erdrinde durchschossen.

Es muß also der Dampfgehalt des Magma ganz verschieden groß sein, und es fragt sich nur, ob die Menge der eruptiven Gase nicht allein räumlich, sondern auch zeitlich wechseln kann.

Die Dampfsäule des Krakatau im Jahre 1883[1] war 50 km hoch, ihre Anfangsgeschwindigkeit betrug das Doppelte einer Kruppschen Kanone

Figur 29.
Die Diamantmine von Kimberley; eine liegende Melaphyrdecke und hangende Eccaschichten sind durch eine vulkanische Explosion durchschossen. Durch den Bergbau ist später die diamantführende Füllmasse ausgeräumt worden.

(1070 m), und die während der Folgezeit ausgeworfenen Aschenmengen müssen einem Volumen von 18 cbkm entsprechen.

Im Juli 1888 wurde in Japan der 670 m hohe und 1800 m lange Bandai-San-Gipfel bei einer einzigen Dampferuption eingeebnet. Durch die Explosion wurde der Kern des Berges entfernt, und nach allen Seiten brachen große Trümmerfelder wie ein flutender Strom in die Ebene hinab. Solche Tatsachen lehren uns, daß im Inneren der Erde ungeheure hochgespannte Dämpfe (Fig. 27 u. 28) vorhanden sind, die sich bald hier, bald dort einen Ausweg suchen.

Zahlreich sind in vulkanischen Gebieten die durch derartige Dampferuptionen gebildeten Schußwunden oder Diatremen. Am genauesten untersucht[2] sind die Vorkommnisse am Rande der schwäbischen Alb, wo 127 kreisrunde oder unregelmäßig gestaltete Kanäle von drei- bis neunhundert Metern Länge die Erdrinde durchsetzen und, meist mit zertrümmerten Gesteinsbruchstücken, seltener mit Basalt erfüllt, die Wege bezeichnen, auf denen zur Miozänzeit die hochgespannten Dämpfe emporjagten. Ausgezeichnete Beispiele bietet Schottland,[3] wo man achtzig solcher Essen kennt. Die prachtvollen Aufschlüsse, welche das Meer hier

Figur 30.
Der Cullinan-Diamant (3024 Karat). Bruchstück eines ursprünglich etwa viermal so großen Oktaeders, gefunden in der Gelberde der Premier-Mine 1905.

geschaffen hat, lassen den Querschnitt der Puffröhren und ihre Beziehungen zum Nebengestein trefflich studieren. Sie sind 100—2000 m breit, meist von rundlichem Umrisse, und grenzen mit scharfem Rande an die gefalteten Schiefer des Nebengesteines. Manche sind von späteren Basaltgängen durchsetzt; von besonderem Interesse aber ist ein Aufschluß bei Law Castle, wo man deutlich erkennt, wie sich die etwa 50 m breite Röhre in einen 10 m schmalen Gang verlängert. Aus dem Charakter des die Röhren erfüllenden Gesteins ergibt sich, daß dasselbe aus einer Tiefe von mindestens 2500 m stammt.

Wohl das berühmteste Beispiel solcher Puffröhren bieten aber die Diamantenfelder[4] von Kimberley (Fig. 29); denn die diamantenführende blaue Erde erfüllt zahlreiche trichterförmig nach oben erweiterte Kanäle von 20 –450 m Durchmesser, die auf einer 200 km langen Linie angeordnet das Land durchziehen. Die ausgehenden Schichten des Nebengesteins sind bis zu 3 m weit nach oben gezerrt, und von der Gewalt der Dämpfe geben besonders die großen Blöcke (Boulders) Rechenschaft, die 1—216 m im Durchmesser die diamantenführende Erde spicken. Die Diamanten liegen als regelmäßig umgrenzte Kristalle oder als Bruchstücke größerer Kristallgruppen in der die Trichteröffnung erfüllenden Explosionsbreccie. Der größte, im Januar 1905 gefundene Diamant[5] mit einem Gewicht von 3024 Karat (Fig. 30) zeigt sich fast rings von Bruchflächen umgeben, die nur schwer die oktaedrische Urform erkennen lassen.

Zahlreich sind die später mit Wasser gefüllten Explosionstrichter, Kraterseen, oder Maare (Fig. 31) in vulkanischen Gebieten.

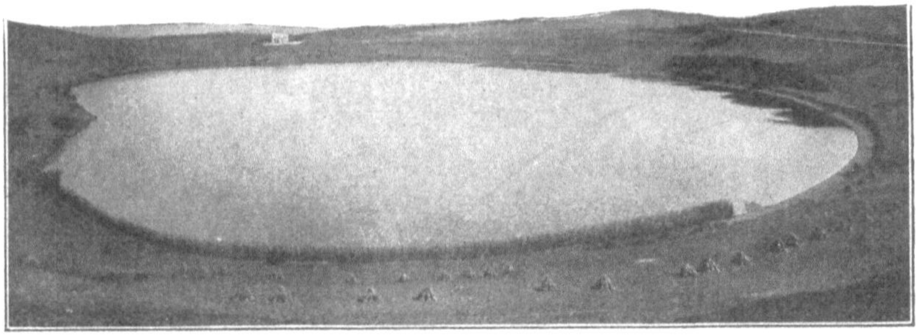

Figur 31.
Das Weinfelder Maar, ein vulkanischer Explosionstrichter.

Wenn die vulkanischen Dämpfe imstande sind, 2500 m lange Röhren durch die festesten Gesteine zu bohren und gewaltige Explosionstrichter zu erzeugen, wenn der Eintritt solcher gewalttätiger Ausbrüche in manchen Fällen ohne jede Vorboten plötzlich erfolgt, dann müssen wir annehmen, daß ein lange Zeit hindurch vorbereiteter Vorgang in ähnlicher Weise ausgelöst wurde, wie ein kleiner elektrischer Funke die Entzündung einer großen Mine bewirken kann.

Es ist seltsam, daß man über die chemische Zusammensetzung der vulkanischen Dämpfe bis in die letzten Jahre nur wenig wußte. Selbst die giftige Gaswolke, welche sich aus dem Krater des Mt. Pelée nach Martinique hinabwälzte und hier momentan 30000 Menschen vernichtete, konnte nicht analysiert werden. Daß aus dem Krater vieler Vulkane Wasserdampf und Chlorverbindungen, Kohlensäure und schweflige Säure aufstiegen, wußte man, aber erst in neuester Zeit wurden methodische Untersuchungen[6] über die chemische Konstitution der eruptosen Dämpfe angestellt. Dabei ergab sich das überraschende Resultat, daß in den magmatischen Dämpfen Wasserdampf überhaupt nicht existiert. Viele in den Kraterwänden und auf offenen Kraterspalten gebildeten Mineralien können bei Gegenwart von Wasser nicht bestehen und zerfließen oder zersetzen sich, sobald der Wasserdampf der Luft mit ihnen in Berührung kommt.

Schon die gelbliche Farbe der aus dem Krater (Fig. 27 u. 28) emporsteigenden Dampfsäule, ihr opalisierender Glanz, wenn sie sich in der Atmosphäre verliert, spricht dafür, daß es sich weder um Wasserdampf noch um Kohlensäure handeln kann. Und wo man Gelegenheit hatte, solche Dämpfe aufzufangen und chemisch zu untersuchen, da beobachtete man vornehmlich Stickstoff, Chlor, Wasserstoff und Ammoniak.

Figur 32.
Vulkanische Bombe mit gedrehten Enden von Cinder Buttes, Idaho.

Von ganz besonderem Interesse aber ist es, daß sowohl in den Dämpfen, wie in frisch gefallenen Aschen, und eben erkalteten Laven eine beträchtliche Menge von Kohlenwasserstoffen enthalten ist, die als grünliches Öl oder als fettige Substanz leicht isoliert werden können.

Wenn es sich bestätigen sollte, daß in dem vulkanischen Magma weder Wasser noch Kohlensäure, dagegen große Mengen von Kohlenwasserstoffen enthalten sind, und daß erst bei ihrer Verbrennung Wasser und Kohlensäure entstehen, dann würden die vulkanischen Explosionen, welche so viele Ausbrüche einleiten, begleiten oder abschließen, eine einfache Erklärung finden.

Durch sinnreiche Versuche[7] hat man gezeigt, daß heiße, hochgespannte Dämpfe, besonders wenn sie Säuren enthalten, eine ganz gewaltige

Durchschlagskraft besitzen, und so erscheint es uns nicht mehr wunderbar, wenn so viele vulkanische Eruptionen keineswegs auf langgestreckten, klaffenden Spalten, sondern in scheinbar völlig ungestörten Tafelländern erfolgen und hierbei mit ihren regellos verteilten Schußkanälen die Erdrinde wie ein Sieb durchlöchern.

In manchen Fällen ist damit die vulkanische Tätigkeit vorläufig erledigt. Ein Haufwerk der von den aufsteigenden Dämpfen losgerissenen Gesteinsbrocken umgibt die Schußwunde, und keine Dampfblase verrät in dem stillen Maar (Fig. 31) das weitere Aufsteigen von Gasen.

Die vulkanische Asche, die so häufig mit den Dämpfen emporjagt und nicht nur die Umgebung des vulkanischen Schlotes bedeckt, sondern auch durch den Wind und Meeresströmungen auf weite Entfernungen davongetragen wird, besteht aus glasigem oder entglastem Magma, das durch die starke Dampfentwicklung schaumig geworden (Bimstein, Schlacke) oder in zahllose, größere (Bomben, Fig. 31), mittelgroße (Lapilli) oder staubförmige Teilchen (Asche) zerrissen worden ist.

Die gröberen Bestandteile der emporwirbelnden Aschenwolke fallen rasch wieder herab und häufen sich rings um den Schlot zu einem kreisförmigen Walle auf, dessen steilwandige Öffnung als Krater bezeichnet wird. Die feineren Aschen aber schweben lange Zeit in der Atmosphäre, werden durch den Wind weithin getragen und können ganze Länder mit Aschenschichten bedecken. Verkittete vulkanische Aschenmassen nennt man Tuff. Ältere Tuffe werden mit dem Namen Tonstein, Schalstein usw. bezeichnet.

Oft fallen die Aschen ins Meer, mischen sich mit den Sedimenten des Bodens und bilden mächtige Ablagerungen. Die Tuffe sind erdgeschichtlich von ganz besonderer Bedeutung, weil sie, streng eingeordnet in die fossilführende Schichtenreihe, leicht den Anfang und die Dauer vulkanischer Ausbrüche festzustellen erlauben.

Vielfach wird durch die Dampf- und Aschenexplosion aber nur der Weg geöffnet für den Ausfluß des glühenden Magma. Es ist nicht ausgeschlossen, daß mächtige, ausgedehnte Lavadecken auf langen Spalten ausgeflossen sind, aber in zahlreichen Fällen kann man den runden oder elliptischen Stielkanal verfolgen, auf dem der Glutstrom emporgedrungen ist.

Die schlierige Beschaffenheit des Magmas bedingt schon eine Verschiedenheit der chemischen Zusammensetzung, aber die große Mannigfaltigkeit der an den rezenten und fossilen Vulkanen nachgewiesenen Lavagesteine wird durch andere Umstände noch verwickelter.

Tritt das Magma aus dem unterirdischen Herde in seiner ursprünglichen Beschaffenheit zutage, so erkaltet es als ein meist dunkles Glas. Haben sich in dem Magma bei etwas langsamerer Abkühlung zahlreiche mikroskopische Kriställchen gebildet, so sehen wir je nach dem Mineralbestande einen dichten Basalt, Andesit, Trachyt, Liparit usw. Ist aber eine Generation von Kristallen in ihrem Wachstume den anderen so weit voraus, daß sie als Einsprenglinge aus der dichten Grundmasse heraustreten, dann bezeichnen wir ein solches Gestein als porphyrisch. Nur selten sind solche Ergußgesteine so langsam abgekühlt worden, daß sie zu einem grobkristallinischen körnigen Gefüge entglast wurden.

Allein neben der Einwirkung sinkender Temperatur spielen eine Reihe von anderen Umständen eine wichtige Rolle bei der Ausscheidung von Mineralien aus dem Magma. Die Druckentlastung beim Aufsteigen, die Abgabe von Gasen, die chemische Zusammensetzung des Nebengesteins und die Einschmelzung größerer Massen desselben in das Magma sind maßgebend für die petrographische Zusammensetzung des entstehenden Gesteins.

Während[8] sich ein Kristall bildet, werden andere schon bestehende wieder aufgelöst, das flüssige Magma wird durch die Kristallbildung beständig chemisch verändert, und so können in demselben vorübergehend Mineralien ausgeschieden werden, die bald darauf wieder in Lösung gehen.

Wenn geschmolzener Leucit[9] lange auf Schmelzglut gehalten wird, dann scheiden sich Leucitkristalle aus, wird er aber rasch abgekühlt, dann entsteht Feldspat. Wenn[10] geschmolzener Basalt 48 Stunden auf Weißglut gehalten wird, so entsteht darin Olivin und Magneteisen, nach 48stündiger Rotglut aber Labrador, Augit und Magneteisen. So wandelt sich beständig das Mineralgefüge, und die petrographische Zusammensetzung des fertigen Gesteins wird bedingt durch ganz verschiedene Ursachen, die einander ablösten.

Erstarrt das vulkanische Magma in Spalten, dann entstehen vulkanische Gänge. Häuft es sich über dem Schlote auf, dann spricht man von einer Quellkuppe, während die ausfließenden Massen je nach ihrer Breite als Strom oder Decke unterschieden werden. Kieselsäurereiches Magma[11] ist schwerflüssig, basisches leichtflüssig; deshalb sind besonders die Basaltdecken so weit verbreitet. Ein Lavastrom des Ätna floß in der Stunde bis zu 300 m vorwärts.

Vulkanische Gänge und Ströme sind häufig bei der Abkühlung in ein regelmäßiges Mosaik von Säulen zersprungen, die senkrecht zur Abkühlungsfläche von scharfen Klüften getrennt werden. An der Fingalshöhle und an vielen anderen Lavaströmen sieht man deutlich,[12] daß nur die ins Meer geflossene untere Hälfte in Säulen zergliedert ist.

Das Studium der Vulkane ging von den Beobachtungen an den italienischen Vulkanen aus, und der von allen Geologen immer wieder untersuchte Vesuv bildete die Grundlage und den Maßstab für die meisten vulkanischen Theorien. In einer seit alters bewohnten Gegend gelegen, wurde jeder seiner Ausbrüche ein geschichtliches Ereignis, und die zwischen denselben auftretenden Perioden der Ruhe schienen charakteristisch für alle Vulkane. Daß aber der 140 m hohe Monte Nuovo bei Neapel im Jahre 1538 in einer einzigen Nacht aufgeschüttet wurde, erschien wie eine seltsame Ausnahme gegenüber dem oft unterbrochenen Wachstume des Vesuv.

Erst neuerdings hat Stübel mit Nachdruck darauf hingewiesen, daß die langsame, schrittweise Aufschüttung, die man an vielen italienischen Vulkanen beobachtet, nicht den normalen Fall darstellt, daß vielmehr diesen polygenen Vulkanen die monogenen gegenübergestellt werden müssen, die in einer kurzen Ausbruchsphase oft mehrere tausend Meter hoch wie aus einem Guß aufgebaut wurden.

Nach japanischen Berichten ist der 3750 m hohe Fusijama bei Tokio um das Jahr 300 durch eine einzige Eruption entstanden, und wenn die Indianer Humboldt erzählten, daß der Jorullo vom September 1759 bis zum Februar 1760 auf der fruchtbaren Ebene von Colima 1274 m hoch aufgebaut ist, so erfolgte hier zwar nicht eine „Hebung", aber doch eine überaus rasche Aufschüttung eines vulkanischen Berges.

Es ist überaus wichtig, daß man diese Tatsache bei erdgeschichtlichen Studien wohl im Auge behält; wenn den devonischen und permischen Schichten in Deutschland vielfach Diabas- oder Porphyrvulkane eingeschaltet sind, die mit ihren Aschen- und Lavadecken noch jetzt eine Mächtigkeit von 500—800 m besitzen, so dürfen wir angesichts solcher mächtiger Profile nicht an besonders lange Zeiträume denken, und eine solche Vulkanruine kann zeitlich einer vielleicht nur 10 cm hohen marinen Schlammschicht entsprechen.

Nachdem der Hauptausbruch beendet ist und vielleicht eine ganze Gruppe 1000 m hoher Vulkane in einem Jahre aufgeschüttet worden sind, beginnt eine Zeit verhältnismäßiger Ruhe. Wohl können gelegentliche Dampfwirbel die Flanken des Vulkans durchbrechen und wie im Jahre 1883 die Hälfte der Insel Krakatau in die Luft blasen; es können sich auch, wie auf dem 3000 m hohen Ätna, durch zahlreiche lokale Seitenausbrüche kleine parasitische Krater bilden, aus deren Schlunde meilenlange Lavaströme talabwärts fließen, aber das alles ändert in der Regel nicht wesentlich die ursprünglich angelegte Gestalt des Vulkans. Aus zahlreichen Öffnungen steigen heiße Dämpfe auf, die im Gipfelkrater stehende glühende Magmasäule läßt große Dampfblasen aufwirbeln, die beim Platzen große und kleine Lavafetzen umherschleudern (Fig. 33) oder wie auf der Insel Stromboli in regelmäßigem Rhythmus kleinere Eruptionen veranlassen. Aber die eigentliche Eruptionszeit ist vorüber und der Vulkan beginnt zu altern.

Es war bezeichnend für den ersten Ausbruch, daß sich hier die

Linien gleicher Erdwärme, welche normalerweise durch die geothermische Tiefenstufe von 33 m getrennt werden, so stark emporwölbten und zusammendrängten, daß die Schmelztemperatur vulkanischer Gesteine von 800—1200° die Erdoberfläche berührte. Jetzt sinken die Flächen gleicher

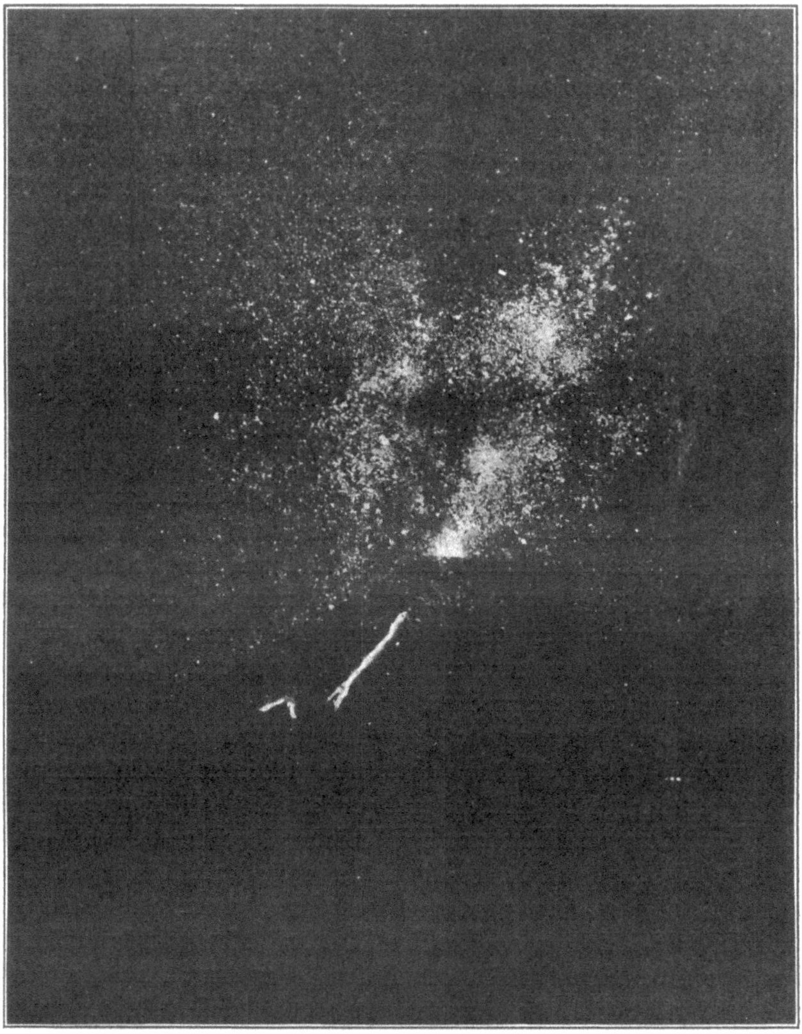

Figur 33.
Lavastrom und Dampfexplosion des Vesuv bei Nacht.

Erdwärme unter dem Einflusse der Kälte des Weltenraumes langsam wieder in die Tiefe zurück, und wenn[13] während der Eruption Chlor, Arsen, Phosphor, Fluor, Bor, Wismut, Kupfer, Eisen und Manganverbindungen als verflüchtigte Gase bis zur Erdoberfläche gelangten, so steigen jetzt nur noch die mit dem Sauerstoff der Atmosphäre zu neuen Verbindungen zusammengefügten Gase als Wasserdampf, Kohlensäure schweflige Säure, Sulfide und Basen empor.

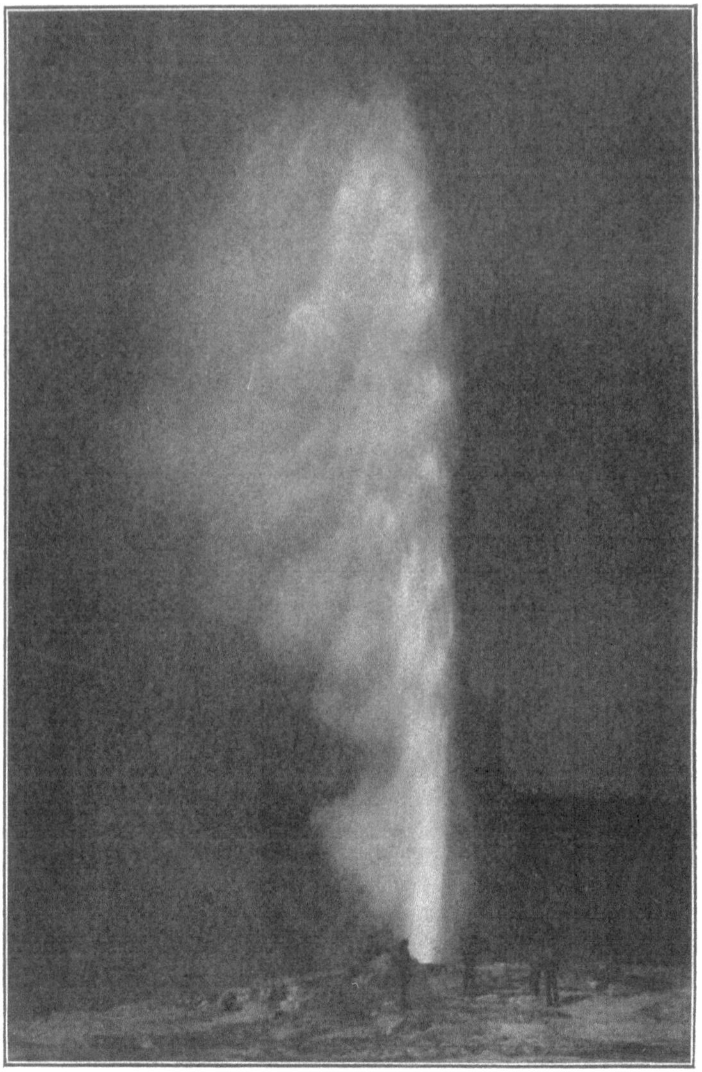

Figur 34.
Geysir im Yellowstone-Park.

In diesem Altersstadium geschieht es oftmals, daß der Wasserdampf sich auf Spalten und Hohlräumen sammelt und, wenn die Spannung des Dampfes eine gewisse Höhe erreicht hat, die darüberstehende Wassersäule als kochenden Geysir emporwirft. Auf Island und Neuseeland, besonders aber im Yellowstonepark von Nordamerika, sprudeln Hunderte von heißen Quellen, kochenden Schlammsprudeln und eleganten Geysiren (Fig. 34) empor. Die von dem heißen Wasser in den vulkanischen Gesteinen gelöste Kieselsäure wird als Kieselsinter abgeschieden, der mit blendendem Weiß (Fig. 35) die blauen oder grünen Wasserbecken säumt; beim Eintritte in den Naturpark bei Mammuthotsprings aber erhebt sich, wie ein aus gelbweißem Marmor gemeißelter Gletscher, eine hohe Kaskade von Kalksinter, der aus dem marinen Kalk im Liegenden des Vulkangebietes stammt.

Figur 35.
Die Kieselsinter-Terrassen von Rotomahana auf Neu-Seeland (durch ein Erdbeben im Jahre 1886 zerstört).

Ist endlich die Temperatur des Vulkangebietes noch mehr gesunken, dann bleibt auch der Wasserdampf aus, und als letzte Emanation des unterirdischen Herdes strömt Kohlensäure, kohlensaures Wasser (Säuerling) oder eine durch Verdichtung des Wasserdampfes entstandene, chemisch reine Wildbadtherme aus.

So klingt allmählich die eruptive Tätigkeit aus und kann vorübergehend oder vollständig erlöschen, um erst nach langen geologischen Perioden an derselben oder an einer anderen Stelle wiederaufzutreten.

So leicht es ist, die soeben geschilderten und manche andere, den Ausbruch begleitende Erscheinungen in ihrer zeitlichen Aufeinanderfolge zu schildern und zu betrachten, so schwierig erscheint es, die Mannigfaltigkeit derselben ursächlich zu erklären. Besonders, wenn man die verwickelten und formflüssigen Vorgänge des Vulkanismus durch ein einziges physikalisches oder chemisches Prinzip verständlich zu machen sucht, werden stets zahlreiche Tatsachen unerklärt bleiben müssen. Wir wollen daher versuchen, soweit es der gegenwärtige Stand der Forschung erlaubt, die verschiedenartigen Kräfte zu betrachten, welche bei der Eruption in Tätigkeit treten.

In den Vordergrund unserer Betrachtung stellen wir die durch zahlreiche petrographische Untersuchungen festgestellte Tatsache, daß das Auftreten des Magmas an der Erdoberfläche nicht zusammenfällt mit dem Beginn des eruptiven Vorganges, daß das ausfließende Magma eine plutonische Vorgeschichte durchgemacht haben muß, und daß mithin die Vulkane nur das letzte Glied in einer Kette langer, vorbereitender Entwicklungsphasen sind. Weder die Beobachtung eines einzelnen Vulkanausbruches, noch selbst die historischen Dokumente früherer Eruptionen können uns darüber Aufschluß geben, wie die geologische Vorgeschichte eines Vulkangebietes verlaufen ist, denn sie erfolgte in den unergründlichen Tiefen der Erdrinde und in wesentlich längeren Zeiträumen, als die Berichte alter Schriftsteller überschauen lassen.

Wir müssen daher die geologische Chronologie sprechen lassen und die stratigraphisch festgelegten Phasen der eruptiven Vorgänge unseren weiteren Betrachtungen zugrunde legen.

Wenn das Erdinnere heiß und starr ist und nur durch eine Druckentlastung verflüssigt werden kann, dann liegt der Gedanke nahe, daß jede vulkanische Periode durch den Gebirgsbildungsprozeß veranlaßt und eingeleitet werde. Von dieser Voraussetzung ausgehend, hat man nach tektonischen Spaltenzügen gesucht, auf denen die Vulkane aufsitzen sollten, und lange Zeit galt es als ein feststehender Satz, daß jeder Vulkan auf einer „Spalte" emporgedrungen sei. Da war es eine große Überraschung, als man erkannte, daß solche Spalten in der Regel gar nicht zu finden sind. Und nachdem der Kampf der Meinungen lange Jahre gedauert hat, läßt sich jedenfalls so viel sagen, daß eine gesetzmäßige Abhängigkeit zwischen Vulkanen und tektonischen Bruchlinien nicht zu erkennen ist. Die langen Pufröhren dringen durch völlig ungestörte Tafelländer und eröffnen sich Wege, die durch keine Verwerfung vorgezeichnet sind.

Selbst zwischen Faltung und Vulkanbildung läßt sich kein direkter Zusammenhang nachweisen. Denn die Faltung unserer Alpen ist, abgesehen von den kleinen vicentinischen Vulkanen, deren Entstehung aber schon im Eozän einsetzt, von keinen Vulkanausbrüchen begleitet gewesen. Selbst das größte und jüngste Faltengebirge der Erde, der Himalaya, ist, soweit unsere Kenntnisse reichen, ohne vulkanische Eruptionen gefaltet worden.

Man wird nun einwenden, daß doch im Kaukasus hohe Vulkankegel mitten zwischen den Faltenketten dampfen, allein dieses Gebirge wurde in der Jura-Kreidezeit gefaltet, und die Vulkane gehören erst der viel späteren Tertiärzeit an. Vereinzelte Ausnahmen sind ja bekannt: so erhebt sich mitten in der langen Apenninkette der Monte Vultur, aber die Mehrzahl der italienischen Vulkane steht außerhalb des gehobenen Faltengebirges auf gesenktem Untergrunde.

Jedenfalls läßt sich nicht beweisen, daß Faltung und Vulkanbildung gleichzeitige Ereignisse sind.

Betrachten wir nun die chronologisch geordneten vulkanischen Perioden früherer Zeiträume nach ihren zeitlichen Beziehungen zu tektonischen und plutonischen Vorgängen: In Deutschland ist während der Karbonzeit ein hohes, aus vielen Faltenzügen bestehendes Kettengebirge entstanden. Deutlich erkennen wir, daß das Eindringen plutonischer Massen und deren Erkaltung als Granitstöcke in derselben Zeit erfolgt ist. In den unterkarbonischen Schichten finden sich lokal schon vereinzelte Granitgerölle, aber das vorwiegende Gestein ist aus einem grauen Schlamm gebildet. In den Konglomeraten der oberen Carbonzeit beweisen jedoch zahlreiche Rollstücke von Granit, daß damals schon die Abtragung der gefalteten Schiefer bis zu den Granitstöcken vorgedrungen war. In der Permzeit setzt nun die vulkanische Tätigkeit mit großer Kraft ein, es entstehen hohe Vulkane an den Abhängen wie im Herzen der abgetragenen Faltengebirge, und schon in der Mitte der Permperiode erlöschen die letzten Vulkane, um lange Zeiträume hindurch (Trias, Jura, Kreide, Untertertiär) völlig zu ruhen.

Auch die tertiären Vulkanausbrüche Deutschlands werden durch eine Periode gesteigerter Gebirgsbildung eingeleitet. Leider reicht kein seither entstandener Aufschluß so tief in das Fundament der Erdrinde hinab, um zu entscheiden, ob gleichzeitig plutonische Magmaherde injiziert worden sind. Sicher ist nur das eine, daß zwischen der Periode der wichtigsten Dislokationen (Eozän, Oligozän) und der vulkanischen Hauptzeit (Miozän) ein zeitlicher Zwischenraum fällt, in welchem große Massen der gestörten Schichtentafeln wieder abgetragen werden konnten.

Wenden wir uns jetzt nach Nordamerika, so treffen wir eine ganz ähnliche Aufeinanderfolge der Ereignisse. Hier erfolgt[14] die Hauptfaltung der Appalachen erst während der Permperiode, aber gleichzeitige vulkanische Ausbrüche fehlen. Die mächtigen Sandsteindecken der Triaszeit beweisen, welche tiefgreifende langandauernde Denudation erfolgt sein mußte, ehe die Trappdecken emporbrachen, die dann den Triashorizonten in so ungeheurer Ausdehnung eingeschaltet sind.

Eine besonders lebhafte vulkanische Tätigkeit entwickelte Dekhan zur unteren Tertiärzeit. In einer Höhe von 1500 m schichteten sich hier über Hunderte von Quadratmeilen die basaltischen Decken. Aber die Untersuchung ihres Liegenden lehrt,[15] daß sie diskordant auf gebrochenen und abgetragenen Wadhwán-Sandsteinen auflagern.

So ließen sich noch zahlreiche ähnliche Tatsachen aufzählen, welche unseres Erachtens beweisen, daß plutonische Eruptionen gleichzeitig mit den Faltungen auftreten, daß aber vulkanische Eruptionen längere Zeit nach dem Gebirgsbildungsprozeß einsetzen, und daß sich eine Periode intensiver Abtragung dazwischenschaltet.

Wie wir früher gesehen haben, besteht ein wesentlicher Unterschied plutonischer und vulkanischer Eruptionen darin, daß die vulkanischen Ausbrüche von ungeheuren Dampfmengen eingeleitet und begleitet werden, welche bei dem Eindringen unterirdischer Magmaherde noch nicht vorhanden sein können, weil dort bisweilen eine Decke von 600 m Gesteinen genügt, um das weitere Aufdringen des Magmas zu verhindern.

Wir glauben nun, daß in dem Zeitraume zwischen der plutonischen Phase und ihrer vulkanischen Fortsetzung zwei Ereignisse eintreten, welche wohlgeeignet sind, das Zeitintervall und das Ausbrechen der Vulkane zu erklären: Während des Erkaltens plutonischer Magmaherde konnte erstens aus der typhonischen Region ein beständiges Nachdringen von Dämpfen erfolgen, und durch die Erkaltung und Kristallisation mußten sich diese zum größten Teile innerhalb der Erdrinde ausscheiden. Wir denken hierbei nicht an große, dampferfüllte Hohlräume, sondern meinen, daß sich die Dämpfe in allen Poren und Spalten des Gesteins so lange ansammeln, bis sie eine sehr hohe Spannung erreicht haben.

Allein die Spannung jener heißen plutonischen Dämpfe würde für sich allein noch nicht hingereicht haben, um die viele tausend Meter mächtige Decke zu durchschießen und zu durchbrechen. Es mußte eine Entlastung des Gewölbedruckes eintreten, und die wurde in den oben genannten Fällen durch die Abtragung des Landes bewirkt. Sobald solche Massen der lastenden Gesteine abgetragen waren, daß die zunehmende Spannung der unterirdischen Dämpfe die hangende Gesteinsdecke durchschlagen konnte, genügte ein kleiner Anstoß, eine ganz geringe Schichtenstörung, ein unbedeutendes Erdbeben, um die vulkanische Explosion auszulösen und den unterirdischen Massen einen Ausweg zu schaffen.

Wenn uns durch die bisher geschilderten Vorgänge der Beginn einer Vulkanbildung verständlich gemacht wurde, so fragt es sich nun, wie es kommt, daß benachbarte Vulkane chemisch und petrographisch verschiedene Massen auswerfen und daß sogar aus derselben Esse nacheinander saure und basische Gesteine empordringen. So schwer es ist, diese Frage mit einer kurzen Formel und für jeden einzelnen Fall zu beantworten, so kann man doch nach unseren bisherigen Auseinandersetzungen wenigstens die allgemeinen Ursachen hierfür andeuten:

Wir wissen, daß das Magma schlierig ist, daß also kleine und große Wolken von verschiedener Zusammensetzung über- und nebeneinanderschweben; selbst wenn wir ein gleichartiges Urmagma annehmen wollten, so müßte doch in den typhonischen und plutonischen Herden eine Sonderung eingetreten sein. Ist schon dadurch eine Verschiedenheit der Auswurfsstoffe gegeben, so wird diese doch noch gesteigert durch die verschiedene Länge der Strecken, bis zu denen infolge der Denudation und Explosion eine Druckentlastung und damit eine Verflüssigung des halbfesten Magmas erfolgte. Wir sind zu sehr gewöhnt, unter jedem Vulkane einen geradlinigen Stielkanal mit scharf umschriebenen Wänden bis zum Magmaherd hinab zu zeichnen, und sehen doch in jedem größeren Granit- oder Gneisgebiete, daß sich schlierige Züge verschiedenartiger Gesteinsvarietäten oft in völlig regelloser Weise durcheinanderschlingen; sie deuten uns die Wege an, die wie Diffusionsströmungen durcheinanderziehen und bald höhere, bald tiefer liegende Gebiete desselben Magmaherdes aufdringen lassen.

So kann die eine Eruption kieselsäurereichen Porphyr, die nächste aber aus größerer Tiefe eisenreichen Melaphyr heraufbringen, und gelegentlich können sich sogar Spalten mit chemisch ganz verschiedenartigen Magmazonen als gemischte Gänge erfüllen.

Von großer Bedeutung für die Verflüssigung einzelner Magmateile oder eng umgrenzter Schlieren inmitten einer andersgearteten Magmamasse ist die erst neuerdings erkannte Volumenänderung[16] geschmolzener Substanzen bei steigendem Schmelzdruck. Es hat sich hierbei herausgestellt, daß, wenn man die Schmelztemperatur und den Schmelzdruck eines kristallisierten Körpers beständig steigert, schließlich die feste Substanz ein größeres Volumen einnimmt, als ihre verflüssigte Schmelze. Andere Versuchsreihen[17] haben wiederum gezeigt, daß sich Silikate beim kristallinischen Erstarren ausdehnen. In einem aus chemisch verschiedenartigen Schlieren zusammengesetzten Magmaherde werden sich zahlreiche Kristallisationsherde in höheren und tieferen Regionen ausbilden, und wenn gleichzeitig durch den Austritt von Dämpfen, durch tektonische Erdbeben und die Abtragung hangender Schichten die Druckspannung beständig wechselt, so sind eine solche Fülle von Ursachen für die Ausdehnung und Zusammenziehung des Magmas gegeben, daß sich daraus leicht das Wechselspiel der Eruptionen von Dampf und Asche oder Lava aus verschiedenen Tiefen erklärt.

Für das Verständnis dieser wechselnden Druckspannung bot die Eruption des Mont Pelée von 1903 einen sehr interessanten Beleg. Denn nach der Haupteruption stieg bekanntlich ein großer zuckerhutähnlicher

Lavapfropf (Cône) bald langsam empor, bald blieb er stehen, bald verkleinerte sich seine Höhe. Selbst wenn in dem letzteren Falle nur ein Abbröckeln des Kegels erfolgt wäre, so wäre dieses nicht ohne Volumenveränderung des darunter befindlichen Magmas denkbar gewesen.

Als Wirkung solcher Ausdehnung und Zusammenziehung des vulkanischen Magmaherdes müssen wir aber auch die zahlreichen, kleinen Hebungen und Senkungen betrachten, die man in der Umgebung tätiger oder ruhender Vulkane so oftmals beobachtet. Der Serapistempel von Pozzuoli ist ein berühmtes Beispiel dafür. Um das Jahr 100 n. Chr. erbaut, sank er später etwa 7 m unter den Meeresspiegel. Bohrmuscheln durchlöcherten seine Marmorsäulen, und das Seewasser nagte an ihrer Oberfläche. Aber schon um das Jahr 1500 stand er wieder auf trockenem Lande. Im Jahre 1861 wurde die Küste von Torre del Greco[18] am Fuße des Vesuv auf eine Länge von 2 km um 112 cm gehoben, und viele vulkanischen Inseln bieten ähnliche Beispiele.

Mit den Bewegungen des Magmas, seiner Kristallisation und Wiederverflüssigung, sowie mit dem Aufsteigen eruptiver Gase hängen wohl auch die zahlreichen Erdbeben zusammen, die man in vulkanischen Gegenden beobachtet. Im Gegensatze zu den tektonischen Beben, deren Zusammenhang mit dem Gebirgsbildungsprozeß in einem früheren Abschnitte geschildert wurde, und die ganze Länderstrecken verheeren, sind die vulkanischen Erdbeben auf einen engen Raum beschränkt. Wohl kann sich bei einem in der Nähe oder am Boden des Meeres tätigen Vulkane die Schütterbewegung auf das Meer übertragen und durch eine verderbliche Flutwelle große Küstenstriche überschwemmen, aber in der Regel hämmern die Mächte der Unterwelt nur im engen Umkreise des vulkanischen Schlotes, und gerade so, wie die Ausbrüche benachbarter Vulkane völlig unabhängig erfolgen, so verhalten sich auch die vulkanischen Beben.

Als im Jahre 1883 die Insel Ischia durch einen heftigen Stoß erschüttert wurde, blieb das gegenüberliegende Vulkangebiet des Festlandes regungslos, und die Bewohner von Neapel erfuhren erst am nächsten Morgen durch die überlebenden Flüchtlinge, welche Katastrophe die Nachbarinsel verheert hatte.

Einen wichtigen Beweis für die engen Beziehungen zwischen oberflächlichen vulkanischen und tieferen plutonischen Magmabecken ergeben auch die neuerdings vielfach ausgeführten Pendelmessungen.[19] An zahlreichen vulkanischen Inseln war die Schwere der Erdrinde viel größer als normal, und auch am Fusijama war kein unterirdischer Massendefekt zu finden. Es ergibt sich daraus, daß der dem Volumen der ausgeworfenen Massen entsprechende Hohlraum baldigst wieder ausgefüllt wird, und es liegt nahe, anzunehmen, daß durch die Druckentlastung tiefer gelegene Magmaherde verflüssigt und nach oben befördert werden.

Zu den bisher betrachteten geologischen, physikalischen und chemischen Ursachen, welche den Ausbruch und die rasch wechselnden Geschicke eines Vulkanes bedingen, gesellt sich aber noch die Senkung ausgedehnter Schollen der Erdrinde.

Alle unsere Meeresbecken von den großen Tiefseewannen bis zu den Gräben, die in das Küstenrelief hineindringen, sind Senkungsgebiete und vergrößern sich im Laufe der Zeit auf Kosten der kontinentalen Sockel. Mag nun, wie an der Westküste von Italien, ein Kranz kleinerer Senkungsgebiete entstehen, oder das Rote Meer als schmaler Streifen zwischen langen Bruchlinien in die Tiefe sinken, mag die einstige, nordatlantische Landbrücke zusammenbrechen oder der Boden abyssaler Senkungsfelder noch tiefer hinabtauchen — in allen diesen Fällen muß eine Veränderung in dem Gefüge und der Temperatur der sinkenden Krustenteile eintreten, die sich darin äußert, daß die erkaltete Erdrinde verdünnt[20] und ihre Festigkeit lokal vermindert wird. Auch unter den sinkenden Gebieten ruhen seit langem typhonische und plutonische Magmaherde; auch in ihnen sammelen sich die Gase, wächst die Spannung der gefesselten Dämpfe, und wenn auf dem Festlande durch die Abtragung hangender Massen eine Entlastung der Erdrinde eintreten muß, damit die unterirdischen Dämpfe einen Ausbruch einleiten können, so ruft bei den marinen Vulkanen die Senkung der Erdkruste dieselbe Wirkung hervor. Rasch häufen sich die ausgeworfenen Massen zur vulkanischen Insel auf, welche in demselben Maße wächst, wie der Senkungsvorgang weitergeht. So entstehen vulkanische Inselgruppen und Archipele von großer Ausdehnung, und ihre Aschen mischen sich in weitem Umkreise mit den Sedimenten des Meeres. Nach der Eruption des Krakatau entstand eine schwimmende Bimssteindecke von 30 km Länge, 1 km Breite und 4—5 m Dicke, und Teile derselben wurden bis nach den afrikanischen Küsten getrieben.

Man hat mehrfach den Versuch unternommen, die Eruptionen der Vulkane mit periodisch wiederkehrenden, astronomischen Konstellationen in Beziehung zu bringen und auch die vulkanischen Perioden der Erdgeschichte in eine gesetzmäßige Reihe zu ordnen. Es ist keineswegs ausgeschlossen, daß ein barometrisches Minimum hinreicht, um den hochgespannten Dämpfen eines vulkanischen Schlotes den letzten Impuls zu einer neuen Eruption zu geben. Aber es gibt keine Gesetzmäßigkeit in dem Auftreten und den Schicksalen eines einzelnen Vulkanes oder einer Vulkangruppe. Wenn wir den Lauf der Erdgeschichte überblicken, dann finden wir keine Zeit, in der nicht hier oder dort Vulkane tätig waren. Bald brechen sie in Schottland aus, bald verheeren sie Mitteleuropa, und während die deutsche Trias völlig vulkanfrei ist, treten in Nordamerika und Südtirol gewaltige Ausbrüche auf.

Wenn wir aber den eruptiven Vorgang als erdgeschichtliche Erscheinung betrachten, dann werden die eigentlichen Vulkanausbrüche nur das letzte Symptom langer vorausgegangener Bewegungen, dann sehen wir, wie sich immer wieder ganze Schwärme kleiner und großer Magmaherde in der typhonischen Region von der Pyrosphäre loslösen. Wie verborgene Wasseradern durch das Gestein bald langsam hindurchsickern, bald lebhaft emporsprudeln, so wandern die eruptiven Bassins mit wechselnder Geschwindigkeit und auf seltsam verschlungenen Wegen in der Erdrinde aufwärts. Größere Herde können zerteilt werden, getrennte können sich vereinen. Ihre chemische Zusammensetzung wie ihr Aggregatzustand, ihre Spannung wie ihr Dampfreichtum können beständig wechseln. Vielleicht bleibt die größere Zahl als plutonische Masse in der Lithosphäre stecken, sondert einen granitischen Schlackenhut ab und wartet des Tages, wo dieser, durch Abtragung entblößt, an der Erdoberfläche erscheint und nach allen Seiten seine Quarzsandmassen ausstreuen kann.

Andere finden auf ihrem Wege geringere Schwierigkeiten, und das noch halbflüssige Teilmagma plutonischer Herde kann gelegentlich einen neuen Auftrieb erhalten und seine Wanderung fortsetzen.

Wie nur ein Teil des in der Erdrinde enthaltenen und überall zirkulierenden Wassers als Sickerquelle oder Geysirsprudel zutage tritt, so erreicht auch nur ein Teil der typhonischen Massen die Oberfläche der Lithosphäre. Die Gase des Erdkerns vermehren den Wasserdampf und Kohlensäuregehalt der Luft und zugleich die Wassermengen der Hydrosphäre. Die aufsteigenden Chloride begegnen uns im Seesalze wieder, und die vulkanischen Gesteine schalten sich den anderen Sedimenten ein. Aber in allen diesen Fällen handelt es sich doch nicht um eine Neubildung, sondern wir sehen nur die Verlagerung von Teilen der Pyrosphäre auf die Oberfläche der Lithosphäre.

Verweise

[1] Verbeek, N. Jahrb. f. Mineral. 1886, I, S. 278. — [2] Branca, Schwabens 125 Vulkanembryonen. Stuttgart 1894; Branca u. Fraas, Das vulkanische Ries bei Nördlingen. Abh. d. K. Akademie d. Wissensch. Berlin 1901; Branca, Das vulkanische Vorries. Berlin 1903. — [3] A. Geikie, Geology of eastern Fifi. Glasgow 1902. — [4] Stapff, Zeitschr. f. prakt. Geol. 1893, S. 285; Stelzner, das. 1894, S. 155. — [5] Hatch und Corstorphine, The Cullinan Diamond. Trans. Geol. of South Africa VIII, S. 26, Fig. VII. — [6] A. Brun, Recherches sur le volcanisme. Arch. des Sc. Phys. et Nat. Genève. 1905/6. — [7] Daubrée, Géologie expérimentale. — [8] Linck, Zentralblatt f. Mineralog. 1903, S. 605. — [9] Dölter, N. Jahrb. f. Mineralog. 1897, I. S. 22. — [10] Fouqué und Michel Lévy, Compt. rend. de l'Acad. Paris, II, 14. Febr. 1881. —

[11] Vogt, Zeitschr. f. prakt. Geol. 1893, S. 275. — [12] J. Walther, Verhandlungen d. K. k. geol. Reichsanstalt Wien 1886. — [13] Delkeskamp, Balneol. Zeitschr. 1905, Nr. 5. — [14] Dana, Manual of geology. 1894, S. 805. — [15] Oldham, Geology of India. 1893, S. 254. — [16] Tamann, Kristallisieren und Schmelzen; Johnson, Naturw. Rundschau XXI, Nr. 15. — [17] Dölter, N. Jahrb. f. Mineral. 1901, II, S. 144; Fleischer, Zeitschr. d. D. geol. Ges. 1905, M. B., S. 201. — [18] Guiscardi, N. Jahrb. f. Mineral. 1862, S. 73. — [19] Faye, Compt. rend. de l'Acad. Paris 1866, März; O. Fisher, Physics of the earths crust, S. 251. — [20] O. Fisher, Proc. Phil. Soc. Cambridge. 1905, S. 106.

11

Die Dokumente der Erdgeschichte

Aus den Kosmogenien des Altertums hat sich die wissenschaftliche Geologie langsam entwickelt, und der Nachweis von versteinerten „Meereskörpern" mitten in den Bergen Italiens war wohl der bedeutsamste Anstoß für die Entstehung der neuen Wissenschaft. Schon Lionardo da Vinci folgerte daraus, daß diese Berge einmal Meeresgrund gewesen seien, und jeder neue Fund mariner Fossilien in den Schichten der Erdrinde bedeutete seither einen wichtigen Fortschritt unserer Wissenschaft. Man lernte die aufeinanderfolgenden Faunen chronologisch unterscheiden, man erkannte gleichaltrige Bildungen an dem gleichen Fossilgehalt und versuchte bald, die Umrisse alter Meere nach den Verbreitungsgrenzen leitender Fossilien zu zeichnen.

So ist das Interesse für geologische Probleme mit dem Studium versteinerter Meere gewachsen, und noch heute erscheint es vielfach als die einzige und wichtigste Aufgabe der Erdgeschichte, die Verteilung der Meeresgebiete auf der Erdoberfläche kartographisch darzustellen.

Aber inzwischen mehrten sich immer mehr die Anzeichen dafür, daß es in der geologischen Vergangenheit nicht allein Meere, sondern auch Festländer gegeben habe, deren Umrisse man nicht ohne weiteres aus dem Fehlen gleichzeitiger mariner Ablagerungen erschließen könne, sondern deren Ausdehnung und geographischer Charakter durch positive Dokumente belegt und untersucht werden müssen. Man kommt zu verhängnisvollen Irrtümern, wenn man jedes geschichtete Gestein für eine Meeresbildung hält, und begeht einen methodischen Fehler, wenn man jeden Fund von Wassertieren als ein Symptom von ozeanischem Salzwasser betrachtet. So wollen wir bei unseren folgenden Betrachtungen die geographischen, klimatischen, ozeanographischen und biologischen Zustände der einzelnen Perioden nicht nach veralteten Regeln, sondern an der Hand exakt beobachteter Tatsachen durch methodische Schlußfolgerung zu ergründen suchen.

Nachdem die lithologischen Eigenschaften der Gesteine genau untersucht, ihre Lagerung tektonisch studiert und ihr Fossilgehalt bestimmt ist, nachdem diese Dokumente chronologisch geordnet sind, beginnt die eigentliche Arbeit der historischen Geologie. Es gilt die Tatsachen zu deuten, ihre ursächlichen Beziehungen zu verstehen und die Einzelbeobachtung zu einer paläogeographischen Übersicht zu erweitern.

Diese Aufgabe ist ungemein schwer und erfordert eine solche Fülle vorbereitender und vergleichender Studien, daß man es wohl verstehen kann, weshalb jeder Versuch einer erdgeschichtlichen Darstellung ein gewisses Maß von Unsicherheit enthält, und dieselbe Tatsachengruppe von verschiedenen Forschern oft in ganz verschiedener Weise gedeutet worden ist. Es gilt vor allen Dingen, eine wissenschaftlich wohlbegründete Methode anzuwenden und mit deren Hilfe das Beobachtungsmaterial ohne Vorurteil und mit voller Konsequenz zu ordnen.

Hierbei kann uns das Experiment nur wenig helfen. Denn wenn es schon schwer, oftmals geradezu unmöglich ist, ein im Laboratorium im Reagenzglas wohlgelungenes Experiment technisch im großen zu wiederholen, weil hierbei allerlei Umstände von maßgebender Bedeutung werden, die den kleinen Einzelversuch kaum beeinflussen konnten, so wird es noch viel schwieriger, die gewaltigen Dimensionen geologischer Vorgänge auf kleine Laboratoriumsversuche zu beziehen. Hierbei ist der Hypothese und der Meinung ein so großer Spielraum gegeben, dasselbe Resultat kann durch so verschiedenartige Bedingungen erzielt werden, daß für die erdgeschichtliche Forschung durch die experimentellen Methoden ein fester Wegweiser nicht gegeben ist.

Unseres Erachtens kann nur die ontologische Methode unser Führer sein. Indem wir die geologischen Vorgänge der Gegenwart nach der Ursache und Wirkung genau untersuchen und mit ihrer Hilfe die Wirkungen längstvergangener Kräfte erschließen, haben wir festen Boden unter den Füßen, bedienen wir uns einer wissenschaftlich exakten Methode.

Wir wollen versuchen, die wichtigsten Grundsätze hier aufzuzählen, nach denen man bei einer erdgeschichtlichen Untersuchung zu verfahren hat, und die Tragweite der Schlüsse festzustellen, die uns die Erscheinungen der Gegenwart zu ziehen gestatten.

Zahlreiche Gesteine sind so gelagert, daß eine Masse deckenartig über der anderen folgt; wir nennen solche Felsarten geschichtet (s. Fig. 36). Die aufeinanderfolgenden Schichten sind entweder von gleicher Gesteinsbeschaffenheit und zeigen damit, daß derselbe gesteinsbildende Vorgang lange andauert; andere Gesteine werden durch neue Felsarten überlagert, deren Farbe und Struktur erkennen läßt, daß neue Bildungsbedingungen einsetzten. Oftmals folgen zwei verschiedene Gesteine in wiederholtem Wechsel übereinander (Wechsellagerung), dann wechselten ebenso oft die Umstände, und wir kommen zur Annahme oszillierender Verschiebung der Grenzen zwischen zwei verschiedenen Bildungsräumen. Daß die obere oder hangende Gesteinsschicht jünger ist als die untere liegende Felsart, erscheint selbstverständlich, bildet aber für die Aufstellung der chronologischen Zeitfolge der Ereignisse den wichtigsten Grundsatz; zugleich wird der Trennungsfuge zwischen den sich überlagernden Gesteinsplatten eine besondere Bedeutung zugesprochen. Die trennende Schichtenfuge ist entweder eben — konkordant (s. Fig. 36) —, oder das jüngere Gestein ist über ältere Schichten ungleichmäßig — diskordant (s. Fig. 37) — hinweggelagert.

Während die konkordante Überlagerung leicht zu verstehen und genetisch zu deuten ist, bieten die Diskordanzen erhebliche Schwierigkeiten. Eine Überschiebung kann ganz den Anblick einer Diskordanz vortäuschen,

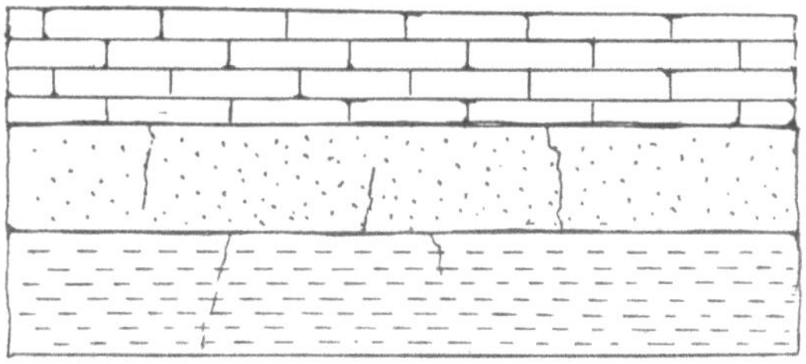

Figur 36.

Drei geschichtete Gesteine (durch Signaturen unterschieden) überlagern sich konkordant. Die hangenden (mauerartigen) Schichten sind jünger, die liegende Bank (gestrichelt) älter als die mittlere (punktierte) Ablagerung.

und manche Diskordanz ist nur durch eine kaum merkliche Veränderung der Schichtenneigung angedeutet. In der Regel aber zeigt eine Diskordanz, daß ursprünglich horizontale Schichten gebogen und gebrochen, dann teilweise wieder abgetragen wurden, ehe die hangenden Deckschichten darüber ausgebreitet wurden, und so lesen wir aus einem solchen Profil (s. Fig. 37) folgende Entwicklungsstadien heraus:

1. Bildung einer Folge von (weißen, punktierten, schwarzen und schraffierten) Ablagerungen,
2. Verhärtung derselben zu Gesteinen,
3. Faltung und Schichtenstörungen,
4. teilweise Abtragung,
5. Neubildung einer Folge von Geröllen (gestrichelten) und (punktierten) Ablagerungen, die diskordant über den vorhergehenden liegen.

Eine einfache Überlegung zeigt uns, daß jede dieser Schichtenfugen einmal die Oberfläche der Erdrinde bildete, und daraus folgt, daß wir aus der Gestalt der Schichtenfugen die Formen uralter Landschaften erschließen können.

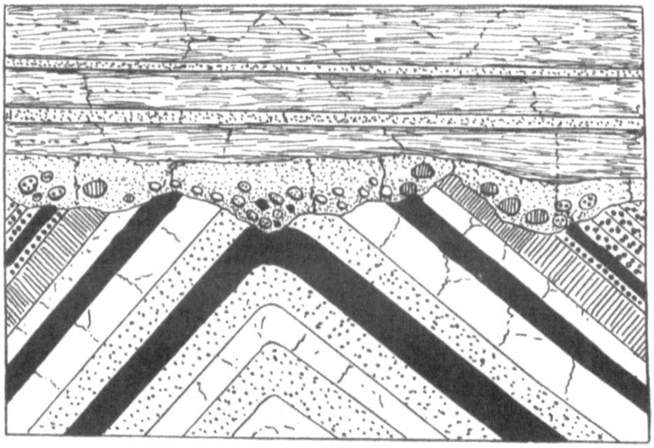

Figur 37.
Diskordante Überlagerung einer in einen Sattel (Antiklinale) zusammengeschobenen Schichtenreihe durch horizontale Deckschichten. Gerölle der liegenden Gesteinsarten treten im Basalkonglomerat auf. Beide Schichtenreihen sind wechsellagernd aus verschiedenen Gesteinen aufgebaut.

Wenn durch den Gebirgsbildungsvorgang die ursprünglich horizontal gelagerte Schicht gefaltet und gebogen ist, dann wird es oftmals schwer, die älteren (liegenden) von den jüngeren (hangenden) Ablagerungen scharf

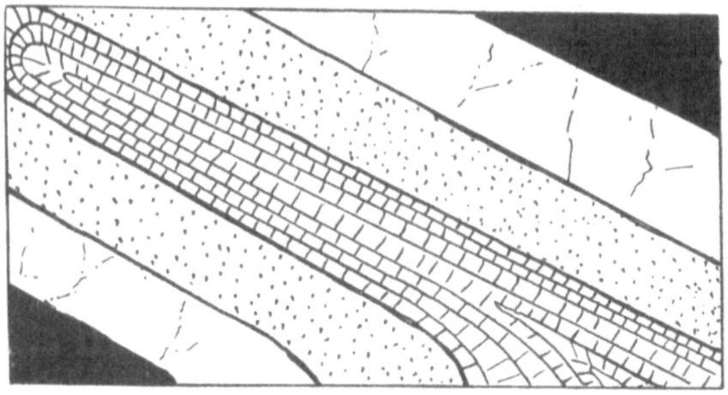

Figur 38.
Schema einer überschobenen Falte; rechts beobachtet man die normale ursprüngliche Gesteinslage, während links dieselben Gesteine überkippt in umgekehrter Reihe übereinander liegen, so daß die genetisch älteren Schichten oben (scheinbar Hangendes), die jüngeren Schichten unten (scheinbar Liegendes) auftreten.

zu unterscheiden. Doch gibt die genauere Untersuchung meist auch in solchen Fällen (s. Fig. 38. 39) entscheidende Aufschlüsse.

Durch Faltung und sogar durch Überkippung wird der ursprüngliche

Schichtenverband meist nicht verändert; und wenn eine ausgesprochene Diskordanz (s. Fig. 39) mitgefaltet wird, so erkennt doch das Auge des Fachmanns noch immer die oben aufgezählten Phasen verschiedener Bildungsumstände.

Grundverschieden von der geschichteten ist die gangförmige Lagerung, die besonders bei plutonischem und vulkanischem Gestein, dann bei Erzgängen und ähnlichen sekundären Ausfüllungen von Gesteinsspalten regelmäßig auftritt.

Ein Gang ist eine mit Gestein oder Mineralmassen erfüllte Spalte; er ist stets jünger als alle von ihm durchsetzten Gesteine, und wenn sich zwei Gänge (s. Fig. 40) kreuzen, kann man leicht den älteren (verworfenen) von dem jüngeren (Verwerfer) unterscheiden. Bruchstücke des

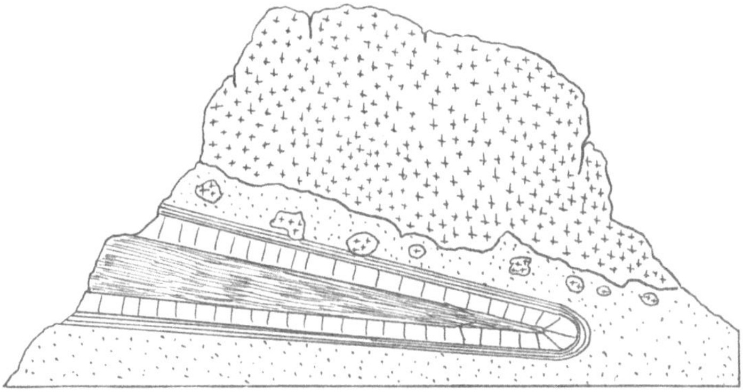

Figur 39.

Überkippte Lagerung. Im Hangenden liegt scheinbar eine Porphyrmasse, unter welcher links eine Reihe normal geschichteter Gesteine folgen. Aber Gerölle des Porphyrs in der darunterlagernden Schicht beweisen, daß jener älter sein muß, und die (rechts erkennbare) Umbiegungsstelle zeigt, daß eine völlige Umkehr der Schichten eingetreten ist.

ersteren in diesem und die Durchschneidungsstelle geben lehrreiche Fingerzeige. Es kann freilich auch bei Gängen vorkommen, daß sie zwischen zwei Schichten scheinbar konkordant eingeschaltet sind (s. Fig. 40 links oben), doch wird man auch in solchen Fällen durch die Untersuchung des Schichtverbandes leicht feststellen können, welches Gestein das ältere und welches das jüngere ist.

Man pflegt oftmals jede konkordante Schichtenfuge ohne weiteres als Zeichen ehemaliger Meeresbedeckung und eine Diskordanz als Zeichen früheren Festlandes zu betrachten, allein es gibt große Flächen des heutigen Festlandes, welche mit konkordant geschichteten Ablagerungen bedeckt werden, und wir müssen daher nach besonderen Charakteren der sich überlagernden Gesteine suchen, an denen der marine oder festländische Charakter derselben erkannt werden kann.

Auf dem heutigen Festlande unterscheiden wir zuerst Ebenen und Gebirge; diese sind durch vorwiegende Abtragung, jene durch Ablagerung neu gebildeter Sedimente bezeichnet, aber nur selten finden wir solche mit gleichmäßiger Gesteinsbeschaffenheit über große Erdräume verbreitet. Die Dünen des Küstenstreifens, die Sandschichten der Flußniederungen, die Gerölle des Flußbettes und die Sümpfe wasserreicher Ebenen vertreten sich gegenseitig und bilden lokale Faziesbezirke. Die Nähe des Meeres gestattet marinen Pflanzen und Tieren in die mit brackischem oder süßem Wasser bedeckten Küstengebiete einzuwandern. Delphine und Haie, Krebse und Mollusken, Hydroiden und Medusen,

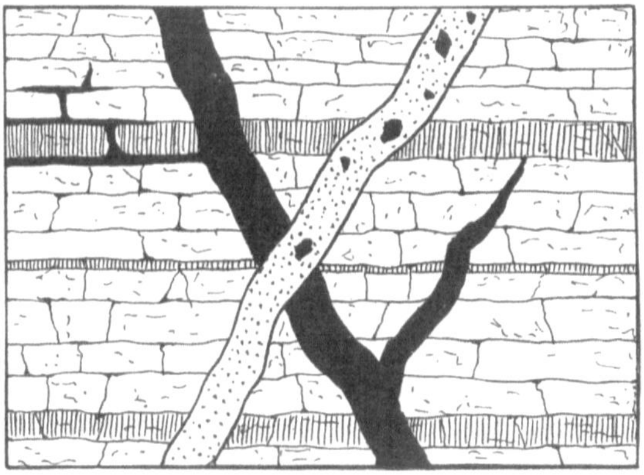

Figur 40.

Konkordant geschichtete Gesteine (weiß und schraffiert) von verschiedener Mächtigkeit wechsellagern miteinander und werden von zwei Eruptivgängen durchschnitten. Das schwarze Ganggestein ist älter, rechts sendet der Gang ein Trum (Apophyse, Zweiggang) ab, links dringt er in die Schichtenfugen hinein und bildet kurze Lagergänge. Ein jüngerer (punktiert) Gang durchschneidet (Gangkreuz) den schwarzen und enthält Bruchstücke desselben, die das Altersverhältnis beider leicht entscheiden lassen.

Spongien und Korallen, Bryozoen und Brachiopoden, Foraminiferen und Heliozoen finden wir gegenwärtig in wenig gesalzenem Wasser und können daraus ermessen, daß fast alle Meerestiere in einzelnen Vertretern auch halbsüße Küstengewässer, sogar limnisches Flußwasser zu bewohnen vermögen. Aber immer sind es nur einzelne Gattungen und Arten, die widerstandsfähig genug sind, um eine so gründliche Veränderung ihrer Lebensgewohnheiten zu ertragen. Dadurch wird der Kampf ums Dasein, welcher das prozentuale Verhältnis der verschiedenen Formen einer Meeresfauna regelt, gänzlich verändert, und es kommt zu einer großen Vermehrung der Individuen auf Kosten der Arten.

Ganz ähnlich liegen die Verhältnisse, wenn einzelne Vertreter der Meeresfauna in salinische Salzseen hineinwandern. Auch in diesem Falle vollzieht sich eine sehr gründliche Auslese, und die wenigen Formen, welche den erhöhten Salzgehalt vertragen, vermehren sich ins Ungemessene.

Trotzdem also Süßwasserseen, Flüsse und Salzseen Abkömmlinge mariner Faunen enthalten können, rechnen wir sie zum Festlande und werden nur solche Ablagerungen als marin bezeichnen, welche eine formenreiche ozeanische Fauna enthalten.

Ein sehr bezeichnendes Element der heutigen Festländer sind die Berge und Gebirge; beide werden im Querschnitt des Schichtenprofils als Diskordanzen erscheinen, und aus der Neigung der diskordanten Trennungsfuge werden wir die Böschung des einstigen Geländes unschwer beurteilen können. Ist die abgetragene ältere Gesteinsreihe nicht mehr horizontal gelagert, sondern durch Verwerfungen und Falten gestört, bevor die diskordanten Deckschichten darüber gebreitet wurden, dann werden wir an der betreffenden Stelle ein Faltengebirge einzuzeichnen haben.

Das nach Wegräumung des aufgehobenen Materials zurückbleibende Landschaftsbild ist in seiner Gestalt abhängig von der lithologischen Zusammensetzung der Erdrinde und der spezifischen Wirkungsart der abtragenden Kräfte. Ein durch fließendes Wasser gebildetes Tal sieht ganz anders aus, wie eine durch den Wind oder das Gletschereis erzeugte Furche. Es ist die Aufgabe der vergleichenden Landschaftskunde, nicht allein für die Gegenwart die gesetzmäßige Abhängigkeit der Talformen zu erkennen, sondern die so gewonnenen Resultate auch auf die früheren Perioden der Erdgeschichte anzuwenden.

Da die Abhänge aller Gebirge von einem Saum mächtiger Schuttablagerungen umgeben werden, die an der Mündung großer Täler als fächerartig verbreiterter Geröllkegel, an talarmen Abhängen als breite Schutt- und Sandterrassen erscheinen, werden wir uns nicht wundern, gerade neben und über gefalteten Schichten mächtige Ablagerungen von Konglomeraten, Sandsteinen und Breccien zu begegnen. Während ihrer Bildung geht aber vielfach der Faltungsvorgang weiter, und die eben gebildeten Sedimente werden mitgefaltet. So bilden sich Ablagerungen von ungeheurer Mächtigkeit. Jedes erneute Einsetzen der Faltung bedingt die Vermehrung grober Bruchstücke. Wenn der Gebirgsbildungsvorgang aber nachläßt, dann werden vorwiegend feinkörnige Elemente herausgetragen. Daher werden wir aus der Zahl und Verteilung von konglomeratischen Einschaltungen leicht Schlüsse ziehen können auf die einzelnen Phasen des gebirgsbildenden Vorganges.

Die weite Verbreitung festländischer Vulkane in der Gegenwart macht es wahrscheinlich, daß auch viele vulkanische Gesteine früherer Erdperioden festländisch entstanden sind. Geschichtete Tuffe, fluidale

Lavaströme und die klastischen Abtragungsprodukte am Abhang vulkanischer Berggruppen, eingeschaltete Kraterseen und abgedämmte Wasserflächen werden leicht wiedererkannt werden. Der häufige Wechsel konkordanter und diskordanter Lagerung ist dann ein deutliches Zeichen für die Vorgänge erneuter vulkanischer Ausbrüche und wiederholter Abtragung der eben gebildeten Aschenkegel.

Eine ganz besondere Bedeutung gewinnen jedoch die festländischen Ablagerungen in abflußlosen Wüsten. Ein Fünftel des heutigen Festlandes ist abflußlos; in früheren Perioden herrschte wahrscheinlich ein ähnliches Verhältnis. In diesen Gebieten reichen die atmosphärischen Niederschläge nicht hin, um dauernde Flußrinnen zu füllen, die den Verwitterungsschutt und die chemisch löslichen Bestandteile verwitterter Felsen nach dem Meere führen könnten. Deshalb sammeln sich der gesamte Felsschutt und die löslichen Salze in den Depressionen an. Innerhalb der abflußlosen Gebiete entstehen dann in den zentralen Becken hauptsächlich ungeschichtete oder dünngeschichtete Tone und je nach dem Durchmesser des eindampfenden Salzsees kleinere oder größere Lager von Salz, Gips, Kalk, Dolomit oder anderen chemischen Niederschlägen.

Vielfach aber reichen die periodischen Regengüsse nicht hin, um den Verwitterungsschutt weit zu verfrachten. Er wird dann abgelagert da, wo die Kraft des Wassers erlahmt, und so füllen sich alle Talsenken am Fuß verwitternder Gebirge mit einem oft kaum sortierten Gemenge von großen und kleinen Felsblöcken, Geröllen, Sand und Schlamm an. Die Mächtigkeit solcher Ablagerungen ist ungeheuer und wächst immer weiter, solange noch eine Felszacke aus dem riesigen Schuttmeere emporragt. Ihre Bildung geschieht in der Regel katastrophenartig; aber diese Ereignisse sind lokalisiert, und nur durch ihre häufige Wiederkehr in benachbarten Gebieten werden große Wirkungen hervorgerufen.

Überall, wo die Bedingungen für die Bildung von Sand gegeben sind, am Fuß zerbröckelnder Granit- oder Sandsteinberge, am Ufer periodisch austretender Flüsse oder am Strande großer, in ihrem Umriß beständig wechselnder Binnenseen beginnen Decken lockeren Sandes zu wachsen und überziehen von hier, je nach der herrschenden Windrichtung, weithin das umgebende Land mit ihren gelben oder roten Dünen. Solche Sandwüsten wachsen, wie ein transgredierendes Meer an Fläche und Tiefe und können durch ihr unaufhaltsames Vordringen ungeheure Flächen überschreiten. Je intensiver die Verwitterungsprozesse, je heftiger die Stürme sind, desto rascher und mächtiger transgredieren die Sanddecken.

Wo dauernde Quellen, versiegende Flußarme und flache Seen die Ansiedlung von Pflanzen gestatten, da finden wir schattige Oasen, sonst aber bedecken dürre Sanddünen, kahle Steinfelder, ausgetrocknete Tonebenen die weiten leblosen Flächen.

So entstehen klastische und chemische Ablagerungen von ungeheurer Mächtigkeit mit raschem Fazieswechsel und leuchtenden Farben, aber arm an Fossilien.

Eine wichtige Rolle spielen auf dem Festlande endlich die Ablagerungen am Rande großer Eisströme und Eisdecken. Die Polargebiete und die Hochgebirge bezeichnen die Regionen, innerhalb deren die Summe des fallenden Schnees größer ist als die Menge des tauenden Schnees. Wenn nun in diesen Regionen überwiegenden Schneefalles in jedem Jahre eine bestimmte Menge Schnee zurückbleibt, so muß sich

Figur 41.
Die bei Buchara im Wüstensand versiegenden Arme des Serafschan.

diese bei unveränderlichem Klima immer mehr anhäufen und nach Jahrhunderten oder Jahrtausenden eine große Mächtigkeit erreichen. Wie uns die Beobachtung in solchen Schneesammelbecken zeigt, verdichten sich die Schneemassen durch den Druck ihres eigenen Gewichtes, die kleinen Schneekörner vergrößern sich, werden zu gröberem Firn und endlich in blaues Eis verwandelt.

Wenn ein hohes, von Tälern durchschnittenes Gebirge unter den Schneemassen begraben wird, dann dringen aus den einzelnen Firnfeldern blaue Eisströme oder Gletscher zu Tal, wenn aber ein großes Polargebiet von einer solchen immer mehr wachsenden Schneedecke überzogen wird, dann fließt endlich wie ein halbflüssiger Teig das sogenannte Binneneis nach allen Seiten unter dem Schneerande hervor und kann, solange der Schneefall anhält, in immer entferntere Gebiete vordringen. Der Rand des Binneneises zergliedert sich gewöhnlich in große Lappen, zwischen denen eisfreie Winkel sind. Das Eis kann selbst ein Stück bergauf fließen, wenn nur die Mächtigkeit des Binneneises höher ist als die Bodenschwelle. Dem Vordringen des Eises, das täglich mit einer Geschwindigkeit von 1 bis 25 m fließt, wird auf dem Festlande da ein Ziel gesetzt, wo die Menge des in jedem Jahre tauenden Eises der Masse des heranfließenden Eises gleichkommt. Fließt das Binneneis 10 m pro Tag, so hält sich der Eisrand an der Stelle, wo täglich 10 m Eis schmelzen. Wird durch irgend einen klimatischen Umstand das Fließen des Eises um 1 m gesteigert, dann schreitet der Eisrand um diesen Betrag vorwärts; dieselbe Wirkung wird erzielt, wenn in der gegebenen Zeit 1 m weniger Eis abgeschmolzen wird. So ist also das Vorwärtsschreiten und Zurückweichen des Eisrandes eine Erscheinung, die durch sehr verschiedene klimatische Faktoren bestimmt wird, und wir können im allgemeinen sagen, das Binneneis wächst bei zunehmendem Schneefall und abnehmender Schmelzwärme, es verkleinert sich, sobald sich die Niederschläge vermindern oder ein wolkenloses Klima und trockene Luft das Eis verzehren. Da die beiden Ursachengruppen in einem inneren Zusammenhange stehen, kann man begreifen, wie sie ihre Wirkungen steigern.

Aller Gesteinsschutt, der von benachbarten Felswänden auf einen Gletscher oder einen Lappen des Binneneises herabstürzt, wird mit dem Eise davongetragen, und die Tragkraft des Eises ist so groß, daß selbst haushohe Blöcke und mächtige Bergsturzmassen spielend ausgeräumt werden. Zugleich aber ist das fließende Eis plastisch genug, um den ganzen Verwitterungsschutt, über den es hinwegschreitet, in seine Sohle aufzunehmen, weiche oder zerklüftete Felsmassen, die seinen Weg kreuzen, abzudrücken und auf diesem Wege ganze Gebirge, ganze Länder auszuräumen. Während die auf dem Rücken des Eises getragenen Gesteinsmassen als Oberflächenmoränen bezeichnet werden, nennt man die zuletzt charakterisierten Mengen von Schlamm, Sand und Schutt: Grundmoräne. Sie erscheint als schmutziges, sandreiches, mit kleinen und großen Steinen gespicktes Eis, das ebenso bewegt wird, wie das reine, blaue Eis der Oberfläche, und aus dem der Schutt niederfällt, wo das Eis schmilzt.

Sobald also ein Gletscher oder das Binneneis schwindet und der Eisrand zurückweicht, bedeckt sich die vom Eise befreite Fläche mit einer nach Relief und Struktur sehr seltsamen Ablagerung: dem Geschiebelehm. Wir sehen dann in den meisten Aufschlüssen ein unsortiertes Gemenge von Schlamm, Sand, Geröll und Steinen. Die letzteren sind völlig unregelmäßig verteilt, bald scharfkantig, bald entkantet und enteckt oder völlig gerundet und mit Gletscherschliff und Kritzen bedeckt. Durch Schmelzwasser kann der Geschiebelehm lokal verwaschen und sortiert sein, manche Stellen zeigen dann grobe Steinpackungen, andere geschichtete Sande (Sandr) und Tone (Bänderton). Die Oberfläche des mit Grundmoräne bedeckten Landes zeigt einen raschen Wechsel von Hügel und Senke, kreisrunde Vertiefungen werden von Seen oder Mooren eingenommen, buckelförmige Hügel, die sogenannten »Drumlins«, sind scharenweise mit ihrer Längsachse in die ehemalige Eisbewegung eingestellt, und meilenweit ziehen sich hohe Dämme, die „Åsars", durch das Gelände.

Aber alle diese Gebilde können rasch wieder eingeebnet werden, und nur die typische Struktur des Geschiebelehms, die ferne Herkunft seiner erratischen Blöcke, die Kritzung und Polierung des Untergrundes und einzelner Geschiebe bilden selbst nach langen Perioden den zwingenden Beweis für einstmalige Anwesenheit großer Eismassen.

Indem wir die bisher besprochenen Ablagerungen des Festlandes überblicken, ergibt sich, daß manche derselben in engster Beziehung zu dem atmosphärischen Klima stehen, und so gewinnen wir durch das Studium derselben wichtige Daten für die Verteilung des Klimas in vergangenen Erdperioden.

Aber nicht minder wichtig werden hierfür die organischen Einschlüsse. Wie das Meer für die Wassertiere die eigentliche Heimat ist, wo die größte Formenmannigfaltigkeit, der Reichtum an Gattungen und Arten seinen Gipfel erreicht, so ist auf dem Festlande das sonnige warme Tropengebiet die Region größter Formentfaltung. Pflanzen und Tiere werden hier in solcher Fülle neu entwickelt, der Kampf ums Dasein verschiedenartig ausgerüsteter Formen ist so lebhaft, daß wir an dem Artenreichtum einer festländischen Flora und Fauna die Bedingungen eines warmen, feuchten, gleichmäßigen Klimas leicht wiedererkennen. Durch abnehmende Temperatur, durch verminderte Niederschläge und grelle klimatische Kontraste findet eine Auslese der Formen statt. In den Polargebieten, den trockenen Steppen und den durch strenge Winterkälte bei hoher Sommertemperatur ausgezeichneten Wüsten wird das Pflanzenleben ärmer, und an Stelle der reichen Üppigkeit vielgestaltiger Urwälder tritt der Individuenreichtum einzelner, den speziellen klimatischen Bedingungen besser angepaßter Formen.

Das Tierleben ist nicht so abhängig vom Klima, wie die Pflanzen, deshalb können dürre Steppen zur Regenzeit ungeheure Scharen wandernder Tiere anlocken, und selbst im eisigen Gebiete der Polarländer können während des kurzen Sommers eine reiche Vogelfauna, zahlreiche wandernde Herden und viele Insekten ihre Nahrung finden.

Ein wichtiges Symptom für die Umgrenzung bestimmter Klimagebiete erblicken wir in den Verwitterungserscheinungen und den Farben der Verwitterungsprodukte.

Die große Wärme des Äquatorialgebietes, seine reichen Niederschläge und die durch die heftigen Gewitter gebildeten Mengen von Salpetersäure bewirken, daß alle Gesteine sehr tiefgreifend chemisch verwittern. Es bilden sich meist rote Lehme (Laterit) und die dichte Vegetationsdecke des Urwaldes verhindert ihre Abwaschung. So entsteht eine mächtige Hülle von verwittertem Gestein über dem gesunden Felsen in der Tiefe. 100 m mächtig bedeckt oft diese „kumulative Verwitterungsdecke" das Land, und wenn durch ein Erdbeben das Gefüge der Erde erschüttert wird, dann stürzen katastrophenartig ungeheure Schuttmassen von den Bergabhängen herab, dämmen die Flüsse auf und bilden mächtige Ablagerungen von nur wenig sortiertem Material. Wenn aber durch eine Veränderung des Klimas der dichte Urwald schwindet, dann sind ebenfalls die Bedingungen für eine rasche Abtragung und Verfrachtung dieses lateritischen Verwitterungsschuttes gegeben.

Manche Länder der heißen Zone haben einen regelmäßigen Wechsel von Regenzeit und Trockenzeit, und wenn die letztere eintritt, dann wird die chemische Verwitterung durch physikalische Zerstörungsprozesse ersetzt. Unter dem Einfluß der Tageshitze und nächtlicher Abkühlung bilden sich Klüfte in den Felsen, große Steinblöcke spalten, kleine Stücke zerfallen in Splitter, und die während der Regenzeit zersetzten Felsarten werden ein Spiel des Windes.

Diese Vorgänge der physikalischen Verwitterung steigern ihre Kraft noch viel mehr, wenn wir die benachbarten Wüstengebiete betreten. Granit und ähnliche grobkristalline Gesteine zerfallen zu sandigem Grus, den der Wind sortiert und in hohe Dünen von Quarzsand auftürmt. Ganze Gebirge werden in gewaltige Trümmerfelder großer Gesteinsblöcke verwandelt, und riesige Schuttmassen häufen sich in allen Depressionen an. Große Flächen Zentralasiens sind mit hochrot gefärbten Schuttmeeren bedeckt, karminrote Dünen wandern über Arabien hinweg, gelbe Dünen sind in Transkaspien und in Nordafrika weitverbreitet. Leicht werden wir solche Farben in den Schichten der Erde wiedererkennen und mit ihrer Hilfe alte klimatische Ursachen erschließen.

In dem gemäßigten Klima mittlerer Breiten sind diese Vorgänge wesentlich gemildert. Als Endprodukt verschiedener Verwitterungsvorgänge ist besonders ein grauer, gelber oder brauner Lehm bezeichnend, dessen Farbe die Ablagerung des gemäßigten Klimas von den hochroten und braunroten lateritischen Verwitterungen des Tropenlandes leicht unterscheiden läßt.

Das Klima der Polargebiete, zu denen wir in diesem Sinne auch die

Hochgebirge wärmerer Breiten rechnen müssen, ist durch ausgedehnte Schnee- und Eismassen bezeichnet. Die niedere Temperatur verkümmert das Pflanzenleben, nackt ragt der Felsenboden in die Luft; das unter dem Einfluß der Tageswärme verflüssigte Eis dringt in die Gebirgsspalten hinein und treibt sie, wie wir das ja auch in der gemäßigten Zone während des Winters beobachten können, beim Frieren auseinander. Aber auch die bloßen Temperaturunterschiede wirken physikalisch zerstörend auf die Felsen ein, und da während der langen Winternacht unter der gleichmäßigen Schneedecke die kümmerlichen Spuren des Pflanzenlebens nur sehr langsam vermodern, so erscheinen die meisten Ablagerungen grau oder schwarz gefärbt.

Bevor wir uns jetzt dem Meere zuwenden, müssen wir zuerst der abtragenden Kräfte gedenken, welche weiche und harte Gesteine zerstören und große Denudationsflächen erzeugen.

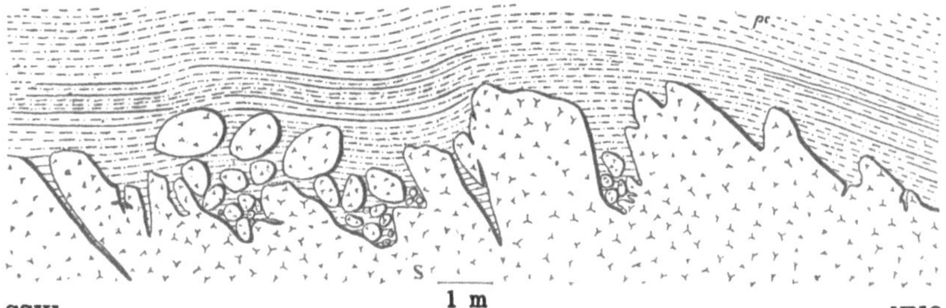

Fig. 42.

Diskordante Auflagerung der mittleren marinen Kreide auf Syenitklippen bei Dresden-Plauen. Die hangenden Kreideschichten enthalten einzelne Syenitgerölle, bestehen aber keineswegs aus Syenitsand, sondern aus einem Kalkmergel.

Die augenfälligen Wirkungen der Brandung (Abrasion) an Felsenküsten haben zu der Ansicht geführt, daß alle Diskordanzen durch ein vordringendes Meer enstanden seien. Aber wenn wir irgend eine gut aufgeschlossene transgredierende Meeresablagerung, welche ältere Gesteine diskordant überlagert, genauer verfolgen, so sehen wir (s. Fig. 42) mit Verwunderung, wie wenig klastischer Schutt des Grundgebirges in die neugebildeten marinen Ablagerungen aufgenommen worden ist.

Wir schließen daraus, daß ein transgredierendes Meer wohl die Gerölle des Strandes und den überfluteten Gehängeschutt verschwundener Felsengebiete in sich aufnimmt, aber nicht im Stande ist, aktiv sägend ein größeres Gebirgsland abzutragen. Die Denudation durch atmosphärische Kräfte ist viel bedeutsamer als die eigentliche Abrasionswirkung des Meeres, und so erwächst uns die Aufgabe, aus den Formen des abgetragenen Landes die daselbst wirksam gewesene Denudationskraft zu erschließen.

Die abtragende Tätigkeit des Windes (Deflation) wirkt flächenhaft und ist nicht an Niveauunterschiede gebunden. Von den höchsten Bergspitzen wie von einer völlig ebenen Fläche, aus den tiefsten Spalten, ja sogar aus rings geschlossenen Wannen kann der Wind Gesteinsfragmente abheben und sie im lustigen Wirbel davontragen. Wenn keine Pflanzendecke den Boden verhüllt, wenn ihn nicht Schnee und Wasserdecken schützen, dann erscheint die Deflation als wichtigster Faktor bei der Bildung von Berg und Tal, und solange ihr physikalische und chemische Verwitterung vorarbeiten, sind ihrer Wirkung keine Grenzen gesetzt. Dann hebt der Wind eine Gesteinsdecke nach der anderen ab, trägt ganze Gebirge davon, gräbt sich tiefe Gruben und kann im Laufe längerer Perioden ganze Länderstrecken so eintiefen, daß ihre Oberfläche als Depression unter das Meeresniveau gerät. Aber der Wind kann nur Staub und Sandkörner entführen; er vermag kein Geröll, keinen Felsblock aufzuheben, und nur indem er ihre Unterlage entfernt, kann er auch größere Gesteinsmassen verschieben.

Grundverschieden ist die abtragende Tätigkeit des fließenden Wassers (Erosion). Sie wirkt nur von Berg zu Tal und ist um so stärker, je steiler das Gehänge ist. Deshalb wird ihre Leistung am größten an den Abhängen der Berge und Gebirge und schwächt sich in den Ebenen auffallend ab. Zugleich hat die Erosion das Bestreben, lineare Abflußrinnen (Talsysteme) zu bilden, und während die Deflation eine weite Ebene gleichzeitig abtragen kann, erlahmt auf einer solchen Fläche die Kraft des Wassers, und die transportierten Sedimente sinken zu Boden, so daß die Ebene erhöht wird. Dafür kann die Erosion, besonders wenn die Wassermenge periodisch wechselt, viel größere Massen verfrachten, und neben dem Schlamme der Flußtrübe, dem Sande und dem gröberen Grand wandern ganze Geröllbänke im Flußbett talabwärts.

Sehr charakteristische Bodenformen hinterläßt das fließende Eis, wo es längere Zeit gewirkt hat (Exaration). Der felsige Untergrund ist geglättet und geschliffen, zackige Klippen sind in Rundhöcker verwandelt, und überall bemerken wir die für einstige Eiswirkung so bezeichnende Kombination von Schliff mit haarfeinen Kritzen, die meist parallel, oder im spitzen Winkel sich kreuzend die geschliffenen Felsflächen bedecken. Meist ist diese von dem Geschiebelehm bedeckt, dessen regellose Struktur schon früher beschrieben wurde.

Die Lebensbezirke des Festlandes werden ebenso wie die Räume festländischer Ablagerung durch klimatische Veränderungen vielfach umgestaltet. Sobald ein Gebirge entsteht, wird lokal ein kühleres und niederschlagsreicheres Klima erzeugt; die Erosion wirkt mächtiger, Schuttmassen werden in der Ebene abgelagert und neue Bedingungen für Tier und Pflanzen gegeben. Indem das Gebirgsland durch allmähliche Denudation wieder verschwindet, werden wieder andere bionomische Verhältnisse geschaffen. Ein von Ost nach West streichendes Gebirge hat andere Wirkungen, als wenn seine Ketten von Nord nach Süd gerichtet sind. Ein breites Horstplateau bietet andere Voraussetzungen als ein Faltensystem. Besonders großen Einfluß hat die Wasserscheide, die ein abflußloses Gebiet umgrenzt; indem sie ihre Lage verändert, wandern die Sanddünen, Tonebenen und Salzseen über die Erde, und so gibt es kaum eine Änderung des geographischen Bildes, die sich nicht geologisch in der Verteilung der Gesteine und der Fossilien bemerkbar machte.

Nachdem wir den Umriß und den Charakter des Festlandes bestimmt haben, wenden wir uns dem Weltmeere zu, dessen Ablagerungen durch den Reichtum an marinen Fossilien leicht erkannt werden. Je reicher die Fauna an Gattungen und Arten ist, ein desto reicheres Tierleben setzt sie voraus, und desto ozeanischer ist ihr Bildungsraum. Die Mündungsgebiete der Flüsse und die wechselnde Küstenzone bilden ein oft schwer zu bestimmendes Übergangsgebiet zwischen Festland und Meer. Eine wiederholte Wechsellagerung mariner und festländischer Gesteine spricht dafür, daß daselbst die oszillierende Strandlinie lange Zeit stabil war, übergreifende Lagerung läßt das Vordringen des Meeres leicht erkennen.

Die Flachsee ist reich an Pflanzenleben und beherbergt daher auch alle herbivoren Tiere, ihre Sedimente stammen meist von festländischem Material. Quarz ist darin häufig; grauer, grüner oder rötlicher Ton bildet die Grundlage anderer Gesteine. Grobkörnige Sedimente sprechen für eine abgetragene Felsenküste oder das Mündungsgebiet eines Flusses, diagonal geschichtete Küstendünen und litorale Kohlensümpfe können mit marinen Sanden wechsellagern. Flußarme Küsten sind durch grüne, glaukonitische Gesteine ausgezeichnet, und der Reichtum des marinen Lebens äußert sich in dem Fossilgehalt der Ablagerung.

Je normaler der Salzgehalt eines Meeres, je ozeanischer eine Ablagerung ist, desto artenreicher ist deren Fauna. Wo der Salzgehalt in ausgesüßten Nebenmeeren oder salinisch konzentrierten Salzpfannen ab- oder zunimmt, da vermehren sich die Individuen auf Kosten der Arten. Eine aus wenigen Arten in großer Individuenzahl zusammengesetzte Fauna wird immer außerhalb des eigentlichen Meeres gelebt haben.

Die Verteilung der Meerestiere ist zwar in strenger Abhängigkeit von der Wassertemperatur, und man sollte daher vermuten, daß die Meeresfauna ebenso wie die Tierwelt des Festlandes nach Klimagürteln gegliedert ist, die dem Äquator parallel die Erde umschlingen. Allein da nur die oberflächlichen Wasserschichten von der Sonne erwärmt werden und über einer großen Masse kalten Tiefenwassers ruhen, ist es ein vergebliches Unternehmen, den Gegensatz kalter und warmer Meeresgebiete aus der zonaren Anordnung einer fossilen Fauna erschließen zu wollen. Der oft unternommene Versuch, nach marinen Faunen Klimazonen zeichnen zu wollen, beruht auf einer irrigen Annahme. Nur die bodenbewohnende Fauna der seichten Gewässer wird von dem solaren Klima beeinflußt, aber die Polarmeere sind mindestens ebenso reich an Tieren wie die tropischen Gewässer, und nur die tropischen Korallenriffe mit ihrer korallophilen Fauna sind ein untrügliches Merkmal für die Ausdehnung des Äquatorialmeeres. Soweit wir in der Erdgeschichte ähnliche Genossenschaften von Madreporiden beobachten, so weit geht es an, warme Meere mit Hilfe von Korallenfaunen zu charakterisieren; aber die Kolonien paläozoischer Rugosen dürften ähnliche Schlüsse nicht erlauben.

Bruchstücke von organischem Kalk, Kalkschlamm, Kalksand und wohlerhaltene Kalkpanzer (Versteinerungen) sind in wechselndem Verhältnis dem Schlamme beigemischt und können lokal reinen Kalk bilden. Durch das kolonienhafte Wachsen kalkabscheidender Pflanzen und Tiere erheben sich Kalkinseln über den flachen Meeresgrund und bilden vielgestaltige Riffe, deren Hauptverbreitungsgebiet unter den wärmenden und leuchtenden Sonnenstrahlen der äquatorialen Meere liegt.

Vulkanische Inseln bilden ebenfalls Inselgruppen, zwischen denen ein reiches Tierleben gedeiht, und die an ihren mit Tuff gemengten Sedimenten leicht erkannt werden können. Aber auch durch festländischen Schlamm kann ein Flachseegebiet in eine Inselgruppe zerlegt werden, und in allen diesen Fällen ist der Charakter des Archipels durch die enge Verknüpfung festländischer Pflanzen mit marinen Faunen bezeichnet.

Solange ein Meeresteil in offener Zirkulation mit dem Weltmeere steht und durch beständigen Wasseraustausch den normalen Salzgehalt ersetzt, der durch lebende und absterbende Organismen immer wieder verändert wird, so lange lebt daselbst die normale ozeanische Tierwelt. Sobald aber in einer stillen Bucht oder zwischen den Inseln eines vielgestaltigen Archipels der Wasseraustausch gehindert wird, dann ändern sich hier alle Verhältnisse. Solche Halistasen sind ausgezeichnet durch die Ansammlung vegetabilischen Moders, durch die Entwicklung von Schwefelwasserstoff und durch das Verschwinden benthonischer Organismen. Nur Plankton und Nekton, sowie die pseudoplanktonische Fracht von Treibholz und anderen Schwimmkörpern gelangt in solche ruhige Winkel und wird hier oft wunderbar konserviert. Wir haben zu zeigen, welche große Rolle solche Halistasengebiete wiederholt in der Erdgeschichte gespielt haben.

Die untere Grenze der Flachsee liegt je nach der Klarheit und den Strömungen des Wassers verschieden tief. Bald beginnt die Tiefsee schon in 500 m, bald treten ihre Charaktere erst in 1000 m Tiefe auf, aber stets sind beide Regionen durch allmähliche Übergänge verbunden.

In der Tiefsee leben nur Tiere, und ihre bionomischen Verhältnisse sind über weite Flächen nahezu so unverändert, daß ihre Sedimente wie ihre Fauna eine weltweite Verbreitung verfolgen lassen. Am Boden der Tiefsee sammeln sich neben den zersetzten vulkanischen Aschen submariner Vulkane die Leichen der Tiefseetiere und die Überreste der schwebenden und schwimmenden Tier- und Pflanzenwelt der darüberstehenden Wasserschichten. Alle diese Organismen sind ohne kräftigere Panzer, ihre Skelette sind durchsichtig, zart und zerbrechlich; keine dickschalige Muschel, keine kalkbildende Koralle bewohnt die dunklen Abgründe. Es läßt sich daran auch leicht erkennen, ob eine Ablagerung und eine fossile Fauna Tiefseecharaktere besitzt.

Bei dem beständigen Wechsel aller Verhältnisse hat sich im Laufe der Erdgeschichte besonders die Grenze des Meeres gegen das Festland verändert, und es ist eine sehr wichtige geologische Aufgabe, gerade diese Umgestaltungen ins Auge zu fassen.

Wenn ein Festland durch Senkung oder durch Ansteigen des Ozeans von diesem überflutet wird, dann ebnet die hereinbrechende Brandungswoge noch vorhandene Unebenheiten rasch ein. Aber wenn nicht durch jahrtausende lange Verwitterung und Abtragung ein vielgegliedertes Festland schon eingeebnet worden war, dann kann das Meer wohl längs der Flußrinnen in tiefen Fjorden ins Land hineindringen, aber es wird keine transgredierende Überlagerung bilden. Sicher ist nur, daß ein verschwindendes Festland zuletzt noch als ein Inselarchipel aus dem Wasserspiegel hervorragt, und daß daher insulare Verhältnisse vorübergehend auftreten müssen. Ein mildes Seeklima, eine weitverbreitete Flora, häufige Halistasen, rasch wechselnde Sedimente und eine sehr differenzierte Fauna von ozeanischem, thalassischem, limnischem oder salinischem Charakter ist leicht wiederzufinden. Aber im allgemeinen verläuft die Zufüllung vorhandener Tiefen, die Abtragung der letzten Inseln und die glattschichtige Ausebnung des neu gewonnenen Meeresgrundes in ziemlich einfacher Weise.

Anders liegen die Verhältnisse, wenn durch Hebung des Grundes oder Sinken des Wasserspiegels ehemaliger Meerboden zum Festland wird. Auch hier taucht das neue Land als eine Gruppe flacher Inseln zum Lichte empor, weil die abfließenden Gewässer leichte Senken rasch zu tiefen Rinnen erweitern und vertiefen. Wiederum begegnen wir einem Archipel und denselben Verhältnissen des Seeklimas; eine weitverbreitete Küstenflora und vielgestaltige Meeresfaunen machen sich geltend.

Die weiteren Schicksale des neugebildeten Landes sind grundverschieden, je nachdem das Klima desselben niederschlagsreich oder trocken ist. Die Verlandung Europas am Schluß der Kreidezeit zeigt den ersten

Typus in deutlicher Weise; die Verlandung des oberen Zechsteinmeeres ist ein gutes Beispiel für den zweiten Fall.

Wenn reichliche Niederschläge das neu auftauchende Land begießen, dann beginnt sofort überall eine Abtragung der zuletzt gebildeten Sedimente. Täler und Flußsysteme bilden sich aus, ein reiches Pflanzenleben siedelt sich an, Kohlensümpfe bedecken die Niederungen, und eine reiche Tierwelt findet überall Schutz und Nahrung.

Grundverschieden sind die Schicksale des neu gebildeten Landes, wenn es unter den Einfluß eines ariden, niederschlagsarmen Klimas gerät. Das marine Sediment der letzten Periode kann nicht entsalzt werden, das Seesalz sammelt sich in den Senken, und die rasch versiegenden Flüsse tragen das Salz des tonigen Bodens in zahlreiche kleine und große Salzseen zusammen. Der Salzgehalt einer vielleicht 100 qkm großen Fläche wird in einem 1 qkm großen Salzsee allmählich angereichert, und bald beginnt die Verdunstung der Lösung. Die versiegenden Flüsse können aber auch die Verwitterungsprodukte des Landes nicht ausräumen, alle Senken füllen sich mit mächtigen klastischen Ablagerungen und der Wind häuft lockere Sande zu weiten Dünenregionen zusammen, das Sandmeer wandert transgredierend über abgetragene Gebirge, tonbedeckte Ebenen und salzige oder mit Gips ausgekleidete Seen; die darauf stehenden Wassermengen werden abgesaugt und aufgetrocknet, Gipslager und Salzschichten schalten sich den Sandsteinen ein, und so füllt sich das neu entstandene Land immer weiter mit Trümmergesteinen an, ohne daß das Meer dabei eine Rolle spielte.

Die Vorgänge, welche man unter dem Namen einer marinen Transgression zusammenfaßt und die sich geologisch in dem Auftreten einer bestimmten Meeresfauna äußern, zerfallen erdgeschichtlich in drei ganz verschiedene Gruppen. Den ersten Fall bilden:

1. die positiven Verschiebungen der Strandlinie, wobei durch eine Senkung des Küstenlandes oder durch ein eustatisches Ansteigen des Meeresspiegels ein Stück des Landes nach dem anderen vom Meere erobert wird. Wir sehen dann im Profil auf einer ausgesprochenen Denudationsfläche oder auf umgearbeiteten festländischen Gesteinen (mit Überresten von Landpflanzen und Landtieren) die marinen Schichten ausgebreitet.

2. Durch das Eindringen von Ozeanwasser in ein vorher brackisches oder süßes Wasserbecken wird naturgemäß ebenfalls eine Meeresfauna über Gebiete verbreitet, die ihr bisher fremd waren. Wenn z. B. das Ostseebecken von normal gesalzenem Seewasser erfüllt würde, dann müßte sich sofort die reiche Nordseefauna an Stelle der verarmten Ostseetierwelt verbreiten; aber eine Veränderung des Wasserspiegels braucht damit nicht verbunden zu sein. Im Profil werden wir kon-

kordant auf festländisch-limnischen oder brackischen Absätzen die normalen Meeresgebilde ruhen sehen. Obwohl man auch in solchen Fällen von einer »marinen Transgression« spricht, so zeigt doch eine kritische Überlegung, daß hierbei das Meer selbst gar nicht aktiv tätig ist. Die Höhe der Strandlinie bleibt dieselbe, die Verteilung von Wasser und Land erleidet keine Umgestaltung, und nur der Salzgehalt eines schon bestehenden Wasserbeckens wird verändert. Die Ursachen einer solchen scheinbaren Transgression liegen auch keineswegs im Ozean, sondern sind durch eine Klimaänderung des Festlandes bedingt. Sobald ein neu entstehendes Küstengebirge die in das Becken mündenden Flüsse abdrängt, sobald sich eine nur flache Wasserscheide verschiebt, wird sofort der Salzgehalt des Mündungsgebietes der Flüsse geändert und die normal gesalzenen Gewässer des Ozeans bespülen die Küste; mit ihnen erscheint eine marine Tiergenossenschaft und im Profil sehen wir eine neue Fauna.

3. Allein es gibt noch eine dritte Ursache für eine marine Faunenverlagerung, die durch die Veränderung der Meereswärme bedingt wird und sich in der Regel an eine Verlagerung der Meeresströmungen anschließt. Gerade die litoralen und Flachseefaunen sind in ihrer Verteilung hochgradig beeinflußt durch die Temperatur des solaren Klimas. Eine geringe Verschiebung des Poles, eine Änderung der Küstengestalt, welche den Meeresströmungen neue Wege vorzeichnet, genügt, um sofort eine Wanderung ganzer Faunengruppen zu veranlassen. Wir sehen dann im Profil konkordant auf marinen Schichten eine marine Schichtenreihe mit einem kleinen oder großen Prozentgehalt neuer Formen. Auch in diesem Falle wendet der Paläontologe den Ausdruck »Transgression« an, obwohl es sich nur um eine Faunenverschiebung handelt.

Es bedarf keiner weiteren Worte, um klar zu machen, daß die zuletzt besprochenen Fälle nicht zu den echten Transgressionen gerechnet werden dürfen, und wir werden uns bemühen, in den folgenden Schilderungen auf Grund der geologischen Lagerungsverhältnisse im Profil diese verschiedenen Formen mariner Faunenbewegung wohl getrennt zu halten.

Als wichtigste Aufgabe einer erdgeschichtlichen Untersuchung muß die Feststellung der Lage der Erdachse und des Äquators in den verschiedenen Perioden betrachtet werden. Denn die thermischen Klimazonen ebenso, wie die Meeresströmungen, die Gebiete von Eis und Urwald, Wüste und Steppe werden dadurch auf der Erdkugel festgelegt, und die Verbreitung der Pflanzen und Tiere regelt sich wieder nach diesen geographischen Verhältnissen. Freilich müssen wir gestehen, daß dieses Ziel noch für keine einzige Periode erreicht ist, und daß es noch langer, mühseliger Mosaikarbeit bedarf, bis die einzelnen, lithologisch oder paläontologisch leicht bestimmbaren Klimaregionen zu einem harmonischen System paläogeographischer Beziehungen angeordnet sein werden.

In vielen Fällen ist es möglich, unter Berücksichtigung der hier kurz aufgezählten und noch mancher anderer Leitsätze nach den Grundsätzen der ontologischen Methode für irgend ein geologisches oder palaeontologisches Ereignis eine befriedigende Erklärung zu geben. Die Umgestaltungen der Organismen folgen oftmals so rasch und energisch auf die vorhergehenden Veränderungen der anorganischen Natur, und diese selbst stehen in einem so augenfälligen Zusammenhang, daß man Ursache und Wirkung leicht verstehen kann. Bisweilen aber traten Ereignisse ein, deren Eigenart und örtliche Begrenzung eine ursächliche Erklärung schwer oder direkt unmöglich macht. In solchen Fällen werden wir daran denken müssen, daß die Kausalreihen der Erdgeschichte von unübersehbarer Mannigfaltigkeit sind, und sich bald rasch und direkt, bald auf verwickelten Umwegen auseinander herleiten.

Man kann aus einem Gewölbe keinen Stein herausnehmen, ohne daß die Spannung der Bogen, die Lage der Kreuzungspunkte, die Stellung der Säulen, die Richtung der Wände und Strebepfeiler beeinflußt würde. Eins folgt aus dem anderen, und lokale Ursachen äußern sich langsam auch auf entfernten Punkten. So ist auch das jeweilige Klima der Erde und die davon abhängigen geographisch-geologischen Umstände ein kunstvolles Gefüge von sich gegenseitig stützenden und einander widerstrebenden, nach allen Seiten abhängigen Kräften. Verändert man einen einzigen Faktor, so schreitet von dieser labilen Stelle aus die Veränderung nach allen Seiten fort. Die Bedingungen der Gesteinsbildung und der Organismenwelt wandeln sich eben so stetig wie unmerklich, und wie in einer Wandeldekoration Anfang und Ende grundverschieden, doch durch zahllose Übergänge verbunden sind, so bietet uns auch die Erdgeschichte zahllose aufeinanderfolgende Zustände, die, durch kleinere und größere Unterschiede getrennt und verbunden, im beständigen Wechsel einander ablösen.

Vielleicht liegt es gerade an diesem verwickelten Ineinandergreifen, daß wir keine periodische Wiederkehr derselben Verhältnisse finden können. Es ist leicht, die Räder einer Uhr so zu regulieren, daß sie in wiederkehrendem Rhythmus die Stunde schlägt. Wenn man aber das Räderwerk von zehn verschieden großen Uhren ineinandergreifen ließe, so würden sie in ihrem Gange keine periodische Regel erkennen lassen. So wirkt die unübersehbare Mannigfaltigkeit der geologischen Kräfte einer Periodizität ihrer Wirkungen entgegen.

12
Die geologische Zeitrechnung

Die Geologie ist in ihren letzten Zielen eine historische Wissenschaft. Gegenüber der Mineralogie, welche die chemische und physikalische Beschaffenheit der Mineralien erforscht und diese durch geeignete Methoden künstlich herzustellen bemüht ist, besteht die Aufgabe der Geologie darin, den Bau der Erdrinde zu erforschen und an der Hand der sorgfältig untersuchten Tatsachen die Urgeschichte unseres Planeten zu enträtseln. So ist sie nach Ziel und Methode am nächsten mit der sogenannten „Weltgeschichte" verwandt, und die Forschungswege des Historikers stimmen vollkommen überein mit denjenigen des Geologen.

Wenn ein Historiker sich die Aufgabe gestellt hat, die Geschichte eines Menschen, eines Landes oder eines ganzen Ländergebietes zu untersuchen, so beginnt er seine Arbeit damit, daß er alle auf sein Thema bezüglichen Dokumente sammelt, ihre Glaubwürdigkeit prüft, gleichzeitige Berichte zusammenstellt, altersverschiedene chronologisch ordnet und dann an der Hand ihrer zeitlichen Folge die ursächlichen Beziehungen der Ereignisse zu ergründen sucht. Soweit es möglich ist, wird er hierbei die Motive längst verstorbener Menschen nach den Handlungen lebender Personen gleicher Art beurteilen, er wird alte Genossenschaften mit den heutigen sozialen Vereinigungen vergleichen und den Einfluß äußerer Umstände auf die Geschicke der Menschen durch Beobachtungen aus der Gegenwart festzustellen suchen.

Auch die Arbeit des Geologen beginnt mit der Sammlung gleichzeitiger Dokumente. Aber diese bestehen nicht aus Baudenkmälern, geschriebenen Urkunden oder geprägten Münzen, sondern aus Gesteinen, deren Lagerungsform in der Erdrinde, ihren lithologischen Eigenschaften und ihrem Gehalt an tierischen und pflanzlichen Überresten (Versteinerungen). Diese Dokumente zu sammeln, ihre Glaubwürdigkeit zu prüfen, ihr chronologisches Alter zu bestimmen, ist die erste Aufgabe einer geologischen Arbeit. Mehrere Disziplinen teilen sich in dieselbe. Die „Tektonik" untersucht die Gestalt und Lagerungsbeziehungen der Gesteinsmassen. Die „Lithologie" studiert Farbe, Härte, Struktur und Zusammensetzung der Gesteine, die „Paläontologie" beschäftigt sich mit den eingeschlossenen Überresten von Pflanzen und Tieren. Keine dieser Wissenschaften kann die andern entbehrlich machen, nur in gemeinsamer Arbeit können die Tatsachen festgestellt und kritisch gesichtet werden.

Die Lagerungsform der unter- und nebeneinanderliegenden Gesteine wird beschrieben und dargestellt in den geologischen Karten und den, als Profile bezeichneten, Durchschnitten durch einzelne Teile der Erdrinde. Sie gestatten, mit einem Blick die Umrisse der Gesteinskörper, ihre einstige Entstehungsart und ihre Verbreitung innerhalb der Erdrinde zu überschauen.

Die Beschaffenheit der Gesteine wird durch Untersuchung des frisch geschlagenen Stückes mit bloßem Auge, der Lupe oder im Dünnschliff unter dem Mikroskop festgestellt. Chemische Eigenschaften sind durch geeignete Reaktionen zu prüfen.

Die im Gestein eingeschlossenen organischen Reste oder Fossilien, welche uns ganz besonders wichtige Aufschlüsse geben, müssen sorgfältig aus dem Gestein herauspräpariert, mit lebenden Tieren oder Pflanzenteilen verglichen und durch eine genaue Diagnose bestimmt werden. Kleinere Tierreste werden erst bei mikroskopischer Untersuchung sichtbar.

Wenn die zusammengehörigen Dokumente gesammelt, beschrieben und dargestellt sind, tritt die Aufgabe an uns heran, ihre gegenseitigen Altersbeziehungen festzustellen, sie chronologisch zu ordnen und mit den tabellarisch niedergelegten Ergebnissen der Wissenschaft zu vergleichen; man nennt diesen Zweig der Geologie: Formationskunde, Stratigraphie oder Bathrologie.

Wenn ein Historiker die Reihenfolge geschichtlicher Ereignisse bestimmt, dann sucht er nicht allein die chronologische Aufeinanderfolge der Tatsachen festzustellen, sondern bemüht sich, zugleich das Zeitintervall zwischen dem einen oder anderen Vorgange zu ergründen. Als Zeiteinheit dient hierfür die Umdrehungszeit der Erde um ihre Achse, der Tag; oder die Umdrehungszeit der Erde um die Sonne, das Jahr; als Anfangspunkt der Zeitrechnung dient ein besonders wichtiges Ereignis (Gründung Roms, Christi Geburt).

.Mit diesen, ihm selbstverständlich erscheinenden Grundsätzen tritt der Laie an die Erdgeschichte heran und erwartet, genaue Zahlenangaben zu finden über die geologischen Vorgänge in ihrem zeitlichen Abstand von der Gegenwart oder einem weit zurückliegenden Ereignis.

Wir haben gesehen, daß der Tag der Urerde nur etwa vier Stunden lang war, dementsprechend mußten alle geologischen Vorgänge, die mit der Achsendrehung der Erde zusammenhängen (Gezeiten, Verwitterung, Winde, Niederschläge usw.), im Laufe eines Jahres damals sechsmal so oft wiederkehren wie jetzt. Je nachdem der geologischen Zeitberechnung die heutige oder die frühere Tageslänge zugrunde gelegt wird, kann also die Länge der Zeiträume um den sechsfachen Betrag schwanken.

Wir haben mehrfach darauf hingewiesen, daß es keine periodische Wiederkehr in den geologischen Ereignissen gibt. Tag und Jahr sind in den Erdschichten kaum wiederzufinden, die Spuren der Nutation und

Präzession hat man vergeblich gesucht — welche Zeiteinheit soll denn gelten, wenn die Aufeinanderfolge geologischer Vorgänge beständig neue Zustände schafft, und wo soll man zu zählen anfangen?

Trotz dieser prinzipiellen Fehlerquellen hat man auf verschiedenen Wegen[1] versucht, die Jahreslänge geologischer Perioden zu bestimmen. Von den ältesten Zeitangaben der Juden, die noch jetzt ihre 5660 Jahre seit Erschaffung der Welt zählen, bis auf die neueste Zeit ist dabei die Länge der Erdgeschichte immer mehr gewachsen.

Auf Grund ganz verschiedenartiger Voraussetzungen sind folgende Schätzungen angestellt worden:

nach	Lord Kelvin	ist	die	Erde	20	Millionen	Jahre	alt
,,	Davis	,,	,,	,,	25	,,	,,	,,
,,	Dana	,,	,,	,,	48	,,	,,	,,
,,	de Lapparent	,,	,,	,,	70	,,	,,	,,
,,	Croll	,,	,,	,,	100	,,	,,	,,
,,	Haughton	,,	,,	,,	200	,,	,,	,,
,,	Lyell	,,	,,	,,	240	,,	,,	,,
,,	Wallace	,,	,,	,,	500	,,	,,	,,
,,	Geikie	,,	,,	,,	100—680	,,	,,	,,

Alle diese Rechnungen sind mathematisch unanfechtbar, aber ihre geologischen Voraussetzungen schwanken und bedingen das wechselnde Resultat. Wenn wir z. B. mit Ritter[2] annehmen, daß die Erde ein Gasball sei, dann wird sie durch Kontraktion nicht kälter, sondern vielmehr wärmer, und sofort ändert sich fundamental jede der oben angeführten Berechnungen.

Wiederholt hat man geglaubt, durch rechnerische Verwertung der Resultate einzelner geologischer Vorgänge die Länge der Zeit bestimmen zu können. Wenn der Wind bei Daphnae in Ägypten einen Hügel von 10 m Höhe in 2000 Jahren abgetragen hat, so könnte man daraus schließen, daß ein Wüstenland in 100000 Jahren um 500 m erniedrigt wird; und doch sind uns zahlreiche altägyptische Inschriften auf vielen Felswänden hinterlassen, die fast keine Abnutzung erkennen lassen.

Wenn der Nil sein Flußgebiet in 17000 Jahren um 1 m erniedrigt, der Po aber das seine schon in 2400 Jahren ebensostark denudiert, dann gewinnen wir zwar Zahlen für eine exakte Berechnung, aber deren Resultat wechselt je nach dem zu Grunde gelegten Flußgebiet um das Siebenfache des Betrages.

Wenn ein grönländischer Gletscher jeden Tag 15—22 m vorwärts schreitet, dann brauchte die skandinavische Eisdecke des Diluviums nur 100 Jahre, um bis nach Thüringen zu gelangen — aber wer könnte behaupten, daß jene gewaltige Eismasse dieselbe Geschwindigkeit besaß?

Es will uns scheinen, als ob bei allen diesen Berechnungen eine oder mehrere unbekannte Fehlerquellen auftreten, die sich so summieren können, daß das Endergebnis unbedingt falsch wird, je sorgfältiger man auch rechnet. Ein Beispiel mag das erläutern: Wenn eine Mauer durch einen Maurer in 100 Stunden gebaut werden kann, dann müssen nach arithmetischen Grundsätzen auch folgende Zahlen gelten:

1	Maurer	arbeitet	100 Stunden
100	,,	arbeiten	1 Stunde
6000	,,	,,	1 Minute
360000	,,	,,	1 Sekunde

Jedermann sieht ohne weiteres ein, daß die Rechnung stimmt, aber trotzdem das Resultat falsch ist.

Auch der Salzgehalt des Ozeans und die chemische Abtragung sind mehrfach[3] zur Bestimmung des Alters der Erde benutzt worden.

Mellard Read	schloß	auf	eine	Zeitdauer	von	600	Mill. Jahren
v. Romer	,,	,,	,,	,,	,,	100	,, ,,

welche nötig waren, um die im Meerwasser gelösten Chloride aus festländischen Gesteinen auszulaugen und dem Ozean zuzuführen. Allein auch hier geht man von der unbeweisbaren Annahme aus, daß die Flüsse beständig dieselbe Menge von Gelöstem führten wie heutzutage, obwohl eine einzige vulkanische Periode durch ihre Dämpfe und Aschen in kurzer Frist solche Massen von Chloriden in den Ozean bringen konnte, daß dadurch alle Rechnungen über den Haufen gestoßen werden.

Andere Rechnungen fußen auf der Mächtigkeit der in genau gemessenen Profilen auftretenden Gesteine. So lesen wir, daß die Schichten des

Algonkium	bis	6000 m	mächtig	
Kambrium	,,	3000 m	,,	
Silur	,,	6000 m	,,	
Devon	,,	6000 m	,,	
Karbon	,,	4000 m	,,	seien,

und es sind manche Versuche gemacht worden, um diese Zahlen als Ausdruck der Zeitdauer der älteren Epoche anzusprechen.

Der Geologe, der die Profile genauer kennt, welche jenen Berechnungen zugrunde liegen, wird freilich Bedenken tragen, ihre Mächtigkeit ohne weiteres zum Ausdruck einer längeren oder kürzeren Bildungsdauer zu nehmen. Vulkanische Gesteine, grobe Trümmergesteine, Salz- und Gipslinsen und organische Riffkalke, welche in der Regel jene ungeheure Mächtigkeit bedingen, stimmen darin überein, daß sie sich lokal sehr rasch bilden und durch ihr schnelles Wachstum in einem eigentümlichen Gegensatz zu den normalen dünnschichtigen Ablagerungen des Meeres stehen. In einem vegetationslosen Wüstenlande können sich in sehr kurzer

Zeit ungeheure Massen von Schutt und Sand als Konglomerate, Breccien und Sandsteine übereinanderschichten, und ein einstündiger Wolkenbruch kann die Talsohle breiter Wannen um 10—30 m erhöhen. Wenn also solche Ablagerungen eines abflußlosen Gebietes auch eine Mächtigkeit von 4000 m erreichen, so entsprechen sie doch vielleicht nur einem Zeitraume von Jahrtausenden. Die Abscheidung von Salz und Gips erfolgt ebenfalls in verhältnismäßig kurzer Zeit, und wenn man erstaunt, daß in manchen Salzlagern eine Mächtigkeit von 1000 m reinem Salz durchbohrt wurde, so entspricht doch auch diese Zahl keineswegs einem besonders langen Zeitraume.

Nur einen Fall kennt man, wo eine Berechnung nach Jahren ziemlich sicher erscheint, das ist die Bildung des Salzlagers bei Staßfurt. Hier

Fig. 43.
Riffkoralle, gewachsen auf einem Kabel zwischen Java und Sumatra, das 5 Jahre am Meeresgrund lag.

hat man aus den zwischen den Salzschichten (Fig. 21) auftretenden Anhydritschnüren (Jahresringe) mit einiger Sicherheit erschließen können, daß die 900 m mächtige Salzablagerung in 100000 Jahren gebildet worden ist.

Wenn wir vulkanische Tuffschichten und Lavadecken von 1500 m Mächtigkeit in einem Profil messen, so müssen wir uns erinnern, daß der 1700 m hohe Jorullo in einem einzigen Jahre entstand.

Endlich werden wir auch bei Betrachtung mächtiger Kalkriffe zu ähnlichen Schlüssen geführt. Die Fig. 43 abgebildete Koralle ist auf einem Kabel gewachsen, das fünf Jahre lang am Meeresgrunde zwischen Java und Sumatra lag. Der etwa 8 cm hohe Korallenstock hat also ungefähr vier Jahre gebraucht, um zu seiner jetzigen Größe zu wachsen.

Demnach könnte eine Kalkriffmasse wie die Trisselwand bei Aussee mit einer Mächtigkeit von 600 m in etwa 30000 Jahren entstanden sein.

Wenn man die Profile verschiedener Gegenden miteinander vergleicht, dann ergibt sich, daß innerhalb desselben Zeitraumes die Gesteinsbildung bald ganz gering, bald ungemein intensiv war; das Kambrium in Norwegen ist etwa 100 m mächtig, trotzdem es paläontologisch gut zu gliedern ist. Das Kambrium von Neufundland ist 220 m, dieselbe Formation in Nevada 2400 m mächtig. Welche Zahl soll nun gelten, wenn man das Alter der kambrischen Zeit nach der Sedimentbildung schätzen will?

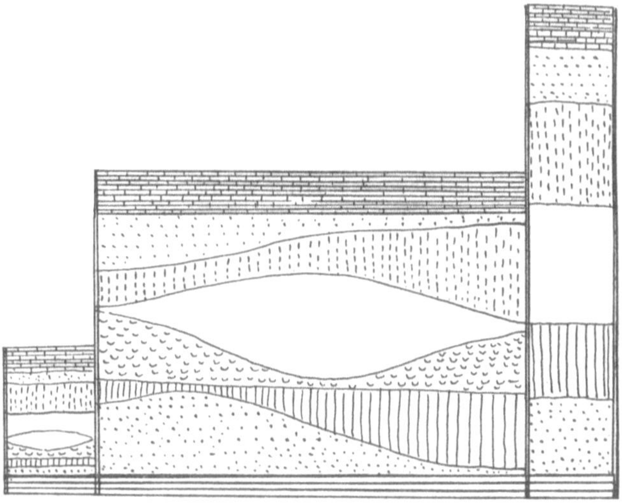

Fig. 44.

Das Mittelbild gibt ein System verschiedener sich überlagernder Gesteine von rasch wechselnder Mächtigkeit wieder. Wenn man die größten gemessenen Mächtigkeiten derselben addiert, dann ergibt sich das rechtsstehende Profil, während links die geringsten Mächtigkeiten aufeinandergebaut sind und dadurch das Gesamtprofil nur $^1/_3$ so groß erscheint.

Es gibt eine ganze Zahl geologischer Vorgänge, welche lokal die Mächtigkeit der neugebildeten Gesteine sehr steigern. Der 60 km breite und 3000 m hohe Ätnakegel ist in derselben Zeit gebildet, wo an den Küsten Siziliens 25 m pliozäne Schichten entstanden. Der Schlamm der Flüsse in der bengalischen Tiefebene liegt:

bei Kalkutta über 160 m
„ Umballa „ 230 m
„ Luknow „ 400 m mächtig,

und doch gehört diese ganz ungeheure Ablagerung der jüngsten Pliozänzeit an, während deren an den Küsten bisweilen nur etwa 2 m mariner Schichten gebildet wurden.

Wenn man also die Maximalmächtigkeit der verschiedenen Formationen einer Berechnung zugrunde legt, ergeben sich ganz andere Zahlen, als wenn man die Zahlen kleinerer Profile verwertet, und so erscheint es uns völlig unkontrollierbar, ob man die Mächtigkeit der sedimentären Ablagerungen der Erdrinde zu 10, 25 oder 100000 m angibt und daraufhin Zahlen über die Zeitdauer der geologischen Perioden berechnen will.

Noch geringeren Wert besitzt endlich die Methode, auf Grund der Formveränderung der Organismen die Länge des Alters der Erde zu bestimmen. Der Kampf ums Dasein und die Auslese der Organismen ist zwar immer bestrebt, neue Formen zur Herrschaft zu bringen, aber da er abhängig ist von dem Wechsel der auslesenden Faktoren, so muß in Zeiten großer geologischer Veränderungen auch die Artbildung und der Faunenwechsel unvergleichlich rascher verlaufen, als in den Perioden geologischer Ruhe. Zeigt uns doch auch die Geschichte des Menschengeschlechtes, daß große Impulse, große Persönlichkeiten, gewaltige soziale Umwälzungen oft in wenigen Jahren alles umgestalten, während dann Jahrhunderte nötig sind, um die Wirkungen dieser „Anastrophen" im einzelnen auszubilden und zu verarbeiten.

Wenn wir das ganze Wechselspiel der tellurischen und kosmischen Kräfte in der Gegenwart und in der geologischen Vergangenheit überschauen, wenn wir erwägen, wie zeitlich und räumlich begrenzte Umstände eine intensive Steigerung der abtragenden und auflagernden Vorgänge, der Artveränderung und des Aussterbens verursachen, wenn uns jeder Maßstab fehlt, um die normale Mächtigkeit der Gesteine zu bestimmen, dann werden wir, wenn auch schweren Herzens, auf den Wunsch verzichten, die geologischen Ereignisse nach Jahren, Jahrtausenden oder Jahrmillionen abzugrenzen.

Es kann keinem Zweifel unterliegen, daß die erdgeschichtlichen Perioden unvergleichlich länger sind, als alle Zeitbestimmungen, die sich in der Geschichte des Menschengeschlechtes gewinnen lassen; wir sprechen von geologischen Zeiträumen, um die Länge solcher Perioden anzudeuten; aber niemand wird entscheiden können, wieviel Millionen Jahre der eine oder der andere Vorgang dauerte, und unseres Erachtens sind viele der oben angeführten Berechnungen und Schätzungen über das Alter der Erde ebenso übertrieben, wie die Mächtigkeiten der geologischen Formationen.

Wenn unser Auge den bestirnten Himmel betrachtet und neben dem leuchtenden Glanz des Sirius, von dem das Licht bis zu uns 17 Jahre braucht, den schwachen Schimmer kleiner Sternchen bemerkt, deren Licht seit 20000 Jahren durch den Weltenraum eilt, um heute erst die Erde zu erreichen, dann überschauen wir mit einem Blick eine Fülle verschiedenartiger Zeiträume nebeneinander. So erblickt auch das Auge des Geologen in den nebeneinanderliegenden Gesteinen eine ganze Kette verschiedenaltriger geologischer Bildungen, die, unter völlig heterogenen klimatischen Umständen entstanden, nach Bildungsart und Alter grundverschieden, jetzt dicht aneinanderliegen. Indem wir prüfend über die Schichtenfolge hinwegschreiten, wandern wir durch die Äonen einer längst verflossenen Urgeschichte.

Wie eine grandiose Wandeldekoration ziehen vor unserem Auge weltgeschichtliche Ereignisse von der größten Tragweite vorüber. Tausende Meter von sich überlagernden Gesteinsdecken, deren bunter Farbenwechsel, mannigfaltige Lagerung, Fossilarmut oder Versteinerungsreichtum uns zu denken gibt, können wir schrittweise durchmessen. Wir wandeln über den mit Muscheln besäten Meeresgrund, besteigen die steilen Abhänge erloschener Vulkane, sehen die vermoderten Massen uralter Floren in den Kohlenlagern und die Niederschläge blauer Wüstenseen in den Salzlagern; die flüchtigen Heerden schlanker Steppentiere und die Schwärme wandernder Fischzüge. — Alles liegt versteinert zu unsern Füßen.

Die Geologie hat überaus scharfsinnige Methoden ausgebildet, welche mit der größten Genauigkeit das chronologische Alter eines jeden geologischen Ereignisses festzustellen erlauben.

Das relative Alter jeder Versteinerung, die Zeiten, wo sich der Gebirgsbildungsprozeß äußerte, wo Gebirge abgetragen wurden, wo Vulkane entstanden oder erloschen, wo Kohlenlager oder Salzstöcke in die Erdschichten eingeschlossen wurden, die Transgressionen der Meere, das Emportauchen neuer Landflächen, das Auftreten eisiger Gletscher oder glühender Wüsten — alles dies läßt sich mit absoluter Sicherheit zeitlich ordnen, aber die Dauer dieser Ereignisse nach Jahren oder Jahrtausenden zu bestimmen wird stets unmöglich sein.

Der Geologe befindet sich also in der Lage eines Historikers, welcher ganz genau beweisen kann, daß auf Augustus — Julius Cäsar, dann Karl der Große, dann Karl V., Friedrich II., Napoleon I. und Wilhelm I. folgten, der aber kein Mittel besitzt, um festzustellen, wieviel Jahre vom Regierungsantritt des einen Herrschers bis zu dem des nächsten verflossen sind.

Die wichtigste Methode für die Altersbestimmung eines Gesteins liefert uns die tektonische Geologie. Man versteht darunter die Lehre von den körperlichen Umrissen und der Lagerung der die Erdrinde zusammensetzenden Gesteinsmassen. Wir haben oben kennen gelernt, daß es zwei verschiedene Arten der Lagerung gibt, welche schon die alten Bergleute mit den Begriffen von „Flöz“ und „Gang“ unterschieden. Die Flöze oder, wie wir jetzt sagen, die geschichteten Gesteine zeichnen sich in der Regel dadurch aus, daß sie die Form einer weit ausgedehnten flachen Linse haben. Konglomerate, Sandsteine, Tongesteine, Kohle, Salz,

Gips, Kalkstein, Dolomit und noch manche andere, chemisch verschiedene Massen treten als Flöze auf. Bald ist ihr linsenförmiger Körper nur 1 m dick und 10 m breit, bald verbreitern sie sich auf Tausende von Metern, und während ihre Dicke oder Mächtigkeit in dem einen Falle auf 1 cm zusammenschrumpft, wächst sie in anderen Fällen zu Hunderten von Metern. Nur selten ist eine scharfe Begrenzung einer solchen flachen Linse zu erkennen, da ihr seitlicher Rand in der Regel durch allmähliche Übergänge mit einem benachbarten Gestein verbunden ist. Jedes petrographisch verschiedene Gestein entstand unter verschiedenen Bildungsbedingungen, und jene Grenzen entsprechen den Umrissen des Bildungsraumes.

Man hat früher geglaubt, daß das petrographische Aussehen eines Gesteins Schlüsse auf sein geologisches Alter gestatte, und es ist wohl richtig, daß z. B. Kupferschiefer nur im oberen Perm, Lithographiesteine nur im oberen Jura, weiße Schreibkreide nur im Senon vorkommen. Der geübte Blick des Geologen wird sogar auch noch eine große Anzahl anderer Gesteine an bestimmten Charakteren nach ihrem geologischen Alter bestimmen können. Aber wenn wir von einem Land in das andere beobachten, dann versagt dieses Hilfsmittel, und wir erkennen bald, daß in allen geologischen Perioden nahezu dieselben Gesteinstypen entstanden sind. Die Fazies der Konglomerate, Sandsteine, Kalke ebenso wie Kohle, Gips, Dolomit sind fast zu allen Zeiten gebildet worden, und in vielen Fällen kann auch der Fachmann einem solchen Gestein nicht ansehen, aus welcher Periode es stammt. Die Gründe hierfür sind leicht einzusehen; denn die physikalischen und chemischen Vorgänge, welche die Bildung eines Gesteins beherrschen, sind der Ausdruck unveränderlicher Naturgesetze; am Boden großer Wasserbecken haben sich immer geschichtete Gesteine bilden müssen; die Dünen uralter Zeiten wurden in derselben Weise aufgeschüttet, wie die der heutigen Küsten, und ein Lavastrom der Silurzeit erstarrte in derselben Weise, wie wir es noch jetzt an den Abhängen des Vesuv beobachten können. Möglich, daß die Wirkung mancher Naturkräfte eine andere war, solange die Erde als Weltkörper andere Eigenschaften besaß. Aber wenn wir von diesen Ausnahmen absehen, müssen sich die physikalischen und chemischen Vorgänge aller Perioden seit dem Kambrium in derselben Weise vollzogen haben, wie wir das jetzt noch beobachten können.

Nur von dem Momente, wo organisches Leben auf der Erde sich geltend machte, trat ein qualitativ neues Element in das Wechselspiel der tellurischen Kräfte ein. Das Protoplasma hat die Fähigkeit, sich beständig umzugestalten. So wie sich das Individuum von der Geburt bis zum Tode unaufhörlich verändert und niemals in genau derselben Form wieder auftritt, so wandeln sich die Arten und Gattungen, die

Ordnungen und Klassen, bald in langsamem, bald in rascherem Tempo. Alles fließt, nichts kehrt wieder; und wie sich die Form umgestaltet, so verändert sich auch ihre physiologische Leistung. Ein Kalkfelsen, der durch paläozoische Stromatoporiden gebildet wurde, sieht anders aus wie ein Ellipsaktinienkalk der Jurazeit, und der Meeressand, der durch den Darm von Millionen kambrischer Würmer hindurchwanderte, erhielt andere Eigenschaften als der Faulschlamm russischer Limane. Eine Steinkohle, welche durch vermoderte Sigillarien entstand, unterscheidet sich von der Braunkohle, bei deren Bildung Sumpfzypressen die wichtigste Rolle spielen, und äolischer Löß konnte erst entstehen, seitdem genügsame Steppenpflanzen sich über die ariden Regionen verbreiteten.

So müssen sich alle Gesteine, bei deren Bildung die Organismenwelt direkt oder indirekt beteiligt ist, im Laufe der geologischen Perioden in dem Maße ändern, als die morphologischen und physiologischen Eigenschaften der Organismen selbst einem Wechsel unterlagen.

Es hat aber auch zu allen Zeiten Tiere gegeben, die sich gegen die Angriffe der Außenwelt durch Schalen, Panzer und Skelette schützten, die in der bewegten Brandung ein festes Innengerüst bildeten oder Stacheln und Zähne besaßen, um eine räuberische Lebensweise führen zu können. Mit der Formveränderung des ganzen Tieres änderte sich die Gestalt dieser Hartgebilde. Manche solcher skelettbildenden Tiere behielten ihre anatomischen Charaktere durch eine längere Zeitfolge, und ihre Reste finden sich in Gesteinen von verschiedenem Alter. Solche Dauerfossilien lassen uns wohl erkennen, wie lange gewisse Lebensbedingungen herrschten, aber einen Wert für die Altersbestimmung des umhüllenden Gesteins besitzen sie nicht. Dagegen gab es andere Organismen mit charakteristisch geformten Hartgebilden, die wie ein Fühlhebel auf die geringste Veränderung ihrer Existenzbedingungen durch eine deutliche Veränderung ihrer Gestalt reagierten. Oft scheint Ursache und Wirkung in einem argen Mißverhältnis zu stehen, so rasch werden bisweilen ihre Formen umgeprägt. Besitzen solche für einen kurzen Zeitabschnitt charakteristische Fossilien zugleich eine weite geographische Verbreitung, findet man sie vielleicht gar in den verschiedenen Faziesgesteinen derselben Epoche, dann steigt ihr Wert als Leitfossilien, und sie werden zu Denkmünzen, die das Alter eines Gesteins sofort erkennen lassen, zu den Seitenzahlen im Buch der Erdgeschichte.

Die Feststellung der Schichtenfolge im einzelnen Profil wird ergänzt und vertieft durch den Vergleich mit anderen benachbarten Beobachtungsreihen. Oft wird das zuerst untersuchte Profil als Normalprofil, und die darin beobachteten Leitfossilien als besonders bezeichnende Formen betrachtet, aber kein Profil verdient einen Vorzug, jede Schichtenfolge ist typisch für eine bestimmte Lokalität und die bezeichnendsten

Leitfossilien können in gleichalterigen Gesteinen fehlen. Eine durch gleiche Fossilien als äquivalent, d. h. geologisch gleichzeitig betrachtete Gesteinsbank wird als Horizont bezeichnet und vielfach nach dem darin gefundenen Leitfossil benannt. Eine neuerdings in der Formationskunde vielfach geübte Methode sucht jede Schicht nach einem Leitfossil zu nennen, selbst wenn dasselbe keineswegs überall darin gefunden worden ist.

So wird eine Schichtenreihe nach lithologischen und paläontologischen Merkmalen zerlegt, und in genau durchforschten Gebieten ist diese Gliederung der Schichtenfolge bis auf dünne Zwischenlagen von oft nur wenigen Zentimetern genau durchgeführt. Freilich bleibt dabei dem persönlichen Ermessen des aufnehmenden Geologen immer ein gewisser Spielraum, und so kommt es, daß die Übergangsschichten und Grenzgesteine zwischen zwei verschiedenen Perioden vielfache Diskussionen anregen, ob man solche Bildungen an die liegende oder an die hangende Schichtenreihe anschließen soll; aber diese Grenzregulierungen und Grenzstreitigkeiten können die Sicherheit der eigentlichen stratigraphischen Bestimmung nicht beeinträchtigen.

Es hat sich als zweckmäßig erwiesen, die durch minutiöse Kleinarbeit in allen Ländern der Erde festgestellte Schichtenfolge der Gesteine in größere und kleinere Gruppen einzuteilen, deren Namen keineswegs eine bestimmte petrographische Beschaffenheit, sondern vielmehr einen scharf begrenzten Zeitraum bezeichnen. Man pflegt die sechs ältesten Perioden als Paläozoikum zu bezeichnen, doch scheint es uns mehr dem Gang der Erdgeschichte zu entsprechen, daß wir die beiden ältesten fossilführenden Formationen von den anderen trennen.

I. Das archäische Zeitalter oder die Urzeit hat uns nur wenige Spuren gleichzeitiger Vorgänge hinterlassen, da ihre Gesteine meist hochgradig verändert und die darin enthaltenen Versteinerungen zerstört sind. Als letzte Endphasen dieser urältesten Zeit betrachten wir die Perioden des:

1. Algonkium
2. Kambrium

II. Das paläozoische Zeitalter oder die Altzeit zerfällt in folgende Formationen:

3. Silur
4. Devon
5. Karbon
6. Perm

III. Das mesozoische Zeitalter oder die Mittelzeit gliedert sich in:

7. Trias
8. Jura
9. Kreide

IV. Das neozoische Zeitalter oder die Neuzeit umfaßt:

10. Tertiär
11. Diluvium
12. Gegenwart.

Innerhalb der einzelnen Formationen unterscheidet man meist je drei Abteilungen, diese werden in Stufen und weiter in Zonen und Horizonte gegliedert.

Da fast alle Altersbestimmungen der Gesteine auf paläontologischer Grundlage beruhen, so bedeuten die angeführten Namen eigentlich bestimmte Faunen, die gleichzeitig die Ozeane oder die Festländer der Vorzeit bevölkerten; und wenn man bei kartographischen Darstellungen gleichaltrige Bildungen mit derselben Farbe, verschiedenaltrige Gesteine mit verschiedenen Farben bezeichnet, so stellen diese geologischen Karten eigentlich in der Hauptsache die Aufeinanderfolge tiergeographischer Ereignisse dar.

Indem wir das Alter eines Gesteins bestimmen und die Verbreitung seiner Fazies geographisch verfolgen, legen wir auch das Herrschaftsgebiet bestimmter klimatischer oder lithogenetischer Bedingungen fest. Haben wir z. B. die Verbreitung versteinerter Korallenriffe in einem bestimmten Zeitabschnitte verfolgt, so wissen wir damit, bis zu welcher Grenze die für das Wachstum von Riffkorallen notwendige Temperatur in dem damaligen Meere reichte. Die Verbreitung von Salzlagern gibt uns einen Maßstab für die abflußlosen Gebiete jener Zeit, Kohlenlager lassen uns die Ausdehnnng sumpfiger Wälder erschließen. Haben wir eine fossile Fauna chronologisch bestimmt, dann können wir die Grenzen ihrer Verbreitung in demselben Zeitabschnitte und ihre Wanderungen durch aufeinanderfolgende Schichten mit aller Sicherheit verfolgen.

Man pflegt in der Regel die historische Aufeinanderfolge geologischer Ereignisse nach den durch die chronologische Formationskunde gegebenen Zeitabschnitten zu schildern, die wir oben aufgezählt haben; aber der Gang erdgeschichtlicher Ereignisse verläuft vielfach unabhängig von jenen Abschnitten der Formationstabelle. Gewisse Faunen und manche charakteristische Gesteine, deren erdgeschichtliche Einheit nicht bezweifelt werden kann, lassen sich oft durch mehrere Formationen hindurch verfolgen und erscheinen in ihren bionomischen oder lithogenetischen Bedingungen von so hohem Interesse, daß man auch bei einer erdgeschichtlichen Darstellung nach den in der Menschengeschichte geübten Grundsätzen verfahren sollte. Nur dann wird die Chronologie zur Historie, wenn die Einheit großer Ereignisse von ihrem Anfang bis zu ihrem Ende auch bei der Schilderung zum Ausdruck kommt. Diesem Grundsatze entsprechend werden wir in den folgenden Abschnitten die

Einheit der Fazies, des Bildungsraumes oder der phylogenetischen Folge unseren Betrachtungen zugrunde legen und homologe Erscheinungen in geschlossener Entwickelung darstellen.

Manche Ereignisse waren nur von kurzer Dauer und haben doch große Gebiete der Erdoberfläche umgestaltet. Andere Vorgänge erfolgten in gleichartiger Weise lange Zeiträume hindurch. Die Entwickelung der Organismenwelt ließ bald einen Zweig des Stammbaumes zu rascher, üppiger Blüte gedeihen, bald gehörten lange Zeiträume dazu, bis eine charakteristische Fauna vom Schauplatze verschwand. Diese, an Intensität und Zeitdauer so verschiedenartigen Stadien der Erdentwicklung sollen nicht etwa tabellarisch aufgezählt oder nach einem bestimmten Schema geschildert werden, sondern wir wollen versuchen, ihre erdgeschichtliche Bedeutung abzuwägen und wichtigere Ereignisse besonders herauszuheben. Nicht die Fülle der vorliegenden Dokumente, sondern ihre dynamische Bedeutung, mit anderen Worten: der historische Wert der verschiedenartigen Ereignisse soll als Maßstab unserer folgenden Betrachtungen dienen.

Verweise

[1] Ratzel, Die Zeitforderungen in den Entwicklungswissenschaften. Ann. d. Naturphilosophie I, S. 309, II, S. 40. — [2] Ritter, Anwendung der mechanischen Wärmetheorie auf kosmologische Probleme, 1882, S. 26. — [3] v. Lozinski, Die chemische Denudation, ein Chronometer der geologischen Zeitrechnung, Mitt. d. K. k. geogr. Gesellsch. Wien, 1901, S. 74.

13

Die untere Grenze der Fossilführung

Die Ablagerungen, Sedimente oder Gesteine, welche sich noch heute an der Erdoberfläche bilden, lassen sich leicht in zwei Gruppen einteilen.[1]

A) Die Mehrzahl aller Felsmassen besteht aus Bruchstücken von beträchtlicher oder geringer Korngröße, die mehr oder weniger fest verkittet sind (Trümmergesteine). Das verkittete Material hat eine ganz verschiedene Herkunft, es besteht

1. aus den Trümmern vorher existierender Felsarten, die als
   scharfeckige grobe Bruchstücke die Breccien,
   abgerollte grobe Bruchstücke „ Konglomerate,

feinkörnige, meist gerundete Körner die Sandsteine,
staubartige Gemengteile „ Tongesteine,
regellose Gemische aller dieser Arten „ Moränen und
manche Wüstengesteine

als die „eigentlichen“ Trümmergesteine zusammmensetzen.

2. Das Gestein besteht aus den Trümmern von organischen Resten, die als

verweste Pflanzensubstanz die Kohlen und kohligen Gesteine,
zertrümmerte Kalkschalen „ Kalksteine,
zarte Kieselhüllen „ organischen Kieselschiefer

bilden.

3. Das Gestein besteht aus zerteiltem vulkanischen Magma, dessen

grobkörnige Massen: vulkanische Breccien und Schalsteine,
mittelkörnige „ : „ sandige Tuffe,
feinkörnige „ : „ Feintuffe, Tonsteine usw.

bilden. Nur selten treten diese Typen ganz rein auf, meist sind sie vielfältig gemischt. Viele Sandsteine enthalten Muscheltrümmer, viele Tongesteine Pflanzenreste, und vulkanische Tuffe können am Meeresgrund mit Radiolarienschlick durchsetzt werden.

Die meisten Trümmergesteine treten als Schichten oder Bänke auf, nur manche organische Felsarten als linsenartige Riffe. Sie enthalten in der Regel zahlreiche Fossilien, welche die Entstehung des Gesteins auf dem Festlande oder im Meere zu erkennen erlauben. Die zwischen den Trümmern ursprünglich vorhandenen Hohlräume (Porenvolumen) werden oft durch chemisch abgeschiedene Stoffe ausgefüllt, und das dadurch dicht und homogen gewordene Trümmergestein kann dann große Ähnlichkeit mit der folgenden Gruppe gewinnen.

B) Andere Felsarten nennen wir kristallinische Gesteine. Ihre Bestandteile sind durch Kristallisation aus wässerigen Lösungen oder glühenden Glasflüssen entstanden, sie bilden Decken oder Linsen, Gänge oder Stöcke und enthalten in der Regel keine Versteinerungen:

1. aus wässeriger Lösung entstanden:

die Salz- und Gipslager,
manche Kalksteine (Kalksinter, Kalkspatgänge),
Kieselsinter und Gangquarze,
zahlreiche Mineral- und Erzgänge;

2. aus dem Glasfluß enstanden:

die plutonischen Massengesteine,
die vulkanischen Massengesteine.

Obwohl manche Trümmergesteine durch spätere Kristallisation den kristallinischen Gesteinen sehr ähnlich werden können, so wird man doch in der Regel aus dem tektonischen Schichtenverband ihre Entstehungsweise mit aller Sicherheit erkennen und ein bestimmtes Gestein ohne weiteres der einen oder anderen Gruppe zuordnen können.

Wenn wir aber ein größeres Profil durch die Erdrinde hindurch verfolgen und, von den jüngsten Gesteinen ausgehend, immer ältere und stratigraphisch tiefer lagernde Massen untersuchen, so kommen wir endlich in eine Tiefenregion, in welcher uns eine neue Gesteinsgruppe entgegentritt. Da, wo wir erwarten könnten, die ersten Spuren des aufkeimenden organischen Lebens und die Wurzeln der Tierstämme zu finden, wo wir die Niederschläge des ältesten Urmeeres und die Schollen der ersten Erstarrungskruste unseres Planeten vermuten, da treffen wir auf Gesteine, die in seltsamer Weise die Eigenschaften der vorher unterschiedenen Gesteinsgruppen vereinigen. Diese sogenannten:

C) kristallinischen Schiefer bestehen in der Regel aus durchaus kristallinischen, meist grobkörnigen Felsarten und enthalten keine Fossilien. Wohlgeschichtete und ungeschichtete Massen, kleine und große Linsen, Gänge und Ganggruppen treten in engster Verbindung miteinander auf, selten liegen sie horizontal, meist sind sie gefaltet; granitische Einlagerungen sind sehr häufig und oft von den damit verbundenen Schiefern kaum zu sondern.

Schon frühzeitig hat man die Eigenart der kristallinischen Schiefer erkannt und, da sie überall das Fundament der Erdrinde bilden, ihnen den Namen Grundgebirge gegeben. Indem man ihr sehr hohes Alter betonte, kam man zu der Idee der Urgesteine und verglich sie mit den hypothetischen Ablagerungen eines Urmeeres oder den ältesten Schollen der erstarrenden Erdkruste.

Solange man die kristallinischen Schiefer nur im Handstück oder im Dünnschliff untersuchte, solange man ihre tiefe Lage in der Erdrinde für den Ausdruck hohen Alters, ihre kristallinische Beschaffenheit und ihre Lagerungsform für primär, ihre Versteinerungsleere für ursprünglich hielt, konnte man wohl zahlreiche petrographische Typen unterscheiden, aber es fehlt der leitende Gesichtspunkt für eine genetische Betrachtung. Wenn[1] wir aber ihre stratigraphische Lage in verschiedenen Profilen betrachten, ihre Beziehungen zu den dynamischen Vorgängen innerhalb der Erdkruste ins Auge fassen und neben den auffallenden, sogenannten „wesentlichen“ Eigenschaften der Urgesteine auch ihre scheinbar „accessorischen“, in Wirklichkeit primären Charaktere sorgfältig studieren, dann erscheinen sie uns in einem neuen Lichte.

In den äußeren Zonen der Erdrinde bildet der Gegegensatz von Trümmergesteinen und kristallinischen Felsarten, von Schicht und Gang den wichtigsten Unterschied. Zwischen beiden so grundverschieden entstandenen Lagerungsformen gibt es hier keine Übergänge. Zwar kann der Gegensatz durch diagenetische Umwandlungen oder tektonische Verschiebungen verhüllt sein, aber das Auge des Fachgeologen wird sich bald über den Charakter der Ablagerung klar werden. Wenn wir jedoch tiefere Regionen der Lithosphäre untersuchen, dann kommen wir an eine Grenze, wo entweder mit scharfer Diskordanz die Unterlage der kristallinischen Schiefer auftritt, oder wo wir in allmählichen Übergängen den Gegensatz fossilfreier Ganggesteine und fossilführender Schichten verschwinden sehen. Die vorher wohl erkennbaren Versteinerungen werden undeutlich und ihre Umrisse sind nur noch auf angewitterten Flächen erkennbar. Dann hören sie ganz auf und zugleich ändert sich die mikroskopische Struktur des Gesteins. Die kleinen Bruchflächen der klastischen Elemente heilen aus, neue Mineralien entstehen in wohlausgebildeten Kristallen, und je mehr wir gegen die innersten Teile denudierter Faltenkerne hinabdringen, desto kristallinischer werden die Felsarten. Gänge und Stöcke grobkristallinischer, plutonischer Gesteine treten auf, drängen sich zwischen die kristallinisch gewordenen Schichten, lösen sich scheinbar in ihrem eignen Magma auf und verschränken flötzförmige und gangförmige Lagerung so innig miteinander, daß man oft im Zweifel sein kann, ob ein gebanktes Ganggestein oder ein erweichtes, in Spalten gepreßtes Sediment vorliegt.

Statt der regelmäßigen Folge geschichteter Gesteinsarten sehen wir in jedem benachbarten Profil andere Gesteine sich überlagern. Wohl hat man im Erzgebirge und manchen anderen Ländern eine obere „Schieferformation" von einer unteren „Gneisformation" scharf unterscheiden zu können geglaubt, aber wenn wir im klassischen Glimmerschiefer bei Scheibenberg mächtige Gneislager und im Gneis der altberühmten Fuchsleite feinschichtige Glimmerschiefer beobachten, wenn überall kleine und große Linsen grundverschiedener Gesteinsarten neben- und übereinanderlagern, dann erscheint es unmöglich, ein normales Gesteinsprofil in dem kristallinischen Grundgebirge durchzuführen. Nur selten können wir dieselbe Bank, denselben Gang über eine längere Strecke verfolgen. Die Grenzen der Gesteine sind oftmals so verschwommen, daß wir sie kaum unterscheiden können, und neben eng gefalteten Gangadern finden wir durch Streckung zerrissene Schichten. Überall treten uns die Wirkungen großer Hitze, chemischer Verwandlung, lebhafter oder langsamer Druckkräfte entgegen, und doch können wir in vielen Aufschlüssen die einzelnen Erscheinungen kaum voneinander unterscheiden.

Betrachten wir die stratigraphische Lage der Region, in welcher die kristallinischen Schiefer erscheinen, so lagern dieselben meist tief unter den ältesten versteinerungsführenden kambrischen Schichten. Allein man kennt doch auch zahlreiche Profile, wo die Herrschaft der kristallinischen Schiefer in höhere Regionen hinaufreicht und man von „jüngeren" kristallinischen Schiefern zu sprechen pflegt. Wir wollen die Übergangszone zwischen den fossilführenden hangenden Erdschichten und den darunter liegenden kristallinischen Schiefern die **untere Grenze der Fossilführung** oder die **agnostozoische Grenze** nennen. Auf folgender Tabelle (die allerdings nur Annäherungswerte darstellt) ist ihre Lage in verschiedenen Profilen leicht zu übersehen; ein × bedeutet fossilführende Schichten, ein — kristallinische (metamorphe) Schiefer.

	Elba	Ekuador	Kreta	Preßburg	Savoyen	Steiermark	Ardennen	Bergen	Frankenwald	Böhmen	Kolorado
Alluvium	×	×	×	×	×	×	×	×	×	×	×
Diluvium	×	×	×	×	×	×	×	×	×	×	×
Tertiär	×	×	×	×	×	×	×	×	×	×	×
	—	×	×	×	×	×	×	×	×	×	×
Kreide	—	×	×	×	×	×	×	×	×	×	×
	—	×	×	×	×	×	×	×	×	×	×
Jura	—	—	×	×	×	×	×	×	×	×	×
	—	—	—	—	×	×	×	×	×	×	×
Trias	—	—	—	—	×	×	×	×	×	×	×
	—	—	—	—	×	×	×	×	×	×	×
Perm	—	—	—	—	—	×	×	×	×	×	×
	—	—	—	—	—	×	×	×	×	×	×
Karbon	—	—	—	—	—	×	×	×	×	×	×
	—	—	—	—	—	—	×	×	×	×	×
Devon	—	—	—	—	—	—	—	×	×	×	×
	—	—	—	—	—	—	—	—	×	×	×
Silur	—	—	—	—	—	—	—	—	×	×	×
	—	—	—	—	—	—	—	—	×	×	×
Kambrium	—	—	—	—	—	—	—	—	—	×	×
	—	—	—	—	—	—	—	—	—	×	×
Algonkium	—	—	—	—	—	—	—	—	—	—	×
	—	—	—	—	—	—	—	—	—	—	×

Wenn man also neben den „echten" präkambrischen „Urgesteinen" zahlreiche Fälle „jüngerer" kristallinischer Schiefer aufzählen kann, wenn die agnostozoische Grenze stratigraphisch eine ganz verschiedene Lage hat, wenn mit anderen Worten die Ablagerungen der verschiedensten Zeitperioden im Gewande von kristallinischen Schiefern auftreten können, dann folgt ohne weiteres, daß die einheitlichen Eigenschaften dieser „Urgesteine" nicht als Wirkungen gleichzeitiger Vorgänge aufgefaßt werden dürfen, daß sie vielmehr durch **nachträgliche Umwandlungen** entstanden sind.

Da man in der Regel die große Gesteinsfamilie der „Gneise" als die typischen Vertreter der kristallinischen Gesteine aufzählt, wollen wir die moderne Auffassung so formulieren: die kristallinischen Schiefer sind durch Vergneisung aus anderen Gesteinen entstanden. Damit erwächst uns die Aufgabe, zuerst die Ursachen dieser Umwandlung zu studieren, sodann die ursprüngliche Beschaffenheit der vergneisten Gesteine zu untersuchen.

Man hat lange Zeit geglaubt, daß die Zeit ein ganz bestimmter Faktor in der Umbildung der Gesteine besonders nach der Richtung sei, daß alle älteren Gesteine stärker umgewandelt seien, als die jüngern Bildungen. Aber immer mehr hat man eingesehen, daß zwar in längern Zeiträumen die Möglichkeit einer Umwandlung größer ist, allein daß es hierbei immer nur auf den Eintritt bestimmter metamorphosierender Kräfte ankommt. Der kambrische Meeresschlamm in der Umgebung von Petersburg ist noch so weich, daß er sich zur Ziegelfabrikation eignet, obersilurische Kalke von Gotland scheinen eben erst aus Bryozoen und Korallen locker verkittet zu sein, der Perlmutterglanz der Schnecken, die rote Farbe von Krinoidenstielen ist noch unverändert, und die im Feuerstein eingeschlossenen Graptolithen lassen sich mit dem Mikrotom in ebenso feine Dünnschnitte zerlegen, wie eine lebende Polypenkolonie. Andererseits gibt es tertiäre Dachschiefer, jurassische Glimmerschiefer und karbonische Gneise, die man nach ihrem Gesteinscharakter unbedingt für präkambrisch erklären würde. Die Zeit hat also keine metamorphosierende Kraft, und so müssen wir nach den besondern Ursachen der Vergneisung fragen.

Die kristallinischen Schiefer sind vielfach durch diskordante Deckschichten überlagert und während der vorausgegangenen Denudation ist der ursprüngliche Verband mit den hangenden Gesteinen vernichtet oder verhüllt worden. Wir müssen uns daher solchen Profilen zuwenden, wo die Lagerungsbeziehungen leicht verständlich sind. In den Kernen großer Gebirgsfalten lassen sich bei konkordanter Lagerung vom Gebirgsrande nach den inneren Sattelachsen die Ursachen und Vorgänge der Vergneisung ohne Mühe verfolgen.

In einem frühern Abschnitte haben wir die heutige Erdoberfläche in zwei Regionen geologischer Prozesse eingeteilt. Abtragung und Auflagerung erschienen uns als antagonistische Vorgänge, die sich zeitlich und räumlich ausschließen und doch die große Fülle der exogenen Veränderungen umfassen. Jeder vergneiste Faltenkern ist nun dadurch ausgezeichnet, daß auf eine lange Reihe ablagernder Vorgänge eine Periode der Gebirgsbildung und dann eine lange Zeit der Abtragung folgte. In Mitteldeutschland[2] wurden nacheinander

2000 m Kambrium,
300 m Silur,
1000 m Devon,
2000 m Karbon

gebildet. Im Oberkarbon wurde dieser Schichtenstoß gefaltet und während der folgenden langen Perioden so weit wieder abgetragen, daß die Taleinschnitte durch die 5300 m mächtige Decke bis hinab zu den liegenden Gesteinen reichen. Ähnlich liegen die Verhältnisse in den Alpen, dem Ural, den Pyrenäen und zahlreichen anderen genauer untersuchten Faltengebirgen. Untersuchen wir also, was mit den untersten Gesteinen geschieht, wenn eine so mächtige Schichtenreihe allmählich übereinander gelagert, dann gefaltet und endlich wieder langsam abgetragen wird:

Die Erdrinde zeigt überall, ganz unabhängig von dem Charakter der in einer bestimmten Tiefe vorhandenen Gesteine, sehr bezeichnende Eigenschaften, die in erster Linie von der nach unten zunehmenden Temperatur abhängig sind. Wenn die Erdwärme in einer Tiefe von 30 m um je einen Grad C zunimmt, dann müßte man

bei 300 m 10°
„ 3000 m 100°
„ 30000 m 1000°
„ 300000 m 10000°

erwarten.

Es mag nun sein, daß das Gesetz der Wärmezunahme in der Pyrosphäre noch durch andere Umstände beherrscht wird, so daß diese Zahlen den Tatsachen nicht ganz entsprechen, sicher ist aber die steigende Temperatur mit zunehmender Tiefe.

Die Erdrinde ist nun zugleich überall mit Wasser getränkt, und die Wärme, mit der solches Wasser auf Spalten und Klüften zutage dringt, ist wegen des langen Weges immer niedriger als die Temperatur des Ursprungsgebietes. Neben den zahlreichen Quellen mit 1—10° mittlerer Temperatur treten aber die Thermen mit 20—65° zutage, die Geysire des Yellowstone-Parkes sprudeln 100° heißes Wasser aus, und die Wasserdämpfe, welche bei vulkanischen Eruptionen dem glühenden Magma entweichen, haben wie dieses eine Temperatur von 500—1000°.

Aus allen diesen Tatsachen geht hervor, daß mit zunehmender Tiefe alle Gesteine unter den Einfluß immer wärmeren Wassers kommen.

Während kaltes Wasser eine verhältnismäßig geringe Lösungskraft besitzt, steigt dieselbe mit zunehmender Temperatur. Viele der gelösten Stoffe geben aber dem Wasser noch ganz besondere Eigenschaften für die Lösung und den Wiederabsatz von Mineralien; deshalb ist die Wirkung des aus einem plutonischen Magmaherde entweichenden heißen Wasserdampfes, der Fluoride, Chloride, Borate, Wolframiate und Phosphate enthält, von so tiefgreifendem Kontakteinfluß auf den Mineralienverband des Nebengesteins. Wenn nun eine am Boden des kühlen Meeres oder an der Erdoberfläche entstandene Gesteinsschicht später von jüngern Sedimenten überlagert wird, wenn 5000 m und mehr neugebildete Gesteine in einer Geosynklinale angehäuft werden, dann geraten sie in immer größere Tiefe unterhalb der Erdoberfläche und durchwandern ganz allmählich die verschiedenen Zonen, die wir S. 12 innerhalb derselben unterscheiden konnten.

Unterhalb der durch Abtragung oder Auflagerung immer veränderten Außenschicht folgt die Region der Verkittung.[3] Hier herrscht eine gleichmäßige mittelhohe Temperatur. Das alle Poren und Spalten erfüllende Wasser wirkt als Lösungsmittel für viele Stoffe, und leicht werden tiefer lagernde heiße Wassermengen aufsteigen oder kühlere Bergwasser durch Druck und Diffusion in wärmere Zonen hinabsinken. Alle geologischen Veränderungen an der Erdoberfläche äußern sich in der Tiefe durch Bewegungen und Verschiebungen der unterirdischen Wasserschichten, und so treten überall verschiedenartige Lösungen in Stoffaustausch. Nach einem schon von Bischof formulierten Gesetz müssen hierbei stets zuerst die am schwersten löslichen Verbindungen ausfallen. Wir finden daher eine große Zahl von Mineralien bis zu Kieselsäure und Schwerspat als Zement lockerer Sedimente, oder als Ausfüllung von Spalten und Hohlräumen. Kleinere Muscheltrümmer werden zu dichten Kalksteinen verbunden, zerreiblicher Quarzsand verhärtet zu Sandstein und Quarzit, weiche vulkanische Aschen verbindet chemisch abgeschiedene Kieselsäure zu festem Traß, in den Hohlräumen von blasenreicher Lava bilden sich kristallinische Mandeln und größere Achatdrusen, aus weichem Tonschlamm entstehen Mergel, Schiefertone und Tonschiefer.

Wird ein Gestein nach längerem Verweilen in dieser Zone wieder zutage gefördert, dann ist es versteint, verhärtet, dicht geworden und kann der oberflächlichen Verwitterung größeren Widerstand entgegensetzen, aber die klastischen Elemente sind noch deutlich zu unterscheiden, treten besonders auf angewitterten Flächen leicht hervor und sind auch unter dem Mikroskop überall zu finden.

Wenn aber in einer Geosynklinale eine neugebildete Ablagerung bei beständiger Überlagerung immer tiefer hinabsinkt, dann gelangt sie in die Zone noch höherer Temperaturen. Heißes Wasser dringt durch die noch vorhandenen feinsten Poren und alle Mineralien können langsam in Lösung gehen. Allein die entstehenden Lösungen sind ebenso geeignet für den Wiederabsatz neuer kristallinischer Stoffe, die sich jetzt nicht nur innerhalb der Zwischenräume bilden, sondern das ganze Gestein allmählich in einen neuen kristallinischen Zustand versetzen. Diese Zone der Phyllitbildung ist bezeichnet durch wasserreiche Verbindungen von geringem Molekularvolumen und durch starke Wärmeabgabe bei der chemischen Umsetzung. Es entstehen hier: Quarz, Magnetit und Kalzit, daneben Serizit (Muskovit), Chlorit, Talk, Eisenglanz, Albit, Hornblende, Zoisit, Epidot; anfangs in kleinsten Kristallen, dann immer größer werdend und allmählich den ganzen Mineralverband verwandelnd. Je feinkörniger und wasserreicher das ursprüngliche Gestein war, desto leichter und gründlicher verläuft die Umprägung zu Quarzphyllit, Serizitphyllit, Kalkphyllit, Albitphyllit, Talkschiefer, Chloritschiefer usw., während grobkörnige Sandsteine in dichte Quarzite, feldspatführende Arkosen in Grauwacke verwandelt werden und bei konglomeratischen Gesteinen nur das Bindemittel verändert wird.

Sobald die Gesteine in die nächst tiefere Zone hinabtauchen, gelangen sie abermals in höhere Temperaturen. Der hydrostatische Druck, vereint mit der Temperaturerhöhung, bewirkt noch stärkere Auflösungen und Neubildungen. Noch bilden sich wasserhaltige Mineralien, doch wird der Mineralbestand vorwiegend durch das Volumengesetz bestimmt. Es entstehen hier: Muskovit, Mikroklin, Mikroperthit, Albit, Oligoklas, Biotit, Zoisit, Epidot, Hornblende, Staurolith, Granat, Disthen, Titanit, Magnetit, Ilmenit. Nach dem Vorwiegen eines sehr verbreiteten Gesteins nennen wir dieses Gebiet die Glimmerschieferzone. Daneben entstehen hier Amphibolite, Glimmergneise, Hornblendegneise, Granulite, Granatgesteine, Nephrit, Glaukophansteine, Marmor und dichte Quarzite.

Endlich gelangen wir in die tiefste Zone der eigentlichen Gneisbildung. Hier sind Temperatur und hydrostatischer Druck sehr hoch, der Wassergehalt neu gebildeter Mineralien ist gering, ihr Molekularvolumen bedeutend. Sie sind vielfach identisch mit den Bestandteilen der plutonischen Magmagesteine. Eigentümlich ist dieser Zone die Bildung von Orthoklas, Plagioklas, Biotit, Augit, Olivin, Granat, Cordierit, Sillimanit, Magnetit, Ilmenit. Es entstehen grobkörnige Gneise, Granulit, Biotitschiefer, Granatfels, Eklogit, Augitfels, Jadeit, Urkalk und Quarzgesteine.

Eine beliebige, an der Erdoberfläche oder dem Meeresgrunde gebildete Ablagerungsreihe, die in einer Geosynklinale immer weiter von neuen Gesteinsdecken überschüttet wird, muß also notwendig langsam von einer der genannten Zonen in die andere wandern und damit unter immer neue physikalische und chemische Bedingungen gelangen. Stets wird sich der Mineralverband, die Größe und Gruppierung der kristallinischen neugebildeten Elemente nach diesen Verhältnissen richten. Während die ursprüngliche Trümmerstruktur notwendig verloren geht und die meist aus leichtlöslichem Kalk oder vergänglicher Kohle bestehenden Versteinerungen verschwinden, treten neue Eigenschaften immer deutlicher hervor und bestimmen den Charakter des Gesteins.

Aber mit dem Hinabsteigen in die heißen Tiefen der Erdrinde gelangen die Gesteine zugleich immer näher an die Magmaherde, die von der Pyrosphäre schrittweise emporsteigend gegen die Lithosphäre vordringen. Besonders wenn, wie dies im Kern großer Gebirgsfalten notwendig erfolgen muß, der Seitenschub energischere Bewegungen der erhitzten Sedimente und der aufdringenden Magmamassen veranlaßt, müssen intime Verknetungen zwischen beiden erfolgen. Lagergänge dringen zwischen die mineralogisch verschiedenen Schichten, bankförmig angeordnete Massen werden in einzelne Stücke zerrissen, Gänge werden gefaltet und durcheinandergeschoben, ursprüngliche Magmaschlieren und abgedrückte Lager drängen sich regellos durcheinander. Rasch und oft wechselt der Druck und die Temperatur der einzelnen Massen, hier preßt sie allseitige Spannung zusammen, dort gleiten sie, einer Ausweichrichtung folgend, aneinander hin, und so verschiebt und bewegt sich Atom und Molekül, Mikrolith und Kristall, Linse und Gang in ruhelosem Wechsel. Man könnte statt des zu vieldeutig gewordenen Ausdrucks „Metamorphose“ von einer thermoplastischen Umwandlung sprechen, denn Wärme und Druck sind die dabei vorwiegend tätigen Kräfte.

Alle diese chemischen und physikalischen Veränderungen in der Gneiszone werden langsam beendet, wenn die Faltung des Schichtenstoßes zur Ruhe kommt, die Spannung des Gebirgsbildungsvorganges nachläßt und die Denudation Schicht um Schicht des Gebirges wieder abträgt. Langsam dringt die Kälte des Weltenraumes nach den Faltenkernen vor, und in umgekehrter Richtung wandern die Gesteine durch die oben genannten Zonen hindurch. Hierbei werden zwar viele vorher gebildete Mineralien erhalten, aber andere bilden sich um, sobald die Grenzbedingungen ihres Bestandes überschritten werden. Der Ilmenit der Tiefe entmischt sich zu Rutil und Magnetit, Olivin verwandelt sich in Hornblende, Augit in Hornblende und Augit, Plagioklas zerfällt in Albit und Anorthit, und mit den Mineralien verwandeln sich naturgemäß die Gesteine. So werden endlich, wenn die Abtragung auch den Gneiskern erreicht hat, an der Erdoberfläche Gesteinsmassen beobachtet, die eine dreifache Metamorphose erlitten haben, indem sie zuerst langsam in die Tiefe tauchten, dann durch den Gebirgsdruck gepreßt wurden und langsam wieder die verschiedenen Zonen aufwärts durchschritten. Nicht, weil sie so alt sind, sondern weil sie in so große Tiefe geraten sind, erscheinen sie uns jetzt in den Eigenschaften der kristallinischen Schiefer.

Wenn diese Ansicht richtig ist, dann muß es gelingen, mitten zwischen den kristallinischen Schiefern einzelne Stellen zu finden, wo die thermoplastische Umwandlung nicht alle Spuren der älteren Eigenschaften des Gesteins vernichtete, wo noch die Charaktere des Ursprungsgesteins entdeckt werden können.

Nach unseren bisherigen Ausführungen ist es klar, daß solche Spuren am häufigsten in der Phyllitzone, seltener in der Glimmerschieferzone zu finden sind, daß sie aber in der Gneiszone kaum erwartet werden können. Daher sind fast alle Funde von organischen Resten im Gneis später als Irrtümer erkannt worden. Es erregte berechtigtes Aufsehen, als im Jahre 1862 in der laurentischen Gneisformation von Kanada ein „Urwesen", Eozoon canadense, entdeckt wurde, das, aus seltsamen verschränkten Zonen von Kalkspat und Serpentin zusammengesetzt, einer riesigen Foraminifere glich. Man fand dieselben Gebilde in Böhmen, und eine reiche Literatur entstand über diese wichtige Frage. Als aber Möbius[4] vom zoologischen Standpunkte eine genaue Prüfung des Eozoon unternahm, stellte sich seine anorganische Natur deutlich heraus.

Als wichtiger Beweis für organisches Leben „zur Zeit der Gneisbildung" wurden die Lager von Graphit betrachtet, die vielfach diesen Gesteinen eingelagert sind. Sie galten früher als umgewandelte Kohlenlager. Aber wenn im Gneis von Amsteg der Graphit zarte Überzüge auf Kluftflächen bildet, wenn wir in den zersetzten Gneisen von Ceylon[5] fußdicke Graphitgänge aufsteigen und sich in zahlreiche Äste zergabeln sehen, dann kann wenigstens dieser gangförmige Graphit nicht als umgewandelte Steinkohle betrachtet werden. Daß der vielbesprochene „Stamm" im Gneis von Guttannen[5] eine rein mineralogische Bildung sei, hat die genaue Untersuchung ergeben, und die von einem emsigen Mikroskopiker in zahlreichen Dünnschliffen von kristallinischen Schiefern entdeckten Organismen sind auf grobe Beobachtungsfehler zurückzuführen.

Dagegen gibt es andere Tatsachen, die, kritisch untersucht uns deutliche Überreste der primären Eigenschaften kristallinischer Schiefer erkennen lassen. Im Jahre 1879 entdeckte A. Sauer[6] in einer großen Gneislinse des Erzgebirges bei Obermittweida mehrere Einlagerungen mit zahlreichen Geröllen von Granit, Gneis und Quarzit, eingebettet in ein kristallinisches Bindemittel. An dieser klassischen Stelle kann man verfolgen, welche Veränderungen mit den ursprünglich runden Geröllen vor sich gegangen sind. Da sieht man, wie dieselben im Streichen ganz langsam ihre Form und ihre scharfen Grenzen verlieren, wie sie ausgewalzt, gestreckt und gebogen werden und als breitgedrückte Linsen sich endlich in der Gneismasse verlieren. Und doch sind an einzelnen Aufschlüssen, die später auch an andern Fundorten des Erzgebirges entdeckt wurden, die Gerölle noch so unverkennbar, daß man an der sedimentären Entstehung dieses Gneises nicht zweifeln kann. Später haben Rosenbusch[7] u. a. im Elsaß und anderen Gebieten ähnliche Tatsachen festgestellt.

Zahlreich sind die Fälle,[8] wo man noch Spuren von deutlichen Versteinerungen innerhalb der kristallinischen Schiefer nachgewiesen hat.

Silurische Graptolithen	finden sich im	Glimmerschiefer	von	Bergen,
,, ,,	,, ,, ,,	,,	,,	Sachsen,
devonische Tentakuliten	,, ,, ,,	,,	,,	,,
karbonische Pflanzen	,, ,, ,,	,,	,,	Lugano
,, ,,	,, ,, ,,	Graphitschiefer	,,	Steiermark,
,, ,,	,, ,, ,,	,,	,,	Massachusetts,

jurassische Belemniten und Ammoniten im Dachschiefer von Ungarn,
,, ,, im Glimmerschiefer des Nufenenpasses,
tertiäre Nummuliten und Fische finden sich im Phyllit von Glarus usw.

Angesichts dieser Tatsachen kann man nicht mehr zweifeln, daß viele kristallinische Schiefer einstmals Sedimente waren.

Aber daneben gibt es andere Fälle, in denen so enge Beziehungen zwischen Gneis und plutonischen Eruptivgesteinen bestehen, daß man unbedingt viele Gneise als Granite usw. betrachten muß, die unter einseitigem Druck erstarrten und hierbei eine eigentümliche lagerartige, flaserige Struktur erhielten. Wenn es endlich gelingt, die sog. Porphyroide als gepreßte Porphyre, Amphibolite und Eklogite als metamorphosierte Diabase, manche Gneise als umgewandelte Granitporphyre nachzuweisen, wenn einstige vulkanische Tuffe zu kristallinischen Schiefern werden, dann enthüllt sich unserem Auge unterhalb der agnostozoischen Grenze ein neues verwickeltes Bild seltsam verwandelter, aber ursprünglich sehr verschiedenartiger Gesteine.

Plutonische	Stöcke,		Konglomerate,
,,	Lager,		Sandsteine,
,,	Gänge,		Tongesteine,
vulkanische	Decken,	organische	Kalke,
,,	Gänge,	,,	Kohlen,
,,	Tuffschichten,	chemische	Ganggesteine,

und zahlreiche andere Felsarten setzten einstmals die Formationen zusammen, die in ungeheurer Mächtigkeit übereinandergeschichtet in gewaltigen Geosynklinalen aufgehäuft wurden. Langsam tauchten die älteren Schichten unter der Last neuer Decken hinab, durchschritten die verschieden heißen Zonen bis hinab zu den aufsteigenden Magmaherden und wurden dort mit diesen verbunden. Das ganze System wurde dann durch Faltung durcheinandergeknetet, die ursprünglichen Zusammenhänge wurden zerrissen, große und kleine Linsen glitten aneinander entlang, und indem die Kälte des Weltenraumes bei der folgenden Abtragung langsam wieder hinabdrang, wanderten die Gesteine in umgekehrter Reihenfolge durch die Temperaturzonen hindurch. Wiederum ändert sich ihr Mineralbestand, und wenn wir sie jetzt zutage anstehend beobachten, dann finden wir, wie auf einem Palimpsest, die alte Schrift vertilgt, neue Charaktere darübergezogen, und nur ganz vereinzelte Funde geben uns Rechenschaft von den einstigen Eigenschaften des metamorphischen Gebietes.

Kristallinische Schiefer sind zu allen Zeiten entstanden und entstehen noch jetzt in den Geosynklinalen tief unter den Regionen intensiver Ablagerung. Wenn unser Auge befähigt wäre, in die abyssalen Tiefen der Erdrinde hinabzublicken, so würden wir unter den Wasserbecken des Meeres wie unter den Depressionen der Wüste noch heute die Vorgänge belauschen können, die in der Rotglut der Glimmerschieferzone oder in der Weißglut der Gneiszone wärmebindend und wärmebefreiend in wechselndem Lichtglanz die Gesteine verändern. Wir würden die aufsteigenden Magmaherde wie leuchtende Flammensäulen langsam zwischen aufblätternde Schichtenfugen hineindringen sehen, überall zuckten blitzartige neue Gangbildungen auf, und alte Gänge würden sich schlangengleich durcheinanderwinden. Erst wenn dieses grandiose Feuerwerk typhonischer und plutonischer Bewegungen erloschen und zur Ruhe gekommen ist, kann unser Auge ihre Wirkungen untersuchen, und dann enthüllt sich ihm ein so verwickeltes System regelloser und doch gesetzmäßiger Bewegungen von Atomen und Molekülen, von biegsamen Kristallen und flüssigen Mutterlaugen, von erweichten Schichten und zerrissenen Gängen, daß noch ein weites Feld der Untersuchung harrt.

Aber eins folgt mit entmutigender Klarheit aus dem Gesagten: Die Erde hat immer wieder ihre eigenen Dokumente zerstört. Von den älteren Perioden sind uns nur kümmerliche Schriftzüge, zerfallene Baudenkmale, vergriffene und abgenutzte Münzen erhalten, die zu entziffern oftmals trotz aller Mühe nicht gelingen wird.

Nach den soeben entwickelten Grundsätzen dürfen wir beim Anblick einer Gneis- oder Glimmerschieferregion eines Granitgebietes oder eines Marmorlagers also nicht mehr von „Urgebirgsfelsarten" sprechen, und dürfen die kristallinischen Schiefer auch nicht als „azoische" Gesteine bezeichnen.

Wir werden auch nicht jedes Gneisgebiet ohne weiteres als ein präkambrisches Festland betrachten und dürfen die Gneisformationen verschiedener Länder nicht für gleichzeitige Bildungen halten.

Vielmehr sehen wir in den kristallinischen Schiefern des Grundgebirges agnostozoische Gesteine, d. h. Gesteine mit nicht mehr erkennbaren Fossilien, und müssen in jedem einzelnen Falle bestrebt sein, die ursprünglichen Eigenschaften der vergneisten Gesteine und den Zeitpunkt ihrer Metamorphose zu enträtseln.

Verweise

[1] J. Walther, Versuch einer Klassifikation der Gesteine auf Grund der vergl. Lithologie. C. rend. du Congr. géolog. St. Peterbourg, 1897, II, S. 9. — [2] E. Zimmermann, Geologie des Herzogtums Meiningen, 1902. — [3] Mit Benutzung von van Hise, A Treatise on Metamorphism. Monogr. U. S. G. Survey, 1904, XVVII, S. 159, und Grubenmann, Die kristall. Schiefer, 1904, S. 57. — [4] Möbius Palaeontographia, Bd. XXV, S. 175. — [5] v. Fellenberg und Schmidt, Mitteil. d. Naturf. Ges. in Bonn, 1898, S. 81. — [6] Sauer, Z. f. d. ges. Naturw., Halle, 1879, S. 706. — [7] Rosenbusch, N. Jahrb. f. Min., 1880 II, S. 61 u. a. O. — Reusch, N. Jahrb. f. Min., Beilagebd. 1887, S. 52 u. a. — [8] J. Walther, Z. der Deutsch. geol. Ges. 1889, S. 361.

14

Die Spuren der algonkischen Zeit

Wir haben im vorigen Abschnitt geschildert, wie die in einer großen Geosyklinale gebildeten lockeren Ablagerungen durch immer weitergehende Gesteinsbildung langsam überlagert und in immer größere Tiefen hinabgedrängt werden, wie sie hierbei zuerst verkittet, dann durch heiße Dämpfe chemisch verändert, von aufdringenden Magmamassen durchschwärmt und durch den Gebirgsbildungsvorgang thermoplastisch umgewandelt werden. Die ehemalige Trümmerstruktur der Gesteine wird verwischt, die Abdrücke hornschaliger Organismen werden vernichtet, und die Substanz kalkschaliger Hartgebilde wird in neue chemische Verbindungen übergeführt, gelöst und wieder abgeschieden, so daß fast alle Fossilien verschwinden. Ganze Schichtenstöße von ungeheurer Mächtigkeit werden in flache Linsen und Keile zerlegt, die aneinander hingleiten, und deren ursprünglicher Gesteinsverband kaum zu enträtseln ist. Die zahlreichen Glieder der Gneisfamilie setzen dann solche Gebiete zusammen, und wenn spätere Abtragung sie ans Tageslicht gebracht hat, dann wandern wir durch zackige Felsengebirge von befremdenden lithologischen Eigenschaften.

Es ist klar, daß bei der Vergneisung auch Diskordanzen zerteilt werden können, hangende Gesteine ins Liegende, liegende Massen ins Hangende geraten, so daß die einstige Aufeinanderfolge der ursprünglichen Ablagerungen kaum noch erkannt werden kann.

Die Tektonik agnostozoischer Schiefergesteine ist daher sehr schwer zu beurteilen, und nur wenige Gneisgebiete sind so gut aufgeschlossen, daß man ihre Lagerungsverhältnisse vollkommen überschauen und richtig analysieren kann.

Am besten ist das Grundgebirge am Lake Superior[1] durchforscht, wo durch bergbauliche Unternehmungen tiefe Aufschlüsse geschaffen und durch ausgedehnte Kartierungen zusammenhängende Profile über weite Flächen aufgenommen worden sind. Trotz der starken Metamorphose des ganzen Gebietes sind mehrfach die Spuren alter Konglomerate zu erkennen, vulkanische Perioden wechseln mit Zeiten intensiverer Abtragung, und so entrollt sich für diese präkambrischen Gesteine folgende chronologische Reihe:

1. Granit mit Gneisen und kristallinischen Schiefern, dazwischen saure und basische Decken (Lagergänge?);
2. Faltung derselben und Eindringen plutonischer Massen;
3. Abtragung der Falten zu einer wenig gegliederten Hochebene mit flachen Senken;
4. Konglomerate, Sandsteine, Dolomite, Kalke, nebst basischen, selten sauren vulkanischen Ergüssen in einer Mächtigkeit von 1500 m (unteres Huron);
5. lokale Faltung, starke Abtragung;
6. Konglomerate, Sandsteine, Grauwacke, Schiefer, Lavagestein, vulkanische Tuffe (oberes Huron).
   Das Basalkonglomerat ist 250 m,
   ein eingeschaltetes Eisenerzlager 200 „
   vulkanische Diabasgesteine 3000 „ mächtig.
7. Die ganze Schichtenreihe wird in flache Falten gelegt.
8. Durch intensive Abtragung werden 5000 m Gestein wieder entfernt, und nur einzelne zerrissene Reste der älteren Schichtensysteme bleiben übrig.
9. Basische Lavaergüsse (Gabbro, Diabas, Porphyrit, Mandelstein und Quarzporphyre ohne Aschen) erreichen im einzelnen Profile eine Mächtigkeit von 15000 m, keilen aber in anderen Aufschlüssen aus (Keeweenawan-Formation).
10. Sandsteine, Konglomerate.
11. Starke erneute Abtragung.
12. Oberkambrische Sandsteine.

In ähnlicher Weise ist es gelungen, die kristallinischen Schiefer von Finnland[1] zu gliedern, wo auf einem Grundgebirge von Gneis und Granit mit deutlicher Diskordanz die

1. Konglomerate, Quarzite, Dolomite und Schiefer der jatulischen Formation,

und dann abermals diskordant

2. Konglomerate, Quarzite, Diabase, Tuffe usw. der jotnischen Formation

auflagern.

Auch in Sachsen, Skandinavien, Schottland und Böhmen hat man neuerdings versucht, das kristallinische Grundgebirge nach ähnlichen Grundsätzen zu gliedern.

Aber es liegt eine eigentümliche, erst im Laufe der letzten Jahre erkannte Fehlerquelle aller dieser Untersuchungen darin begründet, daß man

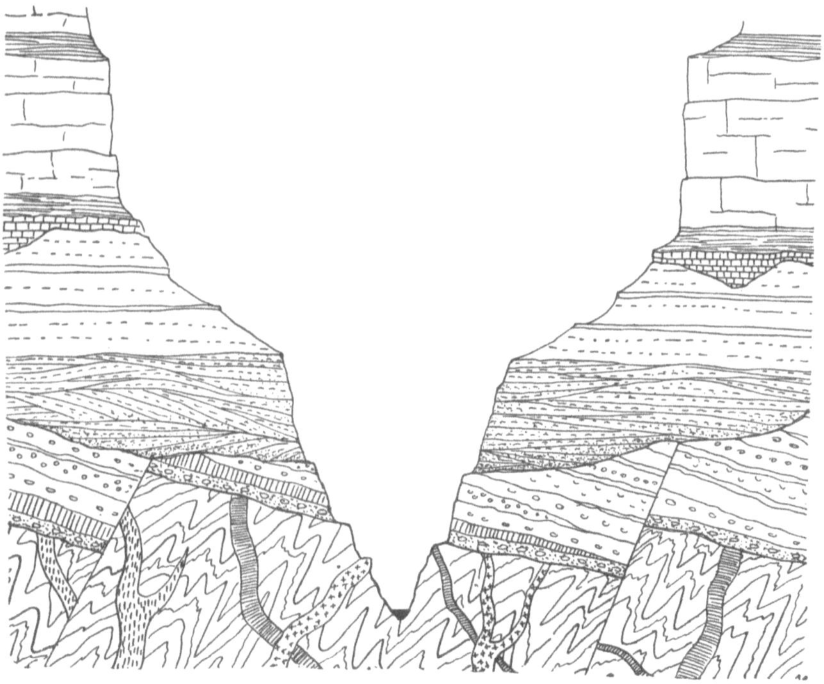

Figur 45.
Durchschnitt durch das Koloradocañon in Arizona.

früher die Bedeutung horizontaler Überschiebungen nicht recht zu würdigen vermochte, während wir doch deutliche Beweise dafür haben, daß liegende Massen mehr als 60 km weit über hangende Gesteine hinwegbewegt werden können, daß hierbei Reibungskonglomerate und Überschiebungsflächen entstehen, die eine überraschende Ähnlichkeit mit Diskordanzen besitzen, so daß man nur mit besonderer Vorsicht an die Deutung solcher Gliederungen der archäischen Schichten herantreten darf.

Wir befinden uns ja überhaupt auf schwankendem Boden, wenn wir in einem durch Denudation entblößten Faltenkerne zwischen den konkordant gelagerten Schichten über der agnostozoischen Grenze die Überreste einer uralten Tierwelt oder die Spuren sedimentärer Vorgänge aufsuchen. Selbst wenn die letzten sicher erkennbaren Versteinerungen von unterkambrischem Alter sind, ist es doch unmöglich, die liegenden Gesteine mit ihren halbzerstörten Fossilien für Bildungen der algonkischen Zeit zu erklären, denn nirgends erlaubt uns ein bestimmter Horizont, das geologische Alter festzustellen. Wir müssen in solchen Fällen uns begnügen, von *präkambrischen* Bildungen zu sprechen, und können eine stratigraphische Gliederung derselben nicht vornehmen.

Ganz anders liegen die Dinge, wenn *unterkambrische Gesteine diskordant auf älteren Schichten* lagern, die ihrerseits wieder *diskordant von den kristallinischen Schiefern unterteuft* werden. In solchen Profilen läßt sich obere und untere Grenze ebenso wie die Mächtigkeit einer dem Kambrium vorausgehenden Formation deutlich beobachten, und ein besonderer Name für solche Bildungen erscheint vollkommen berechtigt. In Nordamerika[1] hat das berühmte Kolorado-Cañon zuerst die sicheren Beweise für ein solches *Algonkium* gegeben, und hier wollen wir unsere Schilderung beginnen.

Die großartigen Aufschlüsse dieses tiefsten Tales der Erde (Fig. 1 u. 45) zeigen ein gefaltetes Grundgebirge kristallinischer Schiefer, durchsetzt von Granit-, Diabas- und Pegmatitgängen; es liegt ein uraltes Gebirgsland vor unseren Augen, das schon vor Beginn der algonkischen Periode gefaltet und abgetragen worden ist. Auf der ziemlich ebenen Denudationsfläche lagert eine mächtige Ablagerung klastischer Gesteine. In ihren lithologischen Eigenschaften deutet nichts auf ein so hohes Alter. Das Profil (Fig. 45) zeigt von oben nach unten folgenden Bau:

III. Chuarschichten:	10.	Braunrote Sandsteine mit Chuaria circularis	500 m
	9.	darunter Wechsellagerungen von Schiefer und Kalk	
	8.	sandige Mergel mit dünnen Kalkschichten	1100 „
	7.	bunte Sandsteine	
II. Unkarschichten:	6.	Dolomitisches Kalklager	50 „
	5.	Sandsteine	100 „
	4.	Basaltische Decken, wechsellagernd mit Sandstein . . , ...	250 „
I. Vischnuschichten:	3.	hochrote Sandsteine	1100 „
	2.	schokoladenbraune Sandsteine . .	
	1.	graue, braune und rote Sandsteine mit dünnen Kalkschichten . . .	700 „
		Gesamtmächtigkeit	3800 m

Wenn wir uns die aufeinanderfolgenden Entwicklungsphasen dieses großartigen Profils genetisch auseinanderlegen, so ergibt sich etwa folgendes Bild: Horizontal abgelagerte Schichten (Fig. 46) werden durch den Seitenschub zu einem Faltengebirge zusammengeschraubt (Fig. 47) und dabei von unten her mit plutonischen Ganggesteinen durchschwärmt (Fig. 48). Bald aber wird das ganze Gebirgsland von Regen und Wind bis auf seine Wurzel abgetragen (Fig. 49) und auf dem ebenen Hoch-

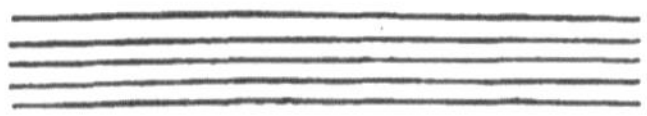

Figur 46.

Figur 47.

Horizontal abgelagerte Schichten wurden durch den Seitenschub in Falten gelegt

Figur 48.
und von vulkanischen Ganggesteinen durchsetzt.

Figur 49.
Das Faltengebirge wird bis auf seine Wurzel abgetragen.

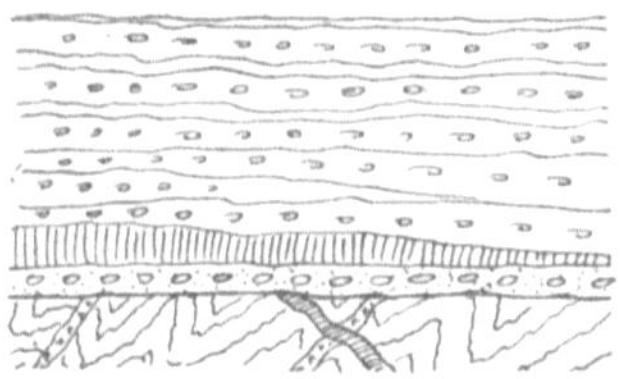

Figur 50.
Darüber lagern sich diskordant geschichtete Gesteine mit einer (schraffiert) Lavadecke.

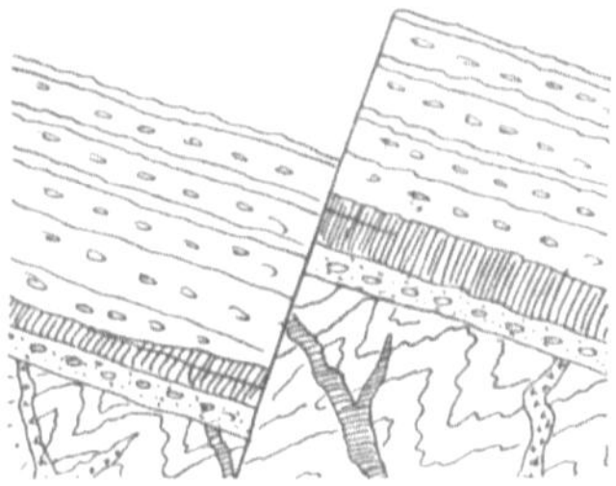

Figur 51.
Es entstehen Brüche, an denen sich das Schichtensystem verschiebt.

land schichten sich Sandsteine und Konglomerate, unterbrochen von einer Melaphyrdecke (Fig. 50) in einer Mächtigkeit von 400—4000 m. Wiederum macht sich der Gebirgsbildungsprozeß geltend, aber diesmal wird das Gebiet nicht gefaltet, sondern in Schollen zerbrochen, die an langen Verwerfungsspalten entlanggleiten und die Landschaft in Berg und Tal zerlegen (Fig. 51). Aber gleichzeitig setzt die Abtragung ein und bewirkt, daß die Formen des Geländes (Fig. 52) sanftwellige Böschungen erhalten.

Jetzt setzt die kambrische Zeit mit der Bildung diagonal geschichteter Dünensandsteine ein, auf denen sich mittel- und oberkambrische Sandsteine, Kalke und Schiefer ablagern (Fig. 53).

Während der Silurzeit scheint das Gebiet trocken gelegt worden zu sein, auch das Devon hat nur spärliche Ablagerungen hinterlassen, und erst das Karbonmeer weilte hier so lange Zeit, daß sich etwa

1. 300 m unterkarbonische Kalke,
2. 300 „ oberkarbonische Sandsteine und Schiefer,
3. 130 „ „ Sandsteine,
4. 250 „ „ Kalke und Dolomite

bilden konnten.

Daß die algonkischen Sandsteine auf trockenem Lande entstanden sein müssen, geht aus den zahlreichen Netzleisten auf der Unterseite der Platten hervor, wie sie entstehen, wenn lockerer Dünensand über eingetrocknete Lehmpfützen geweht wird. Auch die häufigen Rippelmarken (Sandrippen) sprechen

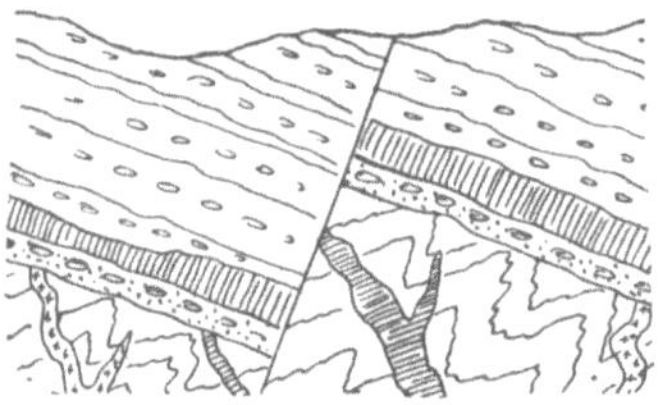

Figur 52.
Erneute Abtragung ebnet das gebrochene Tafelland.

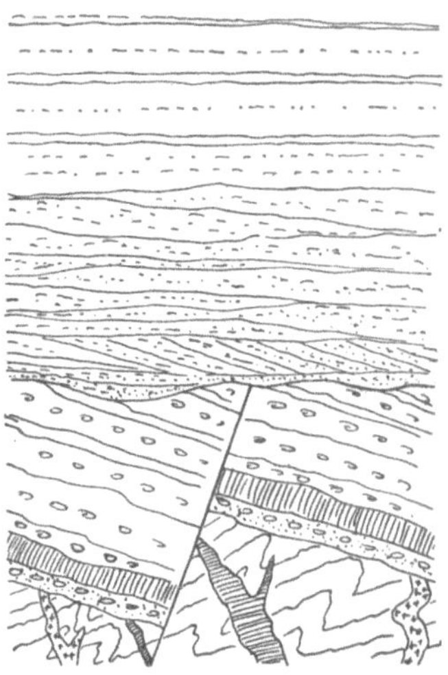

Figur 53.
Abermals breiten sich unregelmäßig geschichtete Sandsteine diskordant über das Grundgebirge.

für die Nähe des Landes. Die kalkigen Zwischenschichten scheinen am Boden kalkreicher, flacher, leicht eintrocknender Seen chemisch abgeschieden zu sein. Erst in der Mitte des Profils treten Reste von Wassertieren auf. Zarte hornige Schälchen erinnern an die Brachiopoden Discina und Lingula, eine dünne Röhre an Hyolithes, und eine schmale Spange scheint von einem Trilobitenpanzer herzurühren. Man hat diese Gesteinsreihe nicht allein in Arizona, sondern mit derselben Lagerung auch in Texas und Montana nachgewiesen. Auch hier sind etwa in der Mitte des 3500 m mächtigen Profils Fossilien gefunden worden, so daß man an eine kurze Invasion des algonkischen Ozeans glauben möchte.

Von Bedeutung sind endlich die gleichaltrigen Gesteine, die unter dem Namen „Etcheminische“ Formation in Neubraunschweig verbreitet sind. Sie bestehen aus vulkanischen Tuffen und eisenreichen Schiefern, denen einzelne Kalkschichten eingeschaltet sind. Aus ihnen hat man 20 Gattungen und 32 Arten von Meerestieren beschrieben[4], die, soweit ihre undeutlichen Umrisse ein Urteil erlauben, zu den Anneliden, Brachiopoden, Schnecken, Muscheln und Krebsen gehören und also den algonkischen Meeresgrund erkennen lassen.

Wichtige Aufschlüsse hat die Untersuchung[5] des nördlichen Schottland ergeben. Hier liegt unter den unterkambrischen Schichten und diskordant auf liegenden Gneisfalten eine mächtige Ablagerung, die man nach einer klassischen Lokalität „Torridonsandstein" benannt hat. Die Unterlage ist uneben, in Berg- und Talformen gegliedert, manche Böschungen steigen 40° an. Ein roter Sandstein erfüllt die Senken, seine Mächtigkeit schwankt dementsprechend rasch. Eine 12 m mächtige Breccie riesiger Blöcke bildet die Basis, Zungen von scharfkantigen Geschieben dringen mitten zwischen die Sandsteinschichten hinein. Auffallend ist, wie wenig die Steine abgerollt sind, die ganz an Anhäufungen von Gehängeschutt erinnern. Blöcke von 1—4 m Durchmesser sprechen für gewaltige Schuttbewegungen. Versteinerungen fehlen im Torridonsandstein, dagegen sind Rippelmarken und Netzleisten häufig. Spuren von Eistransport sind nicht zu finden.

Auch in Schweden[6] hat man algonkische Schichten nachgewiesen. In der Provinz Dalarne und den angrenzenden Gebieten sind die sog. „Dalasandsteine" mit einer Mächtigkeit von 6—800 m über eine Fläche von 7500 qkm verbreitet. Sie beginnen mit Konglomeraten, dann folgen rötliche und weiße Sandsteine, denen zwei Diabaslager eingeschaltet sind. Die untere Diabasdecke, nach dem Öjesee genannt, ist 15—90 m mächtig und konnte auf eine Strecke von 80 km verfolgt werden. In einem höheren Horizont ist eine zweite Decke von Olivindiabas von 30—70 m Mächtigkeit eingeschaltet. Dieser letztere ist wahrscheinlich nachträglich injiziert, dagegen zeigt der Öjediabas Merkmale, die nur durch wiederholte vulkanische Eruptionen erklärt werden können.

Am Mjösensee und Gutbrandstal gegen Nordwesten hin bis fast an den Storsjö in Jemtland lagern ebenfalls klastische Gesteine von großer Mächtigkeit, die man als die „Sparagmitformation" bezeichnet hat. Sie besteht aus mittel- bis grobkörnigen, feldspatreichen Sandsteinen, die bald den Charakter einer Arkose, bald den eines Quarzits annehmen. Sie sind grau oder rot gefärbt und wechsellagern mit meist rotbraunen Schiefern. Die etwa 800 m mächtige Sparagmitformation wird durch eine Einlagerung von versteinerungsleerem Kalk, dem sog. „Birikalkstein" in zwei Abteilungen gegliedert, und man pflegt die über dem Birikalk gelegenen Gesteine schon dem Kambrium zuzurechnen. Um so wichtiger ist es, daß der dichte, dolomitische, bisweilen bituminöse Kalk bis zu einer Mächtigkeit von 300 m anschwellen kann.

Einen Blick in die Organismen der algonkischen Zeit gestattet endlich die Bretagne zu tun, wo nach Barrois[7] die Schiefer von St. Lô dem Algonkium entsprechen. Sie gehen nach Norden in sandige Gesteine über und werden durch Aufnahme von (festländisch?) verwittertem Granit gneisartig. Eruptionen von Diabas und Porphyr werden durch gleichzeitige vulkanische Tuffe belegt. Konglomerate beweisen die Nähe des Landes. Zylindrische Spuren scheinen von wurmähnlichen Organismen herzurühren, und bei St. Thurial findet sich ein Kalk von organischem Habitus. Besonders interessant aber ist der Nachweis von Radiolarien und Spongien in jenen Schiefern. Cayeux[8] hat Spumellarien und Nassellarien, sowie eine Reihe von Kieselschwämmen (Lithistiden, Tetraktinelliden und Hexaktinelliden) bestimmen können.

Leider hat man außerdem in der alten Welt bisher noch nirgends präkambrische Fossilien gefunden. Die Gründe hierfür sind leicht einzusehen; denn am Schluß der paläozoischen Zeit entstanden hier eine Anzahl mächtiger Gebirge, durch welche die tiefliegenden algonkischen Gesteine mit emporgesattelt wurden, so daß sie durch die spätere Denudation ans Tageslicht kamen; allein der Faltungsprozeß hatte sie inzwischen metamorphosiert und in kristallinische Schiefer verwandelt, in denen wir jetzt vergeblich nach Fossilien suchen.

Wir müssen noch zum Schluß die algonkischen Gesteine in Ostindien[9] besprechen. Die sog. „Dharwarschichten" liegen diskordant auf älteren Gesteinen und lassen, obwohl sie etwas metamorphosiert sind, doch noch ihre klastische Entstehung erkennen. Sie beginnen mit Konglomeraten, die durch spätere Gebirgsbewegungen manchmal ausgewalzt sind; dann folgen vulkanische Decken, blutrote Schiefer und Quarzite, welche alle wichtigen Goldlagerstätten Indiens enthalten. Im Norden der Halbinsel treten die gleichaltrigen „Gwaliorschichten" auf, die aus einem liegenden Sandstein und darüber etwa 600 m rotem Kieselschiefer bestehen. Einige vulkanische Decken schalten sich ein und zwei Lager kalkreicher Gesteine sind dadurch besonders interessant, daß sie auf angewitterten Flächen organische Struktur zeigen.

Zwar hat man noch in manchen anderen Aufschlüssen algonkische Gesteine nachweisen können, aber die bisher mitgeteilten Tatsachen genügen wohl, um folgende Schlüsse zu ziehen:

Zum Beginne der algonkischen Zeit war die Erde schon längst so weit erkaltet, daß die Wärme der Pyrosphäre keinen Einfluß mehr hatte auf das Klima der Oberfläche, denn die mächtigen, damals abgelagerten Trümmergesteine zeigen selbst da, wo sie auf gefalteten Gneisen und Graniten liegen, im Kontakt keinerlei thermische Umwandlung. Die Erdrinde war im allgemeinen schon so dick, daß vulkanische Eruptionen von Diabas und Porphyr nicht etwa überall die Erdkruste durchbrechen konnten, sondern auf engbegrenzte Vulkangebiete beschränkt waren, denn ausgedehnte Sedimente sind völlig frei von gleichzeitigem Aschenmaterial. Genau wie in späteren Perioden bog sich an manchen Stellen das Grundgebirge zu hohen Faltenzügen, und ähnliche atmosphärische Kräfte wie in der Gegenwart trugen alte Gebirgsketten ab. Obwohl es deutliche marine Ablagerungen gibt, so ist doch sicher ein großer Teil der nördlichen Halbkugel Festland gewesen. Die Böschung des alten Geländes läßt sich vielfach jetzt noch bestimmen; neben flachen Niederungen (Kolorado, Montana) existierten sehr unebene Bergländer (Schottland) mit 900 m hohen steilwandigen Bergen.

Eine ungemein starke Verwitterung schuf scharfkantigen Verwitterungsschutt, der von den Bergen herabglitt und die Täler erfüllte. Doch wurden weite Senken auch von roten Dünensanden erfüllt, die, von vorübergehenden Regengüssen überschwemmt, zur Bildung von rasch austrocknenden Seen, zur Entstehung von Rippelmarken und Netzleisten führten. Wenn man erwägt, daß in den festländischen Ablagerungen noch keine Spur von Landpflanzen gefunden wurde, und daß ihre Farbe nur geringe Beimengungen kohliger Substanzen verrät, so muß der wüstenartige Charakter des damaligen Festlandes betont werden. Die eckige Beschaffenheit und die geringe Entfernung des Schuttes von seinem Ursprungsgesteine spricht für seltene Regen, die Trockenrisse für intensive Sonnenwärme. Im Gegensatz zu den so weit verbreiteten festländischen Trümmergesteinen, bei deren Bildung nur vorübergehende Wassermengen eine Rolle spielten, stehen die unter dauernder Wasserbedeckung gebildeten feinkörnigen Sedimente, welche mit jenen wechsellagern oder sie vertreten und ebenfalls mächtige Profile zusammensetzen. Während manche dünnen Kalkschichten zwischen den festländischen Sandsteinen vielleicht als chemische Niederschläge in austrocknenden Seen zu betrachten sind, zeigen andere, mächtigere Kalklager zwischen feinkörnigen Schiefern, daß kalkabscheidende Organismen im Meere lebten, die vielleicht mit den später so wichtig werdenden Stromarien[×] verwandt waren.

Es ist leicht verständlich, warum gerade feinkörnige, marine Gesteine so selten unverändert überliefert sind: sie unterlagen der Metamorphose, und ihr Gehalt an Kalkfossilien verschwand. Nur Kieselpanzer, hornige Schalen, zarte Umrisse und undeutliche Abdrücke lassen einen Blick in die algonkische Meeresfauna tun. Planktonische Radiolarien erinnern an rezente Typen, Spongienrasen bedeckten den

× Ich bezeichne mit diesem Namen die besonders im Silur und Devon, aber auch in den jüngern Formationen verbreiteten kalkabscheidenden Organismen (Stromatoporiden, Ellipsaktiniden u. dgl. m.), deren Reste aus Kalklamellen aufgebaut sind.

Meeresboden, Muscheln, Schnecken, Brachiopoden und Krebse sind nachgewiesen. Würmer waren häufig, aber ihre systematische Stellung ist unsicher, die Formenkreise lassen sich schwer überschauen. Doch scheint die Zahl von Gattungen und Arten nicht gering gewesen zu sein. Merkwürdig ist es, daß man in Nordamerika mehrere Faunen deutlich zu sondern vermag; freilich bleibt es unentschieden, ob diese Faunen gleichzeitig lebten oder aufeinanderfolgten. Die im Kambrium so zahlreich werdenden polytremen Brachiopoden sind noch spärlich, dagegen die Atremata und Neotremata gut entwickelt. Die Hyolithen erreichen im Algonkium nach Größe und Skulptur der Schale das Maximum ihrer Entwicklung, die Krebse gehören meist zu den beschalten Muschelkrebsen und den Phyllokariden.

Die weite Verbreitung grobklastischer Konglomerate und Sandsteine in den algonkischen Schichten und die Seltenheit gleichaltriger mariner Sedimente könnte zu dem Schlusse verleiten, daß damals das Meer nur ganz geringe Flächen bedeckte und dagegen der größere Teil der Erdoberfläche Festland war. Allein die ungemein formenreiche Meeresfauna der nächstfolgenden kambrischen Zeit widerspricht einer solchen Vermutung. Es ist undenkbar, daß sich diese ohne vorausgegangene marine Ahnenreihe entwickelt habe, um so mehr, als uns die vereinzelten Reste algonkischer Meerestiere zeigen, welche Mannigfaltigkeit mariner Formen damals schon existierte. Zur Erklärung jener befremdenden Tatsache möchten wir vielmehr darauf hinweisen, daß feinkörnige tonige Gesteine, ebenso wie Kalksteine, viel leichter der Metamorphose anheimfallen, als grobkörnige Sandsteine und Breccien. Die Wahrscheinlichkeit, solche Ablagerungen unverändert zu finden, ist also viel größer, und ihre verhältnismäßig große Verbreitung in algonkischen Profilen erklärt sich leicht unter dieser Annahme.

Dagegen wird man sich wohl der Ansicht nicht verschließen können, daß jene alten Festländer einen vollkommen wüstenartigen Charakter hatten. Wenn wir bedenken, daß alle festländischen Pflanzen von Wasserpflanzen abstammen, wenn wir, wie später ausführlich zu begründen ist, die Karbonperiode als die Zeit betrachten dürfen, in welcher eine reiche Meeresflora mit energischem Vorwärtsdringen in das Festland einwanderte und sich erst langsam an die neuen Existenzbedingungen anpaßte, dann ergibt sich ohne weiteres die Vorstellung ausgedehnter Urwüsten. Im Gegensatz zu den klimatischen Zuständen der Gegenwart, wo nur arktische und subtropische pflanzenarme Wüsten und Steppengebiete existieren, war damals das gesamte Festland eine öde Wüste, und der durch keine Vegetationsdecke geschützte Felsboden mußte infolgedessen in ungemein intensiver Weise der physikalischen Verwitterung unterworfen sein. Zugleich fehlten die unterirdischen

Wurzeln, die heutzutage in den dürren Steppen den ganzen Boden durchziehen und selbst in den öden Wüsten überall zu finden sind, wo sich nur eine Spur von Grundwasserfeuchtigkeit im Boden halten kann; daher wurde der verwitterte Felsschutt durch Wind und Wasser rasch abgeräumt und nach den Niederungen verfrachtet. Ebenso wie Buschwerk und wasserbindende Gras- und Moospolster, fehlten die Wälder, und damit entbehrte das damalige Klima eines für die Milderung klimatischer Gegensätze heutzutage ungemein wichtigen Mittels. Nichts minderte die Kraft des Wüstenwindes, katastrophenartig entluden sich die Gewitter, und gewaltige Wirbelstürme beherrschten die Atmosphäre. Kein Wunder, daß unter diesen Umständen, wie man sie heute kaum noch in den ödesten Wüsten beobachten kann, ungeheure Schuttmassen gebildet und verfrachtet, gewaltige Konglomerate, gespickt mit Riesenblöcken, aufgeschüttet und riesige Sandfelder durch wandernde Dünen aufgehäuft wurden. So kam es, daß die öden Felsenwildnisse rasch erniedrigt werden konnten, und, unter hangenden Gesteinsdecken tief vergraben, noch heute die steilen Bergabhänge und die tiefen Talschluchten erkennen lassen.

Verweise

[1] van Hise, Journ. of Geology, 1893, S. 113. — [2] Sederholm u. Ramsay, Guide des Excurs. du VIIe Congr. géol. Nr. XIII. — [3] Walcott, Bull. U. St. G. Surv. 1897. S. 148. van Hise, Corr. Papers. Nr. 86, S. 330. Walcott, U. St. Geol. Surv., Ann. Rep. 1895. S. 508. C. rend. Congrès Géol. Intern. Paris. VIII. I. S. 302. — [4] Matthew, C. rend. du Cong. int. géol. Paris. I. S. 314. — [5] Geikie, The ancient volcanoes of Gr. Britain, I. S. 109. Peach und Horne. Q. J. Geol. Soc. 1888. S. 400. Penck, Z. d. Ges. f. Erdkunde, Berlin. 1897. S. 148. — [6] Törnebohm, K. Svensk Vet. Acad. Handl. 1896. S. 181. — [7] Barrois, Ref. N. Jahrb. 1889. II. S. 464. — [8] Cayeux, Bull. Soc. géol. de France. III. Bd. 22, S. 197; Bull. Soc. géol. du Nord. 1895. S. 52. — [9] Oldham, Geol. of India. Kap. III.

15

Die kambrische Zeit

Obwohl wir uns aus den kargen Spuren algonkischer Ablagerungen ein überaus interessantes Bild von den geographischen Zuständen jener Zeit machen können, so verdient doch erst das darauffolgende Kambrium den Namen einer geologischen Formation. Seine untere und obere Grenze kann in der Regel scharf bestimmt, seine Mächtgikeit gemessen werden, und ausgezeichnete Leitfossilien ermöglichen eine genaue Gliederung des kambrischen Schichtenstoßes. Nach dem Vorherrschen charakteristischer Krebsarten unterscheidet man:

3. oberes Kambrium = Olenus-Schichten,
2. mittleres „ = Paradoxides-Schichten,
1. unteres „ = Olenellus-Schichten.

Die kambrischen Gesteine liegen entweder konkordant auf älteren Ablagerungen oder greifen diskordant über ein gefaltetes Grundgebirge hinweg. Hierbei beginnt die Schichtenreihe bald mit unterem, bald mit mittlerem oder oberem Kambrium und zeigt damit, daß die Grenzen des kambrischen Meeres vielfach schwankten.

In Nordamerika[1] liegen oberkambrische Sandsteine, die man nach einer dortigen Stadt als Potsdamsandsteine bezeichnet, von Pennsylvanien bis nach Alabama, Utah und Wisconsin in weiten Decken ausgebreitet. In Dakota enthalten die roten Sandsteine Goldkörner, die aus goldführenden Quarzgängen im Grundgebirge stammen. Wir wissen, daß ein Faltengebirge sehr tief abgetragen sein muß, bevor die in seinem innersten Kerne aus vulkanischen Dämpfen abgesetzten Golderze zutage kommen und schließen daraus, daß ein hier bestehendes Gebirge während der unter- und mittelkambrischen Zeit langsam abgetragen wurde. Wenn wir uns im Geiste die Decken des Potsdamsandsteins abheben, dann sehen wir eine mittelkambrische Landschaft vor unseren Augen. 300 m tiefe Täler mit Böschungen von 1 : 100 durchschnitten das Gelände. Sie wurden meist zuerst mit grobem Geröll ausgefüllt, dann folgten lockere Sandmassen. In Missouri wurde bei einer Bohrung festgestellt, daß dieser Sand ohne scharfe Grenze in den darunterliegenden Granit überging, der mithin als Muttergestein des Sandsteins betrachtet werden muß. Die in der Regel versteinerungsleeren Sandsteine sind meist von roter, gelber oder weißer Farbe; die einzelnen Bänke zeigen oft treffliche Dünenschichtung. Manche Bänke sind reich an unzersetztem Feldspat, ein Zeichen dafür, daß sie unter einem trockenen Wüstenklima gebildet wurden. In Minnesota scheinen vulkanische Eruptionen erfolgt zu sein; vereinzelte Regengüsse schufen weite, flache Seen, die rasch eintrockneten und, von roten Sanddünen überschritten, wohlgeschichtete Zwischenlagerungen bilden. Sehr bemerkenswert ist das Fehlen von kohlig verfärbten Gesteinen. Man darf daraus schließen, daß die rote Sandwüste nur spärliche Vegetation trug (deren Überreste vielleicht in einem Pflanzenrest aus Maryland bekannt sind).

An der flachen Sandküste brandete das Meer und schritt, besonders am Schluß des Kambrium, energisch landeinwärts. Vom Küstengebiete des Pazifik drang ein reiches Tierleben mit herein. Aus der Gruppe der noch zu beschreibenden Trilobiten treten neben Dicellocephalus die ältesten

Asaphiden auf, während im Osten eine verarmte Fauna hornschaliger Brachiopoden in flachen Meeresbuchten sich ansiedelte, so daß die roten Sandsteine von den gelbglänzenden Schälchen von Lingulella, Obolella u.a. erfüllt sind. Daß auch größere Tiere lebten und sogar die Fähigkeit besaßen, auf dem feuchten Ufer herumzuwandern, geht aus Fährten[2] hervor, die bei Montreal entdeckt wurden. Protichnites septemnotatus zeigt beiderseits eine geradlinige Furche ovaler Gruppen von je 7 Eindrücken im Sand; Climactichnites (Fig. 54) aber 2 Furchen, die in einem Abstand von 12—15 cm parallel nebeneinander herlaufen und durch Querfurchen verbunden werden, die einen nach vorn gerichteten Winkel bilden. Diese seltsame leiterartige Spur läßt sich in großen und kleinen Individuen viele Meter weit verfolgen, bis sie in einer ovalen Fläche 40 cm lang und 15 cm breit endet, die allem Anschein nach einer Ruhepause in der Bewegung des Tieres entsprach. Protichnites läßt sich vielleicht als die Bewegungspur eines Krebses deuten. Climactichnites aber kann nur von einem weichen Körper gebildet worden sein, der über den feuchten Schlamm kroch.

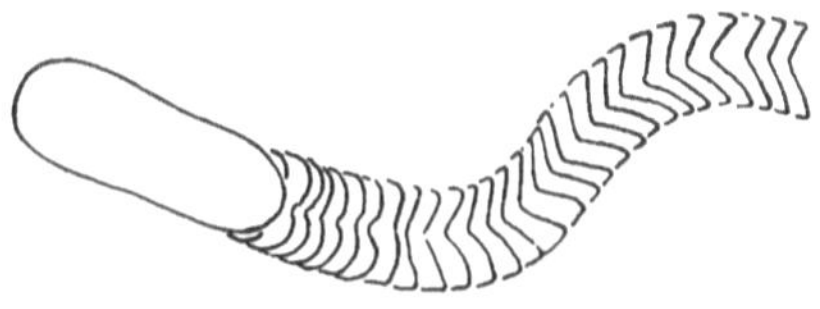

Figur 54.
Climactichnites Wilsoni. Fährte eines Litoraltieres. Oberkambrium von Kanada. $^1/_{25}$.

Nach Böhmen[3] tritt das Meer schon im Unterkambrium transgredierend herein. Hier lagert sich zuerst ein Konglomerat ab, dessen sandiges Bindemittel zerbrochene Panzer von Meerestieren enthält. Man sieht eine felsige Steilküste, vom Meere umbrandet, langsam im Wasser untertauchen. Auf 150—200 m mächtige, fossilarme Konglomerate und Sandsteine folgt der zu grauem Schiefer verhärtete Meeresschlamm, der eine staunenswerte Fülle hochentwickelter, mittelkambrischer Tiere enthält. Während das nordamerikanische Kambrium Gold enthielt, das in einem vorkambrischen Gebirge entstanden war, wurden unterkambrische Sandsteine in Böhmen bei Pribram später von silberhaltigen Dämpfen imprägniert und gaben Anlaß zu einem altberühmten, jetzt noch blühenden Bergbau.

Wir wenden uns jetzt nach Nordeuropa, wo das Kambrium reich entwickelt und sorgfältig studiert worden ist. Deutlich hebt sich ein skandinavisch-schottisches Festland aus dem Meere hervor, gegen das der Ozean vorwärtsschreitet. Wahrscheinlich stand es nach Westen in Verbindung mit einem kanadischen Festlande. Die Fauna[4] des obersten Kambrium zwischen dem 43. und 65. Grad ist so einheitlich zusammengesetzt, daß das Meer auf diesem großen Raume dieselbe Temperatur gehabt haben muß. In vielgestaltigen Buchten dringt es gegen die flache Küste vor. Neben lokalen Geröllagern entstehen wohlgeschichtete Decken von grauem und grünem Sandstein; der durch die Wellen ausgeschlämmte grüne, blaue oder rötliche Ton wird im tieferen Wasser abgesetzt. In Esthland füllt er 200 m tiefe Wannen im Gneis mit seiner noch jetzt knetbaren Masse: ein sprechender Beweis dafür, daß eine so uralte Ablagerung während der langen Dauer geologischer Epochen völlig unverändert bleiben kann, wenn sie nicht durch besondere Ursachen verkittet und verhärtet wird. Ein ähnliches Gestein[5] tritt jenseits des Atlantik in Neu-Braunschweig wieder auf. Daß in solchen schlammigen Buchten auch vermoderte Meerespflanzen angehäuft wurden, geht aus kohligen Zwischenschichten[6] hervor, die man bei Kunda in Esthland erbohrte.

Es ist für die kambrische Periode überaus charakteristisch, daß an zahlreichen Orten auf dem Meeresgrunde und auf dem Festlande Vulkane[7] in Tätigkeit waren. Indem sich ihre Aschen und Lavadecken zwischen die normale Schichtenreihe schalten, wird deren Mächtigkeit lokal sehr gesteigert. Im Unterkambrium war ein vulkanischer Archipel bei St. Davids (England) in voller Tätigkeit. 500 m hoch schichteten sich die Aschen übereinander, deren Mächtigkeit nach Südwesten zunimmt. Mittelkambrische Porphyrvulkane dampften in Frankreich. Oberkambrische Eruptionen bauten in Nordwales und Böhmen bis in die Untersilurzeit hinein hohe Aschenkegel auf. Auch Portugal, Nordamerika und Südindien wurden von vulkanischer Tätigkeit heimgesucht.

Wenn man sich die vorherrschenden Farben kambrischer Ablagerungen auf einer Karte einträgt, so ergibt sich, daß rote Konglomerate, Sandsteine und Schiefer in niederen Breiten, gelbe, graue und grüne Farben in höheren Breiten vorwiegend auftreten. Diese Tatsache harmoniert mit der heutigen Verteilung ähnlicher Erscheinungen und spricht dafür, daß schon damals klimatische Unterschiede existierten, und der Äquator eine ähnliche Lage hatte wie heutzutage.

Ein abflußloses Gebiet[8] läßt sich in Nordindien nachweisen, wo in der Salt-range, eingeschaltet zwischen fossilleere, purpurrote Sandsteine und Letten, ein Salzlager von 150 m Mächtigkeit auftritt. Gips, Salzton, Sylvin, Glauberit, Kieserit und Dolomit begleiten die Salzlinsen.

Aus nördlichen Gebieten sind dagegen eine Reihe von Tatsachen zu erwähnen, die, wenn auch nicht ohne Widerspruch, als Zeichen eines kühlen, gletscherbildenden Klimas gedeutet worden sind. Auffallend[9] ist zunächst die große Verbreitung der Hyolithen (s. Fig. 55) in Lappland, Schottland und Nordamerika. Wir wissen nicht, welchen Tieren die Kalkröhren zur Hülle dienten, doch erinnern sie an die Kalkschalen der in kalten Meeren schwarmweise auftretenden Flügelschnecken. Daß sie noch in der Permzeit in eiskalten Gewässern lebten, geht aus ihrer

Häufigkeit im indischen Talchirkonglomerat hervor. Oft findet man in größeren Schalen zahlreiche kleine eingeschlossen, die von jüngerer Brut herrühren, so daß man an die Brutpflege erinnert wird, die bei so vielen polaren Meerestieren entwickelt ist. Spuren von Gletschern sind im Kambrium von Pennsylvanien[10] vermutet worden. Hier findet man mächtige Kalkmassen, die nach oben in eine Breccie übergehen, in welcher eckige und gerundete Kalkblöcke bis 1 m im Durchmesser durch ein Kalkzement verkittet sind. Man hat vermutet, daß diese Zertrümmerung eben gebildeter Kalksteine durch die Sprengwirkung von Küsteneis zu erklären ist.

Der merkwürdigste Aufschluß aber findet sich östlich des Nordkaps im Varanger Fjord.[11] Hier liegt auf älteren wohlgeschichteten Sandsteinen (Sparagmit), deren Oberfläche geglättet und mit von Nordwest nach Südost gerichteten Gletscherschrammen überzogen ist, eine typische Grundmoräne, bestehend aus graublauem oder aschgrauem, sandigem Lehm, in welchem zahlreiche eckige und runde Geschiebe von rotem und grauem Granit, Sandstein und gekritztem Dolomit eingefügt sind. Diese Moräne wurde später gemeinsam mit den liegenden Sandsteinschichten verkieselt und dadurch vor Zerstörung bewahrt. Wenn wir mit schwedischen Geologen annehmen dürfen, daß sie der kambrischen Zeit angehört, dann wäre damit bewiesen, daß schon damals polare Eisdecken existierten. Neuerdings sind auch aus Australien und China kambrische Moränen beschrieben worden.

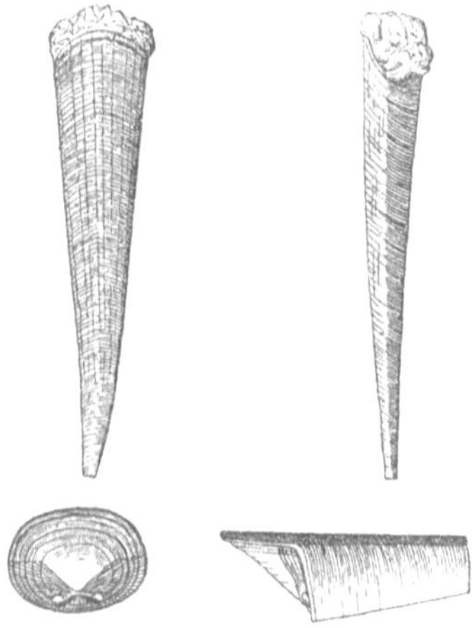

Figur 55.
Hyolithes elegans aus dem böhmischen Untersilur. Darunter Mündung und Deckel von H. maximus aus dem Kambrium von Böhmen.

Indem wir die auf Grund faunistischer Tatsachen gezogenen Grenzen der kambrischen Meere und die Flächen der zwischen ihnen aufragenden Festländer vergleichen, fällt uns auf, daß mehr als die Hälfte der bekannten Erdoberfläche damals trockenes Land war, und wenn wir die Gesteine untersuchen, welche im kambrischen Meere gebildet wurden, so treten uns immer wieder Zeichen eines nahen Strandes und geringer Wassertiefen entgegen. Wellenfurchen, Trockenrisse, litorale Kieslager, verlandende vulkanische Inseln lassen sich nur verstehen, wenn die Tiefe des kambrischen Ozeans gering war. Auch der rasche Wechsel in der Mächtigkeit kambrischer Gesteine spricht für diese Annahme. Wenn aber das kambrische Weltmeer flacher wie der heutige Ozean und von

Figur 56. Tierleben im kambrischen Meer I.

Figur 57. Tierleben im kambrischen Meer II.

großen Festländern unterbrochen war, dann würde sich ergeben, daß im Laufe der folgenden Perioden die Summe des flüssigen Wassers auf der Erdrinde sehr beträchtlich zugenommen hat.

Zahlreiche Tatsachen deuten darauf hin, daß die Heimat der kambrischen Meeresfauna in einem äquatorialen Meere lag, von dem aus sie nördliche Wanderungen unternahm. Deutlich lassen sich in ihm mehrere Faunengebiete unterscheiden.

Es war verhängnisvoll für die Beurteilung der kambrischen Tierwelt, daß man sie zuerst in Europa und Ostamerika studierte, wo das Meer in weiten, flachen Buchten gegen ein nordisches Festland vordrang und nur an wenigen Stellen die Entwickelung reicherer Faunen begünstigte. So kam man zu der Meinung von der Armut der kambrischen Tierwelt an kalkabscheidenden Formen, obwohl zahlreiche Kalklager[12] das Gegenteil beweisen. Die nördlichsten Kalke finden wir in Schottland, wo dem mittleren und unteren Kambrium 50 m mächtige Kalklager eingeschaltet sind. In der Normandie liegt zwischen purpurroten Schiefern roter und grauer Marmor. In Languedoc, Asturien und Sardinien treten mächtige Riffkalke auf. Besonders reich an Kalken ist Nordamerika; ihr linsenförmiges Anschwellen, ihre bald geschichtete, bald ungeschichtete Gliederung deutet auf mannigfaltige Bildungsbedingungen. In den Appalachen schwellen einzelne oberkambrische Kalklinsen zu 500 m an.

Leider sind fast alle diese Kalke nachträglich so sehr umgewandelt, daß man nur an angewitterten Flächen ihre organische Struktur erkennt. Aber wenn wir hier bald den Blätterbau von Stromarien, die kristallinische Spaltbarkeit von Krinoidenkalken oder die vielgestaltigen Faserzüge von Protopharetra erkennen, dann dringt auch Licht in diese schwierige Frage.

Es kann für den biologisch Denkenden keinem Zweifel unterliegen, daß, wie in der Gegenwart, auch in jenen längst verflossenen Zeiten das Tierreich auf Kosten assimilierender Pflanzen lebte. Und doch wissen wir nur sehr wenig über die Beschaffenheit jener alten Meeresflora. Seltsam gestaltete, besonders in kambrischen Sandsteinen häufige Wülste und Skulpturen, die man früher als Tange beschrieb und abbildete, sind Kriechspuren von allerlei Meerestieren oder die Abdrücke von bewegten Hartgebilden. Die als Eophyton bezeichneten Formen erkannte man als die Schleppspuren von Medusenarmen, und so bleiben nur kohlig verfärbte Tone und Schiefer oder algenähnliche Zeichnungen auf den Schichtenflächen kambrischer Gesteine, vielleicht auch manche Kalke als die Überreste einer Pflanzenwelt, die die kambrische Fauna schuf und erhielt.

Wenn wir die Fauna (Fig. 56 u. 57) als Ganzes betrachten, so werden wir ihre Eigenart am besten würdigen, indem wir sie mit der Tierwelt der Gegenwart vergleichen. Zittel[13] zählt etwa 90 Ordnungen lebender und ausgestorbener Tiere auf, die im Laufe der geologischen Vergangenheit zahlreiche Familien, viele Gattungen und ungezählte Arten bildeten. Nur 16 derselben finden wir in kambrischen Schichten und von diesen sind 5 Typen auf das Kambrium und Silur beschränkt.

Man könnte nun den Einwurf erheben, daß die Unvollständigkeit der Überlieferung eine einst viel reichere, kambrische Tierwelt so gelichtet habe, daß nur vereinzelte Formen erhalten blieben, und in gewissem Sinne mag das richtig sein; denn die kambrischen Gesteine sind vielfach metamorphosiert, und inselartig heben sich einzelne wohlerhaltene Fundorte aus weiten Gebieten kristallinischer Schiefer heraus. Wenn wir aber diese „Stichproben" genauer studieren und Gattungen und Arten, ja ganze Faunengenossenschaften von völlig übereinstimmenden Formen an Fundorten entdecken, die Hunderte von Meilen auseinanderliegen; wenn bestimmte Gesteine (Fazies) immer wieder dieselbe Gruppierung bionomisch zusammengehöriger Arten erkennen lassen; wenn diese Typen so wundervoll erhalten sind, daß man in manchen Fällen ihre Entwickelungsgeschichte vom millimetergroßen Ei durch charakteristische Larvenformen bis zum ausgewachsenen Tier schrittweise verfolgen konnte; wenn man aus dem unterkambrischen Ton von Petersburg und gleichaltrigen Gesteinen von Nordamerika kleine, zarte Hornschalen derselben Arten herausschlämmen konnte — dann darf es dem Geologen nicht verübelt werden, wenn er an der Ansicht festhält, daß die uns bekannte Fauna horn- und kalkschaliger kambrischer Tiere im großen und ganzen ein vollständiges Bild der entsprechenden kambrischen Tierwelt überliefert hat.

In dieser Beleuchtung erscheint es von hohem Interesse, daß Kalkschwämme, Korallen, Knospenstrahler, Seesterne (?), Seeigel, Mooskorallen, gewundene Schnecken, scheibenförmig gewickelte Cephalopoden, zahlreiche Krebs- und Insektenordnungen und die Formenfülle der Wirbeltiere bisher noch kaum in kambrischen Schichten nachgewiesen wurden. Ihr Auftreten am Schluß des Kambrium ist so bezeichnend, daß wenig Aussicht erscheint, sie noch einmal in kambrischen Fundorten zu entdecken. Mindestens hatten sie noch nicht die Fähigkeit erworben, hornige oder kalkige Schalen zu bilden und belebten vielleicht als „Weichtiere" den kambrischen Ozean.

Daß wurmähnliche Tiere von sehr verschiedenen Lebensgewohnheiten damals weitverbreitet waren, geht aus den zahllosen Bohrgängen hervor, welche die kambrischen Sandsteine vielfach durchziehen. Bald durchsetzen sie als parallele, federkieldicke Röhren (Scolithus, Arenicolites) die Schichten; bald sehen wir wirbelartig vergabelte Röhrenbündel (Phycodes, Vexillum) bis in untersilurische Schichten hinaufgehen. Daß aber auch damals schon echte, hochdifferenzierte Ringelwürmer existierten, geht mit Sicherheit aus ihren Hornkieferzähnen, den sog. Conodonten hervor, die man aus dem blauen Ton von St. Petersburg ausschlämmen konnte.

Figur 58.
Stenotheca rugosa.
Kambrium von Massachusetts.

Figur 59.
Holopea Sweeti, eine Schnecke.
Oberes Kambrium von Wisconsin.

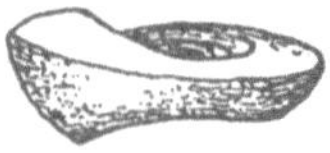

Figur 60.
Ophileta primordialis aus dem Kambrium von Wisconsin. Natürl. Gr.

Wir sind gewöhnt, einfache, wenig differenzierte Formen an den Ursprung des Stammbaumes zu setzen, und müssen uns fragen, ob die kambrische Fauna diesen Forderungen entspricht. Während in den

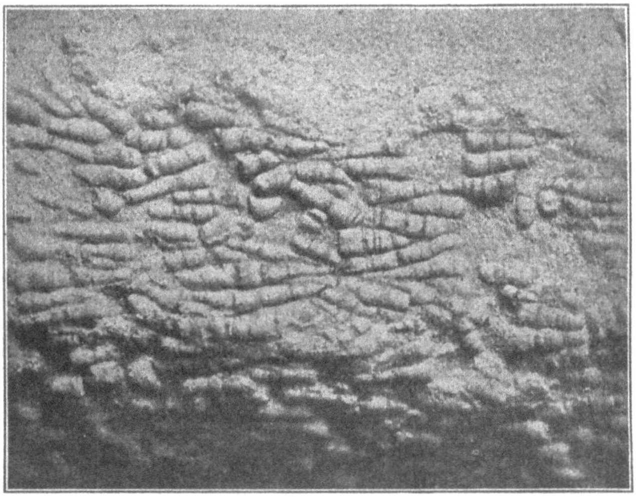

Figur 61.
Kambrischer Sandstein, bedeckt mit Steinkernen von Volborthella tenuis. 3 ×.
Recca al mare bei Reval.

heutigen Meeren die Mollusken eine ungemein wichtige Rolle spielen, kennt man nur wenige Vertreter dieser Gruppe aus kambrischen Schichten. Als Muscheln wurden beschrieben Fordilla, Paläarca, Modioloides. Kleine, mützenförmige Schälchen (Fig. 58) werden als Schnecken betrachtet. Nur im oberen Kambrium von Nordamerika fand man auch einige gewundene Schneckenschalen, Holopea (Fig. 59), Ophileta (Fig. 60), die auffallend an Süßwasserformen erinnern. Auch die in dem Silur so ungemein häufigen Cephalopoden (Tintenfische) kennt man nur in der kleinen Gattung Volborthella (Fig. 61). Es sind dies etwa 8 mm lange und 1 mm breite, hornige, gekammerte Röhren, innerhalb deren eine feinere Röhre (Sipho) die Kammerhohlräume verbindet.

Um so wichtiger waren in jenen Zeiten die Brachiopoden, die, ziemlich reich an Gattungen und Arten, das Meer besiedelten.[14] Kutorgina, Orthis, Orthisina, Billingsella, Camarella, Acrothele und Linnarsonia treten in glatten, wie in schön gerippten, ja sogar mit Stacheln verzierten

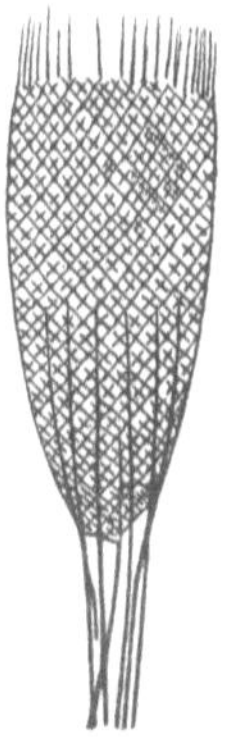
Figur 62.

Figur 63.

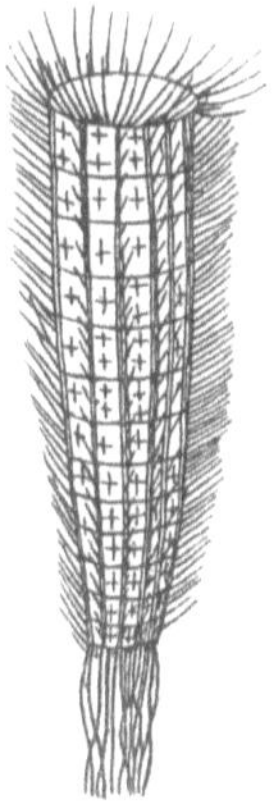
Figur 64.

Figur 62. Protospongia? (Diagonella) cyathiformis ($^2/_3$).
Figur 63. Protospongia mononema ($^2/_3$).
Figur 64. Acanthodictya hispida.

Arten auf. Sie gehören einem Tierstamme an, der zwar in der Gegenwart noch durch mehrere Familien vertreten ist, dessen Hauptentwicklung aber in die Silurzeit fällt. Ihr kleiner, wurmähnlicher Körper, verziert durch zwei bewimperte Kiemenarme, sitzt, von zwei Schalenkappen geschützt, mit einem Stiel am Meeresgrunde auf. 10 Gattungen sind im unteren Kambrium vorhanden, 2600 Arten leben im Silur. Seither geht ihre Formenzahl erst rasch, dann langsam, aber beständig zurück. Es ist überaus seltsam, daß zwei jetzt noch lebende Familien, Lingula und Discina, seit dem Kambrium bis zur Gegenwart mit kaum veränderten Formen leben, ein Beispiel von Lebenszähigkeit, dem man nichts Ähnliches an die Seite setzen kann.

Von festsitzenden Tieren sind sodann eine Anzahl Seeschwämme[15] zu nennen, die mit ihren eleganten Kieselnadeln prächtig erhalten sind (Fig. 62, 63, 64). Sie gehören den jetzt noch lebenden Familien der vier-

und sechsstrahligen Spongien an, aber ihre Nadeln liegen noch unverbunden im Gewebe, erst im Silur treten Formen auf, deren Nadeln zu einem festen Skelett verschränkt sind.

Der Stamm der Echinodermen ist vertreten durch zahlreiche Gattungen der sog. Cystoideen. Ihre sackförmigen (s. Fig. 56, links) oder einem Krebspanzer ähnlichen Hüllen zeigen ein zierliches Tafelwerk von Kalkplatten, deren Gefüge interessante Rückschlüsse auf ihren inneren Bau gestattet. Da ihre Hauptentwickelung in die Silurzeit fällt, werden wir sie dort noch genauer besprechen, aber wollen schon hier auf die seltsame Gattung Macrocystella (Fig. 65) hinweisen, die als die älteste primitive Seelilie ganz besonderes Interesse verdient.

Figur 65.

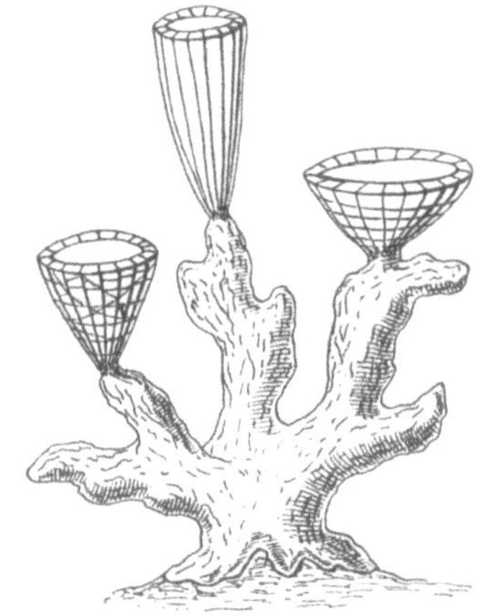

Figur 66.

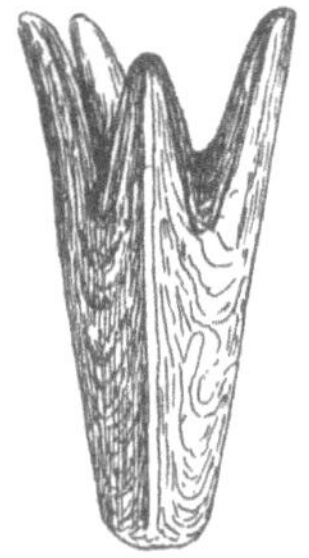

Figur 67.

Figur 65. Macrocystella, aus dem Oberkambrium von England.

Figur 66. Ein Stock von Protopharetra mit aufsitzenden Kelchen von Anthomorpha, Archaeocyathus und Coscinocyathus aus dem oberen Kambrium von Canal grande (Sardinien). Natürl. Größe.

Figur 67. Palaenigma Wrangeli, problematisches Fossil aus dem Oberkambrium von Rußland.

Echte Korallen und korallenähnliche Tiere sind aus kambrischen Ablagerungen noch nicht bekannt. Dafür sind kleine doppelwandige Trichter[16] von Nordsibirien bis nach Sardinien verbreitet, deren zarte Kalkblätter durch verbindende Leisten gekammert erscheinen. 1—8 cm hoch, 5 bis 20 mm breit, sind diese Gebilde als Archäocyathus (Fig. 66) beschrieben und bald zu den Spongien, bald zu den Korallen gestellt worden. Aber sie sind ein ganz eigenartiger Typus festsitzender Tiere und scheinen im Generationswechsel mit einem kalkbildenden Organismus (Protopharetra) gestanden zu haben, der auf Sardinien ganze Kalkriffe aufbaute, die er mit vielverästelten Zweigen und Ausläufern durchzog. Neben den in ihrer zoologischen Verwandtschaft durchaus rätselhaften

Archäocyathiden wären noch manche andere kambrische Fossilien zu erwähnen, die nicht minder seltsame Formen zeigen und der morphologischen Deutung noch größere Rätsel aufgeben. Wir nennen nur Palaenigma Wrangeli (Fig. 67), das, einem vierkantigen Räucherkerzchen ähnlich, wiederholt im Oberkambrium von Rußland gefunden wurde und viele andere Problematika.

Aber alle genannten Tierformen werden an Bedeutung weit übertroffen durch eine Gruppe von krebsähnlichen Gliedertieren (Trilobiten), die gerade für die ältesten Zeiten der Erdgeschichte bezeichnend sind. Man nennt sie „Dreilapptiere", weil ihr Körper von vorn nach hinten ebenso wie von rechts nach links in drei Teile zerfällt (Fig. 68—76). Das halbmondförmige oder rhomboidale Kopfschild trägt zwei zusammen-

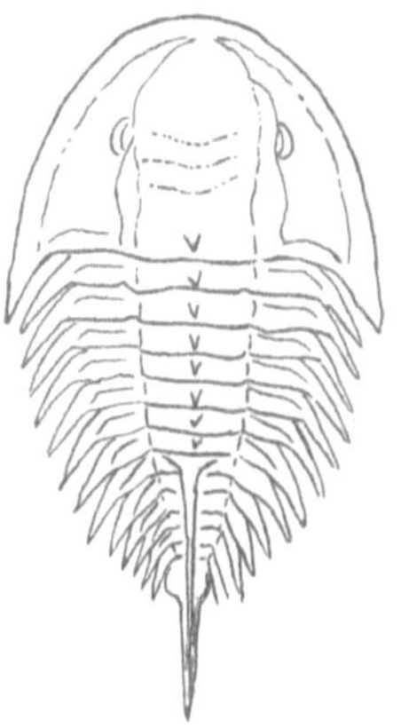

Figur 68.

Olenellus Mickwitzi.

Der älteste baltische Trilobit (Kambrium). $^2/_3$ nat. Gr.

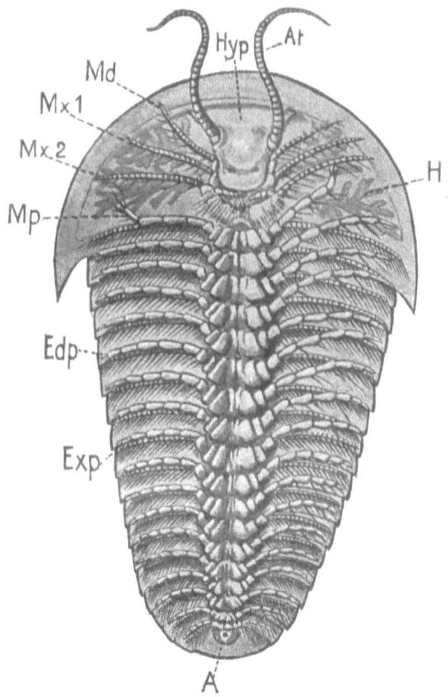

Figur 69.

Unterseite eines Trilobiten.

Hyp: Hypostom, At: Fühler, Md: Kiefertaster, Mx 1, 2, Mp: die folgenden Kiefertaster, H: Leberschläuche (?), Edp: Endopodit, Exp: Exopodit, A: After.

gesetzte Augen, die bisweilen auf einem Augenhöcker aufsitzen. Der mediane Teil des Kopfschildes (Glabella) ist wulstartig und zeigt oft eine undeutliche Trennung in 2 bis 6 Metameren. Die Seitenteile (Genae) sind oft mit langen Wangenstacheln bewehrt.

Mit Ausnahme des im Schlamm wühlenden Agnostus ist der Rumpf aus einer großen Zahl nach hinten an Breite abnehmenden Segmenten zusammengesetzt, die durch zwei Längsfurchen in eine mittlere Spindel und zwei seitliche Pleuren zerlegt werden; die Pleuralspangen tragen oftmals auch Dornen.

Das Schwanzschild (Pygidium) ist oft ein rundlicher Anhang, oder es erscheint mit langen Hörnern verziert, bisweilen wird es nur aus einer kleinen Endplatte gebildet, die sich an das letzte Rumpfsegment unmittelbar anschließt.

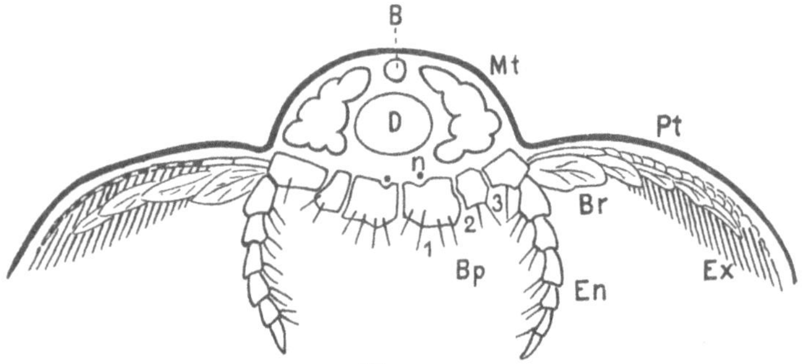

Figur 70.

Schematischer Querschnitt durch den Rumpf eines Trilobiten.

1, 2, 3; Basipoditen, Mt Pt: Rückendecke, Br: Kieme, En: Endopodit, Ex: Exopodit, B: Rückenherz, D: Darm, n: Nerven.

Die Unterseite des Körpers (Fig. 69 u. 70) war weichhäutig und wohl nur wenig verkalkt, und da sich die Trilobiten, wie die meisten Krebse, beim Wachsen häuteten, so ist die Bauchdecke nur selten fossil erhalten. In solchen Fällen sehen wir unter dem Kopfschild zwei Paar gegliederter Fühlfäden und unter dem Rumpfe eine große Zahl zarter Beine. Die mikroskopische Untersuchung von Dünnschliffen eingerollter Trilobiten (Fig. 70) hat außerdem neben jedem Laufbein (Endopodit) einen bürstenförmigen Exopodit, der wohl zum Schwimmen diente, sowie die zarten, blattförmigen oder spiraligen Kiemen nachgewiesen. Der völlige Mangel von Kieferzähnen deutet darauf hin, daß die Trilobiten Schlammfresser waren. Wahrscheinlich waren die Organe bei verschiedenen Gattungen ganz verschiedenartig differenziert, denn Form und Vorkommen der Gattungen beweisen eine mannigfaltige Lebensweise.

Figur 71.

Junges Sao hirsuta, eben aus dem Ei geschlüpft. 10 ×.

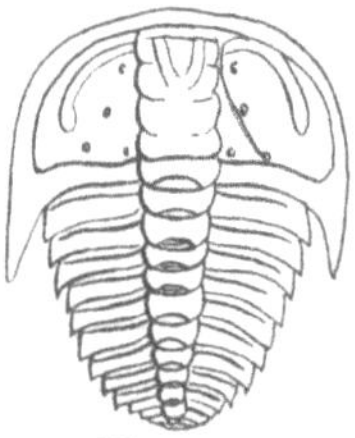

Figur 72.

Sao hirsuta. Mittelgroßes Exemplar. 10 ×.

Ein ziemlich einfacher Typus wird durch die kambrischen Gattungen Ellipsocephalus, Conocephalites, Ptychoparia und Sao (Fig. 71, 72, 73) dargestellt. Der eirunde Körper, ohne besonders ausgezeichnetes Schwanzschild, spricht für ein träges Leben in ruhigem Wasser. Dagegen erkennen wir an den mit kräftigen Dornen bewehrten Gattungen Olenellus (Fig. 68), Paradoxides (Fig. 76), Mesonacis, Olenoides, Bathynotus räuberische Bewohner der Flachsee.

Einen dritten Typus bilden die Gattungen Agnostus (Fig. 57 unten) und Microdiscus, deren Kopfschild und Schwanzschild von abgestumpft eiförmigem Umriß einander so ähnlich sehen, daß die erstere Gattung sogar danach die „unkennbare“ genannt wird. Augen fehlen, und es scheint, daß diese Formen ebensogut vorwärts- wie rückwärtskriechend im Schlamme lebten.

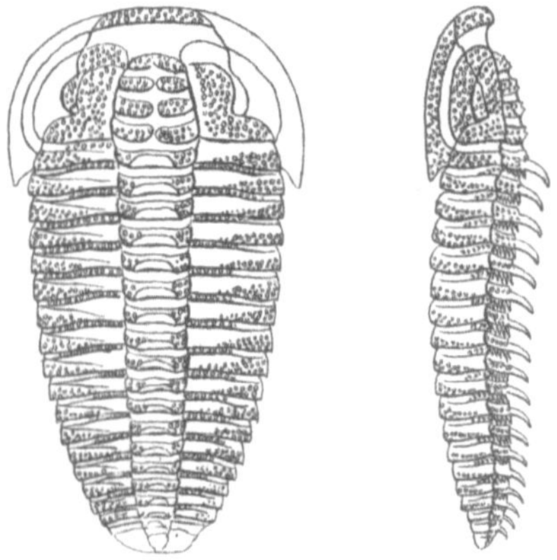

Figur 73.
Sao hirsuta aus dem Mittelkambrium von Böhmen. Ausgewachsenes Exemplar von oben und von der Seite.

Bei Paradoxides ist die Jugendform (Fig. 74) dadurch ausgezeichnet, daß die Seitenstacheln des zweiten Rumpfsegments zu langen Dornen ausgezogen sind. Auf einem späteren Stadium (Fig. 75) sind die Dornen kürzer geworden, aber selbst am ausgewachsenen Tier (Fig. 76) ist die Eigenart des zweiten Rumpfsegmentes noch immer deutlich zu erkennen.

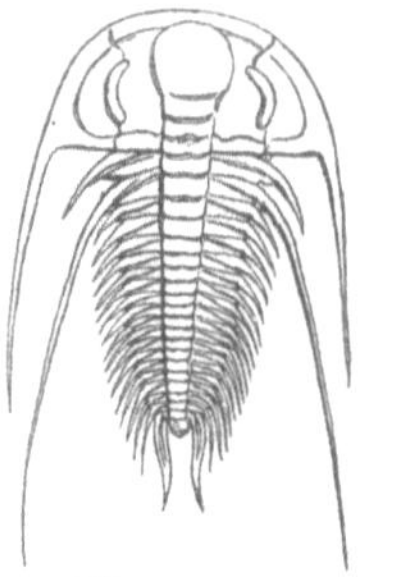

Figur 74.
Paradoxides bohemicus. Jugendform mit den langen Seitenstacheln.

Die Trilobiten treten oft in solcher Zahl auf, daß ihre Panzer ganze Schichtenflächen bedecken. Als Angehörige des Arthropodenstammes haben sich die Trilobiten während ihres Wachstums immer wieder gehäutet; und wenn wir bedenken, daß sich der rezente Flußkrebs (nach Chantran) in 6 Jahren 24 mal häutet, so können wir uns klar machen, daß manche trilobitenreiche Gesteine nichts anderes als ruhige Häutungspunkte gewesen sind, deren Individuenreichtum keineswegs ein Bild der damaligen Fauna bietet. Die Entwickelungsgeschichte mehrerer Arten ist genau bekannt. Die Eier findet man als kleine, meist schwarze Kügelchen von $^2/_3$ bis 5 mm Durch-

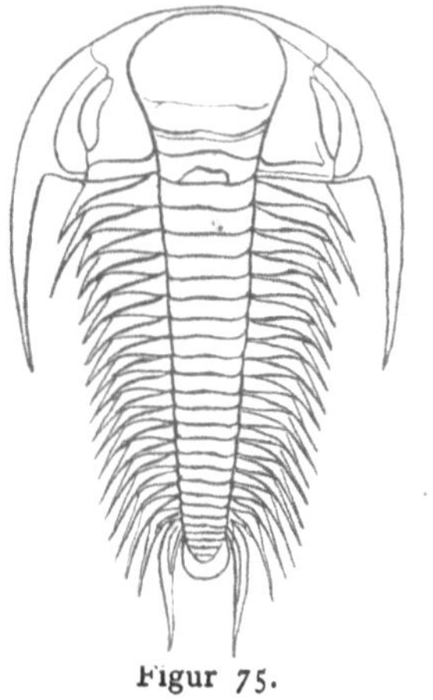

Figur 75.
Paradoxides bohemicus. Jugendliches Exemplar mit etwas verkürzten Seitenstacheln.

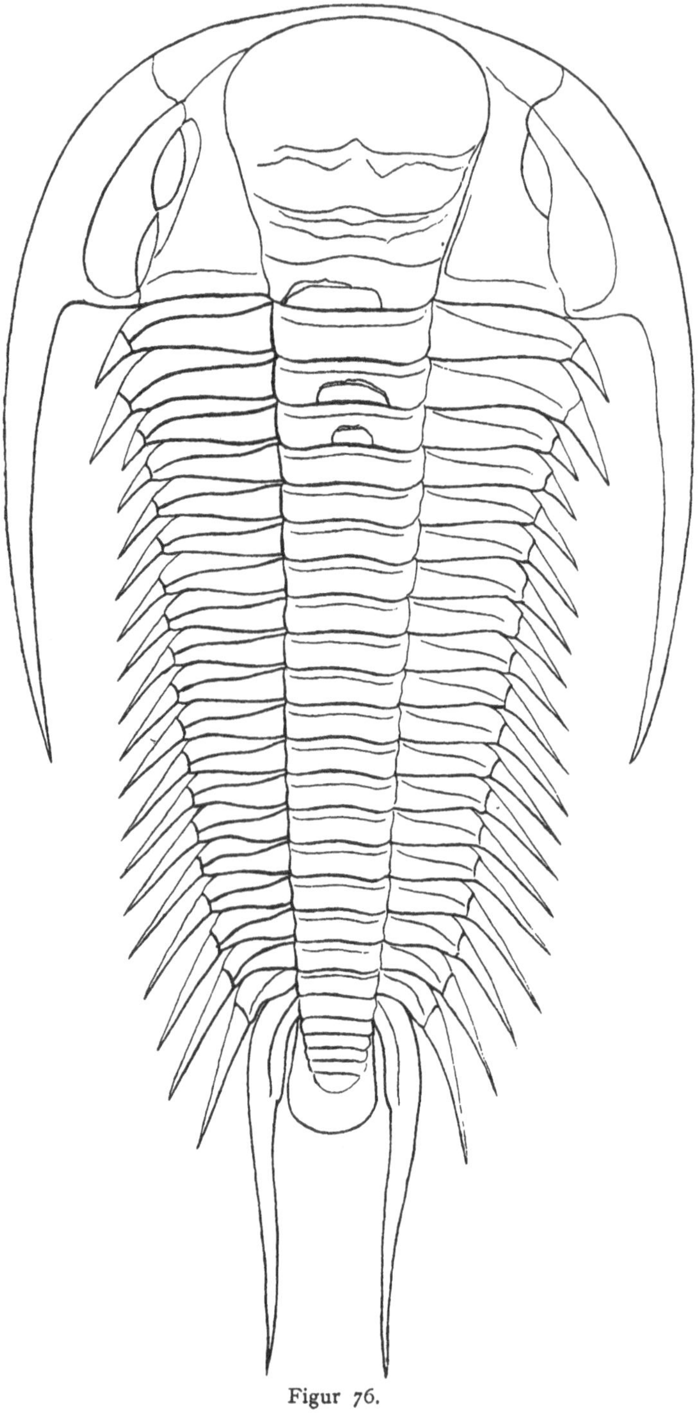

Figur 76.
Ausgewachsenes Exemplar von Paradoxides bohemicus. Mittelkambrium von Böhmen.

messer. Sie liegen in kleinen Häufchen beisammen, und die elastische Eischale wurde von dem ausschlüpfenden Jungen gesprengt. In der Regel unterscheiden sich diese sehr wesentlich (Fig. 71—73 und 74—76) in ihrer Form von den größeren, und auch bei den späteren Häutungen traten noch seltsame Metamorphosen auf. Gerade die wichtigsten Leitformen zeigen solche Verwandlungen.

Die Tatsache, daß mehrere kambrische Trilobiten augenlos sind, ist in dem Sinne gedeutet worden, daß sie die lichtlosen Abgründe einer Tiefsee bewohnten. Allein das Studium der diese Formen umhüllenden Gesteine und ihrer Lagerungsverhältnisse widerspricht dieser Annahme durchaus. Wir haben vielmehr in den blinden Agnostus und anderen Arten, im Schlamme kriechende Formen zu sehen, deren Augen ebenso

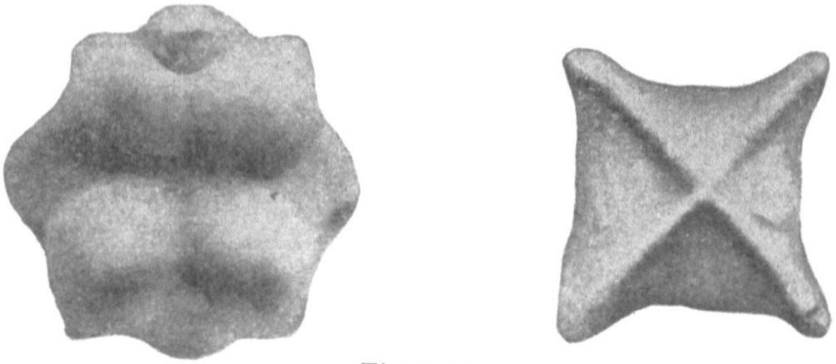

Figur 77.
Medusina costata, links Steinkern des Magenhohlraumes und der Geschlechtsdrüsen von oben, rechts von unten.

zurückgebildet wurden, wie beim Regenwurm und Maulwurf. Die Kriechspur von Peltura scarabaeoides wurde[17] als eine Pflanze (Cruziana) beschrieben.

Das schwedische Kambrium beginnt mit einem Quarzkonglomerat, auf welches grüne Sandsteine folgen, die bei Lugnås eigentümliche Spuren und Abdrücke enthalten, an denen man[18] zeigen konnte, daß es sich hauptsächlich um die Überreste von Medusen handelt. Medusina costata (Fig. 77) bildet von unten eine vier-, häufiger fünfseitige Pyramide, während die Oberseite ebensoviel rundliche Buckel erkennen läßt. Dieser Körper gleicht so vollkommen dem Abguß des Magenhohlraumes einer akraspedoten Meduse mit ihren Genitaltaschen, daß an der Homologie mit diesem nicht zu zweifeln ist. Dieselbe Form wurde auch in Esthland gefunden.

Als Medusina princeps und Medusina radiata (Fig. 78) werden scheibenförmige Abdrücke bezeichnet, welche die Mundscheibe einer Meduse, umgeben von zahlreichen radialen Furchen, darstellen. Endlich besteht zwischen dem als Eophyton beschriebenen Relief und den Schleppspuren von Medusenarmen eine so große Übereinstimmung, daß man wohl auch dieses Fossil auf Medusen zurückführen darf.

Immerhin glaube ich, daß diese beschriebenen Medusenüberreste nur in einem sehr trockenen, warmen Klima entstehen konnten. An der Küste des Roten Meeres waren bei einem Sturme zahllose Medusen an das sandige afrikanische Ufer geschleudert worden. Viele hatten einen deutlichen Abdruck hinterlassen, und die heiße Sonne hatte ihre Gallertscheibe zu einem papierdünnen Pergamentblatt eingetrocknet, welches wohl imstande war, das Relief des Sandabdruckes auch dann noch zu erhalten, wenn trockener Sand von der Küste her darüber geweht wurde; dagegen wäre unter Wasser oder auf einem feuchten Strande die Gallertscheibe wohl verwest und zerflossen.

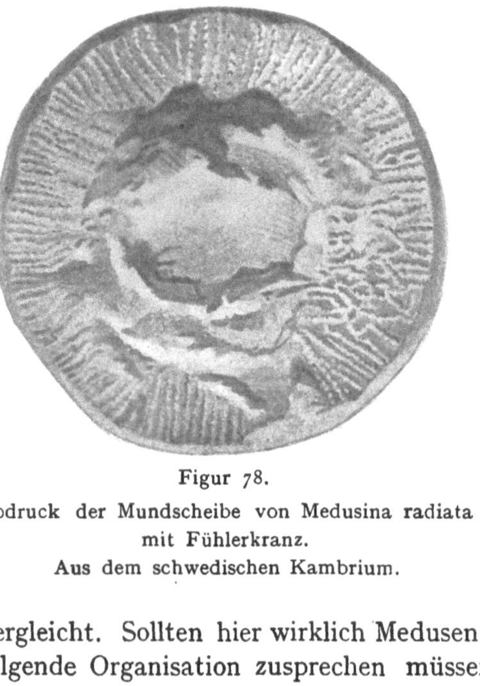

Figur 78.
Abdruck der Mundscheibe von Medusina radiata mit Fühlerkranz.
Aus dem schwedischen Kambrium.

Im Unterkambrium von Nordamerika[19] kommen grüne Schiefer vor, welche mit vier- bis siebenstrahligen Gebilden bedeckt sind, die eine gewisse Ähnlichkeit mit dem Kanalsystem von Medusen haben. Sie wurden als Dactylodites (Fig. 79) beschrieben, während man aus dem Mittelkambrium von Alabama unter dem Namen Brooksella und Laotira seltsam verästelte Kieselknollen in Tausenden von Exemplaren kennt, die man mit der vielmündigen rezenten Meduse Gastroblasta Raffaëli vergleicht. Sollten hier wirklich Medusen vorliegen, so würde man ihnen folgende Organisation zusprechen müssen: Eine mehrlappige, ziemlich derbe Schwimmscheibe ist von 4 bis 12 und mehr Radialkanälen durchzogen, Tentakel sind nicht beobachtet. Durch Knospung entstehen zusammengesetzte Individuen, deren Kanalsystem sehr verwickelt werden kann. Sie scheinen sich vielfach durch Teilung vermehrt und ein benthonisches Leben geführt zu haben. Manche Charaktere scheinen für eine Zugehörigkeit zu den Rhizostomiden zu sprechen.

Zum kambrischen Plankton rechnen wir sodann einige zarte Abdrücke schwimmender Krebse. Protocaris Marshi (Fig. 80) gehört einem recht fremdartigen (Phyllopoden?) Typus an. Ein 21 mm langes, abgerundet vierseitiges Schild ohne Augenhöcker verbarg den Körper, von dem nur

Figur 79.

Überreste des Darmsystems von Dactylodites asteroides, einer kambrischen Meduse.

ein gegliederter Schwanz mit einem zweizipfeligen Schwanzschild zu sehen ist. Hymenocaris vermicauda (Fig. 81) zeigt einen anderen Körperumriß. Auch eine als Leperditia (?) argentea beschriebene Schale von sattelartiger Gestalt dürfte zu den planktonischen Krebsen gehören, wenn auch ihre systematische Stellung zweifelhaft ist. Der Schloßrand ist in zwei Spitzen ausgezogen. Sicherer ist die Bestimmung von Leperditia Troyensis, einer kleinen Ostrakode, die in Wales und New York vorgekommen ist.

Endlich wären die besonders in höheren Breiten[20] zahlreich auftretenden Hyolithen (Fig. 55) zu nennen. Ihre bis 8 cm lange Kalkschale erinnert an eine rundlich-kantige Dolchscheide. Ein kleiner, eiförmiger Deckel verschloß die Mündung, ihre Brutpflege und ihr Auftreten in kühlen Gewässern wurde oben schon erwähnt.

Sehr merkwürdig ist das vollkommene Fehlen der in den Grenzschichten zwischen Kambrium und Silur zuerst auftretenden und dann so ungemein weitverbreiteten Graptolithen.

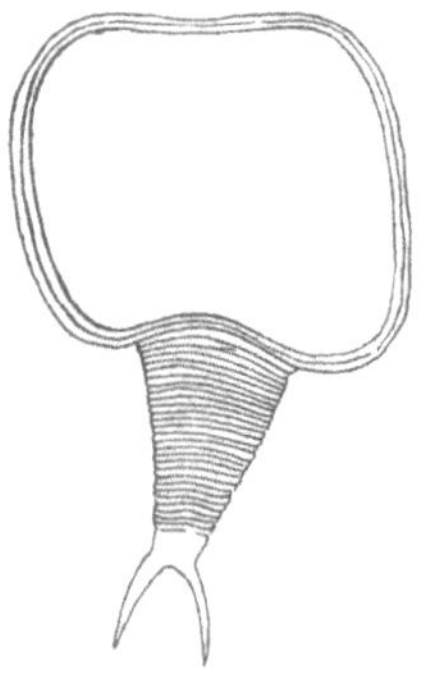

Figur 80.
Protocaris Marshi.
Abdruck eines schwimmenden Krebses aus dem Mittelkambrium von Parkers Farm (Vermont).

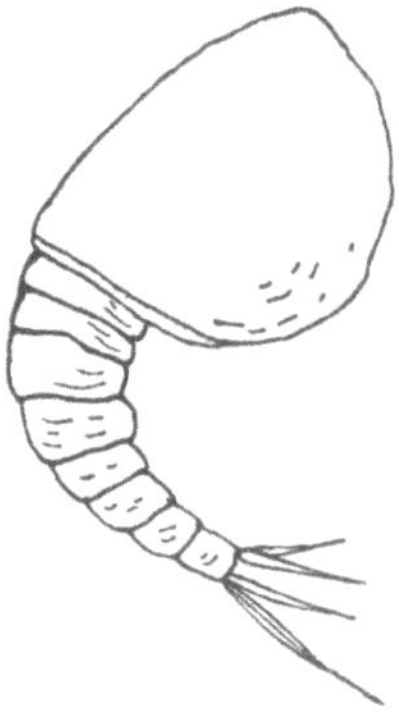

Figur 81.
Hymenocaris vermicauda, ein schwimmender Krebs aus dem Oberkambrium von Dolgelly (Wales).

Überblicken wir die kambrische Fauna von biologischen Gesichtspunkten, so sehen wir sie als vagiles und sessiles Benthos den Meeresgrund ebenso, wie als Plankton die Hochsee beleben. Ob die Bewohner der Hyolithenschalen nektonisch schwimmen konnten, läßt sich nicht entscheiden, für manche Trilobiten liegt aber diese Annahme nahe. Trotzdem nur wenige Typen des zoologischen Systems vorhanden sind und nach unseren bisherigen Kenntnissen zahlreiche, später auftretende Formenkreise noch fehlen, gehören die vorhandenen Gattungen und Arten hochentwickelten Formen an. Der Bau der unterkambrischen Trilobiten, die Organisation der Archaeocyathiden oder Cystoideen steht in vollem Gegensatz zu der Annahme, daß die älteste uns bekannte Fauna eine einfache, primitive sei.

Man hat diese Tatsache so verstanden, als ob das Leben auf der Erde mit hochentwickelten Formen begonnen habe, die nicht langsam gebildet, sondern als solche plötzlich geschaffen worden seien.

Wenn man die kambrische Fauna aus ihrem geologischen Verbande herauslöst und für sich gesondert betrachtet, dann mag eine solche Meinung begreiflich sein. Wenn man aber erwägt, daß ihre Wurzeln in die algonkischen Gesteine eindringen, daß ununterbrochene Entwickelungslinien vom Kambrium bis in die jüngste Gegenwart emporsteigen, wenn man besonders im Auge behält, daß die untere Grenze der Fossilführung in ganz verschiedenen Horizonten liegt und nachträglich durch Metamorphose entstanden ist, dann sehen wir in der kambrischen Tierwelt nicht die Anfänge des Lebens, sondern nur die ältesten, uns überlieferten paläontologischen Dokumente. Die Bruchstücke der algonkischen Lebewelt sind zwar sehr vereinzelt, aber sie zeigen uns doch deutlich, daß auch vor dem kambrischen Zeitalter Pflanzen und Tiere existiert haben.

Die Forderung vorkambrischer Ahnen der kambrischen Lebensformen wird uns besonders nahegelegt, wenn wir die ältesten Trilobiten betrachten: Ellipsocephalus Germari in Böhmen, Olenellus Mickwitzi in Rußland, O. Kjerulfi in Schweden, Conocoryphe viola und O. Lapworthi in England, ebenso wie Microdiscus Helena und O. Bröggeri sind so hoch differenziert und unterscheiden sich in so wesentlichen Charakteren, zeigen so grundverschiedene Larvenformen, daß man lange Zeiträume annehmen muß, innerhalb deren sie sich entwickeln konnten. Wenn wir erwägen, daß eine Anzahl kambrischer Trilobiten augenlos sind, dann verlangt auch diese Tatsache eine Vorgeschichte. Wir können ahnen, wie lange diese gedauert hat, wenn wir erwägen, welche geringe Veränderung die Trilobiten während des kambrischen Zeitraumes erleiden; denn daß der oberkambrische Olenus sich von der für das Unterkambrium leitenden Gattung Olenellus nur wenig unterscheidet, wird schon durch seinen Namen angedeutet.

Wenn wir die kambrische Tierwelt, wie sie durch die neuesten Arbeiten[21] zu einem Gesamtbild zusammengefügt wurde, als Ganzes betrachten, so erkennen wir zuerst die faunistische Einheit des kambrischen Weltmeeres. Einzelne, wohl unterscheidbare Faunenbezirke haben stets idente Gattungen oder gar Arten gemeinsam, und die durch tektonische Bewegungen zerrissenen oder durch Überlagerung jüngerer Schichten getrennten einzelnen Profile ordnen sich zu geschlossenen Faunenkreisen.

Das europäische Kambrium stimmt so sehr mit dem aus dem Osten der Vereinigten Staaten überein, daß man beide Gebiete zu einem atlantischen Ozean verknüpfen muß. Zwar wird der im Westen desselben häufige Olenellus nach Osten seltener und in der folgenden Stufe ist Paradoxides mehr auf der Ostseite verbreitet, aber die gesamte Fauna zeigt die größte Ähnlichkeit. Olenellus Kjerulfi, Linnarsonia sagittalis und Kutorgina cingulata kommen sogar mit identen Arten auf beiden Ufern des Atlantik vor. Böhmische Arten,[22] wie Conocephalites coronatus und C. Sulzeri, kommen auch in Nordspanien vor.

Einzelne kambrische Brachiopoden drangen in Lagunen und Binnenseen hinein, um hier zu Millionen den Grund zu beleben. Die baltischen Ungulitensandsteine sind erfüllt mit den hornigen Schalen von Obolus Apollinis, die schottischen „Lingulaflags" mit Lingulella Davisii, die nordamerikanischen Potsdamsandsteine mit Lingularis antiqua und Lingulella prima, die Roteisenstufe von Böhmen mit Lingula lamellosa (Fig. 56, Mitte).

Im nordamerikanischen Kambrium trennte eine teilweise landfeste Bodenschwelle die Fauna der atlantischen Küstengebiete von derjenigen der Felsengebirge im Westen. In beiden Becken sind mächtige Sedimente gebildet worden, während dazwischen unteres und mittleres Kambrium fehlen und selbst das Oberkambrium nicht alles Land zu überfluten vermochte.

Aber diese trennende Landmauer, welche Nordamerika in meridionaler Richtung durchzog und die selbst in untersilurischer Zeit bestand, vermochte nicht ganz den Austausch der Faunen zu hindern, und so finden wir von 150 Arten sieben in beiden Meeren gemeinsam.

Das nordamerikanische Meer wurde in vier Provinzen zerlegt:

1. Die atlantische Küstenprovinz bildet eine schmale Zone von Neufundland bis New York, sie wurde durch eine Landbarriere vom offenen Ozean abgetrennt, doch war der schmale Meerbusen durch mehrere Pforten mit jenem verbunden.

2. Die appalachische Provinz reicht von Montreal bis nach dem Golf von Mexiko; sie war nach Süden zu in offener Verbindung mit dem Atlantik.

3. Die Zentralprovinz umfaßt das Flußgebiet des Mississippi.

4. Die Provinz des Felsengebirges enthält den größeren Teil von Utah, Nevada, Idaho und Montana.

Demgegenüber erblicken wir in der Fauna des baltisch-schwedischen Kambrium die artenarme, aber individuenreiche Tierwelt eines durch veränderten Salzgehalt verarmten Nebenmeeres.

Das Kambrium von China und Korea hat große Ähnlichkeit mit dem Westen Nordamerikas. Dorypyge ist hier ein bezeichnendes Leitfossil. Es scheint, daß beide Regionen durch einen pazifischen Ozean verbunden wurden.

Endlich finden wir in Nordindien eine charakteristische Fauna, die es rechtfertigt, wenn man auch von einem indischen Ozean spricht.

Alle diese Tatsachen zeigen uns, daß die Tierwelt jenes ältesten bekannten Meeres von ähnlichen tiergeographischen Gesetzen beherrscht wurde, wie wir dies in der Gegenwart beobachten. Neben kosmopolitischen Formen, wie den Olenelliden, die über ungeheure Strecken verbreitet waren und die Einheit des Weltmeeres belegen, gibt es einzelne Gattungen und Arten, wie die mit mächtigen Wangenstacheln bewehrten Paradoxiden, welche zwar einen Atlantischen Ozean bevölkerten, aber nicht imstande waren, in den Stillen Ozean hineinzudringen. Andere Arten, wie die baltische Mickwitzia, kommen nur in einem engumschriebenen Bezirke vor.

Aber fast noch interessanter und wichtiger ist die Tatsache, daß die drei großen Ozeane der Gegenwart schon damals angedeutet sind. Atlantik, Pazifik und Indik, jetzt zu weiten, tiefen Wannen geworden, waren wohl zu jener Zeit nur flache Depressionen der Erdrinde, aber sie unterschieden sich schon durch die Zusammensetzung ihrer Faunen.

Auch diese Tatsachen lehren uns, daß die kambrische Tierwelt durch lange Zeiträume von dem Augenblick getrennt ist, wo das Leben auf der Erdrinde entstand. Indem wir jene ins Auge fassen, ist es uns, als wenn der Vorhang der Weltgeschichte erst im dritten Akt des großen biologischen Dramas emporrollte; wir sehen vor uns eine überraschend hochentwickelte Tierwelt; die einen Formen aufstrebend und in der folgenden Silurzeit zum Gipfel ihrer Entwicklung emporsteigend, oder mit geringerer, aber nur wenig veränderter Lebenskraft durch die lange Reihe der folgenden Perioden hindurchschreitend. Andere Gruppen dagegen sind auf die kambrische Zeit beschränkt, in dem Sinne, daß sie nach einem langen vorkambrischen Leben jetzt dem sicheren Tode verfallen. Verwandte Arten leben in scharf umrissenen Meeresprovinzen, wandern langsam von einem Gebiete in das andere und treten hier in eine fremdartige Fauna ein, um darin unterzugehen oder in mächtigem Aufschwunge die Führung zu übernehmen. Mutig dringen genügsame Formen in die weiten Buchten hinein, die bei der Transgression des kambrischen Meeres in dem nordischen Festlande überflutet werden. Hier finden sie keine Feinde; ihrer Vermehrung sind keine Schranken gesetzt und so treten ihre Panzer gesteinsbildend auf.

Das alles wird uns nur verständlich, wenn wir uns bewußt bleiben, daß die Wurzeln des organischen Stammbaumes in den kristallinisch gewordenen Schiefergesteinen des präkambrischen Grundgebirges verborgen liegen. Hier ist der Schutt von Jahrmillionen aufgeschichtet und bedeckt sogar die Gabelstellen der größeren Äste, so daß wir auf Grund der paläontologischen Dokumente nicht einmal deren Beziehungen feststellen und nur erraten können, wie die großen Gruppen des Systems miteinander verbunden sind.

Wir müssen zum Schluß die Mächtigkeit der kambrischen Schichten besprechen und daran die Frage nach der Dauer der ganzen Periode knüpfen. Da viele Profile mit einer festländischen Bildung von Konglomeraten und Sandsteinen beginnen, deren Zugehörigkeit zum Algonkium oder Kambrium nicht zu entscheiden ist, wollen wir das Auftreten der ältesten Trilobitenfauna als den Beginn der kambrischen Meeresfazies unseren Betrachtungen zugrunde legen.

In den Ostseeprovinzen tritt der älteste Trilobit Olenellus Mickwitzi an der oberen Grenze des blauen Tones auf. Die folgenden fossilleeren Sandsteine sind 15 m mächtig. Dann kommt der Ungulitensandstein mit Obolus Apollinis, etwa 8 m mächtig, und das Profil schließt mit 7 m oberkambrischen dunklen Diktyonemaschiefern.

In Schweden ist die Olenelluszone 6 m, die Paradoxideszone 20 m, die Olenuszone 15 m mächtig. Auf Bornholm hat das mittlere und obere Kambrium eine Mächtigkeit von insgesamt 18 m.

In Böhmen beginnt die marine Fazies mit einem lichten Konglomerate von 24 m. Dann folgen 10 m marine Sandsteine und eine zweite, nur 6 m mächtige Konglomeratlage. Darüber liegen die eigentlichen Paradoxidenschichten von 100 m Mächtigkeit. Nach oben wird das Profil durch vulkanische Gesteine mit einigen fossilführenden Zwischenschichten abgeschlossen.

In Schottland kann man den Eintritt des Meeres erst mit den Serpulitschichten beginnen, die darauffolgenden Schichten haben eine Mächtigkeit von einigen hundert Metern.

Mächtigere Profile beobachtet man in Nordamerika, doch sind hier die älteren Aufnahmen für unsere Zwecke nicht geeignet, weil die Bestimmung der Mächtigkeit und der leitenden Formen eine Revision nötig macht. Das Profil von Manuels Brook in Neufundland zeigt auf dem Grundkonglomerat 300 m fossilreiche Gesteine, die dem unteren und mittleren Kambrium entsprechen. Am genauesten gemessen ist das Profil der Highland Range in Utah. Über dem fossilleeren Grundkonglomerat beginnt die marine Fazies mit Olenellus Gilberti und reicht bis zum Oberkambrium. Die Mächtigkeit der Schichten beträgt etwa 1200 m. Bei Malade City erreichen die kambrischen Sedimente eine Mächtigheit von 1100 m. Angesichts dieser genau gemessenen Profile darf man wohl die Angaben anderer Autoren über eine wesentlich größere Mächtigkeit des Kambrium für nicht ganz einwandfrei halten.

Während jener Zeit sind also je nach ozeanographischen Umständen 50—1200 m Gesteine gebildet worden, und es gilt nun noch, die Veränderungen der Tierformen während dieses Zeitraums zu verfolgen.

Es ist klar, daß wir bei dieser Untersuchung alle neu auftretenden, spontan erscheinenden Tiergruppen außer Betracht lassen und uns vorwiegend den Formen zuwenden müssen, die im Unterkambrium schon bekannt sind und von hier durch die ganze Schichtenreihe verfolgt werden können.

Die Trilobitenfauna erleidet innerhalb der kambrischen Zeit nur geringe Veränderungen. Die ältesten Olenellus-, Agnostus- oder Ellipsocephalusarten stehen auf einer solchen Höhe der Organisation, daß sie von dem oberkambrischen Olenus oder Dicellocephalus nicht übertroffen werden. Die Gattung Agnostus mit teilweise sehr langlebigen Arten geht durch die ganze Zeit hindurch. A. communis kommt in Nevada von der unteren Grenze des Mittelkambrium bis zu den Grenzschichten gegen das Silur vor.

Die artenreiche Gattung Paradoxides wird 50 cm lang, und Olenoides typicalis zeigt so elegante Stacheln, wie sie selbst bei silurischen Trilobiten nicht differenzierter auftreten.

Ganz dasselbe gilt von dem Formenwechsel bei den Brachiopoden. Die Linguliden und Oboliden kommen im unteren wie im oberen Kambrium mit trefflich charakterisierten Arten vor, und die Gattung Orthis bietet prächtig gerippte Formen.

Von den übrigen Tierklassen ist ein sehr lückenvolles Material vorhanden; wir können nur betonen, daß die kambrische Lebewelt trotz ihrer Fremdartigkeit eine bionomische Einheit darstellt, ein vielverzweigtes Astwerk verschiedener Stammbäume: einige voll Lebenskraft und aufstrebender Energie, daneben absterbende Äste, die einem baldigen Tod verfallen.

Die faunistischen Unterschiede des Kambrium von Europa gegenüber dem von Indien und Ostasien, die Übereinstimmung zwischen den Faunen an beiden Ufern des Atlantik und des Pazifik können nur der Ausdruck dafür sein, daß bergige Festländer, zwischen diese Meeresbecken eingeschaltet, eine Vermischung der Tierwelt erschwerten. So scheint es, daß die großen Ozeane der Gegenwart in ihrer Anlage bis in die kambrische Periode zurückverfolgt werden können, ebenso wie der Gebirgskern, welcher Innerasien gliedert, und das felsige Bergland, das den nordamerikanischen Kontinent durchzieht.

Die auffallenden Unterschiede in den Mächtigkeiten des nordeuropäischen und nordamerikanischen Kambrium scheinen ihren einfachen Grund darin zu haben, daß die benachbarten Festländer in dem einen Falle nur um einen geringen Betrag, in dem anderen aber sehr stark denudiert wurden. Die 30 m klastischer Gesteine, welche in den Ostseeländern das ganze marine Kambrium repräsentieren, die 40 m des schwedischen Kambrium stehen in grellem Gegensatz zu den 1200 m im Westen Nordamerikas, und wenn hier dicke Kalksteinmassen sich einschalten, so wissen wir aus der Gegenwart, daß die Anhäufung organischer Kalke sehr rasch erfolgt.

Als man zuerst in England die kambrische Periode als chronologische

Einheit aufzufassen begann, schien die älteste bekannte Fauna nur wie ein Vorläufer der späteren Silurfaunen. Beide Perioden waren durch zahlreiche Trilobiten ausgezeichnet und vielfach sogar durch allmähliche Übergänge verbunden. Aber seither ist unsere Kenntnis jener Primordialfauna immer größer geworden, Böhmen und Schweden, Schottland und Sibirien, China und Nevada haben reiche Faunen geliefert, und wir haben sogar aus den liegenden algonkischen Schichten vereinzelte Formen kennen gelernt. Wenn wir nun auf Grund dieser Erfahrungen die kambrische Tierwelt mit dem Silur und allen folgenden Perioden bis zur Gegenwart vergleichen, dann scheint es, als ob die oft verfließende Grenze zwischen Kambrium und Silur einen überaus wichtigen Wendepunkt in der Erdgeschichte darstelle. Trotz der hohen Differenzierung ihrer Formen ist die kambrische Meeresfauna grundverschieden von der Tierwelt des folgenden Untersilur, und während diese mit ununterbrochenen phylogenetischen Leitlinien durch die Folgezeit bis an die Wende des Paläozoikums und darüber hinaus bis zur Gegenwart verfolgt werden kann, scheint jene sich an eine ältere Vorzeit anzuschließen. Wir möchten diesen Tatsachen einen sprechenden Ausdruck dadurch verleihen, daß wir das Kambrium als die letzte Periode einer archäozoischen Ära, das Untersilur aber als den Beginn des paläozoischen Zeitalters betrachten.

Verweise

[1] Becker, Z. f. prakt. Geol. 1898, S. 216. — Devereux, N. Jahrb. f. Min. 1883. II. S. 338. — Walcott, Corr. Papers Cambrium, Bull., U. S. G. S. Nr. 81. — Smith, Appalachia. 1899, Vol. IX. S. 5. — van Ingen, Rep. N. Y. State Palaeont. 1901, S. 540. — Weidman, Ref. Geol. C.-Blatt VII. S. 247. — [2] Lyell, Q. J. Geol. Soc. London. 1852, S. 214. — Woodworth, Univ. St. Mus. NewYork Palaeontology Bull. Nr. 9. S. 959. — [3] Katzer, Geologie von Böhmen, S. 805. — J. J. Jahn, Verh. d. K. k. G. R. A. Wien 1893, S. 272. — F. E. Sueß, Bau u. Bild der Böhm. Masse, 1903, S. 115. — [4] Brögger, Nyt. Mag. for Naturv. 1896, S. 73. — [5] Matthew, Trans. R. S. Canada. 1890. S. 135. — [6] Karpinski, Centralbl. f. Min. 1901. — [7] A. Geikie, Ancient Volcanoes of Gr. Britain. I. — [8] Oldham, Geology of India. 1893. S. 110. — [9] Shaler, Bull. Mus. Comp. Zool. Harv. Coll. XVI. 2. S. 22. — Svenonius, Ref. in Geol. C.-Blatt I. S. 205. — [10] Walcott, Bull. U. S. G. S. Nr. 134. S. 40. — [11] H. Reusch, Aarb. Norge Geol. Unders. 1891, S. 1. — [12] Strahan, Q. J. Geol. Soc. London. 1897. S. 137. — [13] v. Zittel, Grundzüge der Paläontol. 1903. — [14] Nathorst, Z. d. D. geol. Ges. Berlin. 1884. S. 177. — [15] Walcott, Monogr. U. St. G. S. Bd. XXX. — Matthew, Trans. R. S. Canada. 1892. — [16] Zittel u. Rohon, Sitz. Ber. d. Münchener Akad. d. W., 1886, S. 108. — [17] Karpinski, Verh. d. K. Russ. Min. Ges., 1903. S. 31. — [18] Rauff, Palaeontographica. 1893. XL. — Bornemann, N. Acta Acad. Leopold. LI. LVI. — [19] Walcott, Bull. U. St. G. S. Nr. 10 u. Nr. 30. — [20] v. Toll, Mém. Acad. St. Petersbourg. — Steinmann, Centralbl. f. Min. 1904. S. 1. — Holm, N. Jahrb. f. Min. 1888. II. 486. — [21] Koken, Aus der Vorwelt, S. 91. — [22] Barrande, N. Jahrb. f. Min. 1859, S. 721.

16
Das Aufblühen der Tierstämme im Silur

Im Frankenwalde, wo ausgezeichnete Aufschlüsse die ganze Reihe der kambrischen und silurischen Schichten überschauen lassen, folgen auf die grauen Schiefer und grünlichen Sandsteine des „oberen Kambrium" die graublauen Schiefer des unteren Silur in so regelmäßiger Lagerung, daß es schwer hält, eine Grenze zwischen beiden Schichtenreihen zu entdecken. In Nordamerika[1] reicht der Shenandoah-Kalk als gleichartige Riffmasse aus kambrischer Zeit ohne scharfe Grenze bis in die Silurperiode hinein; zahlreiche ähnliche Profile lassen deutlich erkennen, daß die Gewässer des Silurmeeres weiten Flächen des vorausgegangenen kambrischen Ozeans entsprechen. Man sollte meinen, daß diese lithologischen Übergänge auch einer kaum merklichen Veränderung der marinen Tierwelt entsprächen, und doch bedeutet der Beginn der Silurzeit eine vollkommen neue Epoche der Erdgeschichte. Mit einem Formenreichtum, der von keiner der folgenden Epochen erreicht wird, blüht die Fauna des Meeres auf, und wenn wir aus der Gegenwart auch mehr Gattungen und Arten kennen, so ist doch der Reichtum an Typen mariner Tiere in der Silurzeit unvergleichlich größer. Die Silurzeit wird damit zu der wichtigsten Epoche für die ganze Erdgeschichte; denn alle späteren Änderungen der marinen Organismenwelt sind nur Variationen zu den hier zuerst festgelegten Leitmotiven.

Nur noch einmal begegnen wir einer ähnlichen Blüte im Tierreiche zu Beginn der Tertiärzeit, aber sie betrifft nur die luftatmenden Organismen des Festlandes und beeinflußt die Meeresfauna in geringer Weise.

Am sorgfältigsten ist die Fauna des böhmischen Silur untersucht. Am Schluß der kambrischen Zeit waren hier Vulkane ausgebrochen und hatten mit ihren Tuffen und Laven nicht nur die mittelkambrische Tierwelt vernichtet, sondern auch das Meeresbecken so weit zugefüllt, daß erst eine neue Senkung des Bodens den Zutritt der untersilurischen Fauna ermöglichte. Aus den ins Meer herabgeschwemmten Aschen und den verwitterten Diabasgesteinen entstand ein schwärzlicher Schlamm, der nach dem Hangenden sandreicher wird und eine Mächtigkeit von 100 m erreicht. Auf diesem mannigfaltigen Grunde siedelte sich eine überaus reiche Tierwelt an. 23 Gattungen mit 53 Arten von Trilobiten beweisen den Formenreichtum der marinen Fauna, von denen nur Agnostus und Amphion schon im Mittelkambrium hier gelebt hatten. Aber zugleich erkennen wir an den nektonischen Cephalopoden und planktonischen Ostrakoden, Conularien und Hyolithes, zwischen denen nur vereinzelt auch Didymograptus Suessi erscheint, daß das böhmische Meer im offenen Wasseraustausch mit dem Weltmeere stand.

Es folgt die Ablagerung mariner, hellfarbiger Sandsteine, unterbrochen von dünnen Schieferlagern, die nach dem Hangenden vorwiegen. In der Umgebung von Beraun und Rokytzow enthalten die meist fossilarmen Quarzite eine etwas reichere benthonische und planktonische Fauna. Cephalopoden sind darin selten, Conularia ziemlich häufig. Die Mächtigkeit dieser Stufe beträgt etwa 200 m. Durch Zunahme des Tongehalts entwickeln sich im Hangenden die glimmerreichen Grauwackenschiefer; trotz des ziemlich großen Reichtums der Fauna sind Graptolithen noch selten. Nach dem Hangenden dieser auf 1500 m geschätzten Gesteine nimmt die Mannigfaltigkeit der Tierwelt noch zu, besonders Muscheln und Brachiopoden sind in den 200 m sandiger Schiefer häufig.

Mit dem Eintritt der Obersilurzeit ändern sich die geologischen und paläontologischen Umstände grundsätzlich. Denn nun tritt ein schwarzer Schiefer von 50 m Mächtigkeit auf, der sich durch ungewöhnlichen Reichtum an Graptolithen auszeichnet. Gleichzeitig brechen Diabasvulkane hervor und überschütten den Meeresgrund mit ihren Aschen. Diese vulkanischen Gesteine bilden Einlagerungen von 600 m, und an ihren Abhängen siedelte sich bald wieder ein ozeanisches Tierleben an, das arm an Graptolithen, aber dafür ungemein reich an anderen Formen war. Wo kalkabscheidende Tiere in Menge gediehen, entstanden sehr fossilreiche Kalksteine von dunkelgrauer Farbe. Krinoidenkalk, Cephalopodenkalk, Brachiopodenkalk treten nebeneinander auf, und Barrande hat in ihnen 357 Orthocerasarten, 267 Cyrtoceras, 81 Trilobiten, 767 Muscheln und 293 Brachiopoden unterscheiden können.

So deutlich uns der überwältigende Formenreichtum an der oberen Grenze des Kambrium entgegentritt, so schwer scheint es, diese Tatsache befriedigend zu erklären.

Von den 42 Trilobitengattungen des Kambrium sterben 35 mit Abschluß dieser Periode aus und nur 7 (meist schlammbewohnende Agnostus) retten sich in das Untersilur hinüber. Auch die Protopharetra und Archaeocyathus überschreiten nicht die Silurgrenze, und wenn wir manche anderen zwar ungenügend bekannten, aber doch für das Kambrium bezeichnenden Fossilien hinzurechnen, so bedeutet das Kambrium einen Abschluß einer längeren vorausgegangenen Epoche.

Vergleichen wir eine der Karten, welche die Verteilung des untersilurischen Meeres darstellt, mit einer Karte der kambrischen Meere und Festländer, so erkennt man deutlich, daß in den einer geologischen Beobachtung zugänglichen Gebieten die Fläche des Meeres größer geworden ist. Das äquatoriale Urmeer hat also große Strecken des kambrischen Festlandes überschritten und unter seinen Fluten begraben.

Schon im Mittelkambrium von Amerika[2] treten große, ovale, glattschalige Trilobiten (Asaphiden) auf, mit fast gleich großem, wenig gegliedertem Kopf- und Schwanzschild (Fig. 82). Sie sind im Kambrium von Bolivia[3] bis nach Kanada verbreitet und treten erst im Untersilur von Europa so zahlreich auf, daß sie hier geradezu als Leitformen für diese Periode bezeichnet werden müssen. 50 cm große Arten in der Bretagne, 70 cm lange Exemplare in Portugal[4] zeigen deutlich, wie wohl sie sich in den neuen Lebensbedingungen fühlen. Im ganzen treten 70 neue Gattungen von Trilobiten im Untersilur auf, und man wird zu der Vermutung geleitet, daß die untersilurische Blüte der Meeresfauna mit einer von Westen nach Osten gerichteten tiergeographischen Einwanderung ursächlich zusammenhängt.

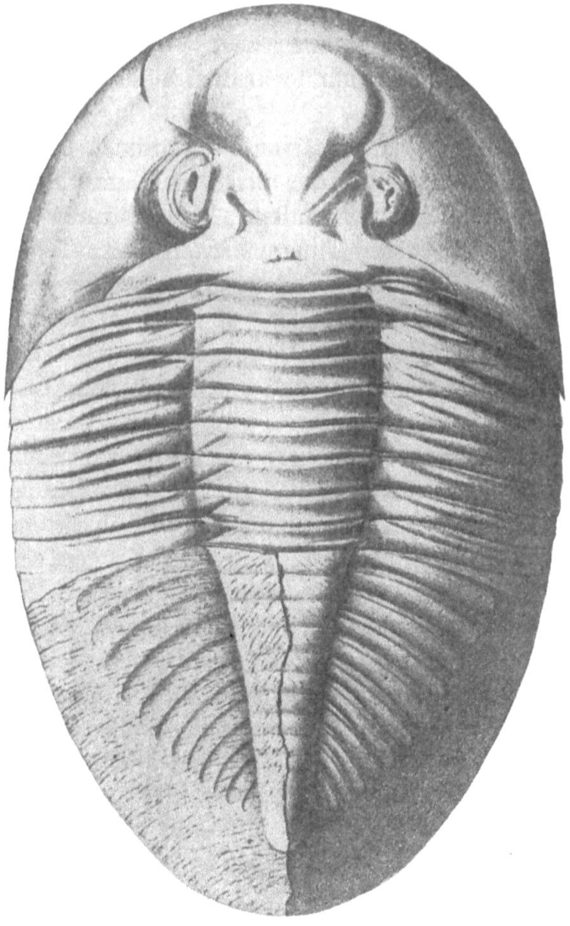

Figur 82.
Asaphus tyrannus aus dem Untersilur von Wales.

So erscheint uns die neue Formenwelt im Untersilur in einem ganz anderen Lichte als wie die reiche Fauna des unteren Kambrium. Das „plötzliche“ Aufblühen dieser ältesten bekannten Lebensformen ist nur scheinbar, wird bedingt durch die Unvollständigkeit der paläontologischen Urkunde, die Metamorphose liegender Gesteine und die damit erfolgte Zerstörung der vorkambrischen Ahnenreihe. Die untersilurische Blüte dagegen knüpft sich an eine große „Völkerwanderung“ an, welche lebensstarke Geschlechter in neue Wohngebiete führte, neue Lebensbedingungen, neue Anpassung und intensive Selektion mit sich brachte und den ganzen Charakter der Meeresfauna umgestaltete.

Man pflegt die Silurperiode in zwei Abteilungen zu trennen, aber nach dem eben Gesagten sind beide von ungleichem entwicklungsgeschichtlichem Werte. Das Untersilur bringt uns eine neue Lebewelt, die dann im Obersilur nur variiert und weiter ausgestaltet wird. Deshalb trennen viele Geologen beide Zeiträume, indem sie das untere „Ordovicium" von dem höheren „Silur" im engeren Sinne unterscheiden.

Alle in den späteren Formationen lebenden größeren Gruppen des Tierreiches, selbst die vielen im Kambrium noch fehlenden Typen sind im Untersilur vorhanden. Viele derselben zeigen eine Höhe der Organisation, eine Differenzierung ihrer Teile, eine so weitgehende Anpassung an andere Lebensgenossen oder bestimmte Lebensbedingungen, daß man immer wieder voll Staunen die reiche Schöpferkraft der Natur bewundert, die das Protoplasma in so mannigfaltigen Gestalten prägte. Zahlreiche lebende und noch viel mehr seither ausgestorbene Familien treten in mutierenden Formenkreisen oder scharf gesonderten Arten auf, und es fehlen nach unseren bisherigen Kenntnissen von den lebenden Tierordnungen eigentlich nur die zweikiemigen Tintenfische, die Asseln, Amphipoden und Dekapoden, die Insekten, sowie die Knochenfische, Amphibien, Reptilien, Vögel und Säugetiere.

In einem lockeren, grünen Sandsteine, der bei Petersburg die Grenze zwischen Kambrium und Silur bezeichnet, sind Steinkerne von Foraminiferen sehr zahlreich,[5] die genau wie in manchen Ablagerungen der heutigen Meere aus dem grünlichen Mineral Glaukonit bestehen. Soweit ihre Umrisse eine Bestimmung erlauben, kann man in ihnen die Gattungen Rotalia, Textularia, Bulimina erkennen. Jedenfalls stimmt der Gesamthabitus dieser Formen mit ihren heutigen Verwandten auffallend überein.

Auch die Radiolarien[6] treten in schwarzen, untersilurischen Kieselschiefern sehr zahlreich auf. Nach den Dünnschliffen lassen sich 25 Gattungen von Spumellarien (Fig. 83—88) unterscheiden, die alle jetzt noch leben. Nassellarien scheinen zu fehlen, und daß man Acantharien und Phäodarien nicht findet, erklärt sich aus deren vergänglichen Hartgebilden.

Sehr zahlreich sind die Kieselschwämme[7] vorhanden. Auf einer Platte schwarzen Schiefers fand man 50 Exemplare von Cyathophycus reticulatus, jedes 12 cm hoch und 3 cm breit, die den eleganten Nadelbau der Lyssakinen gut erkennen lassen. Brachiospongia, einem hohlen Baumstumpfe mit zwölf Wurzelästen ähnlich, wurde 30 cm breit und

10 cm hoch. Astylospongia tritt im Untersilur von Esthland auf und wandert im Obersilur nach Schweden. Ihre apfelähnlichen verkieselten Körper wurden dann durch die Gletscher der Eiszeit weit über Norddeutschland verbreitet.

Die Kieselnadeln der silurischen Seeschwämme lassen sich ohne Mühe in die beiden Typen der Vier- und Sechsstrahler einordnen. Aber was der

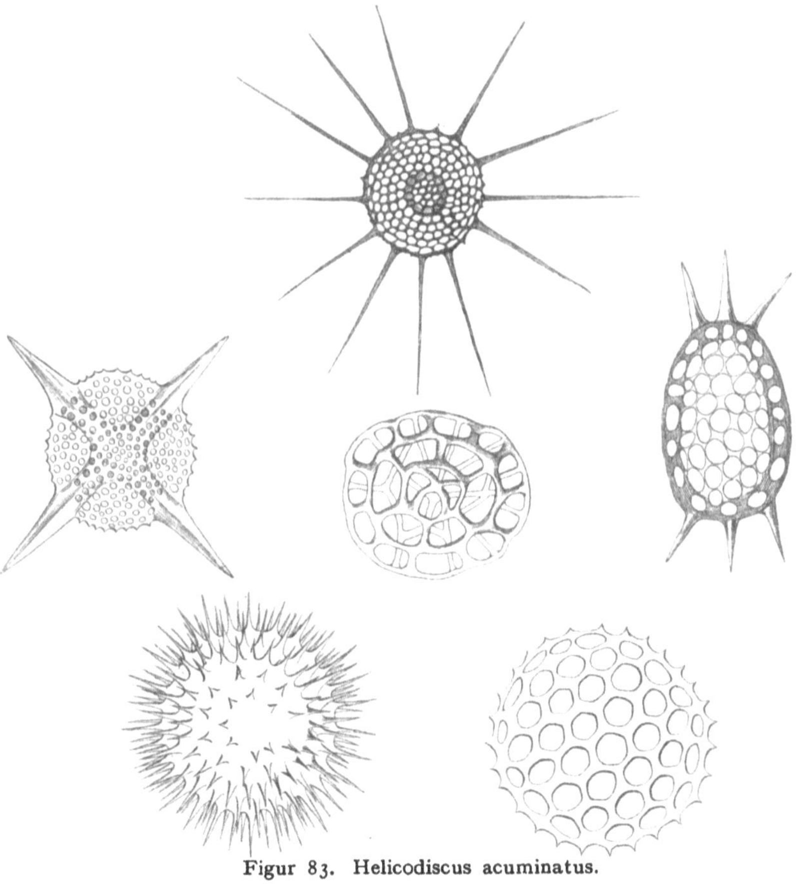

Figur 83. Helicodiscus acuminatus.
Figur 84. Stauroloncha micropora. Figur 85. Lithomespilus hexacanthus.
Figur 86. Cenodiscus primordialis.
Figur 87. Odontosphaera echinocactus. Figur 88. Cenosphaera macropora.

Radiolarien aus dem Untersilur von Cabrières (stark vergr.).

untersilurischen Fauna ein besonderes Gepräge gibt, das ist die Entwicklung von wunderbar gefügten Nadelsystemen, die bei den Vierstrahlern die Eutaxikladinen, aus den Sechsstrahlern die Receptakulitiden erzeugen.

Ein Vertreter der ersten Gruppe[8] ist die Gattung Hindia, deren kirschengroßer Körper bei Betrachtung des Querbruches nur eine radialfasrige Struktur (Fig. 89) erkennen läßt. Unter dem Mikroskop aber erscheint jede dieser Fasern als eine sechsseitige Röhre (Fig. 90), gebildet aus symmetrisch angeordneten Reihen kleiner Vierstrahler, die sich mit ihren rauhen Armen so innig verschränken, daß man die Einzelnadel nur schwer herauslösen kann.

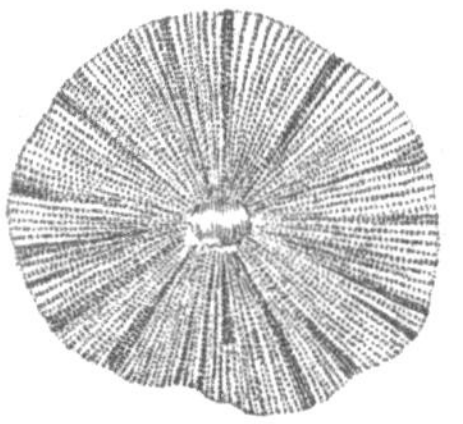

Figur 89.

Querschnitt durch den kugeligen Körper von Hindia sphaeroidalis. Obersilur von Gotland.

An die sechsstrahligen Spongien aber schließt sich die Gruppe der Receptakulitiden an (Fig. 91—93). Sie treten im Untersilur zuerst auf, sind dann aber bis zum Karbon verbreitet.[9] Der runde, flachschüsselförmige, birnen- oder zwiebelartige Körper ist mit einem zierlichen Panzer rhombischer Tafeln bedeckt, welche ähnlich wie ein Taschenuhrdeckel von sich kreuzenden, elegant gebogenen Kurven

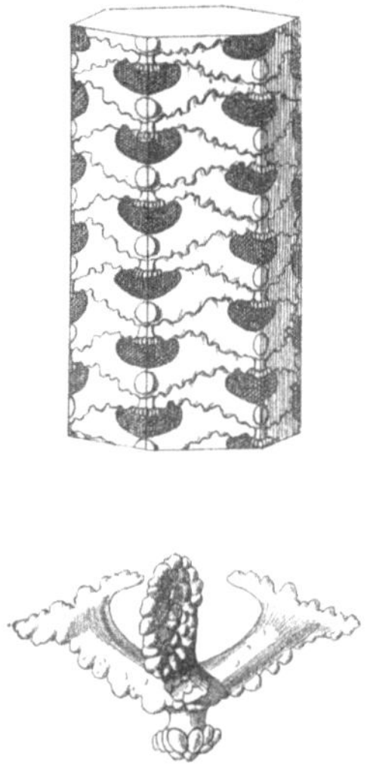

Figur 90.

Hindia sphaeroidalis, eine stark vergrößerte Radialröhre und (60 mal vergrößert) eine einzelne vierstrahlige Nadel. Obersilur von Nordamerika.

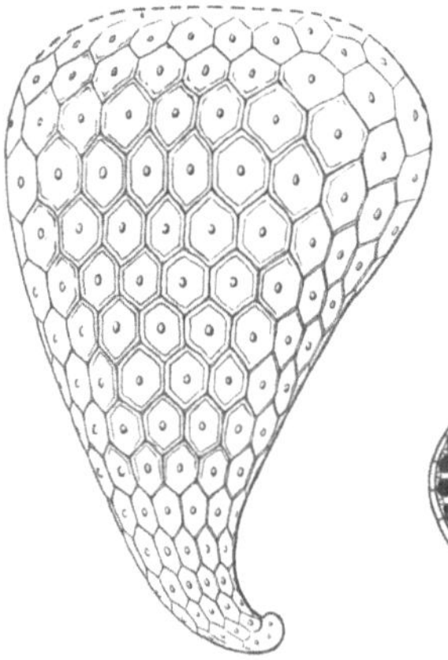

Figur 91. Sphaerospongia.

Figur 92. Ischadites. (Darüber die Basistafeln.)

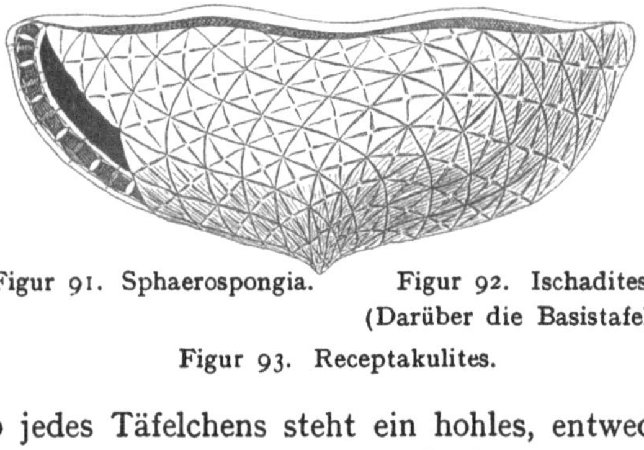

Figur 93. Receptakulites.

getrennt werden. Unterhalb jedes Täfelchens steht ein hohles, entweder nadelartig zugespitztes oder in vier Arme zerteiltes Säulchen, das in dem letzteren Falle eine zweite, innere Platte trägt, die, eng gefügt, eine innere Schale bilden.

Man unterscheidet die Gattungen: Receptakulites (mit 21 Arten), Phasceolus (mit 6 Arten), Ischiadites, Cyclocrinus. Im Devon tritt noch Polygonosphaerites hinzu; im Karbon stirbt die Gruppe aus.

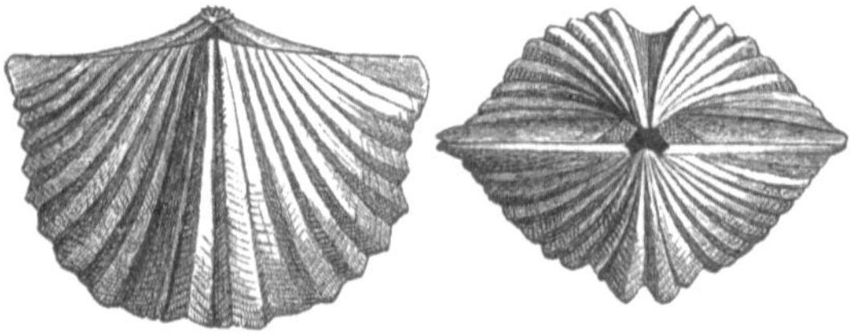

Figur 94.
Orthis lynx aus dem Untersilur von Nordamerika.

Im Untersilur erscheinen auch die ersten Korallen, aber es ist als ob bei den ruhelosen Wanderungen, zu denen die untersilurische Tierwelt gezwungen wurde, ihre Ausbildung erst im Obersilur vollendet wurde. Wir wollen sie daher zusammen mit anderen, festsitzenden Rifforganismen erst später beschreiben.

Daß untersilurische Medusen nachgewiesen worden sind, erscheint nach der entsprechenden kambrischen Fauna nicht besonders auffallend.

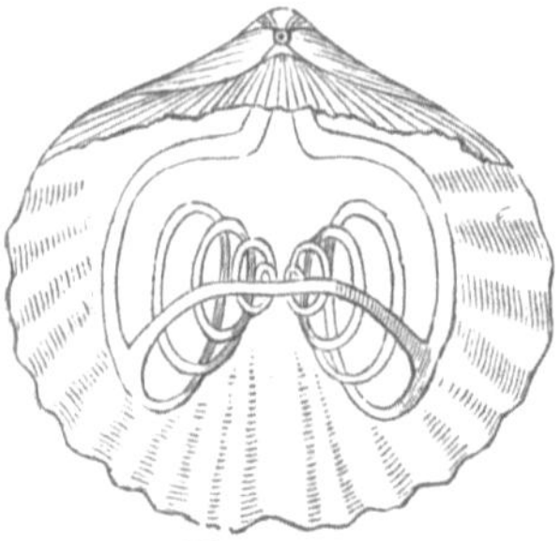

Figur 95.
Zygospira modesta ($^3/_1$) aus dem Untersilur von Nordamerika. Das Armgerüst, von innen gesehen, zeigt die hohe Entwicklung des Armapparates.

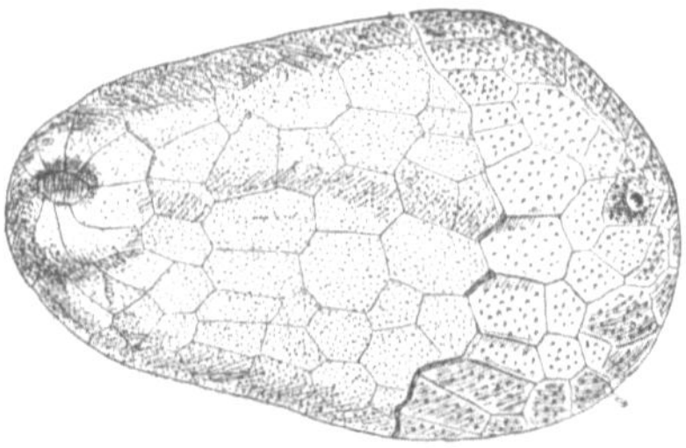

Figur 96.
Aristocystites bohemicus, eine wahrscheinlich kriechende Cystoidee aus dem böhmischen Untersilur.

Das lebhafte Knospen und Sprossen neuer Äste des Stammbaumes wird uns besonders deutlich, wenn wir die Brachiopoden (Fig. 94, 95) des Silur betrachten. 18 kambrischen Gattungen stehen 51 untersilurische gegenüber und ihre Umbildung erfolgte in so raschem Tempo, daß man 2600 silurische Arten unterscheiden konnte. Ein Blick auf nachstehende Tabelle lehrt, wie ihre Formenzahl vom Untersilur beständig abnimmt:

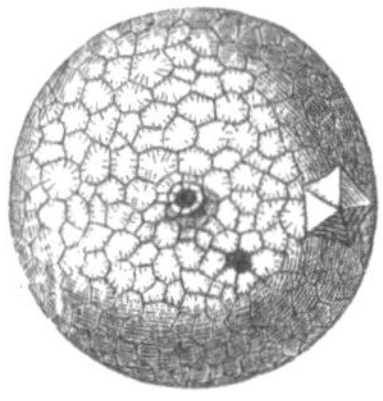

Figur 97.
Echinosphaerites aurantium, eine Cystoidee aus dem russischen Untersilur.
Der ungestielte, von polygonaler Kalkplatte umgebene Körper zeigt den Mund, die Madreporenöffnung und den von 5 kleinen dreieckigen Platten geschützten After.

Kambrium	18	Gattungen	Perm	23	Gattungen
Untersilur	51	„	Trias	22	„
Obersilur	47	„	Jura	19	„
Devon	40	„	Kreide	18	„
Karbon	28	„	Tertiär	12	„

Vom Stamme der Echinodermen sind alle Gruppen vertreten. Ein besonderes Interesse beanspruchen die Cystoideen oder Blasentiere. Ihr meist kugeliger oder beutelförmiger Körper war von einem kalkigen Panzer umgeben, der wie ein Mosaik aus zahlreichen kleinen Kalkplättchen zusammengefügt war. Nur selten ist eine symmetrische Anordnung der Plättchen zu erkennen, meist fügen sie sich regellos aneinander. Doch kann man in der Regel die rundliche Mundöffnung, den von einer fünfseitigen Klappenpyramide geschützten After, sowie eine dritte als Genitalporus bezeichnete Öffnung unterscheiden. Ihre große Formenfülle (Fig. 97—99) kennzeichnet sie als eine den Stammformen der Echinodermen nahestehende Gruppe, von der seltsame Übergänge zu den Seelilien, Seeigeln und Seesternen hinüberleiten. Im Kambrium werden nur sieben Gattungen gefunden, dagegen sind sie im

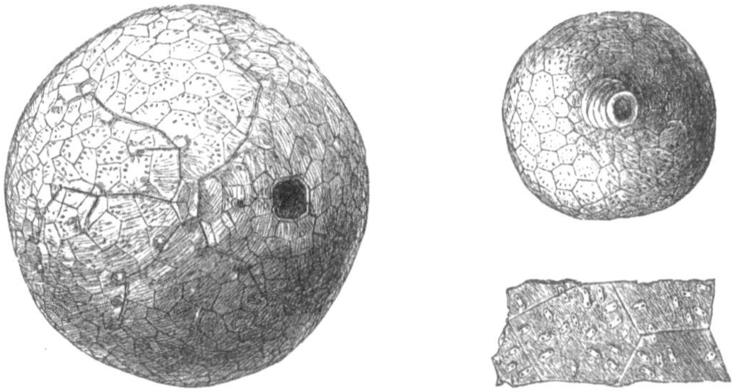

Figur 98.
Glyptosphaerites Leuchtenbergi ($^1/_2$) aus dem russischen Untersilur.
Eine gestrahlt kugelige Cystoidee, daneben (vergrößert) ein Teil des Kelchgetäfels, bedeckt mit Doppelporen in je einem ovalen Höfchen.

Untersilur durch 40 Gattungen vertreten. Im Obersilur leben noch etwa 10, im Devon 2 Genera, im Karbon sterben sie aus.

Ungemein reich sind die Seelilien besonders im oberen Silur entfaltet. An die kambrische Macrocystella schließt sich im Untersilur

Porocrinus an, der im Kelchbau noch die bezeichnenden Rhombenporen der Cystoideen besitzt, und dessen fünf kurze Armansätze (Pinnulae) durchaus den Forderungen entsprechen, die man nach dem biogenetischen Grundgesetz aus der Entwicklungsgeschichte des lebenden Antedon voraussagen würde.

Zwölf Gattungen von Seesternen,[11] sowie vereinzelte Funde von Seeigeln beweisen, daß diese Gruppen schon vorhanden waren. Aber sie spielten keine Rolle in der Meeresfauna und gewinnen erst in den jüngeren Perioden jene Bedeutung, die sie sich bis zur Gegenwart bewahrt haben.

Die silurischen Muscheln gehören keineswegs alle zu den einfach gebauten Formen, die man als Palaeoconchae (Urmuscheln) bezeichnet hat. Vielmehr gewinnen auch zahlreiche andere Gruppen (Taxodonten, Heterodonten und Desmodonten) eine große Bedeutung. Eine seltsame Eigenart mancher silurischen Muscheln ist es, daß nicht beide Wirbel der Schale nach vorn gebogen sind, sondern einander zugekehrt, der eine nach vorn, der andre nach hinten. Das Auftreten sehr dünnschaliger, artenarmer, aber individuenreicher Muschelformen spricht dafür, daß manche Formen in brackischen Buchten gediehen.

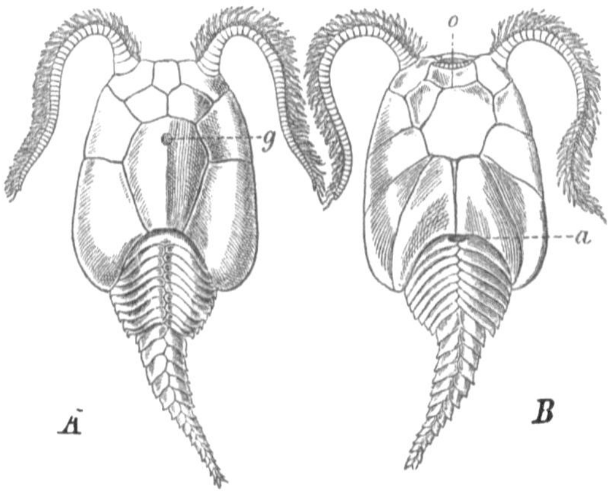

Figur 99.
Placocystites Forbesianus, eine kriechende Cystoidee aus dem Untersilur von Böhmen.
A. von oben g: Genitalöffnung.
B. von unten o: Mund, a: After.

Auch die Schneckenfauna des Silur hat sehr bemerkenswerte Eigenheiten. Die große Mehrzahl der mehr als 26000 beschriebenen Schneckenarten zeigt ein nach rechts gewundenes Gehäuse. Die wenigen linksgewundenen Gattungen und vereinzelte abnorm gewundene Individuen lassen sich zählen. Rechtsgedrehte Formen treten zwar schon im Silur auf, aber neben ihnen sind völlig symmetrisch gebaute Schneckenschalen für das Kambrium und Silur (Fig. 100) so bezeichnend, daß man notwendig zu der Annahme symmetrisch gebauter Ahnen des Schneckenstammes geführt wird. Besonders die Gattungen Bellerophon und ihre Verwandten zeigen eine kugelige, an der Mündung stark aufgetriebene Schale, in deren Mittellinie ein Schlitz vorhanden ist, der beim Weiterwachsen entweder durch das Schlitzband vollkommen geschlossen oder durch einzelne Brücken in eine Reihe von Löchern zerlegt wird. Die mit der Spitze am Meeresgrunde festgewachsene Gattung[12] Autodetus zeigt, wie weit schon im Silur die Anpassung einzelner Formen ging.

Allein neben den bisher besprochenen Tiergruppen ist das Aufblühen der schalentragenden Cephalopoden eine ganz besonders hervorstechende Tatsache. Schon aus dem unteren Kambrium von Esthland konnten wir die hornigen Röhren der kleinen Gattung Volborthella (Fig. 61) als Vertreter der ältesten Tintenfische aufzählen. Auch einige amerikanische Funde zeigen, daß sie dort schon im Kambrium lebten.

Figur 100 und 101. Trematonotus alpheus aus dem Obersilur von Nordamerika. Symmetrische Schneckenschale von unten und von oben.

Aber mit Beginn des Silur schwärmen ungeheure Scharen von kleinen und großen kalkschaligen Cephalopoden durch alle Meere.

850	Arten	von	Orthoceras,
96	,,	,,	Gomphoceras,
14	,,	,,	Ascoceras,
370	,,	,,	Cyrtoceras,
51	,,	,,	Phragmoceras,
15	,,	,,	Gyroceras,
64	,,	,,	Trochoceras

sind aus den Silurschichten beschrieben worden. Ihre Schalen sind meist glatt und völlig kreisrund gebaut, man kann daher auf eine starke aktive Beweglichkeit schließen.

Im Gegensatz zu den Schnecken, deren Leib die Schalenröhre bis zur Spitze erfüllt, bewohnen die hochentwickelten Kopffüßler jeweilig nur den letzten Abschnitt der geradgestreckten, gebogenen oder eingerollten Schale. Diese sogenannte Wohnkammer (Fig. 102) bildet den Abschluß einer mehr oder minder langen Reihe kleiner, lufterfüllter Kammern, die durch uhrglasförmige Scheidewände getrennt werden (Fig. 103). Die Scheidewand wird von einem runden Loch durchbohrt, durch welches ein Gewebestrang, einer Nabelschnur vergleichbar, vom Hinterende des Körpers durch die ganze Reihe der Kammern bis zur Rückwand der Embryonalkammer hindurchzieht. Dieser Siphonalstrang ist augenscheinlich durch Rückbildung des hinteren Körperabschnittes entstanden; denn gerade untersilurische Gattungen besitzen oftmals so weite Siphonallöcher, deren Ränder, zu langen Trichtern umgebildet, ineinandergeschachtelt sind, daß man in dieser Einrichtung wohl die Umhüllung eines weiten Eingeweidesackes sehen darf. Wahrscheinlich wuchs zur Zeit der Geschlechtsreife der Körper der Cephalopoden so stark, daß der Rand der Wohnkammer um diesen Betrag verlängert werden mußte. Nach Entleerung von Eiern und Sperma schrumpfte der Körper zusammen, und die ihm jetzt zu groß gewordene Wohnkammer

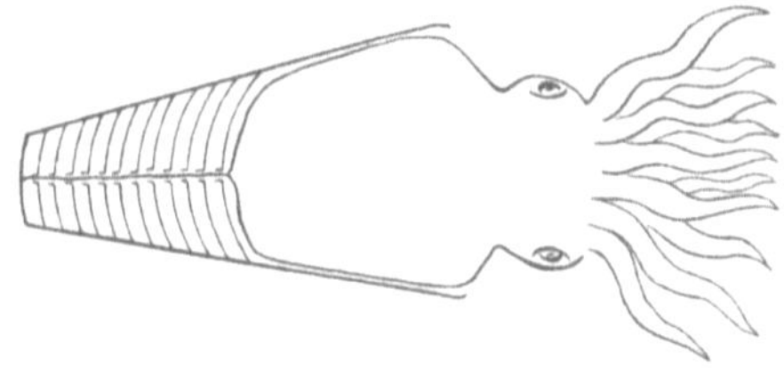

Figur 102.
Die Lage eines Orthoceras in seiner Wohnkammer, dahinter 12 Luftkammern, durchzogen von dem Siphonalstrang.

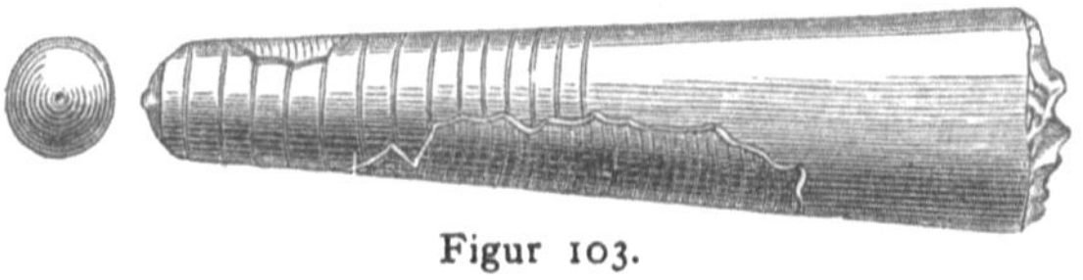

Figur 103.
Orthoceras timidum. Obersilur von Böhmen.
Gerade Kalkröhre eines Cephalopoden, ein großer Teil der Wand ist abgebrochen, um die vordere große Wohnkammer und die Scheidewände (Septa), welche die Luftkammern trennen, sichtbar zu machen. Links ein Septum von hinten mit dem zentralen Siphonalloch.

wurde durch eine Scheidewand dem Umfange des Körpers wieder angepaßt. Wurde durch zahlreiche Fortpflanzungsperioden die Zahl der Luftkammern allmählich zu groß und die Beweglichkeit des Tieres dabei vermindert, dann wurden die zuerst gebildeten Luftkammern abgestoßen.

Über die Lebensweise des Orthoceras sind mancherlei Vermutungen aufgestellt worden. Unsers Erachtens bieten ihre lebenden Verwandten zahlreiche Hinweise zu der Annahme, daß Orthoceras, beim Schwimmen mit der gekammerten Schale voran, das Wasser durcheilte, daß er aber in Zeiten der Ruhe mit seiner nach oben gerichteten Schale und durch deren Luftkammern schwebend erhalten, seine Fangarme wie einen Fangschirm ausbreitete, um allerlei vorbeischwimmende Tiere zu erbeuten.

Die alternden Cephalopodenschalen zeigen oft sehr sonderbare Formen der Wohnkammer; denn sobald die Fähigkeit zur Fortpflanzung erlosch, war kein Anlaß zur Bildung neuer Luftkammern gegeben. Das träg und schwerbeweglich gewordene Tier schützt jetzt seine Weichteile durch Verengung der Mündung. Deutlich erkennt man an den Anwachsstreifen bei Gomphoceras, wie die Wohnkammer immer mehr verschlossen wird und schließlich nur ein symmetrisch gelappter Spalt (Fig. 104) zum Austritt der Fangarme und zum Ausstoßen des Wassers übrig bleibt.

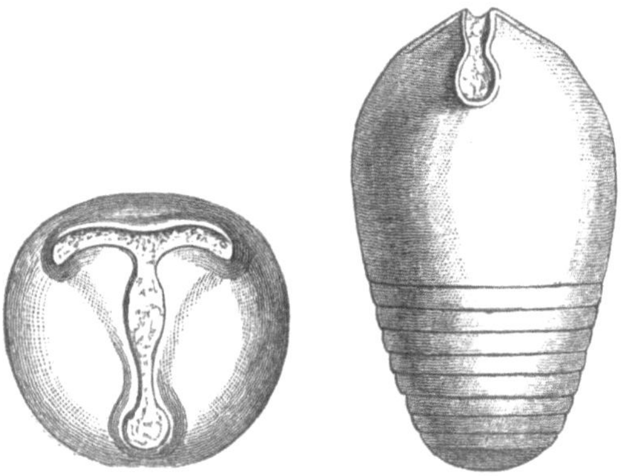

Figur 104 und 105.
Gomphoceras Bohemicum aus dem Obersilur von Böhmen.
Die birnförmige Schale zerfällt in eine geräumige Wohnkammer und 9 flache Luftkammern. Die Mündung (links von oben) ist zu einem Tförmigen Spalt verengt.

Auffallend ist, daß die überwiegende Menge der silurischen Cephalopoden geradgestreckte oder nur wenig gekrümmte Schalen besitzen. Im Zusammenhange damit mag es stehen, daß auch die Ränder der Scheidewände wie bei einem Uhrglas geradlinig-kreisförmig verlaufen. Allein schon im unteren Silur beginnt eine andere Formenreihe sich auszubilden, indem die gekammerte Schale sich scheibenförmig aufrollt. Anfangs erfolgt diese Aufrollung nicht immer genau in einer Ebene. Die Gattung Trochoceras zeigt, wenn auch nur andeutungsweise, das Gewinde der Schneckenschale. Unter den später auftretenden, mehr als 6000 beschriebenen Arten scheibenförmig aufgerollter Ammoniten tritt in der oberen Trias bei Cochloceras Fischeri und dann wiederum in der Kreide bei einigen Arten von Turrilites und Heteroceras der Typus der Schneckenwindungen vereinzelt auf. Aber Trochoceras und Cochloceras sind linksgewunden und stets gekammert, während von den 26000 beschriebenen Schneckenarten die überwiegende Mehrzahl rechtsgewunden ist und jede Siphonalkammerung fehlt.

So ziehen die beiden Molluskenstämme durch die ganze Erdgeschichte hindurch nebeneinander her. Ihre Wohnsitze durchdringen sich beständig, aber die im Kambrium zufällig entstandenen verschiedenen Eigenschaften ihrer Schale werden gesetzmäßig vererbt und die Formen, die sich davon freimachen wollen, verfallen einem raschen Tode.

Die ältesten, scheibenförmig aufgerollten Schalen treffen wir bei Lituites, Ophidioceras, Clinoceras[10], Trocholites und Nautilus, und im Zusammenhang mit der Aufrollung der Schalenröhre entwickeln sich Falten an der Hinterwand des Leibes, welche ihre Gestalt in einer Biegung der Scheidewände zum Abdruck bringen. Dadurch wird die Naht (Sutur), in welcher die Scheidewand mit der Innenwand der Schalenröhre verbunden ist, wellig gebogen, und wenn später die Wohnkammer des Tieres mit Meeresschlamm, die Luftkammern mit Kalkspatkristallen erfüllt worden sind und die äußere Schalenröhre abgerieben wurde, dann erscheinen diese Suturen bei den stabförmigen Gattungen als kreisförmige Linien auf der Oberfläche des Steinkernes. An den gebogenen und aufgerollten Schalen aber bemerken wir die wellig gebogenen, nach der Wohnkammer zu gerichteten Sättel und die nach der Anfangskammer zu gebogenen Loben. Indem gleichzeitig die Siphonalröhre an die Außenseite (extern) der Schale rückt, entsteht der Typus der Ammoniten, der im oberen Silur uns entgegentritt, in der Devon- und Karbonzeit sich langsam umbildet und dann im Triasmeer plötzlich mit ungeheurer Formenfülle aufblüht.

Es ist auffallend, daß die so primitiv gebaute, stabförmige Gattung Orthoceras, welche mit Volborthella schon das unterkambrische Meer bewohnte, alle davon abgeleiteten Gattungen überdauert und erst in der alpinen Trias ausstirbt; ebenso wie Nautilus, der den Stammformen der Ammoniten so nahe steht, vom Silur bis zur Gegenwart durch die ganze Erdgeschichte hindurch reicht, obwohl in der Zwischenzeit so zahllose Geschlechter scheibenförmiger Cephalopoden aussterben.

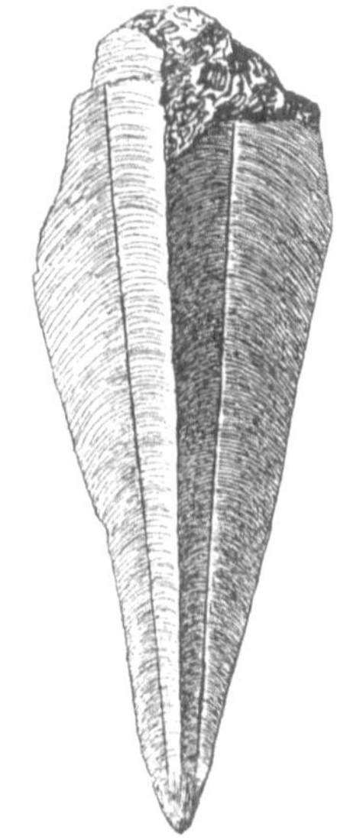

Figur 106.
Conularia.

Eine sehr merkwürdige und in ihren verwandtschaftlichen Beziehungen noch nicht aufgeklärte Gruppe wird durch die Gattungen Hyolithes und Conularia dargestellt. Jene haben wir schon aus algonkischen und kambrischen Schichten kennen gelernt, die Conularien (Fig. 106) treten zuerst im Untersilur auf, sind hier in Böhmen, Frankreich, England, Schweden und Nordamerika weitverbreitet, werden im Devon, Karbon und Perm selten und sterben in der Triasperiode vollkommen aus. Es handelt sich um 10—20 cm lange, äußerst zarte, quergerunzelte, pyramidale Schalen, die im Querschnitt viereckig, aus vier mit scharfen Kanten aneinanderstoßenden Flächen bestehen, die durch eine Mittelfurche geteilt und bisweilen in einen dreieckigen Lappen ausgezogen sind. Die Jugendformen waren mit einer rundlichen Narbe festgewachsen;

vielleicht gehörten auch die ausgewachsenen Tiere dem Pseudoplankton an. Eine unvollkommene Kammerung der Schalenspitze ist als Symptom einer Verwandtschaft mit den Cephalopoden gedeutet worden, doch fehlen alle Beweise für einen derartigen Zusammenhang. Ebensowenig[11] dürfen sie als Verwandte der Flügelschnecken betrachtet werden; ihr geologisches Vorkommen und ihre Schalenstruktur spricht vielmehr dafür, daß sie eine selbständige Gruppe darstellen.

Die Blüte der Trilobiten fällt in die Untersilurzeit, wie aus folgender Tabelle leicht ersichtlich ist:

Kambrium	42	Gattungen	und	282	Arten
Untersilur	77	,,	,,	866	,,
Obersilur	31	,,	,,	482	,,
Devon	11	,,	,,	105	,,
Karbon	5	,,	,,	15	,,
Perm	1	,,	,,	1	nordamerikanische Art

als letzter Vertreter des aussterbenden Geschlechts.

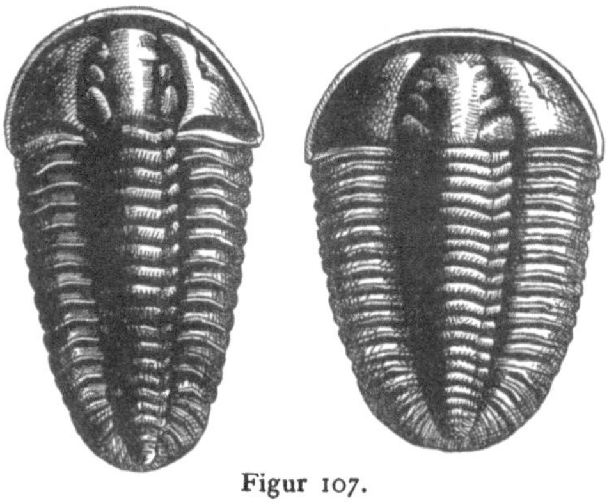

Figur 107.
Calymene incerta, variierender Trilobit aus dem böhmischen Untersilur. Lange und breite Form.

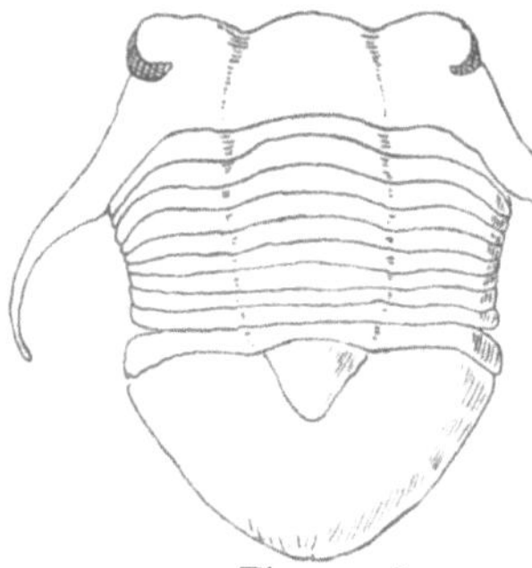

Figur 108.
Illaenus tauricornis (2/3).
Plumper riffbewohnender Trilobit mit gebogenen Seitenhörnern aus dem Untersilur von Rußland.

Die Lebensweise der silurischen Trilobiten muß nach ihrer äußeren Körperform sehr verschiedenartig gewesen sein. Ihr, wie bei den Insekten aus zahlreichen Facetten zusammengesetztes Auge zeigt bald nur zehn Linsen, bald 1200, oder verkümmert ganz. Die Rumpfsegmente wechseln bei den Arten von 2 bis 29. Der Körper ist bald höckerig zum Schutze gegen Feinde (Fig. 107, 108), oder glatt und zum Kriechen im Schlamme wohlgeeignet (Fig. 111), bisweilen aber in ein Kleid von langen, spitzen Dornen gehüllt (Fig. 109, 110), die durch Vergrößerung der Oberfläche das Schweben im Wasser erleichterten. Viele besaßen die Fähigkeit, sich wie eine Kellerassel einzurollen. Ihre tiergeographische Verbreitung läßt uns kosmopolitische Formen und klimatisch gesonderte Faunen[12] erkennen. So wird der nördliche Chasmops (Rußland, Skandinavien und England) in südlichen Breiten durch Dalmanites vertreten. Philippsinella scheint[13] ein Bewohner des Süßwassers gewesen zu sein.

Aus dem Stamme der Krebse wären endlich noch die schwimmenden Ostrakoden zu nennen. Den vier kambrischen Gattungen stehen 23 silurische gegenüber. Ihre Körperform und Größe (Leperditia wird 22 mm, Callizoe 50 mm, Aristozoe 90 mm groß) zeigt, daß sie im

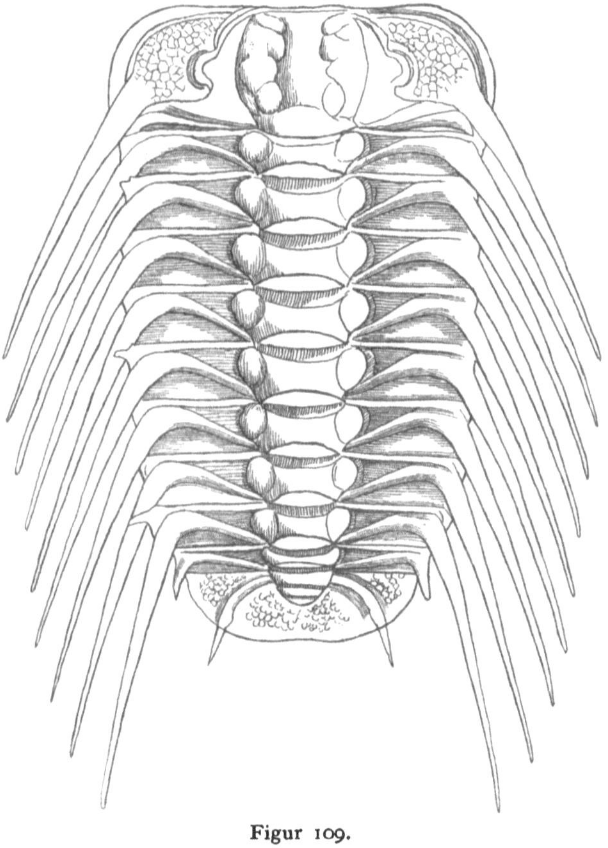

Figur 109.
Acidaspis Buchi mit starken Seitenstacheln.

Silur den Höhepunkt der Entwicklung erreichen. Denn im Devon sind nur noch 8 Gattungen vorhanden, und die jetzt so weit verbreiteten Formen besitzen in der Regel nur 1—2 mm große Schälchen. Die mit charakteristischen Warzen verzierte Beyrichia[14] entwickelt sich im untersten Silur aus der einfach gebauten Primitia, variiert dann ungemein und erfüllt mit zahlreichen Arten die silurischen Kalksteine Schwedens, die zur Eiszeit über Norddeutschland (in einem Geschiebe konnten über 19 Arten bestimmt werden) weit verbreitet wurden.

So sehen wir einen überraschenden Formenreichtum in allen Gruppen des Tierreiches, und auch die Wirbeltiere machen davon keine Ausnahme. Zwar besaßen die silurischen Fische noch kein inneres Knochenskelett, aber ihre Hautdecke und die Mundhöhle trugen einen dichten Besatz kleiner und schon vielgestaltiger Zähne. Im Untersilur bei St. Petersburg[15] finden sich drei Zahnformen von Palaedodus und eine Art Archodus, die in ihrem mikroskopischen Bau vollkommen der Struktur entsprechen, die wir bei den Mundzähnen höherer Fische jetzt noch finden. Die Körperform dieser ältesten Wirbeltiere läßt sich an wohlerhaltenen Exemplaren aus Rußland und Schottland[16] erkennen, wo fünf Gattungen mit acht Arten in harten, grauen Schiefern entdeckt wurden. Die faltige Haut von Thelodus und Lanarkia (Fig. 112) war mit zahlreichen kleinen Verknöcherungen bedeckt und zeigt hinter dem breiten Kopfe einen zweizipfligen, kurzen Schwanz, während Birkenia (Fig. 113) und Tremataspis durch ihre elegante Fischgestalt, die schmalen Schuppenreihen und die scharfen Zähne der Rückenflosse ein seltsames Gepräge erhalten. Über die Organisation ihrer Weichteile wissen wir leider nichts, aber schon die seltsame Gestalt des Knochenpanzers bei Tremataspis (Fig. 114, 115) deutet auf einen von allen heutigen Typen abweichenden Bau; wir werden bei Besprechung des Devon sehen, daß selbst damals noch Fischtypen lebten, deren Knorpelskelett sehr wesentlich verschieden war von den jetzt noch lebenden Formen.

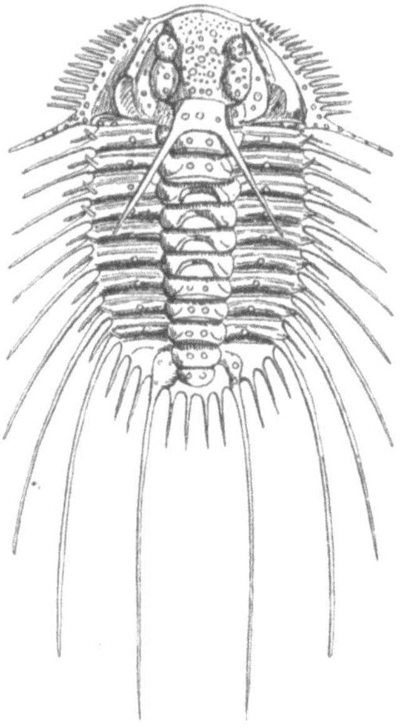

Figur 110.
Acidaspis Dufrénoyi. Ein wahrscheinlich schwimmender Trilobit aus dem Silur von Böhmen.

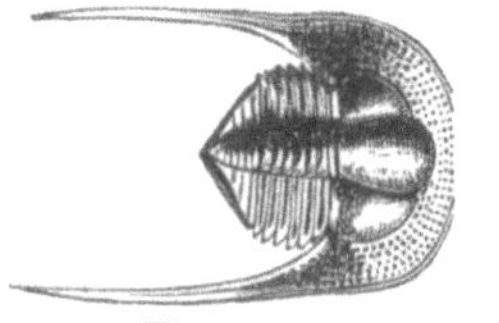

Figur 111.
Trinucleus Goldfussi aus dem Untersilur von Böhmen. Kopfschild mit langen Wangenstacheln bewehrt.

Das untersilurische Meer war in viele einzelne Becken gegliedert und daher für die Entfaltung lokaler Faunen sehr geeignet, so daß man besonders auf Grund der Trilobitenverbreitung folgende Meere[17] deutlich unterscheiden kann:

1. das böhmisch-mediterrane Becken, reicht von den Ostalpen durch Böhmen, Thüringen, Südfrankreich und Spanien bis nach Portugal.

2. das baltische Meer, umfaßt Polen, Skandinavien und reicht bis Grönland.

26 englische Cephalopoden kommen[18] auch in Böhmen vor, während in Skandinavien und Rußland andere Arten leben. Der englische Wenlockkalk, dessen Korallenfauna so berühmt ist, erscheint dagegen arm an Cephalopoden.

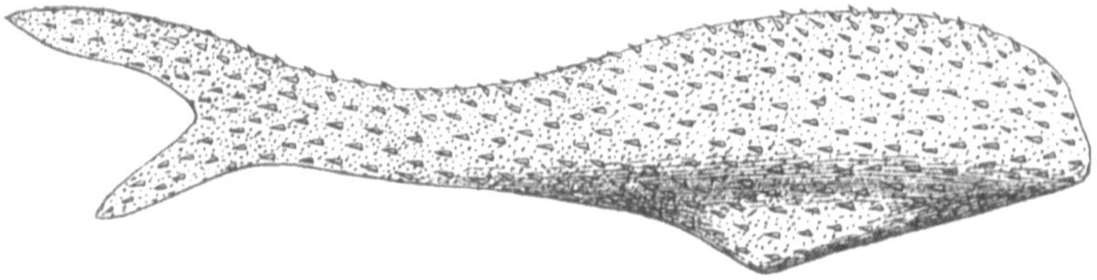

Figur 112.
Lanarkia spinosa. Silur von Schottland.

3. das nordatlantische Meer bedeckt Belgien, Nordfrankreich, Irland und England.

4. das pazifisch-nordamerikanische Meer.

Endlich 5. ein ostasiatischer Ozean, der wiederum in mehrere Provinzen zerfällt.

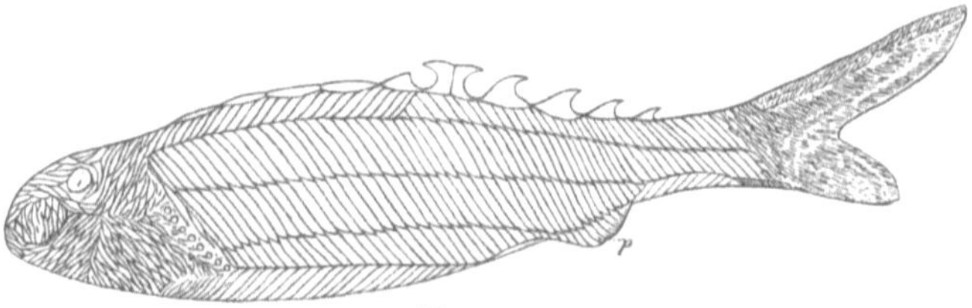

Figur 113.
Birkenia elegans aus dem Silur von Schottland.

Es darf uns nicht wundernehmen, daß eine solche Gliederung des Weltmeeres in einzelne Becken, groß genug, um die Entwicklung der Fauna zu fördern, und doch wieder klein genug, um jeder derselben einen besonderen Habitus aufzuprägen, für die Entwicklung seiner Be-

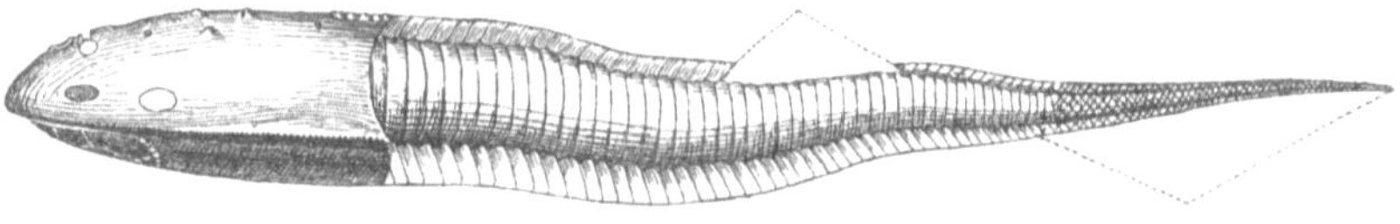

Figur 114.
Tremataspis Schmidti ($^2/_3$). Ein Fisch mit gepanzertem Schädel, aber ohne Extremitäten aus dem Silur von Rußland.

wohner besonders günstig war. Daneben scheint der offene Austausch der Gewässer ein ziemlich lebhafter gewesen zu sein. Die im Obersilur so überhandnehmenden Graptolithensümpfe verpesteten verhältnismäßig kleine Räume; helle Tonschiefer, graue Sandsteine und mächtige Kalkablagerungen deuten darauf hin, daß echt ozeanische Verhältnisse weitverbreitet waren.

Dabei finden wir überall die Anzeichen mittlerer Meerestiefen. Vielfach flutet der Ozean über flache Küstenländer hinweg und schafft neue Siedelungsflächen. Die mächtige Entwicklung von Kalksteinen in Nordamerika deutet darauf hin, daß wir dort das Zentralgebiet eines größeren Meeres suchen müssen, und diese Annahme wird auch dadurch bestätigt, daß viele bezeichnende Tierformen in Amerika früher auftreten als in europäischen und asiatischen Ablagerungen.

Für das skandinavische Silur[19] ist die Einschaltung zahlreicher lokaler Sandsteinbildungen überaus charakteristisch; deutlich prägt sich darin die Nähe eines nordischen Festlandes aus.

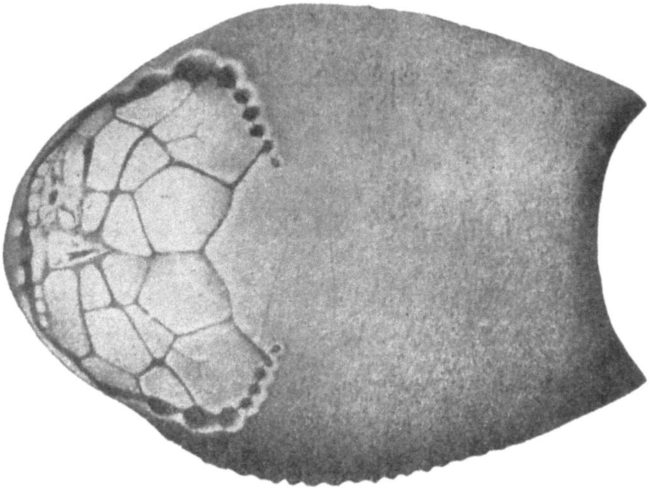

Figur 115.
Unterseite des Kopfpanzers von Tremataspis (vergrößert).

Rasch wechselt in England[20] die Mächtigkeit der silurischen Sedimente. In Schottland ist das Untersilur 30 m mächtig, schwillt in Nordwales auf 100 m an, aber am Snowdon schalten sich solche ungeheure Massen saurer vulkanischer Tuffe ein, daß die Mächtigkeit 3000 m erreicht.

Der Reichtum des böhmischen Meeres an Muscheln, Cephalopoden und Trilobiten ist ebenso bezeichnend, wie die vielen Brachiopoden in den karnischen Alpen, oder die Cystideen in Portugal. Sehr merkwürdig sind die Wanderungen[21] einzelner Arten von einem Becken ins andere. So ist Pentamerus oblongus im Llandovery von England und Nordamerika bis nach Wisconsin weitverbreitet, stirbt hier aus, um in den nächstjüngeren Wenlockschichten von Norwegen und Schweden weiterzuleben. Dagegen wandert Halysites catenularia aus dem englischen Wenlock nach dem schwedischen jüngeren Gotländer Kalk ein.

Keine einzige der in Gotland gefundenen 70 Trilobitenarten ist bis nach Böhmen gewandert, von 19 Cephalopoden fanden sich hier nur zwei, und von den zahlreichen böhmischen Muscheln drangen nur einige wenige Formen bis England.

Die Mannigfaltigkeit der in diesen Becken vorhandenen Lebensbedingungen findet einen deutlichen Ausdruck in der Verbreitung gleichzeitig gebildeter Gesteine. Reich war das baltische Meer gegliedert. In Jemtland lassen sich die von der Brandung losgerissenen Küstengerölle in deutlichen Zungen mit normalen Meeresablagerungen wechsellagernd verfolgen. Weitverbreitet sind rote, gelbe und grüne Sandsteine, der Schlamm des Silurmeeres tritt uns in grauen, braunen und roten Schiefern entgegen.

Indem wir das europäische Silur mit dem nordamerikanischen vergleichen, ergibt sich, daß dort über die ganze Breite des Kontinents vorwiegend Kalksteine verbreitet sind, deren Grenzen ungefähr der Fläche des kambrischen Meeres entsprechen und die vielfach seit jener Periode ununterbrochen in die Silurzeit hinaufwachsen. Eine Fülle von Trilobiten, Korallen, Schnecken, Brachiopoden und Bryozoen zeigt uns den ozeanischen Charakter dieses Meeres. In der späteren Silurzeit wird das Wasser durch schlammige Fluten trübe und die hangenden Schiefergesteine werden trilobitenarm, während zahlreiche Muschelfaunen sich ansiedeln.

In Europa ist, von mancherlei Einzelfällen abgesehen, der Gang der Ereignisse umgekehrt. Auf dem sandreichen Oberkambrium lagern sandige oder schlammige Sedimente, die uns als untersilurische Quarzite und Schiefer entgegentreten; langsam klärt sich das Wasser und den Schluß der Periode bilden versteinerungsreiche Kalkriffe. Wie in den heutigen Meeren bildete sich schon damals durch das enge Zusammenleben kalkabscheidender Pflanzen und Tiere in den klaren Gewässern der Hochsee jene ebenso biologisch interessante wie lithologisch wichtige Lebensgenossenschaft[22] aus, die wir als „Riffregion" bezeichnen. Indem zwischen zahlreichen, festsitzenden Organismen eine Fülle von kriechenden, laufenden und schwimmenden Tieren Schutz und Nahrung sucht und findet und eine Generation auf der vorhergehenden wächst und gedeiht, häufen sich vereinzelte Inseln kalkiger Hartgebilde in solcher Mächtigkeit übereinander, daß sie den umliegenden Meeresboden überragen, steilwandige Untiefen und vielgestaltige Archipele bilden und den vorher ebenen Meeresgrund in ein Gewirr von Kanälen, Buchten, Tälern und Bergen verwandeln.

Wie wir früher gesehen haben, erleiden solche organisch entstandene

Kalklinsen bei ihrem Absterben sehr tiefgreifende Veränderungen. Ihre von Lücken und Hohlräumen durchzogene, meist senkrecht gegliederte, nur selten wohlgeschichtete Masse zerfällt in ein amorphes Kalkpulver, die Gestalt der Panzerschalen und Hartgebilde wird dabei meist zerstört, und nur nesterartig finden wir am Außenrande der strukturlosen Kalkriffe die reiche Formenwelt der riffbildenden Organismen. Bisweilen fehlen auch diese Spuren organischer Formenpracht und wir können nur aus der Lagerungsform inselartig aufsteigender, als große Kalk- und Dolomitlinsen zwischen Schlamm- und Sandschichten eingeschalteter Kalkstöcke, aus ihrem Höhlenreichtum und dem Mangel einer horizontalen Schichtung die einstige Riffnatur erkennen.

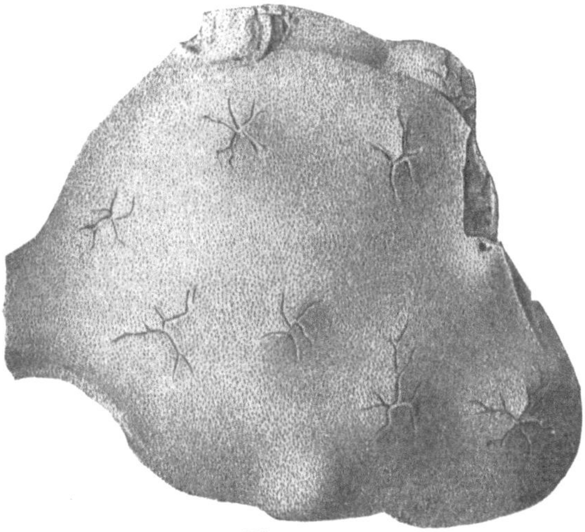

Figur 116.
Stromatopora galtensis mit den Astrorhizen.
Obersilur von Nordamerika.

Schon im Kambrium hatte die Bildung von Kalkriffen eingesetzt und läßt sich in Virginia[23] ununterbrochen bis in die Silurzeit verfolgen. In den Ostalpen[24] wie in Südfrankreich, in Kanada, Montana und Alabama treten bis 1500 m mächtige Kalkriffe auf. Im Obersilur mehrt sich ihre Zahl und bietet in Schweden und England wunderbare Einblicke in die riffbildende Lebensgenossenschaft einer längstvergangenen Zeit. Sind uns doch von damals die roten Farben prächtiger Seelilien, das tiefe Braun der Trilobitenpanzer und der Perlmutterglanz von Schneckenschalen erhalten.

Wie auf den Riffen der Gegenwart, ist die Ansiedlung festsitzender Tiere und Pflanzen die eigentliche Grundlage der ganzen Riffbildung. Kalkabscheidende Algen[26] sind weitverbreitet. Im skandinavisch-baltischen Gebiete erreichen die Kalkalgen ihre Maximalentwicklung im jüngsten Untersilur, wo Vermiporella und Palaeoporella, sowie Dasyporella und Rhabdoporella ungemein häufig und gesteinsbildend auftreten. Dazwischen gedeihen in mächtigen, aus zarten Kalkblättern aufgebauten Knollen die Stromarien (Stromatoporiden) (Fig. 116). Sie scheinen verwandt mit den jetzt noch lebenden Hydraktinien, deren kleine Polypenrasen hornige oder kalkige Krusten abscheiden, indem jede folgende Generation ein neues, höckerbedecktes Kalkblatt bildet.

Eine wichtige Rolle spielten daneben die sog. Tabulaten (Fig. 117). Man versteht darunter Kolonien wurmförmiger Tiere welche lange Kalkröhren bildeten, die durch Scheidewände (Böden) in Kammern geteilt und vielfach von Porenreihen durchbrochen waren.

Im Silur lebten 23 Gattungen
„ Devon „ 15 „
„ Karbon „ 6 „

Im Perm von Thüringen und Australien tritt die letzte auf.

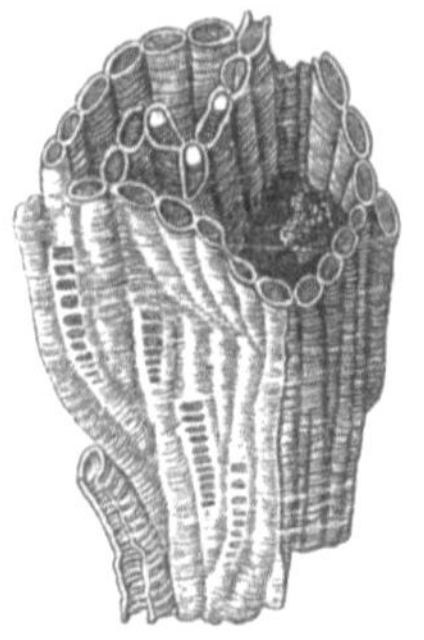

Figur 117.
Halysites catenularia. „Die silurische Kettenkoralle", eine Kolonie langer, zusammengedrückter Röhren, die von zahlreichen Böden geteilt werden.

Da manche Gattungen im Innern der Röhren neben den horizontalen Böden Längsreihen kurzer Dornen oder unregelmäßig gestellter Längsrippen zeigen, hat man sie mit den Korallen vereinen zu sollen geglaubt, die in denselben Schichten auftreten. Allein die Wachstumserscheinungen beider Formen sind so grundverschieden, daß man die trichterförmig nach oben erweiterten, dickwandigen, mit zahlreichen, regelmäßig gruppierten Wandrippen (Sternleisten) versehenen Korallen unmöglich in nähere Beziehung bringen kann zu den langen, unmerklich sich verdickenden, niemals radial gefächerten Röhren der Tabulaten. Daß beide Formen durch Böden gekammert erscheinen, ist kein Beweis für eine nähere Verwandtschaft, sondern nur konvergente Anpassung an dieselben Lebensbedingungen.

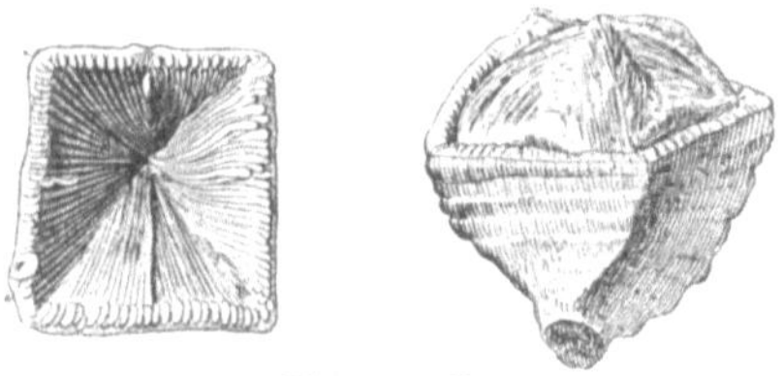

Figur 118.
Goniophyllum pyramidale aus dem Obersilur von Gotland. Eine vierseitige Einzelkoralle, deren (links offen dargestellter) Kelch durch vier dreieckige Kalkdeckel verschlossen werden konnte.

Im Gegensatz zu den später auftretenden, stockbildenden Korallen bildeten die silurischen Formen meist Einzelpersonen, deren 1—20 cm hohe, mit kräftiger Außenwand versehene Kelche oftmals mit weitauslaufenden Wurzeln am Meeresboden festgewachsen waren. In dichtgedrängten Kolonien oder vereinzelten Funden stehen die prächtigen Kelche (Fig. 118, 120) in den Lücken zwischen den genannten riffbildenden Organismen. Manche Gattungen zeigen noch deutlich den vierstrahligen Bau, der ihnen den Namen Tetrakorallen eintrug, ihre Kelchmündung wird sogar durch bewegliche Deckel geschützt. Andere, scheinbar völlig radialsymmetrisch gebaute Formen

(Fig. 119) lassen beim Anschleifen dennoch den bilateralsymmetrischen Bau erkennen, der wahrscheinlich allen Korallenkelchen zugrunde liegt und sogar noch in der Keimesentwicklung lebender Gattungen (Corallium rubrum) beobachtet wird.

Figur 119. Palaeocyclus porpita. Obersilurische Einzelkoralle von der Seite und von oben gesehen. Lebte gesellig auf Schlammgrund.

Doch spielen die silurischen Korallen als Kalkbildner keine größere Rolle wie andere Rifftiere. Als solche haben wir in erster Linie die Seelilien zu nennen, deren elegante Blumenkrone, auf einem kreisrunden, gegliederten Stiele aufsitzend, aus Tausenden kleiner Kalktäfelchen zusammengesetzt war. Eine staunenswerte Fülle eleganter Gestalten schmückte die Abhänge der Riffe. Besonders die sog. Fistulaten und Cameraten haben hier ihre Hauptverbreitung. Neben kleinen, fadendünnen Stielchen sehen wir Säulen von 4 cm Durchmesser. Bald entfalten sie nur 5 zarte Arme, bald einen wahren Wald zierlicher Armfäden, und bei Crotalocrinus sind die normalen 5 Arme schon umgebildet zu einem weiten, Nahrung auffangenden Trichter, der sich auf Reiz wie ein Vorhang in schöne Falten zusammenlegte und vielfach so erhalten blieb.

Die große Fülle der Trilobiten, Krebse, Muscheln und Schnecken geht am besten daraus hervor, daß die Riffgebiete von Gotland tausend beschriebene Tierarten geliefert haben und auf insgesamt[27] 1500 Arten geschätzt werden. Die Trilobiten[28] kommen hier (mit Ausnahme von Bumastes) nie gesellig vor. Lichas findet man nur im Norden, Homalonotus nur im Süden der Insel. Jede Fundstelle bietet neue Formen. Tabulaten, Korallen und Brachiopoden bewohnen wohlumschriebene Fundorte. Man muß selbst über die Bryozoenkalke bei Hoburg gewandert sein, wo jedes Stück, das man aufliest, aus reizenden Bryozoen zusammengesetzt erscheint, man muß auf den Feldrainen bei Östergarn die schön verzierten Schnecken, auf Stora Karlsö

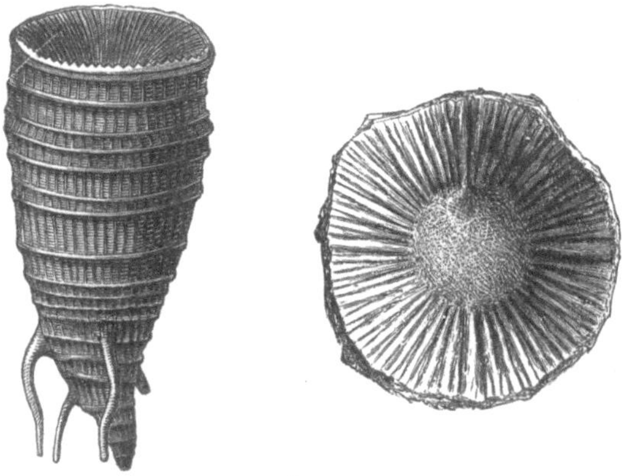

Figur 120. Omphyma subturbinata ($^1/_3$). Eine obersilurische Einzelkoralle mit kräftiger Außenwand und zahlreichen Wurzelästen (Stolonen), mit denen sie im Meerschlamm verankert war. Der flache Kelch zeigt zahlreiche Sternleisten.

Krinoiden und Korallen gesammelt haben oder am Ufer bei Wisby die zierlichen Korallenkelche von Palaeocyclus (Fig. 119), die das heutige Meer aus silurischem Meeresschlamm auswäscht, aufgelesen haben, um einen Einblick zu gewinnen in den Reichtum jener Lebewelt.

Seltsame faunistische und bionomische Beziehungen bestanden zwischen den Vertretern ganz verschiedener Tierstämme. So umwuchs Stromatopora vielfach Korallenkelche und Tabulaten, die in dieser innigen Verbindung als eine besondere Gattung Caunopora beschrieben worden sind. Glyptocrinus rankte sich mit seinem fadendünnen Stiel um größere Seelilien; Vioa prisca, ein Kieselschwamm, bohrte sich gewundene Gänge in Muschelschalen. Auf anderen saßen sonderbare Schnecken und lebten jedenfalls mit ihnen in enger Symbiose (Lebensgemeinschaft), ebenso wie Agelacrinus und Edrioaster stets auf anderen Tieren festgewachsen sind. Man möchte sich die bunte Tierwelt mit den längst vergangenen Farben schmücken und das Azurblau der von Medusen, Pteropoden und Muschelkrebsen belebten silurischen Wellen darüberbreiten, um im Glanze der silurischen Sonne die reiche Pracht seltsamer Pflanzen und Tiere wieder aufleuchten zu sehen.

Während so kalkbildende Pflanzen und Tiere den Meeresboden gliederten und farbenreiche Kalkriffe langsam als Archipele emporwuchsen, wurde die Ruhe des Küstengebietes und des Meeresspiegels oft unterbrochen von den emporjagenden Aschensäulen dampfender Vulkane. Untersilurische Diabase und Rhyolithe brachen in England und Nordamerika hervor, Porphyraschenregen vernichteten die kambrische Tierwelt in Böhmen. Es bildeten sich die Diabasdecken[29] der Kinnekulle, des Halle- und Hunneberges in Schweden. Porphyrvulkane dampften in Argentinien[30], und während im Obersilur die britischen Vulkane[31] bis auf einige kleine Schlote erloschen, waren die Bretagne, die Ardennen, Maine und sogar Australien[32] der Schauplatz vulkanischer Katastrophen.

Es scheint, daß die eisenreichen Schichten, die im Untersilur von Böhmen und Thüringen eine Mächtigkeit von 18 m erreichten und einen blühenden Bergbau veranlaßten, ihren Eisengehalt untersilurischen Aschendecken verdanken.

Wenn wir die rasche Zufüllung einzelner silurischer Meeresbecken mit Riffkalken und vulkanischen Aschen verfolgen, wenn wir sehen, daß am Schluß der Silurzeit große Teile von Deutschland landfest wurden und die eben gebildeten obersilurischen Gesteine zu flachen Landzügen emporgewölbt werden konnten, wenn wir die Transgressionen verfolgen, mit denen das Silurmeer auf allen Teilen der Erdkugel ohne Mühe dahinschritt, bald flache Küstenländer überflutend, bald eben gebildeten Meeresgrund trocken legend, dann werden wir dem Silurmeer als Ganzem keine großen Tiefen zusprechen können Obwohl vielfach radiolarienreiche Schiefer als „Tiefseeablagerungen" betrachtet werden, so lehrt doch ihr Reichtum an Quarz und verwesten Pflanzenresten, daß sie nur in geringen Tiefen gebildet worden sein können. Die für das heutige Weltmeer so charakteristischen Tiefseebecken, der scharfe Gegensatz, in dem sie zu den Flachseegebieten und den thalassischen Nebenmeeren stehen, existierte unseres Erachtens zur Silurzeit noch nicht. Ein durchschnittlich nur einige hundert Meter tiefes Meer, durch Inseln und kleine Festländer unterbrochen, umspannte die ganze Erde.

Infolgedessen mußten die durch Passatwinde und verschiedene Dichte des Meerwassers gebildeten und unter dem Einfluß der Erdrotation abgelenkten Meeresströmungen ihren Weg durch ein Gewirr von kleinen und großen Landflächen suchen. Sie wurden überall gehindert, leicht bildeten sich tote Winkel (Halistasen), Buchten, in denen der Austausch der Gewässer verzögert wurde, wo treibende Algen und Tierleichen sich sammelten und mit ihrem Moder den Grund verpesteten, so daß sich darauf kein festsitzendes oder kriechendes Tier ansiedeln konnte. Allein es war durch die genannten Verhältnisse auch bedingt, daß die lokalen Halistasen bei der geringsten Änderung in der Tiefe des Meeres, der Gestalt der Küste, der Richtung der Strömungen, der Bewegung des Wassers wieder verschwanden, daß ein eben noch lebloses Modergebiet, von frischem Wasser bespült, durch eine reiche benthonische Tierwelt besiedelt wurde, so daß sich vielleicht organischer Kalk an derselben Stelle bildete, wo kurz vorher schwarzer Faulschlamm angehäuft wurde.

Mit den hier gemachten Annahmen glauben wir am besten die Entstehung und Verbreitung eines eigentümlichen Gesteins erklären zu können, das, erfüllt von einer ungemein reichen, seltsamen Fauna, im oberen Kambrium zum erstenmale auftritt und dann ein charakteristisches Element der ganzen Silurzeit bildet. Zuerst im Oberkambrium von Nordamerika[33], etwas später in Europa begegnen uns dünngeschichtete Schiefer, die bis zu 23 % Kohlenstoff und etwa 4 % Schwefeleisen[34] enthalten, und auf deren ebenen Schichtenflächen zahllose schmale, silberglänzende gezackte Bänder liegen, die entweder durch Seitenäste zu einem zierlichen Netzwerk verbunden oder durch zarte Fäden zusammenhängend die hornigen Hüllen von Tierkolonien darstellen, die man seit alters mit dem Namen Graptolithen bezeichnet. Obwohl sie meist zusammengedrückt und schlecht erhalten sind, so ist es doch in anderen Fällen gelungen[35], wohlerhaltene Stöckchen aus dem Gestein herauszulösen, in Paraffin einzubetten und mit dem Mikrotom in Dünnschnittreihen von 0,05 mm Dicke zu zerlegen. So lernte man ihren Bau und ihre Entwicklung genau kennen, und während man früher die Graptolithen bald zu den Hydroiden, bald zu den Bryozoen stellte, haben diese Untersuchungen gelehrt, daß sie eine ganz eigenartige Tiergruppe bilden, die eine gesonderte Stellung im System beansprucht.[36]

In einer eiförmigen kleinen Blase (Fig. 121) entstanden radiär gestellte, zarte, spitze Dütchen (Sicula), die durch Platzen der Blase frei wurden und den Embryo umschlossen. Aus der Sicula sproßt dann eine Haftscheibe (Fig. 122, 123, 125) hervor und am anderen Ende an einem langen Faden (Virgula) aufgereiht die vier-, zwei- oder einreihige Kolonie. In der Regel hängt ein ganzes Bündel solcher sägeblattähnlicher Kolonien an der runden oder schirmförmig ausgebreiteten Haftscheibe, und die Sicula-erfüllten Blasen wachsen ebenfalls dort hervor. Es ist zu vermuten, daß weitere glückliche Funde diese bisher nur vereinzelt nachgewiesenen Verhältnisse noch genauer beurteilen lassen. Aber schon jetzt läßt sich folgendes sagen: die ältesten Graptolithen waren allem Anschein nach strandbewohnende Meerestiere, welche in dichtem Rasen auf schlammigem Boden und festen Felsen, mit besonderer Vorliebe aber auf Meeresalgen angeheftet waren. Lebhafte Brandung und Strömungen rissen die Pflanzen ab und trieben sie, wie jetzt das Sargassum, in die Hochsee hinaus. So gelangten auch die daran festsitzenden Graptolithen in das offene Meer und entwickelten sich nach zwiefacher Richtung weiter: Die einen Formen blieben auch fernerhin an treibendem Tang angeheftet, und die nach abwärts hängenden Kolonien mußten, nach dem Lichte strebend, wieder emporwachsen. Dadurch entstanden gekrümmte Formen; oder die jüngeren Zellen setzten sich in einer ihr entgegengesetzten Richtung an die Sicula an.

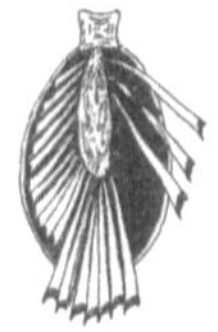

Figur 121. Eikapsel (Gonangium) von Diplograptus pristis, ansitzend an einer viereckigen Haftscheibe. Links eine Gruppe sich entwickelnder Siculae, in der Mitte eine Gruppe, die Schale durchbrechend, rechts ausgewachsen und im Begriff herauszufallen. (20×)

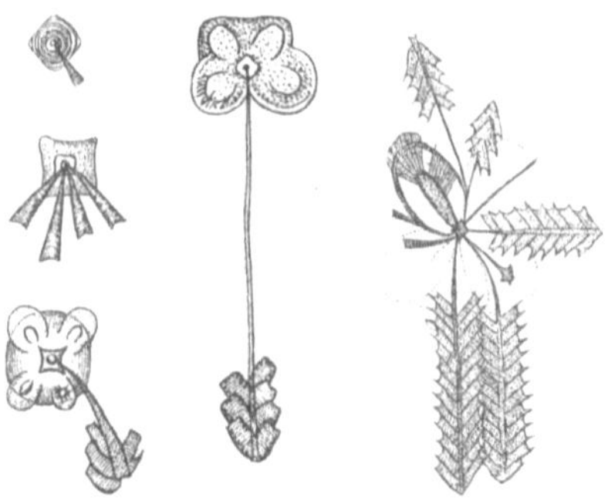

Figur 122. Die weitere Entwicklung von Diplograptus pristis (2×).

Andere Gattungen bildeten zarte Fallschirme, vielleicht auch Schwimmblasen aus und gelangten so zu einer rein planktonischen Lebensweise. Alle aber wurden, mit dem silurischen „Golfkraut“ vereint, lange Zeit rastlos umhergetrieben. Die absterbenden Kolonien begannen zu faulen, das Gewebe der dazwischentreibenden Algen zerfiel, und der mit Graptolithen durchsetzte Pflanzenmoder sank überall da zu Boden, wo sich eine ruhige Bucht, ein toter Winkel, eine stagnierende Wanne in dem vielgestaltigen und vielveränderten Silurmeer bildete. In dem faulenden Schlamm entwickelte sich Schwefelwasserstoff, der die Ansiedlung einer Bodenfauna unmöglich machte, und so besteht ein seltsamer Gegensatz zwischen dem Fossilgehalt der normalen silurischen Ablagerungen und den ihnen immer wieder eingeschalteten schwarzen Graptolithenschichten. Jene sind ungemein reich an Korallen, Tabulaten, Bryozoen, Trilobiten, Schnecken, Cephalopoden, Pteropoden usw. Sobald aber, oftmals in schroffem Gesteinswechsel, die schwarzen Graptolithenschiefer einsetzen, verschwindet diese ganze Fauna, und zwischen den massenhaft vorkommenden Graptolithen finden wir ganz vereinzelt rundliche, zarte

Figur 123.
Tetragraptus serra.
Jugendform mit Haftscheibe.

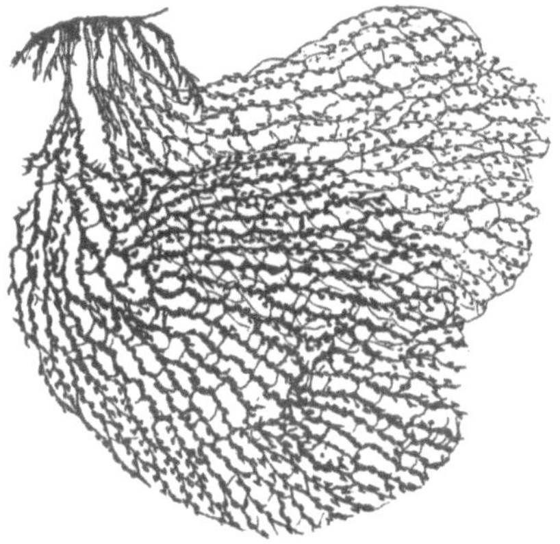

Figur 124.
Kolonie von Dictyonema peltatum aus dem Oberkambrium von Schweden. Wahrscheinlich angeheftet an treibendem Seetang.

Schalen, die man als die Hüllen planktonischer Krebse deutet (Dawsonia), oder die Abdrücke der Stielglieder von Seelilien, die, ebenfalls wohl an Tang angeheftet, in die Halistase geraten waren und mit zu Boden sanken, dazwischen vereinzelte kleine Brachiopoden. Plötzlich, wie sie entstanden sind, verschwinden die schwarzen Schiefer, und in den hangenden Schichten fehlen die Graptolithen, während die andre reiche Tierwelt sich gleichzeitig wieder einstellt.

Aber nicht nur die gesamte Silurzeit, sondern auch die einzelnen Stufen dieses großen Zeitabschnittes können mit Hilfe bezeichnender Graptolithengattungen und -arten über weite Strecken unterschieden werden. Jeder höhere Schichtenstoß enthält neue Leitformen und auch diese Tatsache läßt sich mit den oben gemachten Annahmen am besten erklären. Denn wo irgend eine neue Gattung des Graptolithenstammes auf eng umschriebenen Wohnplätzen entstanden und in rascher Vermehrung begriffen war, da wurde sie von den Strömungen erfaßt, in ruhelosem Wechsel aufs hohe Meer getrieben und gelangte oft fern von ihrer Heimat nach langer Wanderung in einer stillen Bucht zur Ruhe. Indem jede folgende, irgendwo neu entstandene Formengruppe ebenso umhergetrieben wurde, konnten vereinzelte Leitfossilien eine weltweite Verbreitung gewinnen, während andere nur im Gebiete ihres Lebensbezirkes in gleichzeitig gebildete Ablagerungen eingebettet wurden.

Figur 125. Dictyonema flabelliforme. Jugendform mit Haftscheibe und Hängeapparat (Nema).

So werden die Graptolithenschiefer zu den ausgezeichnetsten Leitgesteinen des Silur, die man von Europa bis nach Sibirien, von Kanada bis nach Argentinien, von Burma bis nach Neu-Seeland verbreitet findet.

Ohne daß wir über ihre Heimat und Herkunft etwas wüßten, tritt die älteste Gattung, die baumförmig verästelte Dictyonema (Fig. 124, 125, 126), zuerst im Gebiete der Appalachen auf und bewohnte hier, wie es scheint[38], mehrere getrennte Becken. Dann finden wir sie als charakteristische Einschaltungen im oberen Kambrium von Nordeuropa. An der baltischen Küste[39] liegen sie direkt auf dem in der Brandungszone gebildeten Oboluskonglomerat. Es ist auffallend, daß diese älteste Gattung Dictyonema zugleich die längste Lebensdauer hat, denn wir finden

im Oberkambrium	1	Art,
„ Untersilur	11	Arten,
„ Obersilur	4	„

Figur 126. Ein fünfmal vergrößerter Zweig von Dictyonema peltatum aus dem Kambrium von Schweden.

und im Devon von Nordamerika sind die drei letzten Arten beobachtet worden. Andere, bäumchenförmig wachsende Gattungen sind mit zahlreichen Arten im Untersilur verbreitet, werden aber schon im Obersilur selten. Inzwischen beginnt die Entwicklung der geradgestreckten Gattungen, bei denen 2—4 Reihen von Einzeltieren (Fig. 127) an der Virgula angeordnet waren. Sie werden in der Obersilurzeit immer häufiger, und seltsamerweise findet dabei allmählich eine Rückbildung der Reihenzahl statt, so daß die einreihige Gattung Monograptus (mit ähnlich gebauten Verwandten) in zahlreichen Arten besonders das obersilurische Meer bewohnte. Mit Hilfe der Graptolithen war es möglich, die Ablagerungen der Silurzeit über die ganze Welt in zahlreiche, scharf unterscheidbare[40] Abschnitte zu zerlegen und ihre genaue Gliederung festzustellen.

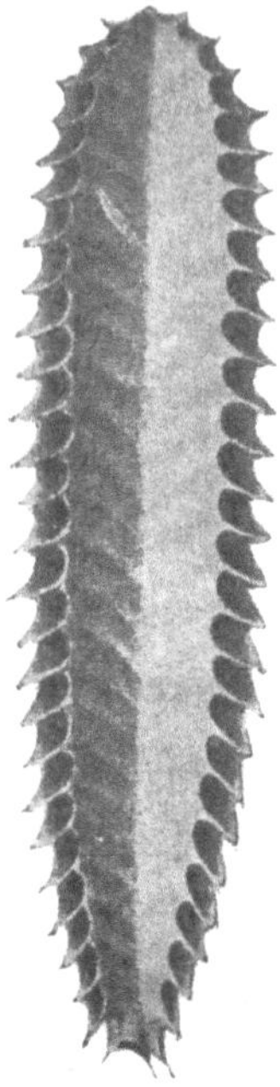

Figur 127.
Phyllograptus angustifolius. Aus Kalkstein herausgeätzte Kolonie. Stark vergr.

Während das nicht sehr tiefe Silurmeer durch Gerölle, Sand und Schlamm von der Küste her zugefüllt, durch vulkanische Aschen überdeckt und durch Kalkriffe überall gegliedert wurde, setzte auch der Gebirgsbildungsprozeß ein, um besonders gegen Ende der Silurzeit weite Flächen des Meeresbodens landfest zu machen. Längs der atlantischen Küste des nördlichen Europa, von Schottland bis nach den Lofoten, liegt das Obersilur oder das Unterdevon diskordant auf gefaltetem Untersilur oder Grundgebirge. Man[41] hat daher ein kaledonisches Gebirge unterschieden, das an der Wende des silurischen Zeitalters dort entlang zog. Aber auch in den Ardennen[42] und in Boulonnais ebenso wie in Shropshire[43] treffen wir silurische Falten an. Dana[44] erkannte ein takonisches Gebirge, das in der Mittelsilurzeit von Ohio bis nach Kanada verfolgt werden kann.

Gleichzeitig brechen vielfach Vulkane hervor. In der Bretagne[45] treten Diabas- und Porphyrergüsse in einem 50 km langen und 5 km breiten Streifen auf, in Schweden dampfen Diabasvulkane und bilden ausgedehnte Lavadecken; Eruptionen von Augitandesit und Quarzporphyr sind während der Niagarazeit in Nordamerika erfolgt. Alle diese verschiedenartigen Vorgänge mußten natürlich große Gebiete des silurischen Ozeanes in flache Untiefen, Archipele und Ufergebiete verwandeln.

Von den zahlreichen Erscheinungen, welche diese Verlandung weiter Strecken des Silurmeeres begleiten, wollen wir nur zwei als besonders merkwürdig herausgreifen.

In Nordamerika verschwindet allmählich die normale Meeresfauna. Individuenreiche Zweischaler beleben die schlammigen Fluten und endlich entwickeln sich zwei Fazies, die vielfach ineinander übergehen. Einerseits ein dünngeschichteter, 50—200 m mächtiger dolomitischer Kalk (Waterlime), in dem planktonische Tentakuliten und Muschelkrebse zeigen, daß die Fluten des offenen Meeres gelegentlich in flache Strandbuchten hineingetrieben wurden.

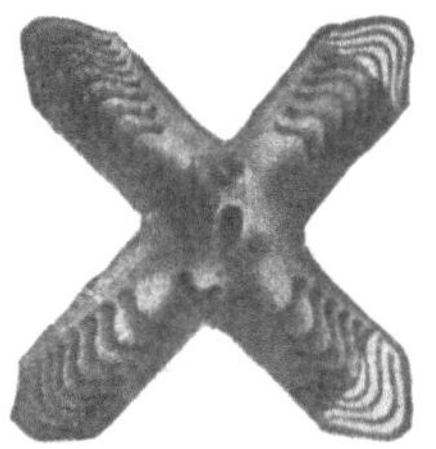

Figur 128.
Eine Kolonie von Phyllograptus. Von oben gesehen.

Gleichzeitig aber entstanden (am Niagarafall 100 m, bei Ithaka 400 m, am Huronsee aber 450 m mächtig) rote Letten mit dünnen Zwischenschichten von Dolomit und Linsen von Gips und Salz. Die ganze Schichtenreihe ist fossilleer, nur einmal[46] wurde der Kopf eines der noch zu schildernden Riesenkrebse gefunden.

Die Verbreitung obersilurischer Versteinerungen (Halysites) von Tennessee bis zum 82. Grad nördlicher Breite zeigt, daß auf der nördlichen Halbkugel ein gleichmäßig warmes Klima herrschte. Indem die Wärme zunimmt, beginnt das in zahlreiche Buchten getrennte Seewasser zu verdampfen; Gips und Salz scheiden sich aus, und manche Salzlager haben eine Mächtigkeit von 10—25 m. (Das nordeuropäische Küstengebiet muß damals noch ziemlich niederschlagsreich gewesen sein, denn hier beginnt die Verdampfung des Seewassers erst im Devon.)

Wo die letzten Wogen des offenen Meeres am flachen Schlammstrand eine Menge mariner Schalenreste anspülten, da bildete sich einer jener so bezeichnenden Trümmerstreifen[47], wie sie z. B. in England 1—6 cm mächtig, aber über eine Strecke von 100 km als sog. Bonebed (Knochenschicht) die Grenze zwischen Silur und Devon bezeichnen. Hornige und kalkige Brachiopodenschalen, Trilobiten und andere Krebse, Wurmkiefer und mancherlei Fischzähne lassen sich aus dem seltsamen Trümmergesteine herauslesen.

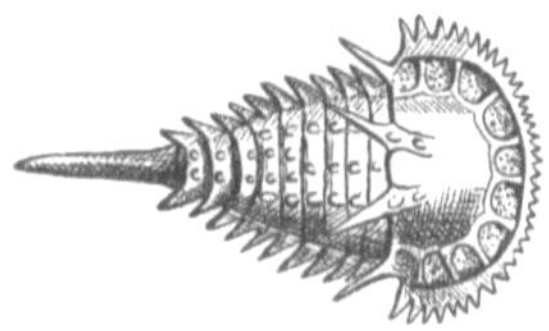

Figur 129.
Hemiaspis limuloides aus dem Obersilur von England. Übergangsform zwischen Trilobiten und Limuliden.

In derselben Zeit traten auch die silurischen Riffe über den Meeresspiegel hervor. Überall hoben sich flache Kalkfelsen aus dem Wasser. Kalktrümmer wurden zu Dünen aufgehäuft und, wie jetzt an den Ufern des Roten Meeres oder an den Küsten von Florida, bildeten sich oolithische Kalksteine. Salzige Sümpfe, brackische und süße Seen schnürten sich vom Meere ab und füllten sich, wie die Lagunen der heutigen Korallenriffe, mit dünnschichtigem, zähem Kalkschlamm.

Diese und ähnliche geringmächtige Gesteine sind von dem mittleren Nordamerika ostwärts über England, Skandinavien, Rußland bis nach Galizien verbreitet und enthalten eine ebenso neue wie überraschende Tierwelt: das wichtigste Element sind seltsam gestaltete, große Gliedertiere, die zum Teil mit den Trilobiten nahe verwandt (Schwertschwänze, Xiphosura), zum Teil von ihnen sehr wesentlich unterschieden, an scherentragende Krebse erinnern. Daneben begegnen uns hochentwickelte Fische, die ältesten Skorpione und andere, wahrscheinlich luftatmende Tiere.

Wenn wir uns einen Trilobiten vorstellen, dessen gegliederter Rumpf nur als ein Anhang eines stark vergrößerten Kopfschildes erscheint, und dessen Pygidium in einen langen, spitzen Stachel verwandelt ist (Fig. 129), so entsteht die Form eines obersilurischen Hemiaspis. Nur wenig verändert, reicht die Gruppe dieser „Schildtiere“ durch die ganze Erdgeschichte hindurch und wird in der Gegenwart durch den pferdehufähnlichen Limulus vertreten, der an den Küsten von Nordamerika und der Molukken im seichten Wasser lebt und zur Zeit der Fortpflanzung scharenweise auf den sandigen Strand steigt, um hier seine Eier abzulegen.

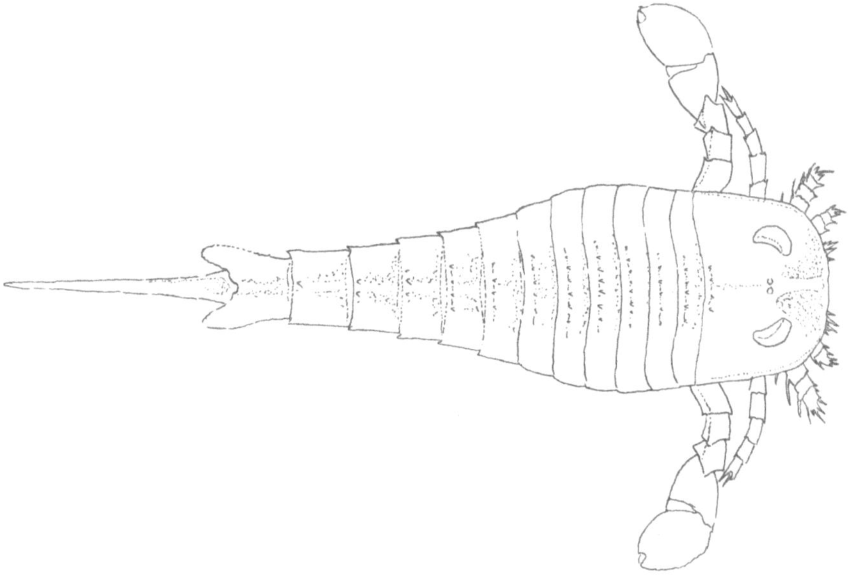

Figur 130.
Eurypterus Fischeri ($^2/_1$).

Die Gigantostraca (Riesenkrebse) sind in Nordamerika schon seit dem Untersilur, wenn auch nur in vereinzelten Resten, bekannt. Die mit zahlreichen Fiedern und Dornen verzierten Schwimmfüße dieser ältesten marinen Formen[48] und die Panzerbruchstücke, die im marinen Silur von Böhmen gefunden wurden, erinnern noch sehr an die Organe mancher Trilobiten, wenn auch, wie es scheint, die Körperform des neuen Typus wohlentwickelt war. Jedenfalls zeigen die Schildtiere keine nähere Verwandtschaft mit den echten Krebstieren und bilden einen aussterbenden Seitenzweig. Der gegliederte Körper besteht aus 5 Kopf-, 7 Brust- und 6 Leibesgliedern, an die sich eine ovale Schwanzflosse oder ein starker Endstachel anschließt. Die fünf ersten Beinpaare sind bei Eurypterus (Fig. 130) klein und mit spitzen Stacheln besetzt. Bei Pterygotus aber beginnt die Reihe mit einem langen Scherenfuß. Der sechste Fuß ist bei beiden Gattungen zu einem großen, mit einem

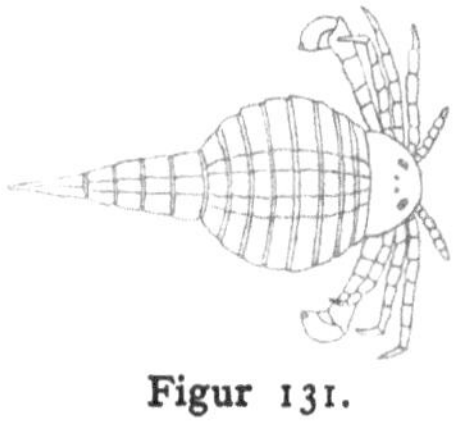

Figur 131.
Die Larve von Eurypterus scorpioides (2×) aus dem Obersilur von England.

eiförmigen Endglied versehenen Klumpfuß geworden, dessen Bedeutung schwer zu verstehen ist. Stylonurus (Fig. 135) zeichnet sich durch sehr verlängerte Hinterfüße aus. Der ganz flach gedrückte Körper, das Fehlen von eigentlichen Schreitfüßen deutet darauf hin, daß diese Tiere nach Art der Plattfische schwammen und wie diese, im schlammigen Grund eingesenkt, auf Beute lauerten. Die Gattung Eurypterus wurde 20—40 cm lang, Pterygotus dagegen erreichte eine Länge von mehr als 1 m. Besonders interessant ist es, daß die jugendlichen (Fig. 131) Entwicklungsstadien noch deutliche Anklänge an den Körperbau der Trilobiten erkennen lassen. Die Eurypteriden lebten gesellig und mieden das normal gesalzene Seewasser, wie die Profile in Nordamerika[49] mit Sicherheit beweisen. Hier folgt auf den fossilreichen Riffkalk ein dunkler Kalkmergel, der kein einziges der vorher hier so üppig gedeihenden Meerestiere enthält. Nur ein paar Schalen von Orthoceras wurden durch Stürme in die Bucht hineingetrieben, und einige genügsame Zweischaler lebten darin. Dann folgt ein schwarzer Mergel, reich an Eurypterus, und sobald dieses Gestein verschwindet, fehlen auch die Schildtiere und treten erst wieder auf, sobald der schwarze Mergel nochmals erscheint.

Es ist auch wichtig, daß in den gleichzeitig gebildeten Gesteinen die Schildtiere nur lokal gefunden werden. So ist das salzreiche Obersilur von Pennsylvanien bei einer Mächtigkeit von 500 m frei von Eurypterus.[50] Große Muschelkrebse (Leperditia) mögen hier einen salzigen Binnensee ohne Verbindung mit dem Meere belebt haben, so daß die Schildtiere nicht hineinzudringen vermochten.

Auch eine ganze Anzahl mit prächtigen Panzern bedeckter Fische wurde in diesen Grenzschichten gefunden. Der nur 6 cm große Thyestes verrucosus lebte gesellig auf lichtgrauem Meeresschlamme. Ein faustgroßes Knochenstück von Heterosteus Asmussi zeigt, bis zu welchen Dimensionen diese alte Fischfauna sich schon entwickelt hatte.

Wir müssen uns erinnern, daß im Norden ein großes Festland existierte und durch die Verlandung des Küstenmeeres beständig an Größe zunahm. Ein breites, buchtenreiches Übergangsgebiet erstreckte sich von Nordamerika bis nach dem östlichen Europa. Überall tauchten flache Inseln und Untiefen aus dem Meere heraus und einige hohe Gebirgsketten ragten in die Lüfte. Kein Wunder, daß die Meeresflora und -fauna mancherlei Versuche unternahm, das schlammige, von salzigen und ausgesüßten flachen Seen bedeckte Küstenland zu erobern. Schon die Schildtiere sind ein sprechender Beweis dafür. Denn gegenüber ihren marinen Vertretern im Silur finden wir sie von jetzt ab durch die Devon- und Karbonzeit nur noch in den Gewässern des Festlandes. Aber sie behielten ihre Kiemenatmung bei, ebenso wie die in den Lagunen lebenden Fische.

Um so wunderbarer ist es, daß in den silurisch-devonischen Grenzschichten schon einige unzweifelhaft luftatmende Tiere gefunden werden. Sie gehören zur Gruppe der jetzt noch lebenden Skorpione und die beiden Gattungen Palaeophonus (Fig. 132) (Gotland und Schottland), sowie Proscorpius (Nordamerika) stellen trotz großer Ähnlichkeit doch die Vertreter zweier Familien dar.

Zahlreiche Fragen von weittragender Bedeutung knüpfen sich an diese Funde an; denn die allgemeine Gestalt der Skorpione zeigt große Ähnlichkeit mit der Form der Schildtiere. Wovon lebten diese ältesten Skorpione, die an ihrem Hinterleibe schon die spitze Endklaue trugen, welche bei ihren heutigen Nachkommen die Giftdrüse enthält? Setzt nicht diese Tatsache eine Fauna anderer Tiere voraus, die ihnen zur Beute diente? Und bedurften diese nicht wieder einer festländischen Flora, von der sie sich nähren konnten? Man hat einen Insektenflügel aus dem Mittelsilur von Nordfrankreich beschrieben und zu den Schaben gerechnet, allein der vereinzelte Fund ist nicht über jeden Zweifel erhaben. Aus graptolithischen Schichten von Schonen ist ein Hemipterenflügel, Protocimex siluricus, erwähnt worden. Eine Anzahl Farnblätter werden aus dem Silur von Nordamerika aufgezählt, deren organische Natur ebenfalls angezweifelt worden ist, und so bleiben als sichere Reste nur kümmerliche Spuren von vielleicht uferbewohnenden Pflanzen im Obersilur des Kellerwaldes und einiger anderer Fundorte.

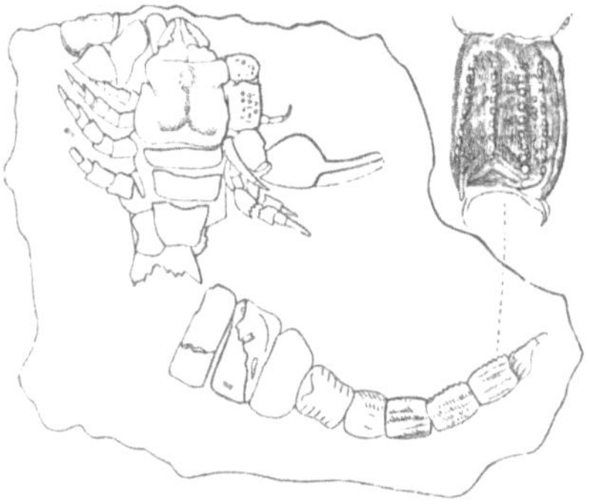

Figur 132.
Palaeophonus nuntius, der älteste Skorpion aus dem schwedischen Obersilur.

Dementsprechend sind auch Kohlenschichten noch überaus selten. Anthrazitische Knollen sind aus den untersilurischen Schichten der Appalachen (Calciferous) bekannt,[52] dünne kohlige Schichten[53] kommen in der Hudsonriver-Formation vor. Silurische Kohle scheint in Valongo bei Oporto[54] aufzutreten, Anthrazit findet sich auch im Untersilur bei Dumfries am Clyde.[55] Nach der Einlagerung dieser kohligen Zwischenschichten mitten in marinen Ablagerungen müßte man vermuten, daß es sich um litorale Pflanzen handelt.

Wir können jedenfalls annehmen, daß die Besiedlung des Festlandes schon während der ganzen Silurzeit bald hier, bald dort von den Organismen des Meeres unternommen wurde. Zahlreiche dieser Versuche mögen mißglückt sein; schwer wurde es den Wasserpflanzen, die Einwirkung der trockenen Luft zu überwinden; schwer wurde es den Meerestieren, entweder direkt das Ufergebiet zu besiedeln, oder, durch die Mündungsgebiete der Flüsse in das Festland hineindringend, sich zuerst an den mangelnden Salzgehalt des Wassers zu gewöhnen und dann noch die Kiemenatmung mit der Tracheen- und Lungenatmung zu vertauschen. Mancher mutige Pionier mag bei diesen kühnen Wanderzügen zugrunde gegangen sein und lange Zeiträume vergingen, bis der Typus festländischer Pflanzen und Tiere vollendet war.

Betrachten wir zum Schluß die Mächtigkeit der silurischen Schichten, so ist diese in Ostthüringen mit etwa 300 m bestimmt worden. In Böhmen beträgt sie 2000 m, aus anderen Ländern werden sogar 5000 m angegeben, und so erscheint es schwer, eine mittlere Normalzahl aufzufinden. Sicher ist nur, daß diese großen Mächtigkeiten in manchen Fällen auf tektonischen Ursachen beruhen, also nur scheinbar sind oder durch Addieren von Schichtengliedern gewonnen wurden, die sich in ihrer ganzen Mächtigkeit nirgends überlagern und zum Teil als gleichaltrige Fazies betrachtet werden müssen. Endlich wird die Mächtigkeit des Silur lokal durch Einschaltung von Konglomeraten, Sandsteinen, vulkanischen Tuffen oder Riffkalken so gesteigert, daß man solche Profile keineswegs als normale Mittelwerte betrachten darf.

Die Frage nach der Länge des silurischen Zeitraumes ist aufs engste verknüpft mit dem Problem, ob sich die Arten nur durch unmerkliche Übergänge von gleichmäßigen Formenunterschieden in gleichgroßen Zeitintervallen auseinander entwickelten, oder ob es Perioden gab, in denen innerhalb weniger Jahrtausende durch Anpassung an rasch wechselnde Lebensbedingungen und dadurch gesteigerte Auslese ebensoviel neue Formen entstanden, wie sonst bei langsamem Wechsel der äußeren Umstände in Jahrmillionen. Es scheint, daß an der Wende des Kambrium durch die starke Einwanderung westlicher Faunen und an der Wende des Silur durch die starke Verlandung des Meeres so tiefgreifende Veränderungen eintraten, daß sie in kurzer Zeit die gesamte Lebewelt umgestalteten.

Verweise

[1] Prosser, Journ. of Geology. 1900. S. 655. — Hinde, Q. J. Geol. Soc. — J. Walther, Palaeontographica. XXXII. S. 196. — Gregory, Geolog. Magazine. Vol. VI. 1899. S. 341. — [2] Frech, Lethaea pal. II. S. 59, 65. — [3] Steinmann, Centralbl. f. Min. 1904. S. 2. — [4] Öhlert, N. Jahrb. f. Min. 1899. I. S. 368. — [5] Ehrenberg, Abh. B. Akad. 1855. — [6] Rüst, Palaeontogr. XXXVIII. S. 129. — [7] Rauff, Palaeontogr. XL. S. 282. — [8] Duncan, A. M. N. H. V. 4. S. 84. — [9] v. Huene, Centralbl. f. Min. 1904. S. 450. — [11] Mascke, Z. d. d. geol. Ges. 1876. S. 49. — [12] Marr, The earth history. Woodward Museum, Cambridge. 1886. S. 22. — [13] Novak, N. Jahrb. f. Min. 1886. II. S. 297. — [14] Bock, N. Jahrb. f. Min. 1867. S. 592. — Kiesow,

Jahrb. d. Geol. L.-Anstalt. Berlin, 1889. S. 96. — [15] Rohon, Mélanges géolog. — [16] Traquair, Trans. R. Soc. Edinburgh. 1899. S. 827. — [17] Frech, Lethaea palaeoz. II. S. 88, 90, 98. — [18] Frech, Lethaea, II. S. 106. — [19] Wiman, Bull. Geol. Inst. Upsala. 1899. Nr. 8. — [20] Prosser, Ref. in Geol. C.-Bl. I. S. 593. — [21] Frech, Die karnischen Alpen. S. 218. — [22] Walther, Abh. d. K. S. Ges. d. Wissensch. XIV. S. 439. Petermanns Geogr. Mitt. Erg.-Heft 102. S. 21. Lithogenesis der Gegenwart. S. 893. — [26] Stolley, N. Jahrb. f. Min. 1898. II. S. 292. — [27] Lindström, List of the fossil Fauna of Sweden. II. Upper Silurian. S. 24. — [28] Lindström, N. Jahrb. f. Min. 1886. II. S. 123. — [29] Svedmark, N. Jahrb. f. Min. 1879. S. 917. — [30] Stelzner, dass. 1887. II. S. 223. — [31] Geikie, Anc. Volcanoes of Gr. Britain, I. S. 254. — [32] Horvitt, Ref. in N. Jahrb. f. Min. 1881. I. S. 220. — [33] Matthew, Ref. dass. 1894. II. S. 301. — [34] Zirkel, Lehrb. d. Petr. 1894. III. S. 756. — [35] Holm, Wiman, Rüdemann, Mem. New York State Mus. 1904. S. 519. — [36] Schepotieff, N. Jahrb. f. Min. 1905. I. S. 79. — [37] J. Walther, Z. d. D. geol. Ges. 1877, S. 238. — [38] Rüdemann, Rep. New York State Palaeont. Mus. Bull. 69. 1902. S. 519. — [39] Mickwitz, Ref. in N. Jahrb. f. Min. 1898. I. S. 168. — [40] Marr, The Classification of the Cambric and Silurian Rocks. Cambridge. 1883. Q. J. Geol. Soc. 1878. S. 871. 1880. S. 591. — [41] Sueß, Das Antlitz der Erde. II. S. 101. — [42] Barrois, Ref. N. Jahrb. f. Min. 1880. II. S. 325. — [43] Lapworth, Ref. N. Jahrb. f. Min. 1896. I. S. 92. — [44] Dana, Manual of Geology. IV. Aufl. S. 526. — [45] Barrois, Bull. Carte géol. de France. I. 1890. S. 72. — [46] Hall, Ref. N. Jahrb. f. Min. 1847. S. 231. — [47] Harley, Quaterly Journal Geol. Soc. London. 1861. S. 542. — [48] Walcott, S. Americ. Journal. 1882. S. 213. — [49] Clifton, J. New York State University Mus. Pal. Nr. 9. — [50] Schuchert, Proceed. Smiths Inst. XXVI. S. 1085. 1903. S. 416. — [51] Moberg, N. Jahrb. f. Min. 1893. I. S. 551. — [52] Dana, Manual of Geology. IV. Aufl. S. 491. — [53] Lesquereux. Ref. N. Jahrb. f. Min. 1883. I. S. 522. — [54] Sharpe, dass. 1854. S. 497. — [55] Sharpe, dass. 1855. S. 362.

17

Das alte rote Nordland

Wie zwei Pfeiler, die ein längst zusammengebrochener Torbogen einst verband, ragen der kanadische und der skandinavisch-baltische Schild[1] aus den Fluten des nördlichen Atlantik heraus. Beide enthalten die Überreste uralter Faltengebirge, die schon bis zu ihren Grundfesten abgetragen waren, als das devonische Zeitalter begann, und die sich mit Grönland zu einer großen Landmasse vereinigen, welche, durch spätere Meereseinbrüche in Stücke zerlegt, einst ununterbrochen von Sibirien über Norwegen bis nach Labrador und Kanada reichte. Ihr Südufer beeinflußte die Schicksale des dort brandenden Weltmeeres, schob sich bald weit gegen Europa und Mittelamerika vor und wurde dann wieder von den unaufhaltsam vordringenden Wogen überflutet. Von Norden strömten große Flüsse nach dem Küstengebiet, und was ihre Wasser dort abgerissen hatten, das lagerten sie in der Flachsee ab; wo aber die Niederschläge nicht hinreichten, um dauernde Abflußrinnen zu schaffen und den Verwitterungsschutt des Nordlandes bis zum Meere zu tragen, da häufte er sich in den abflußlosen Senken des Landes in immer wachsender Mächtigkeit an, bis nur vereinzelte, verwitterte Felsenzacken aus dem Schuttmeere hervorragten.

So beeinflußte das Nordland ganze Perioden[2] hindurch die Geschicke der sich südlich daran schließenden Gebiete, und bis in die jüngste Zeit des Diluvium trugen Wind, Wasser und Eis die Verwitterungsprodukte wechselnder Klimate nach Süden, um sie hier in weiten Geosynklinalen übereinanderzuschichten.

Große Teile des Nordlandes waren vom kambrischen Meere überflutet; seine Fläche war stark eingeengt und vielfach gegliedert. Aber schon im oberen Kambrium von Nordamerika tritt uns eine sehr charakteristische rote Sandsteinablagerung entgegen, die immer wieder einsetzt, sobald das Meer zurückweicht und größere Festlandsmassen sich zusammenschließen. Ein seltsames Bild entrollt sich vor unseren Augen, wenn wir die Verbreitung dieser rotgefärbten Konglomerate, Sandsteine und Tone verfolgen, die vom Oberkambrium ab, durch ozeanische und thalassische Zwischenschichten unterbrochen, im Obersilur, Devon, Karbon, Perm und in der Trias immer wieder auftreten, deren Bildungsräume sich bald nach Norden, bald nach Süden, bald nach Osten verlagern, und die trotz der großen Zeitintervalle nach Gesteinsbeschaffenheit und Fauna so viel Übereinstimmendes zeigen, daß wir versucht werden, die Geschichte dieser roten, paläozoischen Sandsteinfazies durch die Erdperioden hindurch zu verfolgen.

Schon den ältesten englischen Geologen war die Verbreitung roter Sandsteine mit einer Mächtigkeit bis 5000 m im Norden der britischen Inseln aufgefallen, und es bedeutete einen großen Fortschritt, als man lernte, daß ein Teil dieser mächtigen Ablagerungen unter den Steinkohlen, ein anderer über denselben gelagert war. Man unterschied jene als Oldred-Sandstones von dem New red, und jener Name mag die Überschrift dieses Abschnittes rechtfertigen.

Die weite Verbreitung und ungeheure Mächtigkeit dieser und anderer devonischer Sandsteine regt zuerst die Frage an: woher stammen diese unermeßlichen Massen von Quarzsand, die damals aufgeschichtet wurden? Wenn sie auf den nördlichen Teil der britischen Inseln beschränkt wären, so könnte man an örtlich begrenzte Ursachen denken, allein im östlichen Kanada liegen ebenfalls 3000 m Sandsteine zwischen Untersilur und Karbon. Hier setzte also schon im Obersilur die Sandbildung ein, dauerte durch die ganze Devonzeit ohne größere

Unterbrechung weiter und griff wiederholt auch auf südliche Gebiete hinüber. So wurden die mitteldevonischen Oneontasandsteine in New York, Delaware und Ottsego, sowie die oberdevonischen Katskillsandsteine mit einer Mächtigkeit von 2500 m in dem gleichnamigen Berglande gebildet.

Wenden wir unseren Blick auf Mitteleuropa, so sehen wir im unteren Devon wiederum Hunderte von Metern Quarzsand aufgehäuft, die trotz anderer Färbung, Fauna und Bildungsweise doch nur ungeheure Massen zertrümmerten Quarzes darstellen.

In Nordafrika entspricht die mehrere hundert Meter mächtige Unterabteilung des sog. „nubischen" Sandsteins ebenfalls dem Devon, und selbst im Kaplande und Brasilien überraschen uns ausgedehnte devonische Sandsteindecken.

Es mag angesichts dieser ungeheuren Massen von Quarzsandsteinen manchem eine Beruhigung sein, wenn er feststellt, daß auch ältere liegende, silurische und kambrische Gesteine Sandkörner enthalten und durch Einschaltungen von Sandsteinen oder Quarziten ausgezeichnet sind, aus deren Zertrümmerung oder Auswaschung die jüngeren Devonsandsteine entstanden sein könnten — allein damit löst man nicht das große, erdgeschichtliche Problem, weshalb mit Eintritt der Devonzeit, bald etwas früher, bald erst später, auf beiden Halbkugeln eine so staunenswerte Masse von Quarzsand aus anderen Gesteinen gelöst und zu neuen Gesteinen aufgeschüttet wird, weshalb diese Quarzkörner auf dem Festlande, an der Küste und im Meere in ungeheuren Tafeln zur Ablagerung kamen, warum sie nicht begleitet werden von noch viel mächtigeren Tonen und schlammigen Sedimenten, deren Masse dem ausgeschlämmten, feinkörnigeren Verwitterungspulver entspräche?

Zahlreiche Tatsachen drängen unabweisbar zu dem Schlusse, daß die in einer früheren Faltungsperiode in Europa, Afrika, Nord- und Südamerika gebildeten Gebirge während der Silurperiode so weit abgetragen und aufgeschlossen waren, daß überall plutonisch entstandene, weit ausgedehnte Granitstöcke zutage traten. Weitergehende Verwitterung zertrümmerte jetzt die aus dem Schiefermantel langsam herausgeschälten Granitberge, und es lag ganz an der Verteilung der Niederschläge, ob Regen oder Wind die aus ihrem Verbande gelösten Quarzkörner abhoben und davontrugen; es lag an der jeweiligen Entfernung der Küstenlinie, ob sich dieser Sand in den abflußlosen Wannen des Festlandes anhäufte oder in wohlgeschichteten Decken über den Boden der Flachsee breitete.

Der Mittelpunkt der devonischen Sandsteinbildung in Europa muß in der Nähe von Schottland und Skandinavien gelegen haben, während die nordamerikanische Sandquelle in Kanada lag. Denn hier beginnt sie schon, wenn wir von den oberkambrischen Potsdamsandsteinen absehen, vielleicht im mittleren Silur, läßt sich durch die ganze Devonzeit verfolgen, und auf beiden Seiten des Atlantik zeugen triassische, rote Sandsteine von der fast unversieglichen, sanderzeugenden Kraft des nordischen Festlandes.

Schon frühzeitig hat man erkannt, daß nicht nur ein wesentlicher Gesteinsunterschied, sondern ein entsprechender Faunengegensatz in den Ablagerungen des europäischen Devon nachzuweisen ist. Die so ungeheuer mächtigen roten Sandsteine sind in der Regel versteinerungsleer, und wo man auf eine versteinerungsreiche Zwischenschicht stößt, da enthält sie Fossilien, die in den gleichaltrigen marinen Schichten entweder fehlen oder ungemein selten sind. Korallen, Tabulaten, Trilobiten, Schnecken, Cephalopoden, Seelilien, die in den Meeresablagerungen der Devonzeit so prächtige, formenreiche Faunen zusammensetzen, fehlen in den roten Sandsteinen vollständig; und hier wiederum begegnet uns eine seltsame, reich entwickelte Fischfauna, die wir dort in der Regel vergeblich suchen.

Man möchte nun glauben, daß hohe Gebirge und Klippenzüge als unübersteigliche Schranke die Räume beider Ablagerungen getrennt hätten. Allein es läßt sich weder das Fundament solcher Faltenzüge, noch die Diskordanz solcher vordevonischer Felsenmauern finden. Der schmale, flache Bristolkanal trennt beide Bildungen mit scharfer Grenze; in England und Rußland gehen die marinen Obersilurschichten ganz allmählich in die roten Sandsteine des Unterdevon über und wiederholt beobachten wir marine Einschaltungen, mit denen das Devonmeer in die Bildungsregion der roten Sandsteine hineindrang.

Besonders lehrreich ist in dieser Hinsicht das Devon in den Ostseeprovinzen. Durch Livland und Kurland erstreckt[3] sich eine breite Zone roten Sandsteins, etwa 100 m mächtig, mit der typischen Fischfauna des Oldred. Dann folgen 70 m dünnschichtige Kalke und Dolomite, wechsellagernd mit Gips und Salzton. Einzelne Mergelschichten enthalten marine Brachiopoden, wie: Spirifer Verneuili, Spirigera concentrica, Atrypa reticularis und Orthis striatula, und im Hangenden folgen wieder 20 m echten roten Sandsteins, ohne eine Spur von marinen Resten.

Es kann also zwischen diesen beiden Faziesgebieten nicht so sehr ein topographischer Gegensatz oder eine bleibende Schranke existiert haben, als vielmehr eine leicht verschiebbare, rasch bewegliche Grenze, die spielend bald nach dem roten Sandsteine, bald nach dem grauen oder bräunlichen Meeresschlamm schwankte, die ohne Zögern folgte, wenn die sie beherrschenden Bedingungen wechselten, die aber immer wieder die beiden Regionen voneinander sonderte.

Wir glauben, daß es nichts weiter als eine Wasserscheide war, die, dem Wechselspiel klimatischer Beziehungen folgend, sich bald seewärts verlagerte und sandreichen Strömen den Zugang zum Meeresbecken öffnete, bald wieder den wasserreichen Strom in eine Kette von eintrocknenden Tümpeln zerlegte und neue Niederschläge zwang, in flachen, ausgedehnten Binnenseen ihre Wasser zu sammeln, wo sie nach kurzer Zeit ganz verdampften. Wir werden an Australien erinnert, das jetzt noch von einem tiefen, stürmischen, oft regenreichen Ozean umbrandet, doch in seinem Innern dauernd oder periodisch abflußlos ist. Mögen auch hohe Gebirgszüge über weite Ebenen ragen, mag der dort herniederstürzende Regen auch mächtige Flußrinnen füllen, die zuzeiten den Verwitterungsschutt bis in das Meer tragen und vielfach zwischen lang ausgedehnten Korallenriffen ablagern — es treten Zeiten verheerender Dürre ein, in denen die Flüsse versiegen, die Seen verdampfen und mit grausamer Gewalt ein reiches Tierleben vernichtet wird. Seltsame Anpassungen an diese Lebensverhältnisse prägten sich der Pflanzen- und Tierwelt auf. Kleinblättrige oder blattarme Wüsten-

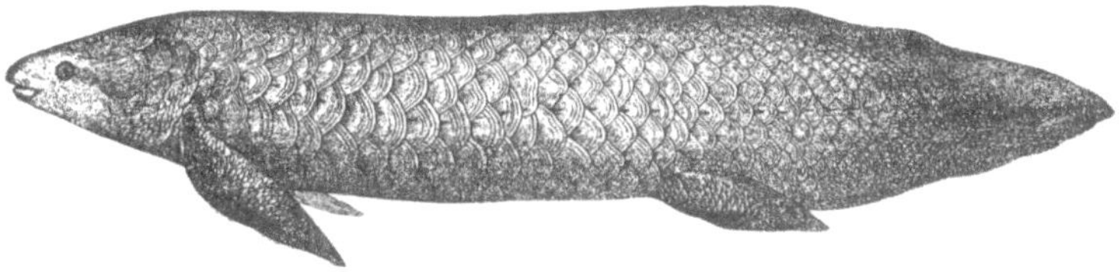

Figur 133.

Ceratodus Forsteri. Lebend in austrocknenden Flüssen von O.-Australien ($^1/_{10}$).

pflanzen suchen mit langen Wurzeln die letzten Spuren der Feuchtigkeit aus tieferen Bodenschichten, und von den Wassertieren bleibt in den modernden Tümpeln der Flußrinne endlich nur noch der sonderbare Fisch Ceratodus (Fig. 133) am Leben, weil er neben seinen zum Wasserleben geeigneten Kiemen auch noch Lungen besitzt, die ihn befähigen, in Zeiten der Dürre Luft zu schlucken und zu veratmen. Seine charakteristischen, scharf gerippten Hornzähne (Fig. 199—201) beschrieb man schon längst aus älteren Ablagerungen und hielt das Geschlecht für völlig ausgestorben, bis die 1870 erfolgte Entdeckung lebender Exemplare in zwei kleinen Flüßchen Ostaustraliens uns mit dem Bau und der Lebensweise dieses letzten Überbleibsels einer uralten Tiergruppe vertraut machte.

Das Oldred besteht vorwiegend aus mächtigen Schichten ziegelroter oder schokoladenbrauner Sandsteine, die gelegentlich durch graue oder schwarze Zwischenschichten unterbrochen werden. Eckige oder gerundete Kiesel, Gerölle von Gneis und Granit, Scherben von Schiefer und Grauwacke häufen sich oftmals zu mächtigen Konglomeratbänken an, in denen uns bisweilen gewaltige Rollblöcke entgegentreten. Rote oder grünliche Mergel treten dazwischen auf und enthalten Knollen (Konkretionen) von unreinem Kalk. In den Ostseeprovinzen[4] sind Abdrücke von Salzkristallen, sowie Einschaltungen[5] von Salz und Gips weitverbreitet. Im nördlichen England und Irland erreicht das Oldred eine Mächtigkeit von 3000 m, die in Schottland auf 5000 m anwächst; gleichaltrige Sandsteine setzen die Shetland- und Orkneyinseln zusammen und lassen sich bis nach Spitzbergen verfolgen. Ähnliche Sandsteine beobachtet man in Norwegen und durch die Ostseeprovinzen bis nach Polen. Jenseits des Atlantik treten sie wieder in Nordamerika auf und enthalten dort eine ganz entsprechende Fauna.

Das nordische Devonland war sehr mannigfaltig gegliedert; zahlreiche Störungslinien gehen durch das liegende Grundgebirge hindurch; einige Höhenzüge von NO-Streichen sind in Schottland noch jetzt nachzuweisen. Oft lagern die Sandsteine an steilwandigen Kernen älterer Gebirge und erfüllen tiefe Senken, so daß man[6] mehrere große Ablagerungsgebiete als die „Seen" von Orkadien, Kaledonien und Lorne unterscheiden konnte. Doch darf man sich darunter nicht dauernde Wasserbecken vorstellen, sondern weite, von Bergen umzogene Senken, welche durch oft verschobene Wasserscheiden begrenzt, die in dem betreffenden Gebiet herabstürzenden Regengüsse immer wieder zu flachen Seen sammelten, deren Umriß ebenso wechselte, wie ihre Tiefe, und die leicht austrocknen konnten, um bei der nächsten Regenzeit sich wieder zu füllen. Wir werden an die Terigebiete von Südindien[7] erinnert, wo die breite Küstenzone von wandernden Dünen karminroter Sande bedeckt wird, die bis 60 m hoch weithin das Land überschütten und von herrlichen, dunkelblauen Seen unterbrochen werden, deren wassergetränktes Ufer von Palmengruppen geschmückt wird. Hier bilden sich mächtige rote Sandsteine mit typischer Dünenschichtung neben dünnblättrigen, roten Mergeln am Grunde der Binnenseen, und nicht ferne davon entstehen marine Kalksteine und Sandsteine, überreich an den herrlichsten Perlenmuscheln und Schnecken und allmählich übergehend[8] in das bunte Tierleben der nahen Korallenriffe.

Genau wie diese Terisande von einer dünnen Haut roten Eisenoxyds überzogen sind, werden auch die Sandkörner des Oldred durch zarte, rote Hüllen gefärbt, und die Übereinstimmung beider Erscheinungen ist zu auffallend, als daß wir sie nicht auf dieselben klimatischen Ursachen zurückführen sollten. Genau dieselben roten Dünensande überdecken auch im Nefud von Arabien weite Wüstenstrecken.

Wir kommen also zu der Vorstellung, daß das nordische Festland schon im Oberkambrium, dann wiederum im Obersilur, weiterhin durch die ganze Dauer der Devonperiode bis in die Unterkarbonzeit ein heißes Wüstenklima besaß, dessen Trockenperioden nur selten von gewitterreichen Niederschlägen unterbrochen wurden. Dann entfernte der stürmische Wasserguß die rote, sandige Erde von den verwitterten Gehängen der Berge und bisweilen waren seine Fluten kräftig genug, um metergroße Blöcke abzureißen und, mit kleineren Felsentrümmern vereint, nach dem Fuße der Berge zu tragen, so daß man in den Grampianbergen und in Nordschottland[9] noch jetzt die gewaltigen Felsblöcke in die Konglomerate eingestreut sieht.

Man hat früher geglaubt, daß beim Transport dieser Massen Gletschereis eine Rolle gespielt habe, und auf gekritzte Geschiebe hingewiesen, die man darin fand. Allein es zeigte sich bei genauerer Untersuchung, daß sie von vordevonischen Felsen stammten, die von Bruchspalten durchzogen sind, auf denen sich deutliche Gleitharnische finden.

Alles dies erinnert uns an die Verhältnisse, die sich jetzt noch in Transkaspien beobachten lassen, wo aus dem Ufergebiete des Jaxartes die Wüste Kisilkum, aus dem Oxus die Karakum entsteht und mit ihren gewaltigen Sandmassen unter dem Einfluß östlicher Winde unaufhaltsam nach Westen drängt, Hügelländer, abgetragene Faltengebirge, Niederungen und Binnenseen überschreitet und sie unter einem Sandmeer von großer Mächtigkeit begräbt, während von den nahen Gebirgen durch gelegentliche Wolkenbrüche große Geröllzungen mit mächtigen Rollblöcken gebildet werden, die sich den Sanddecken einschalten.

Eine geringfügige Diskordanz inmitten der roten Sandsteine deutet auf Bewegungen in der Erdrinde, die, mit Erdbeben verknüpft, das Wüstenland durchzitterten und wohl die Vorboten der vulkanischen Eruptionen waren[9], die ungeheure Massen von Aschen und Laven aus dem Erdinnern emportrugen. Die Vulkane reichen von den Cheviotbergen im Süden bis nach den Orkneyinseln im Norden. Diabas, Andesit und Trachyt, seltener Rhyolith und Felsit bilden Lavadecken und ausgedehnte Tuffschichten. Lavaströme von 1—15 m Mächtigkeit lassen sich gelegentlich 20 km weit verfolgen. Ihr Dampfreichtum wird durch zahlreiche Blasenräume bewiesen. Auf einer 200 km langen Linie konnte man acht Vulkangruppen unterscheiden und durch Schottland zwei parallele Vulkanreihen von Küste zu Küste in einem Abstand von 30 km nebeneinander verfolgen. Bei Stirling erhob sich ein Vulkangebirge, dessen Höhe noch jetzt über 2000 m beträgt, ohne daß sein Liegendes entblößt wäre, und in den Pentlandhügeln erreichen die Diabase und Andesite mit ihren weißen, gelben oder purpurroten Tuffen eine Mächtigkeit von 2200 m.

Bemerkenswert ist die Ausfüllung aller größeren Hohlräume in den Lavaströmen mit Flugsand, der, jetzt verhärtet, oft „gangförmig" tiefe Lavaspalten erfüllt. Starke Regengüsse trugen ganze Blockfelder über die Lavadecken hinweg und erhöhten mit dem aus dem Gipfelgebiet abgerissenen Schutt den Sockel und das Vorland der Vulkangebirge, die bald darauf wieder von neuen Lavadecken übergossen wurden. Gelegentlich entstanden Maare oder flache Seen, in deren Schlamm die Umrisse einer Wasserpflanze (Parka) gefunden werden. Wurmähnliche Gliedertiere lebten in dem Schlamme. Campecaris ist aus Schottland, Palaeochaete u. a. (Fig. 134) aus Nordamerika beschrieben. Schilfartige Gewächse mit langen, schmalen Blättern wuchsen am Ufer der Seen, und auch eine Anzahl größerer Pflanzen, wie Schachtelhalme, Farne und Siegelbäume, sind in vereinzelten Resten nachgewiesen. Sie mögen dem Ufer der Flüsse entlang als niedrige „Galeriewälder" ins Land hineingedrungen sein. Manche Tonschichten sind reich an Kryptogamensporen, die auf Wasserpflanzen (Protosalvinia) zurückgeführt werden.

Eine sehr charakteristische und oft im roten Sandsteine gefundene Pflanze (Psilophyton) bildete bis 1 m hohe Stämmchen mit kurzen, pfriemenartigen Blättern, deren junge Triebe eingerollt waren. Sie scheint dem trockenen Wüstenklima gut angepaßt gewesen zu sein.

Figur 134.
Palaeochaete devonica
aus dem Süßwassersandstein von
Tannery gally. Naples N. A.

Daß die oben aufgezählten Wasser- und Sumpfpflanzen durch ihre verwesenden Gewebe zur Zufüllung der Seen mit beitrugen, geht aus der grauen Farbe mancher dünn geschichteten Sandsteine und Tone hervor, die der roten Schichtenreihe eingeschaltet sind. Aber ein Teil dieser kohligen Mengen muß auf einstige Tierleichen zurückgeführt werden; denn gelegentlich sind die Knochen von Panzerfischen ebenso wie das Innenskelett von Knorpelfischen in echte Steinkohle verwandelt.

Betrachten wir nun die Tierwelt, die das rote Wüstenland bewohnte, so müssen wir vorgreifend betonen, daß das nahe devonische Meer zwar nicht an Mannigfaltigkeit der Typen mit dem silurischen Meere wetteifern kann, aber doch so reich an Tieren aus allen Ordnungen ist, daß es an Individuenzahl jenem an die Seite gestellt werden darf. In runden Zahlen finden wir besonders folgende marine Formenkreise in devonischen Schichten verbreitet:

15	Geschlechter von	Tabulaten,
24	„ „	Korallen,
11	„ „	Trilobiten,

40 Geschlechter von Brachiopoden,
56 „ „ Muscheln,
28 „ „ Cephalopoden.

Daneben zahlreiche Bryozoen, Schnecken, Echinodermen usw. Fast keine der aufgezählten Ordnungen ist in der roten Sandsteinfazies zu finden, trotzdem der kontinentale und der marine Lebensraum so nahe beieinander lagen und wiederholt ineinandergriffen. Wenn wir absehen von den wenigen marinen Einschaltungen und den Übergangsgesteinen im Liegenden und Hangenden der 3000 m mächtigen, roten Schichtenreihe, dann sind nur folgende Formen als endemische Bewohner des nordischen Festlandes anzusprechen:

Einige Süßwassermuscheln[10] (Amnigenia archanodon), die als seltene Funde bald hier, bald dort auftreten und gelegentlich mit ihren großen Schalen ganze Sandsteinplatten bedecken.

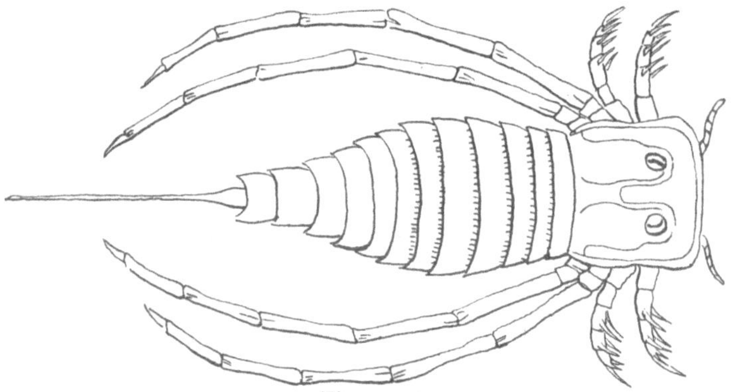

Figur 135.
Stylonurus Logani ($^2/_3$) aus dem Obersilur von Logan Water.
Ähnliche Arten belebten die devonischen Seen des Nordlandes.

Aus dem Reiche der Schnecken ist eine Landschnecke Strophites[11] in Neu-Braunschweig zwischen pflanzenführenden Schichten beobachtet worden, aber kein Cephalopod vermochte in die fremdartigen Lebensbedingungen einzutreten. Selbst die so genügsamen hornschaligen Brachiopoden meiden das Oldredgebiet. Aus dem Reiche der Gliedertiere begegnen uns ziemlich häufig die dünnen Hornschälchen der Estheria. Aber wir wissen, daß die hier zuerst auftretende Gattung seither stets ein Bewohner von brakischen Buchten oder salzigen Binnenseen war, in die ihre widerstandsfähigen Eier durch Stürme getragen wurden, um nach mehrjähriger Ruheperiode, so wie ihre jetzt lebenden Verwandten Apus und Branchipus plötzlich ein küstenfernes Wasserbecken zu erfüllen. Daß kein einziger Trilobit wagte, durch die gelegentlich geöffneten Eingangspforten in die Binnenregionen einzudringen, ist sehr auffallend. Dagegen entspricht die Form von Stylonurus (Fig. 135) so sehr der allgemeinen Gestalt eines verbreiterten Trilobitenrumpfes mit langem, spitzem Schwanzstachel, daß man trotz der gewaltigen Hinterbeine zu der Vermutung geführt wird, einen limnischen Nachkommen mariner Trilobiten vor sich zu haben.

Es wundert uns nicht, daß die in den Lagunen und Schlammsümpfen des Obersilur heimischen riesigen Schildtiere das Oldredgebiet so zahlreich bewohnen, da sie sich doch höchstwahrscheinlich ganz allmählich aus jener Fazies entwickelten. Die Panzer von Pterygotus erreichen im Oldred gelegentlich eine Länge von 2 m.

Die devonischen Insekten[12] (z. B. Lithentomum) hatten große, häutige Flügel und sechs Füße; sie verlebten ihre Jugend im Wasser. Nach den vereinzelten Resten hoch entwickelter Formen darf man eine reiche Insektenwelt annehmen.

Von besonderem Interesse sind einige Fährten, die in Pennsylvanien[13] gefunden worden sind, und die einem Vierfüßler anzugehören scheinen.

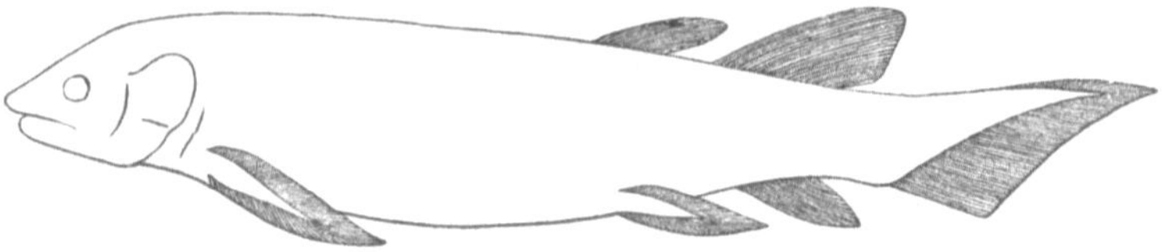

Figur 136.
Dipterus Valenciennesi. Unterdevon von Schottland.

Die Fußspur zeigt fünf viergliedrige Zehen, von denen drei mit Krallen bewehrt waren. Die Spur des nachschleifenden Schwanzes ist deutlich zu erkennen.

Dieses älteste Landwirbeltier, von dem uns die Erdgeschichte berichtet, lenkt zum Schluß unsere Aufmerksamkeit auf die Wirbeltiere des devonischen Nordlandes. Wenn wir da zuerst die anatomisch und biologisch leichter verständlichen Formen nennen sollen, so treten uns hier die ältesten, echten schmelzschuppigen Fische entgegen. Drei Arten von Acanthodes (Fig. 177) und zwölf Arten von Cheirolepis belebten die Flüsse oder Seen. Beide gehören zu Familien, die bis zum Schluß der Altzeit weitverbreitet sind und in einigen Nachkommen sogar bis in den Lias gehen.

Neben ihnen aber begegnen uns große Fische von so seltsamen Charakteren, daß an ihr Vorkommen weittragende Schlüsse geknüpft werden konnten. Wir haben oben erwähnt, daß in den Flüssen Australiens der doppelatmende Ceratodus (Fig. 133) lebt, dessen Rachen vier charakteristische Faltenzähne zeigt, die nur in dieser Gruppe bekannt sind. Ganz ähnliche Faltenzähne sind aus dem Oldred (Dipterus [Fig. 136

u. 137] und Ctenodus) von Schottland und Rußland beschrieben worden und sogar die Abdrücke der 30 cm langen Fischchen sind keineswegs selten.

Das Auftreten dieser ältesten, doppelatmenden Wirbeltiere im devonischen Sandstein beweist uns erstens, daß die Seen des nordischen Kontinents nicht dauernd Wasser führten, sondern zu Zeiten großer Dürre bis auf schlammige Pfützen einschrumpften, in denen dann die Lungen der Doppelatmer zu ihrem Recht kamen. Aber viel weittragender erscheint uns die Bedeutung[14] dieser Funde im Lichte der Entwicklungslehre. Denn eines der größten Probleme der Paläontologie und Zoologie ist das erste Auftreten der Luftatmung in der Reihe der Wirbeltiere. Mit diesem Erwerb begann jene wunderbare Differenzierung der landbewohnenden Wirbeltiere, die in der Entstehung des Menschengeschlechts gipfelt.

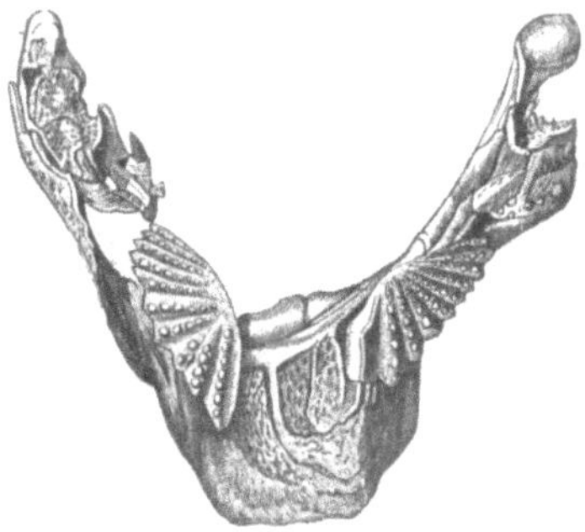

Figur 137.
Unterkiefer von Dipterus platycephalus aus dem schottischen Oldredsandstein.

Soweit Vertreter der ältesten Lungenatmer jetzt noch leben, bewohnen sie ausschließlich das Süßwasser und vermeiden ängstlich die salzigen Fluten des Meeres. Aber auch die fossilen Amphibien, doppelatmenden Fische und Urreptilien finden wir durchaus in festländischen Ablagerungen und schließen daraus, daß die Entstehung der Lungenatmung der ältesten Vierfüßler aus Fischen nicht am Ufer des Meeres geschehen sein kann, sondern daß Süßwasserfische durch natürliche Umstände gezwungen wurden, auf die Wasseratmung zu verzichten. Diese Bedingungen mußten regional verbreitet sein. Sie mußten mit zwingender Gewalt das Leben der wasseratmenden Fische bedrohen; denn sonst wäre der große Schritt der Entwicklung zur Lungenatmung niemals getan worden. Die Bedingungen mußten auch in derselben Weise wiederholt auftreten, um günstigen Zufällen zäher Lebensdauer und wiederholter Auslese zu ihrem Rechte zu verhelfen.

Betrachten wir von diesem Gesichtspunkte die physikalischen Verhältnisse eines mit dem Meere dauernd verbundenen Flußsystems, großer Flußseen und ausgedehnter Sumpfländer, so finden wir nirgends die geforderten klimatischen Zwangsmittel. Im Laufe selbst des größten Flusses können weder Stromschnellen noch seeartige Erweiterungen irgend eine dauernde Schranke für die Wanderungen der Fischfauna bilden. Weder im Gebiete der beständig wiederkehrenden Ebbe und Flut, wie man wohl gemeint hat, noch im Laufe eines zum Meere abfließenden

Stromsystems kann also irgend ein Wassertier genötigt werden, sein Lebenselement mit der Luft zu vertauschen und neben den Kiemen auch Lungen zu bilden.

Anders liegen die Verhältnisse, wenn die Flüsse eines niederschlagsarmen Wüstenlandes in Zeiten großer Dürre nicht mehr das Meer erreichen, wenn sich ihre Wasserrinnen in eine Kette von Tümpeln zerlegen, wenn große, von ihnen gespeiste Seen verdampfen und einschrumpfen. Dann treten den kühnen Einwanderern, welche vom Meere aus das weite Gebiet besiedelt hatten und ohne Feinde sich leicht vermehren konnten, gewaltige Mächte entgegen. Dann ist nicht nur die geringe Menge des Wassers, sondern auch die wechselnde chemische Beschaffenheit der immer mehr konzentrierten Lösung für alle darin lebenden Tiere verderblich und nur diejenigen Schnecken, welche als älteste Vertreter der Pulmonaten Lungensäcke bildeten, nur diejenigen Fische, welche statt der Kiemen mit ihrer Darmschleimhaut den Sauerstoffgehalt der Luft aufzunehmen vermochten, konnten die verderbliche Zeit überstehen.

So erscheint uns das erste Auftreten lungentragender Wirbeltiere als die Folge großer, schrecklicher Katastrophen in einem uralten Wüstenland — aber die lebenvernichtende Dürre brachte neues Leben hervor. Der durch so intensive Auslese gerettete Zweig des Wirbeltierstammes war so voll Lebenskraft, daß er die Schrecken des Wüstenklimas nicht nur überwand, sondern durch die bittere Not auf einen Weg gedrängt wurde, der ihn zu den höchsten Sprossen der organischen Stufenleiter emporführte.

In diesem Lichte erscheinen uns auch die Formen und Lebensgewohnheiten der mit den ältesten doppelatmenden Fischen zusammen vorkommenden Wirbeltiere von besonderem Interesse.

Obwohl die silurische Fischfauna nur unvollkommen bekannt ist und wir uns bei der Beurteilung ihrer Formen wesentlich an das feste Hautskelett halten müssen, das in seinen Panzerplatten, Hautzähnen und Flossenstacheln Vermutungen über den innern Bau der Formen zuläßt, so hat man doch die beiden Gruppen der knorpligen Selachier und der schmelzschuppigen Ganoiden zu unterscheiden vermocht. Die Annahme liegt nahe, daß in diesen ältesten Zeiten, wo der Stamm der Wirbeltiere seine erste Blüte erreichte, zahlreiche Wurzelschößlinge trieb und auf mannigfaltigen Wegen zu höherer Entwicklung emporschritt —, daß damals die äußere Form, wie die innere Organisation Gestalten annahm, die seither aus dem System der Wirbeltiere ausgeschaltet und längst verschwunden sind. Ein einziges, genauer bekanntes Beispiel spricht deutlich für diese Annahme: Vor einigen Jahren erregte der Fund einer ganzen Anzahl 2—3 cm langer Fischchen (Palaeospondylus Gunni) großes Aufsehen. Mitten zwischen zahlreichen anderen

Fischresten und vereinzelten, schlecht erhaltenen Pflanzen entdeckte man im Oldred von Achanarras an der Nordspitze von Schottland in einem grauen, dünn geschichteten Sandsteine die kleinen Fossilien (Fig. 138), deren Skelett in schwarze Steinkohle verwandelt ist. Ein Kranz von fadenförmigen Mundanhängen erinnerte so sehr an den Saugmund der niedrigst stehenden, flossenlosen Fische (Cyklostomen), daß man zuerst einen Vertreter dieser oder wenigstens die Larve eines höheren Fisches zu sehen glaubte. Allein es gelang mit Hilfe einer sinnreich erdachten Methode, die Anatomie dieses kleinen Wesens aufzuklären: mit Hilfe einer Schleifmaschine wurden zahlreiche Querschliffe des Skeletts in Abständen von 0,02 mm hergestellt und diese photographiert. Die photographischen Bilder wurden auf dünne Wachsplatten übertragen, deren Umrisse ausgeschnitten und die so gewonnenen Querschnitte zusammengeklebt. So gelang es, vollständig korrekte Modelle des nur wenige Millimeter großen Kopfskelettes, des Kiemenkorbes und der Wirbelsäule

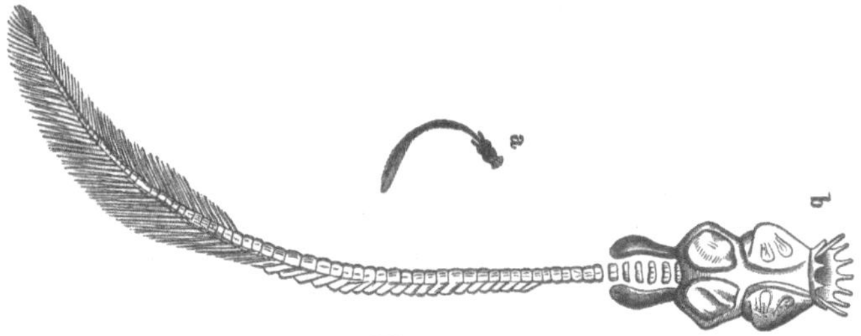

Figur 138.
Palaeospondylus Gunni.
a. in natürl. Größe. b. 8 × vergrößert.

zu erhalten. Danach ergab sich, daß Palaeospondylus keine Larve, sondern ein ausgewachsener Fisch war. Der Mund war zum Saugen eingerichtet und hat vielleicht eine parasitische Lebensweise gestattet. Die weiten Nasenkapseln sprechen für eine hohe Entwicklung des Geruchsinnes. Vier Paar an der Kehle verbundene Knorpelbögen, sowie ein fünftes Paar größerer Platten müssen als Kiemenbogen angesprochen werden. Eine Anzahl weiterer, seltsam gestalteter und gelegener Schädelteile läßt sich in ähnlicher Verbindung bei keinem lebenden Wirbeltier wiederfinden. Man sieht Anklänge an den Haifischschädel, das Kopfskelett bei jugendlichen Amphibien und doppelatmenden Fischen. Rippen und Flossen fehlen vollständig; die ziemlich dicke Wirbelsäule wurde von einer sehr breiten Chorda durchzogen.

Die theoretische Bedeutung dieses Fundes kann nicht hoch genug angeschlagen werden. Denn er zeigt uns, wie ein Lichtstrahl, der in dunkle Abgründe fällt, ein scharf umrissenes Stück aus einer längst vergangenen Lebewelt; man muß Palaeospondylus eine besondere Stellung im System der Wirbeltiere einräumen und ihn als den Vertreter einer längst ausgestorbenen Fischgruppe betrachten, welche Eigenschaften vereinigte, die heute auf verschiedene Ordnungen verteilt sind.

Auch das Gliedmaßenskelett mancher devonischen Fische gibt uns schon jetzt überraschende Aufschlüsse. Es war von Gegenbaur auf Grund vergleichend anatomischer und embryologischer Studien die Ansicht ausgesprochen worden, daß die vier Extremitäten, welche allen Wirbeltieren gemeinsam sind, in ihrer ursprünglichen Anlage aus einem Knorpelbogen (Brustgürtel und Beckengürtel) mit einem daransitzenden langen,

Figur 139.
Phaneropleuron Andersoni. Oberdevon von Schottland.

gefiederten Knorpelstab (Archipterygium) herzuleiten seien, durch dessen Zergliederung nach Schwund der einen knorpligen Fiederreihe Oberarm (Oberschenkel), Unterarm (Unterschenkel), Mittelhand (Mittelfuß), Finger (Zehen) entstanden sind. Diese theoretische Forderung findet ihre überraschende Bestätigung darin, daß wir eine ganze Fauna von Oldredfischen, sog. Quastenflossen (Fig. 139, 140) kennen, in denen der Brustgürtel

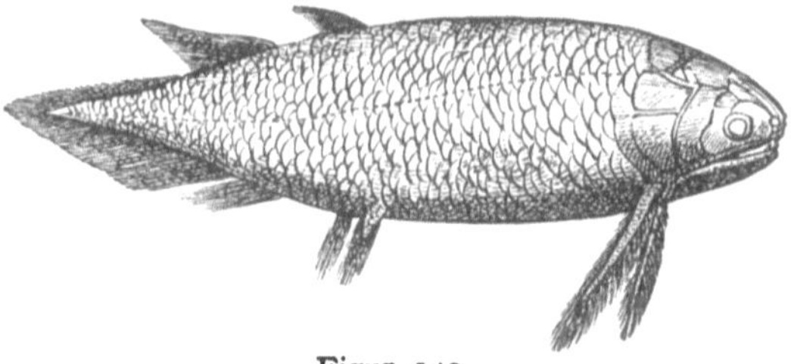

Figur 140.
Holoptychius nobilissimus. Oldred von Schottland.

und der Beckengürtel der bis 65 cm langen Fische je zwei gefiederte, dem Archipterygium genau entsprechende Knorpelstrahlen trägt. Das Auftreten von sechs Paar auf den Bauchflächen stehenden Flossen bei Climatius scutiger erinnert vielleicht an ein vielflossiges Urstadium.

Die Schuppen und Kieferzähne zeigen eine hohe Entwicklung. Die 2—5 cm langen Zähne von Dendrodus gehörten jedenfalls einem Raubfisch von gewaltiger Größe an. Scharf zugespitzt und mit schneidenden Rändern standen mehrere Reihen derselben auf den 20 cm langen Unterkiefern. Die mikroskopische Struktur der Zähne zeigt ein mäandrisches

Figur 141.
Coccosteus decipiens. Ein Fisch aus den Binnenseen des schottischen Devon.

Faltensystem, das vollkommen an die bei den späteren Riesensalamandern (Labyrinthodonten) vorkommende Zahnstruktur erinnert.

Aber auch das Gefüge der den Kopf bedeckenden und die Flossen tragenden Panzerplatten läßt sich[16] ungezwungen auf das Schema der entsprechenden Knochen bei den später so wichtigen und weitverbreiteten Uramphibien (Stegocephalen) zurückführen. Diese Tatsache beweist, wie eng in jenen Zeiten Fische und Amphibien noch verbunden waren.

Während zahlreiche Gattungen des Oldred schon vollkommen die schlanke Gestalt schnellschwimmender Fische zeigen, finden wir in den Ablagerungen der großen Binnenseen noch andere, zum Teil sehr große Vertreter von gepanzerten Fischen, deren Umriß auffallend an die Gestalt von Trilobiten und ähnlichen Schildtieren erinnert (Fig. 141, 142). Gewöhnlich ist der vordere Teil des Körpers stark gepanzert, während der Hinterleib nicht so geschützt war. Der Kopfpanzer ist breit, halbmondförmig und entweder mit langen Wangenstacheln versehen oder durch ein Paar gelenkiger, großer Flossenstacheln (Ruderorgan) bewehrt. Die Augen sind auf dem Scheitel so zusammengerückt, daß sie oft in einer unpaaren Knochenlücke eingesenkt erscheinen, und seltsamerweise ist der Mund entweder zahnlos, oder nur mit schneidenden Kieferrändern versehen.

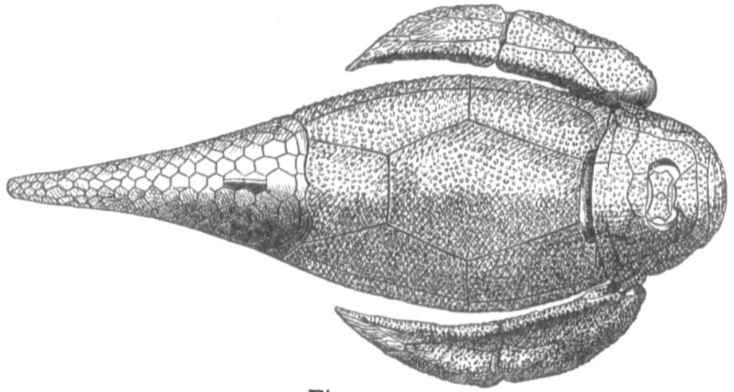

Figur 142.

Asterolepis cornutus. Oldred von Schottland.

Die Frage nach der Lebensweise dieser seltsamen Tiere läßt sich nur sehr schwer beurteilen. Man hat angenommen, daß Pterichthys und Asterolepis, ihr spitzes Ruderorgan wie Stelzen benutzend, auf dem trocknen Ufer umherspaziert seien, aber noch niemals ist die Spur solcher Fortbewegung in den oft gründlich untersuchten, fischführenden Sandsteinen beobachtet worden; und der spitze Bruststachel zeigt niemals Spuren einer Abnutzung; aber auch seine Deutung als „Ruderorgan" erscheint nach seiner ganzen Gestalt unannehmbar.

Das ganze Vorkommen der devonischen Panzerfische spricht dafür, daß sie Wasserbewohner waren. Neben binnenländischen Gattungen lebten andere im Meere. Die gleichzeitigen marinen Faunen in Böhmen wie im Rheinland, besonders aber im Devon von Wildungen[17] enthalten eine große Fülle verschiedener Arten, die, eng vereint, zusammen vorkommen. In einer Mergelschicht von 15 cm Dicke fanden sich zwölf Gattungen mit etwa 50 Arten. Diesem Formenreichtum steht die enge Verbreitung zahlreicher Individuen derselben Art an einzelnen Fundorten der Oldredfazies auffallend gegenüber. Die klassischen Fundorte in Schottland bergen Tausende von Coccosteus oblongus oder Asterolepis Milleri, ganz ähnliche Verhältnisse kennt man aus Livland und Nordamerika. Man möchte daher der Ansicht[18] beitreten, daß die Panzerfische ähnlich wie Palaeospondylus in Flüssen lebten, welche in große, verdampfende Binnenseen mündeten und nur selten in dauernder Verbindung mit dem Meere standen. Von diesem aus war die Einwanderung mariner Vorfahren in die großen Flußsysteme des nordischen Festlandes erfolgt, in das sie ebenso tief hineindrangen, wie heutzutage die Störe. Auch sie leben in den Flüssen dränierter Länder (Elbe) und den vom Meere abgeschnittenen Strömen der Wüste (Wolga, Amudarja), und während die deutsche Art bei ihren Wanderungen ohne Mühe vom Meere bis in den Oberlauf des Flusses dringen kann, vermögen die russisch-asiatischen Formen in den salzigen Fluten des Kaspi- oder Aralsees nicht zu gedeihen, und wenn sie auch die fremdartige Zusammensetzung des Salzwassers ertragen können, so vermögen sie doch nicht in den mütterlichen Ozean zurückzuwandern. So entstehen in benachbarten Flußsystemen des abflußlosen Wüstenlandes wohlspezialisierte Faunen, die in der Regel scharf gesondert bleiben, obwohl eine leichte Verschiebung der Wasserscheide hinreicht, um sie wieder zu vermischen, und es liegt die Annahme nahe, daß ganze Schwärme solcher Flußbewohner sich zur Zeit des Laichgeschäftes an seeartigen Erweiterungen des Flusses oder in seinem Mündungsgebiet sammelten und durch Austrocknen jener oder durch den Salzgehalt dieses einem raschen Tode anheimfielen.

Die Dauer der Oldredzeit läßt sich nach der Mächtigkeit der aufgehäuften Schichten einigermaßen beurteilen, aber man darf dabei nicht die geringe Menge von Schlamm, wie sie z. B. im Delta des Nil und Mississippi jährlich abgelagert wird, der Berechnung zugrunde legen, sondern muß erwägen, daß in einem pflanzenleeren Wüstenland durch chemische und physikalische Verwitterung ungeheure Mengen von Schutt geliefert werden, die, durch keine Vegetationsdecke geschützt, der Gewalt heftiger Gewitterregen und dem Wirken kräftiger Stürme keinen Widerstand entgegensetzen. Kaum gebildet, wurden sie durch Wasser und Wind zu Tal getragen und füllten die Senken im Laufe der Jahre hoch mit ihrem Schutte auf. Wenn durch derartige Kräfte eine Schichtenreihe grober Konglomerate, mächtiger Dünensande und toniger Niederschläge in salzigen Seen wechsellagernd mit den Tuffen dampfender Vulkane und ausgedehnten Lavadecken zu einer Höhe von 3—4000 m aufgebaut wurden, so brauchen wir nicht Äonen, um solche Profile sich bilden zu lassen. Erreichen doch die gleichzeitig gebildeten marinen Ablagerungen in Deutschland nur eine Mächtigkeit von etwa 1000 m.

Wenn wir schließlich das Ende der Oldredperiode ins Auge fassen, so müssen wir drei verschiedene Fälle weiterer Entwicklung unterscheiden: In Schottland enthalten die obersten Schichten Lepidodendron gaspeanum und Calamites transitiones. Die letztere Pflanze gilt als ein so bezeichnendes Leitfossil des unteren Karbon, daß man deutlich sieht, wie hier auch noch im Unterkarbon festländischer, roter Sandstein gebildet worden ist.

Andere Flächen des nordischen Wüstenlandes wurden mit Schluß der Devonzeit unter dem Einfluß wachsender Niederschläge dräniert. Das regenreich werdende Land überzog sich mit den reichen Floren der Karbonperiode, deren Ereignisse wir in einem späteren Abschnitte schildern werden.

Wo aber das flache, eingeebnete Wüstenland unter die Fluten des nahen Meeres tauchte, da ergriff die Fauna des Ozeans von seinen Flächen Besitz. In den unteren Schichten, die aus den lockeren Wüstensanden durch die Wogen des herandringenden Meeres umgearbeitet wurden, finden wir nur seltene Meeresformen, deren Schalen durch die Brandung landeinwärts geworfen wurden, und dann baut sich darüber die normale, marine Schichtenreihe des karbonischen Meeres.

Verweise

[1] Suess, Antlitz der Erde. II. S. 42. — [2] Deecke, Centralbl. f. Min. 1905. Nr. 4. S. 97. — [3] Roemer. Lethaea pal. I. S. 48; Suess, La face de la terre. II. S. 374. — [4] Wenjukow, N. Jahrb. f. Min., 1883. I. S. 269. — [5] Doß, Ref. G. C.-Bl. I. S. 419. — [6] Geikie, Ancient Volc. of Gr. Brit. I. — [7] Foote, Mem. Geol. Surv. of India. XXI. S. 87. — [8] J. Walther, Peterm. Geogr. Mitt. Erg.-Heft. — [9] Ramsay, Ph. Geogr. of Gr. Brit., 1894. S. 92. — [10] J. M. Clarke, Bull. New York State Mus. 1901. S. 199. — Beushausen, Jahrb. d. Geol. L.-Anstalt Berlin. 1890. S. 8. — [11] Dawson, S.-Americ. Journal Vol. XX. S. 403. — [12] Scudder, dass. 1881. S. 111. — [13] Lea, dass. 1848. VIII. S. 160; IX. S. 124; 1896, S. 2. — [14] J. Walther, Gesetz d. Wüstenbildung, 1900. S. 92. — [15] Traquair, Proc. R. Soc. Edinburgh. 1893. S. 81. — Sollas, Phil. Trans. R. Soc. London. 1903. S. 267. — [16] Jaekel, Sitz.-Ber. der Ges. Naturf. Freunde Berlin. 1902, S. 115. — [17] Jaekel, Monatsber. d. D. geol. Ges. 1904. S. 161. — [18] Sollas Phil. Trans. R. S. London, 1903. Vol. 196. S. 373.

18

Das Devonmeer

Während sich im Innern des nordischen Kontinents die mächtigen Ablagerungen des Oldred bildeten und in seinen Flüssen und Seen die älteste, luftatmende Fauna entwickelte, brandete ein weites Meer an seinen Ufern und die alte Küstenlinie läßt sich, von kleinen und großen Inseln unterbrochen, mit oft wechselndem Umriß von Kalifornien quer über Nordamerika und den Atlantik bis nach Spanien, Frankreich, Deutschland und dann weit nach Asien hinein verfolgen. Seine Schicksale und seine Tierwelt wollen wir jetzt besprechen.

Am Schluß der Silurzeit waren große Flächen von Nordamerika, Europa und Asien, Afrika, Australien und Südamerika Festland geworden. Mächtige Anhäufungen von Trümmergesteinen, Kalkriffe und vulkanische Ausbrüche hatten den silurischen Meeresgrund erhöht und weite Wasserflächen in sumpfige Niederungen verwandelt.

Allein diese Ursachen reichen nicht hin, um die energische Trockenlegung zu erklären, die an der Wende von Silur und Devon so vielfach beobachtet wird. In Ost-Thüringen lagert das Devon diskordant auf Unter-, Mittel- oder Obersilur; zugleich fehlt an seiner Basis eine Schichtenreihe, die in Westdeutschland fossilreich entwickelt ist. Es hat also eine flache Faltung der Erdrinde stattgefunden, die aufgewölbten Schichten wurden abgetragen und erst nach diesem tektonischen Intermezzo trat das devonische Meer erobernd heran.

Aber auch diese Bewegungen in der Erdrinde können nur lokale Lücken, nicht die übergreifende Lagerung erklären, in welcher das marine Devon in allen Kontinenten ältere Schichten bedeckt und die Grenzen seiner Verbreitung vorwärtsschiebt. Deutlich dringt das Meer vom Ural her gegen Westen und Nordwesten über die russische Ebene und bis nach Westeuropa. Gleichzeitig überflutet es Ostasien und China und von Westen her dringen die Fluten des Stillen Ozeans über Nordamerika hinweg. In der Sahara, wie im Kapland, im östlichen Australien, wie in Südamerika lassen sich die Spuren einer beständig zunehmenden Meeresbedeckung nachweisen, die im Mitteldevon und bei Beginn des Oberdevon ihren höchsten Stand erreicht.

Das Bild einer grandiosen, den ganzen Erdball umspannenden Transgression[1] tritt deutlich vor unsere Augen und wenn wir uns darüber klar werden, daß es sich hierbei wesentlich um eine Überspülung festländischer Randgebiete handelt, dann tritt die Vermutung nahe, daß eine langsame Hebung des tieferen Meeresgrundes das Wasser aus seinen Grenzen drängte und, indem es die durchschnittliche Tiefe des Weltmeeres verminderte, dafür seine Fläche vergrößerte.

Es ist leicht verständlich, daß ein durch Faltung und Abtragung unebenes Festland, über welches das Meer hinwegschreitet, zuerst in Inseln zerlegt wird, die, gruppenweise zu vielgestaltigen Archipelen verbunden, überall aus dem Wasser ragen und nur ganz allmählich von diesem verschlungen werden.

So trat an Stelle des kontinentalen Klimas geschlossener Festländer das milde, feuchte Inselklima ausgedehnter Küstenstrecken. Die Küstenlinie wurde vielfach zerschnitten und gegliedert, und wenn in dieser Zeit die Flora des Wassers immer wieder den Versuch unternahm, feuchte Ufergebiete zu erobern, so mußte dies ihr an den zahlreichen, kleinen Inseln leichter gelingen, wie in der lebensfeindlichen Wüste des Nordlandes. Auffallend ist es jedenfalls, wie zahlreich mitten zwischen den marinen Devonschichten Pflanzenreste eingestreut sind und wie häufig uns jetzt jene amphibiotischen Wassertypen entgegentreten, die dann in der Folgezeit eine so ungeheure Entfaltung gewannen. Wir kennen[2] mehrere wohlunterschiedene Phasen in der Entwicklung der devonischen Flora, die besonders zahlreich zuerst in Nordamerika[3] auftritt, dann aber auch sich über Europa verbreitet. Auf die kümmerlichen Reste von Psilophyton folgen die gegabelten Stämme von Lepidodendron und zierliche Baumfarne mit einem Durchmesser von 7—10 cm.

In der Regel tritt uns allerdings diese alte Flora in Gestalt von sog. „Häcksel" entgegen, d. h. kleinen Bruchstücken und Splittern, meist ohne Rinde und Blätter, die uns zeigen, daß das geschlossene System elastischer Leitbündel, das die heutige Landflora besitzt, noch nicht in allen Pflanzenteilen entwickelt war, und daß die vielfach noch im Wasser wachsenden Pflanzen leicht von den Wellen zertrümmert werden konnten, so daß die Trift schwimmender Pflanzenteile bei jedem Sturm weit ins Meer hinausgetrieben wurden und sich den Sedimenten des flachen wie des tieferen Wassers beimengten.

Zwar treten noch immer Gesteine auf, welche an die kohlenreichen Graptolithenschiefer erinnern, aber die Graptolithen selbst sind ausgestorben, nur in Nordamerika lebt ihre älteste Gattung Dictyonema bis in das Mitteldevon hinein. Der Austausch der Gewässer muß unter dem Einfluß der marinen Transgression viel lebhafter gewesen sein, als in der Silurzeit, denn vielfach enthalten die schwarzen Schiefer eine reiche Fauna benthonischer Tiere. Eine kleine, devonische Kohlenschicht bei Neunkirchen ist durch die Anhäufung von marinen Algen entstanden. Vereinzelte Reste solcher tangähnlichen Meerespflanzen sind in Nordamerika mit metergroßen Büscheln (Fig. 143) bisweilen wohlerhalten.

Es entzieht sich unserer Kenntnis, ob die während der Devonzeit beginnende Änderung des Klimas, die in der niederschlagsreichen Karbonperiode ihren Gipfel erreicht, nur auf die insulare Zergliederung geschlossener Festländer oder zugleich auf eine Vermehrung der atmo-

Figur 143.
Thamnocladus Clarkei. Devon von Nordamerika.
($^1/_{10}$ verkleinert.)

sphärischen Niederschläge zurückzuführen sei. Die zahlreichen vulkanischen Eruptionen, die während der Silur- und noch mehr während der Devonzeit erfolgten, deuten wohl darauf hin, daß immer neue Massen von eruptivem Wasserdampf in die Atmosphäre gelangten und aus ihr in immer zunehmenden Niederschlägen herabfielen. So konnten vielfach dauernde Wasserrinnen entstehen, welche den Sand des nordischen Festlandes ausräumten und ihn nach dem Meere führten. Große, sandige Deltakegel schoben sich gegen den tieferen Meeresgrund vor und zwischen den Rippen der Sandfächer lagerte sich feiner dunkler Schieferschlamm ab. Leicht änderte sich das Verbreitungsgebiet dieser gleichzeitigen Sedimente und so finden wir zwischen die sandreichen Quarzite und Grauwacken immer wieder dunkle Schiefer oder graue Kalke geschaltet und jedes dieser Sedimente enthält eine andere Fauna.

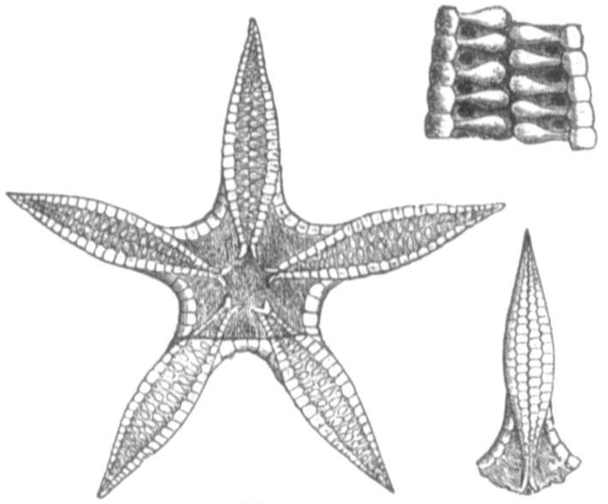

Figur 144.
Aspidosoma petaloides. Ein Seestern aus dem unterdevonischen Sandstein von Niederlahnstein. Von unten, rechts ein Arm von oben, und darüber, stark vergrößert, die alternierenden Ambulakralplatten der Armrinne.

Wie in der heutigen Ostsee das durch die dänischen Straßen eindringende, schwere Salzwasser zahlreiche tiefe Becken erfüllt, über denen eine weite Decke von brakkischem oder sogar süßem Wasser schwebt und über- und nebeneinander ganz verschiedene Faunen gedeihen läßt, so zeigt auch das westdeutsche Unterdevon große, sandige Gebiete, die entweder völlig leblos waren oder artenarme Zweischalerfaunen enthalten. Dieselbe Rolle, welche in den heutigen Meeren die Muscheln spielen, fiel in der Devonzeit den Brachiopoden zu und wie jene, mögen auch Spirifer und andere Gattungen salzige, brackische und süße Gewässer bewohnt haben. Vereinzelte großschalige Muscheln bildeten dazwischen gesonderte Faunen. An manchen Fundpunkten sind neben den Muscheln und Brachiopoden auch Echinodermen (Fig. 144), Korallen und andere Bewohner ozeanischer Meeresteile in den marinen Sandsteinen verbreitet.

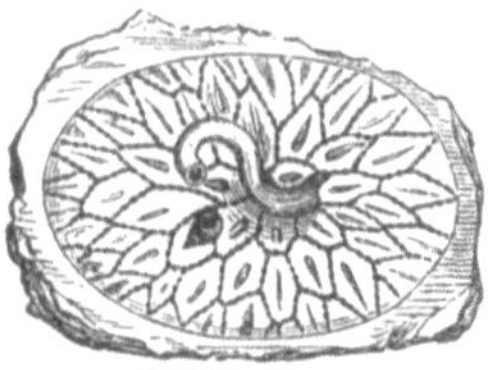

Figur 145.
Pleurodictyum problematicum.
Abdruck eines kleinen Korallenstockes, der in Symbiose mit einem Wurm lebte; aus dem unterdevonischen Sandstein von Koblenz.

Unter den darin gefundenen Korallen hat wohl Pleurodictyum problematicum (Fig. 145) die meisten Diskussionen hervorgerufen. Denn der, in der Regel im Abdruck erhaltene, flache Korallenstock zeigt in der Mitte einen wurmförmig gebogenen Körper. Allem Anschein nach handelt es sich um einen jener Fälle von Zusammenleben verschiedener Tiere zum Zweck gegenseitigen Nutzens, wie noch die kleine lebende Koralle, Heteropsammia, regelmäßig mit einem Wurm zusammengefunden wird, der, die Koralle als Gehäuse benutzend, von ihren Nesselzellen gegen Feinde geschützt, seinerseits die Koralle durch den Meeresschlamm hindurchzieht und ihr dabei immer neue Nahrungsgelegenheit bietet.

Die schwarzen Schiefer sind brachiopodenarm. Dafür treten dünnschalige Muscheln, Cephalopoden, elegante Seesterne und Seelilien, gelegentlich auch Trilobiten in reichen Faunen auf. Oft wurden auch ganze Schwärme planktonischer Cypridinen (Schalenkrebschen) und die zarten Kalkröhren der Tentakuliten, die man als die Vorfahren der heutigen Flügelschnecken betrachtet, in stillen Buchten abgesetzt.

Wo aber klares Wasser und normaler Salzgehalt die Ansiedelung reicherer Faunen gestattete, da entstanden Kalkschichten und Kalkriffe, die mit den entsprechenden Bildungen der Ober-Silurzeit an Höhe wetteiferten. Während sich die Küstenlinie immer mehr landeinwärts verschob, die Wassertiefe zunahm und die Strömungen immer wieder in neue Richtungen gelenkt wurden, erfolgte ein lebhafter Austausch dieser lokalen Faunen. Den sich verschiebenden Lebensbezirken folgend, wurde die Tierwelt immer wieder aus ihrer Ruhe gescheucht und zu aktiven oder passiven Wanderungen gezwungen.

Damit hängt es vielleicht zusammen, daß vielfach typische Leitfossilien des einen Fundortes in einiger Entfernung in einem ganz anderen Horizont vorkommen und daß daher auch dieser Erkenntnis folgend, die Gliederung der devonischen Schichten im Laufe der letzten Jahrzehnte tiefgreifende Änderungen erlitten hat. Während man früher die einzelnen Schichtensysteme durch je eine leitende Art bezeichnete, hat man[5] neuerdings begonnen, jede Zone durch zwei Arten zu bezeichnen, von denen die eine hier zuerst, die andere ausschließlich, aber nur lokal auftritt: eine treffende Erläuterung dafür, daß langsame Übergänge von einer Fauna zur anderen hinüberleiten.

Eine bestimmte Richtung dieser tiergeographischen Wanderungen läßt sich nicht erkennen. Rhynchonella cuboides ist in England[6] im ganzen Mitteldevon verbreitet, erscheint aber in Belgien und Westdeutschland im Oberdevon. Dafür wandert Cardiola retrostriata[7] aus dem böhmischen Mitteldevon westlich nach dem rheinischen Oberdevon.

Die Devonfauna läßt zwei große, tiergeographische Gebiete deutlich unterscheiden. Das europäische Meer reichte bis nach Ostasien, wo in China[8] wesentlich europäische Arten auftreten. Sehr merkwürdig ist es, wie unabhängig diese Fauna auch von den Breitengraden ist. In der südlichen Sahara (28° nördl. Breite) finden sich dieselben Arten wie im Ural[9] bei 55° nördl. Breite. Ja, sogar auf den neusibirischen Inseln sind europäische Arten beobachtet worden. Nach Westen reicht die europäische

Fauna bis nach Manitoba, obwohl sich in Nevada die Vertreter einer anderen Fauna dazwischen einstellen.

Ein zweites Meer mit einer verschiedenen Fauna ist in Nord- und Südamerika nachgewiesen. Europäische Arten fehlen fast vollständig.[10] Dafür reicht diese Fauna nach Südafrika und den Falklandinseln. Aber diese beiden Meere waren nicht absolut getrennt, denn ganz ähnliche Arten wurden in Europa einerseits, Südafrika und Südamerika andererseits nachgewiesen.

Die weltweite Verbreitung zahlreicher Arten aus den verschiedenen Tierstämmen läßt sich mit den früher gemachten Annahmen leicht vereinigen. Denn wenn der heutige Gegensatz von Flachsee und Tiefsee noch nicht existierte und der vorhandene Tiefenunterschied durch eine Hebung des Meeresgrundes verändert wurde, wenn durch die silurischen und devonischen Vulkane der Kohlensäuregehalt der Atmosphäre erhöht war und ausgiebige Niederschläge die Gegensätze der Klimazonen vermindert hatten, dann mußte auch die Temperatur des Meerwassers eine gleichmäßigere Verteilung zeigen, und die Tierarten konnten leicht von einer Halbkugel zur anderen wandern. Außerdem fehlte höchstwahrscheinlich infolge der starken Zergliederung der Landflächen das heute so ausgeprägte System scharf gesonderter Meeresströmungen.

Betrachten wir die devonische *Tierwelt des Meeres* als Ganzes, so fällt uns trotz zahlreicher neuer Arten und individuenreicher Faunen doch ihre Armut an neuen Typen sehr auf. Die fossile Fauna des Obersilur von Gotland schien den älteren Beobachtern so übereinstimmend mit der mitteldevonischen Fauna der Eifel, daß sie[11] beide Ablagerungen für gleichaltrig hielten. Ähnlich wie das Obersilur nur eine Weiterbildung der reichen Untersilurfauna ist, so schließt sich die devonische Fauna eng an jene an und unterscheidet sich eigentlich von ihr mehr durch das Fehlen ausgestorbener als die Entwicklung neuer Formen.

Sehr interessant ist es, daß in den Ruppacher Schiefern[12] an der Lahn alle bodenbewohnenden Tiere bezeichnende *devonische* Arten sind, während die freischwimmenden Cephalopoden noch neun *silurische* Arten erkennen lassen. Man sieht hier deutlich, daß die benthonische Tierwelt sich zuerst den neuen Verhältnissen artbildend anpaßte, während die Bewohner der Hochsee noch die Artcharaktere der vorausgegangenen Silurzeit bewahrten.

In irischem Devon[13] hat man die faunistischen Beziehungen zu den liegenden Silurschichten und dem hangenden marinen Karbon folgendermaßen feststellen können:

					silurisch		karbonisch
von 80	bei Pilton	gefundenen	Devonarten	sind	11	und	53
„ 72	„ Petherwic	„	„	„	8	„	40
„ 139	„ Newtonbushel	„	„	„	16	„	71

So kann man wohl verstehen, daß es oft ungemein schwer ist, eine scharfe Grenze zwischen Silur und Devon, oder Devon und Karbon zu ziehen und daß manche Grenzschichten von den einen Autoren zu jener, von den anderen zu dieser Formation gerechnet worden sind.

Besonders bezeichnend ist das Fehlen vieler sehr charakteristischer silurischer Formenkreise im Unterdevon:

Die Graptolithen sind fast überall ausgestorben; zahlreiche Cystoideen und Krinoideen sind verschwunden. Die Cephalopoden sind verarmt, die Trilobiten beginnen auszusterben und die reiche Entwicklung einzelner Zweige des Stammbaumes darf uns nicht darüber täuschen, daß ganze Äste und Astbündel dürr und leblos geworden sind.

Besser als viele Worte wird ein Blick auf folgende, natürlich nur annähernde Zahlen den gewaltigen Unterschied verdeutlichen, der zwischen der reichen Silurfauna und ihrer verarmten Nachfolgerin besteht:

	Silur		Devon	
Graptolithen	32 g		1 g	
Receptakuliten	3 „		1 „	
Tabulaten	22 „		12 „	
Cystoideen	50 „		1 „	
Brachiopoden	58 „		40 „	
Trilobiten	80 „	1200 sp.	11 „	105 sp.
Nautiloideen	1500 sp.		230 sp.	

Angesichts dieser Tatsache ist eine vergleichende Betrachtung des Faunenwandels bei Beginn der Silur- und Devonzeit sehr interessant. Beide Perioden sind durch starke Transgressionen und ihnen entsprechende Wanderungen der Tierwelt ausgezeichnet. Beide besitzen dieselben Tiertypen und bilden dieselben Gesteine, und doch ist der Beginn des Silur durch den ungeheuren Reichtum seiner Tierformen ebenso ausgezeichnet wie das Devon durch die verarmte Fauna. Die äußeren Umstände allein können die untersilurische Blütezeit also nicht bewirkt haben, sondern es müssen noch andere Bedingungen hinzugetreten sein und man möchte denken, daß ein großer Vorrat vorher aufgespeicherter Lebensenergie durch äußere Umstände damals wie zufällig zur Entfaltung gebracht wurde.

Wenn so die Devonzeit auch für viele Tiergruppen Stillstand und Rückgang bedeutet, so blühen doch einige Formenkreise in wunderbarer Weise auf und bilden charakteristische Formen, an denen sich Ablagerungen der Devonzeit leicht von denen der Silur- und der Karbonperiode unterscheiden lassen.

Die Seelilien des europäischen Meeres nehmen gegenüber ihren silurischen Vorfahren einen wesentlichen Aufschwung. Acht untersilurischen

Familien stehen 20 devonische gegenüber, von denen allerdings sechs schon im oberen Silur auftreten. Sie lebten auf den Kalkriffen in weiter Verbreitung und reicher Formenzahl. Dagegen entwickelte sich aus dem Stamm der Krinoideen in Nordamerika die zierliche Gruppe der Blastoideen. Sie beginnen im oberen Silur, entwickeln sich lebhaft im Devon und erreichen den Gipfel ihrer Entwicklung im Karbonmeer. Von 19 amerikanischen Gattungen und 120 Arten sind einige wenige ostwärts nach Europa gewandert, gewinnen aber keine größere Bedeutung.

Eine Anzahl spezifisch devonischer Tiere werden wir bei Beschreibung der Rifffazies besprechen und wenden uns hier der wichtigen Entwicklungsphase zu, welche der Stamm der Cephalopoden im Devon durchschreitet. Die überwiegende Menge der silurischen Kopffüßler besaß geradgestreckte oder nur wenig gebogene, gekammerte Schalen. In zahlreichen Gattungen und Arten und einer oft überraschenden Individuenzahl finden wir Endoceras, Orthoceras, Gomphoceras, Cyrtoceras u. a. in silurischen Gesteinen eingebettet. Daneben sind aufgerollte Schalen von Gyroceras, Ophidioceras, Hercoceras und Barrandeoceras (Nautilus) nur vereinzelt zu finden. Ihre Suturlinie ist einfach oder in flachen Wellen gebogen und die vereinzelten Funde von Agoniatites, welche den Beginn der Ammonitenentwicklung darstellen, unterscheiden sich nur wenig von ihren nautiloiden Vorfahren. Im europäischen Devonmeer setzt hier eine neue Entwicklungsrichtung ein. Der Typus der in einer enggeschlossenen Scheibe aufgerollten Ammonitenschale prägt sich immer deutlicher aus. Die äußeren Ränder der Scheidewände biegen sich mit energischen Falten in gerundete Sättel und spitze, nach rückwärts gerichtete Zacken. Der Sipho rückt auf die Außenseite, sein embryonaler Anfang ist von einer kalkigen Kammer umhüllt. So tritt uns hier der Stamm der Ammoniten vollkommen entwickelt entgegen und während man früher solche Formen als „Goniatiten“ von den später auftretenden sog. echten „Ammoniten“ scharf unterschied, haben uns neuere Untersuchungen[14] gelehrt, daß zahlreiche ununterbrochene Verbindungslinien die später so reich differenzierten Ammonitengeschlechter an ihrer devonischen Wurzel eng verbinden.

Die oft gemachte Erfahrung wiederholt sich auch hier, daß der Typus in raschen Schritten eine ziemliche Höhe der Entwicklung erreicht, daß sehr bald verschiedenartige Typen ausgebildet und die Grundlinien der Weiterentwicklung festgelegt werden.

Die Mündung der Wohnkammer[15] ist bald hoch, bald niedrig, die Suturlinie

bei	Anarcestes	4 teilig,
„	Tornoceras	6 „
„	Manticoceras	8 „
„	Timanites	vielteilig.

Ihre Entwicklung scheint gleichzeitig an verschiedenen Stellen des Devonmeeres erfolgt zu sein. Manche Gattungen treten zuerst in Europa auf, um dann nach Nordamerika zu wandern, während andere Gattungen die entgegengesetzte Richtung einschlagen. Trotzdem unsere Kenntnis der devonischen Ammoniten noch manche Lücken zeigt, die erst in jüngerer Zeit zum Teil ausgefüllt worden sind, gewinnt man doch den Eindruck, daß die Ammoniten ein anderes Tempo ihrer Entwicklung erkennen lassen, wie die silurischen Cephalopoden; denn die im Devon angelegten Gabeläste des ferneren Stammbaumes ziehen mit geringen Änderungen durch die karbonische Periode hindurch und erst an deren Schluß löst sich das Band, das die Wurzeltriebe zusammenhielt, und mit unvergleichlicher Formenfülle tritt uns dann die überwältigende Mannigfaltigkeit der Triasammoniten entgegen.

Neben den zahlreichen Goniatitenformen des Devon verdient die Gattung Clymenia deshalb besonderes Interesse, weil sie in ihrem Bau-

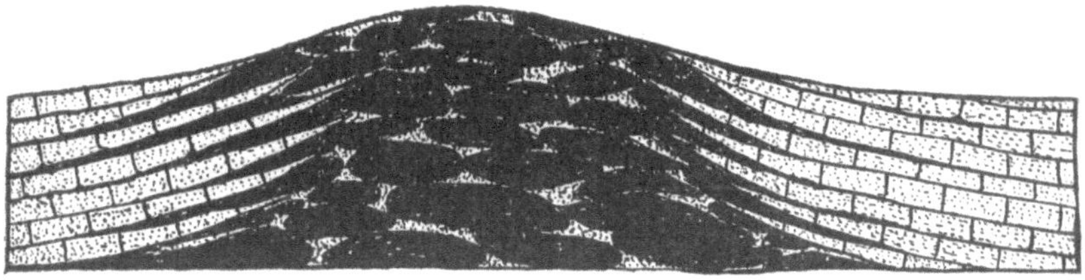

Figur 146.

Durchschnitt durch ein devonisches Kalkriff von Michigan, das sich aus geschichteten Kalken inselartig erhebt und aus großen Korallenstöcken, verbunden durch Kalksand, aufgebaut ist.

plan mancherlei Unterschiede zeigt und ihre geographische Verbreitung noch manches Rätsel birgt. Im unteren Oberdevon[16] von Nordamerika und Polen tritt die durch eine bezeichnende Suturlinie und die interne Lage des Sipho von den Goniatiten wohlunterscheidbare Gattung zum erstenmal auf und verbreitet sich mit raschen Schritten über weite Flächen des europäischen Meeres. In England, Belgien, Rheinland, Harz, Schlesien bis nach den Ostalpen und dem Ural finden wir oft sehr zahlreich die Clymenien als ausgezeichnetes Leitfossil des oberen Devon und manche Tatsachen deuten darauf hin, daß sie sich in den am Schluß der Devonzeit vielfach brackisch gewordenen Reliktenseen besonders wohlfühlten. Sie bilden hier seltsam gestaltete „Nebenformen" und als das Wasser durch die Flüsse der jetzt eingetretenen Karbonzeit ausgesüßt wurde, mögen sie ausgestorben sein.

Unter allen Faunen der Devonzeit haben die riffbildenden Genossenschaften stets ein ganz besonderes Interesse erregt und durch ihre reichen Faunen zu zahlreichen Monographien Anlaß gegeben. Während der Unterdevonzeit wuchsen Kalkriffe in Böhmen, den Ostalpen, der Bretagne und im Staate Nevada. Im Mitteldevon finden wir sie besonders in Belgien, der Eifel, Nassau, Polen, Ural und bis nach Asien hinein im Kwenluen, während oberdevonische Riffe in Nordamerika, den Ardennen, Harz (Iberg), Polen (Kielce) und Kurland auftreten.

Es ist bemerkenswert, daß alle diese Riffe auf eine Zone zwischen dem 25. und 60.° nördl. Breite beschränkt sind. Ihr Auftreten und ihre Verbreitung bedeuten reines ozeanisches Wasser, ihr Kalkreichtum hat nichts zu tun mit dem Kalkgehalt einmündender Flüsse, sondern ist der

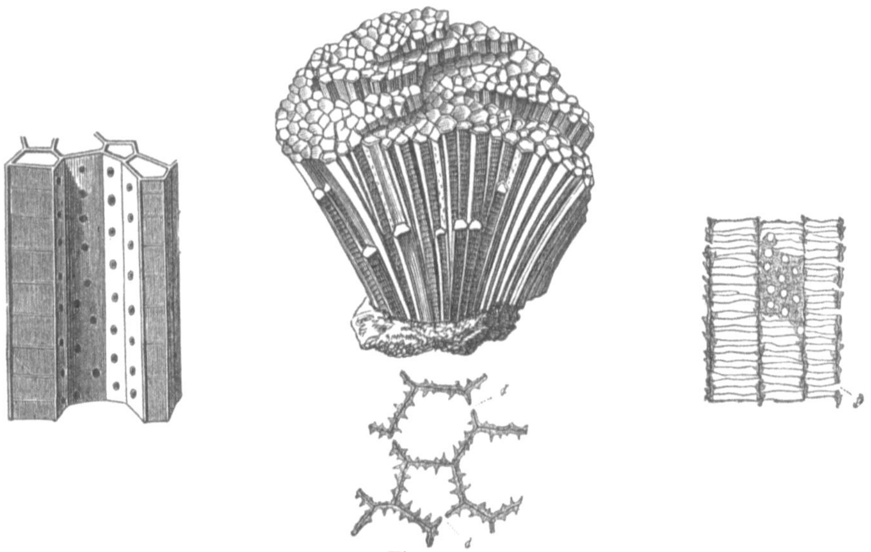

Figur 147.

Favosites polymorpha. Eine Tabulate aus den devonischen Riffkalken der Eifel. Oben ein Stock in nat. Gr., links einige stark vergrößerte Zellen mit Böden und Wandporen, unten ein Querschnitt, um diese, sowie die unregelmäßigen Längsrippen der Zellenwände zu zeigen, rechts ein Längsschliff, der, ein Stück der Zellenwand (in der Mitte) schneidend, sonst die dünnen Böden erkennen läßt.

Ausdruck für normalen Salzgehalt, strahlenden Sonnenschein, blaue Wogen und eine reiche Nahrungsquelle planktonischer und benthonischer Pflanzen.

Die bisweilen in Dolomit verwandelten, meist stark umkristallisierten oder durch vulkanische Erscheinungen mit Eisenerz imprägnierten Kalkriffe (Fig. 116) sind meist ungeschichtet, von Lücken und Höhlen durchzogen und die beiden Elemente jeder Riffbildung: die massig oder ästig wachsenden, festsitzenden Rifforganismen und die zertrümmerten Schalen der in ihren Lücken lebenden, riffliebenden Tiere und Pflanzen treten in mannigfaltiger Verknüpfung nebeneinander auf. Wie im Silur, sind die Stromarien (Fig. 116) noch immer die wichtigsten Riffbildner. Selbst in kristallinisch gewordenen Dolomiten kann man die schalig gewordene

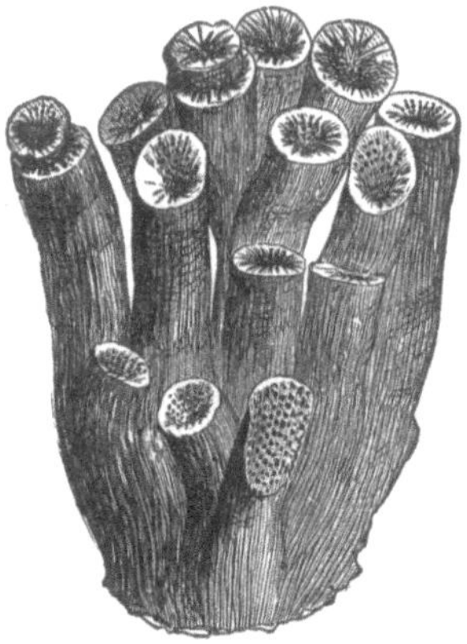

Figur 148.
Cyathophyllum caespitosum aus dem mitteldevonischen Riffkalk der Eifel. Zwei der bündelförmig auseinander hervorsprossenden Korallenäste haben kleine Kelchknospen getrieben.

Struktur ihres Baues oft deutlich erkennen. Dazwischen gedeihen Tabulaten; Halysites ist freilich ausgestorben, aber die kosmopolitische Gattung Favosites (Fig. 147) und andere Geschlechter blühen noch in zahlreichen Arten.

Die mit kräftiger Mauer umgebenen Korallenkelche (Fig. 148) spielen eine wichtige Rolle, und neben der geschlechtlichen Vermehrung führt die Teilung und Knospung immer deutlicher zur Stockbildung. Die Einzelperson tritt an Bedeutung zurück; dicht gedrängt (Fig. 149) wächst die Zahl der nächsten Generation aus den Muttertieren hervor, und indem sie mit diesen in Verbindung bleiben, streben vergabelte, vielästige Stöcke empor. So beginnt langsam ein neues Element von Riffbildnern aufzutreten, entwickelt sich in der Folgezeit immer kräftiger, überwuchert alternde Geschlechter und wird seit der Triasperiode bis zur Gegenwart von immer größerer geologischer Bedeutung.

Zwischen den Polypen, Korallen und Tabulaten gedieh eine reiche Fülle von Tieren, die, mit prächtig gestalteten Kalkpanzern gegen den Anprall der Wogen geschützt, in allen Lücken und Spalten sich ansiedelten und zahlreiche Beziehungen gegenseitiger Abhängigkeit erkennen lassen.

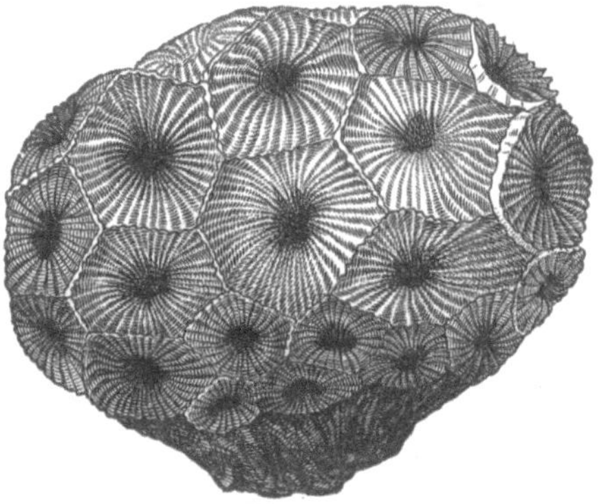

Figur 149.
Cyathophyllum hexagonum.
Eine stockbildende Koralle aus dem mitteldevonischen Riffkalk der Eifel. Die durch Teilung entstandenen Korallenpersonen wachsen dicht gedrängt nebeneinander und haben sich dabei polygonal abgeplattet.

Schon in den Riffen des Obersilur findet man eine kleine Koralle, deren stark verkalkter Körper einer festgewachsenen Pantoffelspitze gleicht und deren breite Mündungen von einem halbmondförmigen Deckel verschlossen wurden (Rhizophyllum). Ihre devonischen Nachkommen (Calceola sandalina) sind im mittleren Devon der Eifel (Fig. 150) und anderen Fundorten weitverbreitet.

Herrliche Seelilien mit kräftigen, unvergabelten Armen oder biegsamen, vielverästelten Armschöpfen haben oft in solcher Zahl gelebt, daß ihre zerfallenen Kalkpanzer mächtige Krinoidenkalke aufbauten. Manche Krinoiden-

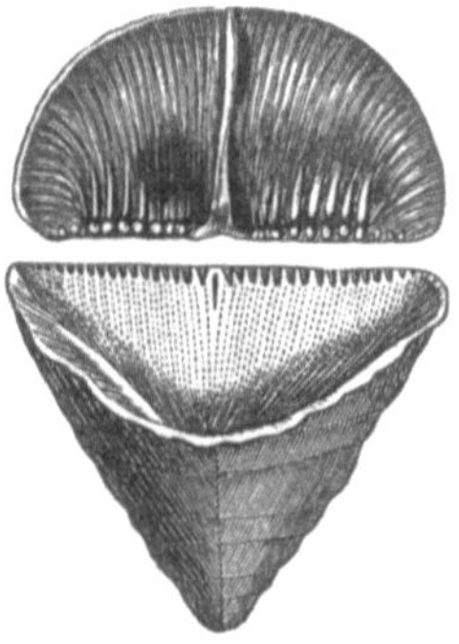

Figur 150.
Calceola sandalina aus dem Mitteldevon der Eifel. Eine Koralle von dreieckiger Grundfläche, deren Mündung durch einen gelenkigen halbmondförmigen Deckel verschlossen werden kann.

stiele waren mit Bryozoen oder Korallen besetzt, und große Brachiopoden (Stringocephalus) (Fig. 151) und Uncites hingen sich mit ihrem kräftigen Schnabel zwischen den Felsen fest. Schnecken gediehen in den Lücken oder saßen parasitisch auf Seelilien und von den schönen, großen, reichverzierten Schalen[18] der Murchisonia coronata führen zahlreiche Übergänge zu jüngeren, einfacher gebauten Arten hinüber. Prächtige Trilobiten (Fig. 152) sind artenarm, aber varietätenreich weit verbreitet[19] und in dem blauen Wasser tummelten sich Cephalopoden, Schalenkrebse und Fische.

In eng umschriebenen Nestern findet man bisweilen die junge Brut benthonischer oder nektonischer Tiere. Dann können wir uns aus dem lockeren Kalksand kleine, zierliche Brachiopoden, Schnecken, Muscheln, Goniatiten, Trilobiten u. a. herauslesen.

Zwischen den Riffen siedelten sich auf dem Schlamm der tieferen Meeresbecken andere Faunen an und so finden wir[20] z. B. bei Paffrath:

	im Schiefer	im Dolomit
Goniatiten	zahlreich	nie
Trilobiten	wenig	oft
kalkschalige Brachiopoden	wenig	zahlreich

während die Hornschalen von Lingula in beiden Faziesgebieten auftreten.

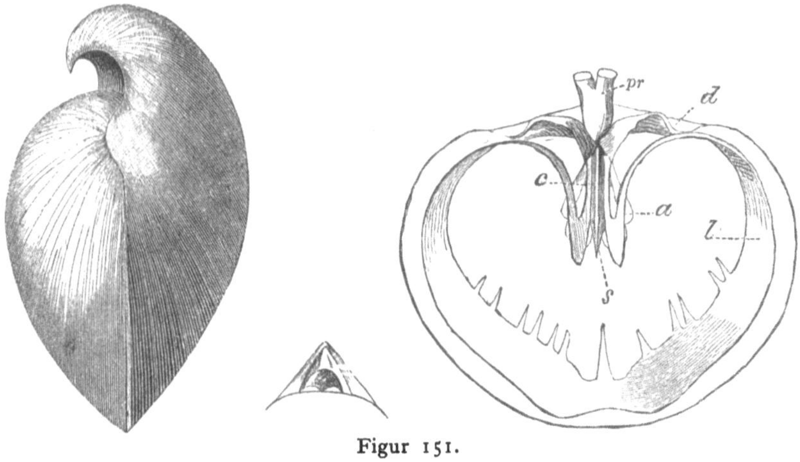

Figur 151.
Stringocephalus Burtini aus den mitteldevonischen Riffkalken der Eifel. Links die Schale von der Seite, rechts das Innere der kleinen Klappe (*pr* Schloßfortsatz, *d* Zahngrube, *c* kurze Armstütze, *s* Mittelrippe, *a* Mitteleindruck, *l* Armschleife), dazwischen Schnabelöffnung.

Ebenso wie die Riffbildung, ist das Hervorbrechen zahlreicher Vulkane für die Geschichte des Devonmeeres bezeichnend. Während der Unterdevonzeit[21] waren in Nordamerika ebenso wie bei Adorf und Graz Diabas- und Melaphyrvulkane tätig. Sie setzten sich im Mitteldevon weiter fort und zwischen den aufwachsenden Kalkriffen bildeten sich vulkanische Inseln. In der Oberdevonzeit barst die Erde in England, Nassau, Thüringen, Sachsen, Mähren bis nach Rußland und ganz ungeheure Massen von vulkanischen Aschen (Schalstein) wurden über weite Strecken ausgebreitet. Die Einschaltung mariner Faunen läßt oft den Zeitpunkt der Eruptionen ebenso sicher festlegen, wie den marinen Charakter der Ausbrüche. Andererseits lehren uns eingestreute Pflanzenreste, daß die dampfenden Vulkane vielfach aus dem Meere herauswuchsen und mit Pflanzengrün geschmückt waren.

In Nassau[22] sind ungeschichtete Kalkriffe verbreitet, die aus Stromatopora, Calamopora, Heliopora und Cyathophyllen bestehen, zwischen denen Schnecken und Brachiopoden nesterartig verteilt sind. Sie werden von mächtigen Diabastuffen umgeben und zeigen deutlich,. wie eng die devonischen Riffe mit den Vulkanen verknüpft waren.

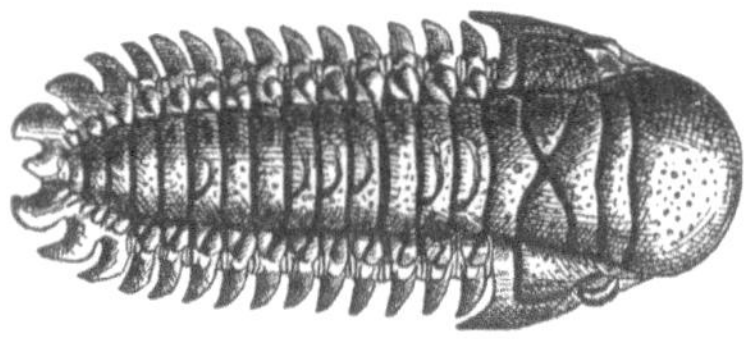

Figur 152.
Cherirurus gilbus
aus dem böhmischen Devon

Als nun die vulkanische Tätigkeit bald hier, bald dort erlosch, die dampfreichen Aschenwolken seltener wurden und nur noch Fumarolen und Kohlensäuremofetten auf den Spalten und Klüften aufstiegen, da wirkten diese Dämpfe und Thermen sehr kräftig auf den Kalk der Riffe ein, imprägnierten kalkige und tonige Gesteine, tränkten sie mit juvenilen Elementen und bildeten so Erzlager (Eisen, Kupferkies), die in Nassau, am Harz, ebenso wie in anderen Gebieten zu blühendem Bergbau Anlaß gaben.

Mit Ausnahme der schon erwähnten, marinen Algenlager fehlen Kohlen der Devonzeit fast vollständig, aber ihre Schichten enthalten in Nordamerika die reichen Mengen von Leuchtgas und Petroleum, die, mit den tertiären Schätzen Osteuropas konkurrierend, den Weltmarkt beherrschen. Merkwürdig ist es, daß im Devon der Petschora im nördlichen Rußland wieder petroleumführende Gesteine auftreten. Nach den früher mitgeteilten Tatsachen über das Auftreten von naphtha- und petroleumähnlichen Substanzen in den rezenten vulkanischen Aschen glauben wir die Entstehung der devonischen Petroleummengen auf eruptose Gase der erlöschenden Vulkane zurückführen zu sollen.

Die Mächtigkeit der gesamten devonischen Schichtenreihe wird, selbst wenn wir absehen von den Sandmassen des nordischen Festlandes, durch

Riffkalke und Vulkane lokal so stark erhöht, daß man ein falsches Urteil über die Dauer des devonischen Zeitraumes gewinnt, wenn man die Mächtigkeit solcher Profile zugrunde legt. Auch wenn man die größte Mächtigkeit jeder zwischen Sandsteine eingeschalteten Schieferlinse mit der Mächtigkeit der Quarzite addiert, ergeben sich irrige Zahlen.

So wird die Höhe des devonischen Schichtenstoßes und die Länge des zu seiner Bildung nötigen Zeitraumes sehr überschätzt. In Ost-Thüringen lassen sich[23] in ausgezeichneten Aufschlüssen

200—400 m Unterdevon
150—300 „ Mitteldevon
etwa 300 „ Oberdevon

messen. Wenn hier auch die untersten Horizonte fehlen, so mag doch die normale Mächtigkeit (unter Abzug der vulkanischen Tuffe) nicht mehr als 700 m betragen; besonders, wenn wir erwähnen, daß ein rascher Fazieswechsel auch hier leicht zu einer Überschätzung der Mächtigkeit veranlaßt. Die Tatsache, daß gleichzeitig in einzelnen Wannen des nordischen Festlandes über 4000 m Schutt aufgehäuft wurden, oder daß mehrfach 3—500 m mächtige Kalkriffe dem marinen Devon eingeschaltet sind, genügt nicht, um jene Zahl für zu gering zu halten.

Aber auch, wenn wir den Fortschritt der Organismenwelt während des devonischen Zeitraumes betrachten, ergibt sich nirgends die Forderung, ihn nach Äonen zu schätzen. Vielmehr erscheint uns die Devonzeit als eine Übergangsperiode, welche ohne wesentliche Änderung der silurischen Formenkreise die Meeresfauna langsam und allmählich weiterbildet und eine neue Blütezeit vorbereitet, die im Karbon einsetzt und in der Trias vollendet ist.

In den blauen Fluten des Devonmeeres, das vielbeweglich den Erdball umkreiste, das vorwärtsdrang und zurückwich, dessen lokale Faunen immer wieder durcheinandergemischt wurden, hielt weder der Tod eine vernichtende Ernte, noch griffen mächtige Impulse fördernd in den Artenwandel ein. Ruhig und gemessen summierten sich kleine Änderungen zu neuen Charakteren von Arten und Gattungen und so speicherten sich Kräfte auf, die erst in der Folgezeit wirksam wurden.

Verweise

[1] Suess, Antlitz der Erde, II, S. 294; Frech, Lethaea palaeoz., II, S. 110, 232. — [2] Grand d'Eury, Flore carbonifère, S. 370. — [3] Dana, Manual of Geology 1894, S. 582. — [4] Potonié, Abh. d. K. P. G. L. A. Berlin. Heft 36. — [5] Frech, a. a. O. S. 157, Anm. — [6] Yukes Brown, Stratigr. Geol., S. 179. — [7] Dorlodot-Frech, N. Jahrb. f. Min. 1896, I, S. 289. — [8] Kayser u. v. Richthofen, China, Bd. II. — [9] Livret Guide du C. G. Int., St. Peterburg, III, S. 19. — [10] Ulrich, Pal. Verst. aus Bolivia, Stuttgart 1892, S. 94, 106. — [11] F. Roemer, Lethaea pal., S. 54. — [12] Maurer,

N. Jahrb. f. Min. 1876, S. 837. — [13] Kelly, Journal R. Geol. Soc. of Ireland, I, S. 34. — [14] E. Haug, Mém. Soc. Géol. Franç., Nr. 18; Smith, Monogr. U. St. G. S. 1903, Nr. XLII; Frech, l. c., II. S. 126. — [15] Gürich, N. Jahrb. f. Min. 1900, S. 338. — [16] Clarke, S. Amer. Journal 1892, S. 57; Frech, l. c., II, S. 125. — [17] J. Walther, Lithogenesis der Gegenwart, S. 912. — [18] Winterfeld, Z. d. D. geol. Ges. 1895, S. 660. [19] Kayser, Jahrb. d. K. P. G. L. A. 1883, S. 35; Geikie, Anc. Volc. of Gr. Brit., I, S. 260. — [20] Winterfeld, Z. d. D. geol. Ges. 1895, S. 648. — [21] Deecke, Ref. N. Jahrb. f. Min. 1894, II, 441; Hausel, dass. 1888, II, S. 66; Löwinson, dass. 1890, II, S. 267; Holzapfel, Palaeontogr. 1882, S. 229. — [22] Sandberger, J. 1, 1853, S. 89. — [23] Zimmermann, Geol. d. Herz. S.-Meiningen 1902, S. 357.

19

Das Productusmeer

Die Gliederung der älteren Perioden der Erdgeschichte wurde in England und Mitteleuropa begründet und da hier durch den wiederholten Wechsel von Meer und Land auf das marine Unterkarbon die festländischen kohlenführenden Sandsteine, dann die roten Schuttmassen des unteren Perm folgen, über welche das Zechsteinmeer transgrediert, so unterschied man hier karbonische und permische Schichten als scharf getrennte Formationen und schloß mit den letzteren das Altertum der Erdentwicklung ab.

Als man dann vollständige Profile in Rußland, Armenien und Nordindien untersuchte, als aus Sizilien und Steiermark, Spitzbergen, Montana und Nebraska, China und Brasilien reiche Meeresfaunen bekannt wurden, die entweder die festländische Phase in Europa überbrückten oder die weltweite Verbreitung bestimmter Meeresfaunen erkennen ließen, da schien es nicht mehr möglich, karbonische und permische Meeresablagerungen so scharf auseinanderzuhalten und der Ausdruck „Permokarbon" schien über diese Schwierigkeiten leicht hinwegzuhelfen. Aber indem man diesem Wort einen verschiedenen Sinn, den permo-karbonischen Schichten verschiedenen stratigraphischen Wert beilegte, wurden die Schwierigkeiten nicht vermindert, sondern nur vermehrt. Deshalb wählen wir zur Bezeichnung des Meeres, das vom Schluß der Oberdevonzeit bis zum Beginn der Triasperiode weite Flächen der Erdkugel bedeckte und durch seltsame Ereignisse auf biologischem Gebiete ausgezeichnet ist, den Namen einer Brachiopodengattung, welche in ihm weit verbreitet war, lokale Faunen und leitende Horizonte unterscheiden und die wunderbarsten Anpassungserscheinungen erkennen läßt.

In den Clymenienkalken des obersten Devon tritt[1] die Gattung Productus zum ersten Male auf. Die eine Schale (Fig. 153) ist bauchig gewölbt, die andere liegt als flacher Deckel darauf. Der gerade Schloßrand ist verlängert und oft ebenso wie die Schale mit hohlen Stacheln besetzt. Ihre silurischen Vorfahren zeigen schon die erste Anlage dieser Charaktere. Mit Beginn der Karbonzeit blüht die Gruppe mit großem Artenreichtum auf, lebt in allen Teilen des Meeres oft in solcher Zahl, daß ihre Schalen gesteinsbildend werden und verschwindet erst, wenn am Schluß der Permperiode das große Sterben altzeitlicher Typen vollendet ist.

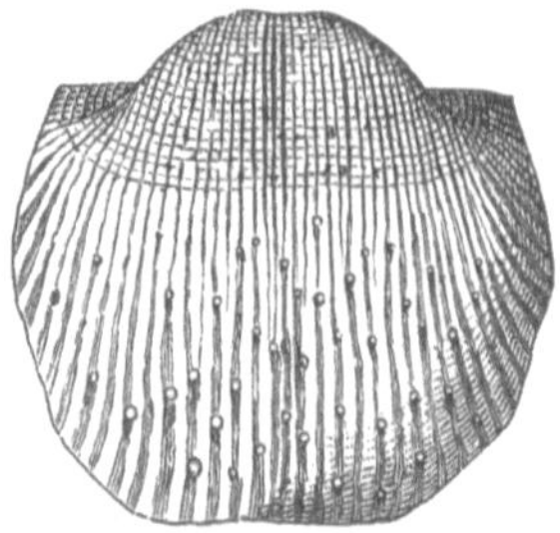

Figur 153.
Productus semireticulatus. Weitverbreitet im Kohlenkalk. Die hohlen Stacheln sind abgebrochen.

Die marine Tierwelt der Karbon- und Permzeit läßt sich durch das Erscheinen neuer Typen ebenso charakterisieren, wie durch das Verschwinden von Formen, die für Silur und Devon bezeichnend waren. Obwohl man schon aus untersilurischen Schichten Foraminiferen kennt, so scheinen sie doch in den ältesten Zeiten keine wesentliche Rolle gespielt zu haben und da sie auch in der ganzen Folgezeit mit Ausnahme des Eozän (Nummuliten) und der Gegenwart (planktonische Globigerinen) ziemlich gleichmäßig verteilt sind, so erscheint ihr massenhaftes Auftreten im Produktusmeer als ein eigenartiges geologisches Ereignis. Die Gattung Fusulina (Fig. 154) besteht aus einer gekammerten, dünnen Platte, die zu einer Spindel zusammengerollt ist und so den Eindruck eines Getreidekornes macht. Die im unteren Karbonmeer auftretenden Formen sind noch klein, doch nehmen sie bald an Größe zu und ihre 8—12 mm langen Gehäuse erfüllen in staunenswerter Zahl die Kalksteine in den Ostalpen, in Rußland, China, Guatemala und Nordamerika. Durch Übergänge mit Fusulina verbunden, tritt dann die Gattung Schwagerina auf, deren gekammerte, kuglige Schale die Größe einer Erbse erreicht und in den Alpen, Ural, Persien, China, Hinterindien, Sumatra, Borneo und Japan gesteinsbildend auftritt. Während[2] Fusulina deutlich provinziell gesonderte Faunen bildet, ist z. B. Sch. princeps von den Alpen bis nach China verbreitet. Aber die Fusulinen leben noch weiter und finden sich in den permischen Schichten von Sizilien, Nordindien und Burma. Mit Beginn der Triasperiode stirbt die Gruppe vollständig aus.

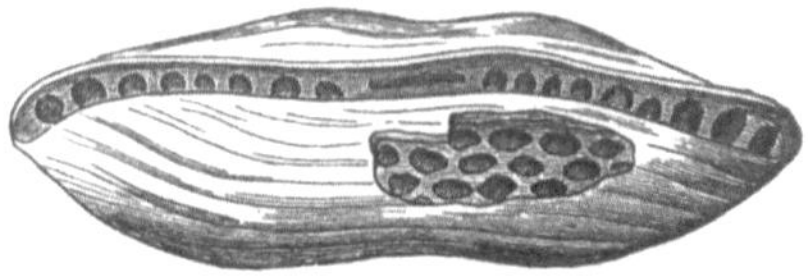

Figur 154.
Fusulina cylindrica.
Schale 10× vergrößert. Außenwand z. T. aufgebrochen, um die Kammern des Innern zu zeigen. Gesteinsbildend im Karbon.

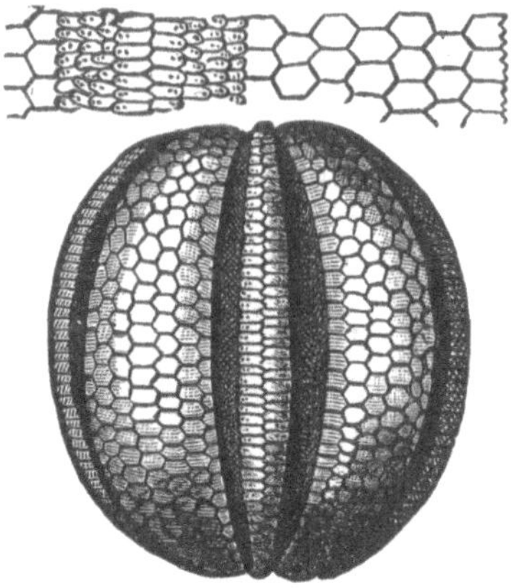

Figur 155.
Melonites multipora (1/3).
Seeigel aus dem Karbon von Nordamerika. Die flachen Furchen entsprechen der Grenze zwischen den je 2 ambulakralen und den je 7 interambulakralen Plattenreihen.

Unter den Korallen, die vielfach riffbildend auftreten, sind zwar noch die dickschaligen Einzelkorallen der älteren Zeit vertreten, aber daneben werden die stockbildenden Formen immer vorherrschender. Besonders die Gattung Lithostrotion gewinnt in den karbonischen Riffen eine große Bedeutung.

Die Tabulaten sind nur noch durch wenige Gattungen vertreten, von denen Chätetes gesteinsbildend tätig ist.

Der Stamm der Echinodermen ist in lebhafter Neubildung begriffen. Besonders in Nordamerika sind die karbonischen Schichten ungemein reich an einer herrlichen Fauna von Seelilien. Zwar stehen den 20 devonischen Familien nur 12 karbonische gegenüber, aber sie sind in Jowa und Indiana so formenreich, daß man Hunderte von Arten in herrlicher Erhaltung aus dem nur wenig verhärteten grauen Meeresschlamm herauszulösen vermag. Der seit dem Obersilur[3] vorhandene amerikanische Seitenzweig der Seelilien, die Knospenstrahler (Blastoideen), erreichen im Karbon den Gipfel ihrer Entwicklung. 15 Gattungen mit mehr als 50 Arten sind in individuenreichen Faunen verbreitet; nur wenige Formen wandern nach Europa hinüber.

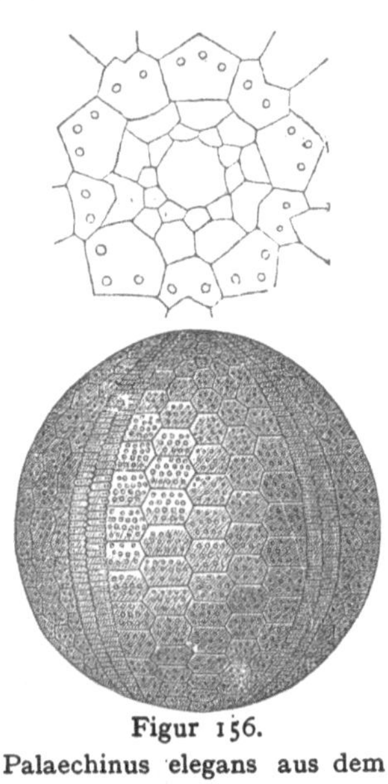

Figur 156.
Palaechinus elegans aus dem irischen Kohlenkalk. Kugelige Schale mit 5 interambulakralen Tafelreihen zwischen je einem Paar durchlöcherter Ambulakralplattenreihen.
Darüber das Schema des Scheitelschildes vergrößert.

Daneben treten, oft geradezu gesteinsbildend, faustgroße Seeigel (Fig. 155 u. 156) auf. Auf einer fußgroßen Platte fand man elf Exemplare von Melonites. Wie bei allen Seeigeln der Altzeit, ist der später auftretende Typus einer 20reihigen Schale noch nicht fertig; vielmehr zeigen diese alten Gattungen andere Zahlenverhältnisse (15—60 Reihen). Von den[4] zehn Gattungen in 50 Arten des nordamerikanischen Karbon finden sich nur drei Genera noch diesseits des Atlantik.

Zahlreiche Bryozoen überziehen mit ihren kalkigen Kolonien allerlei Fremdkörper und treten bisweilen felsbildend auf.

Überaus bezeichnend ist die reiche Entfaltung einiger Brachiopodenfamilien. Die vielfach als Leitfossilien dienenden Spiriferarten (Fig. 157) werden, wie schon betont, an Bedeutung weit übertroffen durch die Productiden, die durch Größe, Anpassung und geographische Verbreitung alles in den Schatten stellen, was dieser Tierstamm im Laufe der ganzen Erdgeschichte hervorgebracht hat. Schon im unteren Karbon tritt die Gattung formenreich auf. Productus giganteus erreichte im offenen Meere, auf den umbrandeten Klippen der Riffe die Größe eines Kinderkopfes, aber wo er in brackischem Wasser lebte, wurde er nur wenige Zentimeter lang. P. semireticulatus, P. cora und andere Arten sind durch ihre weltweite Verbreitung ausgezeichnet.

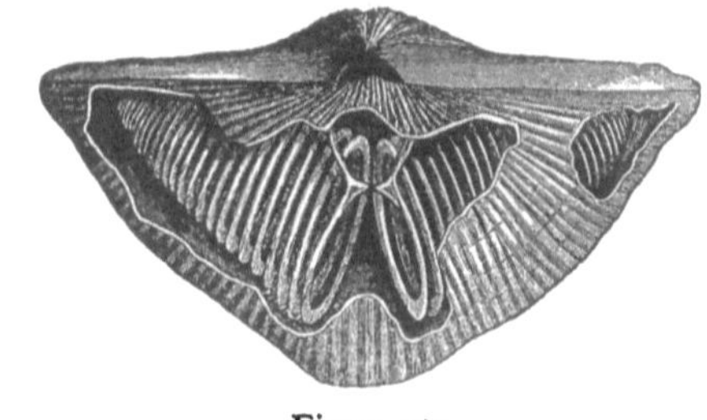

Figur 157.
Spirifer striatus aus irischem Kohlenkalk. Schalenwand z. T. aufgebrochen, um die beiden spiraligen Armkegel zu zeigen, die, mit der Basis einander zugekehrt, in der Schalenspitze enden.

Die Stacheln[5] von Productus übertreffen bei manchen Formen den Durchmesser um das Vierfache. Es ist schwer, sich von der Bedeutung dieser Organe eine Vorstellung zu machen, jedenfalls konnten diese Formen nicht im seichten, vom Wellenschlag stark bewegten Wasser frei auf dem Boden des Meeres liegen, da sonst die feinen Dornen in kürzester Zeit zertrümmert worden wären. Aber selbst wie sie in tiefem, ganz ruhigem Wasser überhaupt auf dem Grunde liegen konnten, ist kaum begreiflich; vielleicht setzten sie sich mit den Enden dieser Röhren an die Blätter von Wasserpflanzen an und wurden von diesen schwimmend getragen; und wahrscheinlich gehörte manche weitverbreitete Art von Productus zum Plankton.

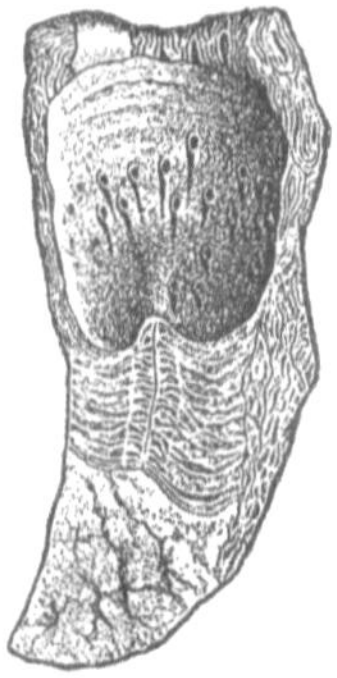

Figur 158. Richthofenia Lawrenciana aus dem indischen Perm (Längsschnitt). Ein Brachiopode, dessen starkverdickte Unterschale, hornförmig gestaltet, am Meeresgrunde festgewachsen war und durch die deckelförmige Oberschale verschlossen werden konnte.

P. complectens umklammerte mit seinen Stacheln Krinoidenstiele, P. longissimus und P. horridus sind von einem Kranz langer, spitzer, silberglänzender Stacheln umgeben, die sie wohl befähigten, im freien Meer oder wenigstens zwischen den Algengebüschen zu schweben. Berechtigtes Aufsehen erregte die Gattung Richthofenia (Fig. 158), die in Nordindien verbreitet ist und anfangs für eine Koralle gehalten wurde. Die eine Schale ist zu einem 8 cm langen Horn umgebildet, dessen Inneres durch horizontale Böden und andere bei den älteren Korallen weitverbreitete Stützelemente erfüllt ist. Die Stacheln sind zu Wurzeln geworden, mit denen das korallenähnliche Gebilde festgewachsen war, und wie bei jenen verschließt ein rundlicher Deckel die Mündung. Die Ähnlichkeit[6] dieser Struktur mit den Korallen der Altzeit und dem erst in der Kreide auftretenden Muschelgeschlecht der Hippuriten ist eine so überraschende, daß hierdurch ein grelles Schlaglicht auf die physiologische Bedeutung der Böden (Tabulae) bei den älteren Korallen geworfen wird. Denn wenn die für sie so bezeichnenden Stützelemente in genau derselben Weise bei karbonischen Brachiopoden und kretazeischen Muscheln auftreten, dann darf man ihnen nicht so sehr einen morphologischen Wert beimessen, als vielmehr diese Einrichtung als eine Anpassungserscheinung betrachten.

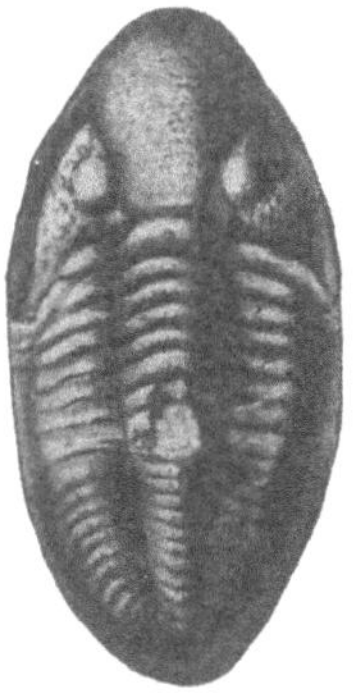

Figur 159. Griffithides globiceps aus dem Unterkarbon v. Schlesien.

Eine eigentümliche Blütezeit erreicht im Karbon die Gattung Orthoceras und Nautilus. Jene ist durch über hundert Arten vertreten, die zwar nicht mit den 850 silurischen Arten verglichen werden können, aber durch ihre ausgeprägte Oberflächenskulptur immerhin zeigen, daß die Gattung noch sehr lebenskräftig war. Auch die hornförmig gebogene Schale von Cyrtoceras zeitigt noch fast ebensoviel Arten wie im Devon. Lebhaft blüht aber die Gattung Nautilus auf, die, in fünf Untergattungen zerlegt, mit 84 Arten verbreitet ist. Seither lebt sie zwar mit denselben Gattungscharakteren bis zur Gegenwart fort, aber ihre Artenzahl nimmt beständig ab und ihre Lebenskraft schwindet.

Das Bild der karbonischen Fauna würde unvollständig sein, wenn wir nicht noch besonders auf diejenigen Formen hinwiesen, welche schon am Schluß der Devonzeit dem Untergang geweiht sind. Wir sehen das besonders deutlich an den Trilobiten, die im Untersilur die größte Blüte zeigten und mit verminderter Kraft durch die Obersilur- und Devonzeit hindurchgehen. Jetzt sinkt die Kurve ihrer Lebensenergie steil hinunter, nur wenige Gattungen (Fig. 159) und Arten von geringer Körpergröße führen ein kümmerliches Leben und retten sich teilweise durch Eindringen in brackische und süße Gewässer vor mächtigen Feinden. Aber auch die Brachiopoden zeigen einen wesentlichen Rückgang an Gattungen, die Cystoideen verschwinden vollständig, die Receptakuliten, Graptolithen ebenfalls. Zahlreiche Geschlechter silurischer und devonischer Korallen, Tabulaten, Seelilien, Seesterne, Muscheln, Schnecken und Nautiloideen sterben aus, und wenn wir die Tierformen kennten, welche ohne kalkige Skelette die älteren Meere belebt haben, so dürfte noch manche erlöschende Gruppe hier aufzuzählen sein.

So wird uns die Frage nahe gelegt, weshalb gerade in dieser Zeit so mancher altertümliche Typus aus der Meeresfauna ausgejätet wird, warum sich die letzten Trilobiten und Eurypteriden in das Süßwasser retten, so daß das Gesamtbild der Fauna sich schrittweise ändert, überall ein Ersatz alter Formen durch neue Zweige des Stammbaumes erfolgt und sich der große Umschwung vorbereitet, der uns so drastisch vor die Augen tritt, wenn wir die permische Meeresfauna in Deutschland mit der Tierwelt des Muschelkalkes vergleichen.

Es ist sehr auffallend, daß unter den kambrischen, silurischen und devonischen Meerestieren so wenig Raubtiere bekannt sind. Man sollte meinen, daß die bis 75 cm groß werdenden Trilobiten, die meterlangen Riesenkrebse oder die gepanzerten Fische mit einem kräftig entwickelten Gebiß als kühne Räuber zwischen der übrigen Fauna hausten. Allein wenn wir uns daraufhin ihre Füße und ihre Mundwerkzeuge ansehen, so fehlen kräftige Fangorgane, ebenso wie schneidende, scharfe Zähne. Pterygotus kann mit seiner zierlichen Schere auf langem, dünnem Stiel sich höchstens den Rückenpanzer von anhaftenden Polypen oder Algen gereinigt haben, und der Klumpfuß von Eurypterus sieht gefährlicher aus, als er bei genauerer Betrachtung erscheint. Geradezu seltsam ist es, daß bei keinem Trilobiten schneidende Kieferränder bekannt sind und daß diese teilweise so großen Tiere auf pflanzliche Nahrung oder modrigen Schlamm angewiesen waren. Und bei den Panzerfischen fällt uns nicht weniger auf, wie gut sie zur Verteidigung, aber wie ungenügend sie für den Angriff ausgerüstet waren. Vergleichen wir diese alte Lebewelt mit dem Wechselspiel von Räuber und Beute, das uns in den Meeren der Gegenwart überall entgegentritt, so sieht man leicht ein, daß in jenen alten Zeiten der Kampf ums Dasein seinen Namen nicht recht verdiente und daß die Selektion mehr durch Zeugungsfähigkeit, Zuchtwahl und den Wechsel der Lebensbedingungen bestimmt wurde.

Da trat mit Beginn der Karbonperiode ein neuer Faktor in das Wechselspiel der Meeresfauna ein. Die in älteren Schichten nur in vereinzelten Zähnchen, Flossenstacheln oder Hautknochen nachweisbaren Selachier erfüllen mit ihren mehr als 300 Arten das karbonische Meer. Zwar fehlen noch die jetzt lebenden Gruppen dieser Knorpelfische (Haifische und Rochen) vollständig; denn wir finden sie erst im oberen Jura. Aber die Familien der Hybodonten, Cochliodonten und einige verwandte Gruppen treten mit etwa 60 Gattungen auf, und wenn uns vielfach auch nur die Zähne oder Flossenstacheln erhalten sind, so zeigt gerade deren Gestalt und Größe, wie vielseitig sie ihr räuberisches Handwerk auszuüben verstanden und welche Lust es ihnen gewesen sein mag, unter der wehrlosen, schlecht geschützten, trägen Formenwelt der Urzeit aufzuräumen. Zahlreich sind besonders die mehrspitzigen Zähne Cladodus

(Fig. 160), Phoebodus usw. Daneben sehen wir die breiten Kauzähne von Psammodus (Fig. 162) und die schneidenden Höckerzähne von Polyrhizodus (Fig. 161). Überaus merkwürdig sind die wie eine durchschnittene Schneckenschale gestalteten Zahnplatten von Cochliodus (Fig. 163), die bei Chitonodus eine Länge von 10 cm erreichten. Wenn wir durch den Vergleich der heute lebenden Knochenfische mit entsprechenden Zahnformen die Lebensweise dieser alten Knorpelfische zu erschließen ver-

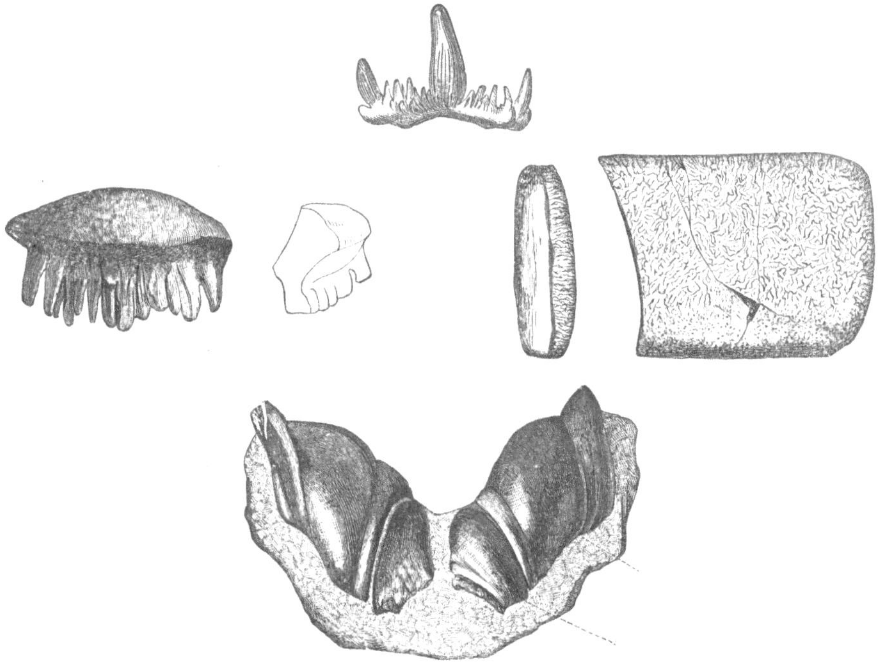

Zähne karbonischer Fische.

Figur 160. Cladodus striatus.

Figur 161. Polyrhizodus radicans. Figur 162. Psammodus rugosus.

Figur 163. Cochliodus contortus.

suchen, dann sehen wir Formen, die mit scharfem Messerzahn leicht jeden Feind zerschneiden konnten; daneben Gebisse voll zahlreicher, scharfer Spitzen, welche die vorbeieilende Beute zu ergreifen und festzuhalten vermochten; sodann breite, höckerige Zahnpflaster, wohlgeeignet, um dickschalige Muscheln, Schnecken, Brachiopoden und Krebse zu zerknacken, und feilenartig zugeschärfte Zahnreihen, mit denen sich festsitzende Tierkolonien leicht abnagen ließen. Mannigfaltig wie die Nahrungsaufnahme war die Körpergestalt und Größe jener Fische und während die einen bunte Korallenklippen umkreisten oder pfeilschnell ihre rasch bewegliche Beute verfolgten, lauerten andere in Klüften und Spalten auf die träge herankriechenden Schnecken und Trilobiten oder lagen in Sand und Schlamm vergraben, um listig die Beute zu erhaschen.

Unter den heutigen Knorpelfischen erregt die mit Zähnen besetzte Nase des Sägefisches besonderes Interesse, nur ist es ein Irrtum, wenn

Figur 164.
Zahnspirale von Helicoprion Bessononi. Artastufe des Ural.

man glaubt, daß sie ihm diene, um große Gegner damit anzuschneiden; im Dämmerschein des Meeres könnte er bei rascher Bewegung die bewegliche Beute kaum so scharf ins Auge fassen, um sie sicher zu treffen. Vielmehr dient die Säge dazu, um beim Eindringen in dichte Tangwälder, zwischen denen sich ein reiches Tierleben ungestört entfaltet hatte, das Pflanzendickicht zu durchteilen, so wie sich der Jäger mit dem Buschmesser seinen Weg in den dichten Urwald öffnet.

Auch eine karbonische Familie war mit ähnlichen Einrichtungen versehen und trug entweder auf dem Hinterhaupt (Edestus) resp. an den Wangen mit kräftigen Zähnen besetzte, große Flossenstacheln, oder (Helicoprion) längs der Rückenlinie eine Reihe großer, gelenkig miteinander verbundener Hautzähne. Diese durch elastische Bänder verbundenen, scharfen Rückenzähne mußten sich bei den raschen Bewegungen des Tieres leicht gegeneinander verschieben und doch fest verbunden sein, um ihrem Zweck zu dienen. So blieben sie auch nach dem Tode des Tieres im Zusammenhang und rollten sich, während die Rückenmuskeln faulten, zu einer seltsamen Spirale (Fig. 164) zusammen, die nicht etwa auf der Nase saß und wie man vermutet hat, wie ein bekanntes Kinderspielzeug durch Aufblasen ausgestreckt werden konnte, sondern nur nach dem Tode des Tieres die seltsame Form annahm.

So drang die rasch bewegliche Selachierfauna unaufhaltsam in alle Winkel des karbonischen Meeres; die reichlich vorhandene Nahrung bot ihnen die Mittel zu gesteigerter Vermehrung und daß sie bei ihrem räuberischen Handwerk selbst manche Havarie erlitten, geht aus den zahlreichen, vereinzelten Zähnen hervor, die sie dabei verloren, und die wir jetzt, überall verstreut, in den karbonischen Kalken finden. Aber da die niedrig stehenden Wirbeltiere durch unbegrenzten Zahnersatz ausgezeichnet sind, so wuchsen aus ihrer Mundschleimhaut immer wieder neue Zähne hervor und ihre gefährliche Waffe wurde rasch ersetzt.

Die Wirkungen, welche dieses Piratengeschlecht im karbonischen Meere hervorrief, lassen sich leicht überschauen: zuerst vernichteten sie alle die wehrlosen, ungeschützten Formen, welche bis dahin ein ungestörtes Dasein geführt hatten. Dadurch entstand eine sehr lebhafte Auslese und die wechselseitigen bionomischen Beziehungen der Überlebenden änderten sich beständig. Die großen Einzelkorallen, in deren Kelch die fleischige Sarkode ein leicht erreichbares Futter bot, wurden bald vertilgt, und dafür blühten die stockbildenden Formen auf, bei welchen das Individuum nur von geringer Größe, aber in dichten, zackigen Büschen zusammengedrängt, besser geschützt war. Die Tabulaten mit ihren langen, zarten Kalkröhren verschwanden bis auf Chätetes, deren dichtgedrängte Röhren dünn wie eine Nadel sind. Zahlreiche Muschel- und Brachiopodengeschlechter mit dünner Schale sterben aus, und nur die Spiriferiden, deren Schalenhohlraum von den feinen Spiralkegeln des Armgerüstes fast erfüllt werden, so daß in der zerknackten Schale zahlreiche, spitze Bruchstücke das Fleisch ungenießbar machten, blieben vor den Angriffen geschützt. Productus aber war durch seine dicke, stachelbesetzte Schale gesichert. Daß zahlreiche Geschlechter von Seelilien mit den Cystoideen vergingen, ist eben so verständlich, wie das Auftreten von großen, dickschaligen oder durch kräftige, lange Stacheln bewehrten

Seeigeln. Die mit Leisten und Rippen verzierten Orthocerasschalen zeigen ebenfalls Anpassungserscheinungen an neu auftretende Feinde, und das Verschwinden der letzten Trilobiten aus dem Meere, ihr Eindringen in brackische und süße Gewässer hängt offenbar mit derselben Ursache zusammen.

So wandelte sich die Fauna Schritt für Schritt, und neue Geschlechter, besser geschützt und angepaßt an die neuen Verhältnisse, gewannen immer größere Bedeutung. In dieser Hinsicht müssen wir besonders auf die Ammoniten verweisen, deren meist glatte und eingerollte Schale durch eng gefaltete, zahlreiche Scheidewände gefestigt, als hydrostatisches Organ rasche, senkrechte Bewegungen erlaubte; denn beim Herannahen des Feindes brauchte der Ammonit nur rasch seine Fangarme in die Wohnkammer zurückzuziehen, um sofort in tiefere Wasserschichten hinabzusinken und sich dadurch dem Feinde zu entziehen. Auffallend ist es jedenfalls, wie selten verletzte und wieder ausgeheilte Ammonitenschalen gefunden werden — ein sprechender Beweis dafür, wie widerstandsfähig die dünne Schale durch die Falten der Suturlinie geworden war.

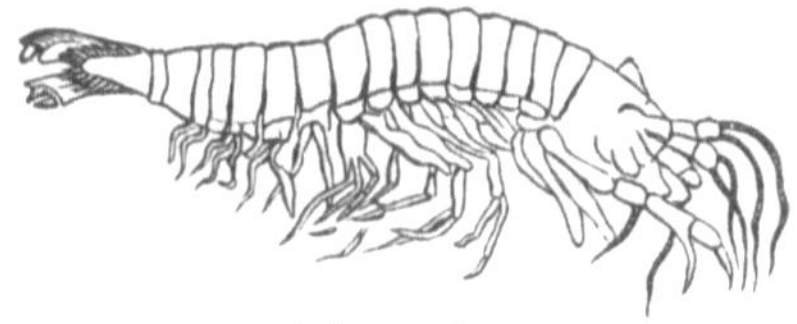

Figur 165.
Gampsonyx fimbriatus.
Perm von Saarbrücken.
Mittelform zwischen Asseln, Flohkrebsen und höheren Krebsen, scharenweise in Tümpeln der Permzeit.

Aber nicht nur die Vernichtung zahlreicher, alternder Geschlechter und das langsame Emporblühen besser angepaßter, neuer Formenkreise dürfen wir auf das Eintreten der räuberischen Fische zurückführen — nein, auch eine geologische Tatsache scheint im Zusammenhang damit zu stehen. Ist doch die Karbonzeit in viel höherem Maße als die vorhergehenden Perioden durch die weite Verbreitung wohlgeschichteter, reiner, organischer Trümmerkalke ausgezeichnet. Als Kohlenkalk oder Bergkalk bedecken sie allein in Rußland[7] eine Fläche von 2000000 qkm, sind in Belgien, England und Irland weitverbreitet und lassen sich ebenso nach Asien wie nach Nordamerika weit verfolgen.

Der Name „Kohlenkalk" könnte auf die Vermutung führen, daß kohlige Beimengungen dem Kalke eine schwarze Farbe geben, und in den Ostalpen wie in Belgien sind solche dunkle Kalke auch bekannt. Aber wenn wir die Kohlenkalkschichten betrachten, die den größeren Teil des mittleren Rußland bedecken, dann sehen wir blendend weiße Bänke ganz erfüllt mit den herrlichsten Versteinerungen und aufgebaut aus kleinen und großen Schalentrümmern von allerlei Meerestieren. Bei Miatchkowo geben große Steinbrüche Gelegenheit, die reiche Tierwelt zu studieren. Fusulinen sind in einigen Schichten so häufig, daß sie gesteinsbildend genannt werden müssen. Zwischen ihnen fand sich als große Seltenheit die Gattung Nummulina, deren ungeheure Entfaltung in der viel späteren Eozänzeit wir noch zu schildern haben. Platten und Stacheln von Archaeocidaris sind dazwischen so häufig, daß sie einen wesentlichen Anteil an der Zusammensetzung des Kalkes nehmen. Prächtige Seelilien entfalteten ihre Krone auf hohem, fingerdickem Stiel. In Gruppen waren dazwischen die Brachiopoden am Meeresboden festgewachsen. Wie Kohlköpfe erhoben sich die kugeligen Stöcke von Chätetes und das ästige Buschwerk stockbildender Korallen. Mit ihrem feinen Filigranwerk überzogen Bryozoen den Boden und dünnschalige Schnecken (Fig. 166) krochen umher. Im Wasser schwebten Bellerophon (Fig. 167), Nautilus und Orthoceras und die bleichenden Skelette aller dieser artenreichen Gruppen lagerten sich wie ein großes Leichenfeld über den Meeresboden. Dunkelbraun oder tiefschwarz gefärbt, heben sich nun die Zähne räuberischer Selachier von dem blendend weißen Muschelsande ab, als ob sie uns noch jetzt zeigen wollten, daß sie ein fremdes, feindliches Element im dem einst so bunten Lebensbezirk darstellen.

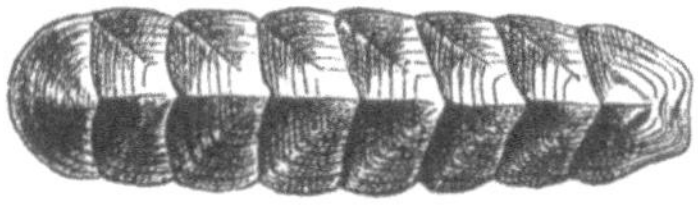

Figur 166.
Chiton priscus.
Karbonische Käferschnecke.

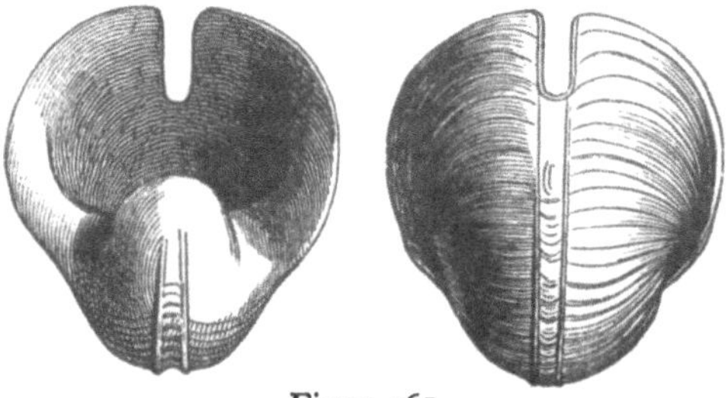

Figur 167.
Bellerophon bicarenus
aus dem Kohlenkalk von Belgien.
Der auf der Mitte des Schalenrandes gelegene Schlitz wird beim Weiterwachsen durch ein Kalkband verschlossen, das auf dem Rücken als „Schlitzband" verfolgt werden kann.

Das Ende dieses so ungleichen Kampfes wird durch das Aussterben zahlreicher Familien und Gattungen der karbonischen Fische bezeichnet. Man möchte vermuten, daß die gewalttätigen Piraten, nachdem sie so furchtbare Verheerungen angerichtet und dabei ihre Nahrung stark vermindert hatten, sich gezwungen sahen, ihre eigenen Verwandten anzugreifen und in fanatischem Brudermord sich selbst zu vernichten. Tatsächlich scheiden zahlreiche Geschlechter aus der Fauna des Meeres aus, die Alleinherrschaft der Selachier geht zu Ende, Ganoiden und Knochenfische treten allmählich an ihre Stelle.

Obwohl das Karbonmeer, soweit uns kartographische Darstellungen[8] ein Urteil erlauben, eine ziemlich reiche Küstengliederung erkennen läßt und in mancher lokalen Transgression seine Grenzen immer wieder verschob, so treten uns doch einige große, bleibende Züge in der Verteilung von Wasser und Land entgegen. Der große arktische Kontinent wird bald durch einige breite Meeresstraßen in eine kanadisch-baltische und eine ostsibirische Masse zerteilt. Ein vielgestaltiger breiter Meeresgürtel dringt vom Stillen Ozean aus quer über die Vereinigten Staaten hinweg nach Europa herüber, bedeckt die Mittelmeerländer, reicht nach Norden bis nach Schottland, im Süden bis weit nach der Sahara, überflutet den größeren Teil von Rußland, Mittelasien und China, um sich bei Japan wieder mit dem Stillen Ozean zu vermählen. Weniger sicher ist die Verteilung der Meere auf der südlichen Halbkugel, aber deutlich hebt sich eine große Ländermasse heraus, welche den größten Teil von Afrika umfaßt, über Arabien und Belutschistan, Ostindien, Hinterindien bis nach dem Sundaarchipel reicht und Australien als gesondertes Festland angliedert. Besonders in der Permzeit war dieses Gondwanaland der Schauplatz merkwürdiger Ereignisse, die wir später zu schildern haben.

Die wichtigste Veränderung in den Umrissen des Productusmeeres besteht darin, daß es zuerst im Westen von Nordamerika vorwärtsdringt, dann in Nordeuropa und China, später im arktischen Europa, im arktischen Nordamerika und im westlichen Mitteleuropa. Für Europa wird endlich in der jüngeren Permzeit die Überflutung des vom Norden kommenden Zechsteinmeeres bedeutungsvoll.

Wenn wir erwägen, daß in den nördlichen Festländern, ebenso wie im Gondwanaland, große Massen von Verwitterungsschutt entstanden, die zwar durch die wiederholt auftretende Abflußlosigkeit meist binnenländisch aufgehäuft, dazwischen aber immer wieder ausgeräumt und nach dem Meere verfrachtet wurden, dann werden wir verstehen, wie wechselnd dessen Umrisse waren. Graue und gelbe Sandsteine säumten die Ufer pflanzenarmer Wüsten, und ungeheure Deltas von grauem Schlamm schoben sich von pflanzenreichen Küstenländern nach dem Meere hinaus. Innerhalb dieser schlammigen Deltagebiete war natürlich die Möglichkeit gegeben, daß bald salzige Fluten weit landeinwärts, bald süßes Wasser meerwärts drangen. Im folgenden Abschnitt wird uns die erdgeschichtliche Bedeutung dieser Umstände noch ausführlich beschäftigen. Hier wollen wir nur darauf hinweisen, daß jene durch Pflanzenmoder grau gefärbten, bald feinkörnigen, bald sandigen und geröllreichen Deltaablagerungen unter dem Namen „Culm" in Deutschland und in England weitverbreitet und in einer Mächtigkeit bis zu 2000 m entwickelt auftreten. Marine Fossilien sind spärlich, pseudoplanktonische Seelilien, an Treibholz verankert und leere Goniatitenschalen sind noch am häufigsten. Dagegen wurden flache Brackwasserseen von dünnschaligen Muscheln (Posidonomya Becheri (Fig. 168) belebt.

Während so an der Küste das Meer mit dem Lande rang, entstanden durch tektonische Bewegungen flache Faltenzüge am Meeresgrunde, verwandelten diesen in Untiefen und sumpfiges Inselland und stiegen endlich bei weitergehender Faltung in berstenden Schollen und Felsenketten zu immer höher werdenden Gebirgen empor. Dazu traten mit furchtbarer Gewalt vulkanische Ausbrüche. Alle diese Erscheinungen, die wir im nächsten Abschnitt noch ausführlich schildern wollen, griffen in die Meeresfläche hinein, veränderten beständig die Küstenlinie und zwangen die Fauna zu ruhelosem Wandern.

Deshalb ist die marine Entwicklung der karbonischen und permischen Schichten immer wieder durch festländische Einschaltungen, pflanzenreiche Sandsteine, rote Konglomerate, versteinerungsleere Grauwacken u. a. unterbrochen. Berücksichtigen wir zudem, daß jüngere marine Gesteine einen großen Teil der karbonischen und permischen Schichten verhüllen, so wird es uns verständlich, warum dieselben so oft nur in einzelnen Aufschlüssen bekannt sind, zwischen denen weite Strecken einer genaueren Prüfung unzugänglich sind.

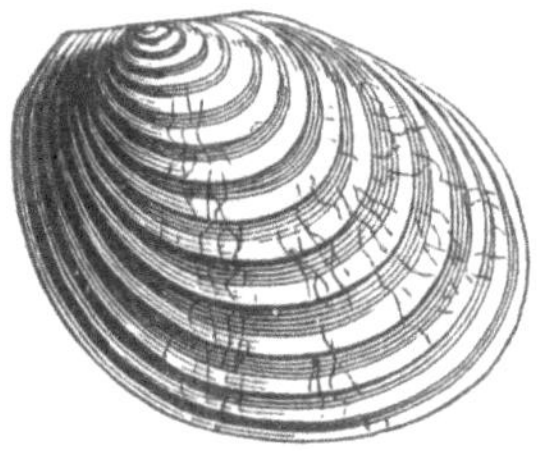

Figur 168.
Posidonomya Becheri. Brackwassermuschel, gesellig in carbonischen Sümpfen.

Aber selbst diese verstreuten Reste lassen durch den Vergleich ihrer Faunen mit aller Sicherheit erkennen, daß das breite Mittelmeer (Thethys), dessen Verbreitung wir schon geschildert haben, von einer sehr einheitlichen Fauna belebt war und in ununterbrochenem Übergang die lückenlose Entwicklung devonischer Meeresfaunen durch die karbonischen und permischen Faunen des Productusmeeres hindurch bis in die Triaszeit verfolgen läßt. Diese Tatsache ist von ungeheurer Tragweite; denn man glaubte früher, daß die Fauna des Productusmeeres am Schluß der Permzeit vollkommen ausgestorben sei und daß mit der Triasperiode ganz unvermittelt eine neue Schöpfungsperiode begonnen habe. So zog man hier jene starke Mauer, welche das Altertum der Erde (Palaeozoicum) von dem Mittelalter (Mesozoicum) sonderte und diese scheinbar so fest begründete Ansicht beeinflußte nicht nur die historische Beurteilung der Erdgeschichte, sondern ebenso die Systematik in der Paläontologie. Schlagen wir ein älteres Lehrbuch auf, so sehen wir die Lebewelt der Altzeit und der Mittelzeit in scharfer Klarheit gegenübergestellt und finden als Leitformen der

Altzeit:	Mittelzeit:
Tetrakorallen	Hexakorallen
Palaeokrinoiden	Neocrinoiden
Palaechiniden	Euechiniden
gestreckte Nautiloideen	—
Goniatiten	Ammoniten
Trilobiten	—

Jene Mauer wurde aber durch die unaufhaltsam weitergehende geologische Forschung Stein um Stein abgetragen, langsam erweiterten sich die Breschen und immer enger verbanden sich die früher so scharf geschiedenen Faunen; man fand in der alpinen Trias bei Hallstadt eine formenreiche Fauna, in welcher Orthocerasschalen und Ammoniten vereint waren; bald darauf lernte man in Nordindien und Armenien, am Ural und in Sizilien seltsame Mischfaunengattungen kennen und die Sammlungen füllten sich mit reichen Schätzen der Übergangsschichten. Jetzt wissen wir, daß keine scharfe Grenze zwischen der Alt- und Mittelzeit existiert, daß ihre Faunen untrennbar verbunden sind.

Mannigfaltig wie ihre Schicksale sind die Gesteine jener alten Meere. Geschichtete Sandsteine, in Schiefer verwandelter Schlamm und mächtige Kalke treten im bunten Wechsel auf. Neben dem geschichteten Bergkalk, den wir schon geschildert haben und dessen Hauptverbreitung in Rußland, Belgien, Irland und Nordamerika liegt, treten ungeschichtete Riffkalke mit reichen Faunen auf. Wir finden sie im Unterkarbon von Belgien, England und Alabama, dann wieder im Perm von Sizilien und Thüringen und auch die dazwischenliegenden Schichtenreihen enthalten Kalklinsen, die auf die Fortdauer der Riffbildung hindeuten. In Dakota, Spitzbergen, dem Ural, Sizilien, Armenien, Persien und Indien sehen wir, wie die altertümlichen Karbonfaunen langsam verschwinden und als Vertreter einer neuen Zeit die Geschlechter der Ammoniten auftreten. Der Fusulinenkalk des Sosiotales bei Palermo enthält[9] 54 neue Ammonitenarten. Auch die Schneckenfauna zeigt durchaus neue Formen. Ganz ähnlich enthalten die nordindischen Productuskalke eine Fülle neuer Ammoniten.

Würden nicht hier Productus, dort Fusulina die Zugehörigkeit zu einer älteren Schichtenreihe beweisen, so wäre man versucht, die ganze Fauna zur mittelzeitlichen Tierwelt zu rechnen.

Von allen diesen jüngeren Faunen des Productusmeeres wollen wir nur diejenige des Zechsteins noch berücksichtigen, weil sie das letzte geschlossene Auftreten der älteren Tierwelt darstellt und für die weiteren Geschicke Europas von großer Bedeutung wurde.

Das alte, rote Wüstenland besiedelte sich, wie wir noch zu zeigen haben, schon während der Unterkarbonzeit mit einer reichen Flora, die, kohlenbildend sogar auf der Bäreninsel und in Spitzbergen bekannt ist. Das an seinem Ufer brandende Meer schritt langsam landeinwärts und lagerte seine Sedimente darauf. So werden pflanzenführende oberdevonische und unterkarbonische Sandsteine von marinem, weißem Bergkalk überlagert, der 10 m mächtig, reich an Brachiopoden ist. Eine hangende Ablagerung von Kieselschiefer enthält zwei Productusarten (P. horridus und P. cancriniformis), deren weitere Verbreitung sehr merkwürdige

Schlüsse ziehen läßt. Denn bald darauf finden wir diese Arten weitverbreitet in Deutschland und bis nach dem östlichen Rußland auf demselben Boden, der eben noch ein pflanzenreiches Festland war und sich mit den roten Sandsteinen, den mächtigen Konglomeraten und den vulkanischen Ablagerungen der rotliegenden Periode bedeckt hatte.

Klar und deutlich sehen wir das transgredierende Hereinbrechen des Productusmeeres in herrlichen Profilen aufgeschlossen.

Gewaltsam drangen die Wogen herbei, wühlten das weiche Material des weitverbreiteten Gebirgsschuttes, die Sande der Ebene, die Tone und Aschen der Vulkanberge auf und mischten sie mit den zerriebenen Kalkschalen seiner Bewohner. So entstand eine eigentümliche Breccie, der man den Namen „Zechsteinkonglomerat“ gegeben hat.

Noch waren die Wasser des neu entstandenen Meeres flach, seichte Buchten wurden überall von Untiefen und schlammigen Inseln zerlegt, auf denen eine üppige Sumpfflora gedieh. Die Zweige und Früchte von Voltzia und Ullmannia, die Blätter von farnähnlichen Sphenopteris und Odontopteris nebst dem Moder anderer Pflanzenteile mischten sich mit dem schlammigen Sediment des Bodens, und nur wenige euryhaline Bewohner des offenen Meeres vermochten in diese Küstensümpfe einzudringen. Ob die 33 Arten von Fischen, die man im Kupferschiefer, dem Bodensatz jenes Sumpfes, gefunden hat, alle darin gelebt haben oder zum Teil nur als Leichen hineingetrieben worden sind, bedarf noch der Untersuchung. Häufiger sind jedenfalls nur der schlanke Palaeomiscus und der breitleibige Platysomus. Keiner der im unteren Zechsteinmeer so weitverbreiteten kleinen Muschelkrebse (Cythere) wird im Kupferschiefer gefunden. Daß die leeren Gehäuse von Nautilus und Orthoceras gelegentlich hereintrieben, kann nicht wundernehmen. Von den etwa 30 Zechsteinschnecken ist nur Turbonilla Gibbsoni und Dentalium Speyeri hier gefunden worden; von über 40 Muscheln fühlten sich nur einige wenige dünnschalige Arten auf dem Faulschlamm wohl.

Durch das Einströmen kupferhaltiger Gewässer, deren Metallgehalt von dem organischen Moder niedergeschlagen wurde, entstand die technisch so bedeutsame Erzführung jener kaum fußhohen Schlammschicht.

Abermals drang das Meer heran und nahm endgültig Besitz von dem lange umstrittenen Ufergebiet des europäischen Festlandes. Bis nach den Sudeten und dem Erzgebirge, im Süden bis nach Heidelberg, im Westen bis fast nach dem Elsaß erstreckt sich jetzt die blaue Salzflut. In unglaublicher Individuenzahl, aber mit nur geringer Artenzahl bevölkern Productus, Strophalosia, Terebratula, Dielasma, Schizodus, Myalina u. a. das Meer; Cephalopoden fehlen fast vollständig.

Auf den am Meeresgrund aufragenden Klippen siedeln sich Bryozoen (Fenestella) und Stromarien (Spongia Schubarthi) an, bilden riffartig emporwachsende Kalkinseln und gliedern die Fläche des Nebenmeeres. Während ihre Kalksubstanz beim Absterben meist in kristallinischen Kalk oder Dolomit umgewandelt wurde, blieben in Lücken und Höhlen oft eine staunenswerte Fülle kleiner Fossilien erhalten. Da finden wir die zierlich gestalteten Becher der Fenestella, ganze Siedlungen kleiner Terebrateln, die zerfallenen Stiele zierlicher Seelilien und die mit Stacheln bewehrten Schalen der Productiden. Ja sogar die mikroskopisch kleinen Kalkanker von Holothurien konnten nachgewiesen werden.

Eine ganz ähnliche Fauna tritt im Zechstein des Ural auf und zeigt, daß auch dorthin ein Arm des nordischen Productusmeeres reichte. Aber bald wurde die Verbindung dieses weiten, flachen Beckens mit dem Ozean gelöst, der Austausch der Gewässer verhindert und aus dem tierreichen Meer entstand ein System von flachen Salzpfannen, die von der heißen Sonne während der oberen Zechsteinzeit eingedampft wurden.

Verweise

[1] Frech, Lethaea pal., S. 119 ff. — [2] Schellwien, Palaeontographica XLIV, S. 280. — [3] Etheridge u. Carpenter, Ref. N. Jahrb. f. Min. 1887, II S. 198. — [4] Gregory, Bull. Geol. Soc. America 1891, S. 102. — [5] Neumayr-Uhlig, Erdgeschichte II, S. 124. — [6] Walther, Z. d. D. geol. Ges. 1897, S. 219. — [7] v. Moeller, C. rend. du Congr. Géol. Paris 1880, S. 111. — [8] Frech, Lethaea pal., Taf. IV, V; De Lapparent, Traité de Géol., Fig. 361, 371. — [9] Gemellaro, Ref. Frech das., S. 505.

20

Die Faltung der Erdrinde und die Bildung der Steinkohlen

Wenn wir zurückblicken auf die während der Altzeit in Europa, Nordamerika und Asien gebildeten Gesteine, so sehen wir mit Verwunderung, daß sich zahlreiche Gesteinsdecken von immer wachsender Mächtigkeit fast in denselben Bildungsräumen vom Kambrium durch die Silur-, Devon- und Karbonperiode hindurch übereinanderschichten und daß trotzdem alle diese Gesteine nach ihren lithologischen und faunistischen Charakteren als Bildungen flacher und mittlerer Meerestiefen erkannt werden. Wollte man annehmen, daß der altzeitliche Schichtenstoß mit einer Mächtigkeit von 3—5000 m in ebenso tiefen Meeresbecken abgelagert worden sei und diese langsam zugeschüttet habe, so müßte man beobachten, daß die Ablagerungen des Kambrium in 4000 m Tiefe, diejenigen des Silur vielleicht in 3000 m, des Devon in 2000 m, des Karbon bei immer mehr abnehmender Tiefe gebildet worden seien, und dementsprechend müßte auch die kambrische Fauna Tiefseecharaktere tragen und weder im Silur noch im Devon könnte man Anzeichen flachen Wassers oder gar des nahen Strandes bemerken. Dennoch sind derartige Symptome überall zu finden; weder in Europa noch in Nordamerika erkennen wir die fortlaufende Reihe von Erscheinungen eines beständig zugefüllten Beckens. In Nordamerika, wo man diese Erscheinungen zuerst studierte, erkannten Hall und Dana, daß diese Ablagerungen auf nachgiebigem Grunde erfolgt seien, daß weite Becken der Erdrinde (Geosynklinalen) langsam in die Tiefe sanken und infolge dieser beständig sich steigernden Niveaudifferenz alle Abflußrinnen der umliegenden Festländer immer wieder an sich zogen, so daß der Verwitterungsschutt ferner, hoher Gebirge, ebenso wie die Aschendecken festländischer und mariner Vulkane unaufhaltsam nach den Geosynklinalen getragen wurden und einen immer wachsenden Schichtenstoß bildeten, dem organische Kalke in Riffen und Bänken am Meeresgrunde eingeschaltet wurden.

Wir müssen unseren Standpunkt auf dem nordischen Festlande wählen, um von hier die Anordnung der wichtigsten dieser Becken zu betrachten.

Da sehen wir ein Ablagerungsgebiet fast in nordsüdlicher Richtung über Nowaja Semlja und den Ural bis nach den kaspischen Niederungen ziehen. Südlich des baltischen Schildes erstrecken sich von Graz bis nach Lyon und von hier durch Westfrankreich bis nach der Bretagne und Irland zwei weite sedimentsammelnde Rinnen, denen sich von den Pyrenäen längs der spanischen Nordküste eine weitere Synklinale anschließt. In Nordamerika ist eine breite Wanne von Labrador längs der Ostküste bis nach Florida und Texas dem kanadischen Schild vorgelagert und in den westlichen Staaten Nordamerikas, wie in Ostasien zeigen sich die Spuren ähnlicher Erscheinungen.

Wir haben früher schon besprochen, daß gerade solche Gebiete lang andauernder Gesteinsbildung sehr leicht vom Gebirgsbildungsprozeß ergriffen werden. Eine Tatsache ist es jedenfalls, daß am Schluß der Altzeit in den aufgezählten Regionen der Gebirgsbildungsprozeß gewaltig einsetzt und in wechselndem Tempo, von Pausen unterbrochen, an derselben Stelle hohe Gebirgsketten schafft, wo lange Perioden hindurch ein sich beständig vertiefendes Meer wogte.

Schon im Unterdevon und Unterkarbon beginnt die Faltung in Mitteleuropa, im Oberkarbon werden das varistische Gebirge (mitteldeutsche Alpen) [Fig. 169], das armorikanische Gebirge (Frankreich bis Irland), das iberische Gebirge (Nordspanien), sodann der westliche Kwen-Luen und der Ural gefaltet. Im unteren Perm beginnt die Faltung der Westalpen, der Ural steigt höher empor. In Armenien und Mittelasien bersten breite Schichtengewölbe, und in Mitteleuropa steigen zackige Hochgebirge immer mächtiger empor. Dann beginnt die Faltung der Appalachen und, als ob die ganze Erdrinde in Bewegung geraten wäre, schieben sich in Sibirien und Japan, in Mittelafrika und im Kapland, in Ostindien, Südamerika und Australien riesige Schichtenstöße zusammen. Wie auf einer weiten, mit Eis bedeckten Seefläche die Schollen übereinandergedrängt werden, oder bei dem Eisgang eines Flusses in ruhelosem Wechsel bald hier, bald dort emportauchen, sich hier zusammen pressen, dort auseinanderschieben und oft wieder rasch hinabtauchen, so bewegen sich die berstenden Schollen der Erdrinde in rastlosem Wechsel gegeneinander. Bis in die tiefsten Grundfesten der Lithosphäre lassen sich die mächtigen Bewegungen verfolgen. Sie greifen hinab in die glühend heißen Zonen des Magma, das in schlierigen Wolken hoch emporgedrängt wird und, abgelöst von dem großen Feuerherde, in einzelnen Etappen durch die Lithosphäre hindurchwandert, bis

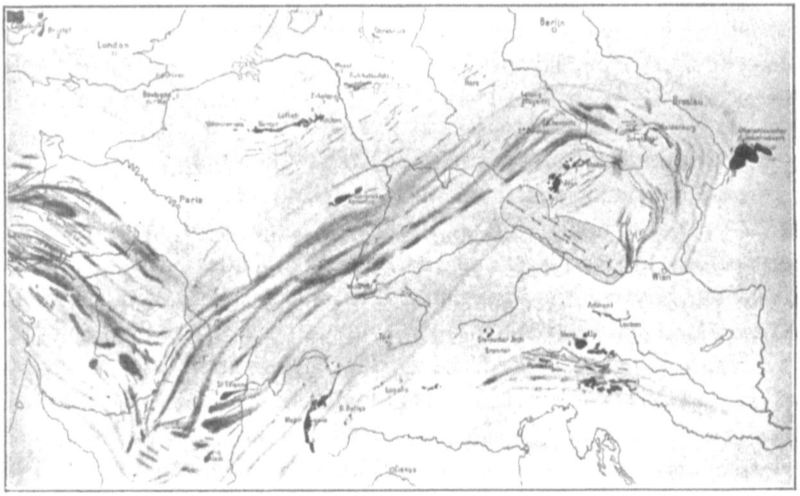

Figur 169.
Die Faltenzüge des armorikanischen und des varistischen Gebirges; daneben (schwarz) die wichtigsten Kohlenfelder Mitteleuropas.

es, in glühenden Feuergarben hervorbrechend, weite Gebiete mit Aschen und Lavadecken überschüttet.

Nur wenige feste Pfeiler ragen aus diesem Trümmermeer von beweglichen Schollen heraus. Das kanadisch-baltische Festland, das afrikanisch-indische Gondwanaland und einige weniger genau zu umschreibende Landfesten in Böhmen, Mittelfrankreich und Südamerika sind deutlich zu erkennen.

Was aber geschah mit den Flächen der Erdkugel, welche heute, vom tiefen Meere verborgen, uns keine Aufschlüsse geben über ihre geologischen Geschicke? Vielleicht kann eine scheinbar fernliegende Gedankenreihe uns hierüber aufklären.

Der heutige Ozean zerfällt in zwei durch Übergänge verbundene, aber doch grundsätzlich verschiedene Gebiete: die licht- und pflanzenreiche, diaphane Region[1] und die nur von Tieren bewohnte dunkle Tiefsee. Nachdem man erkannt hatte, daß alles irdische Leben von der Kohlensäureassimilation der Pflanzenwelt abhängig sei und die pflanzenlose Tiefsee von der Flachsee aus besiedelt worden sein muß, ergab sich das Problem, wann jene Besiedlung erfolgt sei. Als Sars in den nordischen Meeren 2000 m tief die erste lebende echte Seelilie, einen kleinen Rhizocrinus, entdeckt hatte, hoffte man, bei der zoologischen Erforschung der Tiefsee auch noch andere, für ausgestorben gehaltene Tiere zu finden. Für die im Jahre 1872 von England unternommene große Challenger-Expedition war diese Hoffnung eines der wichtigsten Motive. Aber obwohl Challenger, Travailleur, Valdivia und andere Schiffe ihr Schleppnetz über die größten Meerestiefen hinweggezogen und reiche Faunen heraufgebracht haben, so ist doch dabei nicht ein einziger Vertreter der paläozoischen Tierwelt entdeckt worden. Weder Tetrakorallen, noch Graptolithen, weder Stromatoporiden noch Palechiniden, weder Trilobiten noch Plakodermen sind in die Tiefsee hinabgewandert. Wohl gewähren viele Tiefseeformen einen überaus fremdartigen Anblick, aber wir finden dort Pentacrinus, Terebratula, Dorocidaris, Lima, Penäus und andere für das „Mittelalter" der Erde bezeichnende Gattungen.

Wenn die heutige Tiefsee schon im paläozoischen Zeitalter existiert hätte, so wäre gar nicht einzusehen, weshalb sie nicht schon damals von der Flachsee aus besiedelt wurde. Der Meeresfauna stehen so viele Mittel für aktive und passive Wanderungen zu Gebote, daß aus der reichen Fülle silurischer Tierformen sicherlich manche Vertreter gern in die Tiefsee hinabgewandert wären wo zwar das Pflanzenleben fehlt, aber dafür nahrhafter Schlamm überall zu Gebote steht und wo sich wenigstens die ersten Ansiedler ohne Kampf über weite Flächen verbreiten konnten. Hatten aber erst einmal solche Tiere sich an die dort herrschenden Bedingungen gewöhnt, dann war selbst bei den größten geologischen Veränderungen kein Grund gegeben, daß sie aus ihrem Lebensbezirk vertrieben wurden. Die Hebungen und Senkungen der Lithosphäre, die Oszillationen und Transgressionen der Hydrosphäre, welche in der Flachsee tiefgreifende Umgestaltungen hervorrufen, Meeresgrund und Festland gegeneinander austauschen, ganze Faunen zerstören und weitreichende Wanderungen veranlassen können — sie beeinflussen nicht das Leben der Tiefsee, und wer diesen Zufluchtsort erreicht hat, der kann nicht wieder aus ihm vertrieben werden. Aus alledem ziehen wir den Schluß, daß die Tiefseefauna erst nach Schluß der paläozoischen Zeit aus den höheren Wasserschichten hinabgestiegen ist.

Aber auch eine andere Gedankenreihe drängt uns zu der Auffassung, daß das Weltmeer während des Paläozoikums nur eine geringe Tiefe besaß und über die flachwellige Erdoberfläche ohne Schwierigkeit transgredieren und regredieren konnte. Die häufigen, aber kleinen Diskordanzen, die räumliche Begrenzung vieler Lokalfaunen, die Leichtigkeit, mit der die paläozoischen Ozeane immer wieder ihre Grenzen verschoben, ist nur verständlich, wenn wir annehmen, daß damals der scharfe Gegensatz zwischen Kontinentalsockel und Tiefseebecken noch nicht bestand.

Besonders auffallend ist es auch, daß bei den oft sehr ausgedehnten Transgressionen die anfänglich flachen Meeresräume keineswegs übertieft werden. Man sollte doch annehmen, daß bei einer Transgression die anfangs überfluteten Gebiete in demselben Maße Tiefsee werden, als ihre Randgebiete über das benachbarte Festland hinübergreifen. Aber wenn wir die Gesteinsfolge von Europa oder Nordamerika längs der Wanderzüge alter Transgressionen vergleichen, dann sehen wir nirgends die Symptome beständig zunehmender Tiefen, sondern nur den regellosen Wechsel litoraler, küstennaher und flacher Meeresbildungen.

So drängen paläontologische und lithologische Betrachtungen zu demselben Schluß: daß Tiefseebecken vom Charakter der heutigen abyssalen Depressionen vor der Trias noch nicht existierten.

Es ist ein Erfahrungssatz, daß der Gebirgsbildungsprozeß Teile der Erdrinde nicht nur über das frühere Niveau emporwölbt, sondern gleichzeitig benachbarte Teile in weiten Mulden hinabbiegt. Da wir nun am Schluß der Altzeit über die ganze Erdkugel hinweg so zahlreiche Faltenzüge verfolgen können, die der Aufwölbung mächtiger Kettengebirge entsprechen, da gleichzeitig ausgedehnte Flächen ehemaligen Meeresgrundes während der Karbon- und Permzeit in festländische Niederungen verwandelt werden, von deren Küsten das Meer schrittweise zurückweicht, fügen sich alle diese Tatsachen zu der Vermutung zusammen, daß auch die Anlage der großen Tiefseebecken in die karbonische und permische Zeit fällt.

So bedeutungsvoll diese Bewegungen im Felsgerüst der Erde für die Karbon- und Permzeit auch waren, so sind doch die alten Gebirge längst wieder verschwunden, die Vulkane eingeebnet und auch die Grenzen der damals angelegten Tiefseebecken wurden durch spätere Senkungen erweitert. Diese tiefgreifenden Veränderungen aller Lebensverhältnisse haben, wie wir im vorigen Abschnitte sahen, der Flora und Fauna jener Zeit einen unvertilgbaren Stempel aufgedrückt.

Das hohe Interesse, das gerade die Karbon- und Permperiode seit langem für Geologen und Nichtgeologen besitzt, beruht nicht so sehr auf diesen Umgestaltungen der Biosphäre, als vielmehr auf den damals gebildeten Steinkohlenlagern. Die Ursachen dieser staunenswerten Anhäufung von Pflanzensubstanz darzulegen, soll jetzt unsere Aufgabe sein.

Kohlenstoffreiche Ablagerungen sind in den Gesteinen aller Formationen zu finden. Graphitschiefer beobachten wir im Gneis und Glimmerschiefer des gefalteten Grundgebirges. Im kambrischen Ton von Kunda findet sich eine kohlenreiche Einlagerung, die silurischen Graptolithenschiefer enthalten bis 23 % Kohlenstoff. Schwarze Rußschiefer begegnen uns im Devon, dann folgen die mächtigen Steinkohlenlager des unteren und oberen Karbon und der nachfolgenden Permperiode. Triaskohlen sind aus Virginia und Deutschland bekannt, reich ist der asiatische Jura an Kohlenlagern, die Kreide von Hannover beginnt mit abbauwürdigen Kohlen und in Nordamerika dauert die kretazische Kohlenbildung bis ins Eozän. Endlich folgen die weitverbreiteten Braunkohlen der oligozänen und miozänen Tertiärschichten und die Torfablagerungen der Gegenwart. Die aus dieser Aufeinanderfolge sich ergebende Gesteinsreihe:

			Bildungszeit:
Torf	mit etwa 50 %	Kohlenstoff	Gegenwart
Braunkohle	„ „ 70 %	„	Tertiär
Steinkohle	„ „ 85 %	„	Karbon
Anthrazit	„ „ 92 %	„	Karbon
Graphit	„ „ 99 %	„	Archäisch

schien einer ununterbrochenen Umwandlungsreihe zu entsprechen, der Kohlenstoffgehalt schien mit zunehmendem geologischen Alter zu steigen. So betrachtete man die rezente Entstehung der Torflager allgemein als den Vorgang, durch welchen in immer längeren Zeiträumen zugleich unter dem Druck der lastenden Gesteinsdecken zuerst Braunkohle, dann Steinkohle und endlich Graphit entstand.

Der Nachweis[2], daß die Graphitlager in Ceylon echte Gänge im Gneis bilden, führte notgedrungen zu der Ansicht, daß solche Graphite auch auf eruptivem Wege entstanden sein konnten. In zahlreichen anderen Fällen ist seither der Nachweis geführt worden, daß auch andere Graphitlager auf rein chemischem Wege gebildet worden sind. Aber auch die Annahme einer genetischen Verwandtschaft ist mit zahlreichen Tatsachen unvereinbar. Schon im Jahre 1866 wies F. Mohr[3] nach, daß Steinkohle neben 70—80 % Kohlenstoff 4—5 % Wasserstoff, 9—12 % Sauerstoff; Braunkohle neben 45—55 % Kohlenstoff 4—5 % Wasserstoff, 25—30 % Sauerstoff enthalten. Steinkohlen enthalten außerdem eine beträchtliche Menge von Stickstoff. Er schloß daraus, daß Braunkohle nicht in Steinkohle übergeführt werden könnte. Dann hat Gümbel[4] sich gegen die Torftheorie ausgesprochen und neuerdings[5] haben Donath und Bräunlich wiederum chemisch bewiesen, daß Braunkohle und Steinkohle in ihrer chemischen Natur vollständig voneinander verschieden sind und durch keinen Vorgang die eine in die andere übergeführt werden könne.

Aber auch paläontologische Gründe sprechen mit aller Entschiedenheit gegen die Torftheorie: Die heutigen Festlandsmoore werden durch Ansiedlungen von Moosen, Heide und anderem Strauchwerk gebildet. Nun kennt man echte Moose erst seit dem Tertiär, und gerade die Flora der kohlenreichen Karbonzeit hat noch niemals[6] Moose geliefert; der einzelne Fund von „Muscites polytrichaceus" ist zweifelhaft. Schon das Fehlen karbonischer Moose beweist also, daß die Steinkohlenlager auf anderem Wege als unsere Torfmoore gebildet sein müssen. Allein im Karbon fehlen auch die holzreichen Strauchgewächse, die einen so wichtigen Anteil an der Bildung der Braunkohle nehmen, und so ist es leicht verständlich, warum die ligninreiche Braunkohle andere chemische Reaktionen gibt wie die holzarme Steinkohle. Wenn man in dieser nun scharf abgegrenzte Stückchen von wohlerhaltener Holzkohle so häufig beobachtet, so drängt sich der von Mohr zuerst gezogene Schluß „alles, was man in der Steinkohle noch deutlich erkennen kann, ist zufällig vorhanden und trug nicht zu ihrer Masse bei" von selbst auf.

Unter diesen Umständen erscheint es notwendig, das Problem der Steinkohlenbildung von neuen geologischen Gesichtspunkten aus zu betrachten; und da erkennen wir zuerst, daß alle vorkarbonischen Kohlenschichten im Meere entstanden sind. Dagegen sind alle permischen, triadischen, jurassischen, kretazischen und tertiären Kohlen festländische Bildungen. In seltsamer Weise vermitteln die Karbonkohlen zwischen diesen beiden Extremen; denn in vielen Fällen sind ihnen marine Zwischenschichten eingeschaltet.

Schon die Grenzschichten zwischen Devon und Karbon zeigen in zahlreichen deutschen Profilen pflanzenreiche sog. Rußschiefer auf den marinen Clymenienkalken und darüber folgen wieder marine Einschaltungen. Das Unterkarbon bei Moskau beginnt mit Sanden und marinen Kalken, die mit Steinkohlen wechsellagern. Im Hangenden folgen nochmals marine Schichten. Im westlichen und östlichen Ural wechseln bis zum 66. Breitengrad[7] marine Schichten mit unterkarbonischen Kohlen. Am genauesten bekannt ist das Profil der reichen Kohlenflöze im Gebiet des Donjez[8] und Don, dessen pflanzenführende Schichten durch marine, fossilreiche Kalke unterbrochen werden. Auf graue Kalke mit Productus giganteus folgen dünne Kohlenschmitzen, auf Kalke mit Productus semireticulatus farnreiche Sandsteine und dünne Kohlenflöze. Die spiriferreichen Kalkschichten wechseln dann mit acht Kohlenflözen von 35—75 m Mächtigkeit. Dann treten wieder Meeresschichten mit Productus Flemingi auf und es folgen sieben Kohlenflöze von je 1 m Mächtigkeit. Abermals kommen marine Gesteine, darüber zwölf Kohlenflöze, jedes fast 2 m mächtig. Im beständigen Wechsel mariner Kalke, Tone und Sandsteine mit dünneren Kohlenflözen baut sich das Profil weiter auf und endet mit dem echt marinen Schwagerinakalk.

Zwischen den Steinkohlenlagern von Oberschlesien[10] sind bei Königshütte elf, bei Ostrau vier marine Horizonte eingeschaltet. Die Meeresfauna setzt sich aus kleinen Formen zusammen. Dünnschalige Muscheln, jugendliche Goniatiten, abgeriebene Orthoceren, hornige Brachiopoden sind nicht identisch[11] mit den im osteuropäischen Kohlenkalk bekannten Arten, stimmen aber vollkommen überein mit der Fauna, die in England und Schottland zwischen den Kohlenflözen auftritt. In den etwa 700 m mächtigen Steinkohlenablagerungen[12] von Fife findet sich eine marine Einschaltung.

Im Ruhrgebiet[13] enthalten dunkle Schiefertone zahlreiche zerbrochene Schalen kleiner Goniatiten, Clymenien, Schnecken und Muscheln. In Westfalen[14] ruhen auf Sandstein mit kleinen Kohlenflözen marine Schichten mit Goniatites, Cypridina, Nautiliden und Krinoiden, dann kommen die abbauwürdigen Kohlenflöze. Marine Zwischenschichten finden sich im Kohlengebirge der karnischen Alpen und bis nach Asturien. Dasselbe Phänomen tritt uns in Nordamerika entgegen, wo[15] in einem 450 m mächtigen Profil zwischen den Kohlenflözen wiederholt Gesteine mit Productus longispinus, Spirifer und Athyris auftreten. Ja selbst in China schalten sich Meereskonchylien den Kohlenlagern ein.

Überblicken wir alle diese Profile, denen man aus nachkarbonischen Schichten kaum eine ähnliche Wechsellagerung an die Seite setzen kann, so tritt klar hervor, daß im Umkreis der ganzen nördlichen Halbkugel überall die Steinkohlen in nächster Nähe des Strandes gebildet worden sein müssen und es fragt sich nur, warum die marinen Reste nicht den Kohlenlagern beigemengt sind, sondern in deutlicher, wiederholter Wechsellagerung mit ihnen stehen. Von der Hypothese ausgehend, daß jedes Kohlenflöz ein umgewandeltes Torfmoor sei, nahm man früher an, daß durch eine wiederholte Senkung und Hebung der Küste die Wechsellagerung mariner und festländischer Gesteine zustande gekommen sei. Aber wenn neben etwa 30 meist abbauwürdigen Kohlenflözen[16] zahlreiche, dünnere Kohlenschichten zwischen der marinen Schichtenreihe auftreten, so würden wir ununterbrochene Schaukelbewegungen der Erdrinde annehmen müssen. Alle diese Hebungen und Senkungen müßten ohne jede Schichtenzerreißung und ohne Faltung erfolgt sein, und alle diese Annahmen muß man nur deshalb machen, weil sie die unbewiesene „Torfhypothese" verlangt.

Andere Geologen haben geglaubt, die Schwierigkeiten dadurch aus dem Wege zu räumen, daß sie ebenso zahlreiche Oszillationen des Meeres annahmen. Aber wo sind denn die Abrasionserscheinungen, welche eine vorwärtsschreitende Brandungswoge auf eben gebildeten Sedimenten immer wieder erzeugen mußte? Man schätzt ja sonst die abtragende Kraft der Brandung so hoch ein — warum haben denn die zahllosen Überflutungen nicht jedesmal in den eben gebildeten Sand- und Kohlenschichten tiefe Strudellöcher ausgewühlt? Weshalb folgen die Schichten ohne Diskordanz ruhig und gleichmäßig übereinander? Ist die Torfhypothese so gut begründet, die festländische Entstehung der karbonischen Kohlenlager so zweifellos, daß man ihr zuliebe alle diese Ungereimtheiten ruhig mit in den Kauf nimmt?

Wenn wir unbefangen alle diese Tatsachen betrachten, dann kommen wir zu einer Ansicht, deren Kern vielleicht nicht neu ist, die aber besser als die Torfhypothese den geologischen Profilen gerecht wird.

Wiederholt hat man[16] darauf hingewiesen, daß auf den Blättern karbonischer und permischer Farne kleine, spiralige Kalkschälchen (Fig. 170) aufsitzen, die man bald als die ältesten Landschnecken (Planorbis), bald als Larvenschalen oder als die Hüllen von marinen Würmern (Spirorbis) betrachtete. Genau dieselben scheibenförmig aufgerollten Kalkröhren beobachtet man[17] aber auch auf den Schalen und Panzern von Meerestieren, die in der Nähe der Kohlenbecken zur Ablagerung kamen. Alle Autoren stimmen darin überein, daß die Schälchen unter Wasser gebildet worden sind und aus der Geschwindigkeit, mit der ähnliche Schälchen auf Tangblättern wachsen, hat man geschlossen, daß zur Entstehung zweier Windungen etwa 6—8 Wochen nötig sind. Da nun die Farnblätter, die ihnen zur Unterlage dienen, ganzrandig und wohlerhalten sind und keine Verwesungsspuren zeigen, läßt sich die Ansicht nicht von der Hand weisen, daß die betreffenden Farne unter Wasser lebten und wuchsen. Wir werden an die 5 m hohen Farne erinnert[18], die auf der Insel Batchian in Sümpfen wachsen, in welche zeitweilig das Seewasser eindringt.

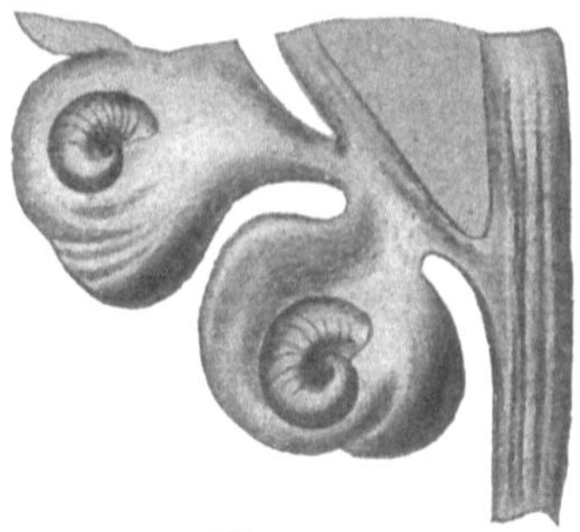

Figur 170.
Palaeorbis ammonis auf den Fiedern eines karbonischen Farns.

Sobald wir annehmen, daß die steinkohlenbildenden Pflanzen in litoralen Brackwassersümpfen wuchsen, welche unter dem Einfluß von festländischen Regenperioden, Sturmfluten und wechselnden Strömungen des Meeres bald ausgesüßt, bald salzreicher wurden, dann können wir leicht verstehen, warum die marine Tierwelt mit dem vordringenden Salzwasser weit landeinwärts wanderte, um später von dem vordringenden Süßwasser des Landes wieder meerwärts gedrängt zu werden. Wenn dieser brackischen Flora das reine Salzwasser ebenso schädlich war, wie die sandreichen Fluten großer Flüsse, dann erklärt sich auch leicht, warum auf die Kohlenflöze bald helle Sandsteine mit vereinzelten Küstenpflanzen, bald Kalke mit einer marinen Fauna folgen.

Und alle diese Schichten lagerten sich auf dem beständig sinkenden Grunde einer Geosynklinale ab, ohne daß der Senkungsvorgang durch zahlreiche Hebungen immer wieder unterbrochen oder der Strand durch beständige Oszillationen und unruhige Katastrophen verlagert wurde.

Wenn aber die präkarbonischen Kohlen marin sind, wenn silurische und devonische Landpflanzen niemals Kohlenlager bildeten, sondern nur als zerbrochene Splitter, als „Häcksel“ in die Erdschichten eingebettet wurden, wenn gerade die Karbonkohlen (im weiteren Sinne) fast immer mit marinen Zwischenschichten wechsellagern und die später entstehenden mittelzeitlichen und neuzeitlichen Kohlen durchaus festländische Bildungen sind, dann erscheint uns die mächtige Entwicklung der Kohlenlager in der Karbonzeit als ein Wandern kohlenstoffanhäufender Pflanzengenossenschaften aus dem Meere durch das Litoralgebiet in das Festland hinein. Solange die kohlenbildende Wasserflora noch im Meere lebte, vermochte sie nicht mächtige Anhäufungen von reinem Kohlenstoff zu bilden. Auch als sie in die Süßwasserseen und Sümpfe des permischen Festlandes eingedrungen war, minderte sich die kohlenbildende Kraft, aber in jenen Zeiten, wo sie den Brackwassergürtel sumpfiger Küstengebiete durchschritt, häuften sich jene mächtigen Kohlenlager auf, die für die Oberkarbonzeit der nördlichen Halbkugel so bezeichnend sind.

Das eigenartige Phänomen der vielen mächtigen Steinkohlenflöze, dem die ganze Erdgeschichte nichts Ähnliches an die Seite setzen kann, ist damit aber noch nicht vollkommen erklärt; denn mit Recht kann man fragen, warum nicht an allen Küsten der karbonischen Festländer überall dieselbe Kohlenbildung erfolgte. Besonders auffallend ist es ja, daß sämtliche mächtigeren Steinkohlenlager auf einen Gürtel der nördlichen Halbkugel beschränkt sind, der ungefähr zwischen dem 25. und dem 50. Breitengrad liegt. Nördlich und südlich davon werden die Kohlen seltener und die Küsten des noch zu schildernden Gondwanalandes zeigen nur in der Permzeit Kohlenflöze in Neusüdwales und Tasmania, sowie dem südlichen Brasilien und zwar beide Fundorte wiederum zwischen dem 25. und 45. Breitengrad. Auch die australischen Kohlenflöze wechsellagern mit marinen Schichten und in Paraná finden sich darunter karbonische Meermuscheln.

Diese Tatsachen deuten darauf hin, daß auch allgemein klimatische Ursachen bei der Kohlenbildung eine Rolle gespielt haben. Die weltweite Verbreitung karbonischer Meerestiere, das Auftreten identischer oder nahe verwandter Arten in fast allen Breitengraden ist schon wiederholt als Beweis dafür betrachtet worden, daß in den älteren paläozoischen Zeiten auf der ganzen Erde ein sehr gleichmäßiges Klima herrschte; und da die während der Karbon- und Permzeit in den Kohlenflözen niedergelagerten Mengen von Kohlenstoff aussschließlich durch den Assimilationsprozeß grüner Pflanzen aus atmosphärischer Kohlensäure entstanden sein müssen, hat man berechnen können, daß die Summe der freien Kohlensäure in den Hüllen der Erde damals beträchtlich höher gewesen sein muß als jetzt. Allein auch in diese Betrachtung spielt die Torftheorie hinein, indem sie zu der Annahme verleitet, daß alle diese präkarbonischen Kohlensäuremengen nur in der Atmosphäre enthalten gewesen sein müßten.

Sobald wir annehmen, daß die Kohlen wesentlich durch Wasserpflanzen entstanden sind, dann ergibt sich ja, daß sie die im Meer- oder Süßwasser enthaltene Kohlensäure verbraucht haben müssen. Und wir wissen ja, daß der Kohlensäuregehalt des Seewassers[20] sehr schwanken kann, ohne daß dies einen nennenswerten Einfluß auf die Meeresfauna hat.

Wenn wir aber annehmen, daß der Kohlensäuregehalt der Atmosphäre bis zur Karbonzeit wesentlich höher gewesen sei, dann ergibt sich,[19] daß die scharfen Kontraste der Klimazonen milder und der Gegensatz zwischen einer eisbedeckten Polar- und einer schneefreien, heißen Tropenregion ausgeglichen war. Wir glauben nicht, daß man schon heute diese grundlegende Frage entscheiden kann, und werden bei dem Problem der sog. permischen „Eiszeit" nochmals darauf zu sprechen kommen.

Aus den wesentlichen Eigenschaften karbonischer und permischer Gesteine lassen sich aber doch bestimmte klimatische Schlüsse ziehen. Wie wir schon früher gesehen haben, trennt das kohlenführende Karbon in England und Schottland zwei Ablagerungen roter Sandsteine, die als Oldred eine Mächtigkeit von über 3000 m, als Newred eine solche von 1000 m erreichen. Daß man diese so altersverschiedenen Gesteine so lange verwechseln konnte und erst auf Grund ihrer Lagerung unterscheiden lernte, ist ein sprechender Beweis für die lithologische Übereinstimmung, zugleich aber dafür, daß genau dieselben klimatischen Bedingungen vor und nach der Karbonzeit hier herrschten. Da nun das Oldred ohne scharfe Grenze ganz allmählich in das Unterkarbon übergeht, so muß sich auch das kohlenbildende Klima in ganz allmählichen Übergängen aus dem Klima des alten, roten Wüstenlandes entwickelt haben.

Verfolgen wir in ähnlicher Weise die Gesteinsfolge in Deutschland, so tritt uns in Böhmen,[20] ebenso wie in ganz Mitteleuropa, mitten zwischen zwei kohlenreichen Perioden eine pflanzenarme, rotgefärbte Zwischenbildung auf, die bis 1000 m mächtig ist, keine Wassertiere enthält und außer Nadelhölzern auch nur ganz kümmerliche Spuren von

Pflanzen liefert. Die unzähligen Farne, Schachtelbäume und Siegelbäume der vorhergehenden Kohlenperiode sind vollkommen verschwunden und treten doch in unverminderter Formenfülle nach der Bildung der roten Sandsteine und Konglomerate wieder auf, um abermals mächtige Kohlenflöze zu begleiten. Der Übergang der liegenden und hangenden Schichten erfolgt auch hier ganz allmählich.

Die Einschaltung des marinen Zechsteins zwischen Rotliegendem und Buntsandstein unterbricht die weitere Folge festländischer Bildungen, aber wenn wir von dem Intermezzo des Zechsteins absehen, so schließt auch in Deutschland die Kohlenbildung des Rotliegenden mit der Ablagerung von 500 m roten Sandsteinen, die ein Gegenstück zu dem englischen Newred bilden.

Die Steinkohlenbildung ist also eingeschaltet oder unterbrochen durch Bildungen, welche nach dem früher Gesagten auf ein trockenes, regenarmes Wüstenklima hindeuten und es möchte scheinen, als ob sich hieraus große Schwierigkeiten für ein ursächliches Verständnis ergeben. Um sie zu lösen, müssen wir noch einige andere geologische Erscheinungen betrachten, welche die Kohlenbildung begleiten.

In Sachsen lassen sich drei Gruppen von Kohlenflözen deutlich unterscheiden. Eingeschaltet zwischen dunkle Schiefer, sandige Grauwacken und mächtige Geröllager, finden wir zuerst die Kohlenflöze des Beckens von Ebersdorf und Hainichen. Schalen von Productus giganteus, Reste von Foraminiferen, Bryozoen und Krinoiden in liegenden Schichten deuten auf die Nähe des Meeres, fünf Flöze mit einer Gesamtmächtigkeit von 3 m treten im Hangenden auf. Alle diese Gesteine sind gefaltet und werden im fortlaufenden Profil von den horizontalen grauen Sandsteinen, schwarzen Schiefertonen und Kohlenflözen des Zwickauer und Ölsnitzer Kohlenreviers überlagert. Diese oberkarbonischen Schichten[21] enthalten bei Zwickau elf, bei Lugau sieben Flöze, die sich im Hedwigschachte zu einem einheitlichen Kohlenlager von 19 m Mächtigkeit vereinen. Endlich finden wir bei Dresden in dem folgenden rotgefärbten Perm drei Steinkohlenflöze, deren oberstes 5 m mächtig ist. Aus diesen Profilen ergibt sich, daß die Kohlenbildung in der Nähe des Meeres begann. Die soeben abgelagerten Flöze wurden darauf vom Gebirgsbildungsprozeß ergriffen und in ein Bergland verwandelt, das während seiner Entstehung schon der Abtragung unterlag. Im Oberkabon wurden weitausgedehnte, horizontale Decken grauer Sandsteine ohne marine Reste gebildet und die Kohlenbildung auf ein zwar ebenes, aber nicht mehr vom Meerwasser erreichtes Gebiet verlagert. Langsam wandelte sich die graue Farbe im Hangenden ins Rote und die horizontalen Sandstein- und Tonschichten wurden durch rasch wechselnde Linsen grober Gerölle, lokaler Sand- und Tonmassen ersetzt. Wo sie gelegentlich schwache

Figur 171.

Kalamitenwald am Ufer des Karbonmeeres bei Ebbe.

Im Vordergrund zwei beutesuchende Lurche, rechts ein Panzerkrebs, in der Luft Libellen und andere Urinsekten.

Kohlenflöze enthalten, sprechen die begleitenden grauen Sandsteine und Schiefertone für die reduzierende Tätigkeit verwesender Pflanzenreste.

In mannigfaltigen Variationen tritt uns dieselbe Folge der Ereignisse wiederholt im Gebiete karbonischer und permischer Kohlen entgegen; kaum gebildet, geraten die Kohlenflöze aufs feste Land, werden gefaltet und gebogen, beteiligen sich am Aufbau langer Gebirgsketten, und während diese langsam wieder abgetragen werden, verschwinden die kohligen Einschaltungen oder Zwischenlagen.

So tritt uns also ein neuer Faktor[22] von großer Bedeutung für die Kohlenbildung entgegen, der auch ein Licht auf die Frage wirft, warum die Steinkohlenbildung am Rande einer Wüste beginnen, durch das Wüstenklima unterbrochen und unter regenarmen Bedingungen endlich abgeschlossen werden konnte.

Das Klima von Südindien, Ceylon und Java kann uns die seltsame Erscheinung am besten erklären. Diese in der heißen Zone gelegenen Länder zerfallen klimatisch in eine regenreiche Westhälfte und eine im grellen Gegensatz dazu trockene Ostregion. Die regenschwangeren Wolken, welche über den indischen Ozean hinwegziehen, entladen den größeren Teil ihres Wassers, sobald sie die bergige Malabarküste in Indien, die Küste von Colombo und Gall in Ceylon oder Westjava erreichen. Hier stürzen täglich unter gewaltigem Donnern und Blitzen die tropischen Gewittergüsse nieder und der Reisende, der diese Gebiete betritt, ahnt nicht, daß regenarme, dürre Halbwüsten und Steppenländer jenseits der Berge sich ausdehnen, daß karminrote Sanddünen an der Koromandelküste eine große Rolle spielen, daß das östliche Ceylon[23] nur so lange eine reichere Kultur ermöglichte, als Tausende von künstlichen Stauseen die seltenen Regengüsse sammelten und über das Land verteilten.

Allein alle diese Beispiele aus der Gegenwart können uns doch nicht ganz das Bild der karbonischen Festländer verdeutlichen; denn mit zahlreichen, wunderbaren Anpassungserscheinungen hat seither die Flora des Landes auch die dürrsten Wüsten besiedelt. Dornige Sträucher, Gräser mit verdickter Oberhaut, blattarme Kräuter fristen den größeren Teil ihres Lebens in einem unterirdischen Wurzelstadium; sie sprießen und blühen wie mit Zauberkraft auf, sobald nur ein kurzer Regen den Boden befeuchtet, und bilden rasch Samen, die, durch den Wind verbreitet, die folgende Trockenzeit jahrelang ertragen können. Diese ganze Steppen- und Wüstenflora der höheren Pflanzen fehlte zur Karbonzeit vollständig und so waren die alten Festländer vorwiegend deshalb von ausgedehnten Wüsten eingenommen, weil selbst die zuzeiten beregneten Ebenen noch keinen Pflanzenwuchs trugen.

Hier trat nun durch die Umbildung der großen Synklinalen zu langen und hohen Gebirgsketten ein neues geographisches und klimatisch bedeutsames Element auf. An derselben Stelle, wo vorher flache, sumpfige Niederungen von Sturmfluten leicht erreichbar das nordische Wüstenland umgaben, stiegen jetzt langsam immer höher werdende Gebirgsketten empor. An ihnen entluden sich Tag für Tag die schweren Regenwolken und überschütteten ihre Abhänge mit gewaltigen Strömen süßen Wassers. Daß sogar einzelne Gebirgsketten bis über die Schneegrenze hinaufragten und sich in ihren Mulden der fallende Schnee zu Gletschereis verdichtete, geht aus der Moräne,[24] den gekritzten Geschieben und dem geschliffenen Gletscherboden hervor, die man im Perm des Ruhrgebietes entdeckte. Aber dieser lokale Gletscher darf uns nicht verführen, fließenden Eisdecken eine größere Rolle bei der Bildung der roten Sandsteine und Konglomerate beizumessen; denn im Liegenden und Hangenden der geschiebeführenden, nur 1 m mächtigen Moräne fehlen gekritzte Geschiebe vollständig.

So verwandelte der Gebirgsbildungsvorgang die gefalteten Gebiete des niederschlagsarmen Wüstenlandes in regensammelnde Hochgebirge, die riesigen, herniederstürzenden Regenmengen trugen die Felsengebirge in verhältnismäßig kurzer Zeit wieder ab, dadurch verminderte sich schrittweise ihre regensammelnde Kraft und endlich nahm das Wüstenklima wieder Besitz von den vorübergehend so niederschlagsreichen Gebieten.

In Mitteldeutschland begann die Faltung der Gebirgsketten schon am Schlusse der Silurzeit. Flache, weite Inselzüge hoben sich aus dem silurischen Meere hervor, wurden aber durch die brandenden Wellen des Devonmeeres sofort wieder abgetragen. Am Schlusse der Devonzeit setzt der Faltungsvorgang wiederum ein, um jetzt ununterbrochen, erst langsam, dann sich steigernd und allmählich ausklingend, während der ganzen Karbon- und Permzeit fortzudauern. In dem Maße, als sich die Faltenzüge über den Meeresspiegel erhoben, wurden ihre Kämme gleichzeitig abgetragen. Der eben gebildete graue Schlamm floß gleichsam von den Sattelkämmen nach den Mulden des Faltensystems, und so entstand die überraschende Mächtigkeit der grauen Schlammschichten, die man unter dem Namen „Kulm“ zusammenfaßt. Meist ohne Versteinerungen, von sehr gleichmäßiger Korngröße, nur selten von sandigen Zwischenschichten unterbrochen, erreicht der mitteldeutsche Kulm eine Mächtigkeit von 2000 m. In seiner oberen Hälfte nehmen die sandigen Einlagerungen immer mehr zu, seltsame Anhäufungen von kleinen Schieferscherben und Einschaltungen bis kopfgroßer Gerölle von Phyllit, Quarzit, Glimmerschiefer und Granit, die sich in Sachsen, Mähren, Schlesien, wie am Harz, in den Alpen, England, Frankreich zu mächtigen Konglomeraten vermehren, zeigen, wie zu verschiedenen Zeiten und an verschiedenen Stellen der Schiefer- und Granitkern der aufsteigenden Falten durch

Verwitterung und Abtragung angeschnitten wurde und felsbildend zutage trat.

Die in den Mulden und an den Abhängen der aufsteigenden Falten sich hierbei in doppelter Mächtigkeit übereinanderschichtenden Schlammassen wurden endlich auch von dem Seitenschub ergriffen und ihre feinkörnigen Tongesteine energisch zusammengepreßt. Dadurch erhielten sie jene ausgezeichnete Schieferung, welche die technische Verwertung der Dachschiefer von Mittel- und Westdeutschland bedingt.

In dem Maße, als die hangenden Decken der aufsteigenden Faltenkämme abgetragen wurden und die von Granitstöcken gespickten Faltenkerne zutage traten, lieferte deren Quarzgehalt die Sandmengen, welche nun durch die Flüsse, aus den Faltengebirgen herausgetragen, die vorliegenden Niederungen überdeckten, kohlenbildende Sümpfe begruben und ihr breites Sanddelta weit hinaus in das Meer schoben.

Wenn wir uns erinnern, daß in derselben Zeit höchstwahrscheinlich der Boden der Tiefsee immer tiefer hinabsank und das Meer, diesem Zuge folgend, weite Küstengebiete verließ, so können wir uns die eigentümlichen Wirkungen leicht erklären, welche alle diese Erscheinungen zusammengenommen auf den Verlauf der Küstenlinie, die Verteilung von Wasser und Land, den Salzgehalt der einzelnen Becken, die Lebensweise, Anpassung und Gestalt der darin lebenden Pflanzen und Tiere ausübten.

Bei Betrachtung der Krebsfauna in den schwedischen Seen, wo mitten unter zahlreichen Süßwasserformen einzelne marine Gattungen auftreten, kam Lovén dazu, diese Wasserbecken als abgeschnürte und ausgesüßte, ehemalige Meeresbuchten (Reliktenseen) zu betrachten und lange Zeit hindurch schloß man aus dem Funde jeder marinen Art in einem küstenfernen Binnensee auf einen ähnlichen geologischen Vorgang. Die kritische Untersuchung[25] hat freilich in zahlreichen Fällen nachgewiesen, daß aktive und passive Wanderungen solche Vorkommnisse vielfach in viel einfacherer Weise erklären. Aber an der Wende der Karbonzeit muß die Abschnürung von Reliktenseen eine ganz ungeahnte Bedeutung besessen haben. Wir können die Schicksale dieser vom Weltmeere sich loslösenden Wasserbecken an der Hand einer dünnschaligen Muschel Posidonomya (Fig. 168) verfolgen, die mit ihren 3—8 mm großen, konzentrisch faltigen Schälchen schon im marinen Oberdevon weitverbreitet ist. Auch im flachen Wasser des Karbonmeeres erscheint sie in zahlreichen Varietäten mitten zwischen marinen Tieren, in Schlesien ebenso wie in Hessen, England und Spanien. Dann aber sehen wir einzelne Arten die Salzflut verlassen und ohne die begleitende Meeresfauna in unglaublicher Zahl flache, schlammige Seen bevölkern. Von Irland über Devonshire,

Westfalen, Hessen, bis nach Olmütz sind die Schichten mit Posidonomya Becheri weitverbreitet und gelten als bezeichnendes Leitfossil für die kalkarmen und kohlenarmen Ablagerungen des unteren Karbon.

Selbst im Perm von Oschatz sind graue Schiefertone[26] mit unzähligen Schälchen von Posidonomya minuta bedeckt, ein Zeichen, daß diese Einwanderungen wiederholt erfolgten. Eine nahverwandte Art tritt mit ihr auch im Oberkarbon[27] auf, und die seltsame Verbreitung der Posidonomya wird uns besonders deutlich, wenn wir bei Magdeburg[28] eine Meeresfauna ohne diese Muschel finden und im Frankenwald die mächtigen, gut aufgeschlossenen und sorgfältig untersuchten, karbonischen Schiefer und Grauwacken vollkommen frei von Posidonomya sind.

Man hat durch den Vergleich mit den Dschungeln des Gangesdeltas, den mangrovebewachsenen Küstensümpfen tropischer Meere oder den Taxussümpfen, welche die Küste von Carolina (Dismal Swamp) begleiten, die eigentümliche Beziehung der Steinkohlenflora zum nahen Meere deutlich zu machen gesucht. Aber in einer Hinsicht müssen diese Beispiele ein vollkommen falsches Bild geben; denn in allen den genannten Fällen handelt es sich um Pflanzengenossenschaften, welche im Begriff sind, vom Festland nach dem Meere zu wandern. Angepaßt an die Lebensbedingungen des trocknen Landes, ganz verschiedenartigen Gruppen festländischer Familien angehörig, mit festem, elastischem Holzkörper und sonderbaren Stelzenwurzeln dringen sie mutig in die Salzflut hinein.

Ganz anders die Karbonflora, welche, dem Meere angehörig, aus wasserbewohnenden Ahnen entsprungen, sich anschickt, die Salzflut zu verlassen, in die Reliktenseen der sumpfigen, immer veränderlichen Küste hineinzudringen und endlich das Festland zu erobern. Sowohl vom morphologischen, wie vom physiologischen Standpunkt darf man beide Litoralfloren nicht vergleichen, und darf ihre Verschiedenartigkeit nicht aus dem Auge verlieren. Im Wasser wurzelnd, erhob die karbonische Flora ihre Blattkronen anfangs nur bei Ebbe oder niedrigem Stande der Flüsse über den Wasserspiegel empor, versuchte auf allerlei Wegen den neuen Lebensbedingungen gerecht zu werden und schritt während der Karbonzeit durch das Brackwasser sumpfiger Küstengebiete in die weiten Flußtäler, und an deren Ufern entlang in das Gebirgsland hinein.

Darüber aber erhoben sich die pflanzenleeren, hohen, stets beweglichen, roten Schutthalden und die kahlen, zerrissenen Gipfel der Faltengebirge. So lange sie als Wetterscheide für die heranziehenden Monsunwolken dienten und deren Wasserreichtum entluden, so lange konnte auch in den feuchten Niederungen die Wasserflora gedeihen; wenn aber ihre Kammgipfel durch Abtragung erniedrigt und die Niederschläge geringer wurden, wenn das lebensfeindliche Klima der Wüste wieder die Herrschaft antrat, dann waren die geologischen Zwangsmittel gegeben, welche auslesend, vernichtend und neuschöpfend die Flora umgestalteten.

Der auffallende Florenwechsel, der in der Mitte des Karbon und besonders bei Beginn der Permzeit bemerkbar ist, dürfte durch diese Klimaänderung leicht verständlich werden.

Aber wenn uns auch die mangroveumsäumte Niederung des Ganges und Bramaputradeltas nicht ein der karbonischen Zeit entsprechendes Bild gibt, so zeigt sie uns doch, in welcher Weise die ungeheuren Massen von Schlamm, welche große Flüsse mit wechselndem Wasserstand aus einem tropischen Gebirge heraustragen, aufeinandergehäuft werden. Ein ungeheures sumpfiges Schuttgebiet (Tarai) verhüllt den Fuß des Gebirges.[29] Seine blockreichen Schuttkegel werden durchschnitten von schlammführenden Strömen, welche leicht bei Hochwasser einzelne Gerölle von ihren Ufern abreißen und sie mit dem Schlamm verschleppen. Es liegt daher auch kein Grund vor, die oft vereinzelt im dunkeln Schieferschlamm verstreuten Gerölle[30] als Wirkungen eines Eistransportes anzusehen.

So schoben sich die beständig mächtiger werdenden, je nach dem Wasserstande bald schlammigen, bald sandigen, wohlgeschichteten Ablagerungen immer weiter ins Meer hinaus; und angesichts der kleinen Sanddünen, welche man im Gebiete des heutigen Gangesdeltas bemerkt, erscheint es wohlverständlich, warum oft diagonal geschichtete Sandsteine mitten zwischen den Kohlenflözen auftreten.

Das mächtigste dieser Deltas, deren verhärtete Ablagerungen als Culm bezeichnet werden, ist uns im südlichen England erhalten, wo eine kohlenstoffreiche Zwischenschicht die unterkarbonischen von den oberkarbonischen Culmschichten abzugliedern gestattet. Man hat den englischen Lokalnamen auch auf die deutschen Vorkommnisse übertragen, obwohl die im Frankenwald, Harz, Hessen und Rheinland weitverbreiteten Schiefer und Grauwacken nur der Unterkarbonzeit angehören.

Die vulkanischen Ausbrüche der Devonzeit setzen sich in England bis in die Culmperiode fort, und neben den Lavaströmen und Aschendecken ist[31] gelegentlich sogar der karbonische Vulkanschlot erhalten. Sonst ist die Karbonperiode auffallend arm an gleichzeitigen vulkanischen Gesteinen, wohl aber entstanden während der Aufwölbung der Gebirgsketten die große Mehrzahl der Granitherde, die wir jetzt von England durch Frankreich und Deutschland hindurch, im Ural und andern damals gefalteten Gebieten so zahlreich eingefügt sehen. Zusammen mit dem Magma kamen Fluor, Zinn und andere Dämpfe mit empor, welche uns jetzt in den Zinnerzen, den Topasen, Turmalinen u. a. Mineralien in der Umgebung der Granitstöcke entgegentreten. Im Erzgebirge[32] entstanden neben dem Zinn die silberhaltigen Bleierze und in der späteren Permzeit durch aufsteigende Thermen: Kobaltsilbererz, barytisches Bleierz und Eisenmanganerze.

Wahrscheinlich kamen auf diesem selben Wege auch Kupfersalze mit empor, schlugen sich in dem Schiefermantel der Faltengebirge nieder und wurden bald durch die intensive Abtragung der Gebirge in Tälern und Schluchten bloßgelegt. Vom Wasser gelöst und in einzelnen, abflußlosen Seebecken gesammelt, wurde hier die Kupferlösung durch Eindampfen immer mehr konzentriert und scheint besonders bei Beginn der Zechsteinperiode sich in dem flachen Reliktensee so angereichert zu haben, daß ein großes Sterben aller der Fische eintrat, welche ihn mit ihren Scharen belebten. So schlug sich der Kupferschiefer nieder, den wir schon im vorigen Kapitel besprochen haben. Aber nicht nur in diesem Gestein, sondern ebenso[33] in Böhmen, Ural (Malachit), den Alpen, ja sogar in Neu-Mexiko treten kupferführende permische Gesteine auf, ein Zeichen dafür, wie weitverbreitet damals kupferhaltige Quellen und Seen waren.

Daß man im Unterkarbon von Südfrankreich[34] und Neu-Schottland goldführende Sande abgebaut hat, ist ein Hinweis darauf, wie früh hier schon der innere Kern von Faltengebirgen angeschnitten wurde.

Sobald die Gebirge durch Abtragung erniedrigt, die lastende Gesteinsmasse entfernt und der von ihr ausgeübte Druck vermindert worden war, begannen überall an und zwischen den Gebirgen die vulkanischen Eruptionen. Zuerst in England, Nassau, den Vogesen, Spanien und Portugal, dann im Oberkarbon Schottland, England, Sachsen, Schwarzwald und Schlesien, endlich, fast über die ganze Welt verbreitet, brachen in der Permzeit zahllose Vulkane hervor. Der größere Teil von Deutschland war mit dampfenden Kratern besetzt, und die von ihren Abhängen herabfließenden Strome von Melaphyr, Porphyrit, Porphyr, Trachyt und Phonolith, verbunden mit mächtigen Aschenregen, gestalteten das Aussehen des eben erst dem Meere entstiegenen Küstenlandes grundsätzlich um.

Da große Flächen dieser Vulkangebiete noch pflanzenleer waren, oder ihre Vegetation durch die wiederholten Aschenregen immer wieder vernichtet wurde, muß das ganze Gebiet, aus der Vogelschau betrachtet, einen seltsam bunten Anblick gewährt haben. Zwischen den braunen, roten, weißen, grünen und schwarzen vulkanischen Strömen und den bunten Aschendecken dampften überall die feurigen Schlote. Der mächtig sich anhäufende, meist rot gefärbte Verwitterungsschutt zog sich in zahlreichen Kegeln an den Abhängen der Gebirge herab und wurde bald durch den Wind, bald durch tumultuarische Sturzregen nach den Niederungen geführt. Nur wenige Wasserrinnen erreichten die ferne Küste, die meisten versiegten nach kurzem Lauf im dürren Kies oder Sandboden, andere mündeten in periodisch entstehende und vergehende azurblaue Seen und nur da, wo das Wasser dauernde Rinnsale oder weite Becken erfüllte, konnte die Sumpfflora gedeihen und sogar vereinzelte Kohlenlager bilden. Nadelhölzer mit kräftigem Stamme vermochten auch auf den Vulkankegeln und in den Felsentälern einzelne Bestände zu bilden, aber oft wurden diese rasch vernichtet, sei es, daß sie in giftigen, vulkanischen Aschenregen zugrunde gingen oder bei heftigen Sturzregen mit der Verwitterungsdecke abgerissen und entrindet, der Äste beraubt, vielfach zerstoßen und zerbrochen, in dem steinigen Schuttbrei eingebettet wurden.

Die Kohlenzeit beginnt in Deutschland an der oberen Grenze des marinen Devon in den Rußschiefern von Obernitz. Sie endet mit dem kohlereichen Kupferschiefer im unteren Zechstein; zahlreiche marine Zwischenschichten sind den Kohlenflözen eingelagert, und wenn man früher viele Flöze als paralisch (d. h. neben dem Salzwasser entstanden) bezeichnete, so hatte man einen der wesentlichsten Faktoren der Kohlenbildung richtig herausgegriffen. Im Meerwasser wurzelnd, steigt die Kohlenflora während der Karbonzeit in das amphibiotische Litoralgebiet und erreicht im Perm die süßen Gewässer des Festlandes. Dieser Vorgang wurde bald in raschen Etappen durchlaufen, bald brauchte er längere Zeiträume. Die im Durchschnitt 3000 m mächtige Schichtenreihe ist ein beredter Ausdruck des zur Verfügung stehenden Zeitraumes.

Jetzt aber müssen wir uns die Flora selber ansehen, welche diese seltsamen, kühnen Wanderungen unternahm. Da mag nochmals an die Tatsache erinnert werden, daß ein wesentlicher chemischer Unterschied zwischen Braunkohle und Steinkohle besteht. Jene enthält große Mengen von Lignin, entsprechend ihrer Entstehung aus holzreichen Gewächsen. Diese ist ligninarm und Bruchstücke von „Holzkohle“ sind, deutlich erkennbar, der dichten Steinkohle eingefügt. Die mikroskopische Untersuchung aber zeigt uns zwischen der amorphen Kohle zahlreiche kleine Fetzen von Holzgewebe, welche nicht, wie man das wohl annahm, von der Inkohlung verschont blieben, sondern nicht in Kohle verwandelt werden konnten, weil sie aus einem anderen Pflanzengewebe bestanden. Weitverbreitet ist die Meinung, daß der ganze lange Zeitraum von der Karbonzeit bis zur Gegenwart gerade nötig war, um die einstige Torfmasse in dichte Steinkohle zu verwandeln. Diese Ansicht ist deshalb falsch, weil man in oberkarbonischen Schichten Rollstücke[35] von unterkarbonischer Steinkohle gefunden hat. Sie beweisen, daß die Inkohlung der letzteren schon in der Mittelkarbonzeit erledigt war. Und wenn wir in Mittelrußland karbonische Kohlen nicht im Zustand speckiger „Steinkohle", sondern als braune, lockere, mulmige Massen finden, so ergibt sich der Schluß, daß nicht die Zeit als solche, sondern spezifische Ursachen die Umwandlung veranlaßt haben.

Man hat den Druck der darüber lagernden Schichten für die Ursache der Inkohlung angesehen, allein wenn[36] bei einem aufrechtstehenden Kalamitenstamm von 92 mm Durchmesser die Kohlenrinde eine Dicke von 1 mm besitzt, während bei den daneben liegenden, zusammengedrückten Kalamitenstämmen, deren Umfang 10 bis 12 cm beträgt, die Kohlenrinde ebenfalls 1 bis 1,2 mm dick ist, dann kann hoher Druck und Raumverminderung bei der Verkohlung keine Rolle gespielt haben.

Nach dem oben Gesagten müssen wir die Holzgewächse aus der Reihe der eigentlichen Kohlenbildner ausscheiden und dürfen ihnen nur die Rolle zufälliger Einschwemmungen zuweisen. Sie hatten schon das Ufer erklommen, ihre pflanzengeographische Einwanderung war rascher und weiter erfolgt, und die Kräfte des Festlandes trieben ihre Bruchstücke in den neptunischen Heimatsbezirk nur zufällig zurück.

Wenn man so oft zwischen autochthonen (an Ort und Stelle gewachsenen) und allochthonen (d. h. herbeigetragenen) Kohlenmassen unterscheidet, so läßt sich nach dem Gesagten dieser Gegensatz nicht so sehr auf die einzelnen Kohlenlager, als wie auf ihre Bildungselemente anwenden. Wahrscheinlich entstand jedes karbonische Kohlenlager aus autochthonen Wasserpflanzen und allochthonen Ufergewächsen.

Aber nicht das Wasser kann es gewesen sein, das mit seinen Fluten die Äste und Zweige, Blätter und Samen, Fruchtstände und Pollen der Landflora aus der Ferne herbeiführte; denn dabei entstehen wohl schwarze Schiefertone und pflanzenreiche Sandsteine, aber nimmermehr reine Anhäufungen von Pflanzensubstanz. Vielmehr führt uns die Tatsache, daß man bisweilen zentimeterdicke Zwischenschichten von Pollenstaub zwischen den Kohlenflözen findet, zu der Annahme, daß bei dem Transport die bewegte Luft eine viel wichtigere Rolle gespielt hat; und wenn wir die „idealen Landschaften" der Steinkohlenperiode betrachten mit ihren sauber und wohlgeordnet hingestellten Pflanzenreihen, dann scheint uns an diesen Rekonstruktionen ein auffallender Mangel zu bestehen, nämlich die Windbrüche, die zerzausten Wipfel, die zerbrochenen Stämme, das Genist der abgeknickten Zweige und Blütenstände, die, in das Wasser getragen, die Kohlenmasse sehr wesentlich vermehrten.

Von den Thallophyten sind einige Algen bekannt, welche in den Kohlenbecken geradezu kohlenbildend nachgewiesen werden[37] konnten. Obwohl die Gattung Pila so klein war, daß etwa 250000 Stück auf einen Kubikzentimeter gingen, so bildet sie doch ganze Schichten der sog. Bogheadkohlen in England und Frankreich. In Australien lebte in ähnlichen Mengen die Alge Reinschia, während in Rußland Cladiscothallus kohlenbildend auftrat.

Pilzhyphen durchziehen viele Kohlenarten; Bacillus vorax, Micrococcus Guignardi und andere Mikroben spielten bei dem Zerfall der karbonischen Pflanzengewebe in amorphen Kohlenstoff eine maßgebende Rolle. Die vereinzelten Fossilien, die man den Moosen und Flechten zugerechnet hat, sind zweifelhafte Funde, jedenfalls fehlten die rasenbildenden Mooskolonien, die in den heutigen Sümpfen, Mooren und Wäldern so wichtig sind, vollständig.

Die karbonische höhere Pflanzenwelt[38] setzte sich aus baum- und strauchartigen und krautigen Gewächsen zusammen, deren Leben so eng an Wasser geknüpft war, daß sie entweder völlig unter dem Wasserspiegel lebten, oder doch im feuchten Schlammboden wurzelten, über den sich nur ihre Kronen erhoben. Sie ähnelten darin sehr der als „Mangrove“ bezeichneten Pflanzengenossenschaft, die an den Flachküsten warmer Meere und im Mündungsgebiete großer Flüsse ebenso wie in sumpfigen Lagunen gedeihen, nur mit dem Unterschied, daß die Mangrove aus ehemals festländischen Pflanzen besteht, die ins Meer hineinwandern, während die karbonische Gezeitenflora im Begriffe stand, den heimatlichen Ozean zu verlassen und die noch wüsten Festländer zu besiedeln.

Die systematische Stellung jener alten Gewächse ist noch keineswegs genügend erforscht, um sie mit Sicherheit unter die lebenden Ordnungen einzureihen. Pflanzengruppen, welche heute verschwunden sind oder wenigstens im Florenbild der Gegenwart eine ganz untergeordnete Rolle spielen, waren damals reich entfaltet, und ihre kümmerlichen Nachkommen geben uns kein Bild von der fremdartigen Zusammensetzung jener alten Bestände.

Die im Oberdevon der Bäreninsel zuerst auftretende Gattung Pseudobornia scheint jenen Stammformen nahezustehen, aus denen sich im Karbon die Gruppe der Gliederpflanzen entwickelt, die man in die Keilblattgewächse und Schachtelgewächse leicht zerlegen kann.

Die Keilblattgewächse (Sphenophyllum) waren Wasserpflanzen mit langem, gegliedertem, schwach geripptem Stengel, an dessen Knoten Blattwirtel inseriert waren. Ursprünglich standen je sechs schmale Blätter in jedem Wirtel, bei den jüngeren Formen vermehrt sich deren Zahl bis auf 30. Die rispenartigen endständigen Fruchtstände enthielten isospore Sporen. Ähnlich den heutigen Wasserranunkeln müssen die Keilblattgewächse mit ihren langen verzweigten Stengeln im Wasser flottiert haben und wuchsen gewiß ebenso lebhaft wie die bekannte Wasserpest (Elodea). Sie treten zuerst im Mitteldevon von Nordamerika auf, erscheinen im Unterkarbon in Europa und sterben hier im Perm aus, während in der indischen Untertrias der letzte Vertreter Sph. speciosum gefunden wird, dessen Blätter eine eigentümliche Differenzierung in zwei kurze obere und vier längere untere Blätter an jedem Wirtel erkennen

Figur 172.

Schachtelbaum (Calamites).

lassen. Bei der großen Ähnlichkeit dieser Blattstellung mit derjenigen der rezenten Salvinia darf man wohl auch noch diese jüngste Art als eine echte Wasserpflanze betrachten.

Nahe mit ihnen verwandt waren die baumartigen Schachtelgewächse (Fig. 172), deren Organisation trotz großer Ähnlichkeit mit den lebenden Schachtelhalmen schon eine größere Entwicklungshöhe erstiegen hatte. Die Kalamiten waren heterospore Pflanzen, deren bis 30 m hohe vielverästelte Stämme ganze Sumpfwälder bildeten und mit manchen widerstandsfähigeren Arten gewiß auch weit ins Land eindrangen.

Die ältesten Formen (Bornia, Archaeocalamites), im Devon und Unterkarbon hatten noch dichotome Blätter und nicht alternierende Gefäßbündel, während seitdem die Formen mit einfachen Blättern und alternierenden Stützelementen vorwiegen. Der Stamm erhob sich auf einem vielverzweigten unterirdischen Rhizom oder einem wurzelreichen Wurzelschopfe. Der Zellenbau des Stammgewebes war hochentwickelt und differenziert, oft entsprangen daraus Adventivwurzeln. Die beblätterten Zweige sind unter den Namen Annularia, Asterophyllites und Calamocladus bekannt, die Fruchtstände wurden als Calamostachys, Palaeostachya und Cingularia beschrieben.

Eine der dominierenden Gruppen waren die Narbengewächse, zu denen neben 30 m hohen Bäumen auch niedrige Kräuter gehörten. Begreiflicherweise ist die Organisation der ersteren besser bekannt und die beiden Gattungen Lepidodendron (Fig. 173) (Schuppenbäume) und Sigillaria (Fig. 174) (Siegelbäume) erscheinen als die wichtigsten Elemente der karbonischen Flora.

Die Schuppenbäume erreichten in ihren größten Formen einen Durchmesser von 2 m und waren dabei 30—40 m hoch. Der runde, mehrfach dichotom vergabelte Stamm war mit schilfartigen Blättern dicht besetzt, die leicht abfielen und dann eine sehr charakteristische rhomboidale Narbe hinterließen. Meterlange Blätter krönten in dichten, federbuschähnlichen Schöpfen die Astenden und trugen zugleich endständige Blütenrispen, in denen sich heterospore Sporen entwickelten. Unter den Schuppenbäumen lebten verwandte Gattungen wie Miadesmia von krautartigem Habitus. Die ältesten Arten begegnen uns im Unterdevon, ihre Hauptverbreitung fällt ins Karbon, ihr Aussterben in die Permzeit.

Im Gegensatz zu den Schuppenbäumen, deren rhombische Blattnarben meist in Spirallinien angeordnet den Stamm umkreisten, hatten die Siegelbäume (Fig. 174) meist sechsseitige Blattnarben, die in Längsreihen angeordnet waren. Die meist säulenförmigen Stämme waren nur selten vergabelt und trugen denselben yuccaartigen Blattschmuck wie jene; die Sporangien entsproßten dem Stamme. Die einzige hierher gehörige Gattung Sigillaria ist im Unterkarbon selten, wird im Oberkarbon ungemein häufig, nur wenige Arten finden sich im Perm und die Gruppe scheint im Buntsandstein auszusterben.

Die Siegelbäume und besonders die Schuppenbäume sind durch eigentümliche Rhizome ausgezeichnet (Stigmaria), die bisweilen ohne die oberirdischen Organe gefunden werden, oft aber sich in die hohen Stämme der Schuppenbäume fortsetzen, so daß der organische Zusammenhang beider Bildungen zweifellos ist. Die Stigmarien gabelten sich in der Regel in vier Hauptäste, aus denen dann dichotom zahlreiche Wurzelzweige hervorsproßten. Auf rundlichen Narben saßen regelmäßig in

Figur 173.
Schuppenbaum mit endständigen Blüten und den als Stigmaria beschriebenen Wurzeln.

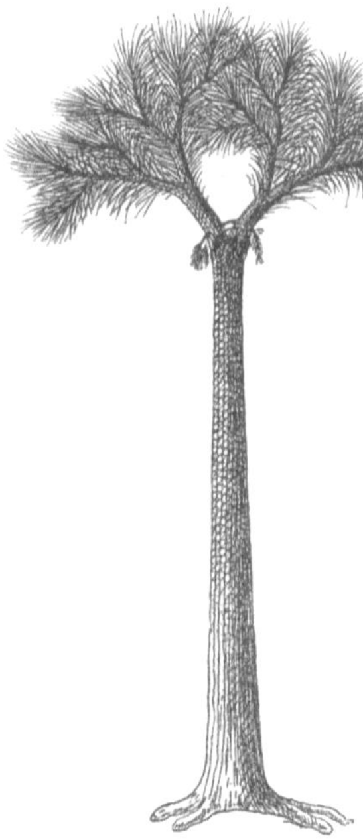

Figur 174.
Siegelbaum.

Kreuzstellung inserierte Wurzelausläufer (morphologisch wohl den Blättern entsprechend), dazwischen bemerkt man, unregelmäßig verteilt, die eigentlichen Adventivwurzeln.

Zu den baumartigen Gewächsen gehörte sodann Cordaites, deren bis 40 m hohe zylindrische blattlose Stämme regellos verzweigt an den Astenden breite Blattbüschel trugen. Die Blätter waren entweder abgerundet oder schilfähnlich spitz; dazwischen saßen die männlichen Blüten als elegante Rispen. An den weiblichen Blütenständen entwickelten sich nußähnliche Früchte (Cordaicarpus), und die mikroskopische Untersuchung dieser Organe hat ergeben, daß sie mit den Zykadeen und

Gnetaceen verwandt waren, also vielleicht deren Übergangsformen zu den Nadelhölzern darstellen.

Zwischen dem Blatt- und Stammstücken der bisher genannten Pflanzen spielen die Farnblattgewächse eine so hervorragende Rolle, daß Brongniart um das Jahr 1826 unter 330 altzeitlichen Pflanzen 160 echte Farne bestimmen zu können glaubte. Noch heute werden die auf verschiedene Blattformen gegründeten „Gattungen" Sphenopteris, Pecopteris, Odontopteris, Neuropteris u. a. unterschieden, aber die Untersuchung der dazugehörigen Fortpflanzungsorgane hat inzwischen gelehrt, daß echte Farne im Devon und Unterkarbon noch vollkommen fehlen, daß die ältesten Marattiaceen erst im Oberkarbon auftreten und daß vielleicht manche der früher als Farne bezeichneten Karbonpflanzen als Pteridospermen bezeichnet werden müssen. Nach ihren Früchten gehörten sie zu den Gymnospermen, aber diese entwickelten sich in den Blättern und tragen dadurch ihren primitiven Charakter deutlich zur Schau. Auf einem durch zahlreiche Ausläufer im weichen Boden verankerten Wurzelschopf (Psaronius z. Th.) erhob sich der rauhe Stamm (Medullosa, Lyginodendron) und trug zahlreiche Äste (Myeloxylon), an denen sich die breiten Farnblätter ansetzten. Noch kann man nicht in jedem Falle die Zusammengehörigkeit der einzelnen Organe beweisen, ebenso wie die als Lagenostoma, Rhabdocarpus, Trigonocarpus, Carpolithus usw. beschriebenen Samen nur selten im Zusammenhang mit jenen gefunden werden, aber daß zahlreiche karbonische Farne sich nicht durch Sporen fortpflanzten, ist sehr wahrscheinlich.

Wenn wir die Karbonflora als Ganzes betrachten, so fällt uns zuerst der gewaltige Blattreichtum selbst der baumartigen Gewächse auf. Die über den ganzen Stamm verteilten Blattnarben trugen unseres Erachtens während des ganzen Lebens lange, schilfartige Blätter, und erst beim Absterben der Bäume fielen diese ab. Riesige Blattkronen schmückten die Astenden und hingen in biegsamen Sträußen herab, und diese Baumkronen boten nicht etwa das Bild steifer Besen, wie das manche Rekonstruktionen darzustellen versuchen, sondern in üppiger Fülle wiegten sich die eleganten grünen Buketts auf biegsamen Stämmen, wie Zittergräser von riesigen Dimensionen schaukelten sich dazwischen die majestätischen Schachtelbäume, und nur am wasserbedeckten Boden der Wälder häuften sich die vermoderten Bäume und Zweige, die bei heftigen Stürmen abgerissen und übereinandergebrochen waren.

Ein zweiter Charakter der Karbonflora ist die starke Entwicklung des unterirdischen Wurzelsystems. Lange Rhizome, knotige Stolonen, vielvergabelte Wurzeln krochen im schlammigen Boden und überall sproßten aus ihnen neue Triebe dem Lichte entgegen. Wie die abessinische Schoravegetation am Ufer des Roten Meeres[39] weite Flächen mit ihren Schößlingen bedeckt, die aus unterirdischen Ausläufern entspringen, so daß der Fuß zwischen den Tausenden von kurzen Trieben kaum gehen kann, waren auch im Ufergelände des karbonischen Meeres große Gebiete nur mit den unterirdischen Rhizomen der Stigmarien durchzogen, ohne daß es jederzeit zur Entwicklung der hochstämmigen Triebe kam. Man hat beobachtet[40], daß der wurzelbedeckte Stamm (Psaronius) der karbonischen Farnblattgewächse, während der schlammige Untergrund um 3 m zugefüllt wurde, stets neue seitliche Wurzelschöpfe in den geschichteten Schlamm hineinsandte, um bei so rascher Sedimentation dem schwankenden Stamme immer wieder einen sichern Halt zu geben.

Die wichtigste Eigentümlichkeit der Karbonflora ist aber in dem histologischen Bau ihrer Gewebe gegeben, denn es fehlen alle Merkmale eines rhythmischen Dickenwachstums. Die Verbreitung derselben karbonischen Landpflanzen von Nordafrika bis Spitzbergen spricht ja dafür, daß von den Wendekreisen bis zu den Polen ein ziemlich gleichmäßiges thermisches Klima herrschte; allein es fragt sich, ob die für das Leben der Pflanzen so notwendige Menge Sonnenlicht ebenso gleichartig verbreitet gewesen sein kann. Im Salzlager von Staßfurt fanden wir deutliche Symptome dafür, daß während der Permzeit die Schiefe der Ekliptik sehr beträchtlich war; dürfen wir annehmen, daß sich die vorhergehende Karbonzeit grundsätzlich verschieden verhält? Hätte damals die Erdachse genau senkrecht auf der Sonnenbahn gestanden, dann besaß Spitzbergen ewige Nacht und Landpflanzen konnten dort überhaupt nicht existieren. Nur durch die Lichtstrahlen der Sommerperiode war die Pflanzenwelt möglich. Aber wenn somit die Schiefe der Ekliptik beträchtlich war, warum äußerte sich der Wechsel der Jahreszeiten nicht auch in der rhythmischen Gliederung der Gewebe?

Um aus diesem Dilemma einen Ausweg zu finden, könnte man vermuten, daß alle karbonischen Pflanzen einjährig waren — dagegen spricht aber die verschiedene Größe der baumbildenden Formen. Es ist doch nicht anzunehmen, daß 3 m dicke Sigillarien, Schuppenbäume oder Kordaiten in derselben Zeit gewachsen seien, wie 10 cm dicke Exemplare.

So bleibt uns nur übrig, zu denken, daß die Wachstumsvorgänge der Steinkohlenflora unabhängig von dem wechselnden Klima der Jahreszeiten und der geographischen Breite waren — daß sie also hierin mit den Algen und Tangen des Meeres übereinstimmten. So drängt uns auch diese Gedankenreihe zu der Annahme, daß die Karbonflora eine im Meer entstandene, erst später auf das Festland hinaufsteigende Pflanzengenossenschaft gewesen ist.

Über die Umwandlung organischer Reste in Steinkohle haben neuere Untersuchungen von Renault[41]) Licht verbreitet. Er konnte zeigen, daß gewöhnliche Steinkohle aus einem Gemisch aller möglichen Pflanzenteile, Holz, Rinde, Zweigen, Blättern, Fruchtständen usw. entstand. Unter dem Einfluß kleiner Mikroben (besonders des Micrococcus Carbo), die in das Zellgewebe eindrangen, zerfiel die Pflanzensubstanz in amorphe Kohle. Der Vorgang beruhte wahrscheinlich auf einer Art Gärung, welche nach folgender Formel verlief:

$$\begin{aligned} \text{Zellulose } (C^6H^{10}O^5)^8 = {} & 2 \text{ Kohle } (C^9H^6O) \\ & + \text{Methan } 14(CH^4) \\ & + \text{Kohlensäure } 16(CO^2) \\ & + \text{Wasser } 6H^2O. \end{aligned}$$

Indem sich also Pflanzensubstanz in Kohle verwandelt, verliert sie $^{11}/_{12}$ bis $^{29}/_{30}$ ihres ursprünglichen Volumens und wenn auch in der Regel die dabei entwickelten Gase entweichen, so lehren uns doch die bekannten „schlagenden Wetter" oft mit schrecklicher Deutlichkeit, welche Mengen von Kohlenwasserstoff bei der Verkohlung gebildet worden waren und oft noch durch Kapillarkraft zurückgehalten werden. 1 qcm Kohle von Bouble enthielt fast 9 qcm Gase (95 % Methan, 3,7 % Kohlensäure, 1,3 % Wasser).

Unter besonderen Umständen entstanden gewisse Kohlenarten, die man schon lange durch spezielle Namen unterscheidet:

Die Boghead-Kohlen sind durch Anhäufung von Süßwasseralgen entstanden, denn man kann in ihnen mit dem Mikroskop noch deutlich die kugelige Gestalt von Pila scotica, P. bibracteum, P. Karpinskiji, P. Kentuckiana usw. unterscheiden. Australische Boghead-Kohlen enthalten Reinschia australica, gewisse englische Arten Thylax britannicus.

Die Kannelkohle (= candle, Kerze, weil sie mit gelblicher Flamme leicht brennt) findet sich besonders in der mittleren Abteilung der Wigan-Kohlenfelder in England[42], wo sie ein bis 1 m mächtiges Lager bildet. Ihre chemische Zusammensetzung ist von der normalen Kohle sehr verschieden, ihr Gehalt an Gasen ($^1/_5$ des Gewichtes) und Paraffin sehr groß. Bei mikroskopischer Untersuchung erkennt man, daß sie wesentlich aus Sporen und sporenreichen Fruchtständen besteht. Sie entstand also in einem stillen, von zahlreichen Fischen bewohnten See, in den durch den Wind die Sporen der umstehenden heterosporen Kryptogamen geweht wurden.

Der Schwefelgehalt vieler Steinkohlen[43] rührt wahrscheinlich von den Schachtelbäumen her, denn die Asche der Equisetaceen enthält jetzt noch 14,3 % schwefelsauren Kalk.

Es ist leicht verständlich, daß zwischen dieser anfangs untermeerischen, dann ins Brack- und Süßwasser hineinwandernden Flora eine reiche Fauna lebte. Aber merkwürdigerweise finden wir gerade innerhalb der Kohlenflöze nur selten die tierischen Reste, die in den wechsellagernden

Schiefertonen und Sandsteinen oft so zahlreich beobachtet werden. Diese Tatsache erklärt sich aber leicht, seitdem wir wissen, daß das ganze Skelett des devonischen Palaeospondylus und die kräftigen Hautschilder von Panzerfischen im Oldred von Schottland in Steinkohle verwandelt auftreten. Es wurden also auch zahlreiche Tierleichen mit den Überresten der Pflanzen zu Steinkohle verwandelt und sind natürlich jetzt darin nicht mehr zu erkennen.

Sehen wir ab von der früher schon geschilderten Fauna der marinen Reliktenseen, so begegnen uns zwischen den Kohlenflözen besonders Muscheln, Krebse, Tausendfüßler, Skorpione, Insekten, Fische und Amphibien.

Die oft sehr zahlreichen Süßwassermuscheln zeigen merkwürdige geographische Verschiedenheiten[44]. Im Ural sind die Arten meist klein, in Südrußland und Westeuropa werden sie größer. Die in den Saarbrückener Schichten[45] Westdeutschlands auftretende Anthracosia Weißiana verwandelt sich in der folgenden Periode der Ottweiler Schichten in A. Goldfußiana, und diese Art läßt sich dann bis in die hangenden rotliegenden Schichten verfolgen.

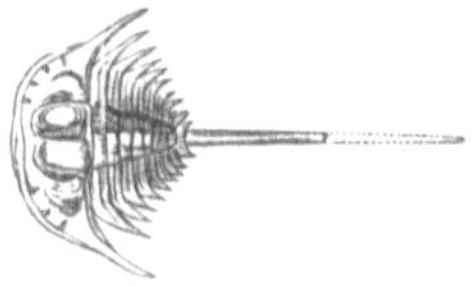

Figur 175.
Belinurus reginae aus dem irischen Karbon.

In den karbonischen Reliktenseen finden wir die letzten Vertreter des einst so weitverbreiteten Trilobitenstammes. Von Proëtus[46] zweigen sich jetzt Dechenella und Phillipsia ab und leben mit denselben Artencharakteren durch ganz Deutschland. Daneben leben seltsam abweichende Formen, wie Arthropleura[47], die, wie es scheint, den Übergang zu den Isopoden vermitteln; das 30 cm lange und 18 cm breite Rückenschild läßt deutliche Schreitbeine erkennen; für eine räuberische Lebensweise spricht ein im Leibe des Tieres gefundener Insektenflügel. Sehr interessant ist es, daß Eurypterus (Fig. 176), sowie die verwandten Gattungen Belinurus (Fig. 175), Prestwichia u. a. mitten zwischen den Steinkohlenpflanzen lebten. Die karbonischen Formen sind allerdings meist klein, lebten aber gesellig, so daß man bei Beaver City (Pennsylvanien) 20 Exemplare zwischen kohlenreichen Schiefertonen fand[48]. E. Imhoffi findet sich bei Pilsen in sehenden, bei Saarbrücken in blinden Exemplaren. Wahrscheinlich waren die blinden Arten während ihres Lebens ebenso im Schlamm vergraben wie der Regenwurm in feuchter Erde lebt.

Wenn man, wie es oft geschehen ist, die karbonische Insektenwelt in die jetzt existierenden Ordnungen einzuteilen versucht, ergeben sich ähnliche Schwierigkeiten, als wenn man es unternehmen wollte, die in einer Schulklasse vereinigten Knaben nach den Eigenschaften einzuteilen, die sie später nach Jahrzehnten ausbilden werden. Die Anlage des künftigen Lebensberufes und Standes ist jedenfalls im Knaben schon vorhanden, mit Notwendigkeit wird der eine diesen, der andere jenen Beruf ergreifen, und doch wird man nicht wagen, sie jetzt schon danach in Gruppen zu teilen.

So zeigt auch die karbonische, überaus reiche Insektenwelt eine große Zahl übereinstimmender, auffallender und doch bei ihren heutigen Nachkommen zurücktretender Eigenschaften.

In der Silur- und Devonzeit fehlten nach unseren heutigen Kenntnissen die Insekten[49] vollständig. Ihre Entwicklung setzt mit der Karbonzeit ein und es liegt nahe, ihre Ahnen in den bis dahin so weitverbreiteten Trilobiten zu suchen. Die Mehrzahl der karbonischen Gattungen waren von beträchtlicher Größe. Die kleinsten bekannten Arten sind 3 cm groß, die Flügelspannweite der größten Formen erreichte 70 cm.

Von den mehr als 300 Gattungen gehörten 80 zu den Urinsekten (Palaeodictyoptera), die in allen wesentlichen Eigenschaften dem hypothetischen „Protentomen" gleichen, das man auf Grund vergleichend anatomischer und entwicklungsgeschichtlicher Tatsachen annehmen muß.

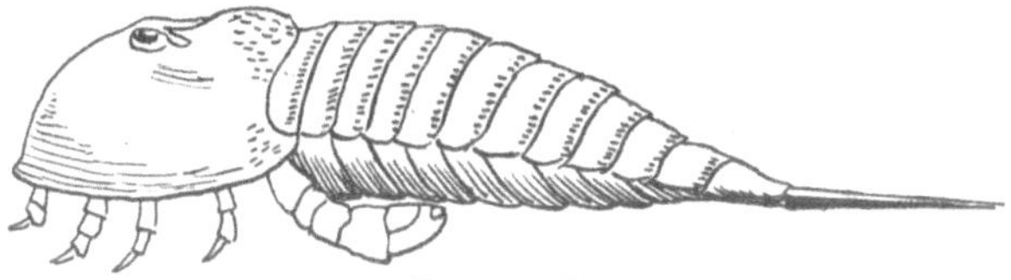

Figur 176.
Eurypterus Scouleri ($^1/_2$)
aus oberkarbonischem Süßwasserkalk von England.

Der Körper zerfiel in 21 Segmente, zu denen sechs den mit kräftigen Kiefern, zusammengesetzten Augen und zarten Fühlhörnern besetzten Kopf, drei, die mit vier Flügeln versehene Brust und elf den Hinterleib bildeten, während ein Endabschnitt an das Telson der Trilobiten erinnert.

Die zahlreichen Beinpaare waren gespalten und haben sowohl zum Schwimmen, wie zum Atmen gedient.

Während ihrer Jugend, bisweilen aber das ganze Leben hindurch, bewohnten sie das Meer, aus den Eiern schlüpften unentwickelte, flügellose Larven, die sich unter wiederholten Häutungen verwandelten. Im Oberkarbon starben diese Urinsekten vollkommen aus und an ihre Stelle traten die inzwischen neu entstandenen Stammgruppen der noch heute lebenden Ordnungen. Am frühesten waren die Blattiden fertig und lebten mit 84 Gattungen schon während der Karbonzeit. Die Orthopteren erscheinen mit etwa 38 primitiven Gattungen, fünf Genera führen zu den Libellen, zwei zu den Termiten, andere im Karbon weitverbreitete Familien scheinen absterbende Nebenäste am Stammbaume der Insektenwelt zu bilden.

Im allgemeinen findet man die karbonischen Insekten auf sehr enge

Verbreitungsgebiete beschränkt und hier ist oft ihr Formenreichtum so groß, daß wie bei Wettin[50] jeder neue Fund einer anderen Art entspricht.

Daß die Mehrzahl dieser alten Formen einen großen Teil ihres Lebens im Wasser verbrachte, wird durch ihr geologisches Vorkommen wahrscheinlich gemacht, durch ihre Körpergestalt bewiesen. Dürfen wir doch annehmen, daß die karbonische Insektenwelt mit der Flora aus dem Wasser auf das Land wanderte. Allein man möchte vielleicht die Frage aufwerfen, warum sie nicht in dem alten Lebenselemente blieben, weshalb sie den schweren Schritt von der Kiemenatmung zur Tracheenatmung taten. Dieser Vorgang wird uns vielleicht begreiflich, wenn wir den staunenswerten Reichtum von Fischen betrachten, welche die Steinkohlensümpfe bewohnten.

Man zählt[51] allein etwa 70 verschiedene Selachiergattungen, zu denen manche in 15 Arten zerlegt werden. Dazu kommen 20 Gattungen heterozerkaler Schmelzfische, z. B. Acanthodes (Fig. 177) und Vertreter mancher

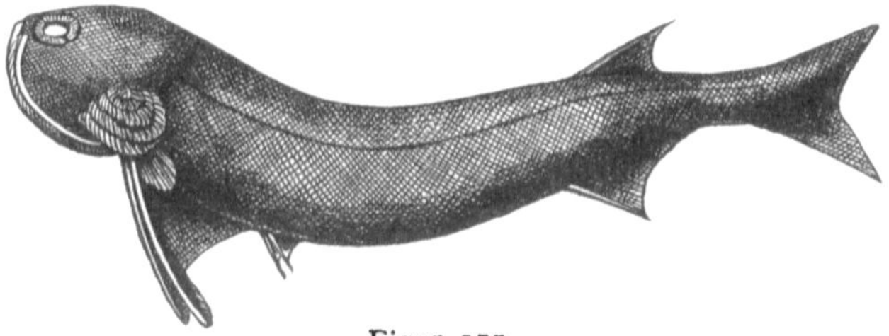

Figur 177.
Acanthodes gracilis aus dem Perm von Schlesien.
Der Körper ist mit feinen Schuppen bedeckt, die Flossen sind durch kräftige, gebogene Flossenstacheln bewehrt.
Die fünf Kiemenlagen liegen frei.

anderen Ordnung. Ihre Zähne- und Flossenstacheln finden sich nicht allein in den marinen Karbonschichten, sondern ebenso häufig in den brackischen und limnischen Buchten des damaligen Meeres. In der dünnen Kannelkohlenschicht von Yorkshire[52] sind allein 24 Fischarten beobachtet worden. Ein sumpfiger See in Ohio enthielt[53] von kleineren Fischen die Gattungen Palaeoniscus, Amblypterus, Mesolepis, von denen die karnivoren Coelacanthus lebten, und diese dienten wieder, wie aus der Zusammensetzung großer Koprolithen hervorgeht, dem riesigen Megalichthys zur Nahrung. Ja, daß manche Fische, ähnlich wie heute der Periophthalmus, am schlammigen Ufer umherhüpften und nach Insekten jagten, geht aus einer[54] Spur hervor, deren Form genau der dreiteiligen Brustflosse eines Fisches gleicht.

Allen diesen Feinden entgingen die Insekten leicht, wenn sie das Wasserleben aufgaben und sich an den Aufenthalt in der Luft anpaßten.

So besiedelten die Insekten das weite Land. Manche Eindringlinge flogen bis in die engsten Täler und selbst über die weiten Wüstenebenen, den Heuschreckenschwärmen vergleichbar, welche jetzt noch die pflanzenreichen Oasen und Kulturländer am Rande der nordafrikanischen Wüste verheeren.

Gleichzeitig entwickelten sich zahlreiche Formen zu überraschender Körpergröße. Titanophasma hat eine Körperlänge von 32 cm und die libellenartige Meganeura Monyi hatte eine Flügelspannweite von 70 cm.

Es erscheint uns befremdend, daß die karbonische Insektenwelt solche Riesen erzeugte, deren Dimensionen viel gigantischer sind, als die der größten Schmetterlinge der Gegenwart, allein wir müssen bedenken, daß unsere jetzige Insektenfauna in ihrer Entfaltung vollkommen beeinflußt wird von der Vogelwelt, so daß sie die wunderbarsten Anpassungserscheinungen erworben hat, um diesen ihren Feinden zu entgehen. Im Karbon aber gab's keine Vögel. Selbst die triadischen Flugsaurier existierten noch nicht und so standen ihnen, sobald sie erst das Fliegen kennen gelernt hatten, in der Luft keine Feinde gegenüber. Man könnte sich darüber wundern, daß in der karbonischen Insektenwelt die Käfer, Fliegen, Mücken, Immen und Schmetterlinge vollkommen fehlten. Aber wenn wir uns erinnern, daß noch kein Säugetier existierte, daß noch keine Blume Duft und Honig bildete, dann wird uns das Fehlen dieser stechenden und saugenden Ordnungen verständlich sein.

Schon im alten, devonischen Wüstenlande waren luftatmende Fische und Amphibien entstanden. Bei den engen, lithogenetischen Beziehungen zwischen dem Oldred und den karbonischen Festländern ist es begreiflich, daß zahlreiche dieser Geschlechter in die Karbonzeit hinübergenommen werden. Die schwarzen Hornzähne von Ctenodus liegen zwischen schottischen Kohlenschichten und in hohlen Baumstämmen von Neuschottland[55] fand man neben kleinen Landschnecken, großen Tausendfüßlern und Skeletten von verschiedenen kleineren Lurchtieren sogar die Reste bis meterlanger Amphibien.

Einen Einblick in die Mannigfaltigkeit der karbonischen Landtiere gewähren uns die in Neuschottland und Pennsylvanien, ebenso wie in England und Zwickau gefundenen Fährten. Fußabdrücke sind noch in der folgenden Permperiode bisweilen der einzige Hinweis auf die Verbreitung, Lebensweise und Gestalt der damals lebenden Vierfüßler. Waren doch ihre Skelette unvollständig verknöchert, ihre Kiefer oft nur mit zarten hinfälligen Zähnchen besetzt, ihre Haut mit einem schwachen Schuppenkleid geschützt, so daß ihre Leichen meist restlos verwesten und zerstreut wurden.

Das Auftreten genau derselben Gattungen in der Karbon- und Permperiode zeigt, daß beide Zeiträume für die Entfaltung der ältesten Vierfüßler eine geologische Einheit bilden. Obwohl die Fundorte karbonischer Amphibien sehr spärlich sind, so enthält doch jeder derselben schon eine ziemlich große Zahl von Gattungen und Arten, manche derselben haben

Figur 178. Branchiosaurus amblystomus Credner.
Jugendform mit Kiemen im Wasser, Erwachsene mit Lungen auf dem Lande lebend.

eine überaus große geographische Verbreitung, andere sind auf enge Bezirke beschränkt.

Wegen ihres niedrigen, dachähnlichen Schädels hat man die ganze Gruppe Stegocephalen[56] genannt; die Körpergröße ist sehr verschieden, zwischen 10 cm langen Gattungen (Fig. 178) lebten Riesensalamander von 2 m Länge.

Die Mehrzahl besaß vier mit kurzen Zehen besetzte Füße (Fig. 179), andere scheinen krallenartige Nägel zum Erklettern der Bäume besessen zu haben; besonders interessant aber ist das Auftreten fußloser Formen im Karbon von Nordamerika und Irland, ebenso wie im unteren Perm von Böhmen (Fig. 180). Der Schädel war von sehr verschiedenem Um-

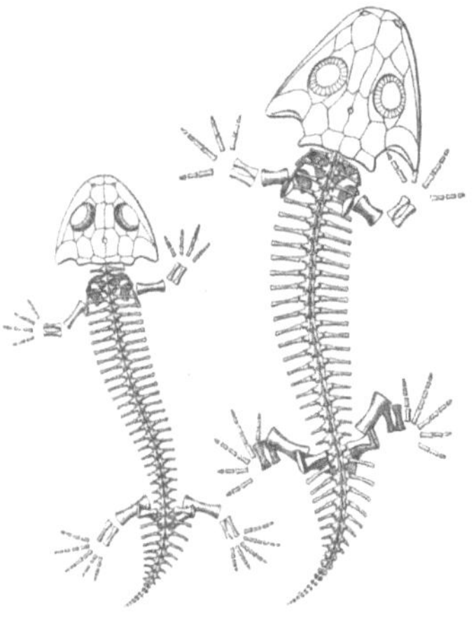

Figur 179.
Pelosaurus laticeps ($^1/_2$) und Branchiosaurus amblystomus ($^1/_2$). Skelette von oben; aus dem Rotliegenden von Dresden.

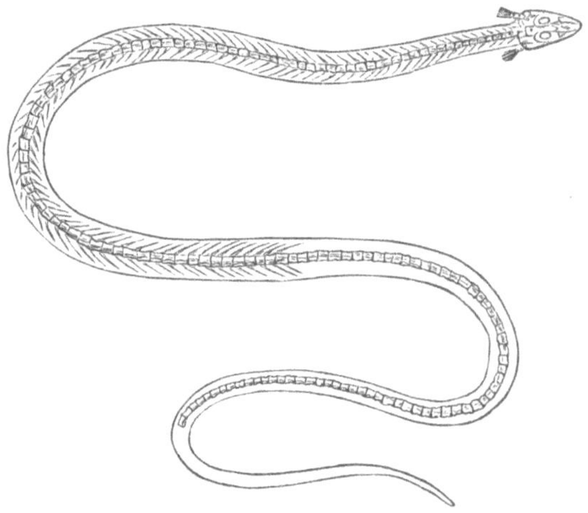

Figur 180.
Dolichosoma longissimum. Schlangenähnlicher, fußloser Stegocephale aus den permischen Kohlenschichten von Böhmen.

riß, bald halbmondförmig, bald langgestreckt (Fig. 181), zeigt aber stets eine ganz charakteristische Anordnung von Deckknochen, zwischen denen fünf Löcher auftreten; vorn die beiden Nasenlöcher, dahinter die mit Knochenringen versehenen Augenhöhlen und endlich auf der Oberseite der Gehirnkapsel ein unpaares Parietalloch. Neuere Untersuchungen haben ergeben, daß unter den Parietalknochen lebender Reptilien ein verkümmertes Auge liegt. Dieses unpaare Scheitelauge scheint bei den ältesten Landwirbeltieren noch funktioniert zu haben, denn das Scheitelloch findet sich ebenso bei den devonischen Panzerfischen, wie bei den karbonischen und permischen Amphibien und Reptilien, und die Tatsache, daß das Parietalauge später zur Zirbeldrüse des Säugetiergehirns umgebildet wird und also selbst noch bei dem Menschen vorhanden ist, spricht jedenfalls dafür, daß dieses Auge einst eine ganz besonders große Bedeutung besessen hat.

Die Übereinstimmung im Schädelbau bei den devonischen Panzerfischen und den permischen Stegocephalen macht es wahrscheinlich, daß beide Gruppen derselben Entwicklungsreihe angehören.

Der Rücken der Stegocephalen war nackt, aber ihre Bauchteile durch ein zartes Schuppenkleid (Fig. 178, 182) geschützt. Die Schuppen haben dieselbe Struktur, wie man sie noch heute bei den fußlosen Amphibien (Cöcilia) beobachtet. Die Stegocephalen bewohnten flache Seen und deren sumpfiges Ufergebiet. Manche Formen, deren Fußspuren auf beträchtliche Körpergröße schließen lassen, wanderten wohl auch weit ins gebirgige Land hinein.

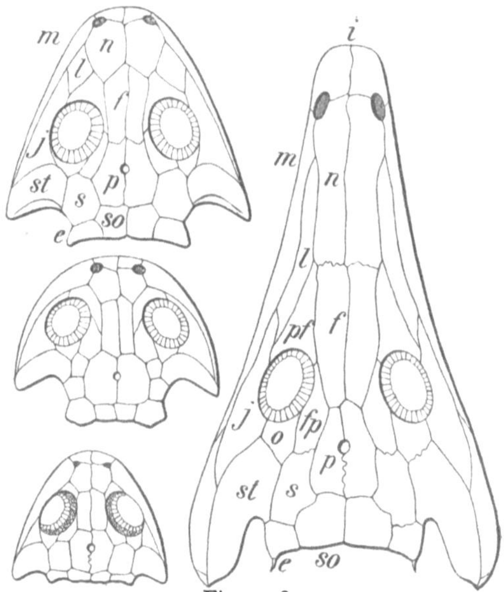

Figur 181.

Schädel permischer Stegocephalen. Von verschiedenem Umriß, aber übereinstimmendem Knochenbau. Die Nasenlöcher, die von einem Plattenkranz umgebenen Augenhöhlen, sowie das Parietalloch sind deutlich zu erkennen.

Von ganz besonderem Interesse ist die Tatsache, daß die Jugendformen mancher Stegocephalen, deren Entwicklung genau verfolgt werden konnte, noch zahnbesetzte Kiemenbogen besaßen, die später rückgebildet wurden. Deutlich ersieht man daraus, daß die aus dem Ei ausschlüpfenden Jungen noch im Wasser lebten und mit Kiemen atmeten, während sich allmählich ihre Lungen entwickelten.

Mitten zwischen den echten Amphibien der permischen Ablagerung von Sachsen fanden sich[57] einige größere Skelette von salamanderähnlichen Tieren, deren Körperbau ihnen eine andere Stellung im Systeme zuweist. Palaeohatteria longicauda war ein Wassertier mit kurzen bekrallten Schwimmfüßen, Kadaliosaurus hatte vier gleich lange, schlanke, zum Gehen wohlgebaute Beine. Trotz dieser Unterschiede in Gestalt und Lebensweise gehören beide Gattungen zu einem neuen, ebenso eigenartigen wie einheitlichen Typus und müssen als die Vertreter der ältesten Reptilien betrachtet werden.

Palaeohatteria ist, wie ihr Name andeutet, ein Vorfahre der jetzt noch in Neuseeland lebenden Hatteria, deren altertümliche Organisation schon längst erkannt wurde. Das Skelett zeigt neben vielen Amphibiencharakteren so echte Reptilieneigenschaften, daß man in jener Gattung eine Übergangsform zwischen beiden jetzt grundsätzlich getrennten Gruppen sehen kann. Kadaliosaurus ist schon höher entwickelt, das Skelett ist wohl verknöchert, die Schwimmfüße haben sich in Gehfüße verwandelt, die Mittelhandknochen sind nicht mehr rundliche Scheiben, sondern lange Spangen, und das Becken erinnert an die Dinosaurier und Vögel. Man[58] hat daraus mit Recht geschlossen, daß die gemeinsame Wurzel der in der Trias auftretenden Dinosaurier und der ältesten bekannten Juravögel in diesen permischen Formen zu sehen ist.

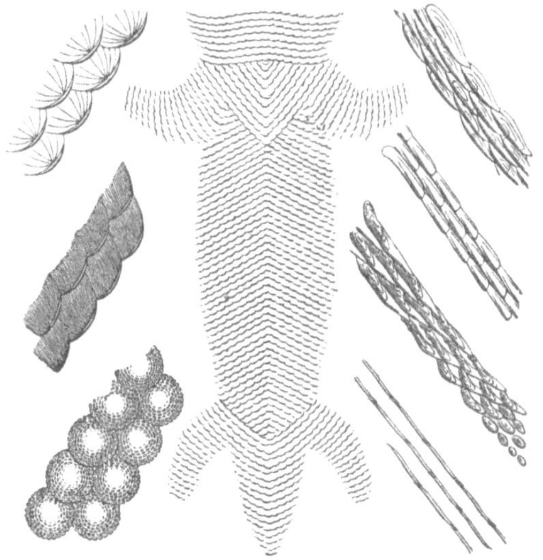

Figur 182.
Der Bauchpanzer von Branchiosaurus amblystomus und einzelne Schuppenreihen verwandter Stegocephalen aus dem Rotliegenden von Dresden.

Obwohl die stratigraphische Geologie zwischen der Karbonzeit und der nachfolgenden Permperiode eine scharfe Formationsgrenze zieht, so haben wir doch vom erdgeschichtlichen Standpunkt aus das Recht, beide Zeiträume als Stadien eines einheitlichen Entwicklungsganges zu betrachten. Die Entstehung großartiger Gebirgszüge, die Bildung der Tiefseebecken und die Entstehung der Steinkohlenlager stehen in engstem, vielleicht geradezu ursächlichem Zusammenhange mit der Besiedlung der Festländer durch eine bis dahin amphibiotische, ja sogar ursprünglich marine Flora. Gleichzeitig wanderten die dem Trilobitenstamme entsproßten Insekten aus dem Meere in die Atmosphäre und mit ihnen gewannen festländische Wirbeltiere eine immer mehr zunehmende Nahrung. Aus den noch indifferenten Ahnen, die man unter dem Sammelnamen Stegocephalen vereint, trennt sich der Stamm der echten Amphibien und der Reptilien; ja sogar die ältesten Wurzeln der Säugetiere wurden damals angelegt.

Klimatische Kontraste von vernichtender Gewalt, leblose Wüsten und lebenvernichtende Eisdecken, deren Entstehung wir in dem nächsten Abschnitte schildern wollen, griffen danach machtvoll in die Schicksale der neu entstandenen Formenkreise ein, brachten zahlreiche Äste des Stammbaumes zum Absterben und gaben dadurch anderen Zweigen lebhafte Impulse zu einer staunenswerten aufstrebenden Entwicklung, so daß sich in kürzester Frist eine neue Flora und eine neue Tierwelt über die ganze Erde verbreiten konnte.

Verweise

[1] J. Walther, Bionomie des Meeres, S. 4. — [2] J. Walther, Z. d. D. geol. Ges. — [3] F. Mohr, Geschichte der Erde 1886. S. 83. — [4] Gümbel, Sitzungsber. d. B. Akad. d. Wissensch. 1883. S. 201. — [5] Donath u. Bräunlich, Chemiker-Ztg. 1904. Nr. 16, S. 182. — [6] Potonié, Lehrb. der Pflanzenpaläont. S. 63; Ernst, B.- u. Hütt.-Ztg. 1900. Nr. 50. — [7] Helmhacker, Z. f. prakt. Geol. I, S. 35. — [8] Tschernytschew u. Frech, Leth. pal. II, S. 301. — [9] Weiß, Jahrb. d. K. Pr. G. L.-A. 1885. S. 121. — [10] F. Roemer, N. Jahrb. f. Min. 1863. S. 336. — [11] F. Roemer, Quart. Journ. Geol. Soc., London 1888. S. 747. — [12] Ludwig, Paläontogr. Bd. X, S. 278. — [13] Dass. Bd. VIII, S. 31. — [14] Worthen, Ref. N. Jahrb. f. Min. 1876. S. 883. — [15] Guide des Exc. du Congr. Géol. Internat. VII. Heft XVI, S. 6—28. — [16] Reis, Geogn. Jahreshefte 1903. S. 125. Literatur. — [17] Barrois, Ann. de la Soc. Géol. du Nord, 1904, S. 50. — [18] Wallace, Malay Archipel II, S. 53. — [19] Arrhenius, Phil. Mag. April 1896. — [20] Weithofer, Lotos. 1904. Nr. 1. S. 6. — [21] H. Credner, Elem. d. Geol. 1902, S. 474. — [22] Frech, Leth. pal. II, S. 406. — [23] E. Schmidt, Ceylon, S. 91. — [24] G. Müller, Z. f. prakt. Geol., 1901, November. — [25] R. Credner, Peterm. Geogr. Mittl. Erg.-Heft. — [26] Naumann, dass. 1848. S. 297. — [27] Frech, Monatsber. d. D. geol. Ges. 1905, S. 272; v. Koenen, N. Jahrb. f. Min. 1879. S. 344; F. Roemer, dass. 1861, S. 313, 1863, S. 118. — [28] Woltersdorf, dass. 1894. II, S. 167. — [29] Oldham, Geology of India. S. 438. — [30] Kalkowsky, Z. d. D. geol. Ges. 1893, S. 69. — [31] Ramsay, Phys. Geol. of Gr. Brit. 1894. S. 106. — [32] Dalmer, Z. f. prakt. Geol. 1896. S. 1. — [33] Reuss, Jahrb. d. K. k. Geol. R.-A. 1852. S. 96; Silliman, N. Jahrb. f. Min. 1883. II, S. 339. — [34] Becker, Z. f. prakt. Geol. 1890. S. 216. — [35] Daubrée, N. Jahrb. f. Min. 1845. S. 376; Althaus, Jahrb. d. K. G. L.-A. Berlin 1891. S. 24. — [36] Gümbel, Sitzungsber. d. B. Akad. d. Wissensch. 1883. S. 164; v. Ettingshausen, Jahrb. d. K. k. geol. R.-A. 1852. S. 130; v. Lidl, dass. 1856. S. 249; Sterzel, N. Jahrb. f. Min. 1882. II, S. 81. — [37] Bertrand, Compt. rend. du Congr. Géol. Paris 1900. — [38] Grand d'Eury, Mém. Acad. Sc. Paris. T. XXXXIV, 1877; Potonié, Lehrbuch d. Pflanzenpaläontologie 1897; Zeiller, Eléments de Paléobotanique 1900; Scott, The present position of Palaeoz. Botany. Progr. re botanicae 1906, I, S. 139. — [39] Schweinfurth, Z. für allg. Erdkunde, Berlin 1865. V, S. 301. — [40] Grand d'Eury, Mém. Acad. d. Sc. Paris, XXIV. Fl. XI, Fig. 2. — [41] Renault, Compt. rend. du VIIIe Congr. Géol. Intern. 1900. I, S. 646. — [42] Woodword, Geol. of E. a. W. S. 184, 204. — [43] Dieulafait, C. r. d. Acad. Sc. Paris 1885. S. 284. — [44] Ludwig, Palaeontographica. Bd. X, S. 24. — [45] Weiß, N. Jahrb. f. Min. 1867. S. 681. — [46] Scupin, Z. d. D. geol. Ges. Bd. LII, S. 1. — [47] Klierer, Palaeontographica 1883. XXIX, S. 262. — [48] J. Hall, Ref. N. Jahrb. f. Min. 1887. I, S. 333. — [49] Handlirsch, Die fossilen Insekten. Leipzig 1906. S. 3; Brongniart, Rech. pour servir à l'hist. des insectes fossiles. St. Etienne 1893; Scudder, Index Fossil Insects. 1891. Bull. U. S. G. S. No. 71. — [50] Nach v. Schlechtendal. — [51] Zittel, Handb. d. Paläontologie. III, S. 332—334. — [52] Davis, Q. Journal Geol. Soc. 1880. S. 56. — [53] Newberry, Ref. N. Jahrb. f. Min. 1857, S. 341. — [54] Buckland, A. Mag. Nat.

Hist. 1844. S. 152. — [55] Lyell u. Dawson, dass. 1855. S. 58; Dawson, Q. Journal Geol. Soc. 1860. S. 268. — [56] H. Credner, Z. d. D. geol. Ges. 1881—1886. — [57] H. Credner, Z. d. D. geol. Ges. Bd. XL, S. 490. Bd. XLI, S. 319. — [58] Osborn, Americ. Naturalist, 1900. S. 794.

21

Das Gondwanaland

Nachdem wir die Schicksale des alten, arktischen Kontinentes geschildert und die Veränderungen des Meeres betrachtet haben, das seine Ufer bespülte, überschreiten wir den Ozean und treffen an seinem Südufer eine große Ländermasse, welche, jetzt durch tiefe Meeresbecken in einzelne Stücke zergliedert, in jenen alten Zeiten wesentlich andere Umrisse zeigte. Nach einem nordindischen Gebirge hat man[1] es Gondwanaland genannt; wir wollen jetzt versuchen, seine Grenzen zu bestimmen und die Ereignisse zu schildern, die uns unsere geologischen Dokumente erzählen.

Auf den Karten,[2] welche die Verteilung von Land und Meer in den älteren Perioden darstellen, sehen wir Gondwanaland von Brasilien quer über den Atlantischen Ozean ganz Afrika umfassen und über Madagaskar bis Indien und Australien reichen.

Wenn es gilt, die Grenzen einer solchen hypothetischen Ländermasse zu bestimmen, so müssen folgende Forderungen erfüllt sein:

1. In seinem Ufergebiet müssen marine, fossilreiche Schichten auftreten, aber in seinem Innern fehlen.

2. Dort müssen wir gleichaltrige Ablagerungen ohne Meerestiere, aber mit den Überresten von Landpflanzen, Landtieren oder lithologischen Symptomen des Festlandes finden.

3. Da Meeresstraßen kein Hindernis für die Verbreitung von Landpflanzen sind, werden wir auf die Verbreitung großer Landtiere besonders zu achten haben, wenn wir alte Landzusammenhänge feststellen wollen. Dagegen besitzen Pflanzen einen geringeren Wert für die Bestimmung der Grenzen alter Landflächen, da sie auch über Meere hinweg verbreitet werden können. Die Verbreitung der Flora aber wird uns in den Stand setzen, klimatische Übereinstimmung oder Gegensätze nachzuweisen.

Betrachten wir von diesen Gesichtspunkten aus das Küstengebiet des Gondwanalandes, so finden wir in Brasilien[3] auf dem gefalteten kristallinischen Grundgebirge ein System von wohlgeschichteten, grauen, gelben und roten Sandsteinen, in deren oberen Lagen marine Fossilien gefunden wurden, die in Nordamerika zum Teil im oberen Untersilur, teils im unteren Obersilur bekannt sind. Spongien, Muscheln und Brachiopoden bewohnten den Meeresboden; Graptolithen, Muschelkrebse und Tentakuliten wurden von den Wogen herangetrieben. Die ganze Fauna spricht für die Nähe einer Küste, die umhüllenden Sande stammen von dem brasilianischen Festlande. Auch das Devonmeer dringt bis zur brasilianischen Küste vor; die reiche Fauna stimmt ganz mit den Arten überein, die in Nordamerika gefunden werden. Schon im Unterdevon beginnen vulkanische Ausbrüche, die dann immer mächtiger werden und sich an der Verlandung der Küstenstrecke beteiligen. Nach einer abermaligen Pause tritt das karbonische Meer herein und hat reiche Faunen oberkarbonischer Arten hinterlassen. Wiederum schließen vulkanische Ausbrüche die marine Periode ab. Seit der Permperiode ist der größte Teil von Südamerika Festland.

In der nördlichen Sahara hat man[4] neuerdings graptolithenreiche Alaunschiefer gefunden, die von 150 m fossilleeren, roten, braunen und weißen Sandsteinen überlagert werden. Dann folgen devonische Meeresschichten, deren Verbreitung bis Murzuk reicht und deren Fauna sich eng an nordamerikanische Funde anschließt. In Nubien und der Sahara liegen mehrere hundert Meter gelber und rötlicher, fossilleerer Sandsteine diskordant auf den kristallinischen Schiefern. Die Schichtenreihe beginnt oft mit einem Grundkonglomerat, das tiefe Wannen im Grundgebirge ausfüllt. In der arabischen Wüste sind der festländischen Sandsteinablagerung etwa 10 m versteinerungsreicher[5] Mergel und Kalke eingeschaltet, in denen Productus reticulatus und Pr. longispinus nebst anderen Fossilien zeigen, daß das Karbonmeer hier einmal in die Sandwüste hineindrang. Vereinzelte Funde[6] karbonischer Fossilien im nubischen Sandsteine der Sinaihalbinsel deuten die östliche Fortsetzung der Küstenlinie an.

Obwohl Ostindien so gründlich geologisch durchforscht ist, daß marine Fossilien in den älteren Schichtenreihen den Beobachtern nicht entgangen wären, so hat man bisher doch keine Spuren gefunden. Die reichen kambrischen, karbonischen und permischen Faunen der Himalayaketten lassen sich nicht über die bengalische Tiefebene nach Dekhan verfolgen, ebensowenig wie die devonischen[7] Fossilien von Tibet und das Silur[8] von Burma. In allen diesen Perioden muß das jetzt von der Gangesniederung eingenommene Gebiet ungefähr der Küste entsprochen haben. Das Grundgebirge Ostindiens besteht aus eng gefalteten, kristallinischen Schiefern, deren Streichen eine auffallende Übereinstimmung mit den heutigen Umrissen der Halbinsel erkennen lassen. Sie entsprechen den Wurzeln uralter Gebirgszüge, die im Norden von Westen nach Osten, an der Koromandelküste von Nordosten nach Süden umbogen und an der Malabarküste gegen Nordwesten wieder emporstiegen. Die Scharung dieser Ketten bei Sambalpur, Trichinopoly und Mysore deutet auf alte Gebirgsknoten hin.

Auf den abgetragenen Ruinen der von Granit, Diorit und goldführendem Quarz vielfach durchsetzten Schiefer liegen diskordant grobe Konglomerate, Sandsteine und Schiefer, die bisher keine Spur von Fossilien geliefert haben. Sie bedecken meist eng umschriebene Gebiete, wurden in isolierten Becken abgelagert und dementsprechend wechselt ihre Mächtigkeit rasch. Die 700 m mächtigen Gwaliorschichten enthalten vulkanische Decken und die bis zu 3000 m mächtigen Cuddapahschichten sind ebenfalls von Lavadecken unterbrochen. Ob die in den hangenden Karnulschichten auftretenden Diamanten bei diesen Eruptionen mit emporgekommen sind, läßt sich schwer entscheiden. Wiederholt wurde das Gebiet auch von tektonischen Bewegungen heimgesucht, welche mehrfache Diskordanzen bedingen; im Norden zeigen aber die Aravalliketten ein einheitliches Streichen. Die nach der Faltung am Fuße des Gebirges gebildeten Schuttlager enthalten bei Panna Diamanten. Noch jetzt sind manche dieser alten Gebirgsruinen über 2000 m hoch. Wir dürfen daraus schließen, daß sie in der Altzeit als mächtige Gebirgsketten, ähnlich wie jetzt der Himalaya, emporragten.

Die Fortsetzung der Gondwanaküste wird auf den oben zitierten Karten längs der Sundainseln so gezogen, daß ganz Australien darin eingeschlossen erscheint. Aber man hat dabei wohl übersehen, daß am Fitzroyflusse im Napier- und Oskargebirge Kalke und Sandsteine weitverbreitet sind, welche reiche karbonische Faunen[9] enthalten. Zwölf auch in Südostaustralien vorkommende Arten werden beschrieben, und der Fund eines Productus von 8 cm Breite läßt erkennen, daß es sich um eine echt marine Ablagerung handelt. Wenn die Karbonschichten hier in einer Breite von etwa 300 km an der Küste entlangziehen und am Irwinfluß in Südwestaustralien wieder auftreten, darf Australien nicht als ein Stück des indischen Gondwanalandes betrachtet werden. Dieser Schluß wird auch dadurch bestätigt, daß keine einzige Gattung der afrikanisch-indischen Landtiere bisher in Australien beobachtet worden ist. Zahlreiche Tatsachen sprechen allerdings dafür, daß Australien in der Karbon- und Permzeit Festland und von denselben Pflanzen besiedelt war, die wir in den benachbarten Ländern finden. Wie in Ostindien, sind Anzeichen hoher Gebirgsketten auf dem australischen Festlande deutlich zu erkennen. Ein Teil der heutigen Küste von Neusüdwales wurde wiederholt vom Meere überflutet, denn ebenso wie in Tasmanien wurden hier kambrische, silurische, devonische und karbonische Meeresfaunen nachgewiesen.

In Südafrika begegnen wir verwandten Verhältnissen. Diskordant auf dem gefalteten, kristallinischen Grundgebirge lagern am Kap Konglomerate und mächtige Sandsteine, welche den Tafelberg an der Küste und gleichaltrige Gesteine in Transvaal und Natal bilden. Sie werden überlagert von marinen Schichten, welche eine reiche unterdevonische Fauna enthalten. Es scheint daher wohlberechtigt, den Tafelbergsandstein als silurisch zu betrachten. Im Innern des Landes müssen schon damals hohe gletscherreiche Gebirge existiert haben; denn wir finden im silurischen Sandsteine eingeschaltet eine nach Norden an Mächtigkeit zunehmende Moräne mit echten, gekritzten Geschieben.

Das Devonmeer ist nicht nach dem Innern des Kaplandes vorgedrungen, denn die Wittebergschichten[11] bestehen aus 400 m Sandsteinen, in denen neben dem problematischen Fossil Spirophyton Reste von Lepidodendron gefunden werden.

Indem wir jetzt den Atlantik überschreiten und den Boden Südamerikas betreten, verfolgen wir nach den früher erwähnten Karten fortlaufend die Südküste des Gondwanalandes. Aber diese hypothetische Küstenlinie stützt sich nur auf die Tatsache, daß in Argentinien eine Flora auftritt, welche zur Permzeit auch in Südafrika und Australien lebte. Da die bezeichnenden Landtiere des Gondwanalandes hier ebenso fehlen wie in Australien und da die Sporen und Samen der niederen Pflanzen durch den Wind leicht verbreitet werden, halten wir es nicht für richtig, Kapland und Argentinien durch eine karbonische Küstenlinie zu verbinden.

In Argentinien sind[12] marine, dichte Kalke und Dolomite von gipsführenden Tonen und grauen, braunen und roten Sandsteinen überlagert, welche wohl die Wirkungen einer verlandenden Flachsee darstellen. Dann trat das Meer wieder herein und bildete einige Mergelschichten, reich an Brachiopoden und anderen Meerestieren von mitteldevonischem Alter. Im Hangenden folgen 300 m Sandsteine mit Konglomeraten und vulkanischen Tuffen. Einige jenen eingeschaltete kohlenreiche Schiefer und unbedeutende Kohlenlager enthalten eine seltsame Mischung karbonischer und permischer Pflanzen. Manche Tatsachen machen es wahrscheinlich, daß schon in silurisch-devonischer Zeit in Argentinien ein von Gebirgen durchzogenes Festland bestand, aus dessen Zerstörung die Konglomerate und Sandsteine gebildet wurden und an dessen Abhängen die Pflanzen wuchsen, welche in den kohlenreichen Schichten enthalten sind.

So finden wir also, statt des vielfach angenommenen, geschlossenen, großen Kontinents drei getrennte Ländermassen, von denen nur die mittelste, Afrika und Ostindien umfassend, als Gondwanaland im engeren Sinn zu bezeichnen wäre. Es reichte vom 35. Grad südlicher bis zum 30. Grad nördlicher Breite und wurde auf der südlichen Halbkugel von zwei kleineren Ländern begleitet, welche Südamerika und Australien entsprechen. Das sehr gleichmäßige Klima, das wir aus der Verbreitung der karbonischen Meerestiere erschließen müssen, wird bestätigt durch die vereinzelten Funde von karbonischen Pflanzen auf den genannten Festländern. Man kennt Lepidodendron und Kalamitenreste vom Tapajosstrom in Mittelbrasilien ebenso wie aus Argentinien. Lepidodendron, Bergeria, Knorria und Kalamiten sind häufig in der Sahara und finden sich wieder am Sinai und im Kapland. Daß aber auch die zentralen Teile von Afrika eine ähnliche Fauna enthielten, geht aus dem Kohlenlager von Tete am Sambesi unter dem 16. Grad südlicher Breite hervor, wo folgende europäische Arten gefunden wurden:

Pecopteris arborescens	Callipteridium pteridium
P. cyathea	Alethopteris Grandini
P. unita	Sphenophyllum oblongifolium
P. polymorpha	Sph. majus
	Annularia stellata
	Calamites cruciatus
	Cordaites brassifolius

Auch Indien trug zur Karbonzeit eine entsprechende Flora, und in Australien sind Lepidodendron, Knorria, Sigillaria, Calamites vielfach gefunden worden.

Nur spärliche Reste karbonischer Landtiere, die wohl alle dem primitiven Formenkreise der Stegocephalen angehören, hat man gelegentlich beobachtet.

Beim Übergang aus der Karbon- in die Permzeit treten nun in einzelnen Teilen der besprochenen Ländermassen seltsame geologische Veränderungen ein, die man gewöhnlich unter dem Namen einer „permischen (oder karbonischen) Eiszeit der südlichen Halbkugel" zusammenfaßt; ein Ausdruck, der den Tatsachen in keiner Weise gerecht wird und zu irrigen Schlüssen Veranlassung gegeben hat.

Die in Südafrika und Südaustralien beobachteten Gletscherwirkungen fehlen in Südamerika vollständig. Trotz eifrigen Suchens hat man bisher noch keine permische Moräne daselbst entdeckt, und das Auftreten einer entsprechenden Flora kann nicht als genügender Beweis betrachtet werden. Die Eiswirkung ist auch nicht etwa von dem südlichen Polarkreise ausgegangen, sondern die Gletscher kamen in Südafrika sicher, in Australien wahrscheinlich von Norden. Das Glazialphänomen ist auch nicht auf die südliche Halbkugel beschränkt, sondern tritt f a s t u n t e r d e m s e l b e n B r e i t e n g r a d e a u f d e r n ö r d l i c h e n H a l b k u g e l in Ostindien wieder auf und hier kamen die Gletscher von Süden.

Man bringt das Auftreten dieser drei Gletschergebiete in der Regel mit einer Abnahme der Temperatur auf der Erde in Zusammenhang, ohne zu bedenken, daß Gletschereis nicht gefrorenes Wasser, sondern zusammengepreßter Schnee ist, daß mithin das Wachsen der Eisströme und die Entstehung neuer Firnfelder wesentlich von einer Vermehrung der atmosphärischen Niederschläge abhängt.

Indem wir uns also freimachen von der Vorstellung eines Gondwanalandes, das den ganzen Indischen und Atlantischen Ozean von Tasmanien bis nach den Kordilleren überspannte, indem wir nicht eine Ausdehnung antarktischer Eisfelder über die ganze Breite des Tropenlandes bis nach dem Himalaja für berechtigt halten und den lokalen Ursprung der Gletschergebiete voraussetzen, — sind allerdings noch nicht alle Schwierigkeiten aus dem Wege geräumt; denn unter allen Umständen mußten allgemeine tellurische oder solare Veränderungen des Klimas dabei eine Rolle spielen.

Wir gestehen, daß eine befriedigende Erklärung für die Entstehung der karbonischen Gletscher in den Randgebieten des Indischen Ozeans zurzeit noch nicht gegeben werden kann, wenn auch kambrische Moränen Chinas und die silurischen Moränen des Kaplandes zeigen, daß während des Altertums der Erde unter dem 35. Breitengrade Eisbildung leicht möglich war.

Mag nun durch eine länger andauernde Sonnenfleckenperiode oder durch eine Veränderung der Passatströmungen die Summe der Niederschläge vermehrt und gleichzeitig die schmelzende Kraft der Sonnenstrahlen vermindert worden sein, so beweist doch das Fehlen der Moränen in Südamerika und Neuseeland, daß es sich nicht nur um die Wirkungen allgemeiner Klimaänderungen handelt, sondern daß lokale Umstände dabei mitgewirkt haben müssen.

Betrachten wir von diesem Standpunkte aus zuerst das Gletschergebiet von Südafrika,[13] so finden wir im mittleren Transvaal, etwa in der Gegend des Palalaplateaus den stark abgetragenen Rumpf eines uralten Gebirges, das während der Karbon- und Permzeit denudiert wurde. Das felsige Grundgebirge zeigt eine seltsam gerundete Oberfläche; flache Rundhöcker lassen eine geglättete Nordseite, eine rauhe Südseite und prachtvolle, lange Kritzen und Gletscherschliffe erkennen, die teilweise parallel, teils sich kreuzend viele Meter weit verfolgt werden können. Die allgemeine Richtung derselben strahlt vom nördlichen Transvaal deutlich gegen Natal, Kapland und Namaqualand auseinander und zeigt, daß von dem zentralen Gebirge große Eisdecken gegen Osten, Süden und Westen flossen. Nördlich gerichtete Gletscherschrammen konnten bisher noch nicht gefunden werden. Der von dem Gebirge abgehobene und durch die Gletscher transportierte Verwitterungsschutt (Dwykakonglomerat) ist bei Kimberley 2 bis 6 m mächtig, bei Vereniging etwa

16 m, am Oranje gegen 100 m, am Südwestrande der Karruwüste 300 m und in Natal 400 m. Im Norden bildet das Dwykakonglomerat eine ungeschichtete, graue Masse, bestehend aus kleinen Bruchstücken kristallinischer Schiefer, die durch Kieselsäure fest verkittet sind. Darin liegen große und kleine Geschiebe regellos zerstreut, die fast ausnahmslos kantengerundet oder eiförmig und größtenteils mit Gletscherschrammen bedeckt sind. Indem wir nach Süden und Westen vorwärtsdringen, nimmt zwar die Mächtigkeit dieser Grundmoräne im allgemeinen zu, allein die gekritzten Geschiebe werden seltener, und allmählich stellt sich immer deutlicher eine Bankung und Schichtung des Konglomerats ein. Wir sehen, wie das Gletschereis schmilzt, wie in dem Vorlande die Schmelzwasserströme eine immer bedeutendere Rolle spielen. Große Stauseen von rasch wechselndem Umriß nahmen das Moränenmaterial auf und wohlgeschichtete Sandbänke mit tonigen Zwischenlagen folgen hier konkordant auf die hangenden Schichten des Kapsystems.

Daß der Eisrand mehrfache Vorstöße unternahm, geht aus manchen Profilen hervor, aber das vollkommene Fehlen mariner Fossilien in den Zwischenschichten beweist, daß er nicht bis zum Meeresspiegel reichte.

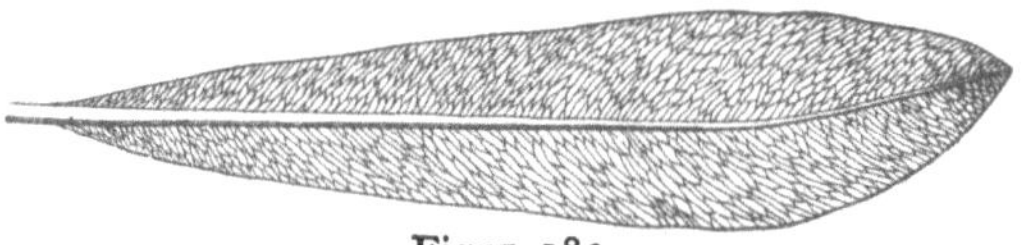

Figur 183.
Glossopteris indica (1/8).
Die Blätter sproßten aus unterirdischen Rhizomen.

Die Bildung des Dwykakonglomerats war durch keinerlei Interglazialzeiten unterbrochen und wenn wir uns im Geiste dessen Massen wieder auf das Transvaalgebirge aufbauen, dann wird uns auch leicht verständlich, warum die Tätigkeit der permischen Gletscher hier so bald beendet war; denn indem das hohe, stark verwitterte Gebirgsland von Firndecken überzogen wurde, aus deren Tiefen blaues, plastisches Gletschereis hervordrang, indem Kubikkilometer von Gestein in die Ebene geschafft wurden, erniedrigte sich zusehends die Kammhöhe des die Niederschläge sammelnden Berglandes. Die Firnfelder schrumpften zusammen, die Gletscher zogen sich zurück und verschwanden endlich vollständig aus Südafrika.

An zahlreichen Stellen sind dünne, rasch auskeilende Kohlenlager, besonders im Liegenden des Dwykakonglomerats und bisweilen mit dem Geschiebelehm wechsellagernd, zu beobachten. Die dabei gefundenen Pflanzenreste sind durch Sigillaria Brardi mit der permischen Flora von Thüringen verbunden. Aber daneben tritt uns hier eine Flora entgegen, welche in den gleichaltrigen Schichten Europas nicht bekannt ist und besonders durch die zungenförmigen Farnblätter von Glossopteris (Fig. 183) bezeichnet wird. Bei Kimberley wurde auch ein ausgezeichnetes Skelett von Mesosaurus gefunden als Vertreter der Urreptilien, die wir in nahverwandten Gattungen aus dem Rotliegenden von Sachsen kennen gelernt haben.

Im Hangenden der glazialen Konglomerate folgen in der Karruwüste die danach benannten roten Sandsteine in völlig konkordanter Lagerung. Auch Glossopteris geht in sie mit über und zeigt, daß ein allmählicher Klimawechsel die niederschlagsreiche Gletscherperiode mit dem darauf wieder folgenden, trockenen Triasklima verbunden hat. Wie sehr sich aber dabei die Lebensbedingungen änderten, geht aus der Tierwelt hervor, die in den Sandsteinen der Karruwüste gefunden wird.

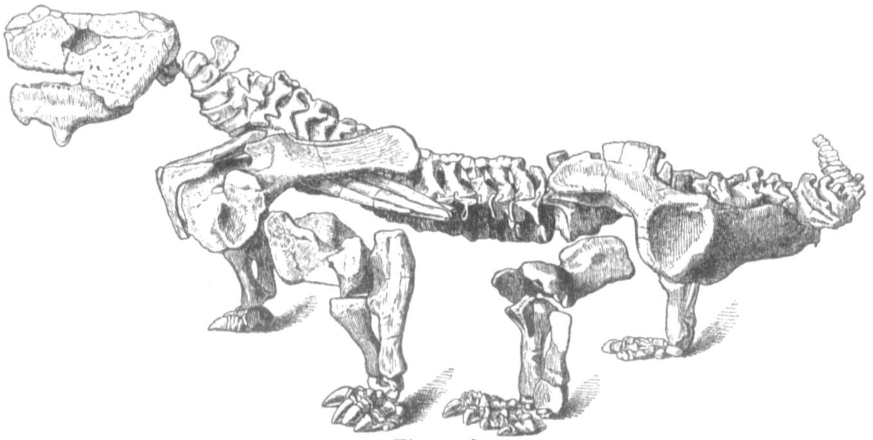

Figur 184.
Skelett von Pareiosaurus Baini (1/18). Trias von Südafrika.

Der schmale, mit spitzen Fangzähnen besetzte Schädel von Mesosaurus, die zarten Beine, die gelenken Schwimmfüße und der lange Ruderschwanz lassen deutlich erkennen, daß das Tier gut schwimmen konnte. Sein Vorkommen in marinen Schichten mit Abdrücken von Schizodus deutet darauf hin, wie unempfindlich es gegen das Salzwasser war. Solche Formen drangen nun in das südafrikanische Festland hinein und entwickelten sich hier so eigenartig, daß es wohl im Laufe der ganzen Erdgeschichte keine seltsameren Gestalten gegeben hat, als die plumpen Bewohner (Fig. 184) des permo-triadischen Karrulandes. Massive Knochenstützen tragen den gedrungenen, schweren Körper; die Schädelknochen sind fest miteinander verwachsen, die Teile der Schulter und des Beckengürtels zu einem massiven Knochenring verschmolzen. Die Wirbelsäule zeigt Anklänge an den Bau der Amphibien, aber die allgemeine Organisation macht es sehr wahrscheinlich, daß sie wie die Reptilien selbst in der Jugend nicht mehr mit Kiemen atmeten. Die starke Differenzierung des Gebisses spricht für eine sehr verschiedenartige Lebensweise. Der Kiefer der einen war mit 30 gleichartigen Zähnen besetzt, bei anderen Gattungen völlig zahnlos. Manche zeigen ein typisches Raubtiergebiß, und der Oberkiefer von Dicynodon und Ptychognathus zeigt nur ein paar riesige Fangzähne. Vierzehn Gattungen mit mehr als 40 Arten hat man bisher aus der Karru beschrieben, und das 2 m lange Skelett des Pareiosaurus Baini (Fig. 184), das in London aufgestellt ist, läßt deutlich erkennen, daß das seltsame, einem riesigen Dachshunde ähnliche Tier mit seinen derben bekrallten Beinen wohl geschickt war, Wurzeln aus dem Boden zu graben, aber nicht, im raschen Laufe seine Beute zu erhaschen.

Wir wenden uns nun nach Australien[14], wo fast unter demselben Breitengrade ganz ähnliche Gletschererscheinungen beobachtet werden. Nahe bei Adelaide sind gefaltete Tonschiefer und Quarzite, in Viktoria silurische Gesteine mit deutlichen N-S und O-W gerichteten Gletscherschliffen bedeckt. Darauf liegt wiederum ein Blocklehm von dunkelgrauer Farbe. In einer Mächtigkeit von 7 bis 500 m enthält der Lehm nuß- bis faustgroße Gerölle, ja sogar Blöcke von 5 m Länge und 3 m Dicke, die, entweder nur entkantet oder deutlich geschliffen und geschrammt, den früheren Eistransport beweisen. Die Heimat der Blöcke wird von den meisten Autoren in dem südlichen Tasmanien gesucht, allein die Tatsache, daß manche Gesteine 100 km nördlich von Melbourne anstehend beobachtet sind, legt die Vermutung nahe, ob nicht hier der Ursprung der Gletscher zu suchen sei. Die Übereinstimmung mit den südafrikanischen Verhältnissen würde dann eine vollkommene sein. Aber ein wesentlicher Unterschied beruht darin, daß in Südaustralien und Tasmania auf einem geschliffenen Untergrunde eine glaziale Ablagerung von fast 500 m Mächtigkeit beobachtet wird. Mit deutlicher Wechsellagerung folgt ungeschichteter Geschiebelehm auf wohlgeschichteten oft blättrigen Sandstein, welcher keine Spur von marinen Fossilien, wohl aber Überreste derselben Flora erkennen läßt, die in Südafrika mit dem Dwykakonglomerat verknüpft ist. Tasmanien muß also nicht nur landfest mit Viktoria verbunden gewesen sein, sondern auch weiter nach Süden mit größeren Landmassen zusammengehangen haben, und auf diesen weiten Landflächen schüttete sich genau wie im Kapland eine mächtige Stirnmoräne auf, deren Abhänge mit seltsamen Farnen bewachsen waren, die während des Rückzugs der Gletscher vergängliche Stauseen zeigte und so jene seltsame Verbindung von Eis- und Wasserwirkung hervorrief.

Weiter nördlich in Neusüdwales müssen die Zungen der australischen Gletscher bis zur Küste des Meeres gereicht haben; denn sie wechsellagern hier mit marinen Gesteinen, welche zahlreiche Brachiopoden und

Muscheln enthalten, die ihrem Alter nach der Übergangszeit zwischen Karbon und Perm entsprechen. Gleichzeitig treten im Liegenden, in der Mitte und im Hangenden der glazialen Schichtenreihe abbauwürdige Kohlen auf, welche wiederum Glossopteris und andere Leitformen der südafrikanischen Schneezeit enthalten.

Zehnmal wechselte im Süden Australiens der Eistransport mit der verfrachtenden und aufbereitenden Tätigkeit des Schmelzwassers. Einmal nur drang das Eis bis zum Ufer des östlichen Meeres vor, wo die Glossopterisflora in dichten Beständen das Küstengebiet überzog, so daß im Liegenden des Blocklehms etwa 12 m Kohle, im Hangenden die Flöze zahlreicher Kohlenfelder gebildet wurden.

Wir müssen den Äquator überschreiten und 20 Breitengrade nach Norden gehen, bis wir auf der ostindischen Halbinsel[15] dem dritten Gletschergebiete begegnen. Im Norden und Nordosten von Dekhan finden sich an mehreren Stellen geglättete und geschrammte Felsenflächen, deren Kritzen im allgemeinen von Süden nach Norden zeigen. Darüber lagern die sog. Talchirschichten, die eine Mächtigkeit von 250 m erreichen und oft mit einem fleischfarbenen, blaßgelben oder olivgrünen Mergel beginnen. Sie werden nach oben sandiger und es stellen sich anfangs vereinzelte, dann gehäuft, aber stets regellos verteilt, gerundete Blöcke ein von 0,01 bis 5 m Durchmesser, durchschnittlich 10 cm bis 1 m groß, welche bei Chanda deutliche Gletscherschrammen zeigen und von einem südlichen Ursprungslande herstammen. Die Unterlage des Talchirkonglomerats ist sehr uneben, deshalb wechselt seine Mächtigkeit rasch; es bildet einen sehr unfruchtbaren Boden und ist daher mit menschenleeren Dschungeln bedeckt, so daß seine geologische Untersuchung noch manche Lücken aufweist. Aber bei Pokaran sind echte Rundhöcker im Untergrund beobachtet worden. Den Sandsteinen und Blocklehmen sind eine Anzahl Kohlenlager eingeschaltet, welche eine artenreiche Flora enthalten mit Glossopteris und anderen permischen Farnen. Wie im östlichen Australien, erreichten auch in Nordindien die Gletscher das Meer, und in der Saltrange sind genau untersuchte Profile[16] prächtig aufgeschlossen. Sie beginnen mit dunkelgrauen Mergeln, in denen einige Steinkerne von Muscheln, sowie zwei verdrückte Hyolithen gefunden wurden; darüber folgt ein bis 10 m mächtiger, dunkelgrauer Geschiebelehm, dessen geschrammte Blöcke z. T. einheimischen Ursprungs sind, teilweise aus dem mittleren Dekhan stammen. Zweiundzwanzig Arten meist kleiner Meerestiere stimmen zum größeren Teil mit den Formen überein, welche in Ostaustralien mit dem Geschiebelehm wechsellagern. Auch wie dort ist eine Kohlenschicht eingelagert.

Wenn damit bewiesen wird, daß hier die Gletscher bis ins Meer reichten, so lassen die eigentümlichen „Fazettengeschiebe“ zugleich erkennen, daß die schlammige Küste wiederholt tief gefroren gewesen sein muß; denn große erratische Blöcke sind mit spiegelglatten Fazetten bedeckt, welche eine parallele Kritzung erkennen lassen. Manche derselben fand man so in einer Bank von Geschiebelehm eingebacken, daß man deutlich erkannte, wie sie, eingefügt in den gefrorenen Schlamm (Fig. 185) bei einem abermaligen Vorstoß des Eises mit jenem glatt geschliffen wurden.

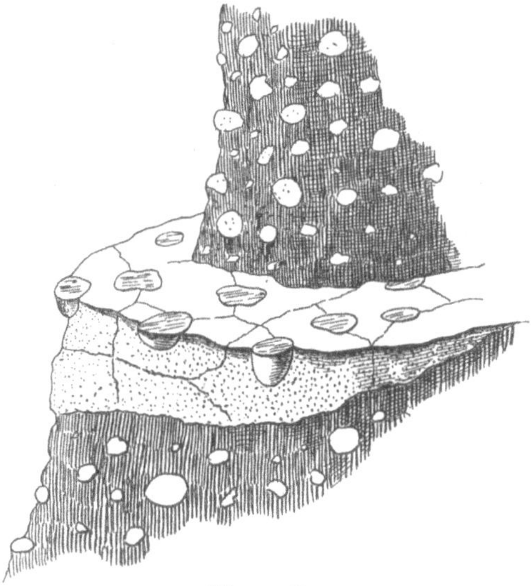

Figur 185.
Die Lagerung der Moränen in der Salzkette. Auf einer tonigen, blockgespickten Moräne lagert ein blockreicher Sand, der gefroren war, als das Eis abermals heranschritt und mit seiner geröllreichen Grundmoräne die Blöcke anschliff.

Das deutet wohl darauf hin, daß ein Wechsel der Jahreszeiten erfolgte und daß während strenger Winter der blockreiche Schlamm der Küste fror. In den hangenden Schichten des Talchirkonglomerats wurden neben Farnblättern und vereinzelten Kohlenlagern auch Insektenflügel gefunden. Dann folgen mächtige Ablagerungen von Konglomeraten, Sandsteinen und kohlenführenden Tonen, die vielfach in ganz getrennten Becken der ostindischen Halbinsel abgelagert, wegen ihrer Kohlenführung genau untersucht worden sind, aber keine Spur von Eiswirkung erkennen lassen. Der Mangel an marinen Fossilien und die Häufigkeit von Landpflanzen drängt uns zu der Annahme, daß alle diese Gesteine festländischer Entstehung sind; wenn wir aber lesen, daß die

Damudaschichten	1000 m,
Bijorischichten	1000 m,
Kamthischichten	1500 m,
Panchetschichten	500 m,
Mahadewaschichten	3000 m

mächtig sind, und daß diese ganze Schichtenreihe ungefähr der Perm- und Triaszeit entspricht, dann wird es uns klar, daß auch in Ostindien während dieses Zeitraumes hohe Gebirge abgetragen worden sind. Auf ihrem Rücken sammelten sich die Schneemassen, welche den Eisströmen den Ursprung gaben, die bis zur Küste des Productusmeeres hinabflossen.

Wie in Südafrika tritt uns am Schluß der Gletscherperiode die seltsame Tierwelt entgegen, welche die Karruwüste bewohnte. Ja es scheint, daß Ostindien die Brücke war, auf der Dicynodon bis nach Schottland, Oudenodon und Pareiosaurus bis zum Ural wanderten.

Überblicken wir noch einmal die Verbreitung des alten Eises, so dürfen wir weder von einer Eiszeit sprechen, deren Quelle innerhalb des südlichen Polarkreises zu suchen wäre; noch weniger haben wir ein Recht, eine jetzt unter den Fluten des Indischen Ozeans begrabene Landmasse für den Ursprung ungeheurer Decken von Inlandeis zu halten. Vielmehr weisen alle Tatsachen darauf hin, daß während der Karbon-Permzeit eine vorübergehende Klimaperiode eintrat, welche von ungemein reichen Niederschlägen begleitet war. Während in den Niederungen die Regenhöhe stieg und weite Strecken des Küstenlandes in sumpfige Moräste verwandelte, die von einer seltsamen Farnflora bewachsen waren, fielen auf den höheren Gebirgen entsprechende Mengen von Schnee und mächtige Gletscherströme drangen aus ihren Tälern hervor. Da diese nur wenig schmolzen und unaufhaltsam in Australien wie in Ostindien bis zum Meere hinabstiegen, muß die Intensität der Verdunstung sehr gering gewesen sein, und so möchten wir vermuten, daß die Wärmestrahlen der Sonne in dieser Zeit weniger wirkten, als in der vorhergehenden und nachfolgenden Periode. Man könnte an vermehrte Fleckenbildung auf der Sonne denken, um diese Tatsache zu erklären. Da aber nach den bisherigen Beobachtungen in Südamerika überhaupt keine Gletscher waren, obwohl Südafrika und Australien unter derselben Breite Eisdecken trug, kann das solare Klima allein für deren Entstehung nicht ausreichend gewesen sein. Bemerkenswert ist endlich, daß auf der südlichen wie auf der nördlichen Halbkugel große Eisdecken auftraten und in beiden Fällen von niederen nach höheren Breiten flossen, während das dazwischenliegende Tropenland eisfrei blieb.

Die Tatsache, daß auf die Bildung der Geschiebelehme eine eisfreie Periode folgte, deren Gesteine für ein warmes Klima und üppige Vegetation in Indien, für ein warmes, trockenes Klima in Afrika sprechen, zeigt deutlich, daß die Gletscher in dem Maße verschwanden, als die sie nährenden Gebirge wieder abgetragen wurden.

Verweise

[1] E. Suess, Das Antlitz der Erde. I. S. 500. — [2] De Lapparent, Traité de Géol.; Frech, Leth. pal. II Karte. — [3] Katzer, Geol. d. unt. Amazonasgeb., S. 242. — [4] E. Haug u. Foureau. — [5] J. Walther. — [6] Hull, Rothpletz. — [7] du Mazurer, C. rend. Acad. Paris 1864, S. 878. — [8] Noetling, Res. G. S. India 1890, S. 79. — [9] Etheridge, Proc. Linn. Soc. N. S. Wales 1889. — [10] Passarge, Die Kalahari. — [11] Hatch und Corstorphine, Geol. of S. Africa 1905, S. 87. — [12] Bodenbender,

Z. d. D. geol. Ges. 1896, S. 743 f. — [13] Philippi, das. 1904, S. 304. — [14] Penck, Z. d. Ges. f. Erdkunde, Berlin. 1900. S. 241. — [15] Oldham, Geology of India. — [16] Koken und Noetling, Centralbl. f. Min.; Waagen Mem. G. S. of India. Salt Range fossils IV, S. 103.

22

Das Triasmeer

Zwischen der Perm- und Triaszeit pflegt man jene wichtige Grenzlinie zu ziehen, welche das Altertum der Erde von den mittelzeitlichen Formationen trennt. Es läßt sich auch in der ganzen Erdgeschichte kaum eine Zeit finden, in der ein so großer Wechsel aller geographischen und biologischen Verhältnisse auf unserer Erde eingetreten wäre.

Hand in Hand mit tiefgreifenden Umgestaltungen in der Verteilung von Meer und Land, mit der Entstehung zahlreicher Gebirgs- und Vulkangebiete vollzieht sich ein so totaler Wandel in den Formen des Pflanzen- und Tierreiches, daß nur wenige Familien sich von dem einen in das andere Zeitalter hinüberretteten. Wenn irgendwo weitverbreitete Katastrophen für die Geschicke der Erde maßgebend gewesen wären, so hätte man sie hier nachweisen können.

Allein wenn wir die Gesteinsfolge in mächtigeren, genau untersuchten Profilen betrachten, dann sehen wir mit Erstaunen nirgends die erwarteten Zeichen gewaltsamer Umwälzungen und überzeugen uns leicht, wie schwer es vielfach ist, überhaupt eine Grenzlinie zwischen permischen und triadischen Ablagerungen zu finden.

In Deutschland folgt auf die Productus-reichen Kalksteine der mittleren Zechsteinzeit, die eine Fauna von völlig altertümlichem Gepräge enthalten, eine lange Reihe meist rot gefärbter und versteinerungsleerer Tone und Sandsteine, deren Salzgehalt uns im nächsten Abschnitt beschäftigen wird. Allmählich nimmt der Sandgehalt zu, schrittweise gehen die „oberen Letten" in den Bröckelschiefer hinüber. Dann folgen mehrere hundert Meter bunter Sandsteine, an deren oberer Grenze die ältesten Vertreter der marinen Triasfauna erscheinen. Die totale Umgestaltung der Fauna, welche während der Bildung von 500 m fossilleerer Tone und Sandsteine erfolgte, tritt uns drastisch vor die Augen, wenn wir die Tierwelt des Rötmeeres mit derjenigen des Zechsteinmeeres vergleichen. Aber in dem ganzen Profil gibt es keine Stelle, wo wir sagen könnten, hier enden die paläozoischen und beginnen die mesozoischen Schichten.

Noch viel deutlicher wird uns die allmähliche Verwandlung der organischen Welt, wenn wir die etwas absonderlichen Umstände der germanischen Provinz verlassen und die versteinerungsreichen Ablagerungen im Gebiete des permo-triadischen Weltmeeres[1] betrachten, das zwischen dem südlichen Gondwanaland und dem nördlichen Kontinent als breite Wasserstraße dahinflutete. Wir treffen seine Spuren selbst noch im Salzkammergut und hier finden wir noch zahlreiche, gestreckte Orthocerasschalen friedlich vereint mit den eingerollten Gehäusen der Ammoniten. Als man im Jahre 1832 zum erstenmal[2] diese fremdartige Mischung alt- und mittelzeitlicher Charakterformen entdeckte, begann die Mauer zu fallen, welche nach der älteren Ansicht die beiden großen Zeiträume trennen sollte. Seither hat man in Sizilien und Armenien, in Turkestan und Ostindien formenreiche Faunen gefunden, welche uns zeigen, daß die Natur keine Sprünge macht, daß an dem einen Fundpunkt die letzten Äste altertümlicher Gruppen bis in die obere Trias hinaufreichen, während an anderen Stellen die ältesten Vertreter einer neuen Lebewelt schon im Perm erscheinen. Daß man unter diesen Umständen das stratigraphische Alter mancher dieser Grenzschichten schwer bestimmen kann und je nach dem Vorwiegen alter oder neuer Typen bald zu der einen, bald zu der anderen Ära gerechnet hat, ist leicht verständlich.

Schon im Karbon setzt das große Sterben altertümlicher Formenkreise ein. Die einen mögen im erbitterten Kampfe dem überlegenen Feinde zur Beute geworden sein, andere starben, weil sie nicht mehr plastisch genug waren, um sich den neuen Lebensverhältnissen anzupassen; ein sehr großer Prozentsatz der altweltlichen Fauna starb wohl nur deshalb, weil er in enger bionomischer Abhängigkeit von jenen herrschenden Formen stand.

Zugleich treten zahlreiche neue Geschlechter Schritt für Schritt auf. Die klimatischen Veränderungen, die wir bei der Schilderung von Gondwanaland kennen gelernt haben, der lange Winter, der damals weite Flächen des Landes unter einer dichten Schneedecke begrub, aus deren Tiefen mächtige Eisströme zu Tal flossen, die durch düstere Nebelwolken, kalte Stürme und kalte Meeresströmungen auch das Klima der Nachbargebiete beeinflußten, mußten wohl bei dem Vernichtungskampfe mächtig mitwirken.

Die Pflanzen und Tiere, welche diesen Weltwinter überstanden hatten, kamen abgehärtet und gefestigt daraus hervor und konnten leicht die Plätze einnehmen, welche durch das Aussterben widerstandsloser Geschöpfe im Wasser und auf dem Lande freigeworden waren.

Am Schluß der permischen Periode sehen wir Nordeuropa von zahlreichen langgestreckten Gebirgsketten durchzogen, welche durch Verwitterung und Abtragung erniedrigt, riesige Schuttströme nach dem

Vorlande senden, die hier an der Küste des Meeres oder in weiten binnenländischen Senken durch Wasser oder Wind verteilt und ausgebreitet werden und zwischen denen das Weltmeer, wo immer sich eine Eingangspforte bietet, hineindrängt. Deutschland war von großen Salzseen bedeckt, die von der Invasion des Zechsteinmeeres übrig geblieben, jetzt langsam eingedampft und endlich von roten Sanddünen überschüttet wurden. In der hohen Gebirgsmauer, welche im Westen, Süden und Osten das Wüstenland umgab, war ungefähr in Oberschlesien eine Eingangspforte, durch welche das Muschelkalkmeer zur mittleren Triaszeit hereindrang.

Im Süden trennten zwei Faltenzüge das festländische Europa von dem Mittelmeer. Der nördliche hohe Bergzug, das vindelizische Gebirgsland liegt jetzt unter der Donauebene begraben, verband aber damals noch das böhmische Festland mit den Burgunder Gebirgszügen in Frankreich. Durch ein tiefes Längstal geschieden, zog südlich vom vindelizischen Gebirge ein langgestrecktes Inselland, den heutigen Zentralalpen entsprechend. An seinem Fuße brandete das Weltmeer, drang in breiten Buchten und schmalen Fjorden tief hinein und eroberte sich schrittweise neue Gebiete. Am Fuße der Alpenkette vorwärts schreitend, gelangte das Meer auch in die breite Senke südlich von dem vindelizischen Berglande und durchflutete sie als breite Meeresstraße von Graubünden durch Oberbayern, das Salzkammergut bis nach Steiermark.

In Nordamerika treffen wir manche ähnliche Züge wieder. Auch hier war ein System von hohen Gebirgsketten entstanden, welche die östliche Hälfte der Vereinigten Staaten von Nordosten bis Südwesten durchzogen und an deren Fuß mächtige Ablagerungen von roten Konglomeraten und Sandsteinen entstanden. Der amerikanische Westen war noch ein weites Meer, doch ragten schon einige neu entstandene Faltenzüge inselgleich aus ihm hervor.

So lagen in Europa wie in Nordamerika kontinentale und ozeanische Flächen nebeneinander, eng verbunden durch thalassische Flachseen und und Buchten, welche in buntem Wechselspiel bald mehr vom Ozean, bald wieder vom Festlande beeinflußt wurden.

Aus der großen Fülle der am Schluß der Karbonperiode im Productusmeer neu auftretenden Geschlechter müssen wir vor allen Dingen zwei Formenkreise herausgreifen, weil sie von maßgebender Bedeutung wurden für die neue Zeit. Es sind dies einerseits die riffbildenden Organismen, andererseits das Geschlecht der Ammoniten, welche jetzt in ungeahnter Formenfülle alle Lebensbezirke des Meeres bewohnen.

Schon in den älteren Zeiten hat es benthonische, stockbildende Tiere gegeben, welche in dichten Kolonien und Rasen den Meeresgrund überzogen und in ihren Ästen eine solche Menge von zerbrochenen Kalkschalen der dazwischenlebenden Fauna sammelten, daß sich riffähnliche Untiefen und Inseln bildeten, die oft im raschen Tempo emporwuchsen. In der Regel hat freilich das in dem lückenreichen Riffgestein zirkulierende Wasser das organische Gefüge zerstört, die Umrisse der Riffbildner verwischt und selbst die Formen der eingeschlossenen Schaltiere unkenntlich gemacht. So erheben sich denn jetzt in kambrischen, silurischen, devonischen, karbonischen und permischen Sedimenten kleine oder größere Linsen dichten Kalkes, die meist nur an angewitterten Flächen ihre einstige organische Struktur erkennen lassen.

Wir haben die seltsamen Archäocyathiden, die Stromarien und Tabulaten, die Einzelkorallen und Korallenstöcke der älteren Zeiträume schon kennen gelernt und manche mächtige Kalklinse auf solche Riffbildner zurückführen können. Allein die bis 1000 m mächtigen Riffkalke[3], welche im Umkreis der langgestreckten Alpeninsel während der Triasperiode wuchsen, übertreffen alles früher Dagewesene und gaben den Geologen so viele Rätsel zu lösen, daß selbst heute noch nicht alle Fragen beantwortet sind.

Solange die Korallenfauna des Triasmeeres nicht genau bekannt war, gähnte zwischen den altzeitlichen sog. Tetrakorallen und den jurassischen Hexakorallen eine tiefe Lücke. Dort massive Einzelkorallen, nur selten zu lockeren Stöcken vereinigt, mit kräftiger Außenwand und zahlreichen, durch Kalkbälkchen verbundenen Sternleisten, in deren Anordnung meist eine bilaterale Grundform, bisweilen noch die Vierzahl, deutlich wird — hier kleine Polypen, die im Verband mit zahlreichen Geschwistern sich gegenseitig Schutz und Stütze bieten, deren Kelche durch sechs oder zwölf zarte Kalksepten gefächert, wie kleine Knospen auf einem ästigen Baume erscheinen.

Die Untersuchung[4] der bei St. Cassian und im Zlambachgraben bei Hallstatt im weichen Meeresschlamm eingebetteten Formen ergab, daß zahlreiche Übergänge beide so verschiedene Typen leicht verbinden lassen. Die Zaphrentiden des Altertums setzen sich in die Stylophylliden und Pinakophylliden, die Cyathophylliden und die Astraeiden in die Thamnastraeiden fort. Montlivaultia, Rhabdophyllia, Thecosmilia, Stylophyllum und andere Gattungen bilden ästige Rasen oder halbkuglige Stöcke, zierliche Becherkolonien oder schön verzierte Krusten.

Ihr massenhaftes, lebhaftes Gedeihen befähigte zahlreiche andere Tiere, sich zwischen ihnen anzusiedeln, und so bildete sich bald jenes biologische Abhängigkeitsverhältnis zwischen Riffkorallen und riffliebender Fauna aus, das die lokale Entwicklung mächtiger organischer Kalkmassen in vielgestaltigen Riffarchipelen bedingt.

In den Nord- wie in den Südalpen beginnt die neue Zeit mit bunten

Konglomeraten, Sandsteinen und Mergeln, welche den unebenen Boden erfüllen und ausgleichen, so daß ihre Mächtigkeit von 0 bis 1000 m schwankt. Salz- und Gipslager sind ihnen vielfach eingeschaltet (Hall, Berchtesgaden usw.). Nur vereinzelt treten reichere Meeresfaunen auf; oft beweist die Artenarmut der Fauna den abnormen Salzgehalt der Gewässer. Schrittweise eroberte sich das Meer den Boden, und sobald die blauen Fluten ungehindert bis zur felsigen Küste dringen konnten und reines, durchsichtiges Wasser eine reiche Fauna ermöglichte, da begann auch im Norden wie im Süden die Riffbildung. Die mächtigen Kalkwände der Ramsau und des Wettersteingebirges, die gewaltigen Stöcke der Mendel und des Schlern wuchsen hoch empor. Das Rosengartengebirge und die Südtiroler Dolomiten, die zackigen Felsenmauern des Hauptdolomits und des Dachsteinkalkes bauten sich viele hundert Meter auf; ja sogar in die folgende Juraperiode wuchsen die Riffe hinein, um in den steirischen Alpen hohe, ungeschichtete Kalkmassive zu bilden.

Schon die Tatsache, daß alle diese 300 bis 1000 m mächtigen Kalkgebirge ein ganz verschiedenes Alter besitzen, beweist, daß die zerrissenen Felsengebirge nicht etwa Teile einer einheitlichen Kalkdecke sein können, welche durch Erosion in einzelne Stücke zerlegt wurde. Noch deutlicher wird uns ihre Riffnatur, wenn wir an günstigen Aufschlüssen einzelne Zungen aus der Kalkmasse in die benachbarten, tonigen Meeresablagerungen hineindringen und darin auskeilen sehen. Nach F. v. Richthofen, der zuerst die Entstehung der alpinen Dolomite erkannte, hat man das schönste dieser Übergangsgebiete genannt. An manchen Stellen ist freilich die Grenzfläche zwischen Riffkalk und geschichtetem Meeresschlamm durch die tektonischen Bewegungen bedingt, welche in der Tertiärzeit das ganze Alpengebirge zerstückelten und zusammenschoben. Dabei wurden natürlich auch die großen Kalkstücke mit bewegt, zerbrochen und gedreht, und zahlreiche Faziesgrenzen wurden durch tektonische Bruchlinien zerschnitten und undeutlich gemacht.

Auf einer festländischen Bildung ruhen die 1000 m mächtigen Riffkalke auf, seichtes Wasser begleitet ihre Entwicklung, die Strandbildungen der Hierlatzkalke schließen die Riffperiode ab. Es ergibt sich daraus ohne weiteres, daß sie auf dem sinkenden Boden einer großen Geosynklinale entstanden sind, ganz ähnlich wie die mächtigen Atolle der Südsee noch heute auf großen Senkungsfeldern emporwachsen.

Fragen wir uns nun, welches die eigentlichen Erbauer der alpinen Triasriffe waren, so erhebt sich dabei eine neue Schwierigkeit; denn gerade die stockbildenden Korallen sind in der Riffmasse äußerst selten zu erkennen. Nur in den tonigen Sedimenten, welche am Rande und zwischen den Riffen gebildet wurden, finden wir bald hier, bald dort auch Korallenfaunen eingebettet, welche zeigen, wie einzelne Korallen-

Stöcke durch die brandenden Wogen vom Riffe abgerissen, in das umgebende, tiefere Meer hinabsanken.

An zahllosen Fundorten erkennt das Auge des Geologen selbst mitten im dichten Kalk die Zweige der „Lithodendren", welche ihre Korallenstruktur zwar verloren, aber den Umriß der ästigen Stöcke noch wohl bewahrt haben. Wo aber die Kalke in Dolomit verwandelt sind, da zeigen nur verästelte Röhren die Stellen an, wo die letzten Spuren der einstigen Riffbildner vorhanden waren.

Man muß tagelang auf den Riffen der heutigen Tropenmeere herumgewandert sein, um nur einen Einblick zu gewinnen in die staunenswerte Formenfülle der auf einem Riff biologisch vereinten kalkabscheidenden Pflanzen und Tiere; man muß aber auch die Ränder des lebenden Riffes untersucht und mit der Dredge die Umgebung der Riffinseln studiert haben, wenn man beurteilen will, wie ein Korallenriff stirbt und fossil wird. Da finden wir nicht mehr die vielvergabelten Stöcke, bedeckt mit dem zierlichen Filigran der kleinen Kelche, sondern ein formloses Haufwerk rundlicher, zerbrochener, angeätzter, von Kalkalgen überwachsener Kalkstücke liegt regellos wie ein Reisighaufen übereinander. Zerbrochene Muschelschalen und allerlei Kalktrümmer füllen die Lücken, und obwohl wir wissen, daß diese Bruchstücke noch vor kurzem die wohlgefügten Skelette von allerlei Meerestieren bildeten, so können wir ihnen kaum ansehen, ob sie einem Seeigel oder einem Krebse, einer Koralle oder einer Muschel, einer Kalkalge oder einer Schnecke zur Stütze dienten. Vergleichen wir aber die eben dem Meere entstiegenen „jung gehobenen" Riffgesteine am Ufer mit dem bunten Korallengarten des nahen Meeres, so begegnen wir noch grelleren Gegensätzen; denn das absterbende Riff ist oftmals chemisch verwandelt, die organische Struktur verschwunden und die Formen der Riffbildner zerstört. Wer einmal diese Übergänge Schritt für Schritt verfolgt hat, dem fällt es nicht schwer, auch in den Kalkgebirgen und Dolomitstöcken der alpinen Trias umgewandelte Korallenriffe zu sehen.

Wie uns die Untersuchung jedes rezenten Riffes lehrt, beteiligen sich an seinem Aufbau zwei grundverschiedene Bildungselemente. Einerseits die fest aufeinander wurzelnden ästigen oder knolligen Korallen und andererseits die auf und zwischen ihnen lebenden, kalkabscheidenden Pflanzen und Tiere. Ihre durch räuberische Krebse und Fische zerknackten, von Spongien, Würmern und Muscheln angebohrten und endlich durch die Brandung zertrümmerten Schalen bilden einen groben oder feinen Muschelsand, der fast alle Lücken und Höhlungen zwischen den wachsenden Korallen erfüllt und aus dem durch das Wellenspiel ein feiner Kalkschlamm ausgewaschen wird, der in besonders ruhigen Winkeln, Buchten und Lagunen zur Ablagerung kommt. So entstehen zwischen den ungeschichteten, schmalen oder breiten Pfeilern der Riffkorallen und besonders an ihren Randgebieten wohlgeschichtete Kalksteine, die aus einer groben Muschelbreccie langsam übergehen in einen feinen, dichten Kalkschiefer, und in denen wir nur ganz vereinzelt organische Reste finden, obwohl die ganze Masse aus solchen entstanden ist. Zahlreiche Fundorte im Gebiete der alpinen Triasriffe sind in diesem Sinne seit langem berühmt und geben uns Rechenschaft von den Organismen, deren Formen im eigentlichen Riffkalk unkenntlich geworden sind.

Gleichzeitig beobachten wir am Rande der ungeschichteten oder geschichteten Riffkalke eigentümliche Kalkzungen, die sich mantelförmig

Figur 186.

Das Vorriff der Insel Nanuku Levu (Fiji), bestehend aus wohlgebankten, in das tiefere Meer hinabtauchenden (Überguß-)Schichten.

an jene anlagern und in benachbarte Tongesteine zungenförmig eintauchen. Diese Struktur des Vorriffes ist auch an rezenten Riffen oft ganz wundervoll zu sehen (s. Fig. 186). Daß die sog. Übergußschichtung bisweilen nachträglich durch Verwitterung entstand, ist nicht zu leugnen, aber in vielen Riffgebieten ist die ganze Erscheinung eine uralte Lagerungsform.

Unter den Kalkbildnern fallen besonders die Brachiopoden auf, welche nesterweise im Riffkalk auftreten und reiche Faunen geliefert haben. Aber gerade an ihnen läßt sich deutlich zeigen, welch große Umwandlung die Meeresfauna vor Beginn der Triaszeit erfahren hat. Von zehn kalkschaligen Familien, welche das Altertum der Erde kennzeichnen, gehen nur vier in die Triaszeit hinüber, und statt der mit zierlichen

Armspiralen versehenen älteren Formen treten uns hauptsächlich die Arten von Terebratula und Rhynchonella entgegen, die jetzt in ungeheurer Formenzahl aufblühen.

Sehr bezeichnend für die Triaszeit sind einige Muscheln. Die papierdünnen, zierlich gerippten Schalen von Halobia (Fig. 187), Daonella,

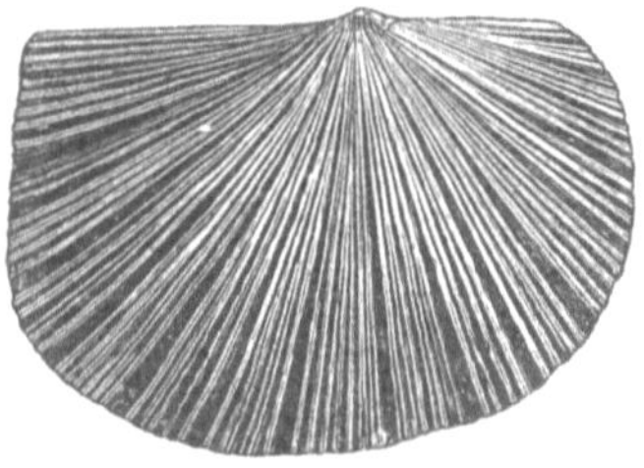

Figur 187.
Halobia Lommeli.
Gesellig lebend in seichten Schlammbuchten der alpinen Trias.

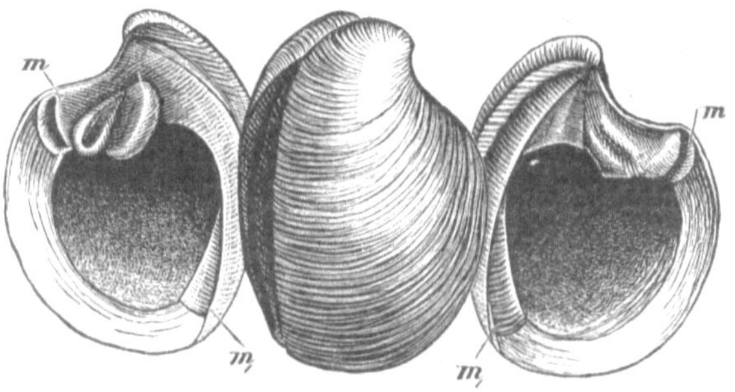

Figur 188.
Megalodon Gümbeli, alpiner Dachsteinkalk.

Monotis und ähnlichen treten in dünnen Zwischenschichten geradezu gesteinsbildend auf. Sie scheinen mit Ausschluß anderer Tiere in flachen Schlammbuchten (Lagunen) auf und zwischen den Riffen gelebt zu haben und waren so weit verbreitet, daß man mit ihrer Hilfe bis weit nach Asien hinein fortlaufende Horizonte feststellen konnte. In der oberen Trias aber gewinnen die dickschaligen, faust- bis kopfgroßen Megalodon und verwandten Gattungen (s. Figg. 188) eine hohe Bedeutung. Dicht gedrängt sehen wir ihre mit dem Gestein fest verschmolzenen Schalendurchschnitte auf weiten Flächen des Dachsteinkalkes und können aus ihrer Verteilung[4] schließen, daß die ganze Masse der Megalodontenkalke in flachem Wasser gebildet wurde, und daß der völlig strukturlose, hellgrau gebankte Kalk schon während seiner Bildung eine feste Unterlage für die schweren Muscheln abgab, daß also wachsende organische Massen bei seiner Entstehung eine wichtige Rolle spielten.

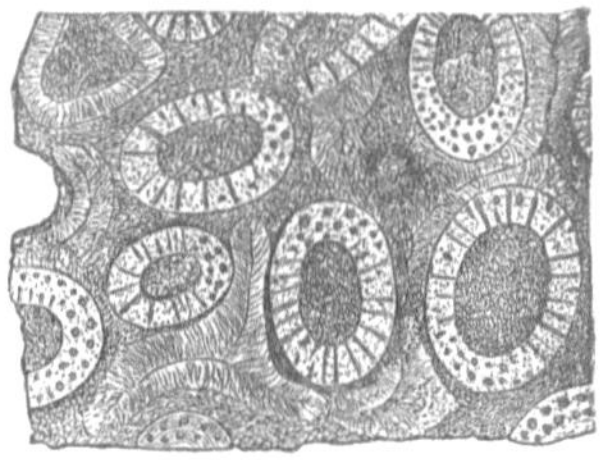

Figur 189.
Diploporenkalk, alpiner Keuper.

Alle diese Fragen finden ihre einfache Lösung, wenn wir annehmen, daß kalkabscheidende Algen auf und zwischen den Triasriffen ausgedehnte Lager bildeten, die später, wie man das an jüngeren Algenkalken leicht beobachten kann, in eine strukturlose Kalkmasse verwandelt wurden. An manchen Stellen läßt sich die Form der kalkbildenden Algen noch jetzt erkennen; die Diploporen (Fig. 189) der unteren, die Gyroporellen der oberen Trias findet man oft als gesteinsbildende Massen, und bei St. Cassian sind Muscheln und Seeigelstacheln mit warzigen Kalkrinden überzogen, die nur von Kalkalgen herrühren können.

Einige Fragen von allgemeinerer Bedeutung knüpfen sich an das Riffproblem an. Zuerst, ob die alpinen Triasriffe wie die Korallenriffe der Südsee „Atollformen" besessen haben? Man hat wiederholt versucht, die heutige Anordnung der gewaltigen Kalkberge von Südtirol als kreisförmige Atollgruppen zu deuten, aber dabei übersehen, daß die runde Lagune, welche die ringförmigen Atolle des Indischen und Stillen Ozeans umschließen, nur ganz geringe Wassertiefe hat, während der Außenrand des Riffes viele 100 m steil hinabstürzt. Steigt ein solches Atoll aus dem Meere heraus, während seine Masse in dichten Kalk oder Dolomit verwandelt wird, dann modelliert es die Verwitterung so um, daß von der ehemaligen Gipfellagune bald nichts mehr zu sehen ist. So dürfen wir auch nicht erwarten, kreisförmige Dolomitzirkel in den Riffen der Nord- oder Südalpen zu finden. Wir möchten vielmehr ihre Anordnung mit den Kanalriffen[7] vergleichen, welche die Ostküste Australiens und die Küste Neu-Kaledoniens umgeben. Hier ragt ein niedriges, langgestrecktes Inselland aus dem Meer hervor doch zeigt die Verlängerung der beiden Riffbänder nach Nordwesten, daß ein Teil der Inselkette unter dem Meeresspiegel weiterzieht und jetzt von den sich verbreiternden Riffen überschritten wird.

Auch die langgestreckte Alpeninsel ragte nicht ununterbrochen aus dem Triasmeer heraus. Das allmähliche Verschwinden der Triaskalke in den Schweizer Alpen läßt darauf schließen, daß westlich des Rheintales während der unteren Triaszeit trockenes Land hervortauchte. (Die Bactryllien (kleine, stabförmige Algen), welche in den Westalpen und Oberitalien mit Ausschluß aller anderen Fossilien ganze Schichten zusammensetzen, scheinen in flachen brackischen Seen gelebt zu haben.) Aber in den Ostalpen verbinden mehrere Kalkbrücken (Brenner Straße, Zillertal, Ortler, Radstädter Alpen) die nördliche mit der südlichen Riffzone, und es ist sehr wahrscheinlich, daß in den jetzt kalkfreien, dazwischenliegenden Strecken wiederholt das Meer gewogt hat. So wurden bald hier, bald dort landfeste Inselstrecken vom Meere ausgespart oder durch die wachsenden Riffe neugebildet. Meeres- und Windströmungen führten Pflanzensamen herbei, und bald entwickelte sich auf diesen Archipelen eine üppige Vegetation von Farngewächsen, Zykadeen mit 26 cm breiten Wedeln[8] und vereinzelten Nadelhölzern.

In der Mitteltrias beginnt in Südtirol eine vulkanische Periode. Große Massen von Magma drängen sich von unten in die eben gebildeten Kalke hinein, Lavaströme ergießen sich über den Meeresgrund, und hohe Dampfsäulen jagen vulkanische Massen in die Luft. Hier fällt grober Sand hernieder, dort rieselt feinere Asche herab und überzieht Land, Küste und Meeresboden mit vulkanischem Schlamm. Vielfach wird das Wachstum der Riffkorallen dadurch beeinträchtigt, und die unter einem tropischen Klima in rote Erde verwandelten eisenreichen Aschen und Tone überlagern in bisweilen völlig geradlinigen, leuchtendroten Schichten die weißen Riffkalke. Selbst solche Inseln, welche nicht vom Aschenregen bedeckt wurden, erreicht nach Wochen die Trift von treibenden Bimssteindecken, und, wie man es auch heute öfters beobachtet, bilden diese bei der Verwitterung eine rote Erde (Terra rossa), welche, in Spalten des Riffes hineingeschwemmt oder den normalen Kalksanden beigemengt, karminrote Farben unter das leuchtende Gelb der Kalkfelsen mischt.

Aber die Dämpfe, welche während und nach der Eruption aus der Erde aufstiegen, brachten Verbindungen mit herauf, welche sich in dem Kalk niederschlugen, die herrlichen Kontaktmineralien von Südtirol erzeugten und vielleicht auch die Erzführung mancher Triaskalke bedingten.

Die zahlreichen Tiergeschlechter, welche gelegentlich zwischen dem Riffkalk in prächtiger Erhaltung auftreten, zeigen immer wieder, wie grundsätzlich verschieden die Lebewelt des Triasmeeres von der des Productusmeeres war. Das wird uns am deutlichsten, wenn wir die Ammoniten betrachten, deren Schalen an manchen Stellen so gehäuft sind, daß uns ihre Durchschnitte auf jeder Bruchfläche entgegentreten. Obwohl der Stamm der Ammoniten bis in die Silurzeit zurückverfolgt werden kann, so spielten sie doch in jenen älteren Zeiten nur eine geringe bionomische Rolle. Wohl finden wir in devonischen und karbonischen Kalken und Schiefern bisweilen ganze Anhäufungen von Goniatiten oder Clymenien, aber ihre stratigraphische Bedeutung darf uns nicht darüber täuschen, daß sie nur eine bescheidene Existenz führten gegenüber dem mächtig blühenden Stamm der Nautiloideen. Deren meist stabförmige (Orthoceras), schwachgekrümmte (Gyroceras), bauchig aufgetriebene (Gomphoceras) oder aufgewickelte (Nautilus) Schalen sind, wie wir früher gesehen haben, durch ebene oder nur wenig gebogene Scheidewände in Kammern zerlegt, und die Festigkeit der Schale wird wesentlich durch ihre Dicke bedingt. Im Gegensatz dazu sind die Ammonitenschalen meist von einem papierdünnen Kalkblatt gebildet, das dadurch Festigkeit erhält, daß die Scheidewände wie eine in feine Falten gelegte Krause vielfach gebogen und geknittert sind und sich mit ihrem feingezackten Rande (Naht oder Suturlinie) an die äußere Schalenwand ansetzen. Wenn diese durch Verwitterung entfernt ist, dann treten auf dem Steinkern in regelmäßigen Abständen die eleganten „Lobenlinien" zutage (Fig. 190). Die Ammoniten scheinen durch diese Einrichtung gegen die Bisse räuberischer Feinde sehr gut geschützt gewesen zu sein, denn es ist auffallend, wie selten man angebrochene und wieder ausgeheilte Schalen beobachtet.

Besonders interessant ist es auch, wie gesetzmäßig die Formen der Suturlinie innerhalb der Zweige des Ammonitenstammes vererbt wurden, wie methodisch die Lobenlinie im Laufe der Phylogenie sich änderte, und wie daher selbst ein Ammonitenbruchstück genügt, um die systematische Stellung der Form und die Zeit der Ablagerung zu bestimmen. Obwohl die Lobenlinie nichts mit der äußeren Skulptur der Schale zu tun hat und man keinen biologischen Grund entdecken kann, der für die Lebensweise und den Kampf ums Dasein zweckmäßig, die eine oder andere Form der Lobenlinie verursacht hätte, so wird diese doch gesetzmäßig vererbt und umgewandelt wie eine für die Lebensführung grundlegende Einrichtung.

Diese Tatsache scheint uns ein erneuter Beweis dafür zu sein, daß die Kammerung der Cephalopodenschale mit der Fortpflanzung zusammen-

Figur 190.
Pinacoceras subparma.
Der Zwischenraum zwischen zwei Lobenlinien (Septen) ist schwarz gehalten.

hängt und daß die rhythmische Vergrößerung und Verkürzung der Wohnkammern mit dem Anschwellen der Geschlechtsdrüsen zur Fortpflanzungszeit ursächlich verknüpft war.

Während die Lobenlinie uns die verwandtschaftlichen Zusammenhänge der vielgestaltigen Ammoniten deutlich vor Augen führt, gibt uns ihre Skulptur Aufschlüsse über Lebensweise und Bewegungsform der einzelnen Gattungen und Arten. In diesem Sinne möchten wir auf die, schon früheren Beobachtern[5] aufgefallene Tatsache hinweisen, daß unter den Triasammoniten zwei streng gesonderte Typen vorkommen:

1. die rauhschaligen Trachyostraca, welche vorwiegend auf schlammigem Boden gelebt haben und meist eine hochentwickelte Skulptur in Gestalt von Rippen, Dornen, Knoten und Kielen besitzen (Fig. 191). Die Wohnkammer ist kurz, das Tier konnte sich also nicht sehr lang daraus hervorstrecken. Die Mehrzahl dieser Formen bewegte sich wohl kriechend am Meeresgrund.

2. Durch manche Übergänge mit jenen verbunden, aber doch im Typus streng gesondert, begegnen uns daneben die glattschaligen Leiostraca (Fig. 192). Sie finden sich besonders in tonarmem Kalk, ihre bei Arcestes bis $1^1/_2$ Umgänge erreichende Wohnkammer muß einen fast bandartig gestalteten Ammonitenleib umhüllt haben, der allem Anschein nach lang herausgestreckt und rasch in die Schale zurückgezogen werden konnte. Das mußte ebenso eine raschere Beweglichkeit im horizontalen Sinne bedingen, wie die Fähigkeit, durch plötzliches Zurückziehen die Schale so zu beschweren, daß das Tier durch rasches Hinabsinken in dunklere, tiefere Wasserschichten leicht seinen Feinden entging.

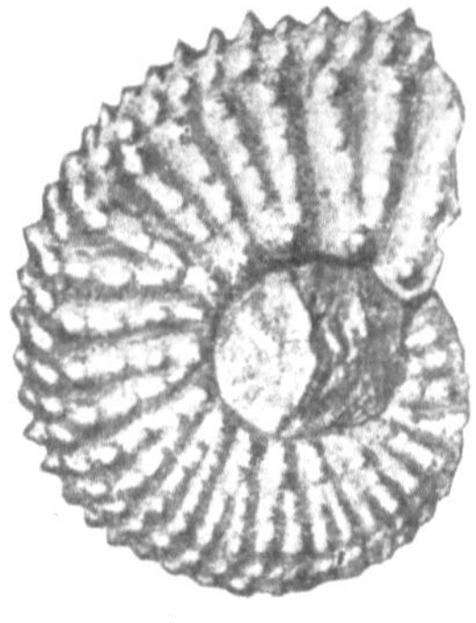

Figur 191.
Protrachyceras cf. Aspasia.
Obertrias von Südtirol.
Rauhschaliger Ammonit.

Aber auch von einem anderen Gesichtspunkt müssen die Ammoniten unser ganz besonderes Interesse erwecken.[6] Sind doch die meisten der etwa 6000 Arten, die man aus den marinen Ablagerungen der Trias-, Jura- und Kreidezeit kennt, so wunderbar chronologisch angeordnet, daß man mit ihrer Hilfe leitende Horizonte über die ganze Welt hinwegzuziehen vermochte. Mit Rücksicht auf ihre geographische Verteilung lassen sich lokale Faunengruppen von universell verbreiteten Leitformen leicht unterscheiden. Auch das historische Auftreten der einzelnen Formenkreise läßt zwei Typen leicht erkennen. Die einen wandern schrittweise aus einem Lebensbezirk in den andern hinein und brauchen hierbei oft so lange Zeit, daß sie jedesmal in einer höheren Schichtengruppe in großer Zahl angetroffen werden. Solche Verhältnisse zeigen deutlich, daß eine langsame tiergeographische Wanderung stattgefunden hat.

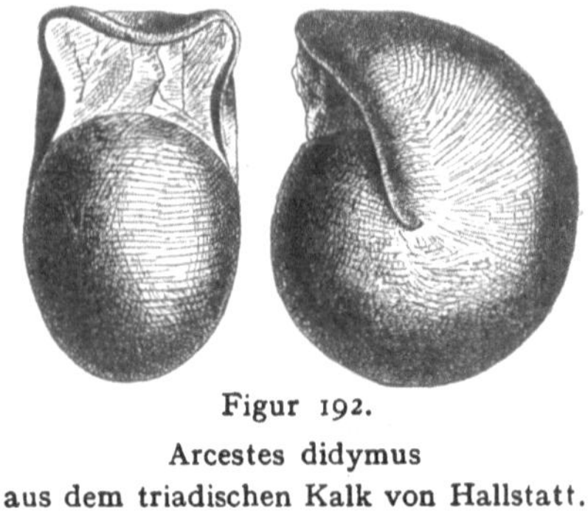

Figur 192.
Arcestes didymus
aus dem triadischen Kalk von Hallstatt.
Glattschaliger Ammonit.

Anders liegen die Verhältnisse, wenn wir plötzlich, ohne vermittelnde Zwischenstufen, eine ganz neue Ammonitenfauna auftreten sehen. Ist dieselbe individuenreich aus jungen und alten Exemplaren mit wohlerhaltener Schale zusammengesetzt, dann werden wir auch diese Funde für Zeugen einer raschen tiergeographischen Wanderung halten müssen. Tritt uns aber ein Haufen ausgewachsener, durch langen Transport beschädigter Schalen entgegen, dann dürften andere Umstände obgewaltet haben: Wie man sich an den heutigen Schalen von Nautilus und Spirula leicht überzeugen kann, schwimmen dieselben nach dem Tod des Tieres infolge der zahlreichen Luftkammern auf dem Meere, und es mußten also auch die ebenso gebauten Ammonitenschalen nach dem Tode ihrer Bewohner wie ein Luftballon zur Meeresoberfläche aufsteigen und hier pseudoplanktonisch so lange durch Wind und Wellen herumgetrieben werden, bis durch eine Verletzung der Schale Wasser eindringen und das Gehäuse wieder hinabsinken konnte. Die Valdivia-Expedition[7] berichtet: „In der Nähe von Ceylon trieb eine Nautilusschale auf dem Wasser, welche, wie es schien, noch von dem Tiere bewohnt war. Es gelang uns, dieselbe aufzufischen, wobei es sich freilich ergab, daß die Wohnkammer nicht den lebenden Cephalopoden, sondern Fische enthielt, die sich scheu in dieselbe duckten. Da wir neben dem Dampfer noch einige Fische bemerkten, welche unstet umherschwammen, warfen wir die leere Schale noch einmal ins Wasser und hatten bald die Genugtuung, daß alle rasch auf dieselbe zuschwammen und sich in ihr bargen. Wir hielten diese Fische noch eine Zeitlang lebend in unserem Bassin und fanden, daß sie schlechte Schwimmer waren. Bei Annäherung des Menschen suchten sie rasch die Wohnkammer der mit Hydroiden und Algen bewachsenen Schale zu gewinnen, klappten geschickt ihren Rückenstachel in eine Furche ein, um sich platt mit dem Kopf voran an die Seitenwände zu ducken.“ Diese Tatsache ist von allergrößtem geologischen Interesse; denn wenn eine Fischart an das Leben in einer auf offenem Meere treibenden Nautilusschale so angepaßt ist, daß sie darin noch in der Nähe eines Dampfers Schutz sucht, so muß die Trift leerer Cephalopodenschalen trotz der geringen Artzahl derselben eine ganz alltägliche Erscheinung sein. Um wieviel mehr muß die Oberfläche der mesozoischen Meere, an deren Grund Hunderte von Gattungen und Arten des Ammonitengeschlechtes lebten, von den leeren Schalen dieser bodenbewohnenden Tiere bedeckt gewesen sein.

So konnte jede auf einen engen Wohnsitz beschränkte Form unter günstigen Umständen über die ganze weite Fläche des Weltmeeres verbreitet werden und wurde vielleicht in einem Gebiet eingebettet, das fern von der Heimat, mit dieser nur durch lange Triftströmungen verbunden war. So erklärt es sich auch, weshalb die Ammonitenschalen so ausgezeichnete Leitfossilien sind und, in ihrer weltweiten Verbreitung an keine Klimagrenzen gebunden, entlegene Schichtengruppen chronologisch zu verknüpfen gestatten.

Ammonitenschalen sind nebst den letzten Nachkommen der aussterbenden Orthoceras besonders häufig in Spalten und Lücken der Triasriffe eingeschwemmt worden, wo sie, vielfach in einem rötlichen Kalkstein eingebettet, eine wahre Musterkarte von verschiedenen Lokalfaunen darstellen. Man nennt diese in mehreren Stufen der alpinen Trias auftretende Ammonitenfazies „Hallstätter Kalke", und ihre Entstehung erklärt es leicht, warum sich ihre Fauna aus ganz verschiedenartigen Elementen so seltsam mischt.

Daß die triadische Hochsee von zahlreichen Fischschwärmen belebt war, zeigen uns die oft überraschend reichen Fischfaunen, welche im feinen Schlamm mancher Buchten des alpinen Insellandes eingebettet wurden. Bei Seefeld in Tirol, wie in Val Trompia finden sich[10] bis meterlange Fischskelette, und am Comer See findet sich ein 2—3 cm langes Fischchen, Prohalecites porro, in individuenreichen Schwärmen.

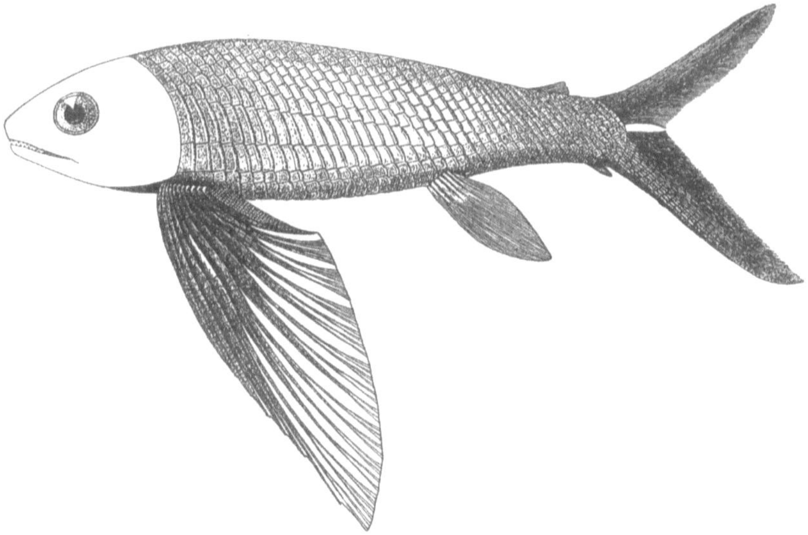

Figur 193.
Thoracopterus Niederrosti. Ein fliegender Fisch aus der Trias von Kärnten.

Unter den elf Fischarten von Raibl[11] ist Pholidophorus typus und Belonorhynchus striolatus am häufigsten, keine einzige der hier gefundenen Arten kommt bei Seefeld vor.

Der Hochseecharakter mancher Fische wird besonders durch die mit riesigen Brustflossen (Fig. 193) versehenen Formen[12] gekennzeichnet, die allem Anschein nach wie die fliegenden Fische der Gegenwart auch über die Fläche des Ozeans flattern konnten.

Nicht nur im Alpengebiet, sondern im ganzen nach Süden und Osten flutenden Triasmeer finden wir ausgedehnte Kalkmassen, Daonellen-reiche Zwischenschichten, Ammonitenkalke und salinische Einschaltungen. Die berühmten Marmorlager von Carrara sind umgewandelte Riffkalke, und durch den Balkan und Kleinasien lassen sich gleichaltrige Riffe und Schichtgesteine bis nach Inner-Asien verfolgen, wo einige besonders versteinerungsreiche Profile zeigen, daß manche tiergeographische Wanderungen der Triasfauna dort begonnen haben. Im Himalaya[9] wird die productusreiche Permformation konkordant von einer mächtigen Reihe Triasgesteine überlagert. Schrittweise sehen wir, wie die Brachiopoden des Productusmeeres sterben und langsam durch eine neue Fauna ersetzt werden. Die ungemein zahlreichen Ammonitenarten verteilen sich auf zehn deutliche Stufen, und in den unteren Horizonten treten nach je 1 m Mächtigkeit die neuen Arten auf, während in den höheren Schichten nur nach 9 m Mächtigkeit eine neue Fauna erscheint. In der Salzkette am Indus gehen die lehmbraunen, permischen Kalke schrittweise in die hangenden dunkelgrünen Triasschichten über. Zahlreiche Ammoniten sind aus diesem berühmten Übergangsprofil beschrieben worden. Ihr wichtigstes Element sind die scheibenförmigen Gehäuse einer Ammonitenfamilie, deren Sutur nach vorn gerichtete, ganzrandige Sättel zeigt, welche durch zackige Loben unterbrochen werden. In zahlreichen Gattungen und Arten, die bisher außerhalb Asiens nirgends gefunden wurden, treten die Ceratiten in teilweise riesengroßen Formen auf und scheinen hier in einer küstennahen Bucht gelebt zu haben, da ein Stegocephalenschädel vom Land, ein Zahn von Ceratodus nur aus einem dort mündenden Flusse stammen kann. So erscheint uns auch die Ceratitenlobenlinie, die man früher für die Übergangsform zwischen Goniatiten und Ammoniten halten durfte, als eine Rückbildung der letzteren, die überall da entstand, wo ozeanische Faunen in thalassische Nebenmeere eindrangen. Wir werden ähnlichen Tatsachen begegnen, wenn wir die Ceratiten des deutschen Muschelkalkes besprechen.

Auf die nur 50 m mächtigen Kalke und Schiefer der unteren Trias bauen sich im Himalaya fast 1200 m Kalksteine und Schiefer auf, welche, ihrer Fauna nach, der oberen Trias entsprechen. Zahlreiche Ammoniten lassen eine deutliche Folge von fünf Horizonten erkennen, daneben begegnen uns Zwischenschichten mit Daonella, und im Hangenden treten wie in den Alpen die Megalodonkalke auf. Die Übereinstimmung der Schichtenfolge und der Fauna in diesen beiden so entlegenen Gebieten ist so groß, daß wir an allgemeine Veränderungen des alpin-asiatischen Meeres denken müssen. So sehen wir in dem riesigen Gebiet die lokalen Faunen der unteren Trias sich mehr und mehr vermischen und in der oberen Trias die ganze Fläche des Triasmeeres von denselben Formen belebt.

Mit den höheren Triasstufen nimmt das offene Meer die Plätze ein, die vorher wiederholt Küste oder litoraler Sumpf gewesen waren; Inseln und Inselgruppen versinken in dem blauen Wasserspiegel, und die dort lebende Tierwelt wurde auf seltsame neue Entwicklungswege gedrängt.

Wir müssen uns, um die biologischen Wirkungen dieser Vorgänge zu würdigen, der vierfüßigen Wirbeltiere erinnern, welche auf den permischen Festländern lebten. Aus doppelatmenden Fischahnen hatte sich der Stamm der Stegocephalen entwickelt und zugleich der Zweig der Urreptilien losgelöst. Unabhängig vom Meer wie vom süßen Wasser bildete sich ihr Körper im Schutze einer festen Eischale so weit aus, daß die Kiemen durch Lungen ersetzt waren, und der geschuppte oder gepanzerte Körper selbst die trockene Luft der Wüsten zu ertragen vermochte. Inwiefern die weitgehende Schneebedeckung des Gondwanalandes bei der Weiterbildung des Reptilienstammes tätig war, läßt sich bisher noch schwer überschauen. Jedenfalls zeigen uns schon die Theromorphen Südafrikas, Ostindiens und Rußlands, sowie die etwa gleichzeitig in Texas auftretenden Reptilienformen, wie rasch und energisch schon diese alte Reptilienfauna an mannigfaltige Lebensbedingungen angepaßt war. So besiedelte eine reichhaltige Welt von Kriechtieren die Ufer der Flüsse und Seen und gelangte auf seltsamen Irrfahrten nach nahen und fernen Inseln, um hier sich weiterzuentwickeln.

Da drang das Triasmeer erobernd gegen das Festland vor, trennte Inselgruppen von ihm ab und versenkte sie wie eine Sintflut unter seinen stürmischen Gewässern. Es ist nun äußerst interessant, wie gleichzeitig mit dieser Transgression des Triasmeeres verschiedene Zweige des Reptilienstammes darin auftreten, welche, unzweifelhaft von festländischen Ahnen stammend, immer deutlichere Anpassungen an das Leben im Meere zeigen. Die Schildkröten mit ihrem breiten Knochenpanzer, die Ichthyosaurier, deren Ähnlichkeit mit einem Fisch oder Delphin so groß ist, daß man sie früher als Übergangsglied zwischen den beiden betrachtet hat, und die riesigen Plesiosaurier mit ihrem kleinen Kopf auf langem Schwanenhals entwickelten sich während dieser Zeit. Schon kennt man zahlreiche Übergangsformen, welche von einfachen, landbewohnenden, mit vier Gehfüßen versehenen Urreptilien schrittweise zu den seltsam abgeänderten Formen hinüberleiten.

Die wichtigste Umbildung betrifft einerseits die Wirbelsäule, andererseits die Füße. Die Halswirbel des Ichthyosaurus verschmelzen wie bei den Walen zu einem einheitlichen Körperstück. Bei den Schildkröten aber gehen sie in die mittlere Reihe der Knochenplatten über, welche den Rückenpanzer bilden. Während der lange, spitze Kopf von Ichthyosaurus wie ein Delphin mit einer Reihe gleichartiger Zähne besetzt ist, wohlgeeignet, um eine vorbeieilende Beute rasch zu fassen, verschwinden die Zähne bei den Schildkröten.

Bei allen drei Gruppen verwandelt sich der fünfzehige Schreitfuß in eine zum Rudern wohlgeeignete Paddel, welche bei Ichthyosaurus bis zu neun Reihen rundlicher Knochenplatten erkennen läßt, in denen wir

Oberarm, Mittelarm, Handwurzel und Fingerknochen kaum unterscheiden können. Seit der Triaszeit bevölkern die neu entstandenen Meeresreptilien allmählich immer weitere Gebiete des Ozeans und spielen in der folgenden Jurazeit eine immer größere Rolle.

Verweise

[1] Frech u. v. Arthaber, Die alpine Trias des Mediterrangebietes. Stuttgart 1905. — [2] N. Jahrb. f. Min., 1832, S. 158, 1844, S. 329. — [3] v. Richthofen, Geogn. Beschr. von Predazzo, 1860, S. 296. v. Mojsisovics, Die Dolomitriffe von Südtirol, 1879, S. 480. — Ogilvie-Gordon, The Geol. Struct. of Monzoni and Fassa, 1902/3. — [4] Lipold, Jahrb. d. K. k. geol. R.-Anst. Wien, 1851, S. 82. J. Walther, Z. d. D. geol. Ges., 1885, S. 229. — [5] v. Mojsisovics, Die Cephalopoden der mediterranen Triasprovinz, Abh. d. K. k. Geol. R.-Anst. Wien, Bd. X, S. 2, 151. — [6] Chun, Aus den Tiefen des Weltmeeres. Jena 1901, S. 422. — [7] Zwanziger, N. Jahrb. f. Min., 1874, S. 439. — [8] Noetling u. Frech, Die asiatische Trias, 1905. — [9] Deecke, Palaeontographica, Bd. 35, S. 134, 110. — [10] Knorr, N. Jahrb. f. Min., 1867, S. 124. — [11] Abel, Jahrb. d. K. k. geol. R.-Anst. Wien 1906, I. — Frech u. Voltz, Palaeontogr., Bd. 37 u. 43.

23

Der Kampf der nordischen Wüste mit dem Triasmeer

Die charakteristischsten Bewohner der älteren Meere waren unstreitig die Trilobiten und Orthoceratiten. Wollte man aber ein Gestein nennen, das für denselben Zeitraum bezeichnend wäre, so müßte man zuerst an die roten Sandsteine denken, welche in enger Verbindung mit roten Konglomeraten und Tonen vom Kambrium bis zum Schluß der Triaszeit in allen Teilen der Welt, besonders aber im Gebiet des nördlichen Kontinents, gebildet worden sind. In staunenswerter Mächtigkeit, meist völlig fossilleer, schieben sich die roten Sandsteindecken von Norden gegen Europa und Nordamerika vor, erfüllen weite Becken mit ihren riesigen Schuttmassen und treten oft in nahe Berührung mit dem Meere. Aber selbst, wo eine Wechsellagerung zwischen marinen Sedimenten und den kontinentalen Sandbänken beobachtet wird, zeigt die Verteilung der Wassertiere, daß nur wenige Formen in das rote Sandsteingebiet einzutreten vermögen, und die geringe Mächtigkeit dieser fossilreichen Einschaltungen lehrt, daß die Invasion stets nur von kurzer Dauer war.

Wir haben diese roten Gesteinsmassen als Wüstenbildungen bezeichnet, aber dieser Ausdruck kann leicht mißverstanden werden. Halten doch die meisten Menschen jede Wüste für völlig wasserleer und glauben, daß innerhalb derselben nur der Wind als Transportkraft tätig sei. Die Riesenflüsse, welche zu dem hydrographischen System abflußloser Wüsten gehören (Wolga, Oxus, Tarim), die riesigen, flachen Seebecken (Lopnor, Lake Eyre, Aral, Kaspi) von kurzer oder langer Lebensdauer und rasch wechselndem Umriß mit salzigem oder süßem Wasser erfüllt, leblos oder mit einer individuenreichen Tierwelt, scheinen dem Wesen der Wüste fremd zu sein und sind doch für sie ebenso charakteristisch wie die Staubstürme oder die gelben und roten Sanddünen.

Aber man wird jenen alten Wüsten nicht völlig gerecht, wenn man sie ohne weiteres mit den abflußlosen Regionen der Gegenwart vergleicht; denn heute spielt die Pflanzenwelt selbst in den trockensten Gebieten eine unvergleichlich größere Rolle als damals. Abgesehen von den wenigen Farnen, Selaginellen und Characeen, welche in den heutigen Wüsten am schattigen Nordabhang der Gebirge und in feuchteren Talschluchten leben oder die Sümpfe der Oasen erfüllen, gehört die gesamte heutige Wüstenflora zu den Phanerogamen. Angepaßt an die trockene Luft, haben sie sich überall angesiedelt, wo nur eine Spur von Feuchtigkeit im Boden ist, oder die lange Trockenzeit durch seltene Niederschläge unterbrochen wird.

Diese ganze heutige Wüsten- und Steppenflora fehlte dem Altertum der Erde, und weite Flächen, die heute als Halbwüsten nur zu gewissen Zeiten den Eindruck trostloser Öde machen, sich aber gelegentlich in einen blühenden Garten verwandeln, waren damals völlig unbelebt. Die hohe Bedeutung der Pflanzendecke und besonders ihres im Boden verankerten Wurzelschopfes für die Befestigung der Verwitterungsdecke auf dem unverwitterten Felsen, die damit eng verknüpfte Durchsetzung des Bodens mit den Stoffwechselprodukten und verwesten Überresten der Flora können wir hier nicht weiter ausführen; doch wird der kurze Hinweis genügen, um den Gegensatz zu bezeichnen, der zwischen jenen uralten fossilen und den rezenten Wüsten besteht. Und wenn jetzt ein Fünftel des Festlandes dauernd eine abflußlose Wüste ist, so stand damals fast das gesamte Festland unter klimatischen Bedingungen, wie wir sie, wenn auch etwas verändert, in den trockensten Wüsten der Gegenwart beobachten.

Denken wir uns einmal die gesamte Dikotyledonenflora der tropischen Urwälder weg, machen wir uns klar, daß jene ältere Flora nur in der Nähe von dauernden Wasserflächen existieren konnte, daß erst während der Karbonzeit eine reichere Besiedlung der Festländer erfolgte, aber lange Zeit auf wasserreiche Oasen oder die Ufer der

Flüsse beschränkt blieb, dann können wir das seltsame farbenreiche Landschaftsbild verstehen, dessen versteinerte Überreste in den roten Sandsteinen und Konglomeraten, welche diskordant die Senken zwischen zackigen Felsen erfüllen, und in den schwarzen eingeschalteten Kohlenflözen oder den grauen und roten, sandigen Tonen uns erhalten ist: Von karminroten Schuttdecken hoch hinauf umkleidet, ragen kühne Felsengebirge in den blauen Himmel. Ihre Gipfel sind mit ewigem Schnee bedeckt, unter dem vielfach blaue Gletscher talabwärts fließen, und rings, soweit der Blick reicht, breitet sich die rote oder gelbe Sandwüste, durchzogen von grün gesäumten Flußrinnen, die in einen fernen, blauen Seespiegel münden, dessen Ufer mit einer seltsamen Flora umstanden sind. Die nächtlich lebenden oder in der Erde wühlenden, phantastischen Tiergestalten, von denen auch manche zwischen Felsen gekauert den heißen Tag verbracht haben mögen, wagten sich nur selten in die Sanddünen hinein und waren dem sicheren Tode verfallen, wenn durch eine Verlagerung der Wasserscheide oder einen geringen Wechsel in den Niederschlägen der Fluß oder See, an dem sie lebten, vertrocknete. Nur selten wurden ihre Skelette so gut in Ton oder Sand eingebettet, daß man ihre Form und ihren Bau studieren kann. Der Sandwind zerrieb ihre Knochen, die glühende Sonne zersplitterte ihre Zähne, und nur am schlammigen Ufer der Tränken blieben ihre Fährten erhalten, wenn die verdunstete Wasserlache durch Wanderdünen überschritten wurde.

Wie man es in den heutigen Wüsten oft beobachten kann, mögen auch damals regenschwangere Wolken nach den festländischen Regionen gezogen sein. Aber sie wurden durch die aufsteigenden, heißen Luftwirbel mit emporgerissen. Ihr Wassergehalt entlud sich nur unter besonders günstigen Umständen am Rand der Gebirgsmauern, und dann strömten je nach der zufälligen Gestalt und Richtung der Täler bald hier-, bald dorthin die gewaltigen Wasserfluten, rissen den Schutt der Schieferberge, den zerbröckelten Sand der Granitstöcke herab, brausten durch die Täler und breiteten in buntem Gemisch Riesenquadern und Gerölle, Sand und Schlamm über die Ebene.

Nur selten erreichte der Schlammstrom das ferne Meer; in der Regel staute sich das Wasser zu vielgestaltigen Seen. Ein zweiter Regenguß konnte deren Ufer zerreißen und das inzwischen sortierte Material nach einer ganz anderen Richtung transportieren. Wo aber die feuchte Fläche abtrocknete, da begann der Wind sein lustiges Spiel, hob den Staub hoch in die Luft, türmte den Sand zu wandernden Dünen auf, und diese schritten transgredierend über weite Flächen, bis sie die ferne Küste erreichten und hier im steten Kampf mit dem Meere eine seltsame Wechsellagerung mariner Tone und Kalke mit festländischen, ursprünglich roten, später grüngrau entfärbten Sandsteinen erzeugten.

Die ungeheure Mächtigkeit dieser alten Sandsteinablagerungen und die oft beobachtete Einschaltung mariner Horizonte beweist, daß die Ablagerungsgebiete auf dem sinkenden Boden großer Geosynklinalen lagen, so daß das rote Wüstenland je nach der Stärke der Sandbildung bald über den Meeresspiegel hoch aufgeschichtet war, bald als trockene Depression unter das Meeresniveau geriet. Auch hierfür bieten die heutigen Wüsten Asiens und Afrikas lehrreiche Beispiele. Gelang es nun dem Meere, die trennende Scheidewand zu durchbrechen und die riesige Depression zu erreichen, dann fluteten seine Gewässer mit gewaltigem Wogendrang weit ins Land hinein, und die Geschicke dieser mit Seewasser erfüllten Buchten hingen ganz davon ab, ob sich die Bresche wieder schloß, wiederholt geöffnet wurde oder dauernd offen blieb. Im ersten Fall kam es nicht zu einer Einwanderung der Meeresfauna; das salzige Wasser verdampfte, und am Boden des flachen Sees bildete sich zuerst Gips, dann Salz. Das letztere konnte in der Folgezeit leicht wieder weggewaschen werden, und nur die Hohlräume der im Schlamm auskristallisierten Salzwürfel blieben als Pseudomorphosen zurück.

Gelang es der Meeresfauna, in dem Salzsee heimisch zu werden, dann erfolgte eine starke Auslese. Nur wenige Arten konnten die veränderten Lebensbedingungen ertragen, vermehrten sich aber dafür ins Ungemessene. Dann dampfte die Wasserlache ein, wieder strich der Wind über die mit Muscheln bedeckte Sandebene und in diagonal geschichteten Rippen wurde der Sand mit den leichten Muschelschalen aufgeschichtet.

Diese rote Sandsteinfazies finden wir zwar in allen Formationen bis zur Gegenwart; sie ist auch in Südafrika, Australien und Südamerika verbreitet, aber ihre eigentliche Heimat liegt vom Kambrium bis zur Trias auf der nördlichen Halbkugel. Der nordamerikanische Potsdamsandstein, das schottische Oldred, das deutsche Perm und die in Deutschland, England und Nordamerika verbreiteten Triassandsteine kennzeichnen die erdgeschichtlichen Wanderungen der eigenartigen Fazies.

Während in Schottland die Sandsteinbildung in der Silurzeit einsetzt und ohne große Lücke durch Devon, Karbon und Perm bis in die hangenden Triassandsteine verfolgt werden kann, schiebt sich südlich davon der marine Kohlenkalk und das pflanzenreiche Oberkarbon zwischen die dadurch deutlich gesonderten Oldred-(Devon) und Newred- (Permo-Trias)-Sandsteine. An der Basis der letzteren begegnen uns dolomitische Gesteine mit Meerestieren von permischem Alter; sie entsprechen den letzten Bewohnern des damals hereinbrechenden Zechsteinmeeres. Sonst wird in England die festländische Schichtenreihe erst durch den marinen Lias unterbrochen und abgeschlossen.

Indem wir uns noch mehr von dem nordischen Festland entfernen, kommen wir nach Deutschland, wo rote, unterpermische Gesteine (Rotliegendes) von dem marinen Zechstein überlagert werden. Allein schon im oberen Zechstein verschwinden die Meerestiere, rote Letten und Sandsteine mit mächtigen Salz- und Gipslagern treten auf; sie werden überlagert von den versteinerungsleeren roten Sandsteinen der unteren Trias und dann von den allmählich an Meeresformen immer reicher werdenden Tonen und Kalken der mittleren Triaszeit. Durch allmähliche Übergänge verbunden treten aber dann wieder Sandsteine und gipsführende rote Tone auf, und erst darüber folgen in langsamem Übergang oder mit scharfer Faziesgrenze die Meeresablagerungen der Jurazeit.

Deutlich erkennen wir daraus, wie in Deutschland die rote Fazies zwischen dem marinen Karbon und dem marinen Jura durch zwei große Invasionen des Meeres unterbrochen wird. Die Zechsteinfauna bildet einen Teil der Tierwelt des alten Productusmeeres; mit der Röt-Muschelkalkfauna aber begegnet uns zum erstenmal die inzwischen völlig umgewandelte Lebewelt des Triasmeeres.

So trennen die roten Gesteine des oberen Zechsteins und der unteren Trias zwei grundsätzlich geschiedene Perioden, und es erhebt sich das Problem, wo wir in den verbindenden, nichtmarinen Gesteinen die Grenze ziehen sollen, welche dem Übergang aus dem Altertum der Erde in das Mittelalter entspricht. Treten doch in Deutschland die letzten Nachzügler der alten und die ersten Vorposten der neuen Zeit ohne vermittelnde Bindeglieder übereinander auf.

Man pflegt nun in der Chronologie der Erdschichten die untere Hälfte der gipsführenden Tone und Sande zum Perm und ihre obere Hälfte zur Trias zu rechnen, aber die älteren Geologen[1], welche die gleichzeitigen Ablagerungen des offenen Meeres nicht kannten und sich mehr an die Gesteine als an deren Fauna hielten, gliederten in einer Weise, die der Faziesentwicklung besser gerecht wird, und es ist interessant, zu beobachten, wie selbst Alberti, nachdem er in einem klassisch gewordenen Buch[2] die dreigeteilte Triasformation aufgestellt hat, am Schluß dieses Buches innerhalb derselben vier Gruppen unterscheidet, indem er die Einschaltung des marinen Muschelkalkes zwischen dem liegenden roten Buntsandstein, dem hangenden gelben Keupersandstein und den darauf wieder folgenden, roten Letten als eine vorübergehende Episode gut kennzeichnet.

Bei unseren Betrachtungen müssen auch wir dem Fazieswechsel eine größere Bedeutung geben, als dem Faunenwechsel, um so mehr, als wir im vorigen Abschnitt kennen gelernt haben, daß der Gegensatz von Perm und Trias in Deutschland schon innerhalb der Alpen verschwindet, und daß es nur an der sogenannten „mittleren Lückenhaftigkeit", besser gesagt, an den beiden marinen Invasionsepisoden liegt, daß man bei uns so leicht die Formen des Zechsteins von denen des Muschelkalkes unterscheiden kann.

Wir beginnen also unsere Schilderung mit dem Schluß der mittleren

Zechsteinzeit. Von Norden her war eine breite Bucht des Productusmeeres nach Rußland hereingedrungen, flutete zwischen dem damals noch hohen Uralgebirge und den Bergen des skandinavischen Festlandes bis über Astrachan hinaus, drang durch die Ostseeprovinzen nach Westen, bedeckte ganz Polen, Mittel- und Norddeutschland und läßt sich bis nach dem mittleren England verfolgen. In Deutschland war eine Fläche von rund 750 000 qkm von dem Zechsteinmeer bedeckt, und wenn wir die russischen und englischen Buchten dazurechnen, dann dürfte sich die doppelte Zahl ergeben. Daß dieses weite Gebiet mit salzigem Seewasser bedeckt war, geht aus der Verbreitung der Zechsteinfauna hervor, welche in denselben Arten an den Ufern der Wolga, in Thüringen und Yorkshire gefunden wird. Die Tiefe dieses Meeres läßt sich aus der Höhe der Kalk- und Dolomitriffe, die in Thüringen verbreitet sind, hier auf mehr als 50 m bestimmen, und der allgemeine Charakter der Fauna spricht dafür, daß die durchschnittliche Wassertiefe auch in anderen Gebieten ähnlich war. Wenn wir annehmen, daß jenes Meer einen ähnlichen Salzgehalt hatte wie der heutige Ozean, so ergibt sich, daß allein in dem deutschen Zechsteinwasser eine Billion Kubikmeter Seesalz gelöst war. Rechnen wir aber die russischen und englischen Meeresflächen hinzu, so erhöht sich diese Zahl mindestens auf das Doppelte.

Diese ganze, eben noch von einem reichen Tierleben erfüllte Meeresbucht wurde mit Eintritt der oberen Zechsteinzeit vom nordischen Meere abgeschnitten und bildete jetzt einen riesigen Binnensee, der in Deutschland allein die doppelte Fläche des Kaspi bedeckte. Es mag sein, daß die Verbindung mit dem Ozean anfangs noch nicht völlig unterbrochen war, aber keine Tatsache zwingt uns zu der Annahme, daß beständig neues Meerwasser in das jetzt abflußlos gewordene Gebiet einströmte. Keine noch so kunstvoll erdachte „Barre“ wirkte als Schleusensystem zwischen dem Weltmeer und dem Binnensee.

Ein sumpfiges Marschland schob sich als trennende Wand zwischen die eben noch verbundenen Wasserflächen. Nach Osten erhoben sich die langen Ketten des Uralgebirges, im Südosten grenzte vielleicht auch nur ein breites Sumpfland gegen das permo-triadische Meer; nach Süden schob sich die böhmische Masse und das vindelizische Gebirge, der heutigen Donauebene entsprechend, zwischen das alpine Meer und den germanischen Binnensee, im Westen aber bildete das von den armorikanischen Gebirgsketten durchzogene Frankreich, Belgien, Südengland und Irland seine Ufer.

Daß diese zum Teil sehr ausgedehnten Festländer ein trockenes Wüstenklima zeigten, geht aus zahllosen Tatsachen hervor, besonders daraus, daß jetzt die ungeheure Wasserfläche zu schrumpfen beginnt, daß aus ihr eine lokal über 1000 m mächtige Schichtenreihe niedergeschlagen wird, die nur eine kümmerliche Reliktenfauna in vereinzelten Becken beobachten[3] läßt, sonst aber völlig versteinerungsleer ist. Daß zarte Algen in den salzigen Gewässern weitverbreitet waren, daß die Schälchen von Estheria ganze Schichtenfugen bedecken, stimmt vollkommen überein mit der Besiedlung heutiger Salzseen.

Wenn es eine Forderung der Logik ist, daß eine Salzlösung nur unter einem Klima mit hoher Verdunstung und geringen Niederschlägen eingedampft werden kann, und wir mithin die ganze Fläche des Zechsteinmeeres nebst seinen Randgebirgen als eine abflußlose Wüste betrachten müssen, so bedingt diese Annahme doch keineswegs, daß die Niederschläge gering gewesen sein müssen. Ihre absolute Höhe kann noch so groß gewesen sein, wenn nur die Verdunstung um ein geringes überwog.

So nehmen wir denn an, daß die Randgebirge des Binnensees reiche Niederschläge auslösten, daß zahlreiche periodische oder dauernde Flußrinnen an ihren Abhängen sich bildeten und wie die Flüsse Innerasiens in breitem Strom die Niederungen durchzogen, bis sie in den salzigen Binnenseen mündeten. Allein, während die hohe Verdunstung nicht nur das zuströmende Wasser in Dampf verwandelte, sondern auch die Wassermenge des großen Salzsees verminderte, mußte sich sein Umfang verkleinern, seine Tiefe verringern. Der unebene Untergrund zerlegte ihn bald in einzelne Becken, deren Umriß beständig wechselte, deren Salzgehalt steten Schwankungen unterlag. Da unter dem Einfluß der Jahreszeiten der Wasser- und Salzgehalt der periodischen Flüsse stetig schwankte, änderten sich periodisch die Bedingungen für die Abscheidung, und so sehen wir die Salzlager in regelmäßigen Abständen von Anhydrit- oder Polyhalitschnüren (Jahresringe s. Fig. 21) durchzogen, aus deren Zahl man schließen darf, daß die Abscheidung der 900 m mächtigen Salzlager von Staßfurt etwa 10000 Jahre brauchte. Zwischen den Niederungen der Flüsse hoben sich flache Salzmarschen heraus, die von gelegentlichen Regengüssen durchtränkt und entsalzt wurden. Während der Seespiegel schrumpfte und flache Ufergebiete trocken legte, wurde das darin enthaltene Seesalz immer wieder ausgelaugt und half den Salzgehalt der einzelnen Pfannen vermehren. Rasch verschoben sich die Wasserscheiden zwischen den Abflußrinnen auf dem wenig gegliederten Terrain, und Hand in Hand damit wechselte die chemische Zusammensetzung und die Konzentration benachbarter Salzseen. In dem einen kristallisierte Gips oder Anhydrit aus, während die darüberstehende Lösung von Chloriden weiterfloß. In anderen kam es zur Abscheidung von Kochsalz, und die darüberstehende Mutterlauge leicht löslicher Verbindungen wurde durch wandernde Dünen abgesaugt, so wie man mit Streusand einen Wassertropfen abhebt. Wo aber die kräftige Wüstensonne oder die Kälte des Winters die leicht löslichen Mutterlaugensalze zum Auskristallisieren gebracht hatte, da bildete eine dünne Staubschicht den hermetischen Verschluß über dem leicht zerstörbaren Salzlager.

Es kann nicht unsere Aufgabe sein, hier die einzelnen Phasen der Salzabscheidung zu schildern, wie sie unter so wechselnden Umständen in der norddeutschen Tiefebene entstanden, um so mehr, als die chemische Seite der Frage neuerdings durch methodische Untersuchungen vielfach erörtert worden ist, und wir durch zahlreiche Beobachtungen[5] wissen, daß die heutige Verteilung der Salze in der Staßfurter und Thüringer Kaliregion durch nachträgliche tektonische Bewegungen, durch seltsame Wanderungen ganzer Salzgruppen und nachträgliche chemische Umsetzungen nicht mehr überall den ursprünglichen Schichtenverband erkennen läßt. Es erscheint uns nur wichtig, zu betonen, daß die gewaltigen Salzlager des oberen Zechsteins, welche so reiche Schätze des deutschen Bodens bilden, aus der Verdampfung des im mittleren Zechsteinmeer gelösten Salzes entstanden sind, ohne daß, wie man[6] geglaubt hat, während der oberen Zechsteinzeit ein beständiges Nachfließen von Seewasser erfolgte. Denn die kleinen Salzstöcke im Perm von England und die Gipse in der permischen Schichtenreihe von Rußland bilden nur den kleinsten Teil der Salzmengen, die in dem dort weitverbreiteten Zechsteinmeer enthalten waren, die durch Regenwasser aus den abtrocknenden Schichten ausgewaschen, schrittweise nach den deutschen Pfannen wanderten und hier zur Ausscheidung gelangten.

Manche Tatsachen im Schichtenprofil der norddeutschen Salzlager machen es wahrscheinlich, daß es dem Meere vorübergehend gelang, noch einmal in das sumpfige Salzseegebiet hineinzubrechen und neue Salzlösungen mitzubringen, aber wiederum wurde das vom Weltmeer abgeschnittene Seebecken immer mehr eingeengt und in einzelne riesige Pfannen zerlegt; weite Flächen seines Bodens verlandeten, und wenn sie vorher unter dem schlammabscheidenden Einfluß starker Salzlösungen gestanden hatten, so gewann jetzt der Wind eine immer größere Macht auf ihre Geschicke. Der feine Tonstaub wurde abgehoben, der gröbere Sand blieb zurück. Überall tauchten rote Dünengebiete auf, und die inzwischen durch Abtragung erniedrigten Randgebirge verloren immer mehr die Fähigkeit, größere Mengen von Niederschlägen zu bilden. So trocknete das Land immer mehr aus, die Flüsse wurden wasserärmer, die Seen schrumpften zusammen, die Bäche versiegten.

In dem Maße, als die Erosion des fließenden Wassers sich minderte, stieg der Einfluß der Deflation. Perioden hindurch trug der Wind von den aus dem Schiefermantel heraustauchenden Granitstöcken quarzreichen Sand zu Tale, lockerte die Schutthalden am Fuße des Gebirges, und wenn endlich nach langer Trockenzeit ein Wolkenbruch dort herniederstürzte, dann flutete je nach den Umständen ein dünner Sandbrei oder geröllreicher Schlamm weit in die Wüste hinein. So schalteten sich zwischen die so oft treffliche Dünenschichtung zeigenden Sandbänke Zungen von grobem und feinerem Geröll, aber das Vorwiegen von Quarz, die oft sehr höckrige Oberfläche der Gerölle läßt uns leicht erkennen, daß kein langer Wassertransport erfolgte. Bald trocknete das eben überschwemmte Gelände ab, wieder jagte der Sandwind über die Ebene, schliff und fraß an den Geröllen, erzeugte seltsame Vertiefungen und treffliche Dreikanter.

Es wäre falsch, wenn man das Wesen der Buntsandsteinwüste darin suchen wollte, daß nur der Wind lockere Massen transportierte, und das Wasser völlig auszuschalten sei. Niemand wird dem 300 km breiten Sandmeer der Karakum den Namen einer „Wüste" streitig machen, und doch steigen[7] riesige Dünen (Fig. 26) aus dem Ufer des wasserreichen Amudarja heraus, der Murghab und Tetschen versiegen an seinen Grenzen, und zahlreiche trockene Flußbetten oder lehmbedeckte Flächen durchziehen sie nach allen Richtungen als Zeichen dafür, daß immer wieder das Wasser die Tätigkeit des Windes unterbricht.

Wie im Sande der Wüste Karakum die im Grundwasser enthaltenen Gipslösungen durch Verdunstung des kapillar aufsteigenden Wassers weite Flächen mit sandreichen „Scheinkristallen" von Gips erfüllen, so kristallisierten im Sande der Triaswüste Kalklösungen aus und bildeten jene seltsamen Kristallaggregate, die zu so manchen Diskussionen Anlaß gegeben haben.

Die Anwesenheit von flachen, vergänglichen Seen wird durch die Einschaltung von Estheria-reichen Tonschichten bewiesen, und ein besonderes Interesse knüpft sich an einen muschelreichen Horizont[8], der von Thüringen bis nach Waldeck, von Sachsen bis nach dem Harz den Buntsandsteinschichten eingeschaltet ist. Nachdem etwa 400 m Sandstein ohne Spuren einer Meeresfauna gebildet worden waren, muß sich die Oberfläche der Buntsandsteinwüste wieder im Niveau des Meeres befunden haben; es ist unabweisbar, daß inzwischen eine Senkung von Deutschland um jenen Betrag eingetreten ist. Spielend tritt das Meer herein. Zwei Muscheln (Gervillia Murchisoni und Aucella Geinitzi), sowie eine kleine Schnecke (Turbonilla Weißenbachi) sind ungeheuer weit in zahlreichen Individuen verbreitet. Noch ist nicht sicher entschieden, ob die muschelreiche, dunkelrote Sandsteinschicht ein- oder mehrmal auftritt, ob mithin der flache See nur gewandert ist oder mehrfach vom Meere neu besiedelt wurde. Aber die kurze Episode der marinen Einwanderung endet ebenso rasch, wie sie begonnen hat und erst nachdem das Triasmeer in der Folgezeit wiederholte kurze Vorstöße unternommen hatte, ergriff es in der Muschelkalkzeit dauernd von Deutschland Besitz.

Der nahe Strand erklärt es wohl auch, daß in den oberen Bänken der Sandsteinablagerung die rote Farbe verschwindet, die Dünenschichtung durch eine regelmäßige Bankung ersetzt wird und die Fährten eines Tieres weitverbreitet sind, das jetzt weite Wanderungen über die Sandebenen unternahm. Man hat es Chirotherium genannt, weil der Ausguß

Figur 194. Sandwüste der Buntsandsteinzeit.

der Fährte des 10—40 cm langen Fußes große Ähnlichkeit mit der Form einer menschlichen Hand besitzt. Der fleischige Ballen an dem abgespreizten Daumen spricht dafür, daß das Tier nicht so sehr zum Laufen als wie zum Klettern geschickt war.

Die zahlreichen Fährten von großen und kleinen Landtieren, die früher bei Hildburghausen und Harras gefunden worden sind, und drei Abdrücke von etwa 40 cm Länge, die ein glücklicher Zufall neuerdings von dort gerettet hat, machen für Nordfranken eine tierreiche Oase wahrscheinlich. Eine Heimat[9] ähnlicher Landtiere scheint zwischen Halle und Bernburg gewesen zu sein. Hier finden sich zahlreiche Überreste einer sonst nirgends beobachteten Pflanze (Pleuromeia, der letzte Zweig der einst so üppig auftretenden Sigillarien), die in 2—5 m hohen Beständen das Ufer eines oft eintrocknenden Sees säumte. Die Schädel und Koproithen von Capitosaurus und Trematosaurus weisen darauf hin, daß große und kleine Stegocephalen die Fische eines Sees erbeuteten.

Sonst sind nur ganz vereinzelte organische Reste im Hauptbuntsandstein gefunden worden. Der Westrand des Wüstengebietes[10] hat bei Baccarat Caulopteris, bei Zweibrücken, Saarlouis und Sulzbad Voltzia und zahlreiche Farne geliefert, während bei Rheinfelden mehrere Fische und Reptilien, besonders der seltsame Aristodesmus und ein 23 cm langer Unterkiefer von Teinach zeigt, daß auch im Südwesten wieder günstigere Lebensbedingungen vorhanden waren.

So war Mitteleuropa lange Zeit eine trockene, rote Sandwüste, in der sich auf langsam sinkendem Untergrund bis 500 m fast versteinerungsleerer Sandmassen anhäuften. Als es dem Meer wiederum gelang, nach der weiten Tiefebene hereinzudringen, nicht wie das Zechsteinmeer von Norden, sondern von Südosten, durchflutete es eine etwa in Oberschlesien gelegene Eingangspforte, drang einmal vor, wurde dann wieder von dem trocknen Wüstenklima zurückgeschlagen, erneuerte seine Angriffe, schob reichere Meeresfaunen herein, und doch gelang es dem trockenen Klima, immer wieder das Wasser einzudampfen, Gips und Salz zu bilden und die mutigen Vorposten zu vernichten. Aber während die Geosynklinale sich weiter vertiefte und die Lücke in der umgebenden Felsenmauer sich erweiterte, flutete das Meer immer mächtiger herein, und nach langem Kampf nahm eine weite Wasserfläche Besitz von dem eben noch so trockenen Gebiete.

Wir müssen im Auge behalten, daß inzwischen in dem südlichen Weltmeer die langsame und doch so gründliche Verwandlung der altzeitlichen in die mittelzeitliche Fauna erfolgt war. Wohl lebten noch im alpinen Gebiet die letzten Überreste der Orthocerasfauna, aber eine neue Lebewelt war inzwischen kräftig erblüht, und diese junge Triasfauna schickte sich an, das neu geöffnete Wasserbecken zu besiedeln. Wiederum beobachten wir, daß nur wenige Formen imstande sind, die reine

Salzflut der Hochsee mit den schlammigen Gewässern und dem chemisch veränderten Salzgehalt des germanischen Binnensees zu vertauschen.

Das äußert sich erstens darin, daß die oberschlesische Fauna viel reicher wie die mitteldeutsche ist und noch zahlreiche Formen enthält, die wir auch im alpinen Ozean finden. Sodann aber beobachten wir im germanischen Muschelkalk oft ganz vereinzelte Funde weit verschleppter Ammonitenschalen, während nur wenige Formen sich dauernd ansiedeln und heimisch werden konnten.

Die rein stratigraphische Betrachtung dieser Erscheinungen wird den Bildungsverhältnissen nicht gerecht; denn der Eintritt des Muschelkalkmeeres erfolgte in der Zeit, die man oberen Buntsandstein nennt, und das Meer verschwindet in der unteren Abteilung des Keuper.

Das Hereindringen des Triasmeeres durch die schlesische Pforte nach dem germanischen Becken ist keineswegs durch eine Diskordanz oder andere Symptome bezeichnet, die man gewöhnlich mit einer Transgression verbunden glaubt. Vielmehr schleicht sich das Wasser in die mit lockerem Sand überdeckte Wüste fast unmerklich hinein. Getrennt durch versteinerungsleere Sandsteine, Tone und Gipse treten mehrere dünne Schichten voll von marinen Überresten auf. Myophoria costata ist in der alpinen Trias weitverbreitet[11] und findet sich im germanischen Becken jetzt fast überall. Aber daneben beobachten wir bei Durlach i. B. schon zahlreiche Arten[12], welche im übrigen Deutschland erst nach Bildung von 80 m Gestein eingewandert sind. Selbst Lima striata, das Leitfossil des oberen Muschelkalkes, versucht schon hereinzudringen.

Die flachen Scheiben der Beneckeïa tenuis erfüllen ganze Schichten. Obwohl sie gewöhnlich als ein Ceratit behandelt wird, so sind doch die Loben nicht gezackt, und die Lage des Sipho[13] macht es verständlich, warum L. v. Buch diese Form zu den Goniatiten rechnete. Die Seltenheit von Echinodermen im ganzen unteren und mittleren Muschelkalk ist ein deutliches Zeichen dafür, daß das Wasser der germanischen Bucht nicht normal gesalzen war. Trockenrisse, Salz- und Gipsschichten, sowie die Überreste von Landpflanzen lassen deutlich erkennen, wie seicht das Wasser war, und wie leicht sein Boden abtrocknete. Im wiederholten Wechsel treten Konglomeratbänke auf, welche aus meist haselnußgroßen Knollen halb getrockneten Schlammes bestehen, die bei einer wiederholten Überflutung in neuen Kalkschlamm eingewickelt und wieder abgesetzt wurden. Sogar hand- und kopfgroße, eckige Scherben und Bruchstücke finden sich dazwischen.

Von den wechselnden Schicksalen des Muschelkalkbeckens erhalten wir am besten eine Vorstellung, wenn wir die Verteilung der in einzelnen Bänken so ungemein zahlreichen Terebratula bedenken. In der Trias der Südalpen, ja sogar bei Kágá im Himalaja kennt man T. vulgaris. Sie wandert zur Rötzeit[14] bis nach dem Oberrhein, findet

Figur 195. Nothosaurus am Ufer des Muschelkalkmeeres.

sich im Wellendolomit des Aargaus[15] und in einer dünnen Bank mit der Varietät T. Ecki in Franken und Thüringen. Dann aber tritt sie in einer 60 cm mächtigen Kalkbank hier so zahlreich auf, daß diese fast nur aus zerbrochenen und ganzen Schalen besteht. Fast mit Ausschluß aller anderen Tiere müssen Generationen der haselnußgroßen Brachiopoden aufeinandergewachsen sein. Wie mit dem Messer abgeschnitten verschwindet der Terebratelkalk. Es bilden sich etwa 30 cm terebratelfreien Schlammes, auf diesem aber wächst Terebratula wieder in staunenswerter Individuenzahl, bildet abermals eine 60 cm mächtige Terebratelbank, und während dann etwa 70 m Kalkstein gebildet werden, hat sie die für sie günstigen Lebensbedingungen nicht einmal gefunden. Dann aber ist sie im oberen Muschelkalk wieder zur Stelle. Große, „fette" Exemplare zeigen, wie wohl sie sich fühlt, und eine kleine Varietät T. cycloides setzt wieder eine 10 cm hohe Schicht fast ausschließlich zusammen. Dann verschwindet sie aus Deutschland, und ihr letztes Auftreten im mittleren Keuper von Dettelbach[16] ist ein Zeichen dafür, daß sie, noch immer lebenskräftig im Triasmeer gedeihend, einen letzten Versuch zur Einwanderung unternehmen konnte.

Nicht minder interessant ist die Verteilung der Ammoniten im deutschen Muschelkalk. Wenn Beneckeïa an die letzten Goniatitenahnen erinnert, so tritt Ceratites nodosus zuerst im unteren Muschelkalk von Sondershausen auf. Ganz vereinzelt begegnen uns daneben Exemplare von Acrochordiceras[20] Ptychites, Amaltheus, Meekoceras.

Verhältnismäßig reich an solchen Irrgästen ist der sogenannte Schaumkalk, mit welchem der untere Muschelkalk endet und die Salzpfannenperiode des mittleren Muschelkalks beginnt. Das diagonal geschichtete Gestein entspricht wohl niedrigen Dünen aus Muscheltrümmern und Oolithkörnchen, die der Wind zwischen den eindampfenden Schlammbecken aufwirbelte. Ganze Kolonien des rötlichen Encrinus Carnalli mit meterlangem Stiel und prächtiger, zwanzigarmiger Krone wurden wie Ähren bei der raschen Verlandung des Meeres hingestreckt, und die auf dem Wasser umhertreibenden Ammonitenschalen gerieten aufs Trockene, so daß der Name „Schaumkalk" auch im genetischen Sinne wohlberechtigt erscheint.

Allein erst im oberen Muschelkalk gelingt es den Ceratiten in dem germanischen Becken sich anzusiedeln. Zuerst treten[18] kleine, an alpine Formen erinnernde Arten auf. Dann erscheint der mittelgroße, mit kräftigen Knoten verzierte C. nodosus. Später verwandelt er sich in den großen, scharfgekielten C. semipartitus, und im unteren Keuper ist bisher nur ein Exemplar[19] des letzten Epigonen C. Schmidi gefunden worden.

Der Reichtum des oberen Muschelkalkes an zahlreichen, echt marinen Arten, das Auftreten ganzer Ährenfelder kräftiger Seelilien (C. liliiformis), deren zerfallene Kalkstücke eine Gesteinsbank (Trochitenkalk) zusammensetzen, zeigt deutlich, daß in dieser Zeit die Zirkulation der Gewässer

Figur 196.
Tierleben im deutschen Muschelkalkmeer.

Figur 197. Riesenlurch im Sumpfwald der Keuperzeit.

Figur 198. Reptilien der oberen Keuperzeit in Süddeutschland.

am lebhaftesten war. Frei und offen flutete das Triasmeer nach Deutschland herein und schien mit seiner reichen Fauna heimisch zu werden, als es (durch eine Hebung des Bodens oder ein Sinken des Wasserspiegels) energisch zurückgedrängt wurde. Zahlreiche Tatsachen deuten darauf hin, daß auch klimatische Änderungen hierbei eine Rolle spielten; denn statt des feinen, kalkreichen Schlammes bildeten sich jetzt unreine Sandsteine, welche oft ganz gespickt sind mit den verkohlten Überresten von Landpflanzen. Zykadeen, Schachtelhalme und andere Sumpfgewächse bildeten mancherorts so dichte Bestände, daß der Pflanzenmoder als unreine Kohle (Lettenkohle) abgesetzt wurde, aber dazwischen finden wir immer wieder die Reste der Meeresfauna, welche während der Muschelkalkzeit mit dem trocknen Wüstenklima, dann aber mit dem von den Küstengebirgen herabströmenden Regenwasser einen verzweifelten Kampf ausfochten. Immer wieder siedelten sie sich in salzigen Buchten an, aber das Flußwasser drang überall hinein, und periodisch füllten sich die Flußrinnen bis zum Überlaufen.

Figur 199.

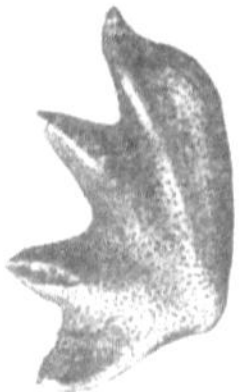

Figur 200.

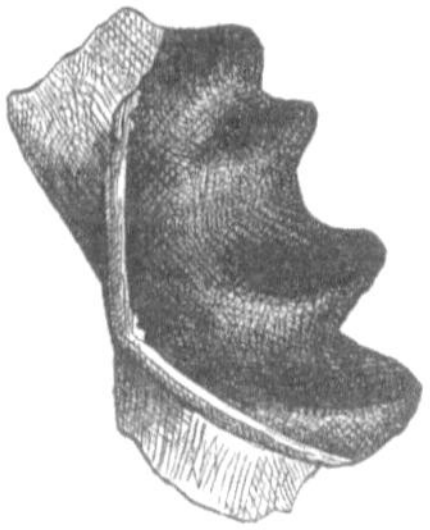

Figur 201.

Figur 199. Zahn von Ceratodus priscus, aus dem Buntsandstein von Schwaben.
Figur 200. Ceratodus Madelungi, aus dem Muschelkalk von Gogolin.
Figur 201. Ceratodus Kaupi, aus dem unteren Keuper von Schwaben.

Wir können diesen Vorgang am besten überschauen, wenn wir die Verteilung von Ceratoduszähnen (Fig. 199—201) betrachten, die so treffliche Belege für die wechselnde Hydrographie einer Halbwüste darbieten. Schon im oberen Buntsandstein tritt C. arenarius bei Magdeburg auf. Im Muschelkalk von Franken, Schwaben und Lothringen werden vereinzelte Zähne gefunden, aber ihre Hauptverbreitung fällt in die untere Keuperzeit, wo etwa zwölf Arten in Deutschland gefunden werden, die meist ein enges Verbreitungsgebiet haben und den einzelnen Flußsystemen entsprechen mögen, deren verfließende Grenzen wohl oft wechselten.

Myophoria Goldfussi gilt als ein Leitfossil für jene muschelreiche Bank (Grenzdolomit), mit welcher die regenreiche Zwischenzeit des unteren Keuper abschließt. Und doch findet sich dieselbe Art schon[25] im Muschelkalk von Süddeutschland. Es scheint, daß durch ein rasch einsetzendes Ereignis die Regenperiode des unteren Keuper ihr Ende erreichte, daß ein trockenes Klima sich mit erneuter Macht verbreitete, wodurch die ganze

Reliktenfauna zerstört wurde, welche in Brackwasserbecken noch lebte. Denn auf den Grenzdolomit folgt eine bis 200 m mächtige Reihe fast versteinerungsleerer, vielfach roter Tone und gelber Sandsteine, zwischen denen zahlreiche Gipslinsen und einzelne dünne Zwischenschichten, ganz erfüllt mit den Abdrücken einer völlig verarmten Fauna, zeigen, daß überall Wasserbecken entstanden, aber ebenso rasch wieder verschwanden. Selbst Landpflanzen sind äußerst spärlich, und die vereinzelten Überreste von Land- oder Wassertieren bestätigen, daß das Wüstenklima noch einmal die Herrschaft antritt.

Zweimal war der deutsche Boden vom Weltmeer erobert worden. Das Zechsteinmeer kam von Norden, das Muschelkalkmeer von Südosten, aber immer gelang es dem Wüstenklima, die Herrschaft Neptuns zu vernichten. Jetzt dringt der Ozean zum drittenmal heran und schafft sich eine neue Bresche. Die schlesische Pforte ist geschlossen, aber von Südfrankreich durch die Schweiz nach Schwaben und Franken und wohl auch von Westen gegen Norddeutschland und England schreitet das Meer erobernd vor. Wieder entstehen jene seltsamen Übergangsgesteine, die das Vordringen eines transgredierenden Meeres begleiten. Ganze Flußsysteme und große Süßwasserseen werden mit salzigem Wasser erfüllt, wieder ausgesüßt und abermals vom Meere überflutet. Mit dichtem Urwald bestandene Niederungen und bunt bewachsene Hügel, felsige Küsten und sandige Dünen werden vom Meere verschlungen; während hier schon längst die blauen Meereswogen alles Land verdecken und eine marine Fauna nach der anderen eingebettet wird, gedeiht auf binnenländischem Gebiete noch die festländische Flora, und Pflanzenreste mischen sich unter die Bewohner des Meeres. So wechseln festländische Reliktenfloren und die Lebewelt großer Süßwasserseen mit den ersten Vorposten des transgredierenden Meeres, und langsam bereiten sich die Verhältnisse vor, die wir im nächsten Abschnitt schildern werden.

Verweise

[1] Keferstein, Darst. d. allg. geol. Verhältn. Deutschlands, 1821. Strasser, Verh. d. Nat. Med.-Ver. Heidelberg, 1907, S. 372. — [2] Alberti, Beiträge zu einer Monogr. d. Bunts, Muschelk. und Keupers, 1834, S. 339. E. Fraas, Jahresh. d. Ver. f. v. Naturk. Württembergs 1899, S. 1. — Philippi u. Frech, Kontinentale Trias. Leth. geogn. II, 1. — [3] Zimmermann, Z. d. D. geol. Ges. 1904, S. 51. — [4] van't Hoff, Rinne, N. Jahrb. f. Min. 1904, S. 114. — [5] von Koenen, Nachr. d. K. G. d. Wissensch., Göttingen 1905, S. 1. Kohler, Geogn. Jahreshefte 1903, S. 105. — [6] Ochsenius, Jahresber. d. V. f. Naturkunde, Kassel, 35. Jahrg.; vergl. auch J. Walther, Centralbl. f. Min. 1903, S. 211. — [7] J. Walther, Das Gesetz der Wüstenbildung S. 146. — [8] Ebert, Jahrb. d. K. Pr. G. L.-A. Denckmann, Z. d. D. geol. Ges. 1896, S. 229. K. Kolesch, Centralbl. f. Min. 1903, S. 21. J. Walther, Dass. 1904, S. 5. Wüst, Z. f. Naturw. Halle, 1907, S. 115. — [9] H. v. Meyer, Palaeontogr. B. VI, S. 221. Giebel, N. Jahrb. f. Min. 1853, S. 165. — [10] Zeiller, dass. 1876, S. 591. Weiß, dass. 1864, S. 279; dass. 1871, S. 363. v. Gümbel, dass. 1865, S. 63. Wiedersheim, dass. 1879, S. 990. E. Fraas, Württemb. J.-Hefte,

1901, S. 318. — [11] Lepsius, N. Jahrb. f. Min., 1876, S. 742. — [12] Platz, dass. 1873, S. 533. — [13] Nach Rektor E. Picard in Sondershausen. — [14] Sandberger u. Richter, N. Jahrb. f. Min. 1869, S. 61. — [15] Emmerich, J. d. K. k. Geol. R.-Anstalt. 1851, 4. S. 162. — [16] Zelger, N. Jahrb. f. Min., 1873, S. 254. — [17] Nach Rektor E. Picard, Sondershausen. — [18] Philippi, Pal. Abhandl. von Koken, IV. — [19] Entdeckt von E. Zimmermann. — [20] Noetling, N. Jahrb. f. Min., 1881, II, S. 74. — [21] Egerton, Ann. Mag. Nat. Hist. 1841, S. 391. — [22] v. Meyer, Palaeontographica I, S. 254. — [23] v. Meyer, N. Jahrb. f. Min., 1844, S. 567. — [24] Eck, Z. d. geol. Ges. 1880, S. 32. — [25] Philippi, das. 1897, M.-Ber. S. 35.

24

Das Jurameer

Während der oberen Triaszeit war das mittlere Europa der Schauplatz eines erbitterten Kampfes zwischen dem nordischen Festland, das Rußland, Skandinavien und Schottland umfaßte, und dem von Süden ungestüm herandringenden Mittelmeer. Das heutige Alpensystem gehörte zum Ozean, sein Ufer lag unter der Donauebene, nach Norden folgte ein von periodischen Flüssen und Seen überzogenes Küstenland. Polen und Deutschland, England und Frankreich, sowie das östliche Spanien bildeten den Schauplatz wiederholter Vorstöße des Meeres und langer Zwischenzeiten, in denen Süßwasserablagerungen entstanden.

Die Einschaltung einzelner verarmter Meeresfaunen, von engem Verbreitungsgebiet, zwischen pflanzenführende Sande und Letten wird in der Regel durch ein beständiges Oszillieren des Meeres oder ein Auf- und Abschwanken der Erdrinde erklärt, allein wir glauben, daß kein Grund vorliegt, eine wiederholte Umkehr in der Bewegungsrichtung der Hydrosphäre oder der Lithosphäre anzunehmen.

Wie wir schon früher bei den marinen Einschaltungen der Steinkohlenflöze erläutert haben, scheint uns vielmehr auf beständig sinkendem Untergrund nur der Salzgehalt und die Richtung der Wasserströmungen gewechselt zu haben. Wer einmal selbst erlebt hat, mit welch unwiderstehlicher Gewalt das salzige Meerwasser bei einer einfachen Mondflut viele Meilen weit in das Ästuarium des Ganges hineindringt, so daß man selbst bei angestrengtestem Rudern nicht meerwärts fahren kann, der wird verstehen, weshalb wir geneigt sind, dem Wechselspiel großer Sturmfluten, welche tief in ein sinkendes Land hineindringen (z. B. die Katastrophe, welche viele Quadratmeilen Hollands überflutete), und der Flüsse, welche solche salzwassererfüllte Depressionen später wieder ausfüllen, eine maßgebende Bedeutung zuzumessen.

Die Mündungsgebiete der großen, von Ceratodus belebten Keuperflüsse und der damit verbundenen, von Ganoiden belebten Keuperseen waren also die Eingangpforten für zahlreiche lokale Transgressionen des südlichen Triasmeeres. Erst als die Senkung des Keuperlandes so energisch wurde, daß das Meer nicht nur den Hauptstrom, sondern auch den vielverästelten, seenreichen Mittellauf mit seiner Salzflut erreichte, da begann die marine Periode des mitteleuropäischen Jurameeres. Ehe wir diese ozeanische Zeit nach ihrem Verlauf und ihrem Ende schildern wollen, müssen wir die wechselreiche Übergangszeit betrachten, die man als die Rätperiode bezeichnet. Im Mittelmeergebiet bis zu den Alpen entstanden die normalen Kalkablagerungen des Meeres, im Norden und Westen davon befanden sich sandige Küstendünen, schlammige Flußniederungen. Große und kleine, flache Inseln, deren Lage und Umriß sich beständig änderte, boten der festländischen Lebewelt immer neue Wohnsitze.

Die Flora der rätischen Übergangszeit ist zwar durch zahlreiche triadische und permische Übergänge mit der älteren Karbonflora verbunden; aber der Mangel aller Schuppenbäume und Siegelbäume, sowie der bezeichnenden Farnblattgewächse, welche am Schluß der Altzeit steinkohlenbildend so weit verbreitet waren, ist eben so charakteristisch wie die weite Verbreitung der Zykadeen und koniferenähnlichen Bäume mit unverzweigten Blattadern, die seither immer größere Bedeutung gewinnen und mit der seltsamen Gattung Gingko noch in die Gegenwart hineinragen.

Das während der Triaszeit in Europa herrschende Wüstenklima macht uns verständlich, weshalb wir hier die älteren von jüngeren Floren leicht unterscheiden können. Außerhalb Europas aber, in Ostindien und in Südafrika lenken die glazialen Ablagerungen zwischen beiden Floren unser Augenmerk auf die klimatischen Ursachen dieses auffallenden Florenwechsels. Es ist ganz klar, daß die ungeheuren Schneedecken, welche am Schluß der Altzeit Ostindien, Südafrika und Australien überzogen, auf die ganze Lebewelt, besonders die höheren Pflanzen vernichtend, auslesend und umprägend wirken mußten.

Die rhätische Flora ist in Süddeutschland und Südfrankreich an zahlreichen Orten so lokal verbreitet und tritt gewöhnlich in so enger Verbindung mit den muschelreichen Ablagerungen großer Süßwasserseen oder den ersten Vorboten des Jurameeres auf, daß wir an flache, rasch besiedelte, aber ebenso rasch vom Meere verschlungene Halligen denken möchten, welche sich an die Küste reihten. In Schonen findet sich eine reichere Flora mit etwa 150 Pflanzenarten, welche Kohlen bildeten, zwischen denen Mytilus-reiche Brackwasserablagerungen auftreten. Bei Coimbra treten dieselben Pflanzen mit Kohlen und demselben Mytilus minutus auf. In Turkestan, am Ostabhang des Ural und Afghanistan ist die rätische Flora weitverbreitet. In Ostindien[1] entspricht die Rajmahalgruppe mit ihren diagonal geschichteten, grobkörnigen, roten Sandsteinen und wichtigen Kohlenfeldern der Rätperiode. Die zahlreichen Pflanzenreste gehören vorwiegend zu den Farnen (Thinnfeldia, Gleichenia, Macrotaeniopteris) Zykadeen (Pterophyllum, Zamites, Otozamites, Cycadites). Daneben vertreten Palissya, Chirolepis, Cunninghamites, Echinostrobus die Nadelhölzer. Im Godavarital, am Narbada und in Kutch sind entsprechende Floren verbreitet. Basaltische Gänge und ausgedehnte Basaltdecken (Dolerit) sind in Nordindien mit den Rajmahalschichten eng verbunden.

Auch in Tonking[2] sind rätische Kohlenlager verbreitet, und neben mehreren europäischen Pflanzenarten finden wir hier einzelne Formen, welche der älteren Gondwanaflora entsprechen. Von der größten Wichtigkeit ist hier das letzte Auftreten der Gattung Glossopteris, welche darauf hindeutet, daß sich die Flora des Gondwanalandes allmählich in die neue Pflanzenwelt verwandelte. In Südafrika[3] entspricht die sog. Stormbergformation der rätischen Periode. Die in den liegenden Schichten noch weitverbreitete Gattung Glossopteris ist verschwunden, Kohlenlager treten auf, und die Gattung Thinnfeldia, sowie Podozamites sind Charakterpflanzen der neuen Flora. In einem Süßwassersandstein finden wir die Fischgattung Semionotus, welche für den mittleren Keuper von Koburg leitend ist, und wie in Süddeutschland belebte Ceratodus die periodisch anschwellenden Flüsse. Mit Ostindien stimmt das Kapland darin überein, daß Basalt und Dolerit in Gängen und weit ausgedehnten Lavadecken mit den kohlenführenden Schichten verbunden sind.

Wenn wir nun hinzufügen, daß eine völlig entsprechende Flora in Australien und Neuseeland, in Argentinien und Chile, in Bolivien und Honduras, in Mexiko und Kalifornien, in Virginia und Connecticut und ebenso an der Ostküste von Grönland und auf Spitzbergen bekannt geworden ist, dann sehen wir die ganze Erde von einer so übereinstimmenden Pflanzenwelt bedeckt, daß wir für die untere Jurazeit ein gleichmäßig warmes Klima in allen Breiten beider Halbkugeln annehmen müssen. Und wenn es den Anschein hat, daß die jurassischen Meeresfaunen eine tiergeographische Gliederung nach Breitengraden erkennen lassen, so sehen wir darin nicht Klimazonen, sondern marine Faunengebiete.

Wir kehren jetzt nach Europa zurück, wo einige fossilreiche Fundorte das Vordringen des Jurameeres gegen die sandigen Halligen der Küstenzone genauer verfolgen lassen.

Im Kanton Aargau[4] ist am Ufer der Reuß eine später aufgerichtete Schichtenfolge aufgeschlossen, in der zahlreiche marine Zwischenschichten die Zeit des untersten Jura erkennen lassen. An der flachen Küste lebten Seelilien, Schlangensterne und Seeigel, Muscheln und Krebse. Ammoniten und Fische schwammen räuberisch umher. Am Ufer standen Araukarien und Lebensbäume, Zykadeen entfalteten ihre Blattkrone,

Farne, Bambus und Schafthalme bildeten das Unterholz. Von dem reichen Insektenleben zeugt es, daß in einigen dünnen Mergelschichten etwa 2000 Exemplare gefunden wurden, von denen 116 Arten zu den Käfern, 3 Arten zu den Schaben, 3 zu den Heuschrecken, 6 zu den Termiten, 8 zu den Baumwanzen und einige zu den Libellen gehören. Die meisten Arten sind klein, und es ist bemerkenswert, daß neben zahlreichen Holzkäfern 10 Arten Schnellkäfer (Elater), 7 auf Pilzen lebende Käfer und ein kleiner Dungkäfer gefunden worden sind. Eine ganz ähnliche Insektenfauna ist aus England bekannt geworden.

Begeben wir uns jetzt weiter nördlich nach Schwaben, so finden wir feinkörnige Sandsteine, wechsellagernd mit grauem oder schwarzem Ton und zahlreichen rätischen Pflanzenresten. Aber eines der merkwürdigsten Gesteine[5] bilden einige dünne Zwischenschichten, die man nach ihrem Reichtum an kleinen, abgerollten Zähnchen und Knochen als Knochenschicht (Bonebed) bezeichnet. Zähne von Haifischen, dem amphibischen Ceratodus, Ganoidenschuppen, Reste von Landreptilien, sowie die seltenen Funde der ältesten Säugetiere gehören noch der Triaszeit an, und in den nahen Sandsteinen finden wir zahlreiche Muscheln, denen man teilweise den Namen „praecursor“ gegeben hat, weil sie die ersten Vorläufer der später allgemein verbreiteten, marinen Juratiere sind.

Das Bonebed entspricht wohl dem Strandwall ausgeworfener und durch die Wellenbewegung abgerollter Reste, den man so häufig an den nur von stürmischen Fluten erreichten Buchten tropischer Meere findet, wo sich die Leichen räuberischer Landtiere mit den Überresten, die das bewegte Meer herbeiträgt, regellos mischen.

In Franken wird die Grenze zwischen Trias und Jura durch pflanzenreiche Sandsteine gebildet,[6] und bei Bayreuth werden auch einige Zonen des unteren Jura durch fossilarme Sandsteine vertreten. Ein ausgedehnter Koniferenwald läßt sich bis nach Kulmbach und Bamberg verfolgen, denn Stämme von 60 cm Dicke und 5 m Länge sind überall verbreitet. Häufig sieht man dazwischen als splittrige Streu die Überreste der Palissya Brauni, unter der man am Saserberg Zweige, Blätter, Zapfen nnd Samen deutlich unterscheiden kann. Bei Forchheim aber waren Bestände der riesigen Thaumatopteris, der kleineren Clathropteris, sowie zierlicher Schachtelhalme. Zykadeenreste sind dazwischen seltener. Das Tierreich wird durch Süßwassermuscheln, Limulus ähnliche Krebse und Käfer vertreten. Längliche Abdrücke sind als Raupen oder Nacktschnecken gedeutet worden. Erst nachdem eine längere Schichtenreihe der pflanzenführenden Sandsteine gebildet war, beginnt die normale marine Juraablagerung. Die in Schwaben etwa 35 m mächtigen kalkig tonigen Schichten des unteren Lias sind in Franken durch grobkörnige Sandsteine vertreten, die zwar vereinzelte Fossilien enthalten, doch sind sie meist klein und verkümmert; die 10 m mächtige schwäbische Raricostatuszone ist durch eine handhohe grobsandige Schicht angedeutet. Die Trift leerer Ammonitenschalen drang gelegentlich in die Flußmündungen und Küstenbuchten hinein, aber nur dickschalige Brackwassermuscheln (Cardinia) bildeten individuenreiche Bänke.

In nächster Nachbarschaft der marinen Litoralgesteine finden wir also die Symptome des Festlandes.

In Süddeutschland sind die Gesteine, welche während der Jurazeit gebildet wurden, durch einen so auffallenden Farbenwechsel ausgezeichnet, daß man

nach einem englischen Lokalausdruck:		nach der Farbe des Gesteins
unteren = Lias	=	schwarzes Jura
mittleren = Dogger	=	braunes ,,
oberen = Malm	=	weißes ,,

leicht unterscheiden kann.

Die Liasgesteine sind, soweit das hereindringende Meer nicht Küstendünen oder sandige Inseln zerstörte und durch entsprechende Gesteine vertreten wird, graue oder schwarze Tone, Mergel und hellere Kalke. Ihre Mächtigkeit beträgt in Schwaben etwa 100 m, im Klettgau aber nur 30 m, und da die südliche normale Meeresfauna vom Gebiete der französischen Alpen, sowie aus Oberitalien mit wiederholten Vorstößen nach Deutschland hereindrang und immer durch neue Einwanderungen abgelöst wurde, so lassen sich die aufeinanderfolgenden Liasschichten mit fast mathematischer Schärfe in sechs Stufen zerlegen, deren jede durch charakteristische Leitfossilien leicht zu bestimmen ist.

Solange man die ammonitenreichen Triasschichten der Alpen nicht genau stratigraphisch gliedern konnte und als eine abnorme Fazies behandelte, erschien es wie ein Wunder, daß in Deutschland die Goniatiten nur bis zum Karbon, die Ceratiten in der Trias und die Ammoniten in der Jura- und Kreideformation vertreten waren. Diese Faunenfolge schien so sehr den Annahmen universeller Katastrophen zu entsprechen, daß man die vereinzelten Tatsachen, welche in Widerspruch mit der Regel standen, übersah oder mit geistreichen Hypothesen zu erklären versuchte. Jetzt wissen wir, daß die Ammoniten in langsamer, ununterbrochener Entwicklung seit dem oberen Silur bis zum Beginn der Triaszeit sich so weit umgebildet hatten, daß mit der gewaltigen Ausdehnung des Triasozeans ihr Stamm in staunenswerter Formenfülle überall erscheint, daß er aber in der germanischen Triasbucht neben vereinzelten Fremdlingen nur durch die in ihrer Lobenlinie verkümmerten Gattungen Beneckeïa in der unteren, und Ceratites gegen Ende der mittleren Triaszeit vertreten ist.

Um so lebhafter und formenreicher wandern jetzt die Ammoniten nach

Mitteleuropa herein, beginnen sich hier anzusiedeln und in zahlreichen Varietäten den neuen Lebensbedingungen gerecht zu werden. Millimetergroße[7] und 80 cm breite, glatte, gerippte und gedornte Arten treten nacheinander auf und stellen die Leitfossilien für zahlreiche, nach ihnen unterscheidbare Stufen. In einzelnen Fällen können wir kleine oder große Wanderungen an den Ammonitenschalen nachweisen.[8] Der Amaltheus margaritatus wandert aus dem unteren Lias von Italien nach Toskana ein, findet sich in der unteren Stufe des mittleren Lias im Rhonebecken und erscheint noch später als bezeichnendes Leitfossil in Franken. Daneben sind lokale Ammonitenfaunen in Schwaben vielfach nachgewiesen. Deutlich sehen wir, wie manche Arten anfangs nur vereinzelt auftreten,[9] dann aber als wichtige Leitfossilien weitverbreitet sind. Auch die Wanderwege zwischen Schwaben und England[10] lassen sich in vielen Fällen deutlich verfolgen. Die Frage, ob hierbei aktive Wanderungen der lebenden Tiere oder nur die Trift leerer Ammonitenschalen vorliegen, ist im einzelnen Falle schwer zu entscheiden. Aber daß auch die planktonischen Larven festsitzender Tiere weite Wanderungen unternahmen, geht deutlich aus der Terebratula numismalis hervor, welche in ungeheurer Zahl die untersten Schichten des mittleren Lias in der Schweiz und Schwaben erfüllen und bis Frankreich und England vordringen. Aus der Verbreitung der Liasfaunen lassen sich bestimmte Eingangspforten für die Einwanderungen nach Nordeuropa, südöstlich von Basel und bei Nürtingen in Schwaben nachweisen. Im unteren Lias der Apenninen kommen in roten Ammonitenkalken[11] Arieten und Angulaten miteinander vor, die in Schwaben zwei verschiedene Horizonte kennzeichnen. Der Lias von Saldrio ist reich an Nautiliden, die Nordalpen besonders reich an Aegoceras; in dem ammonitenreichen Lias der Schweiz und der Seealpen fehlen wiederum Phylloceras und Lythoceras. Bestimmte Varietäten finden sich oft an ganz abgegrenzten Fundorten,[12] so der Harpoceras radians

bei Aalen	als	H. aalensis
in Franken	„	H. costula
in Calvados	„	H. Levesquei
in Burgund	„	H. Walcotti

An anderen Fundorten überrascht uns die Fülle der durch Übergänge verbundenen Varietäten. So ist der Amaltheus laevis[13] mit dem A. coronatus durch tausend Übergänge verbunden. „Bei Dörlbach und Wasseralfingen[14] gibt es Stellen, wo man in wenigen Stunden Dutzende sog. Falciferen-Arten zusammenlesen kann. Da vergeht einem bald aller Mut zum Namenmachen. Hier fanden offenbar ähnliche Rassenbildungen statt wie bei unseren Haustieren.“

Neben den Ammoniten treten uns mit dem Lias in großer Formenfülle die sog. Belemniten entgegen. Die fingerförmigen, meist braun gefärbten, radialfaserigen „Donnerkeile" bildeten das Hinterende eines freischwimmenden Tintenfisches, dessen Schwärme die Hochsee belebten. In der oberen Trias der Alpen haben sie sich aus orthocerasähnlichen Vorfahren entwickelt, unter denen die Gattung Diploconus uns am leichtesten verständlich macht, wie sich die gekammerte Orthocerasschale mit

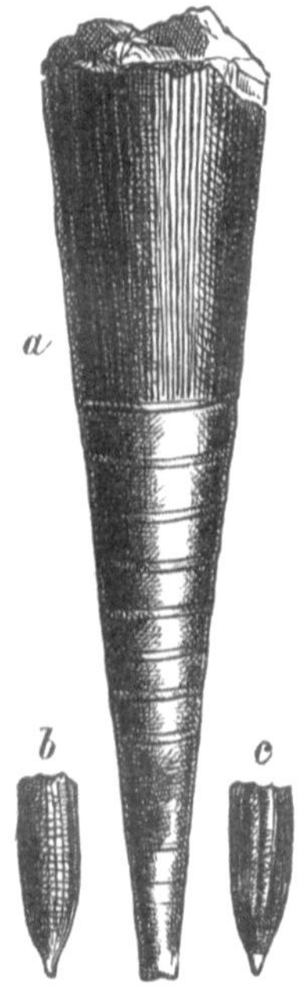

Figur 202.

Aulacoceras inducens.
a Oberer Teil der Schale. *b, c* Spitzen. Aus der alpinen Trias.

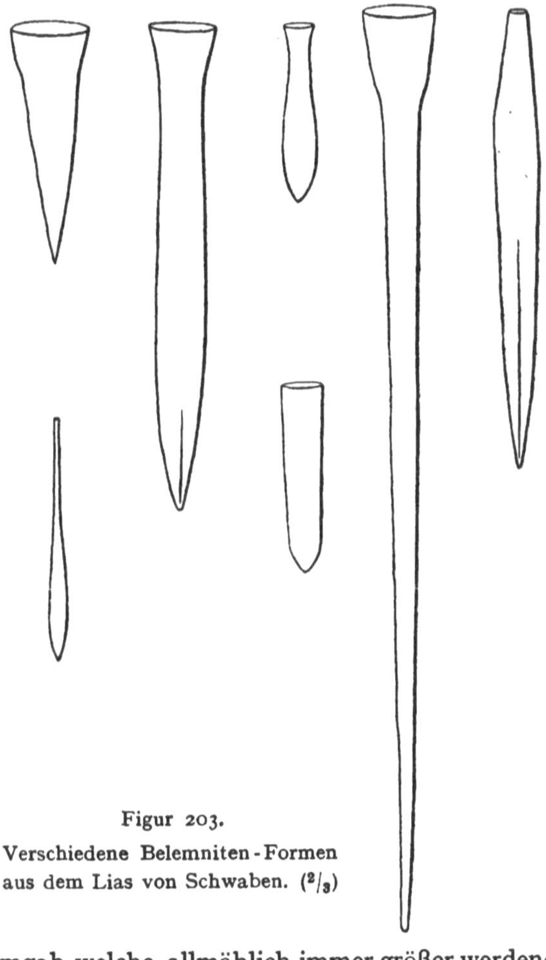

Figur 203.
Verschiedene Belemniten-Formen aus dem Lias von Schwaben. (2/3)

einer Hülle von Kalkdüten umgab, welche, allmählich immer größer werdend, den eigentlichen Donnerkeil (Rostrum) bildete, in dessen oberem Ende ein kleiner, gekammerter Kegel (Phragmocon) den letzten Überrest der einstigen Orthocerasschale bildet. Die Triasgattungen Aulacoceras (Fig. 202) und Atractites treten in den Hallstätter Kalken auf, und Atractites ist noch zahlreich im unteren Lias von Spezia. Aber während diese Stammformen im offenen Meere noch leben und ein „Orthoceras" liasinus sogar noch bei Balingen gefunden worden ist, erscheinen mit dem herandringenden Liasmeer die Schwärme der echten Belemniten und erreichen schon im Lias ihren größten Formenreichtum. Zwar überrascht uns im Dogger der B. giganteus, dessen 1 m langes Rostrum auf ein 3 m langes Tier schließen läßt, allein in der ganzen Jura- und Kreideperiode ließ sich kein Zeitpunkt feststellen, wo eine wesentliche Änderung des im unteren Lias festgelegten Typus erfolgte. Trotz aller Gattungen und Arten bleibt die Gruppe bis zu ihrem Aussterben am Schluß der Kreidezeit im Rahmen der damals festgelegten Charaktere.

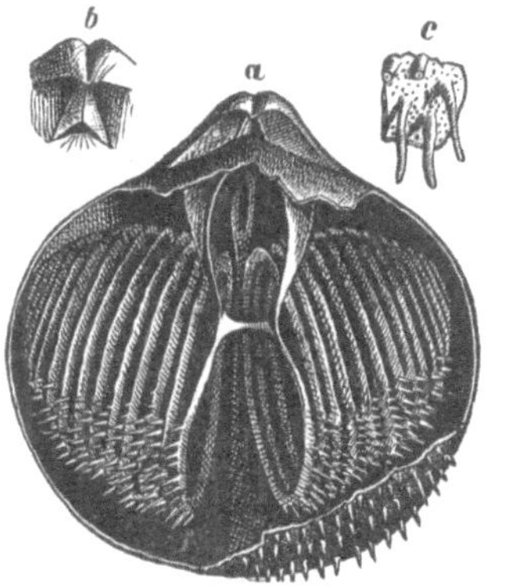

Figur 204.
Spiriferina rostrata.
Aus dem englischen Lias.
Die Schale ist aufgebrochen, um die dornigen Armspiralen sichtbar zu machen.
b Schnabel, *c* Schalenoberfläche, vergrößert.

Es ist von einigem Interesse, daß die festsitzenden Brachiopoden bei den Wanderungen der Liasfaunen viel schwerfälliger erscheinen, als die frei beweglichen Ammoniten und Belemniten. Der untere Lias von Palermo ist so reich an neuen, z. T. riesigen Formen, daß man[15] dort nur zwei Prozent auch aus Schwaben bekannter Arten findet. Selbst die Schnecken enthalten ganz neue Gattungen. Im mittleren Lias erreicht die Gattung Spiriferina in Sizilien ihre höchste Blüte.

Die Brachiopodenfauna von Elsaß[14] zeigt im unteren Lias einen ausgesprochen schwäbischen Charakter, während im mittleren Lias englische und französische Typen vorwiegen.

Die Liaszeit bildet einen auffallenden Wendepunkt in der Entwicklung der Seeigel. Die altzeitlichen Gattungen treten mit Ausnahme des amerikanischen und russischen Kohlenkalkes meist als vereinzelte Seltenheiten auf, und ihre Schale wird aus einer wechselnden Anzahl (15—100) Reihen von Kalkplatten gebildet. Die kleine Gattung Eocidaris, die im Devon zuerst auftritt und in der Trias sich zur Gattung Cidaris umwandelt, ist die erste Form mit 20 Plattenreihen, und die zahlreichen Gattungen und Arten, welche seither zu Millionen das Meer bewohnt haben, sind mit verschwindenden Ausnahmen nach demselben Gesetz gebaut. In den Ablagerungen der alpinen Trias sind die Seeigelreste ungemein häufig, besonders die damals wachsenden Riffe müssen ihnen äußerst günstige Lebensbedingungen geboten haben. Die Gruppe blüht rasch auf und beginnt bald durch ihre Individuenzahl und die in einem großen Formenreichtum sich deutlich ausprägende Anpassungsfähigkeit ein wichtiges Element der Meeresfauna zu werden. Es legen sich jetzt drei verschiedene Linien weiterer Entwicklung an. Während die kreisförmig regulär gebauten Cidaris, Echinus und verwandten Formen den ursprünglichen älteren Typus bis in die Gegenwart hinein verfolgen lassen, zweigen sich in der Triaszeit die zweiseitig symmetrisch gebauten (irregulären) Seeigel ab. Durch die Art der Fortbewegung in einer einzigen Richtung wird der kugelige Körper eiförmig oder herzförmig gestreckt, und es läßt sich an ihm das Vorderende von dem Hinterende deutlich unterscheiden. Je nachdem ein Kiefergebiß vorhanden ist oder fehlt, sondern sich die irregulären Seeigel weiterhin in zwei große Gruppen.

Alle diese drei Typen erscheinen im Lias schon völlig ausgebildet, und neben dem mit Kiefern versehenen Pygaster finden wir die kieferlose Gattung Galeropygus. Trotz aller Unterschiede in Größe und Umriß, welche seither Hunderte von Gattungen und Tausende von Arten kennzeichnen, bleiben die in der Trias angelegten Charaktere unvermischt und unverändert bis zur Gegenwart erhalten.

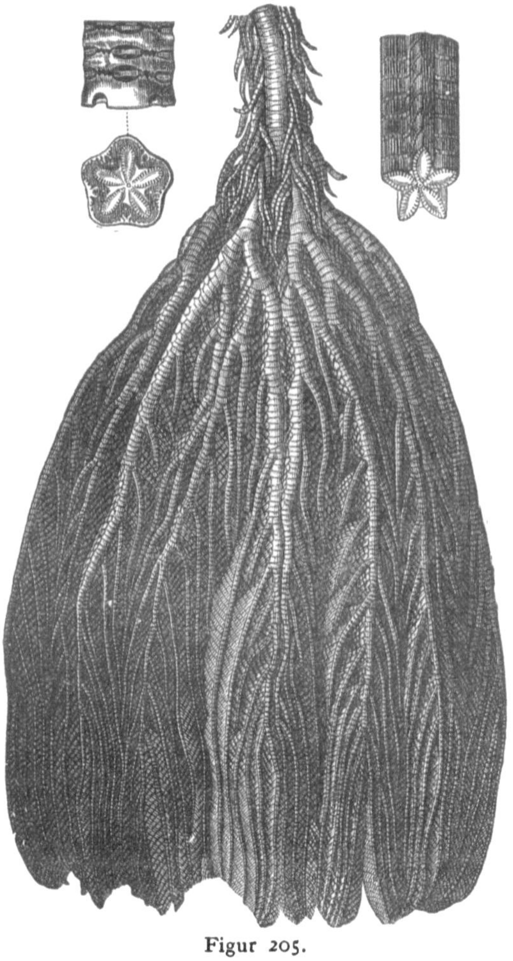

Figur 205.
Pentacrinus Briareus ($^1/_5$ n. Gr.).
Aus dem Lias von England.
Darüber Stielglieder (Trochiten) von
P. basaltiformis und von P. subangularis.

Das Liasmeer war flach, und von Norden her schoben sich die Schlammbänke großer Flüsse hinein. So wurde der Austausch der Gewässer oft gehindert; tiefe Buchten füllten sich mit modrigem, schwefelwasserstoffreichem Schlamm, der verhängnisvoll wurde für die Tiere, welche passiv durch Strömungen oder auf kühnen Raubzügen dahin gelangten. Aber gerade deshalb sind solche Stellen für die Erhaltung größerer Tiere besonders günstig, und wenn wir in den normalen Liasablagerungen nur die fünfstrahligen Sternchen zerfallener Seelilienstengel finden, so bergen die mit Kohlenstoffverbindungen getränkten dunklen Schiefer prächtige Exemplare von Seelilien (Fig. 205). Aus dem oberen

Lias von Reutlingen stammt eine 8 m lange und 5 m breite Platte, auf der ein Bündel von 24 wie ein Tau verflochtener und bis 17 m langer Stiele mit 1 m breiten prächtigen Kronen zu sehen sind. Nicht selten sieht man das Unterende solcher Seelilien an ein Stück in Kohle verwandeltes Stück Treibholz befestigt und wird wohl nicht fehlgehen, wenn man annimmt, daß die langen Seelilien normalerweise an schwimmendes Holz angeklammert, nach unten ins Wasser hingen und mit ausgebreiteter Krone ihre plank-

Figur 206.
Gyrodus hexogenus.

tonische Nahrung fingen. Gelangte eine solche pseudoplanktonische Kolonie in das schlammige Wasser einer stillen Faulbucht, dann ging sie rasch zugrunde und konnte in dem weichen Schlamm tadellos erhalten werden.

Ein wichtiges Faunenelement des Jurameeres waren die Fische. In großer Formen- und Individuenzahl bewohnten sie seine Fluten, aber wenn wir sie mit der heutigen Fischfauna vergleichen, so sehen wir grundsätzliche Verschiedenheiten: In dem Meere der Gegenwart kennt man etwa 8500 Arten von Knochenfischen, neben denen etwa 500 Arten Ganoiden und Knorpelfische beobachtet werden. Im Jurameere war das Verhältnis umgekehrt. Von den etwa 300 beschriebenen Jurafischen gehört die überwiegende Mehrzahl zu den Haien, Rochen, Knorpelganoiden und Schuppenganoiden, deren Innenskelett aus biegsamem oder verkalktem Knorpelgewebe bestand, während ein dichtes knöchernes Schuppenkleid den Körper

Figur 207. Ichthyosaurier im Liasmeer.

gegen die Angriffe der Feinde schützte. Kräftige Zähne standen auf den Kiefern, und von der räuberischen Lebensweise mancher Art legt eine im Stuttgarter Naturalienkabinett aufbewahrte Platte (vgl. Fig. 208) von Hybodus Rauffianus[17] Zeugnis ab, in dessen Magen ein Knäuel von 250 Belemniten zu sehen ist.

Im Solnhofener Kalk, dessen so wunderbar erhaltene Fauna 50 Gattungen und etwa 150 Arten von Fischen unterscheiden läßt, finden sich von Knochenfischen nur zwei Gattungen mit etwa 8 sehr variierenden Arten. Die kleinere Gattung Leptolepis bedeckt manche Kalkplatten bei Langenaltheim zu Tausenden. Meist sind hier die „Goldfischli" paarweise eingebettet, so daß man schließen muß, sie seien gesellige Tiere gewesen. Leptolepis ist schon aus dem englischen Lias bekannt, und hier muß also der Ursprung der Knochenfische gesucht werden.

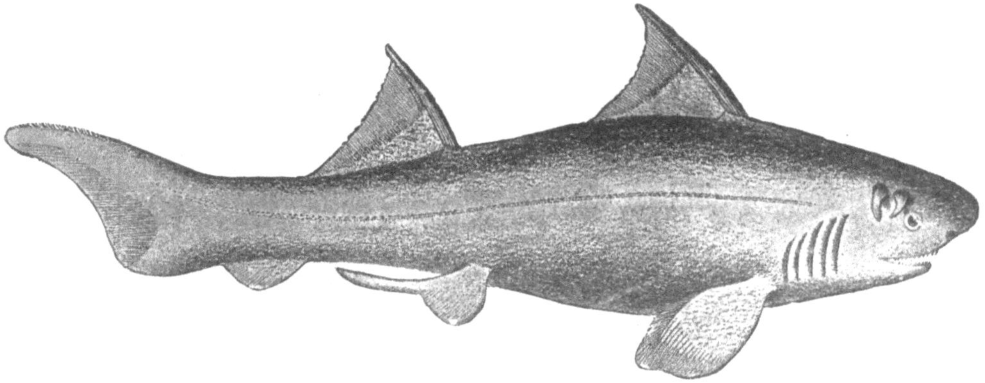

Figur 208.
Hybodus Rauffianus.
Belmeniten-jagender Hai des Liasmeeres.

In den stillen schlammigen Buchten des Liasmeeres fanden oft ganze Fischzüge ihren Tod, tränkten den Schlamm mit Fett und den Verwesungsprodukten des Fleisches, so daß dieser Öl- und Ichthyolgehalt noch heute zu technischer Ausbeutung Anlaß gibt.

So gelangten auch die Scharen der wie Delphine im offenen Meere sich tummelnden Ichthyosaurier, deren Überreste in den normalen Meeresablagerungen nur vereinzelt und stückweise gefunden werden, wohl hinter Fischschwärmen herjagend, in die schlammige Bucht. Ihr Flossenschlag wühlte das Wasser auf (Fig. 207), in dem rasch das Schwefelwasserstoffgas emporperlte, das die ganze Schar vergiftete. Nun liegen die fischähnlichen Tiere, wie Mumien von Schiefermasse umhüllt, in ihrem einstigen Grabe und lassen sich trefflich präparieren. Während in England[18] der untere Lias besonders reich an ihnen ist, trifft man sie in Schwaben in den oberen Horizonten. Stets finden sie sich gesellig. Der lange Kopf ist mit spitzen Zähnen besetzt, das große Auge von einem Knochenring umgeben. Ein Schädel in der Sammlung von Banz hat eine Länge von 2 m, so daß man die Länge einzelner Arten auf 12 m bemessen kann. Die Extremitäten bestehen aus einem Mosaik von Knochenplatten, in denen Elle und Speiche, Mittelhand und Fingerglieder nach ihrer Form äußerst ähnlich werden. Sogar eine Vermehrung der Fingerzahl ist eingetreten, so daß bis 100 vier- bis sechseckige Knochenplatten die breite Ruderflosse stützen. Schulter- und Beckengürtel sind nur schwach entwickelt, ein Flossensaum umgibt den Körper, und die Schwanzwirbelsäule verlängert sich nicht wie bei den Fischen in den oberen, sondern in den unteren Lappen des gegabelten Schwanzes. Die Ichthyosaurier gebaren lebendige Junge, die bis zu sieben im Mutterleibe

Figur 209.
Schwimmende Plesiosaurier.

entwickelt wurden. Ihr großer Magen ist erfüllt mit den Resten von Tintenfischen und Fischen und durch die Sepia schwarz gefärbt. Die als Koprolithen beschriebenen Knollen bestehen aus Harnsäure.

Mit Ichthyosaurus zusammen bewohnte der Plesiosaurus das offene Meer; doch findet er sich vorwiegend in England, und die verhältnismäßig seltenen sieben Arten des süddeutschen Jura kommen dort nicht vor. Man hat seine seltsame Gestalt mit einer durch einen Schildkrötenleib gezogenen Schlange verglichen. Jedenfalls besteht ein seltsames Mißverhältnis zwischen dem breitbauchigen Körper, den vier mächtige Paddeln bewegen, und dem langen Hals mit dem kleinen Kopfe. Schon daraus kann man erkennen, daß die beiden Formen der „Seedrachen“ von ganz verschiedenen Ahnen stammen.

Neben großen Krokodilen ist in der Wirbeltierfauna die Gruppe der flatternden Flugsaurier, die wir noch später schildern werden, gelegentlich vom Lande her in die schlammigen Buchten geraten und darin konserviert worden.

Der mittlere Jura oder Dogger unterscheidet sich gegenüber dem Lias besonders dadurch, daß jetzt die Transgression des Meeres große Strecken überschritten hatte, wobei sich nun auch immer deutlicher eine endemische Fauna entwickelt. Die Einwanderung von dem südlichen Ozean, welche im Lias so scharfe leitende Horizonte bildete, macht jetzt dem freien Austausch der Gewässer und der Faunen Platz. Und so treffen wir nun besonders im westlichen Europa ein weites, offenes Meer mit ozeanischen Charakteren. Aber Ost- und Nordeuropa waren noch Festland, und statt des schwarzen Schlammes, den die trägen Flüsse der Liaszeit in das flache Meer beförderten, werden jetzt eisenreiche Sande in dem süddeutschen Becken abgelagert, deren Metallgehalt bei der späteren Zersetzung den Sandsteinen eine auffallend rostbraune Farbe verleiht und den Namen „brauner Jura" rechtfertigt. Allein wir brauchen nur nach Frankreich zu gehen, um den Dogger als weißen Korallenkalk zu finden, während in England das vorwiegende Gestein ein im flachen, warmen Meer chemisch abgeschiedener Kalksand (Oolith) ist, der dort den Namen der „Oolithformation" rechtfertigt.

Für den lebhaften Austausch der Gewässer und der Faunen spricht es, daß etwa 50 Muschelarten des Dogger von Krakau auch in der Normandie auftreten. In Lothringen[19] vermischen sich die Lias- und Doggerfaunen, und bei Bayeux[20] in der Normandie findet man in einer 1 m mächtigen Bank fast alle Fossilien vereint, die in Schwaben auf eine 30 m mächtige Schichtenreihe mit scharf gesonderten Leitfossilien getrennt sind. In der ungemein fossilreichen Bank liegt der A. coronatus neben A. Humphriesianus, A. Parkinsoni und A. macrocephalus.

Während in Deutschland der obere Jura durch seine Formenfülle gekennzeichnet ist, liegen die reichsten englischen Jurafaunen[21] im Lias und unteren Dogger.

Daß in der Doggerzeit noch zahlreiche Inseln aus dem Meere aufragten und ein reich besiedeltes Festland seine Grenzen bildete, geht aus den Pflanzenresten und Kohlen hervor, die man im Kaukasus, Polen, auf der Insel Andö, in Yorkshire, in der Schweiz, in Frankreich, auf Spitzbergen und in Sibirien findet. Besonders Ostasien ist durch Doggerkohlen ausgezeichnet, und wenn die sibirische Flora 17 englische Pflanzenarten enthält, wenn in Japan dieselben Formen wie auf Spitzbergen wuchsen, dann lehrt uns diese Tatsache, daß auch damals ein gleichmäßiges Klima über weite Flächen der Erde herrschte.

Während der ganzen Lias- und Doggerzeit bemerken wir, wie der Ozean unaufhaltsam von Süden und Westen über das festländische Europa hinwegschreitet. Aber auch weit außerhalb Europas lassen sich die Spuren der großen, mitteljurassischen Transgression beobachten. In Syrien, Abessynien und am oberen Nil, in Nordindien und an der Petschora, überall sehen wir die Juraschichten diskordant auf älteren Gesteinen auflagern. Indem das Meer landfeste Räume überschritt, in große Flußniederungen eintrat, flache Inseln verschlang und mit seiner Brandung die felsige Küste des Festlandes zernagte, richtete es sich allmählich in dem neu gewonnenen Gebiete häuslich ein. Das kühn eroberte Festland bildete jetzt den Schauplatz zahlreicher biologischer und lithologischer Vorgänge, wie sie für das offene Meer und normal gesalzenes, reines, blaues Wasser bezeichnend sind. Kalkabscheidende Tiere siedelten sich überall an, und ihre zertrümmerten Reste wurden entweder durch die Wogen in horizontalen, weit ausgedehnten Kalkschichten ausgebreitet oder durch die Ansiedlung riffbildender Korallen in deren Lücken und Klüften gefangen.

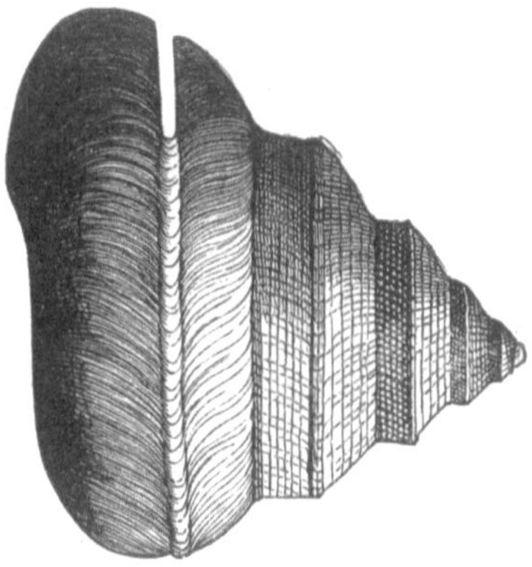

Figur 210.
Pleurotomaria subcalaris (1/2). Eine unsymmetrisch aufgewickelte Schnecke mit Schlitz und Schlitzband. Aus dem mittleren Jura von Frankreich.

Das süddeutsche, oberjurassische Meer[22] dürfte ungefähr eine Tiefe von 200 m gehabt haben. Im Süden erstreckte sich vom böhmischen Festlande bis zum Bodensee eine lange Klippenreihe, der vindelizische Landrücken. Er war reich bewachsen mit Zypressen, Gingho- und Farnbäumen, schilfartige Gewächse standen am schlammigen Ufer, und ein reiches Insektenleben diente räuberischen Reptilien zur Nahrung. Aber auch das böhmische Festland war reich besiedelt, und das bald darauf in Nordwestdeutschland auftauchende Festland zeigt ebenfalls eine tropische Flora. In der Gegend von Ulm mündete ein großer Fluß von Süden, sonst war das süddeutsche Becken von warmem, reinem Wasser erfüllt. In ihm wuchsen jetzt überall Korallenriffe empor, aber wir finden sie ebenso in Frankreich und sogar bei Cambridge in England, also 25 Breitengrade nördlicher, als sie heute im warmen Tropenmeer gedeihen. Das Vorwiegen weißer Kalke in Schwaben, Franken, Hannover und England rechtfertigt den Namen „Weißer Jura“, den man diesen Malmgesteinen gegeben hat, aber in der Schweiz ist der weiße Jura dunkelgefärbt, in Frankreich bildeten sich die weißen Riffkalke besonders während der Braunjurazeit, und in Portugal vertreten rote Sandsteine mit schwarzen Kohlen den „weißen“ Jura.

Die Hauptmasse der Kalkriffe wurde durch Korallen und Spongien gebildet; im Süden tritt dazu noch die Gruppe der Stromarien. Aber in der Regel ist die eigentliche Masse des Kalkes durch spätere Umwandlung strukturlos geworden. Die Skelette der riffbildenden Tiere sind nach deren Absterben zerfallen, so daß nur einzelne Fundstellen reiche Faunen bieten. Die Korallen von Nattheim, die Spongien von Streitberg und Urach sind besonders berühmt.

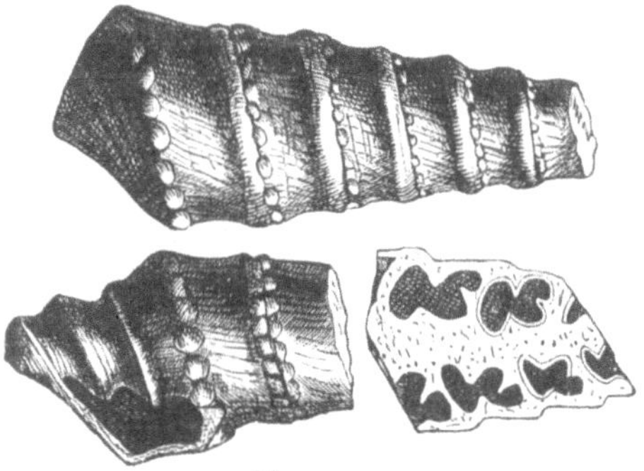

Figur 211.
Nerinea posthuma.
Aus dem oberjurassischen Korallenkalk von Stramberg. Die kräftige Schale ist außen durch Knotenreihen, innen durch starke Spindelfalten verdickt.

In der Regel können wir die Riffnatur der 100—300 m mächtigen Kalkstöcke nur an dem Mangel horizontaler Schichtung, an der vertikalen Zerklüftung, der Häufigkeit von Lücken und Höhlen, sowie den charakteristischen Kalkzungen erkennen, welche vom Rande der malerischen Kalkfelsen mantelartig in das Gebiet des tieferen Wassers hinabtauchen und hier zwischen horizontal gelagerten Kalk- und Tonbänken verschwinden. In solchen Gebieten der „Übergußschichtung" treffen wir dann auch oft, nesterweise verteilt, die Fülle der korallophilen Fauna. Bei Kehlheim[23] ist der plumpe Riffkalk besonders reich an dickschaligen Muscheln (Diceras [s. Fig. 212], Isoarca, Pachyrisma), Schnecken (Nerinea [s. Fig. 211]), und selbst die Brachiopoden bekommen (Terebratula immanis) 12 cm große Schalen. Im Brenztal überschreiten wir zackige Klippen eines fossilleeren Dolomits, zwischen denen, eingehüllt in feinen Muschelsand, fossilreiche Nester von Brachiopoden und Muscheln auftreten, während die zahlreichen Bruchstücke zerfallener Seelilien zeigen, welch bunte Formenpracht dereinst hier gediehen ist.

Figur 212.
Diceras arietinum ($^2/_3$).
Aus dem oberen Jura von Frankreich. Die beiden Muschelschalen sind durch verschieden starkes Wachsen der gekrümmten Wirbel ungleichseitig geworden.

In der permo-triadischen Zeit waren die meisten altzeitlichen Seelilien (30 Familien mit über 200 Gattungen) ausgestorben. Jetzt tritt uns im Jura eine völlig neue Lebewelt entgegen, und es ist sehr merkwürdig, daß neben dem runden, kräftigen Apiocrinus und dem zierlichen Eugeniacrinus die schon bei Beschreibung des Lias erwähnte Gattung Pentacrinus und die im Malm häufige Gattung Antedon ohne wesentliche Änderung bis zur Gegenwart weiterleben. Ebenso wie heute ist der Stiel der auf den Jurariffen wachsenden Crinoiden häufig bauchig aufgetrieben, und im Innern der Geschwulst bemerkt man[24] die Überreste eines Parasiten (Myzostomum). Auch diese seltsame Symbiose hat sich bis zur Gegenwart erhalten.

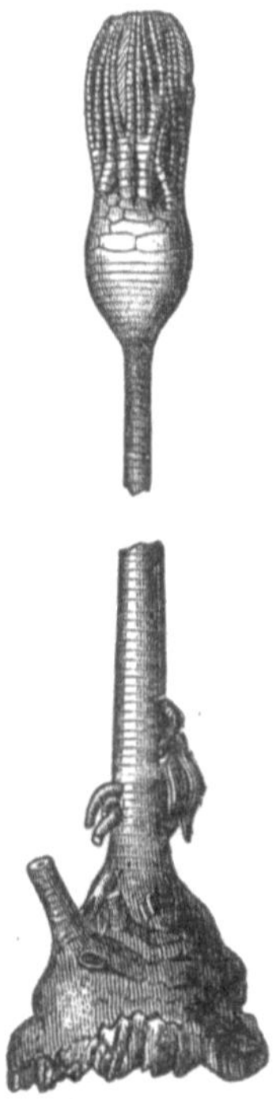

Figur 213.
Apiocrinus Roissyanus. Aus dem französischen Jurakalk ($^1/_5$). Wurzel am Meeresgrund festgewachsen und mit Ranken bedeckt, Stiel drehrund, Kelch birnförmig, Arme vergabelt.

Das Meer war erfüllt von ungeheuren Schwärmen einer kleinen, planktonisch gewordenen Seelilie Saccocoma. Sie ist stiellos. Ihr Kelch besteht aus einer fünfkantigen, erbsengroßen, dünnen Kapsel, die nach dem Tode leicht wie ein Flachsknoten zersprang. Daran sitzen fünf lange, fadendünne Arme, die bei der einen Art einmal gegabelt und mit fadenförmigen, bei einer zweiten Art mit blattförmigen Anhängen besetzt sind, während bei S. Schwertschlageri (Fig. 214) zwischen den gegabelten Armen zarte Membranen ausgespannt gewesen zu sein scheinen. Auffallend ist die Seltenheit der Belemniten im süddeutschen Malm. Um so reicher sind die Ammoniten entfaltet, unter denen besonders die Gattung Perisphinctes durch ihre ungeheure Variabilität ausgezeichnet ist.

Durch das Emporwachsen der zahlreichen Riffe, zwischen denen weite, tiefere Senken waren, wurde das Jurameer faunistisch sehr gegliedert und die Entwicklung von Lokalfaunen begünstigt; so kann man in Frankreich[25] vier getrennte Faunengebiete (1. Jura, 2. Maas, 3. Normandie, 4. Chouante) gut unterscheiden, und es ist unmöglich, durch dieselben Leitfossilien eine genaue Parallele selbst zwischen dem hannoverschen und englischen Malm durchzuführen.

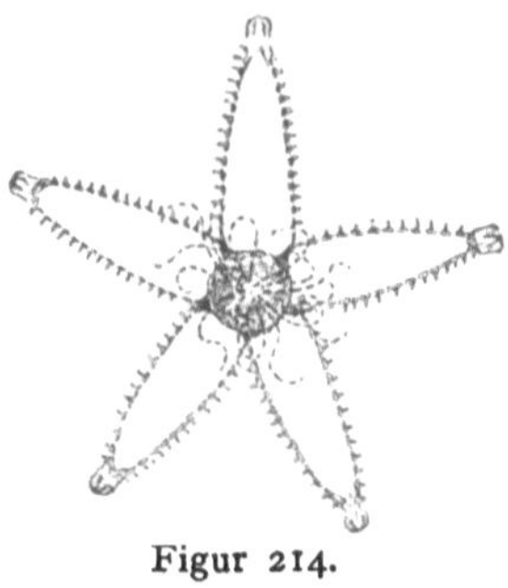

Figur 214.
Saccocoma Schwertschlageri. Eine planktonisch gewordene Seelilie aus den oberjurassischen Plattenkalken von Eichstätt.

Indem die Riffe immer höher emporwuchsen, erreichten sie allmählich den Meeresspiegel, und nun äußerte sich das Ende der Riff-

Fig. 215. Die Lagune von Solnhofen mit den bei der letzten Flut herbeigetragenen Meerestieren und vereinzelten Insekten, nach denen im Vordergrund Archaeopteryx, darüber Rhamphorhynchus jagen; im Hintergrund ein sitzender Pterodactylus.

periode in einer äußerst mannigfaltigen Weise. Der Abstand von der Küste, die Nähe großer Flußmündungen, die Intensität des Riffwachstums und die Richtung der Meeresströmungen beeinflußten jetzt die ferneren Geschicke selbst benachbarter Gebiete so gründlich, daß ganz verschiedenartige Gesteine und seltsame Faunengegensätze entstanden. Zwischen Kehlheim, Eichstätt und Ulm[26] hatten sich in dem Riffgebiet kleine und große Lagunen gebildet, in denen, wie auf den Atollen der Gegenwart ein feiner Kalkschlamm zur Ablagerung kam. Aber nur vereinzelte Fluten trugen das Wasser des Ozeans in die stillen, von einem Kranz bunter Korallen umgebenen Buchten; dann waren sie wieder lange Wochen vom Meere abgeschnitten, das Wasser wurde durch tropische Regengüsse ausgesüßt oder durch die Sonne eingedampft, und die darin gelösten Kalkmengen kristallisierten im Lagunenschlamm aus.

Der Wechsel des Salzgehaltes und die oftmalige Unterbrechung der Niederschläge ließen so die dünngeschichteten Plattenkalke entstehen, zwischen denen wesentlich auf chemischem Wege die harten Lithographiesteine in der Solnhofener Gegend gebildet wurden. Wenn stürmische Fluten durch den Riffrand brachen, dann trugen sie ganze Schwärme großer Medusen auf den weichen Schlamm, und es entstanden bei Pfalzpaint wunderbare Abgüsse ihrer vergänglichen Gallertscheiben. Bei Eichstätt trugen die Fluten Millionen von Saccocoma siebenmal in die Lagune hinein, und an zahlreichen Fundorten wurden uns in ausgezeichneter Erhaltung die Krebse und Tintenfische, die Spongien und Echinodermen, die Haie und Rochen, die Seekatzen und Ganoiden, die Schildkröten und Krokodile erhalten, welche den Außenrand des Riffes und das offene Meer bewohnten. Wie rasch das Wasser sich wieder verlief, zeigt uns die Spur des Limulus, der (s. Fig. 216) bisweilen noch 5 m weit über den feuchten Schlamm gekrochen ist, ehe er verendete.

Trotzdem die Solnhofener Fauna durch ihren Formenreichtum so berühmt ist, obwohl die Muskelsubstanz der Fische und die zartesten Krebsantennen tadellos erhalten sind, so sind die Fundorte doch überaus fossilarm, und man kann tagelang an den hohen Halden herumklettern, ohne auch nur ein wohlerhaltenes Stück zu sehen. Aufallend ist auch, daß so viele Unika in den Plattenkalken gefunden werden, ein Zeichen dafür, daß sie nur einzelne, zufällig verschlagene Exemplare einer unvergleichlich reicheren Tierwelt bergen, die das nahe Meer bewohnte. Um so interessanter werden uns dadurch die bis 2 m langen Fische (Lepidotus, Ischiodos, Hypsocormus und Agassizia).

Wiederholt müssen die Rifflagunen von Kehlheim, Eichstätt und Solnhofen trocken gelegen haben, so daß weite Flächen feuchten Schlammes aus dem Wasser emportauchten; dann trug der stürmische Wind vom nahen Festland Gingkoblätter und Zypressenzweige, sowie zahl-

Figur 216. Limulus Walchi aus den oberjurassischen Plattenkalken von Solnhofen, mit Fährte und den Spuren des Todeskampfes.

reiche Insekten herbei, und diese lockten die Flugsaurier an, welche überall umherflatterten und -hüpften, um die festgeklebten Käfer und Libellen aufzupicken.

Die Flugsaurier sind schon in der oberen Trias entstanden, wie spärliche Reste im Rät und Lias beweisen. Aber erst im Malm setzen uns vollständige und zahlreiche Funde in den Stand, ihre Organisation genauer zu studieren. In den Solnhofener Plattenkalken sind vier Gattungen mit etwa 30 Arten meist so vollständig erhalten, daß man ihre Form und Lebensweise gut beurteilen kann. Der große, vogelähnliche Kopf war mit spitzen, meist langen Zähnen besetzt, die aber nicht zum Kauen dienen konnten. Im Gegensatz zu den Vögeln, wo der Flugapparat an dem zu einem einheitlichen, gegliederten Knochenstab umgewandelten Arm, und den Fledermäusen, wo die Flughaut zwischen den fünf stark verlängerten Fingern ausgespannt ist, wurde sie bei den Flugsauriern zwischen dem riesig verlängerten „kleinen Finger" und der Bauchwand entfaltet. Der kleine Pterodactylus besaß einen kurzen Schwanz, während der große Rhamphorhynchus einen langen Schwanz mit einem häutigen Schwanzsegel erkennen läßt. Die hohlen Knochen sprechen für ein hohes Flugvermögen. Auf dem Boden krochen sie wie die Fledermäuse. Ihr wahrscheinlich warmblütiger Körper war wohl durch ein Flaumkleid geschützt.

Von ganz besonderem Interesse ist aber die Lagune von Solnhofen dadurch, daß hier die ältesten Reste echter Vögel gefunden wurden. Auf den Fund einer einzelnen Feder folgte im Jahre 1861 die Entdeckung des Londoner Exemplars von Archaeopteryx lithographica im Bereich von Solnhofen, 1877 fand man am Harthof bei Eichstätt, etwa 20 km von jenem entfernt, das Berliner Exemplar von A. Siemensi.

Wenn man auf Grund der Entwicklungsgeschichte und der vergleichenden Anatomie der Vögel nach dem biogenetischen Grundgesetz ein Bild des hypothetischen Urvogels entwerfen wollte, so würde man folgende Eigenschaften betonen müssen: Die Kiefer waren mit Zahnreihen besetzt, weil junge Papageien rückgebildete Zahnanlagen erkennen lassen. Der Flügel mußte deutliche Finger zeigen, weil er sich aus einer echten Handanlage entwickelte, das Brustbein mußte klein, die Rippen noch ohne hakenförmige Fortsätze sein, weil beide in Anpassung an das gesteigerte Flugvermögen entstanden, der lange Schwanz mußte aus zahlreichen Wirbeln zusammengesetzt sein, weil der kurze Schwanzstummelknochen der heutigen Vögel aus vielen Wirbelkernen zusammenwächst. — Allen diesen Forderungen entspricht die Archaeopteryx in so glücklicher Weise, daß daraus die Richtigkeit des biogenetischen Grundgesetzes ebenso bewiesen wird, wie die Gesetzmäßigkeit in der Entwicklung der Tierformen.

Obwohl nur zwei Exemplare des Urvogels bekannt sind, so läßt sich doch mancherlei über seine Gestalt und Lebensweise aussagen. Er war von Rabengröße und mit einem dichten Federkleid bedeckt, das sogar bis auf die Schienbeine reichte. Flügel und Schwanz trugen eine Reihe kräftiger Schwungfedern, und ein Federkragen schmückte den Hals. Die langen Zehen der Hinterfüße trugen spitze Krallen, und auch die Finger des Flügels waren mit scharfen Krallen versehen.

Beim Aufdecken der Schichten in den Steinbrüchen von Solnhofen und Eichstätt kann man öfters die Spur des Urvogels über weite Flächen verfolgen und erkennt, daß das Tier in geraden und krummen Linien sorglos über den feinsten Schlamm gehüpft ist; wahrscheinlich, um die darauf festklebenden Insekten zu sammeln, die der Wind vom nahen Festland herübergetragen hatte. Die Hinterfüße bilden zwei parallele Reihen von Eindrücken, entsprechend einer Sprungweite von 15 cm, zwischen ihnen erscheint die scharfe Linie des schleppenden Schwanzes. Abwechselnd mit den Fährten bemerkt man paarig angeordnete rundliche Eindrücke, die allem Anschein nach von den als Krücken dienenden Flügeln gemacht worden sind, so daß ein Bild des gehenden Urvogels etwas abweichend ist von der Haltung rezenter Vögel (Fig. 215).

Die Krallen an den Flügeln machen es wahrscheinlich, daß die Archaeopteryx mit ihrer Hilfe Bäume erkletterte und sich von dem erhöhten Standpunkt fliegend oder flatternd herabfallen ließ. Können doch auch manche rezente Vögel, wie die Turmschwalben, nicht vom Boden auffliegen, trotzdem ihr Flugvermögen hochentwickelt ist.

Von den zahlreichen Insekten, welche auf dem feuchten Schlamme klebten, entgingen den räuberischen Flattertieren gewiß nur wenige; aber die sind oft in so prächtiger Erhaltung, besonders bei Eichstätt, auf den Plattenkalken zu sehen, als wenn sie auf dem Spannbrett ausgebreitet wären. Das feinste Flügelgeäder großer Libellen und Heuschrecken, die harten Flügeldecken von Schaben und Käfern lassen 72 Gattungen mit über 100 Arten unterscheiden. Unstreitig die schönste Form aber ist die Kalligramma Haeckeli, von der ein Exemplar mit 12 cm langen und 6 cm breiten Flügeln bei Solnhofen gefunden wurde. Auf jedem Flügel ist ein großes Auge sichtbar, und der Aderverlauf zeigt, daß dieser riesige Netzflügler mit den kleinen Florfliegen verwandt ist, von denen die größte lebende Art eine Flügelspannweite von nur 55 mm besitzt.

Bei Schnaitheim bildete sich am Schluß der Malmzeit aus zerbrochenem und zerriebenem Muschelsand ein diagonal geschichteter Kalkstein, den wir unschwer mit den Kalkdünen vergleichen können, wie sie sich jetzt

Figur 217.
Geosaurus suevicus (2 m), ein schlangenartig umgebildetes Krokodil.

noch auf den Koralleninseln so vielfach bilden. Das Dünengebiet erstreckte sich 3 km breit, 9 km lang von Südosten nach Nordwesten. Schöne Farngebüsche wuchsen auf den weißen Sandhügeln, und neben zahlreichen Schaltieren sind hier die 10 cm langen Reißzähne eines gewaltigen Krokodils (Dacosaurus) wiederholt gefunden worden, das mit dem verwandten Geosaurus (s. Fig. 217) neuerdings auch in vollständigen Skeletten bekannt wurde und uns eine ganz seltsame, an das Leben in der Hochsee angepaßte Gruppe (Thalattosuchia) von Reptilien kennen lehrte.

Das Ende der Riffzeit im Schweizer Jura bei Solothurn ist ausgezeichnet durch eine Fülle von Schildkröten[27], welche auf einer nur 300 m breiten Fundstelle in dreizehn Arten und Hunderten von Individuen entdeckt wurden. Die meisten Exemplare lagen auf dem Rücken, und man würde denken, daß es sich um Meerschildkröten handelte, die vielleicht beim Laichgeschäft zugrunde gingen, wenn nicht ihr Knochenbau zeigte, daß sie mit einer einzigen Ausnahme zu den Süßwasserschildkröten gehören. Es muß also bei Solothurn am Schluß der Jurazeit ein Süßwassersee auf den Riffen entstanden sein.

So taucht überall Festland aus dem Ozean auf. Die Meeresfauna stirbt ab, und hier früher dort später, treten uns Pflanzenreste und sogar Kohlen entgegen. Im unteren Malm von Portugal[28] finden wir brackische Schichten mit Süßwassermuscheln, am Kap Mondego sogar ein kleines Kohlenlager mit Zykadeenresten (Otozamites). Bei Brora in England treten zahlreiche Süßwassermuscheln auf,[29] und auf der Insel Portland findet sich eine außerhalb Englands nicht nachweisbare Bildung[30] (der Portlandkalk), in welchem neben marinen Muscheltieren ein ganzer, fossiler Wald entdeckt wurde.

Indem sich diese festländischen Symptome mehren und große Strecken des allmählich zugefüllten Meeresgrundes dem nordischen Festlande angliedern, vollzieht sich ganz allmählich in Norddeutschland wie in Südengland der Übergang zu der unteren Kreidezeit. Aber während in dem südlichen Meer die oberen Jurariffe und die normalen, marinen Sedimente sich ununterbrochen in die hangenden, marinen Kreidegesteine fortsetzten, so daß hier nur schwer eine scharfe Grenze zu ziehen ist, bedingt die oben geschilderte Verlandung Nordwesteuropas den großen faunistischen und lithologischen Gegensatz zwischen dem marinen Malm und den festländischen, der untersten Kreide (Neokom) entsprechenden Wälderablagerungen (englisch: Wealden). Ein großes Flußdelta schob sich nach England und Hannover vor, und während in dem südlichen Ozean schon die marine Kreidefauna lebte, die allem Anschein nach aus dem Petschoraland und Simbirsk einwanderte, hielt sich in den Meeresbuchten zwischen dem Flußdelta noch eine jurassische Reliktenfauna. Vielfach zerstörte das eindringende Süßwasser so rasch die Meeresfauna, daß in schwärzlichen Schiefertonen plötzlich die Süßwassermuscheln auftreten; die 6 m langen und 1 m dicken Baumstämme zeugen von der Üppigkeit des Pflanzenwuchses. In Mähren deuten rote Sandsteine auf größere Festländer hin, während in Nordspanien das Auftreten von Süßwassermuscheln und Sumpfschildkröten die weite westliche Verbreitung des riesigen Flußdeltas bezeichnen. Die Flora ist am reichsten in Norddeutschland, wo 42 Arten beschrieben sind, während aus England 18, aus Frankreich nur 3 Arten bekannt sind. Die Pflanzenwelt trägt noch einen durchaus jurassischen Charakter.

Langsam entstiegen in Norddeutschland[30] die fossilreichen Kalkablagerungen des oberen Jura dem Meere. Dünnblätterige Kalke (Eimbeckhäuser Plattenkalk) erinnern an die lithographischen Kalkschichten von Solnhofen, mächtige bunte Mergel mit Dolomit, Gips und Steinsalz beweisen, daß die heiße Sonne abgeschnürte Meeresbuchten eindampfte. Brackische Schorrengebiete wurden ganz mit dem Rasen von Serpula coacervata überwachsen; sie erinnern an die Serpulitgesteine[31], die sich gegenwärtig zwischen den Korallenriffen der Bermudas bilden.

Aber immer größere Landflächen schlossen sich aneinander, das skandinavische Festland schob seine Küste immer mehr nach Deutschland vor, und das trockene Klima wurde zusehends feuchter. Die Niederschläge gewannen die Oberhand über die Verdunstung und flossen in großen Strömen dem Meere zu. So schoben sich mächtige Süßwasserablagerungen über die marinen Gesteine, und es entstanden in einem breiten Flußtal, das von Hildesheim gegen Osnabrück gerichtet war, die weißen oder gelbgrauen Deistersandsteine, wechsellagernd mit dunklen Letten und abbauwürdigen Kohlenlagern. Die Flora war arm an Gattungen. Sieben Farne, drei Zykadeen und zwei Koniferen bildeten ausgedehnte Sumpfwälder und vermoderten zu Kohlenmasse. Einzelne Flöze sind zusammengesetzt aus den deutlichen Überresten von Abies Linkii und Pterophyllum Lyellianum, die dichten Steinkohlen aber zeigen meist keine Struktur oder nur undeutliche Bruchstücke von Farnen und Lykopodiaceen.

Abdrücke von Ginkgo (Cyklopteris) digitata sind deshalb besonders interessant, weil diese Nadelholzgattung[32] während der Jurazeit von Spitzbergen und Sizilien bis nach England und Süddeutschland verbreitet war, und selbst bei Solnhofen einige Blätter gefunden worden sind.

In den seeartigen Erweiterungen der Deltas lebten viele Schnecken; bei Bückeburg ist Paludina fluviorum, bei Neustadt Melania strombiformis verbreitet. Besonders artenreich tritt die Muschel Cyrena auf. Während gegenwärtig in den tropischen Flüssen im ganzen etwa 25 Arten leben, kommen im Wealden von Norddeutschland allein 35 Arten vor; Unio, Corbula und Pisidium treten dagegen zurück. Das Wasser wimmelte von kleinen Cypris, die einer reichen Fischfauna zur Nahrung dienten. Einige Schildkröten und Krokodile belebten das Wasser, und auf dem sandigen Ufer wandelten die seltsamen riesigen Iguanodonten und Megalosaurus, deren Fußeindrücke der Sandstein bewahrt hat.

Auch in Belgien und Südengland wurden gleichzeitige Sandsteine abgelagert. Pflanzenreste sind hier selten; auch Kohlen fehlen. Das Auftreten zahlreicher kleiner Salamander (Hylaeobatrachus) und Insekten spricht dafür, daß hier die Küste ferner lag. Besonders merkwürdig ist das Vorkommen von Bernissart[33] in Belgien, wo man auf kleinem Raum 21 Skelette von dem 5 m langen Iguanodon Bernissartensis, sowie zwei Skelette des kleineren I. Mantelli erbeutete. Das Auftreten der riesigen Dinosaurier hier und an verschiedenen anderen Fundorten in Europa, zu denen keine Spur einer europäischen Ahnenreihe hinüberführt, macht die Forderung unabweislich, daß eine Landbrücke bis nach Amerika gangbar war, auf der die Einwanderung der dort so reich entfalteten Dinosaurier erfolgen konnte. Mit den pflanzenfressenden Riesen kam auch der fleischfressende, 3—4 m lange Megalosaurus herüber, dessen Angriffen die plumpen Pflanzenfresser leicht erlagen. Aber auch einige kleinere Dinosaurier, der nur 30 cm hohe Compsognathus von Kehlheim, der kletternde Hypsilophodon und der gepanzerte, 1 m hohe Polacanthus (Fig. 254) scheinen die weite Wanderung mitgemacht zu haben.

Man hat wiederholt das Fehlen von tektonischen Gebirgsbewegungen und vulkanischen Ausbrüchen als ein besonderes Kennzeichen der Jurazeit betont und sogar weittragende Schlüsse daraus gezogen. Allein dieses Urteil kann sich nur auf einen Teil von Europa beziehen, denn[34] schon im südlichen Banat sind liassische Porphyre und Porphyrtuffe verbreitet. In Siebenbürgen sind jurassische Basalte bekannt, im Kaukasus Porphyrite. Auf Elba kennt man basische Laven, und in den Pyrenäen wurden die mächtigen Lherzolitlager während des unteren Dogger in die Gebirgsfalten hineingepreßt. Auf Skye sind dem Lias und Dogger Basaltdecken eingelagert, und im Norden von Schottland erfolgten ebenfalls Basalteruptionen. Es ist sehr wahrscheinlich, daß die hangenden Lavadecken der Rhajmahalformation in Indien und die vulkanischen Gesteine der Stormbergformation in Südafrika, die in den Dragensbergen eine Mächtigkeit von 1500 m erreichen, nicht nur auf die rätische Periode beschränkt sind, sondern in die Jurazeit hineinragen. Auch die Aufrichtung des südafrikanischen Faltengebirges und die darauf folgenden gewaltigen vulkanischen Eruptionen fallen[35] ungefähr in dieselbe Zeit. Die Richtung der Faltenzüge läßt deutlich erkennen, daß sich damals Südafrika viel weiter nach Süden erstreckte.

Aber alle diese tektonischen und vulkanischen Erscheinungen werden noch übertroffen durch die in Südamerika nachgewiesenen Veränderungen.[36] Hier läßt der marine Lias eine ganz überraschende Übereinstimmung mit der europäischen Fauna erkennen, und selbst der für den europäischen Lias so bezeichnende Amaltheus spinatus und der Harpoceras lythense finden sich, ebenso wie der Harpoceras opalinum des unteren Dogger. Amusium personatum, Perisphinctes funatus u. a. ausgezeichnete Leitfossilien lassen erkennen, daß die Ostküste von Argentinien von einem Meere bespült wurde, in dem nacheinander dieselben Tiere lebten, wie in der schwäbischen Bucht. Aber alle diese Verhältnisse ändern sich, wenn wir von Osten nach Westen in das Innere von Südamerika vordringen und die erst während des Tertiär in Falten gelegten Juragesteine der Kordilleren betrachten. Da treten uns zuerst Sandsteine entgegen, die nach Westen allmählich in ganz gewaltige Ablagerungen von Konglomeraten übergehen. Ihre Gerölle bestehen aus Porphyr und Porphyrit. Sie treten zuerst im oberen Lias auf, schwellen in der Doggerzeit auf 200 m an und erreichen eine noch größere Mächtigkeit während der oberen Jurazeit, um erst in der mittleren Kreide aufzuhören. Eine ausgeprägte Diskordanz ist zwischen unterem und mittlerem Malm vorhanden; es muß hier also eine starke Gebirgsfaltung eingetreten sein, und während im Westen die vulkanischen Eruptionen andauern, bildet sich auf dem gefalteten unteren Malm eine ganze Kette von Gipslagern, welche bis 100 m Mächtigkeit erreichen. Auch nach Abschluß der vulkanischen Eruptionen in der mittleren Kreide bildeten sich nochmals rote Konglomerate, Sandsteine und Letten mit mächtigen Gipslagern. So kommen wir bis fast an die Küste des Stillen Ozeans, und hier, wo die Quelle der mächtigen vulkanischen Gesteinsmassen, die sich durch sieben Breitengrade (800 km) verfolgen lassen, zu suchen wäre, enden plötzlich die Aufschlüsse, und es folgt ein 7000 m tiefes Meer. Es mag gewagt erscheinen, aber alle die angeführten Tatsachen drängen zu dem Schluß, daß sein Grund von den versunkenen Stücken eines jurassischen Festlandes gebildet wird, das während der Jurazeit von furchtbaren vulkanischen Eruptionen verheert und von großen Flüssen ausgeräumt, ganze Berge von Schutt in das östliche Meer beförderte, wo ihre letzten, sandigen Zungen mit den marinen, fossilreichen Sedimenten wechsellagern.

Verweise

[1] Oldham, Geology of India, 1893, S. 172. — [2] Zeiller, Ann. des Mines., S. 8, Bd. II. S. 299. — C. Reid, Congr. Géol. Internat., Paris, I, S. 165. 498. — [3] Hatch & Corstorphine, Geol. of S.-Africa, S. 221. — [4] O. Heer, Urwelt der Schweiz, S. 62 f. — [5] E. Fraas, Jahresh. d. Verein. f. vaterl. Nk., Württemberg, 1899, S. 63. — [6] Braun, Progr. der Gewerbeschule Bayreuth, 1859. — [7] Popp, N. Jahrb. f. Min., 1861, S. 510, 1863, S. 399. — O. Fraas, W. Jahreshefte, 1891, S. 441. — Canavari, Palaeontographica, Bd. XXIX, S. 68. — Pompecki, N. Jahrb. f. Min., 1894, I, S. 483. — [8] Kurr, Z. d. geol. Ges., 1853, S. 643. — [9] Quenstedt, N. Jahrb. f. Min., 1868, S. 836. — [10] O. Fraas, das., 1850, S. 152. — [11] de Stefani, Ref. das., 1887, II, S. 481. — Parona, das., 1897, II, S. 551. — Wähner, Beitr. z. Pal. Österr.-Ungarns, Bd. II, S. 73, III, S. 105. — Uhlig, Ref. N. Jahrb. f. Min., 1887, I, S. 93. — [12] O. Fraas, das., 1850, S. 154. — [13] O. Fraas, das., 1859, S. 5. — [14] Quenstedt, Handb. d. Petrefaktenkunde, S. 362. — [15] Gemellaro, N. Jahrb. f. Min., 1880, I, S. 126, das. 1882, II, S. 281. — Seguenza, das., 1887, II, S. 189. — [16] Haar u. Petrie, das., 1883, I, S. 497. — [17] Wagner, das., 1861, S. 578. — Quenstedt, das., 1850, S. 322. — Leydig, das., 1896, II, S. 140. — E. Fraas, Palaeontographica, XXXVI, S. 165. — [18] Dames, Abh. d. k. Akad. d. W., Berlin, 1895. — [19] Bleicher, Bull. Soc. Géol. de France, XII, S. 46. — [20] O. Fraas, N. Jahrb. f. Min., 1850, S. 160. — [21] Neumayr, das., 1883, I, S. 290. — [22] J. Walther, Die Fauna der Solnhofener Plattenkalke, Denkschr. d. med.-naturw. Ges., Jena, S. 206. — [23] Schlosser, Palaeontogr., 1882, S. 54. — [24] v. Graff, das., XXXI, Taf. XVI. — [25] Contejean, Ref. N. Jahrb. f. Min., 1862, S. 221. — Struckmann, das., 1881, II, S. 97. — Gallinek, das., 1898, I, S. 329. — [26] J. Walther, l. c. — [27] E. Fraas, Palaeontographica, XLV. —

Rütimeyer, N. Jahrb. f. Min., 1867, S. 766. — Maack, Palaeontogr., XVIII, S. 298. — [28] Choffat, N. Jahrb. f. Min., 1885, II, S. 447. — Heu, das., 1882, II, S. 305. — [29] Robertson, A. Mag. Nat. Hist., 1844, S. 146. — F. Roemer, Z. D. geol. Ges., 1857, S. 613. — Triger, N. Jahrb. f. Min., 1857, S. 848. — Leymerie, das., 1845, S. 209. — Beyrich, Z. der D. geol. Ges., 1880, S. 663, Struckmann, Jahrb. d. k. G. L.-A., Berlin, 1889, S. 65. — [30] Credner, N. Jahrb. f. Min., 1862, S. 890. — Calderon, das., 1889, I, S. 274. — Schenk, Palaeontogr., XIX, S. 248. — v. Ettingshausen, Jahrb. d. K. k. geol. R.-Anstalt, 1852, S. 180. — Dunker, Monogr. der Nordd. Wealdenbildung, 1846. — [31] A. Agassiz, Bull. Mus. C. Zool. Harvard-College, Vol. XXVI, N. 2, 1895, S. 253. — [32] Solms-Laubach, Einl. in die Paläophytologie, 1887, S. 64. — [33] Dollo, N. Jahrb. f. Min., 1883, II, S. 271. — C. Reid, Acad. Paris. 1903, 2 Mus. — Hulke, Phil. Trans. R. Soc. London, 188, S. 653 u. 1035. — [34] Tietze, Verh. d. K. k. geol. R.-Anstalt, 1870, S. 275. — Doelter, N. Jahrb. f. Min., 1874, S. 275. — Inostranzew, das., 1898, I, S. 13. — Reyer, Theor. Geolog., S. 159. — Lacroix, N. Jahrb. f. Min., 1897, I, S. 472. — Bryce, Q. Journal Geol. Soc., 1873, XXIX, S. 317. — [35] Passarge, Z. d. Ges. f. Erdkunde, 1904, S. 179. — [36] Steinmann, Centralbl. f. Min., 1904, S. 3. — Wehrli u. Burckhardt, Ann. del Museo de La Plata, II, S. 92, III, S. 46.

25

Die Entwicklung der Reptilien in Nordamerika

Der Norden Europas und Amerikas enthält im kanadischen und baltischen Schild große Stücke eines arktischen Festlandes, dessen Schicksale wir wiederholt betrachtet haben. Die Polarzone umzog ursprünglich ein gebirgiges Kontinentalgebiet, das dann, durch Abtragung erniedrigt, sich immer mehr nach Süden verbreiterte. Trotz dieses gemeinsamen Grundgebirges waren jedoch die geologischen Schicksale der beiden jetzt durch den Atlantik gesonderten Länder ganz verschieden: Europa wurde seit dem Kambrium bis zum Tertiär immer wieder von dem Weltmeer überflutet, das bald von Norden, bald von Osten oder Süden transgredierend hereindrang, das eben gebildete Festland wieder zerriß und in einzelne Stücke zerlegte, die dann wieder in neuer Gruppierung zusammentraten. Diese mannigfaltigen geologischen Veränderungen bedingen die reiche Gliederung des Kontinents, die bunte Zusammensetzung seiner geologischen Karte, und sie machen es auch verständlich, warum es in Europa während der Mittelzeit zu keiner stetigen Entwicklung der festländischen Flora und Fauna kam. Denn eben entstandene Faunen und Floren wurden bei den Transgressionen des Meeres vernichtet oder auf kleinen Räumen isoliert, und neu gebildete Landflächen bald vom Süden, bald vom Norden und Westen aus besiedelt.

In Nordamerika verlief das Wachstum des Kontinents wesentlich einheitlicher. Schon im Kambrium beobachten wir, wie sich die Küstenlinie nach Südosten vorschiebt. Im Silur und Devon geht dieser Vorgang weiter, und schon im Karbon ist der ganze Westen der Vereinigten Staaten ein reich besiedeltes Festland, dessen nördliche Fläche vom Meer niemals wieder erobert wurde. Wohl überspülte es die Ränder des jetzigen Küstengebietes und bedeckte weite Flächen des Westens; auch drang es zur Kreideperiode tief in die Mississippibucht hinein, aber das dazwischen aufragende Ländergebiet wuchs ohne marine Unterbrechung beständig weiter. So wurde es eine dauernde Heimat für die Entfaltung des Reptilienstammes, der mit seinen Zweigen das Festland ebenso wie das Meer der Mittelzeit beherrschte und sogar erobernd in die Lüfte eindrang.

Die seltsame, einfache und doch so eigenartig entwickelte Fauna der Stegocephalen bewohnte zur karbonischen Zeit auch Nordamerika. Genau

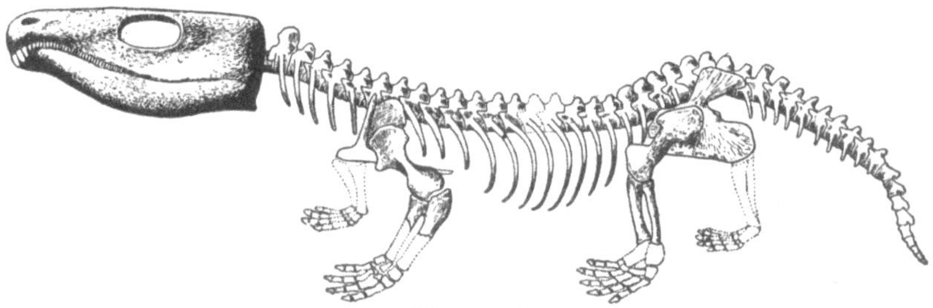

Figur 218.

Skelett von Labidosaurus ($^1/_8$). Theromorph aus den Permschichten von Seymour (Kolorado).

wie in Europa, Ostindien, Südafrika und Südamerika zeigten uns auch hier die ältesten, landbewohnenden Wirbeltiere ein wunderbares Gemisch von Charakteren, die jetzt nur den Amphibien oder den Reptilien oder den Säugetieren eigen sind. Cuvier hatte für derartige Mischformen den Begriff der „Kollektivtypen" aufgestellt; wir verstehen darunter Formen, welche eine Anzahl Charaktere noch vereinen, die bei späterer Differenzierung nur gesondert auftreten. Die Stegocephalen im weiteren Sinne, d. h. mit den Formen vereint, welche zu den Reptilien oder Säugetieren hinüberleiten, entsprechen nun dem Begriff eines Kollektivtypus in ausgezeichneter Weise. Sogar in den kleinen Einzelheiten des Knochenbaues treten hier noch Charaktere gemeinsam auf, die jetzt auf verschiedene Formenkreise verteilt sind. So zeigt der Schädel des im amerikanischen Perm beobachteten[1] Labidosaurus (Fig. 218) von der Schädeldecke aus betrachtet, noch vollkommen den Knochenbau des bei den Stegocephalen ausgeprägten Amphibientypus, sobald man ihn aber von der Gaumenseite betrachtet, sieht man die echten Reptiliencharaktere.

Andererseits treffen wir bei einigen gleichzeitig lebenden Gattungen so ausgeprägte Säugetiermerkmale, daß man in solchen Formen sogar einen Übergang zu dieser Gruppe erblickt hat. Allein die an so verschiedenartige Lebensweise angepaßten Theromorphen, deren südafrikanischen aussterbenden Zweig wir schon geschildert haben, sind auch in ihren texanischen Gattungen eine dem Untergang geweihte Gruppe, deren spezialisierter Knochenbau keine Weiterbildung erfuhr, und die wohl nur deshalb Beziehungen zu den Säugetieren erkennen lassen, weil sie aus denselben Urformen entstanden sind.

Es war für die fernere Entwicklung des nordamerikanischen Festlandes von der größten Bedeutung, daß in seiner Osthälfte, von Nordosten nach Südwesten langsam vorwärtsschreitend, ein großes Kettengebirge entstand, das immer höher und breiter werdend, langsam aus der Ebene emporwuchs. Schon im oberen Silur finden wir Konglomerate[2], welche für eine ältere Dislokation sprechen. Bei Beginn der Karbonzeit waren in Maine und Neu-Schottland Gebirgsfalten entstanden; denn hier liegt das Karbon diskordant auf gefaltetem Devon. Aber erst am Schluß der Karbonperiode setzte der Gebirgsbildungsprozeß mächtiger ein, und die Ketten der Appalachen stiegen immer höher aus der Ebene empor. Wie in Europa siedelten sich an den Abhängen dieser Gebirge zahlreiche Pflanzengeschlechter an. Lepidodendron und Sigillaria, sowie zahlreiche Farnblattgewächse stimmen vielfach ganz mit europäischen Arten überein. Kohlenlager entstanden, und eine reiche Tierwelt lebte in den oft vom Meere überfluteten Küstensümpfen. Die geschlossene große Landfläche mag die Entwicklung der Flora sehr begünstigt haben.

In dem Maße, als die regensammelnden Gebirge abgetragen und erniedrigt wurden, gewann, genau wie in Europa, ein trockenes Wüstenklima die Oberhand, und es bildeten sich in zahlreichen, isolierten Becken mächtige Ablagerungen roter, gipsführender Tone und bunter Sandsteine, deren Zugehörigkeit zum permischen oder triadischen Zeitraum vielfach diskutiert und oft nur schwer entschieden worden ist. In diesen nur selten vom Meere überspülten oder von Wolkenbrüchen überschwemmten Wüstengebieten entwickelte sich nun ungefähr in demselben Rhythmus wie im Gondwanaland aus den amphibischen Stammformen der Stegocephalen besonders in Texas eine Gruppe von kleinen und großen Reptilien, die man mit den Formen des Gondwanalandes in der Gruppe der Theromorphen vereint hat. Allein trotz des ähnlichen Grundtypus und der äußeren Anpassung an ähnliche klimatische Verhältnisse ist der amerikanische Formenkreis von dem südafrikanischen grundverschieden.

Man kennt[3] 24 Gattungen mit etwa 50 Arten, die auf Nordamerika beschränkt sind und neben einfachen Gattungen, wie Varanosaurus, die in ihrer Körperform und ihrem Bau sich nur wenig von den Urreptilien (Proterosaurus) unterscheiden, begegnen uns schon sehr abweichende, seltsam gestaltete Formen. So hatte der etwa 1 m lange Naosaurus einen halbkugeligen Schädel, besetzt mit langen, spitzen Dolchzähnen. Die Dornfortsätze seiner Rückenwirbel verlängerten sich in 25 cm lange, runde Knochenstäbe, die, mit 6 Paar Querdornen besetzt, einen zackigen Rückenkamm stützten. Das Tier konnte diese dornigen Knochenstacheln nicht etwa seitlich[4] verschieben, um dadurch seinen Rücken mit einem „Wald von Lanzen“ zu schützen, da an den Wirbelkörpern keine entsprechenden Gleitflächen zu sehen sind, und so liegt die Annahme nahe, daß es sich um einen verhältnismäßig starren Drachenkamm handelt.

Disnetrodon hat ebenso lange Dornfortsätze, doch ohne Querdornen, daneben finden sich mehrere Arten von Clepsydrops, dessen Körper verhältnismäßig einfach gebaut ist. Während sich diese seltsame Fauna von Texas bis nach Illinois verbreitete, änderten sich die allgemeinen geographischen Verhältnisse des Landes langsam um.

Wenn wir die Verteilung der den permischen Schichten von Kansas eingefügten Gipslager betrachten,[5] so sehen wir dieselben allmählich nach Süden vorrücken und hier auch mächtiger werden, so daß man wohl daraus schließen darf, daß sich das Küstenland schrittweise nach Süden ausdehnte.

Zur Triaszeit bildeten sich in Nevada wie in den östlichen Staaten bunte, fossilarme Sandsteine, die mehrfach in einer Mächtigkeit von 1000 m durchbohrt worden sind. Sie füllen weite, trogartige Vertiefungen zwischen den Faltenzügen der Appalachen, und hier lassen sich zehn solcher Sandsteingebiete von wechselnder Größe unterscheiden. An den Rändern der Ablagerungen finden sich mächtige Konglomerate mit metergroßen Blöcken; schrittweise verwandeln sie sich in rote Sandsteine, die oft reich an unzersetztem Feldspat sind. In den liegenden Schichten findet man in Richmond mehrere schwache Kohlenflöze, die nach ihren Bildungsumständen den europäischen Permkohlen entsprechen mögen. Dann bauen sich aber darüber mächtige rote Sandsteinbänke auf mit tonigen Zwischenschichten, diagonaler Dünenschichtung, Trockenrissen und Fährten, genau wie in den entsprechenden Triassandsteinen von Europa. Die spärlichen Pflanzenreste zeigen keine einzige karbonische Form. Zykadeen und Nadelhölzer müssen mit Farnen und Schachtelhalmen die Ufer der Flüsse und Binnenseen bestanden haben. Manche Seen müssen salzig gewesen sein, wie aus den zahlreichen Schälchen von Estheria hervorgeht. Andere enthielten süßes Wasser, und auf dem feinen Tonschlamm erkennt man jetzt noch die Fußeindrücke von Insekten und Insektenlarven[6], die nach ihrer Form 30 verschiedene Arten unterscheiden lassen. Schmelzschuppige Fische und große Molche mögen von ihnen gelebt haben.

Figur 219.
Laufspur von Otozoum ($^1/_{20}$) aus dem triadischen Sandstein des Connecticuttales.

Wenn Isolierung auf eng umschriebene Lebensbezirke zur Ausbildung eigenartiger und seltsamer Tierformen Anlaß gibt, so waren in dem von langen Gebirgsketten durchzogenen Wüstenland alle Bedingungen hierfür

Figur 220.
Sitzspur von Anomoepus ($^1/_{12}$) aus dem triadischen Sandstein des Connecticuttales.

vorhanden. Zwischen der eben vom Meere verlassenen, salzgetränkten, östlichen Niederung und der westlichen, mit großen Seen bedeckten Ebene zog sich, von Nordosten nach Südwesten verflachend, durch zehn Breiten-

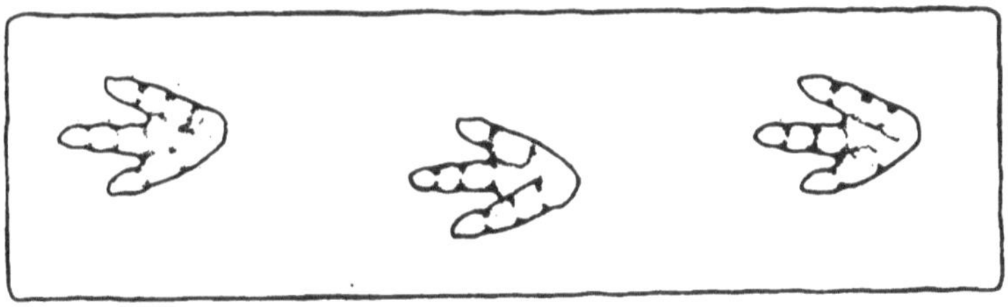

Figur 221.
Fußspur von Brontozoum ($^1/_{20}$) aus dem triadischen Sandstein des Connecticuttales.

grade ein breites System von Felsenketten. Lange Talrinnen waren nur an wenigen Stellen durch enge Pässe verbunden. Wie heute von den Abhängen des Hindukuschgebirges große sand- und schlammreiche Flüsse herabstürzen, um in den gelben Sandwüsten Transkaspiens zu versiegen oder in flachen, abflußlosen Binnenseen zu enden, so stand auch jenes Gebiet unter dem Einfluß rasch wechselnder Niederschläge.

Jedes der großen, trogähnlichen Längstäler führte sein eigenes Leben. Auf tonigem Boden sproßte im Frühjahr leicht eine üppige Oasenflora, die unter dem Einfluß der Sonnenstrahlen bald wieder verdorrte. Wandernde Dünen schritten vom Fuß der Berge oder dem Überschwemmungsgebiet der Flüsse weit auf die Ebenen hinaus und trennten die reich belebten Oasen wie eine Mauer. So entstanden aus primitiven Urformen, die in der niederschlagsreichen Steinkohlenzeit das ganze Land besiedelt hatten, lokale Bildungsherde für eine seltsame Tierwelt, welche entweder als schnelle Räuber weite Strecken zu durcheilen vermochten, oder als stumpfsinnige Pflanzenfresser in trägem Halbschlaf ihr Leben verbrachten.

Die Fährten (Fig. 219, 220, 221) größerer Landtiere, welche in der Umgebung der Flußufer und der flachen Seen lebten, haben seit dem Jahre 1843, wo zuerst[7] ihre Mannigfaltigkeit im Connecticutsandstein entdeckt wurde, allgemeines Interesse erweckt und wenn die Fährten von 30 „Vögeln", 28 „Eidechsen", 16 „Fröschen", 8 „Schildkröten" und zahlreichen anderen Tierarten beschrieben worden sind, so darf man natürlich in diesen Bestimmungen, die nur auf Grund der Bewegungsform unterschieden worden sind, nur einen Hinweis darauf erblicken, wie mannigfaltig die Fortbewegung dieser kleinen und großen Tiere gewesen ist.

Die Häufigkeit dreizehiger, bekrallter Fährten, die von zweibeinigen Tieren hervorgerufen waren, hatte ältere Beobachter auf die Vermutung geführt, daß zahlreiche „Vögel" auf dem eintrocknenden Sande des Triaslandes herumgewandert seien. Aber seitdem wir die reiche Formenwelt der auf den Hinterfüßen schreitenden riesigen Dinosaurier kennen, unterliegt es keinem Zweifel mehr, daß die sogenannten „Vogelfährten" von ihnen herrühren. Wenn man längere Fährtenreihen auf den Schichtenflächen verfolgt, dann sieht man deutlich, wie der trockene Sand am Ufer der flachen Seen die Eindrücke nur schlecht erhalten konnte; bald werden sie immer tiefer und schärfer und enden mit verwaschenen Spuren in dem breiartigen Schlamm des tieferen Wassers. Die als Koprolithen beschriebenen Kotmassen dieser Tiere enthalten vielfach harte Samen, die darauf hindeuten, daß sie mit Vorliebe Sumpfpflanzen fraßen.

Schon eines der ältesten bekannten Reptilien, der Kadaliosaurus aus dem Rotliegenden von Sachsen zeigt uns in dem Bau seines Beckens und seiner langen, schmalen Mittelfußknochen, daß er vorwiegend auf den Hinterfüßen ging und beim raschen Lauf den Vorderkörper emporheben konnte. Noch heute kann man bei dem australischen Chlamydosaurus und andern Eidechsen beobachten, daß sie beim raschen Laufen nur die Hinterbeine benutzen und den Körper mit Hilfe des langen

Schwanzes im Gleichgewicht halten. Die Fußspur läßt erkennen, daß dabei sogar die beiden äußersten Zehen nicht eingedrückt werden, und so eine zweifüßige dreizehige Fährte entsteht, obwohl das Tier vier Füße mit je fünf Zehen besitzt.

Ähnliche, im Bau und den Bewegungsgesetzen eines Vierfüßlers begründete Ursachen müssen auch bei den triadischen Reptilien Nordamerikas gewirkt haben, um jene immer mehr aufblühende Gruppe kleiner und großer Dinosaurier zu bilden, welche sich auf dem wachsenden amerikanischen Festland während der Trias-, Jura- und Kreidezeit entfalteten.

Das zwischen Dürre und Nässe wechselnde Klima der Triaszeit war für die Erhaltung vollständiger Skelette sehr ungünstig, doch sind einige Skelette und zahlreiche einzelne Knochen gefunden worden. Anchisaurus colurus (Fig. 223) hatte eine 2 m lange Wirbelsäule; da aber sein Körper-

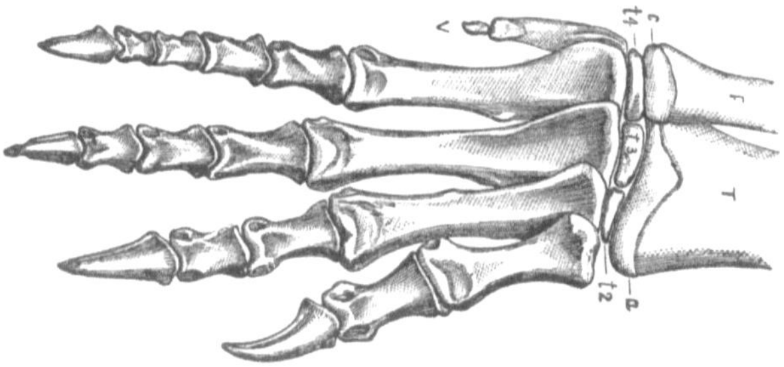

Figur 222.

Rechter Hinterfuß von Ammosaurus major ($^1/_1$) aus dem Triassandstein des Connecticuttales.

bau dem eines Känguruhs gleicht, mag es etwa eine Höhe von $1^1/_4$ m erreicht haben. Kopf und Becken sind vogelähnlich, die Zähne sind im Oberkiefer nach vorn gerichtet, im Unterkiefer stehen sie senkrecht. An den Hals- und Schwanzwirbeln finden sich Rippen, die großen Knochen sind hohl, die Zehen sind ebenso wie bei dem nahe verwandten Ammosaurus (Fig. 222) mit scharfen Nägeln versehen. Eine Zehe ist fast völlig verschwunden, eine zweite stark verkürzt, so daß man wohl verstehen kann, daß das Tier eine dreizehige Spur hinterließ. Neben den kleinen Zähnen von Anchisaurus kennt man auch vereinzelte, bis 20 cm lange, spitze Zähne, die von gefährlichen Raubtieren, deren Skelettbau noch nicht bekannt ist, herrühren müssen.

So schritt und sprang, lief und hüpfte eine große Schar kleiner und großer Reptilien in den pflanzenreicheren Gebieten der roten Sandwüste umher und hinterließ eine Fülle von Spuren.

Die Pflanzen,[8] von denen sich diese reiche Tierwelt nährte, sind in vereinzelten Resten an verschiedenen Fundpunkten, besonders häufig aber im Richmond- und Deep-River-Gebiet in Verbindung mit einigen schwachen Kohlenflözen beobachtet worden.

Im Norden findet man in den Sandsteinen nur die widerstandsfähigen Stengel und Stammstücke, im Süden sind in den weichen Letten großer Deltaseen selbst die zartesten Blätter erhalten.

Im ganzen kann man 11 Koniferen, 27 Zykadeen, 5 Farnblattgewächse unterscheiden, von denen manche auch aus dem deutschen Kohlenkeuper beschrieben sind, ein Zeichen für die weite Verbreitung von Sporen und Samen. Die charakteristischste und am weitesten verbreitete Gattung war Macrotaeniopteris (Fig. 224), ein Farn mit breiten,

Figur 223.
Anchisaurus colurus ($^{1}/_{16}$). Trias des Connecticuttales.

hohen Blättern, der, zu eleganten Buketts vereinigt, die sumpfigen Flußufer säumte.

Die Mannigfaltigkeit der äußeren Lebensbedingungen wurde dadurch vermehrt, daß an zahlreichen Orten Vulkane ausbrachen und gewaltige Lavamassen aufsteigen ließen. Unterirdische Diabasstöcke wurden gebildet und Lavadecken flossen aus, die, in prächtige Riesensäulen gegliedert, in den sogenannten Palissaden des Hudsonufers bei New York aufgeschlossen sind. Vulkanische Tuffe fehlen; wir schließen daraus, daß keine Aschenwolken ausgestoßen und eigentliche Kraterberge nicht gebildet wurden.

Die Frage nach dem Alter des sogenannten Connecticutsandsteins ist zu verschiedenen Zeiten verschieden beantwortet worden, und wenn auch seine Hauptmasse unstreitig der Triaszeit angehört, so haben sich doch einzelne Autoren dahin ausgesprochen, daß die Sandsteindecken der östlichen Vereinigten Staaten keineswegs alle gleichaltrig sind, sondern[9] dem Zeitraum von Perm bis Lias entsprechen. Daher erscheint es wohl verständlich, daß die zahlreichen, aus Virginia und Nordkarolina beschriebenen Pflanzen neben Arten der europäischen Lettenkohle auch solche des Rät und des Lias enthalten.

Zwei Arten eines im Keuper von Süddeutschland auftretenden Krokodils (Belodon) sprechen dafür, daß im Connecticutsandstein auch der Keuper Deutschlands mit vertreten ist, und lassen vermuten, daß eine Landverbindung über den nördlichen Atlantik bestand. Freilich kann dieselbe nicht leicht gangbar gewesen sein; vielleicht, daß hohe Gebirge oder ein anderes Klimagebiet die europäische von der nordamerikanischen Triaswüste schied, denn auch in der Folgezeit wanderten nur wenige Dinosaurier aus ihrer amerikanischen Heimat nach Europa.

Obwohl wir noch in einem späteren Abschnitt die Entwicklung der Säugetiere näher betrachten werden, müssen wir doch schon hier erwähnen, daß ihre ältesten Überreste in Gestalt kleiner Kiefer und Zähne in der oberen Trias von Europa ebenso wie in Nordamerika gefunden werden.

Auch während der Jurazeit blieben große Flächen des Inneren von Nordamerika Festland, das sich beständig verbreiterte. Wyoming und Britisch-Kolumbien wurden schon am Schluß der Triaszeit fest. Immer neue Flächen gliederten sich ihnen an, und unter der Spannung des Seitendruckes hoben sich flache Gebirgsfalten in NW.-SO.-Richtung aus dem Meere heraus. Immer höher stiegen die Gebirgsketten, immer breiter dehnte sich das Festland, und so umrahmte zum Schlusse die Sierra Nevada nach Westen ein weites Festland, dessen Ostküste durch die Appalachen bezeichnet wurde. Die von den Gebirgen herabströmenden Wasser mischten sich in brackischen Sümpfen mit der Salzflut, süßten dieselbe allmählich aus und verwandelten sie in große Binnenseen.

Die Anordnung der Flußsysteme muß sich oft geändert haben, denn es entstanden jetzt während der Jura- und Kreideperiode bald auf der Ost-, bald auf der Westseite des weiten Landes Ablagerungen von wechselnder Mächtigkeit und oft überreich an gewaltigen Skeletten; allein da nur wenige marine Horizonte dazwischen eingeschaltet sind, ist ihre chronologische Aufeinanderfolge sehr schwer zu beurteilen.

Im Felsengebirge von Kolorado, das den Typus komplizierter Tafelbrüche aufweist, trägt die Juraformation sowohl auf der Ostseite, wie in den inneren Bezirken und auf der Westseite den Charakter großartiger limnischer und terrestrischer Bildungen, welche in ihrer Fazies unserem germanischen Keuper am nächsten stehen. In den lokal auftretenden

Figur 224.
Macrotaeniopteris magnifolia.

Sandsteinen finden sich zwei Horizonte mit Dinosaurier-Resten, zwischen denen Süßwassertiere gefunden wurden. Erst in der Laramie-Ebene von Süd-Wyoming stellen sich an der Basis dieser mehr oder minder festländischen Gebilde marine Ablagerungen ein, welche weiterhin nach Norden an Mächtigkeit zunehmen und einen Teil der Landfazies verdrängen. Diese als Baptanodon-Beds (Marsh) am meisten bekannten Schichten enthalten reiche marine Faunen und sind mit großer Sicherheit als unterster Oberjura (Malm) zu bestimmen. Die Fauna scheint ein Glied des nordischen Jurameeres zu sein, dessen Ablagerungen wir aus England, Rußland und Grönland kennen.

In einem 500 km langen Zug begleiten die Atlantosaurus-Beds als jüngere Glieder des Malm den Ostabfall des Felsengebirges, während die jedenfalls noch jüngeren Potomakschichten dem Zug der Appalachen folgen.

Da diese Gesteine eine oft sehr reiche Flora enthalten, so möchte man glauben, daß es leicht wäre, mit Hilfe der Pflanzenreste das geologische Alter dieser Schichten zu bestimmen, allein es scheint, daß die Entwicklung der Flora in Amerika rascheren Schrittes erfolgte als in Europa, und daß sie von dem amerikanischen Festland erst allmählich nach den europäischen Inselländern hinüberwanderte.

Reiche Bestände von breitblättrigen Farnen, die in ihrem Habitus fast an Bananen erinnern, ganze Wälder von Zykadeen müssen die Niederung bedeckt haben. In Wyoming fand man die bis 25 cm breiten und bis 35 cm hohen Strunke von Cycadella zu Hunderten in den Ablagerungen alter Sümpfe; daneben verkieselte Stämme von Nadelhölzern.

Allein das größte Interesse erregt doch die Wirbeltierfauna der etwa 20 m mächtigen Atlantosaurusschichten (Fig. 225), denn sie zeigen uns eine Lebewelt von so seltsamer Entwicklung und so gewaltiger Körpergröße, daß ihnen gegenüber alles zurücktritt, was die Erdgeschichte an Riesentieren erzeugte. Bei den meisten Gattungen der jetzt das neue Land besiedelnden Dinosaurier finden wir einen kleinen Kopf auf einem großen Körper, einen vogelartigen Gang auf riesigen Hinterfüßen (Fig. 226), ein kräftiges, hochentwickeltes Becken, hohle Knochen und einen langen, kräftigen Schwanz. Die Vorderbeine sind auffallend klein; sie erreichen oft nur die halbe Länge der Hinterbeine, aber beide Extremitäten waren mit scharfen Krallen bewehrt. Der kleine, oft auf einem langen, schlangenartigen Halse sitzende Schädel ist entweder durch kleine, nach vorn stehende Zähne für Pflanzennahrung (Fig. 228, 229) oder durch ein kräftiges Raubtiergebiß (Fig. 227) für animalische Kost eingerichtet. Fast immer enthält er nur einen ganz kleinen Hohlraum für das Gehirn, dafür erweitert sich der Rückenmarkskanal in der Nähe des Beckens so beträchtlich, daß der Gipsausguß dieses sog. „Sakralgehirns" bei manchen Gattungen zwanzigmal so groß ist, als der des Kopfgehirns.

Alle diese Einrichtungen deuten darauf hin, daß der animalische Schwerpunkt dieser Tiere in der Beckenregion lag. Da Ceratosaurus (Fig. 231) eine Körperlänge von 3 m, Brontosaurus von 20 m (Fig. 230),

Figur 225.
Ausgrabungen in den knochenführenden Juraschichten von Wyoming.
(Hinterfuß von Allosaurus fragilis.)

Atlantosaurus von 30 m erreichte, würde selbst die kräftigste Muskulatur nicht imstande gewesen sein, die Riesenleiber zu bewegen, wenn nicht alle Knochen hohl gewesen wären und mit einer großen Oberfläche nur ein geringes Gewicht verbanden. Bei Ceratosaurus tragen die Nasenbeine einen großen Hornzapfen, bei Stegosaurus (Fig. 232) zieht sich ein Drachenkamm über den Rücken, gestützt durch metergroße Knochen-

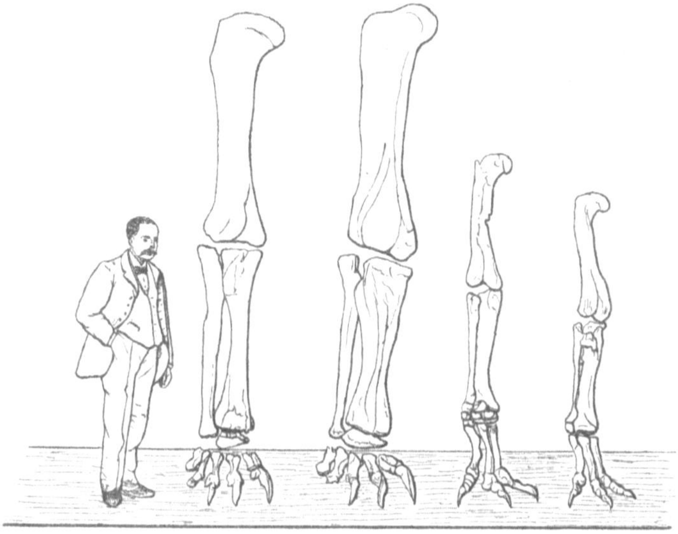

Figur 226.
Hinterbeine jurassischer Dinosaurier.

platten. Der 18 m lange Camarosaurus[11] besaß einen 8 m langen Schwanz, der zum Schwimmen wohl geeignet, aber bei einem Leben auf dem Lande

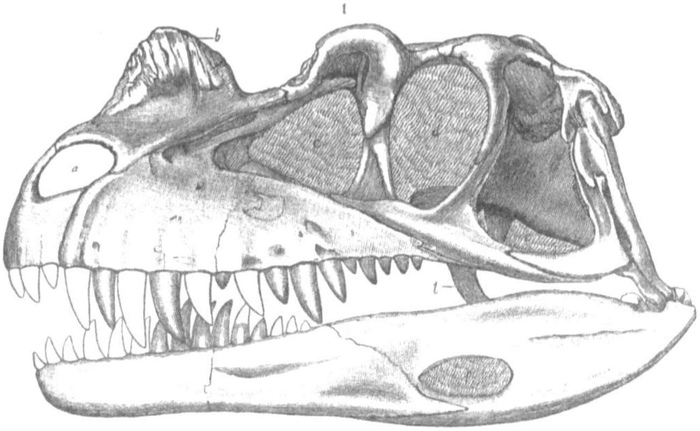

Figur 227.
Schädel von Ceratosaurus nasicornis ($^1/_8$) aus dem oberen Jura von Kolorado.
Räuberischer Dinosaurier mit einem Horn auf der Nase.

wohl recht unzweckmäßig gewesen wäre. Er lebte wohl in den großen Seen, nährte sich von Sumpfpflanzen und mag nur ans Land gegangen sein, um seine Eier abzulegen, wobei ihn mancherlei Gefahren bedrohten;

denn tiefe Bißwunden in den Schwanzwirbeln lassen vermuten, daß der räuberische Megalosaurus am Ufer lauerte.

Einige Schildkröten, Krokodile und Eidechsen von verhältnismäßig normalem Körperbau lebten in und an den Sümpfen, und in der Luft schwebte der Pterodactylus montanus; ja, auch die Knochen eines zahntragenden Vogels von Reihergröße wurden beobachtet.

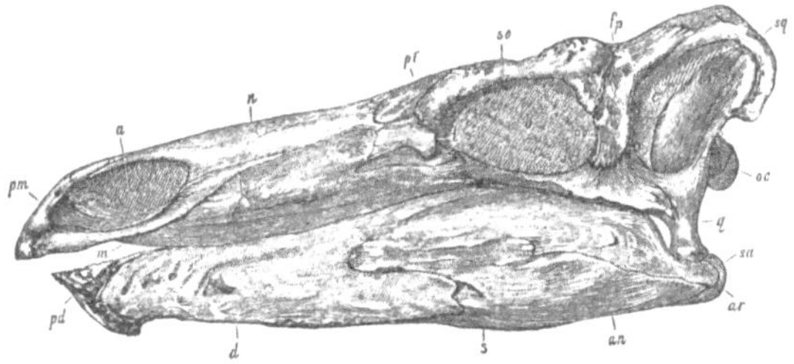

Figur 228.
Schädel von Stegosaurus stenops ($^1/_6$) aus dem oberen Jura von Kolorado. Pflanzenfresser.

Eine seltsame Anpassung zeigt das Skelett[12] des schlanken, langbeinigen, über 2 m hohen Ornitholestes Hermanni (Fig. 233). Der mit scharfen Zähnen bewehrte Kopf ist von kräftigem Bau, und die großen Augenhöhlen deuten auf ein scharfes Gesicht. Vorder- und Hinterbeine zeichnen sich durch lange, schmale Knochen aus, die langgestreckte Hand endet mit spitzen Krallen. Der lange, zierliche Schwanz vervollständigt

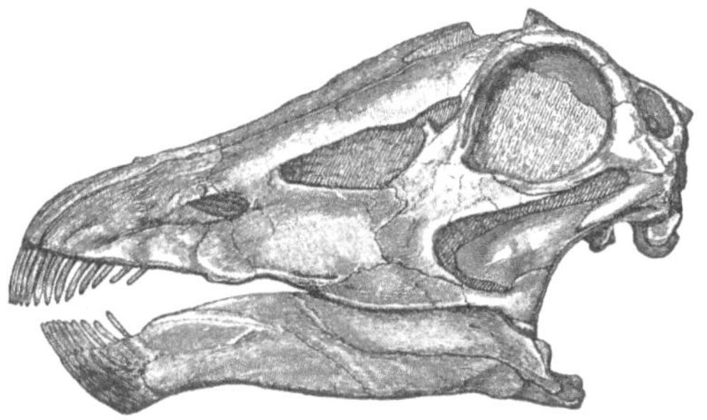

Figur 229.
Schädel von Diplodocus longus ($^1/_8$) aus dem oberen Jura von Kolorado. Pflanzenfresser.

das Bild eines zum schnellen Sprung auf fliehende Beute wohl angepaßten Räubers. Und so wird die Annahme, daß Ornitholestes die flatternden Pterodaktylen und die ebenfalls unvollkommen fliegenden Urvögel jagte, wohlbegründet.

Mehrere hundert kleiner Unterkiefer zeigen, daß auch die Gruppe der Säugetiere in zahlreichen Formen vertreten war, aber sie haben sich seit der Triaszeit schon vielfach verändert, und neben den spitzen Zähnchen von Insektenfressern begegnet uns bei Ctenacodon schon der Typus des Nagetiergebisses.

Während sich so auf dem sumpfigen Festland die Dinosaurier als unbestrittene Herrscher des Landes entwickelten und die Säugetiere da-

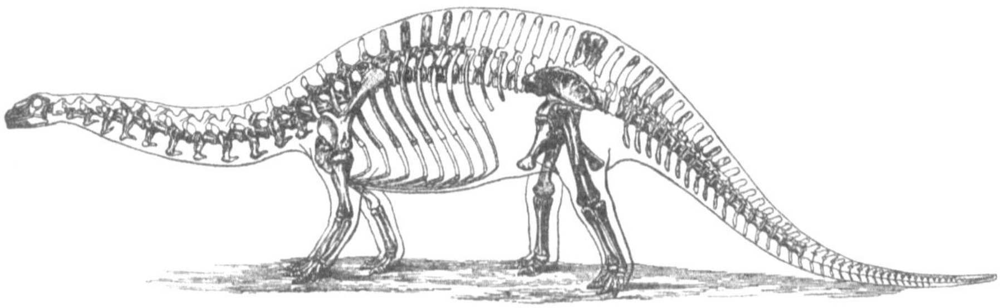

Figur 230.

Brontosaurus excelsus. Länge des Tieres 20 m.

neben nur eine kümmerliche Rolle spielten, begann in der Kreidezeit das Meer zu steigen. Die atlantische und pazifische Küstenebene wurde bald überflutet, aber auch vom mexikanischen Golf drang die Salzflut in die

Figur 231.

Ceratosaurus nasicornis, 3 m lang.

sumpfigen Niederungen hinein. Reiche marine Faunen sind aus der unteren Kreideperiode in Texas, Mexiko und Kalifornien bekannt. Nummulitenähnliche große Foraminiferen (Patellina Texana), Muscheln und Schnecken,

Brachiopoden und Echinodermen erfüllen die Gesteine. Wie in Europa fallen die dickschaligen Rudisten ebenso wie die starkwandigen Nerineen auf; Austern, Belemniten und Ammoniten tummelten sich im Wasser. Ganze Schwärme der stiellosen Seelilie Uintacrinus (Fig. 252) trieben umher.

Sedimente eines oberkretazischen Meeres sind an der pazifischen wie atlantischen Küste Nordamerikas verbreitet. Die Fauna ist ärmer, Korallen und Brachiopoden sind selten, die Rudisten sterben aus, dagegen sind die Ammoniten so wundervoll erhalten, daß man den Perlmutterglanz ihrer Schale in buntem Farbenspiel noch heute leuchten sieht.

Vor der bald langsam in flache Deltaniederungen hineinschleichenden, bald stürmisch gegen das Land vordringenden Salzflut wichen die schwer-

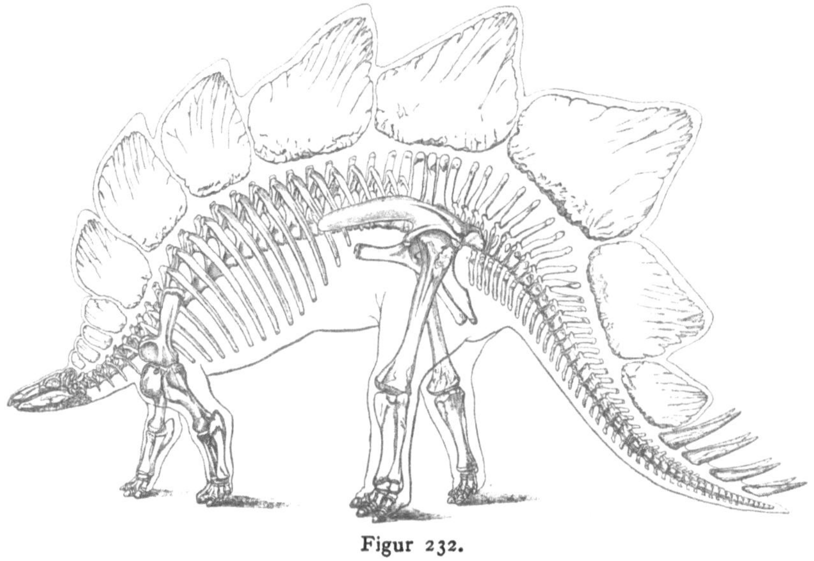

Figur 232.

Stegosaurus ungulatus aus dem oberen Jura von Kolorado. 10 m lang.

fälligen Bewohner des Landes nach Norden zurück; hohe und niedrige Gebirgsrücken mögen manchen derselben eine letzte Zuflucht vor der herannahenden Sintflut gewesen sein. Ganze Faunen wurden isoliert und auf enge Wohnplätze zurückgedrängt. Viele Geschlechter gingen zugrunde; andere paßten sich den neuen Verhältnissen an, und so begegnen uns jetzt noch seltsamere Formen des Dinosaurierstammes. Claosaurus (Fig. 234, 235) war ein Pflanzenfresser. Der 8 m lange Körper wurde in halb aufgerichteter Stellung auf den Hinterfüßen bewegt, und da man eine ganz nahe verwandte Gattung Iguanodon in der unteren Kreide von Belgien und die mit Morosaurus nahe verwandte Gattung Pellorosaurus in England beobachtet hat, so liegt die Vermutung nahe, daß manche Formen durch das herandrängende Kreidemeer zu weiten Wanderungen veranlaßt wurden. Daneben treffen wir den gewaltigen Triceratops (Fig. 236, 237), dessen Schädel mit drei Hörnern besetzt war, während sich das Hinterhauptbein in einen breiten, den ganzen Hals deckenden Kragen fortsetzte. Ein furchtbarer Räuber war Laelaps, dessen 7 m langer Körper, von riesigen Hinterbeinen getragen, wohl fähig war, in energischem Sprung die trägen Pflanzenfresser anzugreifen und ihren gewaltigen Körper zu zerfleischen.

Es ist begreiflich, daß diese seltsame Fauna großer und kleiner, pflanzen- und fleischfressender Dinosaurier jede Gelegenheit benutzte, um die immer enger werdenden Jagdgebiete des amerikanischen Kontinentes

Figur 233.
Ornitholestes Hermanni.

zu verlassen, und weite Wanderungen zu unternehmen. In den Wäldersanden von Belgien und Hannover wurde eine ganze Schar riesiger Iguanodonten begraben, im obersten Jura von Kelheim ist ein einziges Exemplar des rattengroßen Compsognathus gefunden worden, und selbst am Alpenrand erscheinen einige versprengte Irrgäste der nordamerikanischen Fauna, die auf ihrer langen Wanderung neue seltsame Charaktere gewonnen haben. Nach wohlerhaltenen Skeletten hat man in der oberen Kreide des Salzkammergutes und des Alpenabfalls bei Wien neben Megalosaurus eine ganze Anzahl eigenartiger Gattungen unterscheiden können.

Sehr merkwürdig ist es, daß die Dinosaurier überall mit Schluß der Kreidezeit aussterben. In Nordamerika fällt ihr Tod mit großen geologischen Umgestaltungen zeitlich zusammen, und es liegt nahe, in diesen die Gründe des Aussterbens zu sehen: das Meer dringt weit in das Land hinein, und gleichzeitig regt sich aufs neue der Gebirgsfaltungsprozeß und hebt das Felsengebirge aus der Ebene empor. Erdbeben durch-

Figur 234.
Claosaurus annectens,
pflanzenfressender Dinosaurier aus der mittleren Kreide von Kansas.

zittern das Land, 250 m mächtige Konglomerate zeugen von der Stärke der Abtragung, überall brechen Vulkane hervor, die mit ihren Aschenregen und Lavadecken das Land verheeren.

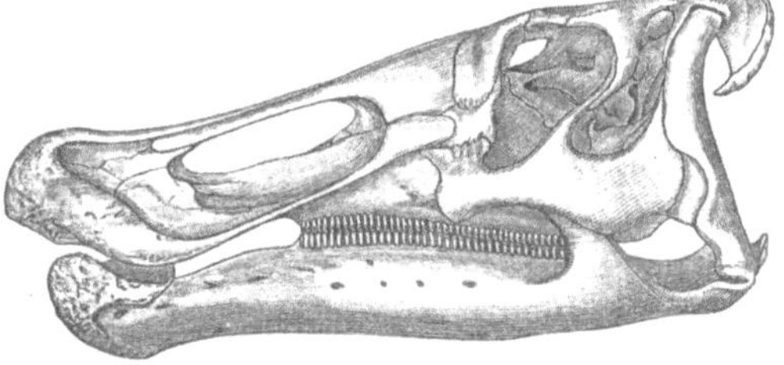

Figur 235.
Schädel von Claosaurus annectens ($^1/_6$) aus der mittleren Kreide von Kansas.

Freilich kann es ihre Größe nicht allein gewesen sein, die sie dem sicheren Tode überlieferte, denn[14] auf die bis 4 m große Riesenschildkröte (Protostega gigas) der Kreidezeit folgen im amerikanischen Tertiär noch größere Formen (Esposphargis, Pseudosphargis). Die mit ihnen lebenden, wesentlich kleineren Krokodile, Vögel und Säugetiere haben dagegen alle diese Umwälzungen nicht nur ertragen, sondern sind durch sie sogai zu einer wunderbaren Blüte geführt worden.

Figur 236.

Schädel von Triceratops flabellatus. Oberste Kreide von Montana.

Eine gewisse Rolle bei dem Aussterben der Dinosaurier mag wohl ihre starke Spezialisierung und die lange Inzucht gespielt haben; denn sie entwickelten sich in Nordamerika während der ganzen Mittelzeit

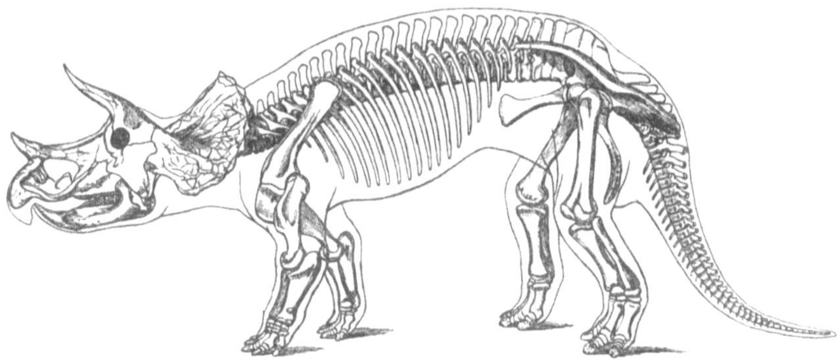

Figur 237.

Triceratops prorsus aus der oberen Kreide von Montana. 12 m lang.

ununterbrochen weiter, wanderten weder nach Südamerika noch nach Asien, und von keinem der benachbarten Festländer strömte ihnen neues, frisches Blut zu.

Wir haben schon S. 405 besprochen, daß in Europa während des Übergangs von der Trias- zur Jurazeit eine merkwürdig spezialisierte Gruppe von Reptilien das Fliegen erlernte. Schon im rätischen Sandstein von Schwaben finden sich Abdrücke von Flugfingern, auch im Lias von Süddeutschland und England hat man Skelettreste der ältesten Flugsaurier entdeckt. Im feinen Kalkschlamm von Solnhofen sind zahlreiche Skelette wohlerhalten, deren Größe zwischen der einer Amsel und eines Geiers schwankt. Aber über den Wogen des nordamerikanischen Kreidemeeres schwebten Reptilien von so unglaublichen Dimensionen, daß selbst der Albatroß der Gegenwart ihnen gegenüber zurücktreten muß.

Figur 238.
Pteranodon, das größte fliegende Tier, über dem Kreidemeer schwebend.

Die Gattung Pteranodon (= Ornithostoma) ist in der mittleren Kreide von Kansas mit etwa fünf Arten in gegen 600 Exemplaren gefunden worden und stellt wohl die seltsamste Form eines fliegenden Wirbeltieres dar (Fig. 238). Der völlig zahnlose Kopf[15] ist bis 76 cm lang und besteht aus papierdünnen Knochenscheiden, welche nach vorn in zwei lange, spitze Kiefer, nach hinten in einen langen Nackenkamm ausgezogen sind. Wie bei den Pterodaktylen setzt sich die Flughaut an den 5. Finger an und die Spannweite der Flügel muß beim Schweben bis 6 m betragen haben. Die Hinterextremität ist verkümmert, und wenn man das Gewicht des Körpers zu etwa 15 Kilo rechnet, dann erscheint der Leib nur wie ein kleiner Motor an einem riesigen Flugapparate. Umstehende Zeichnung (Fig. 239) läßt erkennen, wie klein selbst der Kondor im Verhältnis zu jenem größten Tier der Lüfte ist. Man darf wohl annehmen, daß

Pteranodon den größten Teil seines Lebens über dem Meeresspiegel schwebend zubrachte und nur beim Brutgeschäft nach der Küste kam, wo dann, wie auf den Vogelinseln der Gegenwart, immer wieder Exem-

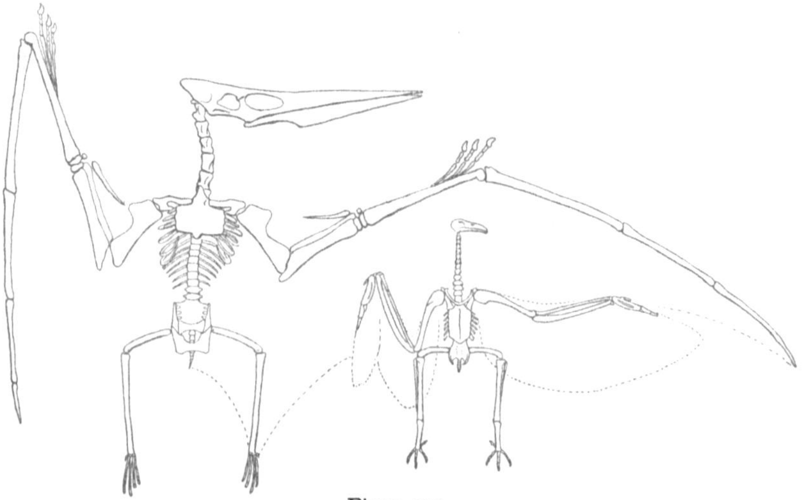

Figur 239.
Umriß eines Pteranodon links und eines Kondor rechts in denselben Größenverhältnissen.

plare verendeten und ihre federleichten Knochen vielleicht in die nahe Meeresbucht gespült wurden.

Aber als ob Nordamerika in seiner geologischen Entwicklung wie kein anderes Land alle Möglichkeiten für die Differenzierung des Reptilienstammes geboten hätte, so sehen wir Hand in Hand mit dem Vor-

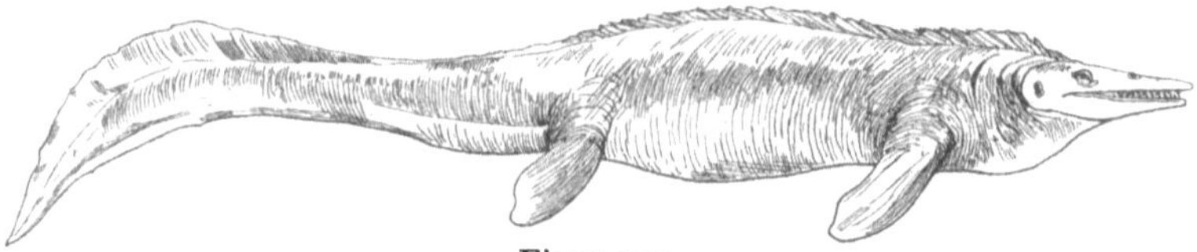

Figur 240.
Tylosaurus dyspelor, 9 m lang. Nach einem mit Haut erhaltenen Exemplar.

dringen des Kreidemeeres noch einen neuen Typus im Ozean entstehen. In der oberen Kreide von Nordamerika tritt uns eine große Zahl von gewaltigen Reptilien entgegen, deren langgestreckter Körper und aus locker beweglichen Knochen zusammengesetzter Kopf ihnen eine gewisse Ähnlichkeit mit den Schlangen gibt, so daß sie vielfach mit den echten Schlangen zusammen als Pythonomorphen beschrieben werden. Die Gattung Clidastes wurde etwa 20 m lang. Fünf Gattungen kennt man bisher nur aus Nordamerika, zwei sind auch bis nach England, Belgien und Deutschland geschwommen, und Liodon erreichte sogar über den Stillen Ozean die Küste von Neu-Seeland. Die vergleichende Anatomie weist den riesigen Tieren einen Platz unter den Eidechsen an, mit den heutigen Schlangen aber teilen sie nur den ähnlich gebauten Schädel. Ein vollständig erhaltenes Exemplar (Fig. 240) von Tylosaurus[16], an dem man die knorpligen Teile der Luftröhre und der Rippenenden ebenso wie den Körperumriß deutlich erkennen kann, zeigt nur geringe Übereinstimmung mit einem Schlangenleib. Längs des Rückens zog

Figur 241.
Schwimmender Tylosaurus.

sich ein breiter Flossensaum; ein großer Kehlsack mit faltiger, elastischer Haut ergänzte den leicht ausdehnbaren Schädel. Vier Ruderflossen waren nach rückwärts gerichtet, der lange Schwanz nach abwärts gebogen, und seine kräftige Muskulatur zeigt, wie schnell die kühnen Räuber sich bewegen konnten. Sie durcheilten wie die heutigen Wale in ganzen Schwärmen das Meer (Fig. 241); im Museum[17] von Newhavn befinden sich die Überreste von 1400 Individuen.

Wie es scheint, traten die Pythonomorphen zuerst in der mittleren Kreide des Pazifik[18] auf, denn ihr ältester Vertreter fand sich im Cenoman von Neuseeland. Von hier erreichen sie ostwärts wandernd im Turon Nordamerika und gelangen erst im Senon nach Europa. Ihre rasche Entwicklung und Verbreitung ist ebenso auffallend, wie ihr endgültiges Aussterben bei Beginn der Tertiärzeit.

Während die Flugsaurier nach kurzer Lebensdauer in der oberen Kreide mit stark differenzierten Formen erlöschen, sehen wir fast gleichzeitig den Stamm der Vögel in lebhaftem Aufblühen. Es ist ein sehr prägnantes Zeichen für das rasche Tempo, das ihre Entwicklung

Figur 242.
Tauchender Zahn-Vogel (Hesperornis regalis).

nahm, daß, nachdem Archaeopteryx im obersten Jura noch kaum die Reptiliencharaktere abgestreift hatte, die amerikanischen Kreidevögel schon den fertigen Vogeltypus in allen Einzelheiten zur Schau tragen. Es sind etwa acht Gattungen mit zwanzig Arten zu unterscheiden. Daß ihr Kiefer noch mit Zähnen besetzt war, erscheint nicht so wichtig, wenn wir erwägen, daß im Kiefer von rezenten, jungen Papageien noch echte Zähne vorkommen; dagegen ist der Vorderarm bei Ichthyornis schon vollkommen zum Vogelflügel geworden. Die bekrallten Zehen der Archaeopteryx sind verschwunden, und bei dem etwa meterhohen Hesperornis (Fig. 242) ist sogar eine weitere Reduktion der vorderen Extremität eingetreten. Ein einfacher Knochenstab statt des Flügels zeigt charakteristisch den Typus des flügellosen Tauchers. Dementsprechend hat auch Hesperornis keinen Kiel auf dem Brustbein, während die hohe Carina bei Ichthyornis zeigt, daß kräftig entwickelte Brustmuskeln ihm erlaubten, sich frei durch die Lüfte zu bewegen. So vollendet sich in der kurzen Zeit der unteren Kreide die Entwicklung der Ratiten und der Carinaten bei den Vögeln, und wenn wir die 11000 Arten der lebenden Vögel vergleichend untersuchen, ihre verschiedenartige Lebensweise, Größe und Gestalt betrachten, dann finden wir kaum einen Charakter, der nicht bei den Zahnvögeln der mittleren Kreide schon vollkommen angelegt wäre.

Während der oberen Kreidezeit wurde das eben entstandene nordamerikanische Mittelmeer zwischen dem Felsengebirge und den Apalachen langsam wieder zugefüllt. Riesige Massen von Schlamm und Sand wurden von den Abhängen der Gebirge herabgetragen; große Flüsse schoben ihr Delta in das Meer hinein, und so bildeten sich in wechselnder Mächtigkeit die als Laramieschichten bezeichneten Gesteine. Marine Schichten voll Austern wechseln mit Gesteinen, die von Süßwassermuscheln erfüllt sind. Eine üppige Sumpfflora drang, der Küstenlinie folgend, gegen das Meer vor; aber es sind fast lauter neue Formenkreise, denn gleichzeitig mit den Dinosauriern hatte sich in Nordamerika eine neue Flora entwickelt. Auf die ältesten triadischen Zykadeen folgen mit der untersten Kreidezeit die ersten Blütenpflanzen. Aus der Potomakformation sind 75 Angiospermen neben 90 Nadelhölzern, 22 Sagobäumen und 140 Farnen beschrieben worden. Da in gleichzeitigen Ablagerungen von Kanada keine Angiospermen gefunden worden sind, darf man wohl schließen, daß diese in wärmeren Breiten entstanden und sich erst allmählich an andere klimatische Bedingungen anpassen konnten. Zur oberen Kreidezeit begegnen uns schon Palmenwedel von 3 m Durchmesser, und nach den Blattnerven kann man Lorbeer, Tulpenbaum, Zimmetbaum, Magnolie, Pappel, Birke, Nußbaum, Weide, Sassafras und Eukalyptus unterscheiden. Aber während die plumpen Riesen, die im Schatten der ältesten Palmen und Dikotyledonen gewandelt waren, ausstarben, trat die neue Flora ihren Siegeszug über die ganze Welt an. Rasch bildeten sich die charakteristischen Florengenossenschaften aus, die noch heute die Erde mit grünen Decken und bunten Blüten überziehen. Urwälder besiedelten die regenreichen Tropenländer, Palmenhaine gürteten das salzreiche Küstengebiet, Gräser und Zwiebelgewächse drangen in die dürren Steppen, grüner Rasen und buntblumige Kräuter erstiegen die Hochländer, und überall entstand mit ihnen eine neue Welt von kriechenden, laufenden, minierenden, stechenden, summenden und flatternden Insekten.

Einst waren karbonische Wasserpflanzen aus dem Meere herausgestiegen und hatten, während sie das Küstengebiet durchschritten, die reichen Schätze der Steinkohlenflöze gebildet. Jetzt drang eine festländische Flora in die vom Meere oft überspülten Sümpfe des Küstengebietes zurück, und wieder wurden hier mächtige Kohlenflöze gebildet. In den Urwäldern aber, welche die aufsteigenden Ketten des Felsengebirges bedeckten, in dem Hügelland, das ihren Fuß begleitete, und auf den Ebenen, welche von dem zurückweichenden Meere trocken gelegt wurden, war nach dem Aussterben der gefährlichen Dinosaurier alles vorbereitet, um den bis dahin kümmerlich lebenden, in ihrer Entwicklung zurückgehaltenen, aber lebenskräftigen Säugetieren weiten Raum und mannigfaltige Bedingungen für eine unerwartete Blütezeit zu geben.

Verweise.

[1] Broili, Palaeontographica, Bd. LI. — [2] Dana, Manual of geology. 1894. — [3] Campbell, Rf. N. Jahrb. f. Min., 1896, I, S. 408. — [4] Broili, a. a. O. — [5] Jaeckel, Z. d. D. geol. Ges. 1905, M.-Ber., S. 192. — [6] Grimdley, Ref. N. Jahrb. f. Min., 1898, I, S. 259. Dass. II, S. 256. — [7] Hitchcock, S. Americ. Journal, 1844, S. 292; 1862, S. 451. — [8] Dass., 1848, VI, S. 272. — [9] Russel, Bull. U. S. G. S., Nr. 85, S. 62. — [10] E. Fraas, Z. d. D. geol. Ges., 1901, S. 60. — [11] Osborn, Americ. Naturalist, 1900, S. 795. — [12] Lyman, Proc. Am. Philos. Soc., Philadelphia, 1894, S. 192. — [13] Osborn, Bull. Am. Mus. Nat.-Histor. Vol. X, 1898, S. 220. — [14] Springer, Mem. Mus. of Camp. Anat. Harvard-Colleg. XXV, 1, S. 4. — [15] Dames, N. Jahrb. f. Min., 1896, II, S. 361. — [16] Osborn, dass., 1903, S. 461. — [17] Marsh. Plieninger, Palaeontographica. — [18] Osborn u. Knight, Mem. Am. Mus. Nat.-Hist. I, IV. — [19] March, S. Amer. Journal. XIX, S. 83. — [20] Dollo, Ref. N. Jahrb. f. Min., 1892, II, S. 415.

26

Die Kreidezeit und das große Sterben

Während der jurassischen Periode war das mediterrane Gürtelmeer zwischen Eurasien und Afrika stark eingeengt worden. Von Norden her schoben sich die großen Delta der Wälderformation herein, und wo kurz zuvor noch ein buntes Korallenleben gediehen war, da wandelten jetzt die riesigen Iguanodonten durch sumpfige Wälder. So war der größere Teil von Nordeuropa verlandet; aber auch von Süden her schoben sich festländische Sedimente aus dem Sudan und der südlichen Sahara nach Norden vor. Ungeheure Sandsteindecken (nubischer Sandstein z. T.) bildeten sich auf dem afrikanischen Wüstenland und verloren sich in Ägypten, Tripolis und Algier zwischen den fossilreichen Schichten des mediterranen Kreidemeeres.

Die große französische Saharaexpedition hat überaus interessante Beiträge zu der Frage nach der Vorgeschichte Nordafrikas geliefert, denn bei Djua überlagert die marine, mittlere Kreide, deren dickschalige Austern (Exogyra Obervegi u. a.) für das Hereindringen eines flachen Meeres sprechen, eine Schichtenfolge roter und grüner Mergel, in denen Gipslager für verdampfende Seebecken und zahlreiche Zähne von Ceratodus africanus und C. minutus für periodische Wüstenflüsse bezeichnend sind.

Aber bald beginnt das Meer wieder nach Norden und Süden vorwärtszudringen, und die mittlere Kreidezeit, das sog. Cenoman, ist dadurch ausgezeichnet, daß das Meer jetzt wieder bis Dänemark, Ostpreußen und Kasan reicht, so daß nur Schottland, Skandinavien und Nordrußland Festland bleiben. Auch nach Süden dringt es bis in das Herz der Sahara hinein, schreitet weit nach Innerasien vor und überschwemmt in gleicher Weise auf der westlichen Halbkugel einen großen Teil von Nord- und Südamerika. Für die Großartigkeit dieser cenomanen Transgression spricht es, daß auch südlich vom Äquator, an den Küsten von Südamerika, Afrika und Australien, ein energisches Vordringen des Kreidemeeres beobachtet wird.

Wir sind geneigt, dieses Übergreifen des Weltmeeres über die Ränder aller Kontinente, sein Eindringen in alle Niederungen und Depressionen dadurch zu erklären, daß wir aufwärtsgerichtete Bewegungen im Sinne flacher Aufwölbungen am Boden der Tiefsee annehmen, wodurch das darüberstehende Wasser aus seinen Grenzen gedrängt wurde.

Während der unteren Kreidezeit war Nordeuropa landfest, und als das Meer von diesem Gebiete wieder Besitz ergriff, drang mit seinen Fluten eine Fauna herein, welche durch einen langen Zeitraum von der Juratierwelt getrennt, neue Formenkreise entwickelt hatte und deshalb von jener leicht unterschieden werden kann. Es bilden sich jetzt in Nordeuropa neben zahlreichen anderen besonders zwei Gesteinsarten: ein grüner (Grünsand von Süddeutschland und Westfalen) oder gelber (Quadersandsein von Sachsen und Böhmen) Sandstein und ein weißer, zerreiblicher Kalk, der als Schreibkreide an den Küsten von Rügen, Nordfrankreich, England und Dänemark mit hohen, malerischen Felswänden aus dem Meere aufsteigt und der, obwohl er nur in ihrem letzten Abschnitt gebildet wurde, der ganzen „Kreidezeit“ ihren Namen gab.

Man hat die lange, kretazische Periode in fünf Abschnitte gegliedert:

5. Senon.
4. Turon
3. Cenoman
2. Gault
1. Neokom.

Jeder dieser Abschnitte ist durch eine eigentümliche Meeresfauna leicht zu charakterisieren und doch wieder durch Übergangsfaunen mit den benachbarten Schichten verbunden. An den Küsten des transgredierenden Meeres finden wir seltsame Lokalfaunen, die bald durch die reiche Entwicklung benthonischer Muscheln, Schnecken und Echinodermen, bald durch die Scharen leichter beweglicher Krebse und Fische oder die lang umhergetriebenen leeren Schalen von Ammoniten bezeichnet werden.

Für das Verständnis der ganzen Periode ist es wichtig, zwischen den nord- und südeuropäischen Verhältnissen scharf zu unterscheiden. Dort trennt eine festländische Episode den marinen Malm von dem marinen Cenoman. Im Süden aber wandelten sich in dem dauernden Meer langsam und allmählich die Formen. Solange man an der Grenze jeder geologischen Periode eine scharfe Kluft zwischen zwei grundsätzlich verschiedenen Faunen erwartete und nachzuweisen suchte, schienen die norddeutschen Verhältnisse diesen Forderungen am besten zu entsprechen. Seitdem man aber gelernt hat, entwicklungsgeschichtlich zu denken, gewannen die Profile im Süden mit ihren schwer zu scheidenden Übergangsfaunen eine immer mehr wachsende Bedeutung.

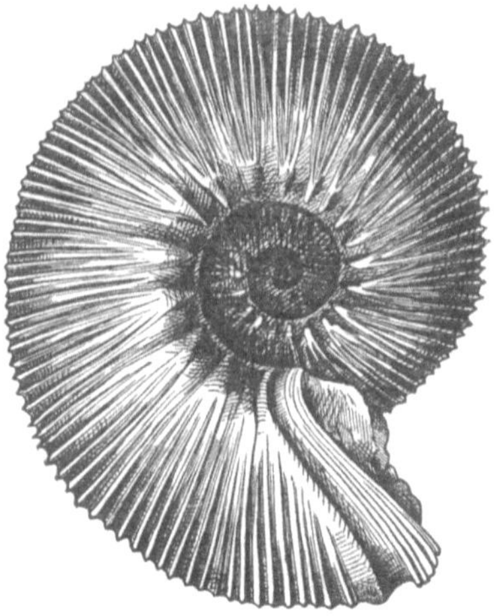

Figur 243.
Olcostephanus Astierianus
aus der französischen unteren Kreide.

Das Meer, das im heutigen Alpengebiete wogte, läßt uns vielfach die Lebewelt des oberen Jura in die Übergangsgebilde der sog. tithonischen Ablagerungen verfolgen, während man in Frankreich ähnliche Übergangsfaunen nach dem berühmten Fundort bei Berrias bezeichnet. Aber auch an zahlreichen anderen Fundstellen sehen wir langsam die Juraformen verschwinden und allmählich die neuen Kreidetypen auftreten.

Am wichtigsten für die Beurteilung dieser Veränderung der marinen Lebewelt sind die Ammoniten. Aber es ist nicht so sehr das Auftreten neuer Familien, als eine eigentümliche Änderung in der Schalengestalt, die wir mit Eintritt der Kreidezeit immer häufiger beobachten. Seit dem Silur kennen wir gekammerte Cephalopodenschalen, welche als Nautiliden, Goniatiten oder Clymenien, in mehr als 6000 Arten beschrieben, alle in einer Ebene aufgerollt sind. Mögen sie 1 mm oder 1 m Durchmesser besitzen, mag ihre Schale glatt, gerippt (Fig. 243) oder mit Dornen und Knoten (Fig. 191) verziert sein, mögen wir bei Betrachtung evoluter Schalen alle

Umgänge nebeneinanderliegen sehen oder mögen bei den involuten Schalen durch den sich verbreiternden letzten Umgang alle früheren verhüllt werden, mag die Mündung gerade abgeschnitten oder in lange Lappen und Ohren ausgezogen sein, mag ihr Querschnitt einen hohen Spalt oder eine breite Ellipse bilden, mag die Naht der Scheidewände eine flach gewellte, gekerbte oder zerschlitzte Lobenlinie erkennen lassen, immer sehen wir als gesetzmäßige Regel die Schale in einer Ebene aufgerollt. Es erscheint wie eine seltsame Anomalie, wenn der silurische Trochoceras ein wenig aus der Ebene gewickelt ist, wenn in der alpinen Trias die Schale des kleinen Rhabdoceras ein gerades Stäbchen und Cochloceras (Fig. 244) eine kleine Schneckenspirale erkennen läßt, oder wenn einzelne Arten und Varietäten etwas unsymmetrisch gestaltet sind, so daß ein medianer Schnitt nicht zwei genau gleiche Hälften trennt. Wenn wir erwägen, daß dafür die vielen Tausende von Schneckenarten fast alle eine spiralig aufgewickelte Schale besitzen, so erscheint die Regel bei den Ammoniten um so auffallender.

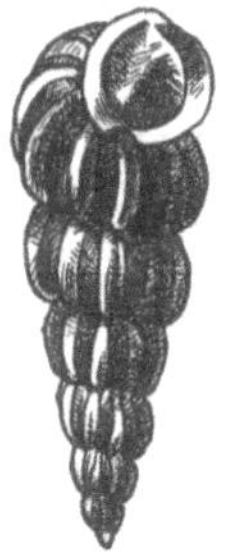

Figur 244. Cochloceres Fischeri. Schneckenartig aufgewickelte Ammonitenschale ($^{3}/_{1}$). Aus der alpinen Trias von Hallstatt.

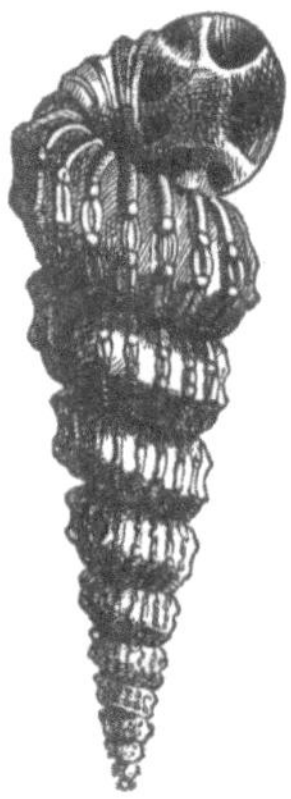

Figur 245. Turrilites catenatus aus der französischen Kreide.

Und diese Eigenschaft, welche ein so bezeichnendes und unveränderliches Merkmal des Ammonitenstammes war, unter dessen Walten die Gruppe zu so hoher Blüte gedieh und die unbestrittene Herrschaft unter den Meerestieren errang, sie geht jetzt verloren. Es entstehen die sog. Nebenformen der Ammoniten, deren stabfömig gestreckte (Baculites), turmartig aufgewickelte (Turrilites) Fig. 245) oder durch einen Knick umgebogene (Scaphites) oder locker gewickelte (Ancyloceras) (Fig. 247), meist reich mit Dornen und Rippen verzierte Schalen, allen den Regeln zu spotten scheinen, welche bis dahin die Gruppe beherrschten.

Diese so merkwürdig umgestalteten Nebenformen entsprechen aber keineswegs einer natürlich umgrenzten Familie, sondern ihre ganz verschieden gestaltete Lobenlinie zeigt, daß die verschiedensten natürlichen Formenkreise, wie von einer Krankheit ergriffen, abweichende Gestalten bilden.

Es muß also eine gemeinschaftliche Ursache dieser Änderung zugrunde liegen, und da die Nebenformen das Aussterben des ganzen Ammonitenstammes einleiten, hat man sie mit Recht als senile Altersanomalie bezeichnet. Nicht in dem Sinne, als ob sie für das Greisenalter des Individuums bezeichnend wären, denn die Nebenformen vermehren sich während der langen Kreideperiode vielfach in wunderbarer Weise, und aus dem alternden Ast sproßt manch junges Zweiglein. Aber die Lebenskraft der ganzen Gruppe war im Schwinden, und langsam schreitet sie dem Untergange entgegen.

Neben den vielen kleinen Ammonitenformen, die wir in der oberen Kreide finden, erweckt die Riesengattung Pachydiscus besonderes Interesse. Etwa 20 Arten dieser gewaltigen Schalen sind aus Italien, der Schweiz, Deutschland, Frankreich, England, den Pyrenäen, den Ostalpen, den Karpathen, dem Kaukasus, aus Indien, Japan, Nordafrika, Kalifornien und von Vancouver beschrieben. Einzelne Exemplare erreichten einen Durchmesser von 2 m. Wir möchten in ihnen Einsiedler sehen, die noch am Ende der Kreidezeit, in versteckten Buchten hausend, von den

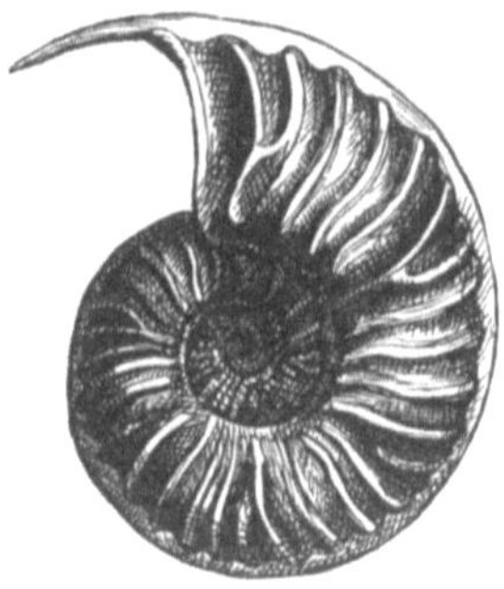

Figur 246.
Schlönbachia cristata aus der unteren Kreide von Frankreich.

Figur 247.
Ancyloceras Puzorianum. Untere Kreide der franz. Alpen.

sterbenden Tieren lebten, die beim Rückzug des Kreidemeeres dem Untergange geweiht waren. Daß allgemeine Ursachen dieses Riesenwachstum veranlaßten, geht aus Exemplaren nordamerikanischer Scaphiten hervor, die ebenfalls einen Durchmesser von 180 cm erreichten.

Das Aussterben der Ammoniten erfolgte natürlich nicht plötzlich, katastrophenartig, sondern hier früher, dort später, und wenn in Europa auch ihr Schicksal bei Beginn der Tertiärzeit besiegelt war, so lebten sie doch, wie es scheint, an den Küsten des Stillen Ozeans bis in das Eozän hinein.

Die Belemniten teilten das Schicksal der Ammoniten. Obwohl sie erst viel später als diese in der Triaszeit entstanden waren, so starben sie doch überall in der oberen Kreide aus und nur vereinzelte Relikte finden sich noch in den ältesten Tertiärschichten.

Es ist merkwürdig, daß zugleich mit den sonderbaren Nebenformen der Ammoniten auch das Geschlecht der Muscheln seltsam abgeänderte Typen erzeugte. Trotz aller Mannigfaltigkeit in Größe, Gestalt und Verzierung hatten sich die zweiklappigen Muscheln vom Silur bis zum oberen Jura in der Grundform ihrer Schale nicht geändert. Wohl verfolgt man bei Austern und anderen am Meeresgrunde festgewachsenen Gattungen, wie die beiden Schalen dadurch ungleich werden, daß auf der schüsselförmigen Unterschale die andere Klappe als kleinerer Deckel aufliegt. Auch die Entwicklung der sog. Wirbel, d. h., der widderhornförmig aus

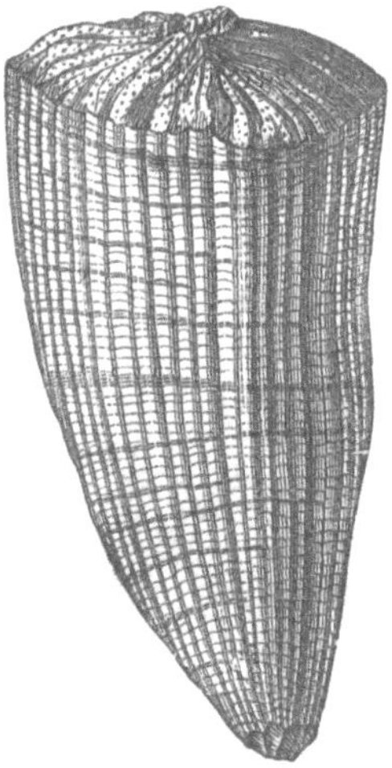

Figur 248.
Biradiolites cornu-pastoris (1/4).
Aus der mittleren Kreide von Frankreich. Die rechte Muschelklappe ist zu einem längsgeriefte Horn ausgewachsen, das, am Meeresgrunde befestigt, durch den flachen Deckel der linken Klappe oben geschlossen wurde.

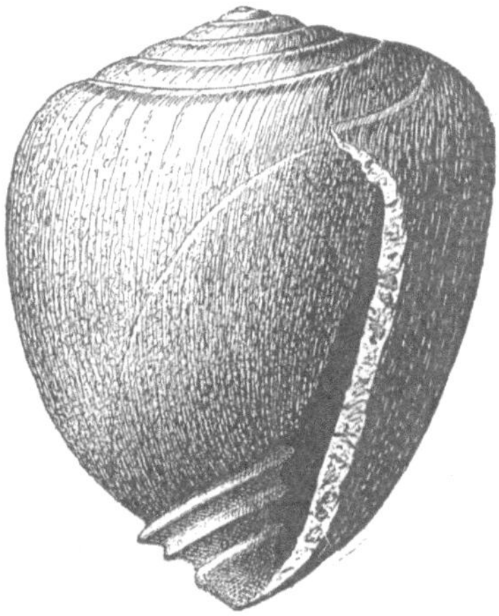

Figur 249.
Actaeonella gigantea aus der oberen Kreide von Niederösterreich.
Eine litorale Schnecke mit stark verdickter Schale, die zwischen den Rudisten lebte.

der Schale heraustretenden, ältesten Teile derselben war auf den Korallenriffen des Malm bei der Gattung Diceras (Fig. 212) ziemlich auffallend. Allein jetzt gewinnt diese Eigentümlichkeit erhöhte Bedeutung. An dem Ufer des südlichen Gürtelmeeres von Indien, durch Kleinasien, Südeuropa, Algier bis Mexiko erscheinen in der unteren, mittleren und oberen Kreide inmitten einer reichen Meeresfauna mit immer absonderlicheren Formen und immer größeren Dimensionen riesige Muschelgeschlechter, welche nach ihrem Zahnbau in ganz verschiedene Familien gehören, aber sich alle durch überaus dicke Schalen, starke Asymmetrie der beiden Klappen und mächtig entwickelte Wirbelregion auszeichnen. In der unteren Kreide ist es besonders die Gattung Requienia, später Caprotina, und in der oberen Kreide Radiolites (Fig. 248) und Hippurites (in Asien und Europa) und die ähnliche Barrettia (in Mittelamerika), die man unter dem Namen Rudisten zusammenfaßt. Die untere, festgewachsene Schale ist zu einem großen, dickwandigen Pokal geworden, in dessen Innerem nur wenig Platz für das Weichtier übrig bleibt. Die kreisförmige Deckelschale greift mit langen kräftigen Zähnen in jene hinein und konnte mit Hilfe derselben gehoben und gesenkt werden. Dicht gedrängt, wie die Rüben im Felde, stehen die Rudisten in den Kalkbänken und bilden zwar nicht eigentliche Riffe, spielen aber als Gesteinsbildner eine bemerkenswerte Rolle. Wie ein Palisadenzaun säumen sie oftmals das Ufer des Meeres. Riesige Nerineen und andere dickschalige Schnecken (Actaeonella, Fig. 249) krochen dazwischen umher, und eine Fülle von Korallen spricht für warmes Wasser, indes Kohlenschmitzen, Landpflanzen und die Dinosaurierknochen die Nähe des Landes verraten.

Während die Rudisten besonders die Ufer des südlichen Weltmeeres schmückten, trieb der Muschelstamm in den litoralen Gewässern des mittleren Europa noch eine andere, sonderbare Blüte. In jeder normalen Muschelschale können wir leicht drei verschiedene Schichten unterscheiden: nach außen die hornige Epidermis, welche den Farbstoff der bunten Schalen enthält, darunter eine, aus zahlreichen, feinen Stäbchen zusammengesetzte Prismenschicht, und endlich im Innern die dichte Porzellan- oder irisierende Perlmutterschicht. Manche Brackwassermuschel, wie Mytilus und Pinna, zeigen nun eine Schale, welche vorwiegend aus Epidermis- und Prismenschicht zusammengesetzt ist und in der norddeutschen Kreide und benachbarten Gebieten tritt[1] die Gattung Inoceramus (Fig. 250) auf, deren Schale ebenfalls fast ausschließlich aus der Prismenschicht gebildet wird. Manche ihrer Arten lebten[2] zwischen einer formenreichen Meeresfauna, aber von hier drangen andere Formen weit in die brackischen Küstengewässer hinein, variierten dort ungemein und bildeten vielfach ausgezeichnete Leitfossilien, mit Hilfe deren man die lithologisch sehr ähnlichen Gesteine gut gliedern kann. Sie waren so anpassungsfähig und pflanzten sich so leicht fort, daß sich die Gattung rasch über die ganze Welt verbreitete,[3] und auf Grönland, ebenso wie in Süd-Patagonien, in Sachalin und Japan wie in Südindien, in Palästina wie in Südafrika und Texas leitende Arten bildet.

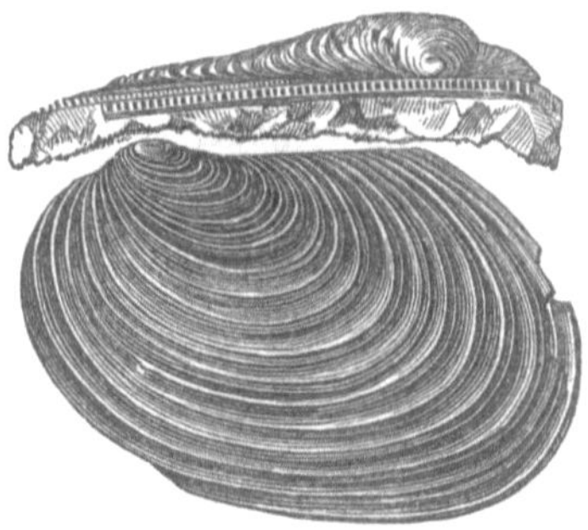

Figur 250.
Inoceramus Cripsii ($^1/_2$).
Obere Kreide der Alpen.

Wir müssen uns erinnern, daß das Meer der oberen Kreidezeit in allen diesen Gebieten Vorstöße unternahm und durch energische Sedimentbildung wieder zurückgedrängt wurde, und bedenken, daß noch bei Beginn der Tertiärzeit ein gleichmäßiges Klima über die ganze Erde herrschte, um die kosmopolitische Verbreitung der Inoceramen zu verstehen. In Norddeutschland tritt die Gattung im Gault spärlich auf, wird dann im Turon sehr formenreich, und die senonische Art I. Cripsii, deren formenreiche Schale allerdings[4] unter 17 verschiedenen Namen beschrieben

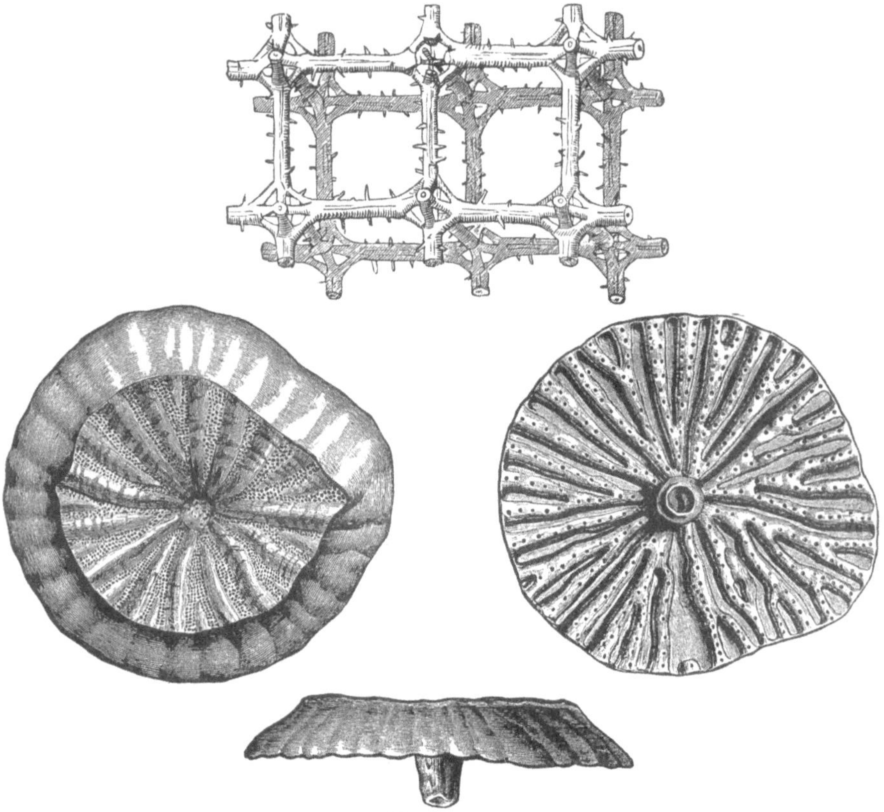

Figur 251.
Coeloptychium agaricoides aus der oberen Kreide von Braunschweig.
Links von oben, rechts von unten, darunter die Seitenansicht. Das Nadelskelett ist oben stark vergrößert dargestellt.

worden ist, bildet den Endpunkt dieser Entwicklung. Im Salzkammergut erreichen die Schalen von Inoceramus einen Durchmesser von 1 m, während die sächsischen und norddeutschen Arten meist nur handgroß werden. Die in jedem Bruchstück durch die faserige Prismenstruktur leicht erkennbare Gattung bietet dem Geologen überall ein willkommenes Hilfsmittel, um Ablagerungen der oberen Kreide von den hangenden Tertiärschichten zu trennen.

Wenn wir die in Tausenden von Arten und Gattungen bekannte und an vielen Fundorten wunderbar erhaltene Fauna des Kreidemeeres als Ganzes betrachten, dann erscheint sie im Vergleich zu anderen Perioden von geringer Schöpferkraft. Die degenerierten Ammoniten, die durch exzessives Wachstum so absonderlich umgewandelten Muscheln, welche einem baldigen Tod entgegengehen, dürfen uns nicht darüber täuschen, daß die Formenkreise der mittelzeitlichen Fauna, die in der Triasperiode eine so lebhafte Wandelung und Umgestaltung erkennen lassen,

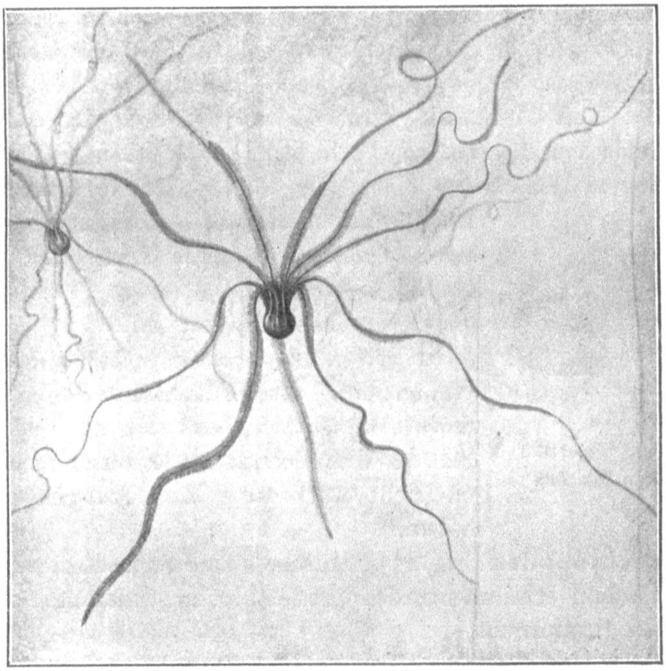

Figur 252.

Uintacrinus socialis. Eine freischwimmende Seelilie. Kreide von Kansas.

im Verlauf der Jura- und Kreideperiode nur noch in Nebendingen sich ändern, so daß wohl neue Gattungen und Arten entstehen und als Leitformen große Bedeutung gewinnen, die Entwicklung aber keine neuen Wege beschreitet. Die wenigen Ausnahmen lassen sich leicht aufzählen.

Unter den Seeschwämmen zeichnet sich die Gattung Coeloptychium (Fig. 251) durch ihre elegante Form aus. Auf einem bisweilen durchbrochenen Stiel erhebt sich wie eine Tischplatte mit abgeschrägtem Rande der kreisförmige Schwammkörper. Seine Oberseite ist mit einer in radiäre Felder geteilten Deckschicht überzogen, die Unterseite zeigt tiefe Falten, auf deren Rücken die Ausfuhröffnungen des Kanalsystems in

Reihen angeordnet sind. Die zu einem quadratischen Maschenwerk verschmolzenen sechsstrahligen Kieselnadeln erscheinen bei mikroskopischer Betrachtung an ihren Kreuzungspunkten durchbrochen und überall mit zarten Dornen besetzt.

Die Korallen, welche in der Trias- und Jurazeit als Riffbildner eine so große Rolle gespielt hatten, sind jetzt von geringerer Bedeutung, doch lassen sich noch Riffe in Frankreich, der Krim und Mexiko nachweisen.

Unter den Seeigeln nehmen die irregulären Herzigel ungeheuer zu, unter den Seelilien sind die beiden Gattungen Uintacrinus und Marsupites besonders zu erwähnen. Sie waren stiellos, und ihr nuß- bis apfelgroßer Körper mag mit seinen langen, gefiederten Armen nektonisch im Wasser umhergerudert sein. Marsupites lebte in England, Deutschland und Südindien; Uintacrinus (Fig. 252) ist dafür in der oberen Kreide von Kansas sehr zahlreich. Das gesellige Auftreten des ausgezeichneten Fossils in einer nur 10 cm dicken Kalkschicht bei Elkador ist besonders bemerkenswert. Eine einzige Expedition brachte über 1200 Exemplare von dort. Auf einer Platte von 3 qm Fläche lagen 220 Exemplare, die mit ihren langen Armen so dicht verschlungen waren, daß alle diese Individuen eine große Hohlblase bildeten. Man möchte annehmen, daß sich die Einzeltiere zur Zeit der Geschlechtsreife so zusammenfanden und vielleicht auch eine Art Brutpflege ausgeübt haben.[5]

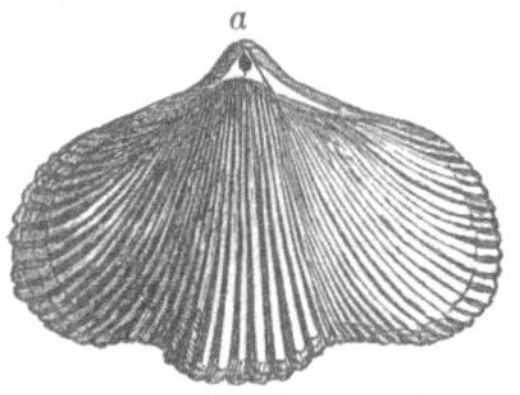

Figur 253.
Rhynchonella vespertilio aus der französischen Kreide.

Die Brachiopoden (Fig. 253), Muscheln und Schnecken zeigen, soweit dies nicht schon erwähnt wurde, große Übereinstimmung mit den entsprechenden Juraformen.

Ein großer Umschwung vollzieht sich während der Kreidezeit in der Fischfauna; denn die bis dahin marinen Schmelzschupper (Ganoiden) verschwinden langsam aus dem Meer und werden ersetzt durch die jetzt immer zahlreicher werdenden Knochenfische. Von den 40 lebenden Familien sind 16 schon im Kreidemeer vertreten, die meisten anderen aber treten mit so vollkommen ausgeprägten Familiencharakteren im Eozän auf, daß wir auch für sie kretazische Vorfahren annehmen müssen.

Auch die Selachier erleben sonderbare Umgestaltungen, und wenn der Vorfahre des bekannten Sägefisches, Propristis Schweinfurthi, im Eozän von Ägypten schon eine 2 m lange Säge hat, so läßt diese Tatsache vermuten, daß diese eigenartige Verlängerung der Schnauze schon während der Kreidezeit angelegt worden ist.

Von größeren Wirbeltieren lebten im Meere noch zahlreiche Seedrachen. Gewaltige Ichtyosaurier sind in Europa, Ostindien und Australien gefunden worden, während die Gattung Cimoliosaurus in Deutschland, der Schweiz, England, Rußland, Frankreich, Nordamerika, Neu-Seeland, Australien und Chile die letzten Vertreter der Plesiosaurier darstellt. Krokodile und Schildkröten waren noch in reicher Blüte, große Eidechsen (Fig. 254), mit seltsamen Dornen bewehrt, lebten in England, die gewaltigen Pythonomorphen führten kühne Raubzüge aus, und über dem amerikanischen Kreidemeer schwebte der riesige Pteranodon als letzter Vertreter der Flugsaurier.

Die Erscheinungen, unter denen das cenomane Meer von dem Festland Besitz ergriff, lassen sich vielfach an ausgezeichneten Aufschlüssen studieren. In Sachsen[6] schritt es über ein stark abgetragenes Faltengebirge hinweg, dessen Untergrund aus älteren Schiefern, karbonischen Syeniten und permischen Porphyren bestand. Tief ausgewühlte Strudellöcher und schmale Rinnen sehen wir jezt mit abgerundeten Rollblöcken und fossilreichem Muschelsand vom Kreidemeere erfüllt. Dann

Figur 254.
Polacanthus Fassi.
Ein mit Stachelreihen bewehrter Saurier aus der Kreide von Wight (3 m lang).

baut sich darüber in einer Mächtigkeit von etwa 300 m das Sandsteingebirge der Sächsischen Schweiz auf, das sich nach Süden in das böhmische Quadergebirge fortsetzt. Die mächtigen, durch die Verwitterung und Abtragung in so malerische Felsgruppen zerlegten Sandsteinbänke werden durch kalkig-tonige Zwischenschichten (Pläner) in einzelne Stufen zerlegt; Versteinerungen sind selten, und es ist begreiflich, daß sich in dem riesigen Sanddelta nur an wenigen Stellen ein reicheres Tierleben ansiedeln konnte. Doch ist es gelungen, durch bezeichnende Fossilien zu zeigen, daß die Quadersandsteine durch die ganze Cenoman- und Turonzeit hindurchreichen. In der Grafschaft Glatz reicht die Fazies bis in das Senon hinein.

Obwohl das Kreidemeer in Südindien nur einen verhältnismäßig kleinen Vorstoß gegen das Festland unternahm und hier korallenreiche Kalksteine bildete, so treffen wir doch bei Trichinopoli dieselben Lagerungsverhältnisse wie in Sachsen. Auch hier schritt das Meer über gefaltete Gneise und Granit hinweg; vielgestaltige Höhlen und

Löcher hat das Meer im Untergrund ausgewaschen, und die in dem blendend weißen oder lateritisch rotgefleckten Kalk eingestreuten Rollblöcke sind noch mit den Kreideaustern bewachsen. Von 109 Ammonitenarten der Utatur-Formation (Cenoman) sind 27 in Europa bekannt, darunter 9 als Leitfossilien des Gault und 3 des Neokom. In der folgenden Abteilung sind unter 23 Cephalopoden nur 4 europäische Arten. Die hangenden Arialurschichten, die man mit dem Senon vergleicht, enthalten zwei Cephalopoden aus dem europäischen Gault und manche Formen der mittleren Kreide.

So bietet uns diese Fauna, wenn wir sie nach einzelnen Leitfossilien gliedern und in das europäische Schema einzwängen wollen, zahlreiche Schwierigkeiten und lehrt uns recht nachdrücklich, daß die Verteilung der Faunen in den Meeren der Vorzeit genau wie in denen der Gegenwart mehr nach biologischen Gruppen, als wie nach den starren Gesetzen erfolgte, die unter dem Einfluß von Cuviers Katastrophenlehre so nachhaltigen Einfluß gewonnen hatten.

Vielleicht die auffallendste Erscheinung[7] in der südindischen Arialurfauna ist die Häufigkeit von Schnecken, besonders von fleischfressenden Vorderkiemern (Cyprea, Voluta u. a.), wie sie an den europäischen Küsten erst nach dem Aussterben der Ammoniten im Eozän erscheinen. Sie wandern also aus dem südlichen Tropenmeer erst später bei uns ein und erscheinen nur deshalb bei uns mit so wohlausgeprägten Charakteren, weil sie im Indischen Meer sich längst entwickelt und ausgebildet hatten.

Das für die ganze Periode bezeichnendste Gestein, die weiße Schreibkreide, bildete sich vorwiegend während der senonen Zeit. Zwar fehlt es auch anderswo nicht an kreideähnlichen Kalksteinen, aber die eigentliche Kreideablagerung ist beschränkt auf Norddeutschland, Dänemark und Schonen, Nordfrankreich, Südengland und einen Teil von Irland. Durch Bruchlinien zerstückelt oder in Falten gelegt, von tertiären und diluvialen Schichten vielfach verhüllt, von der Brandung in steile Klippen zerlegt, bilden die weißen Kreidefelsen mit ihren schwarzen Feuersteinen ein äußerst charakteristisches Landschaftsbild. Durch Schlämmen des weichen Gesteins lassen sich aus dem feinen Kalkpulver zierliche Foraminiferenschalen herauslesen, die in der Regel nur vereinzelt, gelegentlich aber so häufig darin auftreten, daß man die Schreibkreide vielfach als ein Foraminiferengestein bezeichnet. Obwohl nun Globigerinen darunter sehr selten sind und dafür bodenbewohnende Rotalien, Textularien usw. eine große Rolle spielen, so hat man immer wieder versucht, die Schreibkreide mit dem Globigerinenschlick der heutigen Meere zu vergleichen und als eine „Tiefseebildung“ zu bezeichnen. Die Häufigkeit dickschaliger Austern (Gryphaea) würde allein hinreichen, um diese Hypothese hinfällig zu machen, selbst wenn nicht der Übergang zwischen Schreibkreide und Grünsand und das Auftreten einer Flachseefauna im Hangenden einer solchen Annahme widersprächen.

Durch den sorgfältigen Verlgeich aller in der Schreibkreide beobachteten Tiere mit deren heutigen Lebensgewohnheiten konnte man[8] zeigen, daß die überwiegende Mehrzahl Bewohner der Flachsee sind und meist in Tiefen von 200—300 m leben; viele sind sogar auf geringere Wassertiefe beschränkt. Wir müssen deshalb auch die Schreibkreide als eine Flachseebildung betrachten, und es bleibt nur noch die Frage zu erwägen, unter welchen Umständen die feinpulverige Masse der Schreibkreide gebildet worden ist.

Solange man annahm, daß die Schreibkreide wie die Ablagerungen der heutigen Tiefsee überaus langsam gebildet worden sei, mußte man einen alle Vorstellungen überschreitenden Zeitraum für deren Entstehung berechnen. Aber die ganz geringen Änderungen, welche die Fauna während der Bildung von etwa 100 m Kreideschlamm erlitten hat, widersprechen entschieden dieser Hypothese. Man teilt die senone Kreide nach dem Vorherrschen bestimmter Belemnitenformen in eine Unterabteilung mit Actinocamax quadratus und eine obere mit Belemnitella mucronata. Aber in Frankreich[9] treten beide Formen zusammen auf und wandern erst nacheinander in Deutschland ein. Die Kreide bildete sich also, geologisch gesprochen, in einem recht kurzen Zeitabschnitt und wir müssen deshalb nach anderen Ursachen suchen, um die Bildung des weichen Schlammes zu erklären.

Die zahlreichen Bruchstücke und halb zerfallenen Schalenreste von Foraminiferen, Bryozoen, Schnecken, Muscheln, Echinodermen, sowie kalkabscheidenden Pflanzen, die man in dem weichen Kreidepulver eingestreut findet, machen es wahrscheinlich, daß die Hauptmasse der Kreide zur Zeit ihrer Bildung sich kaum unterschied von den zahlreichen organischen Kalken, die sich in den Meeren aller Perioden gebildet haben; aber der Zerfall dieser Kalkreste in ein feines Pulver, wahrscheinlich unter dem Einfluß von Bakterien, war das letzte Stadium der nachträglichen Veränderung des Sedimentes. Das bis auf wenige Reste in ein amorphes Kalkpulver zerfallene Gestein wurde aus dem Meere emporgehoben, noch bevor es wieder verkittet ward, und so erblicken wir in der Schreibkreide ein Übergangsstadium, das bei der Bildung anderer strukturloser Kalke rasch durchschritten und durch spätere Vorgänge unkenntlich gemacht, in diesem Fall aber fixiert wurde.

Auch die Bildung der Feuersteinknollen, welche ein so charakteristisches Element der weißen Kreide darstellen, dürfte damit zusammenhängen. Ein langer Kampf drehte sich darum, ob diese schwarzen Knollen verwandelte Kieselschwämme oder chemische Abscheidungen seien; aber unter Tausenden von Feuersteinen, die man auf Rügen zerschlägt, findet man nur ganz vereinzelte Stücke mit Schwammstruktur, und neben den zahlreichen Fällen, wo überhaupt keine organische Spur in der Knolle zu beobachten ist, spielen die Stücke, in denen ein Seeigel, eine Koralle, ein Brachiopod oder Belemnit vom Feuerstein umhüllt wurde, nur eine geringe Rolle. Dagegen zeigen Feuersteinplatten und vergabelte Feuersteingänge, daß höchst wahrscheinlich auch die große Mehrzahl der rundlichen Knollen chemisch abgeschiedene Kieselsäure sind; mag diese nun von aufgelösten Radiolarien, Spongiennadeln oder Diatomeen herrühren, so scheint sie doch ursprünglich diffus in dem zerfallenden Kreidepulver verteilt gewesen zu sein und wurde erst abgeschieden, als die ganze Ablagerung trockengelegt ward.

Während die höchsten Kreideschichten auf Rügen weggewaschen sind, setzt sich das Profil auf den dänischen Inseln und in Westfalen weiter fort. Auf der Insel Möen finden wir Kalke, reich an Bryozoen, Hornkorallen, Seeigeln, Austern u. a. Meerestieren, so daß man für dieses Gebiet eine fortdauernde Meeresbedeckung annehmen muß. In Westfalen aber zeigen uns die fischreichen Kalkschichten von Sendenhorst[10], wie das Meer sich zurückzog und ein flacher Reliktensee entstand. Bei der Seltenheit anderer Meerestiere überrascht uns die Fülle der hier gefundenen Fische. Auf einer sieben Quadratfuß großen Kalkplatte lagen 26 Fische und 2 Krebse. Sardinius und Sardinoides sind besonders häufig, seltener Cyprinoiden und Hechte, auch einige Haie. Sie sind so wundervoll erhalten, daß man vermuten möchte, sie hätten sich in einen halb ausgesüßten See gewagt und wären dabei rasch zugrunde gegangen. Die Fischfauna hat viel größere Verwandtschaft mit tertiären als kretazischen Formen. Die Bucht von Sendenhorst war von zahlreichen Pflanzen umstanden; neben Araukarien und Eichen ist Ficus, Oleander und Eukalyptus zu bemerken; ähnliche Floren sind auch aus manchen anderen Kreidegesteinen (Fig. 255) bekannt geworden.

In auffallender Weise stimmt mit den hier gefundenen Fischen eine Fauna überein, welche in dünnplattigen Kalken der oberen Kreide vom Libanon gefunden wird: die von hier beschriebenen[11] 114 Fischarten zeigen auch schon vollkommen tertiären Charakter.

So begegnet uns gegen Ende der Kreideperiode überall eine Tatsache, welche in der ganzen Erdgeschichte einzigartig dasteht: das Aussterben zahlreicher Ordnungen, Familien, Gattungen und Arten und das Neuauftreten der Fauna, welche die heutigen Meere bewohnt. Da in Europa um diese Zeit weite Flächen des Kreidemeeres trocken gelegt wurden und die ältesten Tertiärschichten eine wesentlich andere Verteilung des Meeres erkennen lassen, so tritt hier der Gegensatz zwischen der mittelzeitlichen und neuzeitlichen Tierwelt meist ziemlich grell und unvermittelt in die Erscheinung. Wir haben an der Hand einiger Profile aber zeigen können, daß dieser Gegensatz durch Übergänge vermittelt wird.

Es handelt sich also keineswegs um eine weltweit auftretende Katastrophe, welche früheres Leben vernichtete, so daß überall gleichzeitig die neue Tierwelt aufblühte. Vielmehr geschah das große Sterben hier früher, dort später; zahlreiche Reliktenfaunen retteten sich auf kurze Frist in die neue Zeit hinein, aber trotzdem hielt der Tod niemals eine so furchtbare Ernte, wie gegen Ende der Kreidezeit.

Das geologische Alter der damals fast gleichzeitig aussterbenden Gruppen ist ganz verschieden hoch. Die seit dem Silur erst langsam, dann in staunenswerter Formenfülle auftretenden Ammoniten sterben

Figur 255.
Vegetation am Ufer eines Sees der Kreidezeit in Böhmen.

ebenso wie die erst seit der oberen Trias lebenden Belemniten. Die Rudisten und Inoceramen waren sogar erst während der Kreidezeit zu jener leitenden Bedeutung gekommen, und doch verschwinden auch sie aus dem Meere. Weniger auffallend ist das Sterben bei den Korallen, Echinodermen, Brachiopoden, Muscheln und Schnecken, allein aus jeder dieser Gruppen lassen sich bezeichnende Fälle von dahinsiechenden Gattungen anführen.

Auffallend ist es, daß auch die großen Reptilien, die in der Kreidezeit noch eine so wichtige Rolle spielten, jetzt zugrunde gehen. Die Ichthyosaurier treten in der Kreide von Indien, Australien, Neu-Seeland und Ceram[12] noch einmal mit riesigen Formen auf, um dann vollkommen auszusterben; selbst die gewaltigen Pythonomorphen sind dem Tode geweiht.

Man könnte nach dem Gesagten das große Sterben der Kreidefauna für eine rein marine Erscheinung halten, wenn nicht gleichzeitig auch die Lebewelt des Festlandes sich total veränderte. Aber auch hier beobachten wir, daß der Tod bald früher, bald später eintritt und dementsprechend auch die neuen Formen in verschiedenen Ländern zu verschiedenen Zeiten erscheinen. Während die Zykadeen in Nordamerika schon in der unteren Kreide durch die Blütenpflanzen ersetzt werden, wandelt sich die europäische Flora erst zur oberen Kreidezeit. Sogar die Dinosaurier und die zahntragenden Urvögel leben in Nordamerika noch lange Zeit zwischen den neuen Gewächsen, bilden gewaltige Riesen und unternehmen große Wanderungen. Mit Ende der Kreidezeit sterben sie überall aus, und selbst die zwischen ihnen lebende Fauna der kleinen, ältesten Säugetiere (Allotherien) überschreitet nur mit zwei Gattungen die Grenze der Mittelzeit.

Fragen wir nach den geologischen Ursachen für diese tiefgreifende Umgestaltung der gesamten irdischen Lebewelt, so möchte man gern irgend eine besonders markante Veränderung dafür verantwortlich machen; aber dabei trifft man stets auf große Schwierigkeiten.

Die Transgression des cenomanen Meeres war gewiß durch ihre Ausdehnung und weltweite Verbreitung eines der wichtigsten Ereignisse in der Geschichte des Ozeans. Überall trat damals das Meer aus seinen Grenzen, schritt über die lockeren Ablagerungen weiter Niederungen ebenso wie über den felsigen Boden uralter Festländer, eroberte überall neue Wohnsitze, und rasch folgte seinem Vordringen die Meeresfauna. Aber es ist nicht die neuzeitliche Lebewelt, welche hierbei das neue Gebiet besiedelt. Wohlbekannte Kreidegattungen und Arten, aufs engste verwandt mit den jurassischen Ahnen, überraschen uns durch ihre weltweite Verbreitung. Wohl besteht ein großer Gegensatz zwischen der atlantischen Fauna des Nordens und dem südlichen Formenkreis, der uns in Ostindien, Neu-Seeland und Patagonien entgegentritt, aber leitende Fossilien erlauben an diesen weit entlegenen Fundorten eine ziemlich genaue Altersbestimmung.

Wir haben noch zu zeigen, daß um die Wende der Kreidezeit und während der ganzen folgenden Tertiärperiode gewaltige Bewegungen der Erdrinde einsetzten und Hand in Hand damit fast auf dem ganzen Erdenrund vulkanische Ausbrüche erfolgten. In der oberen Kreide wurde das Festland von Dekhan mit basaltischen Decken übergossen und von Aschenregen überschüttet, die eine Gesamtmächtigkeit von 2000 m erreichten. Süßwasserseen von beträchtlicher Ausdehnung unterbrachen die vulkanischen Paroxysmen; zahlreiche vulkanische Ausbrüche folgten dann in Europa und Nordamerika, in Afrika und zahlreichen Archipelen des Weltmeeres. Aber nirgends finden wir die Zeichen dafür, daß diese weit verbreiteten vulkanischen Ausbrüche mit ausgedehnten Aschendecken eine Grenzschicht zwischen der Kreide- und Tertiärfauna bezeichnen. Wir können also auch den Vulkanismus mit seinen giftigen Dämpfen und seinen Erschütterungen nicht als die Ursache des Faunenwechsels bezeichnen.

Die Flora des untersten Tertiär stimmt mit derjenigen der Kreidezeit darin überein, daß sie nur geringe klimatische Zonen erkennen läßt; auf Grönland und Spitzbergen herrschte ein warmes, feuchtes Klima, in Europa finden wir vielfach die Spuren trockener Steppenfloren, und Afrika scheint ein dürres Wüstenland gewesen zu sein, in dem sich eine etwas reichere Flora gerade wie heute nur an den Ufern der Flüsse und Oasenquellen halten konnte. Aber keine Kälteperiode, keine Schneezeit schiebt sich zwischen Kreide und Tertiär. Nirgends treffen wir Erscheinungen, die auf eine tiefgreifende Klimaänderung schließen lassen.

So müssen wir uns auf ein anderes Gebiet begeben, wenn wir nach den Ursachen der großen Veränderungen forschen, welche die gesamte Lebewelt damals erlitt. Die Herrschaft der Ammoniten und Belemniten in den Meeren der Mittelzeit ist eine Tatsache von unbestrittener Bedeutung. Ihre Schalen erfüllen alle Meeresablagerungen in so überreicher Individuenzahl, ihre Form und Größe deutet auf so verschiedene Anpassungen und Lebensgewohnheiten hin, daß man in ihnen unbedingt das wichtigste Faunenelement erblicken muß. Nachdem die Ammoniten in der Permzeit den ungeheuren Aufschwung genommen hatten, beherrschen sie das Meer drei lange Perioden hindurch, und als sie sich dem Tode nähern, da zeigen alle Formenkreise so deutliche Symptome eines abnormen Wachstums, so offenkundige Zeichen einer senilen Degeneration, daß uns ihr Aussterben durch eine Art von Altersschwäche zweifellos bedingt erscheint. Indem nun dies wichtigste Element aus der bionomisch so vielfach verketteten Meeresfauna verschwand, indem mächtige Feinde, fruchtbare Konkurrenten und gefräßige Nebenbuhler, herrschende und dienende Formen ausfielen, mußte sich unaufhaltsam die gesamte übrige Tierwelt den neuen Verhältnissen anpassen. Gerade als wenn man aus einem großen Gewölbesystem die Schlußsteine herausnimmt oder die haltenden Strebepfeiler eines gotischen Chors entfernt, so daß überall Risse entstehen, ganze Gewölbebogen zusammenbrechen, Mauern herausfallen und alle Steine sich in neuer Weise gruppieren, bis endlich eine neue Form festerer tektonischer Beziehungen gefunden ist, so mußte sich die gesamte Lebewelt des Meeres ändern in dem Maße, als die Cephalopoden im Meere dem Untergange verfielen.

Nahezu gleichzeitig mit dem aufblühenden Ammonitenstamm waren in der Permzeit die Reptilien entstanden, und wenn jene die Fauna des Meeres beherrschten, so waren diese die Könige des Landes. Als Eidechsen und Schildkröten, als Schlangen und Dinosaurier belebten sie alle Räume des trockenen Landes und drangen ebenso in die Fluten des Meeres, wie in die Luft hinein. Neben den Flugsauriern spielten die Vögel nur eine bescheidene Rolle; neben den riesigen Dinosauriern verkrochen sich die kleinen, furchtsamen Ursäuger; denn das Reptiliengeschlecht fand so viele Formen in Körpergestalt und Lebensweise, daß es unbestritten überall den Ton angab.

Gerade als wenn der Zeitraum von Trias, Jura und Kreide für verschiedene Formenkreise Jugendblüte und Greisenalter in sich schlösse, so kommen und gehen mit den marinen Ammoniten die festländischen Reptilien, zugleich mit ihren ins Meer übergetretenen Zweigen; und wie das Wegnehmen der Ammoniten aus der Meeresfauna, so mußte das allmähliche Aussterben der alternden Reptilien auf dem Festlande entsprechende biologische Folgen haben, nur daß hier die rasche Verbreitung der höheren Pflanzen als begleitende Ursache wohl eine wichtige Rolle gespielt hat.

So wurde überall Platz für eine neue Lebewelt, und während sich die Festländer vergrößerten, während die Kontinente aus dem Ozean herausstiegen und, durch breite Landbrücken wiederholt verbunden, überall neue Siedelungsgebiete eröffneten, begann eine neue Flora und Fauna ihren Siegeszug über die Erde.

Verweise

[1] Schlüter, Palaeontogr., XXIV, S. 285. H. B. Geinitz, N. Jahrb. f. Min. 1873, S. 22. — [2] F. Roemer, das. 1848, S. 22. — [3] Michael, Jahrb. d. K. Pr. G. L.-A., Berlin 1898, S. 153. — [4] Holzapfel, Palaeontogr., XXXV, S. 223. — [5] Bather, Proc. of Geol. Soc., London 1895, S. 974. Springer, Beecher, Ref. Geol. Centralbl. I, S. 252. — [6] Petrascheck, Isis, Dresden 1899, II, S. 29. — [7] Oldham, Geol. of India, S. 242. — [8] Cayeux, Contr. à l'étude des Terr. Sédiment, Paris 1897. — [9] Schlönbach, N. Jahrb. f. Min. 1866, S. 319. — [10] v. d. Marck, Palaeontogr., XI, S. 1. v. Meyer, das., XIV, S. 270; das., XXVI, S. 129. — [11] v. d. Marck, das., XXII, S. 55. Dames, N. Jahrb. f. Min. 1888, II, S. 322. — [12] Martin, das. 1890, I, S. 141.

27

Die Tertiärzeit

Um die Mitte des achtzehnten Jahrhunderts lebte in Venedig ein feinsinniger Beobachter und vielerfahrener Naturforscher, Johannes Arduino, der, in lebhaftem Briefwechsel[1] und Gedankenaustausch mit den Gelehrten jener Zeit stehend und von allen, die nach Italien kamen, besucht, bald einen großen Einfluß auf die Entwicklung geologischer Kenntnisse gewann. Er erkannte zum erstenmal, daß man in dem Schichtenbau Oberitaliens vier Gruppen von Gesteinen unterscheiden könne, welche sich regelmäßig überlagern; nämlich

1. die Montes primarii, später das Urgebirge genannt; reich an Mineralien und Erzen.

2. Montes secundarii, die geschichteten Kalke; reich an organischen Überresten.

3. Montes tertiarii, die Tone und Kalke, welche, reich an marinen „Quisquilien", die Vorberge der Alpen und des Apennin zusammensetzen.

4. Die Montes quartarii, gebildet aus den Absätzen des Po und seiner Nebenflüsse, nebst den vulkanischen Gesteinen, die ihnen aufgesetzt sind.

Diese einfache und für Oberitalien überaus zweckmäßige Einteilung erfreute sich bald allgemeiner Zustimmung und wurde durch Arduinos Freunde rasch in ganz Europa verbreitet. Überall versuchte man, nach dem genannten Schema die Erdschichten zu gliedern und bis zum heutigen Tage spielen Arduinos Begriffe teilweise in der Geologie, besonders aber in weiteren Kreisen, eine große Rolle.

Um das Jahr 1780 erkannte Werner, daß man zwischen Primär- und Sekundärgebirge ein sog. „Übergangsgebirge" einschalten müsse, das dann später wesentlich unter dem Einfluß von Murchison in die Formationen: Kambrium, Silur, Devon und Karbon gegliedert wurde.

Ein Blick auf die Formationstabelle, Seite 170, läßt rasch erkennen, daß die Tertiärperiode für den Geologen nur ein letzter Zeitabschnitt ist, der auf neun gleichwertige, vorausgegangene Perioden folgt.

Wie einst Arduino, teilen zwar auch wir die Erdgeschichte in vier große Zeiträume, an deren Wende eine allmähliche, tiefgreifende Veränderung der Meeresfauna eintrat, aber wir ziehen die Grenzen an anderen Stellen. Das Kambrium erscheint uns als die Todesstunde einer vorkambrischen archäozoischen Zeit; mit dem Untersilur setzt die paläozoische Lebewelt ein, mit der Trias beginnt die dritte Periode der mesozoischen Faunen, die bis zum Schluß der Kreidezeit leben. Dann beginnt das große Sterben altertümlicher Formen, und während so aus dem Wechselspiel der Meeresfaunen eine Gruppe nach der anderen langsam verschwindet, wird ihr Platz von den neuen Formenkreisen der neozoischen Ära eingenommen.

Durch zahlreiche Übergänge verknüpft, aber in ihrem Wesen von der mesozoischen Fauna scharf unterschieden, setzt diese letzte der großen Perioden mit der Tertiärzeit ein, und die alluviale Gegenwart erscheint uns nur als die Erfüllung der im untersten Tertiär zuerst eintretenden Veränderungen.

An der Hand der marinen Schaltiere läßt sich die langsame Herausbildung der heutigen Formenwelt leicht verfolgen, und so konnte Lyell in Verbindung mit Deshayes schon im Jahre 1830 die Folge der tertiären Faunen in drei Gruppen zerlegen, denen man später noch zwei hinzufügte.

Das	Eozän	enthielt	nach	Lyell	5%	lebende	Arten
	Oligozän						
„	Miozän	„	„	„	17%	„	„
„	Pliozän	„	„	„	35—95%	„	„
	Pleistozän.						

Freilich stellte sich schon frühzeitig heraus, daß die angeführten Prozentzahlen nicht einmal von Frankreich auf England übertragen werden konnten. Aber trotzdem hat sich das allgemeine Prinzip dieser Einteilung so bewährt, daß sie bis zum heutigen Tage Geltung behalten hat.

Genau wie in der Menschengeschichte die Dokumente aus den zuletzt vergangenen Perioden am zahlreichsten sind, so bietet uns auch die Tertiärgeologie einen fast unübersehbaren Reichtum lithologischer, stratigraphischer und paläontologischer Daten, daß es sehr schwierig ist, aus der ungeheuren Fülle geologischer Dokumente die wichtigsten Ereignisse der Tertiärzeit hervorzuheben.

Wir müssen uns zuerst darüber klar werden, daß während der Kreideperiode ein gleichmäßig warmes Klima vom Äquator bis zu den höchsten polaren Breiten herrschte. Obwohl schon während der Karbon-Permperiode große Flächen der Erde mit weiten Schneefeldern und Eisdecken überzogen waren, so verschwanden dieselben doch wieder und man hat in der folgenden Mittelzeit noch niemals die Spuren kleiner oder großer Vereisungen finden können. Erst seit der mittleren Tertiärperiode sind die beiden heutigen Kältepole der Erde nachweisbar. In Gebieten, wo noch im Oligozän Palmen und Brotfruchtbäume gediehen, häuften sich immer wachsende Schneemassen an, und zwei eisige Gürtel drangen von den Polen langsam gegen niedere Breiten vor.

Wir wollen die Wirkungen dieses Vorganges auf die Besiedlung der Festländer später schildern und jetzt zuerst die davon so sehr beeinflußten Geschicke des Tertiärmeeres betrachten.

Wenn wir eine geologische Übersichtskarte von Europa, Nordamerika, Südamerika oder Asien betrachten und die Verteilung der Meeresablagerungen, welche seit der Kreideperiode gebildet wurden, ins Auge fassen, dann sehen wir, daß eine Anzahl der größten Flüsse breite oder schmale Becken entwässern, deren Ränder aus konzentrischen Bändern schüsselförmig ineinanderliegender Formationen bestehen. Ein besonders berühmtes Beispiel hierfür ist das Seinebecken (Pariser Becken), dessen Ränder von Jura und Kreide gebildet werden, während die einzelnen Glieder der Tertiärformation, immer engere Räume bedeckend, als konzentrisch gelagerte Schalen gegen die Nordseeküste folgen. Ganz ähnlich ist der Bau des Themsebeckens; Rhone und Donau strömen aus langgestreckten tertiären Rinnen, und in Nordamerika sieht man das untere Mississippital und die Ostküste von Florida bis Carolina von immer jüngeren Bändern tertiärer Gesteine bekleidet.

Aber auch der Amazonenstrom fließt durch ein weites Becken junger Meeresabsätze; ganz Nordafrika ist mit tertiären, marinen Gesteinen bedeckt; die größeren Ströme Asiens entwässern ehemaligen Meeresgrund, und so läßt sich kaum ein größeres Küstengebiet der heutigen Kontinente namhaft machen, das nicht während der Tertiärzeit Schritt für Schritt vom Meere verlassen worden wäre.

Wenn in derselben Zeit eben so große Flächen flacher Küstenländer langsam vom Meere erobert worden wären, so würde man annehmen können, daß es sich um eine bloße Verschiebung des irdischen Wassermantels, der Hydrosphäre, handle. Allein wir kennen große Strecken jetzigen Meeresgrundes, welche zur Tertiärzeit als landfeste Brücken jetzt getrennte Festländer verbanden: Nordafrika war über das Mittelmeer mit Europa verbunden, Kleinasien mit Ägypten, dieses über das Rote Meer mit Arabien. Die Inseln des Sunda-Archipels fügten sich zu großen Festländern zusammen, und die Antillen bildeten ein breiteres Mittelamerika.

Hier, wie an zahlreichen anderen Punkten ragen noch einzelne Spitzen und Zacken versunkener Festländer aus dem Ozean heraus, aber dazwischen ist tiefes Meer. Vielfach haben sich Vulkane ihren Weg durch die Erdrinde gebahnt, und überall treffen wir die Symptome großer Senkungsvorgänge, welche geschlossene Ländermassen zerstückelt und tief unter dem Meeresspiegel begraben haben.

Wir schließen aus diesen Tatsachen, daß das allmähliche Hervortauchen der heutigen Kontinente, der überall bemerkbare Rückzug des Meeres damit zusammenhingen, daß die Tiefseebecken an Umfang und Wassertiefe zunahmen, infolgedessen eine größere Wassermenge aufnehmen konnten, und daß Hand in Hand damit das Meer von den überspülten Rändern der Kontinente zurückwich. Sollte diese Vermutung zu Recht bestehen, dann würden wir während der Tertiärzeit durch erneute Krustenbewegungen den Vorgang sich vollenden sehen, der zuerst am Schluß der Karbonzeit einsetzte, indem er die Tiefseebecken anlegte.

Eine Bestätigung dieser Annahme erblicken wir darin, daß auch auf den heutigen Festländern während der Tertiärzeit die Erdrinde fast überall bewegt und gefaltet wurde. In Europa entstanden die Alpen, die Karpathen, der Apennin, die Pyrenäen und zahlreiche andere, kleinere Bergzüge. In Asien stauten sich gewaltige Gebirgssysteme auf, deren Falten wie die Wogen eines Meeres aus Innerasien gegen den Indischen und Pazifischen Ozean vorwärtsdrangen. In Nordamerika entstand das Felsengebirge und setzte sich nach Süden in die Anden fort. Nordafrika hob sich aus dem Meere heraus, und von Marokko bis zum Kap schob sich die Erdrinde zusammen.

Wenn so der größere Teil aller jetzigen Kontinente bebte und zitterte, von Bruchlinien zerschnitten und in Kettengebirge gefaltet wurde, dann erscheint es nicht wunderbar, ja beinahe selbstverständlich, daß auch die dazwischenliegenden, jetzt vom Meere bedeckten Gebiete gebogen, gesenkt, gebrochen und gefaltet wurden.

Hand in Hand mit diesen tektonischen Bewegungen der Erdrinde gingen vulkanische Ausbrüche, die zuerst im Küstenmeere einsetzten, dann aber bis in das Herz des Kontinents vorwärtsdrangen. In Armenien[2], dem Vorland des Kaukasus, treten trachytische Breccien in einer Gesteinsreihe auf, die mit eozänem Nummulitenkalk beginnt und mit salzführendem Miozän endet.

In Ungarn und Siebenbürgen beginnt eine lange vulkanische Periode[3] mit dem Ausbruch von Glimmertrachyt im Obereozän. Am Südfuß der Alpen im Vicentin sind eozäne Basalte weitverbreitet, im Apenningebiet entstehen ausgedehnte Tufflager von Olivingesteinen, gleichzeitig werden die großen plutonischen Stöcke von Gabbro, Lherzolith und Diabas (später in Serpentin verwandelt) in Toskana und Ligurien gebildet; wichtige Kupfererzlager[4] scheiden sich aus dem Magma aus. Auf Elba[5] aber bilden sich mit eozänen Graniten und Porphyrergüssen die berühmten Eisenerzlager.

Auch in dem Gebiete der Pyrenäen regen sich plutonische und vulkanische Erscheinungen, allein alle die geschilderten Vorgänge werden an Großartigkeit übertroffen von den vulkanisch-plutonischen Eruptionen im Norden Europas.

Von Irland[6] über Schottland bis zu den Hebriden, Island und Grönland spaltet sich das Küstengebiet; Basalte, Dolerite, Andesite, Quarzporphyre, Trachyte und Obsidiane dringen empor, erfüllen ganze Scharen kleiner Spalten, ebenso wie Gänge von 200 km Länge und 210 m Breite. 5000 m tief hat man einzelne solcher Spalten verfolgen können. Basaltdecken von 400—1100 m Mächtigkeit, hohe Vulkankegel und lange Lavaströme breiteten sich aus, kreisrunde Puffröhren erzeugten zahlreiche Maare, und unterirdische Stöcke von Gabbro erfüllten vielgestaltige Hohlräume. Während an der einen Stelle hohe Vulkanberge entstanden, wurden andere schon wieder abgetragen. 50 km lang kann man die Schotterzüge eozäner Flüsse zwischen den Lavagesteinen in Schottland verfolgen.

Vom Küstengebiete dringen die vulkanischen Ausbrüche landeinwärts;

im Oligozän[7] beginnen die Vulkane der Eifel, des Laacher Sees, des Siebengebirges und des Westerwaldes zu dampfen, an der Grenze des oligozänen und miozänen Zeitalters folgen Böhmen, Ries, Hegau, Vogelsgebirge, Rhön undSchonen, ebenso wie das französische Zentralplateau. Wie gleichzeitig die früher geschilderten peripheren Vulkangebiete immer neue Ausbrüche erleben, so ist jetzt der größere Teil von Europa umsäumt und durchzogen von Vulkanreihen und Vulkangruppen, die ungeheure Mengen von Aschen und Dämpfen in die Luft senden, lange Lavaströme, breite Basaltdecken ausströmen und überall hohe vulkanische Berge aufbauen, die das vorher ebene Land gliedern, Wasserscheiden verlagern, Seen bilden und zufüllen, Flußsysteme verändern und die Tier- und Pflanzenwelt zu vielfachen Wanderungen veranlassen.

Aber auch die anderen Kontinente wurden in ganz ähnlicher Weise von vulkanischen Schußkanälen durchlöchert, aus denen ungeheure Massen von Lava und Asche hervordrangen. Vulkanisch sind Arabien und Abessinien, Ostafrika und Kamerun, Indien und der Sundaarchipel, der lange Vulkangürtel, der von den Philippinen über Japan, Kurilen, Kamtschatka nach den Aleuten zieht und dann längs der amerikanischen Westküste bis nach dem Feuerland verfolgt werden kann. In Nordamerika, wo man ebenfalls die zeitliche Aufeinanderfolge der Eruptionen[8] genauer untersuchen konnte, finden die ältesten Ausbrüche (Wasatch-, Uinta-, Henri-, Yellowstone-Mts.) in der oberen Kreidezeit statt und erreichen ihren Höhepunkt im Miozän. Tertiäre Vulkane dampfen in allen Ozeanen, und vom Pol bis zum Äquator strömen Glutflüsse aus der Pyrosphäre hervor.

Überall fliessen Lavaströme ins Meer, bauen sich vulkanische Archipele von 4—6000 m Höhe auf, und unermeßliche Mengen von Aschen fallen in die Meeresbecken, um deren Volumen zu verkleinern.

So bilden sich also schrittweise die Umrisse der heutigen Ozeane heraus, und gleichzeitig senken sich große Flächen des Meeresbodens so tief hinab, daß die heutigen Tiefseebecken entstehen.

Nach bekannten physikalischen Gesetzen sammelt sich am Boden tiefer Wasserbecken das kälteste Wasser an, das im Gebiete des betreffenden Beckens sich findet. Da nun bis in die mittlere Tertiärzeit hinein noch kein polares Eis existierte, konnte damals auch das Wasser der tieferen Meeresteile nicht kalt sein, und bei der großen Bedeutung der Wassertemperatur für die Tierwelt des Meeres konnte diese von einem Küstengebiete zum anderen wandern, ohne durch thermische Schranken gehindert zu werden. Dieselben Tiere lebten an den Küsten Grönlands wie an den Ufern der Antarktis, und die dazwischenliegenden Ozeanbecken waren noch nicht so übertieft, um tiergeographischen Wanderungen ein unüberschreitbares Hindernis zu bieten.

Indem sich jetzt als neues Klimaelement die polaren Kältegebiete herausbildeten und gleichzeitig die abyssalen Wannen hinabsanken, strömte kaltes Polarwasser nach den neu entstehenden Gebieten der Tiefsee, und es entstand die ausgedehnte, kalte Unterschicht der heutigen Meere. Hand in Hand mit dieser Bewegung des polaren Wassers wanderten zahlreiche, an seine Temperatur angepaßte Tierformen mit in die Tiefsee hinab, und so finden wir

Terebratula vitrea von 9—2924 m,
Waldheimia von 1—3953 m,
Discina von 91—4576 m,
Dentalium von 1—4800 m.

Gleichzeitig aber wurden durch die hinabsteigenden Wasserströme große Mengen von Sauerstoff und Nahrungsbestandteilen in die lichtlosen Abgründe der Tiefsee getragen, und es konnte sich jene formenreiche Tierwelt daselbst ansiedeln, welche bei den Tiefsee-Expeditionen der letzten Jahrzehnte zu so großer Überraschung der Biologen entdeckt wurde. Viele Tiergruppen, welche noch in der älteren Periode ein wichtiges Element des flachen Wassers gebildet hatten, deren Lebensenergie aber im Abnehmen begriffen war, konnten jetzt in den tieferen Wasserschichten eine sichere Zuflucht finden, und so zogen sich zahlreiche Einzelkorallen, Brachiopoden und Seelilien in die dunklen Abgründe hinab.

Indem flache Meeresbecken zu weiten Tiefseeregionen zusammenschmolzen und immer deutlicher der scharf umschriebene Sockel der Kontinente dazwischen heraustrat, zerstückelte Inselländer versanken und die weite Fläche des Weltmeeres immer einheitlicher wurde, gestalteten sich auch die bionomischen Verhältnisse des offenen Meeres um. Es begann die ungeheure Vermehrung planktonischer Foraminiferen, Radiolarien und Pteropoden, welche heute in so großer Individuenzahl das offene Meer erfüllen, daß ihre Schalen fast überall den Boden des tieferen Meeres bedecken.

Wenn vom heutigen Tiefseeboden[9]

170	Millionen qkm	mit	Globigerinenschlick,
37	,,	,, ,,	Radiolarienschlick,
8	,,	,, ,,	Diatomeenschlick

bedeckt sind, so zeugen diese ungeheuren Massen von kleinen und kleinsten Skelettgebilden, die sich im Laufe der Jahrhunderte dort ablagerten, von der immer mehr zunehmenden Bedeutung schwebender Organismen in den blauen Fluten des offenen Meeres.

Höchstwahrscheinlich hängen auch die periodischen Wanderungen der

Fischzüge, welche eine so rätselhafte Erscheinung der heutigen Meeresfauna bilden, mit diesen geologischen Veränderungen zusammen.

Endlich müssen wir auch die staunenswerte Entfaltung der heutigen Korallenriffe und der auf ihnen lebenden korallophilen Fauna mit den Senkungsvorgängen der tertiären Meere verknüpfen. Denn trotz aller Einwürfe, die man gegen die Darwin-Dana'sche Rifftheorie gemacht hat, ist sie doch allein imstande, zu erklären, wie Kalkriffe von mehreren tausend Metern Mächtigkeit in so ungeheurer Zahl über die weiten Flächen des Pazifischen und Indischen Ozeans verstreut sind.

Man muß sich dieser großen Wirkungen, welche die Entstehung des kalten Polarwassers und der großen Tiefseebecken begleiteten, recht bewußt bleiben, um zu verstehen, warum sich während der Tertiärzeit auch alle übrigen marinen Tierformen langsam veränderten, warum die eozäne Fauna zwar durch die oligozäne Formenwelt mit der miozänen Fauna untrennbar verbunden ist, aber doch durch zahlreiche faunistische Gegensätze scharf gegliedert werden kann.

Denn in dem bionomischen Wechselspiel der marinen Organismenwelt ist ein Teil von dem anderen in strenger Abhängigkeit, und wenn sich die Riffkorallen verbreiten, dann ändert sich ganz notwendig die Verteilung der auf und an den Riffen lebenden Schaltiere, und während das Plankton der Hochsee die Riffkorallen nährt, bieten diese zahlreichen kriechenden und festsitzenden Tieren eine gesicherte Zuflucht. Die Entfaltung planktonischer Hochseetiere wird von bestimmendem Einfluß auf die Verbreitung von Fischschwärmen, Delphinen und Walen, und so verbinden mächtige Kausalreihen Floren und Faunen, Lebensbezirke und Wandergebiete.

Die Umgestaltungen der Meeresfauna während der Tertiärzeit vollzogen sich so langsam und allmählich, daß man eigentlich keinen Horizont bezeichnen könnte, der als scharfe Grenze ziwschen einer älteren und neueren Fauna anzusprechen wäre.

Aber trotz dieser Übergänge und zahlreichen Symptome allmählicher Umwandlung zeigen manche Tiergruppen eine raschere und lebhaftere Formveränderung als andere; deutlich lassen sich rasch variierende und aufblühende von mehr stabileren Formenkreisen unterscheiden.

Die so niedrig organisierten Foraminiferen, deren Körper ein bloßes Schleimklümpchen darstellt, welches sich mit einer regelmäßig gefügten, sandigen oder kalkigen Schale umgibt, hatten schon im Karbon eine eigentümliche Blütezeit erlebt. Fusulina und Schwagerina erfüllten damals das Meer in unzähligen Scharen, und ihre staunenswerte Entwicklung fand erst in der Permperiode ihr Ende. Schon damals[10] lebte zwischen ihnen der älteste Vertreter der Nummuliten (Fig. 256), die Gattung Nummulina, deren linsenförmig gestaltete Kalkschale in seltenen kleinen

Exemplaren im Kohlenkalk von Moskau gefunden wird. Auch in der Folgezeit begegnet uns die Gattung mehrfach, aber bis zum Schluß der Kreidezeit nirgends in auffallender Zahl. In der oberen Kreide von Belutschistan[11] kommt sie zusammen mit Crioceras und Bakulites vor und tritt dort in die jüngeren Eozänschichten hinüber. Schon hier zeigt uns die rote Lateritfarbe des Sediments und die Einschaltung von Gips in den hangenden Mergeln, daß die Nummuliten das flache Wasser tropischer Küsten liebten. Von hier aus verbreiten sie sich jetzt in staunenswerter Geschwindigkeit nach Osten und Westen. Ihre Größe wächst, und während einzelne Arten einen Durchmesser von nur 3 mm erreichen, werden andere 90 mm groß. Die von einem regelmäßigen Kanalsystem durchzogene und in zahlreiche Kammern zerlegte Schale hat die Form einer scharfrandigen Linse oder einer etwas verbogenen, dicken Münze mit abgerundetem Rande. Gewöhnlich leben eine linsen- und eine scheibenförmige Art in gesetzmäßiger Weise nebeneinander, und ihre Gehäuse setzen oft ganze Schichtensysteme zusammen.

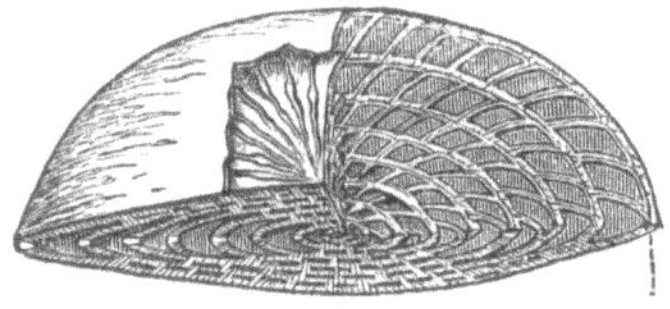

Figur 256.
Nummulit.
Mehrfach angeschnitten, um die Struktur des Kalkskeletts zu zeigen.

Fast immer finden wir sie in Ablagerungen küstennaher Gewässer, in Wechsellagerung mit fossilreichen Meeresschichten, fossilleeren Sandsteinen, vulkanischen Tuffen oder Kohlenflözen. Sogar mitten zwischen groben Konglomeraten werden sie beobachtet. So gewinnt man den Eindruck, daß die Nummuliten ebenso genügsam wie anpassungsfähig waren, und da die großen, scheibenförmigen Kalkschalen keineswegs immer horizontal, sondern oft in allen möglichen, schrägen Stellungen eingebettet wurden, darf man annehmen, daß die ursprünglich leichten Gehäuse in stillen Buchten angetrieben wurden.

In der heutigen Meeresfauna erinnern wohl die bis 10 mm breiten Kalkscheibchen der Foraminiferengattung Orbitoides am meisten an die Nummuliten. Ihre papierdünne und wegen der vielen Kammern leicht bewegliche Kalkschale wird von den Meerwellen spielend bewegt, und lange Säume der runden Kalkscheibchen werden an der Küste der Sinaihalbinsel überall ausgespült. Bald liegen sie zwischen Tangbüscheln, bald zwischen abgerollten Muschelschalen oder Korallentrümmern, oft begegnet man ihnen aber auch auf salzigem Wüstenschlamm oder grobkörnigem Granitsand des flachen Ufergebietes. Wenn eine Küste von hohen Flutströmungen erreicht wird, dann mögen sie auch meilenweit in die Lagunen und Deltaflüsse hineingetragen werden und kommen fern von ihrem eigentlichen ozeanischen Lebensgebiete zur Ablagerung.

Man teilt das Eozän in sechs Stufen, in deren unterster schon die Nummuliten bis nach den Pyrenäen gewandert sind. Dann werden sie in den Küstenländern des heutigen Mittelmeeres immer zahlreicher, und in der vierten (lutetischen) Stufe besitzen sie eine fast kosmopolitische Verbreitung. In Indien, Somaliland, Madagaskar, Ägypten, Tunis und Marokko, in den Donauländern, den Alpen, Italien, Frankreich und Spanien ·sind sie weit verbreitet und erreichen im Osten Sumatra, Java und Borneo. Sie beleben eine schmale Meeresrinne am Nordfuß der Alpen, ebenso wie die offenen Fluten des über Nordafrika und Italien flutenden Meeres, scheinen aber auf den warmen Meeresgürtel beschränkt zu sein, denn ihr nördlichstes Vorkommen ist das Themsegebiet. In den jüngeren Eozänstufen werden sie seltener, dann treten sie noch in die oligozänen Gesteine hinein, kommen bei Calidona in Schichten mit Anthracotherium vor und verschwinden dann fast vollständig aus dem Meere. Eine einzige Art lebt heute noch 20—40 m tief bei Suez und bis nach den Fidschiinseln.

Man möchte dieses staunenswerte Aufblühen der Nummuliten für eine geographisch und biologisch lokale Erscheinung halten, wenn nicht gleichzeitig in Amerika die Gattung Orbitoides in mehreren Arten von nummulitenähnlicher Gestalt vom Mississippigebiet bis nach Ecuadór ebenfalls gesteinsbildend aufträte. Im Pariser Becken bildet Miliola ganze Kalkablagerungen, und in Nordafrika finden wir mit den Nummuliten die Gattung Alveolina gesteinsbildend. Dazu kommt die geradezu beispiellose Entwicklung der planktonischen Gattungen Globigerina, Ortubina, Pulvinulina in den Fluten des offenen Meeres. Wenn so fast überall Foraminiferen aus ganz verschiedenen Gruppen während der Tertiärzeit in ungeheurer Individuenzahl auftreten, dann müssen allgemeine, geologische, d. h. klimatische Ursachen dieses Aufblühen einer lebenskräftigen Gruppe bedingen.

Die eozäne Fischfauna von Belgien enthält 36, nur in den Tropenmeeren vorkommende Gattungen und nur zwei Formen, welche jetzt in kühleren Meeren leben. Von den zahlreichen Fischen des Monte Bolca bei Verona sind etwa die Hälfte der Arten tropische Formen.

Am nördlichen Ufer des Mittelmeeres wuchsen bei Castel Gomberto Riffkorallen, die nur da gedeihen, wo die Wassertemperatur nicht unter 20° C sinkt.

An den Abhängen der Alpeninsel bei Verona (Mt. Bolca) gediehen[13] dickblättrige Feigenbäume, Eukalypten, Myrten und Sandelbäume. Dornige Cäsalpinien, blattlose Leptomerien nebst *Zizyphus* und Aralia wuchsen als Unterholz, und prächtige Schlinggewächse kletterten von Baum zu Baum. Eine Riesenschlange von 3 m Länge lebte im dichten Urwald.

Indem wir uns weiter nach Westen wenden, finden[14] wir bei Aix (in der Nähe von Nizza) am Ufer eines flachen, 15 km breiten Sees breitblättrige Fächerpalmen, Bananen, Drachenbäume, Gummibäume nebst zahlreichen anderen Gewächsen, die ebenfalls für ein tropisch warmes Klima sprechen. Zwölf Akazienarten und zahlreiche Koniferen (Widdringtonia, Juniperus, Pinus) mögen die nahen Berge bewachsen haben. Seerosen bedeckten den Wasserspiegel, Fische belebten den See, und zahlreiche Insekten schwirrten in der Luft.

Weiter nördlich, bei Sezanne, wuchsen am Ufer eines von Flußkrebsen (Astacus) belebten Gießbaches große Baumfarne, Lorbeergewächse, Sassafras, Magnolia und Linden; ein Efeu und eine Weinrebe kletterten an den Stämmen, und Marchantia-Rasen bedeckten die feuchten Flußufer. Bis nach Belgien (Gelinden) läßt sich eine ähnliche Flora verfolgen. Am Ufer der Seinebucht und der gegenüberliegenden englischen Küste wuchsen Pandanus und zahlreiche Sumpfpalmen (Nipa). Ihre gefiederten hohen Blattkronen mögen einen dunkelgrünen Saum zwischen der sandiggelben Küste und dem blauen Meer gebildet haben, ihre großen Früchte trieben auf den Wellen umher, bis sie im schlammigen Grunde versanken. Das umliegende Küstenland aber war eine dürre Steppe, auf der nur kleinblättriges Nerium, Coruptonia, Dryandia und Myrica gediehen.

Manche dieser Pflanzen traten in genau denselben Arten am Nordfuß der Alpen auf.

Indem wir von hier nach Osten vorwärtsdringen, begegnen uns annähernd gleichaltrige, kohlenführende Gesteine bei Sotzka in Steiermark, Krain und an manchen anderen Orten. Schon v. Ettingshausen[15] hat betont, daß eine Anzahl schmalblättriger Pflanzen, wie Casuarina, Eukalyptus, Banksia und Myrtaceen, an die Flora Australiens erinnern. Am Ufer des Meeres wuchs Pandanus in ähnlichen Säumen wie an den tropischen Küsten der Gegenwart.

Eine grundverschiedene Flora begegnet uns 10 Breitengrade nördlicher im Bernstein des Samlandes, und auch[16] in Schottland lebte eine andere Flora. Zwischen eozänen Vulkanen gediehen hier Platanus, Populus, Cornus, Corylus, Laurus, zahlreiche Koniferen, Gingko, Podocarpus, Taxus und Sequoia, sowie einzelne Farne und Schachtelhalme.

Obwohl diese Floren nicht alle genau demselben Horizonte angehören, so geht doch aus den angeführten Tatsachen eine floristische Gliederung Europas hervor. Am Ufer des südlichen Meeres wuchsen Pandanen, Palmen, Bananen und andere Gewächse tropischer Urwälder, auch die Flüsse des Landes zeigten noch üppige Uferwälder mit prächtigen Palmen. Dagegen waren weite Strecken mit kleinblättrigen, spärlichen Kräutern bewachsen, die große Ähnlichkeit mit der australischen Wüstenflora zeigen. Im Norden aber wuchsen Pflanzen eines gemäßigten Klimas, und große Wälder von Nadelhölzern bedeckten die Höhen des Berglandes.

Ganz ähnliche Resultate ergeben sich, wenn wir die damals gebildeten Ablagerungen vergleichen. In Ungarn finden wir mächtige fossilleere, meist rote Tone, Mergel, Sandsteine und Konglomerate, die große Ähnlichkeit mit den Lateritablagerungen der Tropenländer haben. 300 m mächtige rote Mergelsandsteine bildeten sich am Nordabhange der Schweizer Alpen, rote Konglomerate in der Provence, rote Mergel in Südfrankreich. In höheren Breiten aber sind graue Ablagerungen verbreitet.

In dem Maße, als das Tertiärmeer nach der Tiefsee abfloß, wurden immer größere Gebiete der heutigen Kontinente trockengelegt, überall herrschte ein feuchtes, warmes Klima, und so boten sich weite Flächen der Besiedlung für die neu entstandenen Floren und Faunen.

Von allen Festländern, deren Schicksale wir in früheren Abschnitten geschildert haben, hatte sich Nordamerika am stetigsten entwickelt. Trotzdem das Meer von Westen, Süden und Osten immer wieder seine Ränder umspülte, blieb doch sein Kern dauernd landfest und bot in der weiten Mississippiebene und den sie nach Osten und Westen begrenzenden Gebirgen eine günstige Siedlungsstätte für festländische Pflanzen und Tiere. Hier hatten sich die Dinosaurier in wunderbarer Formenfülle und zu gewaltigen Dimensionen entwickelt — hier war es, wo jene festländischen Formenkreise wurzelten, welche jetzt an der Wende von Kreide und Tertiär die neu entstehenden Länder besiedelten und rasch über die ganze Erde vorwärts drangen.

Es ist bezeichnend für den Beginn der Tertiärzeit, daß vier Formenkreise festländischer Organismen jetzt in ungeahnter Weise aufblühen und mit energischen Schritten die Herrschaft auf dem Festlande antreten, nämlich die Blütenpflanzen, die Insekten, die Vögel und die Säugetiere.

In einer überaus interessanten Studie[28] hat Nathorst gezeigt, wie die Flora Europas und Asiens von dem Norden Amerikas aus abzuleiten ist, und wenn wir uns erinnern, daß die nordamerikanische Kreideflora in reicher Formenfülle auch zwischen den Basaltdecken von Grönland auftritt, dann werden wir die erdgeschichtliche Bedeutung Nordamerikas für Eurasien würdigen können und leicht verstehen, wie das sich allmählich ausdehnende Polareis, indem es selbst gegen Süden vordrang, auch die Florenreiche vor sich herdrängte, welche dem kühleren Klima und der langen Winternacht nicht standhalten konnten.

Es ist bekannt, daß der größere Teil der Pflanzensamen entweder durch den Wind oder durch Meeresströmungen, durch Flüsse und durch Vögel leicht von einem Ort zum anderen getragen werden, und an den ihren Lebensgewohnheiten zusagenden Standorten rasch angesiedelt werden. Deshalb ist es sehr schwierig, die einzelnen Wanderwege der Flora scharf bestimmen zu wollen, und doch möchte man die großen Leitlinien solcher Wanderwege schon jetzt festzulegen versuchen.

In Nordamerika gliedert sich die kontinentale Fazies der Kreideformation in folgende Abschnitte:

1. Die Kootanie- (im Osten Potomak-) Formation, pflanzenreiche Sandsteine mit Kohlenlagern.
2. Dakotaformation, pflanzenreiche Sandsteine mit Kohlenlagern.
3. Koloradoformation, zu unterst Sandsteine mit Kohlen, darüber marine Tone und Kalke.
4. Montanaformation, marine Sandsteine, Tone und Kalke.
5. Laramieformation, bis 2000 m mächtige Sandsteine, Konglomerate, Tone mit vereinzelten brackischen Zwischenschichten und ungemein reich an Kohlenlagern.

In der untersten dieser Schichtenreihen tritt die neue Flora zum erstenmal auf. Es ist bezeichnend, daß von 300 Pflanzenarten

	140	Arten	zu	den	Farnen,
	90	„	„	„	Koniferen,
	22	„	„	„	Zykadeen
und nur	75	„	„	„	Angiospermen gehören.

Allein im Verlauf der weiteren Schichtenfolgen ändert sich dies Verhältnis rasch. Deutlich sieht man, daß die altertümliche Farnflora immer mehr zurückgedrängt wird. Die Zykadeen werden selten, und dafür entfalten sich Gräser, Palmen und Blütenpflanzen in immer größerer Formenfülle. Sassafras, Liriodendron, Andromeda, Myrsine, Salix, Eukalyptus und andere Familien lassen sich an Blättern und Früchten wiedererkennen. Palmenwedel von 3 m Durchmesser sind ein beredtes Zeichen für den üppigen Pflanzenwuchs. In den höheren Kreideschichten endlich sind Pappeln, Eichen, Platanen, Ficusgewächse, Zimmet- und Lorbeerbäume schon in reicher Fülle vorhanden.

Um die Eigenart dieser Florenentwicklung in Nordamerika ganz zu verstehen, müssen wir hervorheben, daß in der unteren Kreide von Europa Dikotyledonen fehlten und selbst die Wälderkohlen nur durch Schachtelhalme, Farne, Zykadeen und vereinzelte Koniferen gebildet wurden. Erst in der oberen Kreide traten auch bei uns eine Anzahl der Blattformen auf, welche in Nordamerika schon eine lange Periode hindurch gediehen waren.

Die neue Flora wanderte von Westen nach Osten, und überall, wo sich sumpfige Küstenwälder auf dem eben freigelegten Meeresgrunde ansiedelten, da waren auch die Bedingungen für die Anhäufung von Kohlenlagern gegeben. So bildeten die Kreideperiode in Nordamerika und die untere Tertiärzeit in Europa mächtige Anhäufungen von holzreicher Braunkohle, deren begleitende Schichten uns Rechenschaft ablegen von den Wanderungen und Veränderungen der Pflanzenwelt. Zugleich aber bieten sie uns wichtige Hilfsmittel, um die klimatischen Verhältnisse der Tertiärperiode zu beurteilen.

Es ist nicht leicht, oft sogar unmöglich, aus dem Geäder eines Blattabdrucks in Ton oder Sandstein die Familie oder Gattung, der jener Rest angehört, zu bestimmen. Wohl aber können wir aus der Form der Blätter wichtige Schlüsse ziehen auf die klimatischen Umstände, an die

Figur 257.
Flora am Ufer des oligozänen Salzsees von Aix.
Rechts eine Palme (Flabellaria), dahinter eine Dracaena, links eine Musa, dahinter Koniferen (Widdringtonia, Juniperus) und Laubbäume (Acacia, Aralia, Diospyros).

sie angepaßt waren. Das breite, reich verästelte, gelappte oder mit feiner Träufelspitze versehene Blatt des regenreichen Urwaldes läßt sich leicht unterscheiden von dem schmalen, bandartigen Blatt der steppen- und wüstenbewohnenden Gewächse. Wenn die eozäne Flora Europas von erfahrenen Botanikern mehrfach als eine „australische Flora" bezeichnet worden ist, so werden wir nicht so sehr an die jetzt in Neu-Holland verbreiteten Familien denken müssen, als wie an die Flora eines trockenen Wüstenlandes, die nur da in reicher Fülle (Fig. 257) gedieh, wo die Ufer wasserreicher Seen und Flüsse das ganze Jahr hindurch genügend Feuchtigkeit boten.

Gleichzeitig mit der Ausbreitung der Monokotyledonen und Dikotyledonen belebten sich die Wiesen und Grassteppen, die Busch- und Hochwälder mit dem bunten Reich der Insektenwelt. Überall schwirrten stechende und saugende, von Holz, Blättern und Blüten lebende Käfer, Libellen, Fliegen, Bienen und Schmetterlinge umher, und es kann uns nicht wundernehmen, daß diese unerschöpfliche Nahrungsquelle die reiche Entfaltung der Vögel nach sich zog, die jetzt die Luft mit ihrem Gesang, das grüne Laub mit ihrem bunten Gefieder belebten.

Es gehören ganz besonders günstige Umstände dazu, daß eine Insektenfauna so wohlerhalten in die Erdschichten eingebettet wird, daß man ihren Formenreichtum überschauen kann. Um so wertvoller wird es, wenn im nordamerikanischen Felsengebirge im unteren Tertiär von Florissant eine ungeheuer reiche Insektenfauna beobachtet wird, in der alle heutigen Ordnungen vertreten sind, während in dem fossilen Bernstein in Europa ein noch größerer Reichtum erhalten ist:

Von dem flachen Küstengebiet des nordischen Festlandes strömten[17] große, schlammreiche Flüsse bis nach dem Samland, um sich hier in das südlich wogende Meer zu ergießen. Die durch die Flüsse herbeigeschwemmten Gerölle von Kieselschiefer, silurischem Kalkstein, glaukonitischen Sandsteinen und Feuersteinen zeigen, daß auf dem skandinavischen Grundgebirge damals noch eine Decke von Silur und Kreidegesteinen ruhte. Das wichtigste Sediment eines großen, von Nordwesten herabströmenden Flusses war ein blaugrauer schlammiger Sand, der mit seinem großen Delta und zahllosen Sandbänken in das flache Meer hineinwuchs. Auf dem sumpfigen Küstenland erhob sich ein dichter Urwald.

Die häufigste Pflanze[18] war Thuja Kleiniana; sie bildete wahrscheinlich mit 6 anderen Arten vorwiegend die Waldbestände. Daneben finden sich 22 Kiefern, 4 Widdringtonien, 3 Chamaecyparis und 1 Callitris. Diesem Reichtum an Nadelhölzern stehen nur 15 Laubbäume (Eichen, Kastanien, Buchen, Ahorne) gegenüber, unter denen die Eichen und Buchen am wichtigsten waren. Von Sträuchern gediehen die Ericaceen mit Erica, Andromeda, Pyrola und Dermatophyllites. Zwischen diesen, auf ein kühleres Klima hinweisenden Gewächsen ist das Auftreten von Blüten und Blättern des Kampferbaumes und von vier Palmenarten besonders bemerkenswert.

Auch die Insektenwelt zeigt eine Mischung nördlicher (Mochlonys, Glorna) und südlicher Gattungen (Termiten, Poeocera, Halobates, Polyzosteria, Passandra, Ploia, Sylvius, Hersilva, Chauliodes u. a.), so daß man wohl vermuten kann, daß die im Delta zusammengeschwemmten Pflanzenreste von geographisch-klimatisch verschiedenen Standorten herrührten. Das Klima war durch einen Wechsel der Jahreszeiten ausgezeichnet, denn die Blüten- und Blattknospen im Bernstein deuten auf die vorgerückte Frühlingszeit, die Insekten aber teilweise auf Sommer und Herbst. Ein zwei Fuß dicker Baumstamm hatte hundert Jahresringe.

Die in dem Bernsteinwald so weitverbreiteten Nadelhölzer wurden durch Windbruch, ebenso wie durch Pilze, Insekten, Spechte und Eichhörnchen oft beschädigt und suchten sich dagegen durch Ausfluß eines goldgelben Harzes zu wehren. Die Menge dieses Harzes, das, später verhärtet, als Bernstein in den Flußschlamm geriet, war staunenswert; denn die blaue Erde des Samlandes enthält etwa $^1/_{12}$ % Bernstein, das macht, auf die ganze Ablagerung berechnet, einen Würfel von 175 m Seitenlänge.

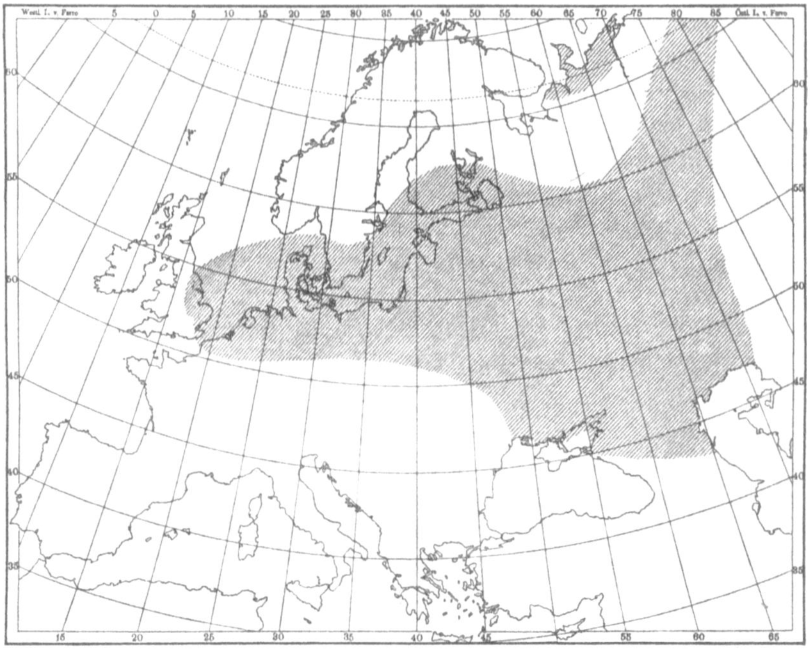

Figur 258.

Die jetzige Verbreitung des Bernsteins in Nordeuropa.

Freilich findet sich der Bernstein nicht mehr überall an seiner ersten Lagerstätte. Durch die Ströme späterer Perioden und besonders durch die Eisdecken der Diluvialzeit wurde er so weit nach Süden und Osten getragen, wie obenstehende Karte (Fig. 258) erkennen läßt. Vereinzelte Vorkommnisse von Bernstein im Koniferenholz von Devonshire[20] und Vaugirard[21] bei Paris, sowie bei Kiew[22] lassen ungefähr vermuten, wie weit die Bernsteinbäume verbreitet waren.

Der Ursprung des sizilianischen Bernsteins ist noch nicht bekannt. Vermutlich wuchsen Bernsteinfichten auf dem bergigen Inselland nördlich des Ätna.

Ein ungemein reiches Insektenleben bevölkerte den Wald und blieb beim Vorbeifliegen an den mit zähem Harz bedeckten Stämmen kleben. Nach den bisherigen Aufsammlungen[23] sind etwa

20000	Fliegen	2500	Spinnen
5000	Netzflügler	1000	Kleinschmetterlinge
4000	Käfer	1200	Wanzen
2500	Geradflügler	150	Tausendfüßler

neben vielen anderen selteneren Tieren (Eichhörnchen, Vögeln, Eidechsen, Mollusken usw.) gefunden worden.

Mit dem Flußsand wurden die Bernsteinknollen nach dem Meere getragen und mischten sich hier mit den Resten mariner Tiere; Haifischwirbel, Haizähne und Austern sprechen dafür, daß das Wasser unter dem Einfluß der Gezeiten bald süß, bald salzig wurde.

Im Hangenden der bernsteinführenden Erde tritt ein Braunkohlenlager auf; es zeigt uns, wie die sumpfigen Küstenwälder vermoderten und ihre Pflanzensubstanz zu mächtigen Flözen anhäuften. Koniferen, immergrüne Eichen, Bambusgewächse und Palmen bildeten dichte Bestände und verbreiteten sich rasch über Mitteleuropa. Zuerst entstanden in Sachsen und Hessen, dann während der Miozänzeit in ganz Mittel- und Norddeutschland, bisweilen 50 bis 70 m mächtig, kleine und größere humuserfüllte Becken.

In derselben Zeit wurden ausgedehnte Kohlenlager von der Provence bis nach der Schweiz, Oberitalien, Tirol, Ungarn, Karpathen und Böhmen gebildet, und gleichalterige Kohlenlager in Tunis, Kalifornien und Feuerland zeigen die weltweite Verbreitung der kohlebildenden Ursachen. In der folgenden Miozänzeit entstanden noch beträchtliche Kohlenlager im Rheinland (Siebengebirge), Westerwald, Vogelsgebirge, Rhön, Mecklenburg und Pommern, Steiermark, Böhmen, Persien, Island und Kalifornien.

Man hat wohl mit Recht die Pflanzenwelt dieser Braunkohlensümpfe mit den oft vom Meere überschwemmten Sumpfwäldern (Dismal swamps) an den Küsten von Carolina verglichen. Aber während das flache Küstenland, ebenso wie die Ufer der großen Flüsse und die Abhänge der Alpen mit dichten Urwäldern bewachsen waren, erstreckten sich dazwischen noch immer vegetationsarme Gebiete.

Das geht besonders aus den Gips- und Salzlagern hervor, die während der älteren Tertiärzeit in Europa eingedampft wurden. Im Eozän (Lutetische Stufe) des Pariser Beckens ebenso wie im südöstlichen Spanien, sind die Gipslager sowohl marinen wie brackischen Schichten eingeschaltet. In der nächsten bartonischen Stufe finden wir Gips am Fuß der Pyrenäen. Die Ludische Stufe enthält bei Paris die bis 20 m mächtigen Gipslager des Montmartre, berühmt durch ihre schon von Cuvier ausgebeuteten

Figur 259.

Tierleben an der Therme von Steinheim.

Säugetierreste, sowie kleinere Gipslinsen an den Pyrenäen, im Becken von Apt und im Elsaß.

Im Oligozän bildete sich Gips in der Dordogne, in der Provence, bei Ganjar, in der Limagne, in dem Velay, in der Schweiz und selbst in Algier.

Im Miozän wurde fast ganz Südeuropa abflußlos. Riesige Salzpfannen bedeckten Südspanien, das westliche Italien und Sizilien, und ein salziger Binnensee reichte von Wien bis nach Samarkand. Die Donauniederungen, der Pontus, Kaspi und Aral sind nur die später voneinander abgetrennten Teile der riesigen Salzwüste, die erst verschwand, als das regenreiche Pliozänklima einsetzte. Dieses „sarmatische Binnenmeer“[24] ist ausgezeichnet durch eine artenarme, aber ungemein individuenreiche Fauna. Daß sie Herden von Seehunden, Delphinen und Walen willkommene Jagdbeute bot, geht aus zahlreichen Skeletten hervor, die man von Wien bis Kleinasien gefunden hat. In Oberschlesien, an den Karpathen, bis Wieliczka in Galizien, in Ungarn und Siebenbürgen, wurden einzelne Buchten des weiten Salzsees zu mächtigen Salz- und Gipslagern eingedampft.

Figur 260.

Zwerghirsche von Steinheim.

Schon die oft überraschend reiche Fauna größerer Landtiere, die man in den sarmatischen Ablagerungen beobachtet, zwingt uns zu der Annahme, daß innerhalb des niederschlagsarmen Steppenlandes üppige Pflanzenansiedlungen in einzelnen Oasen oder an den Ufern der Seen und Flüsse gediehen.

In Süddeutschland sind mehrere solcher Oasen durch ihren Fossilreichtum seit langem berühmt. Im Ries[25] bei Nördlingen waren in einem schilfbewachsenen Sumpfe Brutplätze von Pelikan, Storch, Reiher, Gans, Enten und kleinen Singvögeln, deren Knochen, Eischalen und Gewölle trefflich erhalten sind. Eine andere dieser Oasen hat durch ihre geologische und paläontologische Eigenart das Interesse der Geologen und Biologen erweckt: es ist das Becken von Steinheim[26] in Schwaben (Fig. 259). Hier war ein flacher See, in den sich eine kalkhaltige Therme ergoß, welche

Figur 261.
Carinifex multiformis. Varietätenreihe mit zahlreichen Übergängen.

hohe Kalksinterablagerungen aufbaute. Im Wasser lebten Barben, Hechte, Weißfische, Frösche, Schildkröten und Fischottern; Ibisse, Pelikane und Gänse hatten im dichten Schilf ihre Brutstellen. Von weither eilten die Bewohner der umliegenden Steppen im Sommer zur Tränke; wenn aber die kalten Stürme des Winters einsetzten, dann bot ihnen das warme Wasser einen willkommenen Badeplatz. Rudel zierlicher Zwerghirsche (Fig. 260), größere geweihlose Hirsche, dreizehige Urpferde, Wasserschweine, Nashörner und Mastodonten kamen herbei; ihnen lauerten im Dickicht der bärenartige Amphicyon auf, sowie der tigerartige Machairodus mit seinem langen, furchtbaren Säbelzahn.

Neben diesen in wundervollen Skeletten gefundenen größeren Tieren hat uns das Becken von Steinheim noch eine besondere Merkwürdigkeit in den Millionen kleiner Schneckenschalen aufbewahrt, die zu vielen Diskussionen Anlaß gegeben haben. Die als Planorbis (Carinifex) multiformis (Fig. 261) beschriebene Art erfüllt mit ihren Schalen den weißen Sprudelkalk, und zwar sind die liegenden Gesteine mit flachscheibenförmigen Varietäten, die hangenden Schichten mit turmförmig gewundenen Gehäusen erfüllt, zwischen denen ganz allmähliche Übergänge die langsame Artumwandlung deutlich vor Augen führen.

So galt Steinheim lange als ein Schulbeispiel für die Umänderung einer Art in die andere, das um so merkwürdiger blieb, weil man ähnliche Umwandlungen nicht überall nachzuweisen vermochte. Erst in den letzten Jahren hat sich herausgestellt, daß die Unbeständigkeit der Carinifex multiformis durch ganz besondere lokale Umstände bedingt sein muß; denn auch[27] Gillia utriculosa und Limaeus socialis variieren hier, obwohl sie an anderen Fundorten Schwabens stabile Artcharaktere besitzen.

Durch das Studium der heißen Quellen Ungarns ergab sich eine überraschende Lösung der vielumstrittenen Frage;[27] denn in den Thermen bei Püspökfürdö lebt eine Melanopsis Parreyri, deren

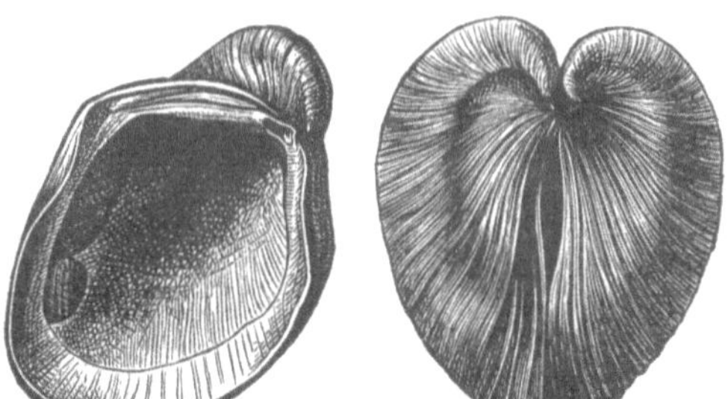

Figur 262.
Congeria Partschi.
Lebte gesellig in den Salzsümpfen des sarmatisch-pontischen Beckens.

Schale so wechselnde Gestalt besitzt, daß sie unter zahlreichen, ganz verschiedenen Artnamen beschrieben worden war, zwischen denen ebenfalls wechselnde Varietätenreihen auftreten, welche eine Art mit der anderen verbinden.

Figur 263.

Pliozäne Riesenhirsche im Vergleich mit dem lebenden Edelhirsch.

Ein anderes Beispiel für großen Individuen- und Varietätenreichtum eines Weichtieres bieten die dickschaligen Congerien (Fig. 262) des an der Wende von Miozän und Pliozän allmählich durch zunehmende Niederschläge ausgesüßten Binnenmeeres im Osten Europas.

Es ist für unsere ferneren Betrachtungen von großer Wichtigkeit, daß die Flora des Pliozän, soweit uns dies besonders einzelne Kohlenlager am Fuß der Alpen erkennen lassen, vollkommen mit der Flora der Gegenwart übereinstimmt; wir müssen daher annehmen, daß die

Ausbildung der heutigen Klimazonen schon vor der Eiszeit vollkommen abgeschlossen war. Ein Zeichen für die Wälder der Pliozänperiode sind besonders die zahlreichen Riesenhirsche (Fig. 263), welche Europa im Norden wie im Süden bewohnten. Die auf das Pliozän folgende diluviale Eis- oder Schneezeit erscheint mithin nicht etwa als eine Folge der Abkühlung der Polargebiete, sondern als selbständige Klimaepisode, die mit jenem Vorgang nicht zusammenhing und durch besondere Ursachen veranlaßt wurde.

Mit den Blumen und Insekten verbreiteten sich die Vögel. Freilich sind die hohlen, leichten Knochen der meist kleinen Fliegvögel für die Erhaltung so ungünstig, daß die geologische Urkunde hier äußerst lückenvoll ist, aber die großen Etappen der Vogelentwicklung lassen sich doch übersehen. Wir müssen uns erinnern, daß die Reptiliencharaktere des oberjurassischen Urvogels (Archaeopteryx) schon bei den Zahnvögeln der nordamerikanischen Kreide völlig verschwunden waren. Nur der seltsame Zahnbesatz der in England gefundenen Odontopteryx (Fig. 264) erinnert an die einstige Lebensweise. Mit raschen Schritten hatte der Vogelstamm seine typischen Eigenschaften festgelegt. Der bekrallte Vorderfuß war zum Flügel geworden, und das hochgekielte Brustbein bot Raum für den kräftig entwickelten Fliegmuskel. Die durch Größe und Gefieder so ungemein verschiedenartige Welt der See-, Wasser-, Sumpf-, Raub- und Singvögel belebte bald alle Räume der Küsten, Ebenen und Gebirge.

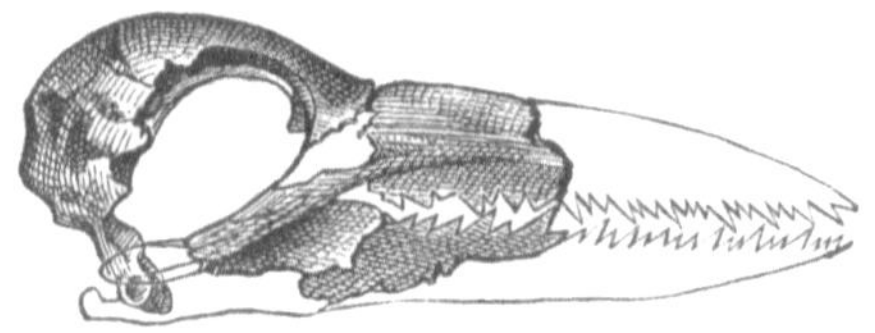

Figur 264.
Odontopteryx toliapicus aus dem englischen Eozän. Schädel eines Vogels, dessen Kieferränder zwar nicht mehr mit Zähnen besetzt, aber gezähnt sind.

In der nordamerikanischen Kreide finden wir in der Gattung Hesperornis auch den Typus der nichtfliegenden Vögel vollendet.

Im unteren Tertiär treten uns dann schon straußähnliche Laufvögel entgegen. Als echte Steppenbewohner sind Dasornis und Megalornis im Eozän von England auch von klimatologischem Interesse.

Schon einmal hatte der Stamm der Wirbeltiere den kühnen Schritt zur Besiedelung der Atmosphäre unternommen; allein die Entwicklung der Flugsaurier fand mit Schluß der Kreidezeit ein frühes Ende. Vielleicht hängt dieses Mißlingen damit zusammen, daß nur ein einziger Finger zum Ausspannen der Flughaut benutzt, der Arm aber dabei nicht verwendet wurde. Umstehende Figur (Fig. 265) läßt in entsprechender Verkürzung den Flugapparat von Vogel, Archaeopteryx, Flugsaurier und Fledermaus vergleichen und erkennen, wie zweckmäßig gerade die Ausbildung des Vogelarmes für den Ansatz eines Federschirmes ist.

Aber vielleicht das wichtigste Ereignis war die Hand in Hand damit gehende Entwicklung der Säugetiere. Wenn wir uns klar werden, daß Holz und Blätter von Schachtelhalmen, Bärlappgewächsen, Farnen, Zykadeen und Koniferen durch ihre derbe Beschaffenheit für die meisten Säugetiere ungenießbar sind, während die überwiegende Mehrzahl derselben von saftigen Angiospermen (Gräsern, Kräutern und Laub) lebt, so können wir wohl verstehen, warum die Entwicklung der Säugetiere in dem Maße fortschritt, als die höheren Pflanzen sich über die Welt verbreiteten.

Ganz ähnlich wie die Vögel besitzen auch die Säugetiere dünnwandige, von Markhöhlen, Blutgefäßen und Nerven durchzogene Knochen, die, wenn sie, Wind und Wetter preisgegeben, auf freiem Felde zerstreut sind, leicht verwittern und in unkenntliche Trümmer zerfallen. Nur der Unterkiefer und die Zähne sind widerstandsfähiger und bleiben leichter erhalten. Aus der Zahnform und ihrer Anordnung im Unterkiefer kann man aber, selbst wenn die anderen Knochenteile fehlen, ungefähr die Größe und Lebensweise der betreffenden Tiere erkennen.

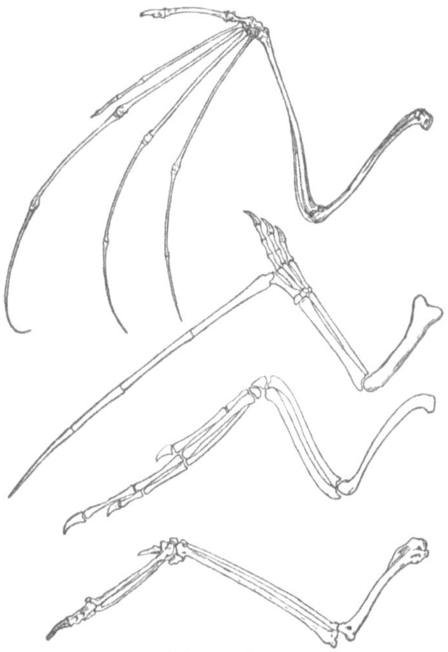

Figur 265.
Flugapparat von Fledermaus, Flugsaurier, Urvogel und Fliegevogel (unten).

Vereinzelte Funde zeigen, daß schon während der Triasperiode Säugetiere lebten. Im oberen Keuper von Schwaben, England und Nordamerika sind eine Anzahl zweiwurzeliger Zähne und Unterkiefer gefunden worden, die uns lehren, daß damals eine Fauna etwa ratten- bis igelgroßer Säugetiere weitverbreitet war. Über ihre Lebensweise gibt ein englischer Fundort in Somerset einigen Aufschluß. In karbonischen Kalken sind lange, tiefe Spalten[30] mit Keupermergel ausgefüllt, in dem unter etwa einer Million kleiner Knochenreste gegen 70000 Zähnchen von Haifischen, die Knochen von 9 Reptilien und 29 kleine Zähnchen von Microlestes Maurii herausgelesen werden konnten. Hier müssen am Ufer eines flachen Sees große Fischschwärme zugrunde gegangen sein, welche den kleinen, räuberischen Reptilien und Ursäugern zur Nahrung dienten. Während der Jurazeit vermehrte sich ihre Formenzahl. In einer dünnen, kohlenreichen Mergelschicht des englischen oberen Jura konnte man nach den kleinen Unterkiefern 13 Gattungen und 24 Arten von Säugetieren unterscheiden, und mitten zwischen den riesigen Atlantosaurusknochen fand sich in Amerika eine ähnliche reiche Fauna.

Fast alle Kiefer deuten darauf hin, daß die Tierchen klein waren und von Insekten oder Würmern lebten. Nur Plagiaulax in England und Ctenacodon in Nordamerika lassen an ihren scharfgekrümmten Schneidezähnen und den schmalen, gerippten Backzähnen erkennen, daß sie schon an eine nagende Lebensweise und Pflanzenkost angepaßt waren. Aber man darf daraus nicht schließen, daß diese Gattungen zu der heutigen Gruppe der Nagetiere gehört haben, gibt es doch in Australien noch heute nagende Beuteltiere.

Bekanntlich leben in Australien bis zur Gegenwart zwei eierlegende Säugetiere: das Schnabeltier und der Ameisenigel, beide nach Gestalt und Hautbedeckung grundverschieden, aber von übereinstimmendem Skelettbau. Ihr Knochengerüst zeigt noch deutliche Anklänge an die permischen Stegocephalen, und da das embryonale Milchgebiß des Schnabeltiers die Zahnform jener mittelzeitlichen Ursäuger zeigt, liegt die Vermutung nahe, daß auch sie eierlegende Tiere waren, die in Knochenbau und Lebensweise noch große Ähnlichkeit mit den Reptilien besaßen. Ob sie schon ein Haarkleid trugen oder, wie der lebende Ameisenigel und zwei sehr niedrig stehende, rezente Vertreter der Insektenfresser (Igel) und Nagetiere (Stachelschwein), von Hornstacheln geschützt waren, läßt sich nicht entscheiden.

Auffallend ist jedenfalls, daß die Entwicklung der Säugetiere während der drei großen Zeiträume Trias, Jura und Kreide so geringe Fortschritte machte. Alle Formen sind klein, ihr Zahnbau primitiv, die Zahnreihe wenig gegliedert. Die geringe Körpergröße dieser Ursäuger macht es verständlich, weshalb die amerikanischen, europäischen und südafrikanischen Formen so diffus verbreitet waren. Leicht konnten sie auf Treibholzstämmen von einem Land zum anderen verfrachtet werden, und daher ist es auch unmöglich, für jene Zeiten schon einzelne Faunengebiete abzugrenzen.

Als aber die Ursäuger mit dem Aufblühen der höheren Pflanzen und der Insektenwelt überall reichliche Nahrung fanden und auf den sich vergrößernden Festländern zwischen Berg und Tal, an Küsten und Flüssen, in Urwäldern und Grassteppen sich in einzelne, nach Lebensweise und Bau gesonderte Ordnungen teilten, als sie infolge reichlicherer Nahrung und nach dem Aussterben der Dinosaurier von keinem übermächtigen Feinde bedroht, auch zu größeren und damit schwerer beweglichen

Formen heranwuchsen, da bildeten sich als Heimat verschiedenartiger Formenkreise größere Faunengebiete aus.

Während der ganzen Mittelzeit ist in der Verteilung von Meer und Festland ein Ozean von nachhaltiger Bedeutung, der sich wie ein breiter Gürtel nördlich vom Äquator um die ganze Erde herumschlingt. In der Trias-, Jura- und Kreideperiode sind Südeuropa und Nordafrika, Kleinasien und Arabien, Persien, Tibet und Hinterindien, ebenso wie Mittelamerika Meeresgrund. Mag dieses „mediterrane Gürtelmeer" auch von Inseln und Inselländern unterbrochen und im Laufe der Erdgeschichte bald verbreitert, bald verengt worden sein, so scheidet es doch lange Perioden hindurch die nördliche Ländermasse der Arktogäa von einem südlichen Ländergebiet, dessen einzelne Teile (Gondwanaland, Australien, Südamerika) wahrscheinlich einst im Südpolargebiet verbunden waren. Diese als Antarktika unterschiedene[31] Ländermasse hat ihre biologischen Eigenarten lange Zeit bewahrt, und wenn es auch naturgemäß ist, daß wir über die Geschicke der Arktogäa besser Bescheid wissen, so fügen sich doch neuerdings sehr verschiedenartige Tatsachen der Tiergeographie zu einem Gesamtbild, das folgendermaßen umrissen werden darf: Wenn die Entstehung der polaren Schnee- und Eismassen, wie wir vermuten, mit astronomischen Ursachen verknüpft ist, dann würde sich ergeben, daß der riesige Eisgürtel, der jetzt das Südpolargebiet so unnahbar macht, ebenfalls erst während der Tertiärzeit schrittweise entstanden ist, so daß in völlig entsprechender Weise auf der südlichen wie auf der nördlichen Halbkugel die festländische Flora und Fauna langsam gegen den Äquator gedrängt wurde. Diese pflanzen- und tiergeographischen Wanderungen würden die Bewohner des Festlandes in völlig harmonischer Weise von Norden und Süden bis an die Küsten des mediterranen Gürtelmeeres geführt haben, wenn sich dieses, etwa dem Äquator entsprechend, um die Erde zog. Allein wir haben gesehen, daß es vorwiegend zwischen dem 15. und 45. Grad nördlicher Breite gelegen war, und daraus ergab sich ein eigentümlicher Gegensatz in den Geschicken der nördlichen und südlichen Länder: Zwischen dem antarktischen Kern und dem Südufer des Gürtelmeeres lag das heiße, von zwei trockenen Wüstenregionen begrenzte Tropenland; seine Besiedlung, seine Durchwanderung bot für Pflanzen und Tiere ungleich größere Schwierigkeiten als das verhältnismäßig einheitliche Klimagebiet der Arktogäa.

Infolgedessen verhalten sich die drei südlichen Länder ganz verschieden: Südamerika, das von der langen Andenkette durchzogen wird, bot mit diesem kühlen Wolkensteg günstige Bedingungen für weite Wanderungen nach Norden, und da auf der Meerenge von Panama[32] untereozäne Kohlen gefunden werden, liegt die Vermutung nahe, daß die

Antillenbrücke damals nach und von Nordamerika gangbar war. In der mittleren Tertiärzeit war sie wieder vom Meere bespült, und erst im Pliozän fügte sich die dauernde Landverbindung, auf der dann ein lebhafter Austausch nord- und südamerikanischer Tiere erfolgte.

Am ungünstigsten war Afrika für die Verbreitung der antarktischen Lebewelt. Deshalb sind nur wenige Formen bis Südafrika vorgedrungen, und die heutige reiche Tierwelt des großen Kontinents drang erst, als die syrische Brücke gangbar wurde, mit ihren zahllosen Scharen von der Arktogäa herein.

Ostindien löste sich schon früh von der Ländermasse des Gondwanalandes ab und fügte sich dauernd an den asiatischen Kontinent an.

Von besonderem Interesse ist aber Australien nebst den dereinst mit ihm verbundenen Neu-Guinea und Neu-Seeland. Trotzdem in Sumatra, Java und Bornco eozäne Steinkohlen verbreitet sind, welche von marinem Nummulitenkalk überlagert, für trockenes Land während der Untertertiärzeit sprechen, so kann es doch damals nicht zur Bildung einer Sundabrücke gekommen sein, wie sie sich jetzt zu fügen scheint. So konnte die Tierwelt des antarktischen Heimatlandes nicht weiter nach Norden vordringen und blieb in Australien fast in Reinzucht erhalten.

Wir nehmen also an, daß in der Antarktika die Marsupialia (Beuteltiere), die Edentata (Zahnarme, Gürteltiere usw.), sodann die schon im älteren Tertiär von Südamerika aussterbenden Prototherien, Macrauchenien, Toxodontia und Typotheria aus primitiven Ursäugern entstanden sind. Nur wenige Formen wanderten nach der Arktogäa, besonders die Didelphiden (Opossum) bis Nordamerika und Europa, Orycteropus (Erdferkel) nach Afrika und Europa und einige plumpe Gürteltiere (Megalonyx, Mylodon, Glyptodon) nach Nordamerika, Afrika und Indien. Auch die eigentlichen flügellosen Ratiten (Strauß, Kasuar u. a.), sowie die Pinguine gehören zu der südlichen Tierwelt; daß einige große Laufvögel auch auf der nördlichen Halbkugel gefunden worden sind, könnte eine Konvergenzerscheinung sein.

Als die Antillenbrücke die beiden Amerika, die syrische Brücke Afrika mit Europa verband, begann die große Einwanderung der in der Arktogäa reich entfalteten höheren Plazentaltiere, und heute erscheinen Südamerika und Afrika nur als Provinzen des großen nördlichen Faunenreiches. Man kann es danach wohl verstehen, weshalb ausgezeichnete Tiergeographen[33] den Nordpol für das Schöpfungszentrum aller Säugetierfaunen gehalten haben; denn nur Australien zeigt uns noch ein reines Bild der südlichen Tierwelt, die in Afrika und Südamerika durch die nordische Einwanderung überdeckt und bis auf wenige Reste vernichtet worden ist.

Leider ist die geologische Urkunde in den südlichen Ländern so mangelhaft, daß es gegenwärtig noch nicht möglich ist, die Richtung und das Tempo der Entwicklung klar zu überschauen. Daß die heutige australische Beuteltierfauna nur der Überrest einer viel reicheren Ahnenreihe ist, geht aus den riesigen Diprotodonten hervor, deren Knochen im jüngeren Tertiär von Australien gefunden werden. Ihr mit gewaltigen Schneidezähnen versehener Schädel war 1 m lang, das plumpe, pflanzenfressende Tier von der Größe eines Nashorns. Ein gefährliches Raubtier war Thylacoleo. Seine Eckzähne sind dolchähnlich verlängert, die Füße mit langen, stark gekrümmten Krallen bewehrt.

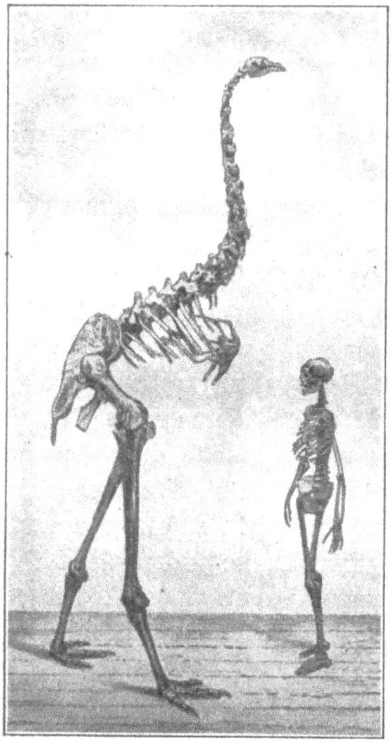

Figur 266.
Dinornis maximus
von der Chatam-Insel.
Daneben ein Menschenskelett.

Ein altes Relikt der südlichen Fauna sind die riesigen Laufvögel, welche im jüngeren Tertiär von Neuseeland gefunden wurden. Achtzehn Arten bis $3^1/_2$ m hoher, straußähnlicher Vögel (Fig. 266) hat man bisher unterschieden, und es ist höchst wahrscheinlich,[34] daß die letzten Reste dieser Vogelwelt noch von den Ureinwohnern Neuseelands erlegt worden sind. Hat man doch sogar Federn, Hautstücke und Eier (Fig. 267) mit eingeschlossenen Embryonen entdeckt und mehrfach Steinwerkzeuge und Holzkohlen mit den riesigen Vogelknochen gefunden.

Etwas besser sind wir über die Vorgeschichte Südamerikas orientiert. In der Tertiärzeit beginnt[35] die Hebung der Anden und damit die Trennung des Pazifischen und Atlantischen Ozeans in Argentinien. Langsam steigt das Land aus dem Meere, und mächtige Eruptionen von Trachyt und Basalt überschütten die neugebildeten Ebenen. Große Flüsse tragen den Verwitterungsschutt nach den Niederungen; flache Seen werden langsam ausgefüllt. Dieses amphibische Land am Fuße der Gebirge war von einer seltsamen Fauna belebt. Unter den aus Patagonien beschriebenen etwa 200 Arten und über 100 Gattungen fällt uns der völlige Mangel aller für die nördliche Halbkugel bezeichnenden Huftiere, Insektenfresser, Raubtiere und Uraffen auf. Dafür heben sich aus einer großen Zahl mehr oder minder genau bestimmbarer Skelette echte Beuteltiere, Edentaten und die beiden ausgestorbenen Gruppen der Typotherien und Toxodonten heraus. Die beiden letzteren waren kleine, mittelgroße oder große Pflanzenfresser, deren Fußbau an die Huftiere, deren Zahnreihe aber an die Nagetiere erinnert. Der Schädel von Toxodon war bis 70 cm lang; seine plumpen, elefantenähnlichen Füße waren zum Waten im Schlamm gut geeignet.

Wohl das auffallendste Element der südamerikanischen Fauna boten aber die Edentaten, die jetzt nur noch in einigen kleinen Faultieren und Gürteltieren überleben, in der Vorzeit aber zu ganz gewaltiger Körpergröße heranwuchsen.

Schon im Jahre 1789 gelangte ein vollständiges Skelett des 4 m langen Riesenfaultieres Megatherium (Fig. 268) nach Europa. Der niedrige Schädel

Figur 267.
Eier neuseeländischer Riesenvögel neben einem Hühnerei.

mit seiner kleinen Gehirnkapsel steht in auffallendem Widerspruch zu der gewaltigen Größe des plumpen Körpers. Aus der Form des Zungenbeines[36] geht hervor, daß die Zunge weit herausgestreckt werden konnte. Der Druck des gewaltigen Körpers vermochte gewiß Bäume zu entwurzeln, und die plumpen, bekrallten Füße waren wohlgeschickt, um Wurzeln auszugraben. Daneben finden wir die seltsamen Glyptodonten, deren Körper durch einen tonnenförmigen Knochenpanzer von 1 m Durchmesser und $1^1/_2$ m Länge geschützt war. Die[37] mosaikartig zusammengefügten Panzerplatten waren $4^1/_2$ cm dick, die mit Krallen bewehrten Füße, die wurzellosen Kauzähne sprechen für eine vegetarische Lebensweise.

Ganz ähnlich war die Gestalt und Panzerung der Gattung Panochtus; die Gattung Doedicurus erreichte eine Länge von nahezu 4 m.

Trotz ihres plumpen Körpers haben einzelne Formen weite Wanderungen unternommen. Mylodon findet sich[38] 2980 m hoch in diluvialen Tuffen auf der Hochebene von Ecuadór, und Glyptotherium ist bis Texas und Florida gedrungen.

Figur 268.
Megatherium. Diluvium von Argentinien.

Ein völlig anderes Faunenbild tritt uns entgegen, wenn wir jetzt die Säugetiere der nördlichen Halbkugel betrachten. Zwar ist Sibirien nur ungenügend bekannt; auf Ostasien fällt erst im Pliozän einiges Licht, wo jene Unmengen von Resten eingebettet wurden, die in den chinesischen Apotheken („Drachenknochen" und „Drachenzähne") als Heilmittel hochgeschätzt und in solchen Mengen exportiert werden, daß[39] im Jahre etwa 20000 kg davon in den Handel kommen. Aber dafür ist Europa und Nordamerika gründlich durchforscht; Nordindien, Persien und Kleinasien haben reiche Faunen geliefert, und neuerdings läßt sich auch das Verhältnis von Nordafrika zu den übrigen Faunengebieten einigermaßen beurteilen.

Wir müssen daran festhalten, daß das mediterrane Gürtelmeer die nördliche Ländermasse in der Gegend des Wendekreises nach Süden abschloß, und daß Afrika und Ostindien erst nachträglich angegliedert wurden. Mitten durch Asien zog sich also eine breite Meeresstraße, welche das südliche

Meer mit dem nördlichen Eismeer verband und Rußland von Sibirien trennte. Dagegen sind die faunistischen Beziehungen zwischen Europa und Nordamerika so eng, daß eine, wenn auch schwierig zu passierende Landverbindung in der älteren Tertiärzeit existiert haben muß. Wir wollen sie die grönländische Brücke nennen; denn viele Tatsachen drängen zu der Annahme, daß der nördliche Atlantik über Grönland leicht überschritten werden konnte. Als dann später Europa mit Asien verbunden wurde, scheint dieses über das flache Behringsmeer hinweg in lebhaftem Faunenaustausch mit Nordamerika gestanden zu haben, und deshalb wollen wir gegebenen Ortes auch von dieser Behringsbrücke sprechen.

Im Gebiete der alten Atlantis (Europa und Nordamerika umfassend) konnten wir die Entwicklung der Säugetiere während der Mittelzeit leicht verfolgen. Beim Übergang aus der Kreide- in die Tertiärzeit erfolgte nun hier jenes gewaltige Aufblühen der höheren Säugetiere, wie es in der Erdgeschichte beispiellos dasteht Es erscheint fast unmöglich, einen erklärenden Grund für diese Tatsachen zu finden; denn weder das Aussterben der Dinosaurier, noch die weite Verbreitung der Blütenpflanzen, weder die überall beginnende Gebirgsfaltung, noch der Rückzug des Meeres reicht für sich allein hin, um diese wahrhaft weltgeschichtliche Tatsache verständlich zu machen.

Wir glauben, daß nur das Zusammentreffen dieser verschiedenartigen Ereignisse und manche andere begleitende Erscheinungen die von vielen Forschern geradezu als „explosionsartig" bezeichnete Entwicklung der Plazentaltiere erklären können.

Eine reiche Fauna dieser ältesten, schon hochdifferenzierten Tierwelt wurde 1878 in Cernay bei Rheims entdeckt.[40] Bald darauf fand man eine ganz übereinstimmende Fauna in den Puercoschichten von Neu-Mexiko. Spätere Funde in Siebenbürgen, Schwaben, der Schweiz, England, Utah und Wyoming haben ihre weite Verbreitung dargetan. Zehn Gattungen sind Europa und Amerika gemeinsam, die übrigen zeigen, daß schon damals ein faunistischer Gegensatz zwischen beiden Teilen der Atlantis bestand. Ähnlich bleibt das Verhältnis auch in der Folgezeit, indem gewisse Formen im Osten wie im Westen endemisch erscheinen, nach Asien oder Südamerika wandern, aber doch die Einheit der atlantischen Fauna bis an die Schwelle der Gegenwart wahren.

Man könnte glauben, daß die eozäne Säugerfauna im Sinne der Cuvierschen Katastrophen durch eine zeitliche Kluft von der Kreidezeit getrennt wäre, denn Huftiere, Nagetiere, Insektenfresser, Fledermäuse, Raubtiere und Affen lassen sich deutlich unterscheiden, und dazu treten die ausgestorbenen Gruppen der riesigen Amblypoden, die in Coryphodon die Größe von Tapiren und Rindern, in dem mit einem furchtbaren Gebiß bewehrten Dinoceras und Uintatherium aber Elefantengröße erreichten.

Deshalb ist es von großer Wichtigkeit, daß eine Anzahl Allotherien, nämlich Neoplagiaulax, Liothomus und zehn weitere Gattungen als letzte Überreste der mittelzeitlichen Ursäuger zwischen der neuen Lebewelt gefunden werden. Angesichts dieser Tatsache kann es keinem Zweifel unterliegen, daß die eozänen Säugetiere der Atlantis schrittweise aus den Ursäugern der Kreidezeit entstanden sind, aber in dem Sinne, daß nach einer langen Zeit langsamer und kaum merklicher Umbildung am Schluß der Kreideperiode ein wesentlich lebhafteres Entwicklungstempo eingeschlagen wurde. Nicht in Jahren, ebensowenig in einzelnen Generationen, aber doch in einem Zeitraume, der dem an Äonen gewöhnten Blick des Geologen wie ein kurzer Moment erscheint.

In Zeiten, wo alle äußeren Umstände einem raschen und gründlichen Wechsel unterworfen sind, wo zahlreiche, völlig neue Lebensbedingungen: weite, unbesiedelte Landstrecken, reiche pflanzliche und tierische Nahrung, grasbewachsene, insektenreiche Steppen und schattige, immergrüne Urwälder, weite, oft überschwemmte Flußniederungen und enge Felsentäler sich der Besiedlung darbieten, da äußert sich die plastische Anpassungsfähigkeit der Organismenwelt in anderer Weise, als wenn lange Perioden hindurch nur langsame Änderungen eintreten. Jede Variation findet leicht die ihr zusagenden Verhältnisse; überall entstehen neue Formenkreise; lokale Faunen treten in befruchtendes Wechselspiel; die Selektion arbeitet mit einem unvergleichlich reicheren Material; der Kampf ums Dasein nimmt energischere Formen an, und es hängt nur an der Gesundheit und inneren Kraft des Formenkreises, ob er unter solchen Umständen zugrunde geht oder zu ungeahnter Blüte emporwächst.

Die eozänen Säugetiere gewähren ein verschiedenes Bild, je nachdem wir sie von der Gegenwart aus betrachten und nach den jetzt wohl unterscheidbaren, durch lang andauernde Selektion scharf getrennten rezenten Ordnungen in einzelne Ahnengruppen zerlegen oder sie als biologische Einheit fassen. Man kann die Schüler einer Klasse wohl nach ihren späteren Schicksalen in künftige Offiziere, Gelehrte oder Handwerker einteilen, man wird aber ihrer historischen Eigenart eher gerecht, wenn man sie als zusammen lebende und in wesentlichen Eigenschaften noch übereinstimmende Gruppe betrachtet.

Wenn wir von diesem Gesichtspunkte aus diese älteste Fauna prüfen, dann erblicken wir ein ziemlich gleichartiges Bündel paralleler Wurzeltriebe und verstehen es, warum manche Gattungen bald als Urformen der Nagetiere, als Vorfahren der Schweine, als Ahnen der Pferde oder als Uraffen betrachtet worden sind.

Die Mehrzahl sind klein und mittelgroß, ihre Zahnreihen vollständig und wenig differenziert, Hand und Fuß mit fünf Zehen versehen. Aber schon während der Eozänzeit entwickelt sich aus diesen indifferenten

Urformen eine immer reicher gegliederte Fauna, und im oberen Eozän sind nicht nur alle heute lebenden Ordnungen und Unterordnungen der höheren Säugetiere in ihren wesentlichen Eigenschaften fix und fertig, sondern auch zahlreiche Gruppen, welche seither ausgestorben sind.

In diesem Sinne können wir das Eozän nur mit dem Untersilur vergleichen. So wie damals nicht nur alle seither lebenden Ordnungen der Meerestiere und zugleich zahlreiche, inzwischen ausgestorbene Gruppen aufgetreten sind, so daß die ganze folgende Erdgeschichte nur die damals angelegten Leitlinien des Stammbaumes ausbilden und umbilden, jäten und vervielfältigen konnte, so wurzelt die Säugetierwelt im Eozän, und die Gegenwart erscheint uns nur als ein schwacher Nachklang der damals waltenden Schöpferkraft.

Auf Grund eines bemerkenswerten Wechsels in der südeuropäischen tertiären Meeresfauna hatte M. Hörnes die Tertiärzeit in zwei große Perioden getrennt:

$$\text{Neogen} = \begin{cases} \text{Pliozän} \\ \text{Miozän} \end{cases}$$

$$\text{Paläogen} = \begin{cases} \text{Oligozän} \\ \text{Eozän} \end{cases}$$

und es ist auffallend, daß auch die Säugetierwelt zwischen Oligozän und Miozän einen wesentlichen Wandel erleidet. Im paläogenen Zeitalter finden wir eine ganze Anzahl von primitiven Stammgruppen, besonders die Condylarthra, aus denen man die vielgestaltigen Formen der Huftiere leicht ableiten kann; dann die Creodonten, die allgemein als die Stammformen der verschiedenen Raubtiere betrachtet werden, und die ältesten Affen, die mit indifferenten Formen schon im Eozän wurzeln.

Daneben finden wir in der paläogenen Fauna den Stamm der Nagetiere und Insektenfresser durch bezeichnende Formen vertreten; besonders auffallend ist es, daß auch die Fledermäuse mit ihrer zum Flugorgan umgewandelten Hand, die ältesten Zahnwale, die so trefflich an das Leben im Meer angepaßt sind, und die absonderlichen Sirenen (Seekühe) schon im Eozän vollkommen entwickelt sind. Als große und zum Teil riesige Vertreter jener älteren Fauna treten uns ferner in Nordamerika die plumpen Amblypoden, die gewaltigen Titanotherien und die seltsamen Tillodontien entgegen.

An der Wende des neogenen Zeitalters, im oberen Oligozän oder unteren Miozän, ändert sich das Faunenbild vollständig. Die Amblypoden, Tillodontien, die Anthracotherien und Titanotherien sterben aus; die primitiven Urhufer und Urraubtiere spezialisieren sich, und das atlantische Festland belebt sich mit echten Pferden, Tapirn, Nashörnern,

1. Protohippus (Unter-Eozän)
2. Orohippus (Ober-Eozän)
3. Mesohippus (Oligozän)
4. Merychippus (Miozän)
5. Pliohippus (Pliozän)
6. Equus (Rezent)

Figur 269.
Die Entwicklung des Pferdes in Nordamerika.

Schweinen, Kamelen, Hirschen, Giraffen, Antilopen, Gazellen, Rindern, Wölfen, Bären, Hyänen, Katzen und Elefanten.

So verlockend es wäre, jeden dieser Zweige von seiner Wurzel bis zur höchsten Blüte zu verfolgen, so können wir doch nur zwei besonders genau studierte Gruppen herausgreifen.

Obwohl das Pferd als Begleiter des Menschen gegenwärtig noch fast über die ganze Erde verbreitet ist, so gehört es doch zu einem langsam aussterbenden Zweige des Säugetierstammes, denn die wenigen Herden wilder Pferde, welche die unwirtlichen Hochebenen Innerasiens bewohnen, samt den wilden Eseln und Zebrarassen sind nur schwache Überbleibsel eines Geschlechts, das früher in ungeheurer Mannigfaltigkeit alle Kontinente belebte. In Nordamerika, das bei der Entdeckung durch Kolumbus kein Pferd beherbergte, ist merkwürdigerweise dessen Urgeschichte[41] am vollständigsten erhalten. Die eozänen Vorfahren waren fünfzehige Huftiere (Condylarthra), welche in den ausgedehnten Wäldern von England und Nordamerika lebten. Schon im oberen Eozän scheidet sich die Gattung Eohippus aus. Es war ein etwa 30 cm hohes Tier, dessen Vorderfuß $4^1/_2$ Finger zeigt, während der Hinterfuß schon eine weitergehende Reduktion der Zehenzahl ($3^1/_2$) erkennen läßt. Die etwas jüngere Gattung Orohippus (Fig. 269) von Wyoming war 40 cm hoch, der Hinterfuß hatte 3, der Vorderfuß 4 Phalangen, ihre schlanke Gestalt spricht für schnellere Fortbewegung.

Es ist von hohem Interesse, daß in der Eozänperiode die immergrünen Wälder Nordamerikas allmählich lichter werden und sich schrittweise in ausgedehnte Grassteppen verwandeln. Kein Wunder, daß die scheuen, trägen Waldtiere sich Hand in Hand mit der Umgestaltung der Flora in leichtfüßige Prärietiere verwandeln. Im Oligozän treffen wir noch vereinzelte Urwälder, dazwischen trockene Prärien, durchzogen von sumpfigen Flußebenen. Diese drei Formationen veranlaßten mehrere parallele Zweige weiterer Entwicklung, aus denen durch weitgehende Auslese die echten Pferde entstanden (Fig. 270).

Der Beginn der Miozänperiode bezeichnet in Nordamerika den Höhepunkt für die Ausbreitung dürrer Grassteppen. Viele Wald- und Sumpftiere, wie die Titanotherien, sterben aus, aber das waldlebende Urpferd Hypohippus paßt sich den neuen Verhältnissen rasch an. Der erste und fünfte Finger jedes Fußes verschwindet, der zweite und vierte legt sich als schmale Knochenspange („Griffelbein") an den allein das Körpergewicht tragenden Mittelfinger, und so bildet sich ein ebenso elastischer wie fester Stelzenapparat. Die folgende Gattung Merychippus zeigt alle Übergänge zwischen den dreizehigen Vorfahren und den sich daran im Pliozän anschließenden einzehigen echten Pferden, die mit Pliohippus Nordamerika, mit Hipparion die alte Welt besiedeln. Die noch heute lebende Gattung Equus erscheint zuerst im Oberpliozän von Eurasien und Nordamerika, breitet sich rasch bis nach Afrika aus, kommt aber weder bis Südamerika noch Australien. Gelegentlich beobachtet man noch heute als seltsame Rückschlagserscheinung das von der ganzen Gruppe schon im Miozän überwundene mehrzehige Stadium (Fig. 271).

Seltsamerweise sind die Pferde. während der Diluvialzeit in Nordamerika vollkommen ausgestorben. In Eurasien leben sie weiter und sind während der Diluvialzeit eine gesuchte Jagdbeute. Eine einzige steinzeitliche Fundstelle enthielt die Überreste von etwa 80000 Pferden.

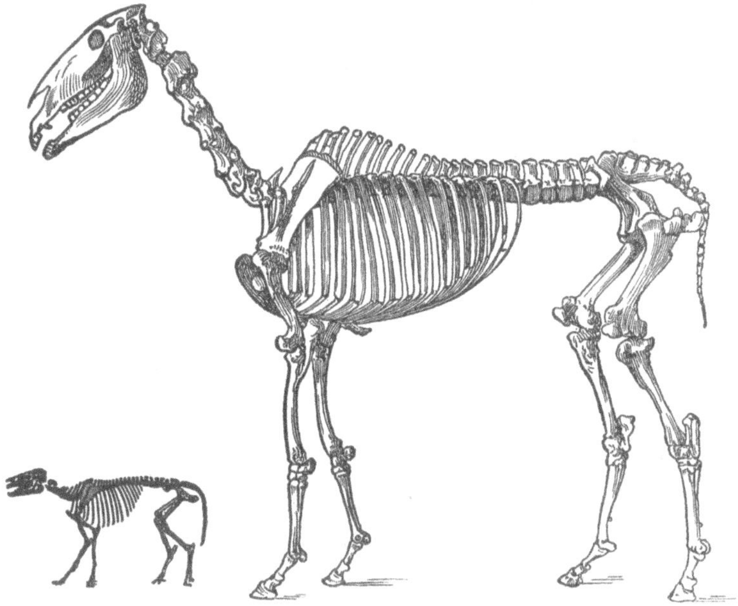

Figur 270.
Das Skelett des Protohippus verglichen mit dem des Pferdes.

Figur 271.
Pferde mit überzähligen Zehen.

Wie ein Überbleibsel aus längstvergangenen Zeiten ragt der Stamm der Rüsselträger mit den an Gestalt und Zahnbau so wesentlich verschiedenen Arten des afrikanischen und indischen Elephanten in die Gegenwart hinein. In dichtem, undurchdringlichem Urwalde leben die letzten Trupps eines Geschlechts, das in der Vorzeit herdenweise die glühenden Steppenländer ebenso wie die eisigen Tundren bewohnte, das seit dem Miozän in Asien, Europa und Nordamerika heimisch, längs der Anden bis nach Südamerika wanderte, Afrika bewohnte und nur Australien nicht zu erreichen vermochte. Neben dem riesigen E. antiquus finden wir die Zwergrassen des E. melitensis und neben dem echten Elefanten mit seinen zwei Stoßzähnen im Oberkiefer treffen wir das Mastodon (Fig. 272), dessen Unterkiefer ebenfalls durch zwei Stoßzähne bewehrt war, und das Dinotherium (Fig. 273), dessen Unterkiefer zwei nach unten gerichtete Zähne besaß, geeignet, um den Schlamm der Seen und Meeresbuchten nach Muscheln zu durchwühlen.

Aber die Urgeschichte der ganzen Gruppe war in ein undurchdringliches Dunkel gehüllt, bis neuere Untersuchungen[42] und Ausgrabungen in Ägypten die überraschende Kunde brachten, daß die Wurzeln des Proboscidierstammes in Afrika zu suchen seien.

Ein nummulitenreiches flaches Meer hatte weite Flächen Nordafrikas bedeckt, und südlich davon war die Küste des uralten afrikanischen Kontinents. An der Wende der Eozän- und Oligozänzeit wurde das Küstengebiet nahezu trocken gelegt, und der Deltaschlamm großer Flüsse breitete sich über die Ablagerungen des Salzmeeres.

Hier begegnen wir den ältesten Spuren der Klippdachse (Hyrax), den ebenfalls noch jetzt in Afrika heimischen doppelatmenden Lurchfischen (Protopterus) und, was besonders interessant ist, den ältesten Vorfahren der Elefanten. Das mitteleozäne Moeritherium hatte ungefähr die Größe eines Tapir, der lange Schädel hatte einen kleinen Rüssel, kurze Hauer und große Augen. Das Gehirn war schon hochentwickelt. Etwas jünger ist Palaeomastodon, von dem mehrere Arten bekannt sind, deren Größe zwischen der eines Tapir und der eines mittelgroßen Elefanten schwankt. Die langen Kiefer trugen nach unten gebogene Stoßzähne und dahinter eine Reihe höckeriger Backzähne, die zu dem Mastodon, dem Vertreter der nächst jüngeren Linie, leicht hinüberleiten.

Die Mastodonten wanderten dann aus Afrika nach Europa und Asien, überschritten die Behringsbrücke, gelangten nach Nordamerika und kamen die Kordilleren entlang über die Antillenbrücke bis nach Argentinien; noch im Diluvium bewohnte Mastodon ganz Nordamerika von New York bis Kalifornien und Südamerika, von Neugranada bis Brasilien und Uruguay. In Europa und Asien dagegen wurde Mastodon langsam durch Elephas ersetzt, dessen kürzere Kiefer nur je einen riesigen Backzahn trugen, während die Stoßzähne des Unterkiefers verkümmerten, daher diejenigen des Oberkiefers bis zu 3 m Länge anwuchsen. Der riesige E. antiquus war ein Bewohner der wärmeren Steppen Mitteleuropas, während das eigentliche Mammut E. primigenius (Fig. 275) durch ein dichtes Wollkleid trefflich geschützt, den Rand des diluvialen Binneneises bewohnte und bei den Schwankungen desselben bald weit nach Süden drang, dann aber sich wieder in die kälteren Gebiete des Polarkreises zurückzog. Auf dem Eisboden der sibirischen Tundren lebten die letzten Rudel, und die schweren plumpen Gesellen gerieten gelegentlich in eine Erdspalte, in der

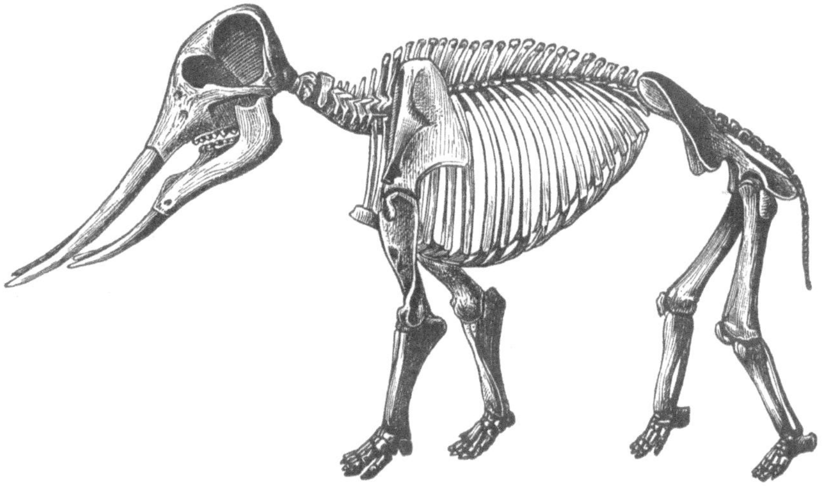

Figur 272.
Mastodon angustidens
nach dem Skelett im Jardin des Plantes zu Paris.
Vorfahre des Elefanten mit je zwei Stoßzähnen im Ober- und Unterkiefer.

sie elend zugrunde gingen, aber durch die Kälte so trefflich konserviert wurden, daß man sie mit Haut und Haaren, Fleisch und Eingeweiden wieder ausgraben und sogar den Darminhalt untersuchen konnte.

Der Wandel des Klimas, der diese Veränderungen der Fauna begleitete und wahrscheinlich sogar bedingte, erfogte in Europa unter ganz anderen geologischen Verhältnissen, wie auf der Westseite des atlantischen Festlandes. In Nordamerika hob sich während der Tertiärzeit langsam das Felsengebirge über flache Ebenen empor, und im Zusammenhang damit brachen überall Vulkane hervor. Der ganze Westen von Montana, Wyoming, Kolorado, Neu-Mexiko und Texas bis an die Ufer des Stillen Ozeans wurde von ungeheuren Lavadecken überflutet und muß in dieser Zeit den Anblick eines furchtbaren Feuermeeres geboten haben. Aber die Geschicke des gesamten Mississippigebietes bis nach den

Ufern des Atlantischen Ozeans wurden dadurch in keiner Weise beeinflußt. Nirgends finden wir die Spuren vulkanischer Ausbrüche, nirgends die Anzeichen erneuter Faltungsvorgänge, und während das westliche Drittel der Vereinigten Staaten von unerhörten tektonischen und vulkanischen Katastrophen heimgesucht wurde, bot das große Ostgebiet den Anblick weiter von flachen Bergzügen durchschnittener Ebenen, aus denen sich das Meer langsam zurückzog. Von Kanada bis nach Florida verschoben sich wohl Wasserscheiden und klimatische Grenzen, aber nirgends stellte sich der ruhigen Entfaltung einer neuen Flora, der Ausbreitung von Insekten und Vögeln, der langsamen Umbildung der Säugetiere ein Hindernis entgegen.

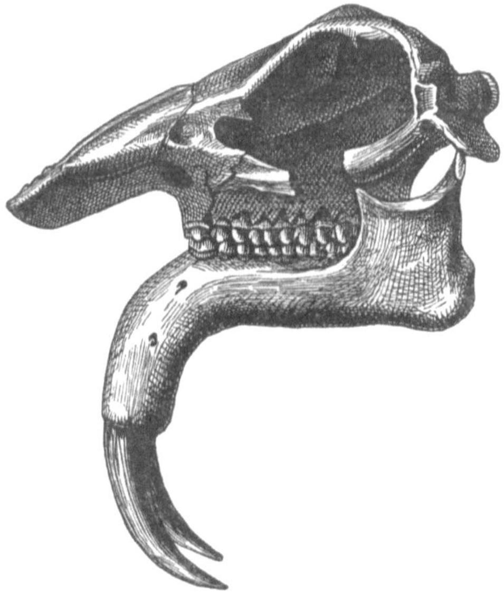

Figur 273.
Dinotherium giganteum ($^1/_{100}$).
Unterkiefer, durch nach unten wachsende Hauer bewehrt.

Ganz anders in Europa, wo Gebirge entstanden, welche, vorwiegend den Breitengraden folgend, nicht nur Wasserscheiden, sondern auch trennende Klimascheiden aufrichteten, und dadurch Floren und Faunen sonderten.

Langsam stieg das Alpensystem empor und mit ihm eine Reihe von Faltenketten, welche das festländische Europa und Asien, ebenso wie das mediterrane Gürtelmeer durchziehen in kühnen Wirbeln angeordnet, fächerartig auseinandertreten oder sich in parallelen Gruppen scharen.

In der Nähe von Nizza wurzeln die Ketten der Pyrenäen, der Alpen und der Apeninnen. Die Ostalpen gabeln sich in einen nördlichen Zug, der die Donauländer umkreist, und in eine südliche Kette, welche durch Dalmatien und Albanien bis nach Griechenland und dem ionischen Meere verläuft. In Kalabrien biegt der Apennin nach Westen um, um sich durch Sizilien und Tunis in den Atlas fortzusetzen, und die Kette des Kaukasus wird begleitet von parallelen Faltenzügen, welche Armenien durchschneiden und sich nach Osten gegen Asien hin verfolgen lassen. Hier hebt sich das ungeheure Faltensystem Innerasiens heraus, und wenn wir im Himalaya marine Nummulitenschichten in einer Meereshöhe von 4000 m eingefaltet sehen, wenn miozäne und pliozäne Schichten im nördlichen Indien noch mitgefaltet sind, dann erkennen wir leicht, daß die furchtbaren Erdbeben, welche in den letzten Jahren Assam verheert haben, nur ein Zeichen dafür sind, daß hier der Gebirgsbildungsprozeß bis in die Gegenwart hineinragt.

Aber auch das nördliche Europa wurde durch den Gebirgsbildungsprozeß bewegt, und im Laufe der Tertiärzeit hoben sich aus dem vorher nur wenig gegliederten Tieflande die nord- und mitteldeutschen Bergzüge deutlich heraus.

Wie eine hohe Mauer schob sich das gewaltige Faltensystem der Alpen und Karpathen den von Norden herabdringenden Klimazonen und den mit ihnen wandernden Faunen entgegen. Die Donauländer und die südrussischen Flußniederungen waren bis nach Turkestan von einem großen Meeresarm erfüllt, der später in einzelne Becken gegliedert wurde, von denen das Schwarze Meer ausgesüßt, Kaspi und Aral aber einem abflußlosen Gebiete einverleibt wurden, während weite Wasserflächen dazwischen verdampften und die Gips- und Salzlager des östlichen Europas bildeten. Etwa um dieselbe Zeit verschwand auch der Meeresarm, der Rußland von Sibirien getrennt hatte. Die ostindische Halbinsel vereinigte sich mit dem asiatischen Festlande, die syrische Brücke führte nach Afrika, die Behringsbrücke nach Nordamerika hinüber.

Hand in Hand mit den Bewegungen der Erdkruste brachen vielfach Vulkane hervor: zuerst am Südfuße der Alpen und in Ungarn, dann in einem breiten Gürtel nördlich der Kettengebirge, von Böhmen durch die Rhön und den Westerwald bis nach der Eifel und der Auvergne. Schottland wurde von vulkanischen Ausbrüchen verheert, und im Mittelmeergebiete dampfte es von Spanien über Italien bis nach Kleinasien und Armenien.

Der Säugetierwelt der nördlichen Halbkugel bot sich jetzt eine unübersehbare Fläche neuen Landes, das der Besiedlung harrte und zu kühnen tiergeographischen Wanderungen verlockte. Es war vielleicht für deren Gang von ganz besonderer Bedeutung, daß das reichgegliederte Europa den Durchgangspunkt für diese Wanderzüge von Osten und Westen, Norden und Süden bildete. Hier drängten sich die Scharen asiatischer Steppentiere auf schmalen Landbrücken zusammen, hier brandeten die nordischen Eindringlinge an der breiten Mauer des Alpensystems, das ihnen östliche und westliche Wege wies, hier verknüpften wiederholt neugebildete und ebenso oft unterbrochene breite und schmale Landbrücken die Faunen ferner Schöpfungsgebiete.

Wie im Mittelalter der Handel der ganzen Welt im Mittelmeergebiete wurzelte, und hier der Austausch chinesischer Seide mit mexikanischem Golde, nordischen Bernsteins mit indischen Rubinen erfolgte, so bot das miozäne Europa ein buntes Bild tiergeographischer Beziehungen und gerade während der mittleren Tertiärzeit erreichten alle diese geologischen Veränderungen ihren Höhepunkt.

So erscheint es nicht wunderbar, daß in dieser Zeit eine Fülle von neuen Lebensbedingungen umändernd und auslesend tätig waren, und unter dem Einfluß Europas die Fauna aller übrigen Festländer mit einziger Ausnahme von Australien so gründlich umgestaltet wurde.

Verweise

[1] Arduino, Raccoltà di memorie, Venezia 1775. Saggio fisico-mineralogico di lithogonia e orognosia, S. 100. — [2] E. Suess, Das Antlitz der Erde I, S. 201. — [3] v. Richthofen, Jahrb. d. K. k. G. L.-Anstalt 1860. — [4] Pantanelli, N. Jahrb. f. Min. 1892, II, S. 253. Lotti, Z. f. prakt. Geol. 1894, S. 19. — [5] Dalmer, Z. f. Naturw. 1884. — [6] A. Geikie, Ancient Volcanoes of Gr. Britain. II, S. 107 f. — [7] v. Dechen, Z. d. D. geol. Ges. 1865, S. 147. — [8] Dana, Manual of geology 1894, S. 876, 936. — [9] Renard & Murray, Deep Sea Deposits. Chall. Exped., S. 248. — [10] Rouiller et Vorinsky, Bull. Soc. Imp. des Naturalistes de Moscou, Vol. XVII, S. 338. Brady, Monogr. of carb. Foraminifera 1876, S. 149. — [11] Oldham, Geol. of India 1893, S. 271. — [12] Semper, Z. d. D. geol. Ges. 1899, S. 185. Palacky, Verbreitung der Fische, S. 77. Leriche, Mém. Mus. R. Hist. Nat. de Belgique 1905, III, S. 228. — [13] O. Heer, Urwelt der Schweiz 1865, S. 265. — [14] Saporta, Le monde des plantes 1879, S. 234. — [15] v. Ettingshausen, Jahrb. d. K. k. Geol. R.-Anstalt Wien 1850, S. 682, 1851, S. 186. — [16] Moore, Geolog. Magazine 1864, S. 235. — [17] Göppert u. G. Berendt, Die im Bernstein befindlichen org. Reste der Vorwelt, Berlin 1845. Zaddach, Schriften der phys.-ökon. Ges. Königsberg 1860, S. 1. Conwentz, Monogr. der balt. Bernstein-Bäume, Danzig 1890. — [18] O. Heer, Tertiäre Flora der Schweiz, III, 1860, S. 110. Unters. über das Klima u. die Vegetationsverh. des Tertiärlandes. — [19] Göppert, N. Jahrb. f. Min. 1878, S. 504. — [20] J. D. Hooker, Q. J. G. Soc. London XI, S. 566. — [21] De Lapparent, Traité de Géol. 1900, S. 1429. — [22] Sokolow u. Annaschevsky, Guide d. Excurs. du Congr. Int. 1897, XXI, S. 10. — [23] Klebs, N. Jahrb. f. Min. 1892, V, S. 460. — [24] Suess, Das Antlitz der Erde I, S. 414. — [25] O. Fraas, N. Jahrb. f. Min. 1879, S. 555. — [26] E. Fraas, Jahresh. d. w. Vereins f. vaterländische Naturkunde, Stuttgart 1900, S. 57. — [27] Sandberger, N. Jahrb. f. Min. 1874, S. 782. — [28] K. Miller, Jahresh. d. w. Ver. f. vaterl. Naturk. 1900, S. 385. Th. Hormor, Fölotani Közlöny 1903, S. 496. — [29] Nathorst, Polarforskningens Bidrag, Stockholm 1883, Taf. 10. — [30] Moore, Geol. Magazine 1864, S. 235. Woodward, Geol. of Engl. and Wales, 1887, S. 251. — [31] Douvillé, C. rend. Acad. Paris, Bd. 98, S. 127. — [32] Wyman, Die altert. Vertebraten der Seymourinsel, Stockholm 1905. — [33] G. Jäger, Ausland 1865, Nr. 37. O. Heer, Nachtr. zur mioz. Flora Grönlands, Stockholm 1874. — W. Haacke, Biol. Centralbl. 1886. — [34] von Haast, Geol. of Canterbury, Christchurch 1879, S. 430. — [35] Bodenbender, Z. d. D. geol. Ges. 1896, S. 770. Döring, N. Jahrb. f. Min. 1884, I, S. 215. — [36] Owen, Philos. Transact. R. Soc., London 1859, S. 809. — [37] Jaentsch, Z. d. D. geol. Ges. 1904, M.-Ber., S. 67. — [38] Branca, Paläont. Abhandl. I, Heft 2. Osborn, Am. Mus. of Nat. Hist. 1903, Pl. XLIII. — [39] Schlosser, Abh. d. B. Akad. d. Wissensch. München, 1903, I, S. 15. — [40] Lemoine, Soc. d'Hist. Nat. de Reims, 1878, Maiheft. Bull. Soc. Geol. de France 1891, S. 263. — [41] Nach Marsh, Cope und Lull Peabody, Mus. of Nat. Hist. Guide I, 1907. S. 161. — [42] Stromer v. Reichenbach, Verh. d. d. Zool. Ges. 1906. S. 207.

28

Die diluviale Schneezeit

Die norddeutsche Tiefebene ist mit einer mächtigen Decke von Sanden und Tonen überzogen, welche, bald ungeschichtet, bald geschichtet, eine ungeheure Menge großer und kleiner Blöcke enthalten. Diese Absätze zeigen in vielen Fällen deutlich, daß sie durch stürmische Wasserfluten transportiert, abgerollt und abgelagert sind. Daher hat man für diese Schwemmlands-Bildungen, welche für den naiven Beobachter so offenkundig mit sintflutähnlichen Wasserbewegungen zusammenhängen, seit alters den Ausdruck Diluvium angewandt.

An vielen Orten ragen Zacken und Klippen des Grundgebirges durch die diluvialen Deckschichten hindurch, und als man die Granitkuppen der Lausitz, die Porphyrklippen von Sachsen, den Muschelkalk von Rüdersdorf und die mannigfaltigen braunkohlenführenden Tertiärgesteine mit den diluvialen Blöcken verglich, erkannte man neben zahlreichen einheimischen Geschieben eine Fülle von Gesteinsarten, welche entweder in Deutschland gar nicht vorkommen, aber in Skandinavien weitverbreitet sind oder, wie die Feuersteinblöcke der Kreide, nur in Rügen und anderen Küstengebieten der westlichen Ostsee anstehen.

Nachdem somit der nordische Ursprung vieler diluvialer Gerölle und Sande nachgewiesen war, ergab sich von selbst die Frage, welche Kraft diese, oft mehrere Kubikmeter großen Blöcke von Schweden bis nach dem Nordfuß des Riesengebirges, Erzgebirges und Thüringer Waldes getragen habe. Anfangs glaubte man, eine „cimbrische Geröllflut" annehmen zu sollen, aber da man am Fuße des Alpensystems ähnliche Geröllanhäufungen nachwies, und als Venez, Charpentier und andere Forscher zeigten, daß diese riesigen Findlinge durch große Gletscher aus den jetzigen Alpentälern herausgetragen worden seien, begann man auch für den Transport des norddeutschen Diluviums skandinavische Eisströme verantwortlich zu machen.

Die Annahme einer ununterbrochenen Eisdecke von Norwegen bis zum Erzgebirge erschien den älteren Geologen so abenteuerlich, und die oft so ausgezeichnete Schichtung der diluvialen Tone und Sande entsprach so sehr den Vorstellungen großer Wasserflächen, daß man zwischen die skandinavische Eisdecke und die Südgrenze der nordischen Geschiebe ein großes Meer einschalten zu müssen glaubte, auf welchem durch schwimmende Eisberge die erratischen Blöcke bis an ihren Fundort getragen worden sein sollten. In dem bekannten, launigen Gedicht hat Scheffel die damals allgemein angenommene „Trifttheorie" poetisch verewigt.

Daß in dem ganzen norddeutschen Diluvialgebiete keine vordiluviale marine Ostseefauna gefunden wurde, blieb lange Zeit unbeachtet, und erst ein Vortrag, den der schwedische Geologe Torell im Jahre 1875 in der Deutschen geologischen Gesellschaft zu Berlin hielt, verhalf der Inlandeistheorie zu endgültigem Siege.

Es galt ja nicht nur die weite Verbreitung nordischer Sande und Geschiebe, sondern auch die staunenswerten Faltungen (Stauchung), welche der vordiluviale Untergrund in der Diluvialzeit erlitten hatte, zu erklären; es galt, verständlich zu machen, daß hausgroße Schollen älterer Gesteine vom Untergrund abgedrückt, in diluvialen Geschiebelehm eingewickelt, weit nach Süden getragen worden waren, daß karbonische Sandsteine bei Magdeburg, Muschelkalk bei Rüdersdorf, Granit und Porphyr in Schlesien und Sachsen abgehobelt, geschliffen, poliert und mit den scharfen Kritzen versehen worden waren, welche für den Blocktransport in fließendem Eis so bezeichnend sind.

Seither haben sorgfältige Untersuchungen zu der sicheren Überzeugung geführt, daß während der Diluvialzeit von Skandinavien aus eine ununterbrochene Eisdecke nach Osten, Süden und Westen vordrang; ihr Rand war in große Lappen (Fig. 274) zerlegt, so daß die Südgrenze der Findlinge vielfach gebuchtet verläuft. Sie kreuzt unter dem 62. Breitengrad den Ural, erreicht in der südwestlichen Fortsetzung bei 58° nördl. Breite das Ufergebiet der Kama, dann schiebt sich jenseits der Wolga ein großer Eislappen bis zum 50. Grad an den Don und ein folgender bis zum 48. Grad am Dnjepr vor. Hier biegt der Eisrand um, reicht, nur durch kleine Buchtungen unterbrochen, quer durch Deutschland und Holland hindurch und verlängert sich durch England und Irland so, daß nur die südlichsten Provinzen beider Gebiete eisfrei bleiben.

Die Mächtigkeit des auf diesem weiten Gebiete abgelagerten Geschiebemergels zeigt einen sehr bemerkenswerten Wechsel. In Skandinavien ragen zahllose vom Eis rundgeschliffene Bergzüge über die nur mit einer geringen Schuttdecke verhüllten Senken. In Schonen ist der Geschiebemergel 23 m, bei Greifswald 42 m mächtig, bei Hamburg erreicht er 192 m, bei Demmin 103 m, bei Rüdersdorf 178 m. Von hier nimmt dann seine Mächtigkeit nach Süden immer mehr ab. Die geschlossene Diluvialdecke zerlegt sich in einzelne Inseln, und endlich bleiben von dem verwaschenen Geschiebelehm nur noch einzelne Findlinge übrig, zwischen denen gelegentlich an geschützten Stellen noch ein zusammenhängendes Profil erkennen läßt, daß auch jene erratischen Blöcke nicht auf schwimmenden Eisschollen, sondern in der Grundmoräne des Eisstromes transportiert worden sind.

In überraschender Weise wiederholt sich dasselbe Phänomen in Nordamerika. Hier reichte die Eisdecke bis nach New York, bog sich dann

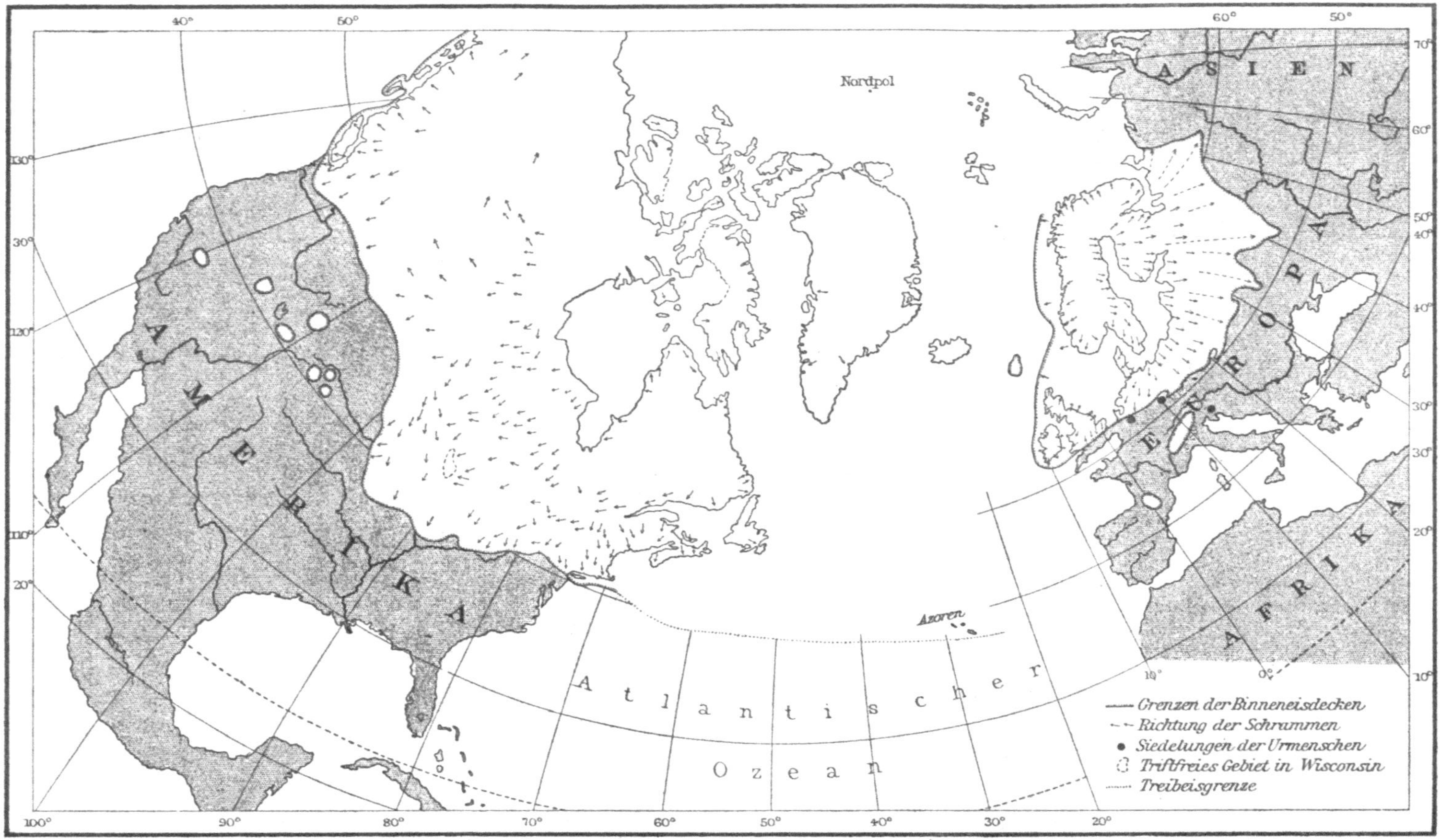

Figur 274.

Die Ausdehnung der diluvialen Eisdecken im Ufergebiet des nördlichen Atlantik.

etwas nach Norden zurück, lief am Ohio entlang und erreichte bei St. Louis den 38. Breitengrad. Dann bog sie längs des Missouri nach Nordost und erreichte bei der Vancouver-Insel den Pazifik. Längs des Felsengebirges lassen sich Eisfelder bis zum 36. Breitengrad und ebensoweit auf der kalifornischen Sierra Nevada verfolgen.

Als man erkannt hatte, daß die großen Binneneisdecken, welche heutzutage nur innerhalb des Polarkreises vorhanden sind, während der Diluvialzeit in Europa und Nordamerika 15, resp. 24 Breitengrade weiter nach Süden gereicht hatten, da erschien es sehr naheliegend, diese Ausdehnung eines eisbildenden Klimas für eine Begleiterscheinung der tertiären Abkühlung der Pole beider Hemisphären zu halten. Man stritt sich wohl darüber, ob die Eiszeiten der beiden Halbkugeln abwechselnd oder gleichzeitig erfolgt seien, aber die Annahme, daß es sich um eine Klimaänderung der gesamten Erde handle, gewann immer mehr Anhänger. Erscheinungen, die mit den polaren Eisdecken nur in lockerem Zusammenhange stehen, wie der Wasserreichtum großer Binnenseen, die Form bestimmter Täler, die Gestalt charakteristischer Berge und sogar die Schottermassen in den afrikanischen Wüsten wurden als Beweise für die universelle Verbreitung der diluvialen Eiszeit herangezogen, und nachdem man fast die ganze Erde mit echten und vermeintlichen eiszeitlichen Spuren überzogen hatte, entstand ein wahrer Wettstreit in der Erfindung kühner und geistvoller Hypothesen, um die Ursachen dieser „universellen" Erscheinungen zu erklären.

Die Perioden der Sonnenflecken, die Veränderungen der Erdachse, das Untersinken großer Landmassen, die Aufwölbung der Kontinente und Gebirge, die Verlagerung von Meeresströmungen, die vulkanischen Ausbrüche und die sie begleitenden Aschenwolken, die daraus erfolgende Vermehrung der atmosphärischen Kohlensäure, ja sogar die Bildung der kleinen Planeten wurden für das eiszeitliche Phänomen verantwortlich gemacht.

Neben diesen generellen Hypothesen boten die einzelnen Vorstöße und Rückzugsperioden des Eises sowohl nach ihrer Anzahl wie nach ihren Ursachen vielfältige Gelegenheit zu neuen Erklärungsversuchen, und so zeigt die geologische Wissenschaft mit Rücksicht auf das Diluvialproblem gegenwärtig den Anblick eines stürmisch dahinbrausenden Flusses, dessen Wirbel und Schaumkämme in jedem Augenblick wechseln, so daß man bei Betrachtung seiner ruhelosen Oberfläche kaum einen festen Punkt, kaum eine ruhige Linie erkennen kann.

Wenn sich schon der Fachmann in dem Widerstreit der Meinungen nur mühsam zurechtfindet, so ist es dem Nichtgeologen noch viel schwerer, zwischen Bewiesenem und Vermutetem überall scharf zu scheiden. Wir wollen nun den auch schon von anderer Seite[1] unternommenen Versuch machen, mit aller kritischen Schärfe die völlig exakten Tatsachen von den nur durch Kombination gewonnenen Annahmen zu sondern.

Zwei nach Raum und Zeit scharf geschiedene Ursachen bestimmen die Größe eines Gletschers oder Inlandeises. Hohe Schneemassen türmen sich im Ursprungsgebiete des Eises auf, verwandeln sich durch den Druck der lastenden Schneedecken in blaues Eis, das wie ein breiter Kuchen oder ein schmaler Schlammstrom talabwärts gleitet. Die heute fallenden Schneemengen gelangen am Aletschgletscher bei einer mittleren Eisbewegung von 100 m erst nach 230 Jahren an die Gletscherzunge, und der 1000 km lange Weg von Jemtland bis nach Thüringen wurde von den diluvialen Schneemengen, selbst wenn wir eine sehr energische Eisbewegung annehmen, jedenfalls auch nur in langen Jahrhunderten zurückgelegt.

Die Grenze des Binneneises oder eines Gletschers an seinem Stirnrand wird nun nicht allein von der Menge des nachströmenden Eises, sondern wesentlich durch die Intensität des Abschmelzens bedingt.

Wenn in einem Jahre das Gletschereis um 100 m vorwärtsfließt und in derselben Zeit genau 100 m abschmilzt, dann kann der Eisrand stabil bleiben. Aber nur vorübergehend können sich beide Vorgänge zufällig genau die Wage halten.

Die Menge des vor Jahrhunderten gefallenen Schnees, die wechselnde Geschwindigkeit des sein Bett beständig verändernden, bald aufpflügenden, bald abschleifenden Eises und die von dem Klima des noch unvereisten Randgebietes abhängige Stärke des Abschmelzens erreichen nur selten denselben Wert. Deshalb beobachten wir an allen Gletschergebieten eine seltsame, bald vorwärtsdrängende, bald zurückweichende Veränderung der Gletscherzunge.

In den Alpen, wo man diese Verhältnisse seit Jahren genau studiert hat, ändern sich sogar benachbarte Gletschergebiete in entgegengesetztem Sinne, und wenn man auch immer wieder den Versuch macht, die für lokal gehaltenen Abweichungen unter ein allgemeines Gesetz zu zwingen, so lehren sie uns doch, daß bei einem Gletscher die Veränderlichkeit die Regel ist.

Wo wir den felsigen Untergrund geglättet und geschrammt und darüber eine ungeschichtete sandiglehmige Ablagerung finden, in welcher fremde Gesteinsstücke, ebenfalls geglättet und gekritzt, eingestreut sind, da muß fließendes Eis einmal vorhanden gewesen sein. Die Richtung der Schrammen ist ebenso wie das Heimatland der erratischen Blöcke ein unzweideutiger Hinweis auf die Herkunft der Eisströme; daß der Eisrand nur vorübergehend festlag und meist nach vor- oder rückwärts schwankte, hängt mit dem Wesen der Gletscherbildung notwendig zusammen.

Neben diesen von jedem Geologen anerkannten, vollgültigen Glazialspuren gibt es nun zahlreiche andere Erscheinungen, welche von den einen als ebenso beweiskräftig betrachtet, von andern aber auf anderem Wege erklärt werden, so:

die Kesseltäler (Kare) der Alpen,
die Strudellöcher in felsigem Boden,
die Fjorde der nordischen Küsten,
die gerundete Form der Berge und Täler,
das Hakenwerfen steilgestellter Schichten,
die Anordnung kleiner Seen am Gebirgsrand,
die terrassenartige Verteilung grober Gerölle ohne Schrammen und Kritzen,
die Rückzugserscheinungen kleiner und isolierter noch existierender Gletscher in wärmeren Breiten,
die Schuttmengen in den Trockentälern der Wüste,
der wechselnde Wasserstand abflußloser Seen,
das Auftreten vereinzelter kälteliebender Pflanzen und Tiere,
die allgemeine Oberflächenform des welligen Geländes.

Wenn man alle diese und manche hier nicht aufgezählte Tatsachen als Beweise für ehemalige Gletschermassen betrachtet, dann kommt man allerdings zu der Annahme, daß einmal die ganze Erde vergletschert gewesen ist, daß die trockenen Wüsten, ebenso wie das heiße Tropenland vereist waren, und daß selbst auf den warmen Ozeanen überall die Eisberge dahintrieben.

Indem man nun diese verschiedenartigen Erscheinungen bald stärker, bald schwächer ausgebildet sieht und einen Wechsel in ihrer Anlage findet, ergibt sich, daß nicht eine Eiszeit, sondern eine ganze Kette solcher Perioden, durch Interglazialzeiten getrennt, aufeinanderfolgten, und während der eine Forscher sich mit drei Eiszeiten begnügt, nimmt der andere deren sechs oder zehn an.

Wenn man nun andere Erscheinungen, wie das Auftreten bestimmter Faunen oder des Urmenschen, zwischen diese Eiszeiten einzuordnen versucht, dann mehrt sich die Unsicherheit, das Problem wird immer verwickelter und stellt an die Kombinationsgabe der Beobachter große Anforderungen. Es wird ein anregendes Unternehmen, die auf schwankendem Grunde eingefügten Balken durch feste Riegel zu verbinden und die Lücken der Beobachtung durch geistvolles Fachwerk zu ergänzen.

Da wir nur die oben angeführte erratische Grundmoräne auf geschrammtem Untergrund für beweiskräftig halten und die anderen „Beweise“ für die Verbreitung diluvialer Eisdecken als durchaus hypothetisch betrachten, wollen wir jetzt versuchen, unsere Schlüsse nur aus den völlig exakten, echten Glazialerscheinungen zu ziehen:

Wir haben gesehen, daß Europa bis zum 50., das östliche Nordamerika sogar bis über den 40. Breitengrad hinaus gleichzeitig von gewaltigen Eisdecken überzogen waren.

Aber diese Decken wurzelten nicht im Nordpolargebiet, sondern die Eisströme flossen von den Schneedecken in Kanada und in Norwegen ebenso nach Norden wie nach Süden.

Gletschereis ist nicht einfach gefrorenes Wasser, sondern zusammengepreßter Schnee. L. Agassiz, den man vielfach als den Begründer der Eiszeitlehre feiert, dachte freilich ursprünglich an eine Art Glatteisbildung, welche die Alpen mit hohen Eismassen überzogen hätten, die dann erst talabwärts glitten. Dem Einfluß von Charpentier ist es zuzuschreiben, daß die Ansicht von einem Wachsen der Schneefelder und Gletscher immer mehr Boden gewann. Die Ausdehnung jener ungeheuren Eisfelder, welche in Europa die dreifache Fläche von Grönland,[2] in Nordamerika aber die neunfache Fläche bei einer Mächtigkeit von mehr als 1000 m erreichte, entsprach also nicht so sehr einem Sinken der Temperatur als einer Steigerung der atmosphärischen Niederschläge.

Einen großartigen Beweis für diese Anschauung bietet uns das Mittelmeer: Bekanntlich sammelt sich am Boden eines tiefen, in sich abgeschlossenen Wasserbeckens das kälteste und schwerste Wasser, und so können wir an der Temperatur des Bodenwassers wie an einem Minimalthermometer ohne weiteres ablesen, welche tiefste Wintertemperatur in dem Klimagebiet des betreffenden Beckens seit seiner topographischen Anlage geherrscht hat.

Die Bodenschwelle von Gibraltar verhindert das Eindringen des kalten Nordpolwassers, das den Boden des Atlantik bedeckt, und so zeigt das Mittelmeer von 550 m ab bis zum 4000 m tiefen Grunde eine unveränderliche Temperatur von 13°.

Seitdem das Mittelmeer existiert (und die Anlage seiner heutigen Grenze fällt in die vordiluviale Zeit), kann also die tiefste Wintertemperatur des ganzen Landes zwischen den Alpen und Ägypten niemals dauernd unter 13° gesunken sein.

Mit dieser Feststellung fallen alle Hypothesen hinweg, welche annehmen, daß in diluvialer Zeit ein „kälteres Klima" auf der Erde geherrscht habe. Wir bezeichnen daher die Diluvialperiode lieber als die Schneezeit, um schon im Namen ihre eigentliche Ursache zu kennzeichnen.

Es ist nun von der größten Bedeutung, daß man in Sibirien und Ostasien keine Spuren einer ähnlichen allgemeinen Schnee- und Eisbedeckung nachweisen kann. Trotz aller Bemühungen, welche darauf gerichtet sind, Gletscherspuren im mittleren Ural und den weiten sibirischen Ebenen zu finden, bleibt die von den russischen Geologen nachgewiesene Tatsache bestehen, daß die Südgrenze der erratischen Blöcke bei 62° im nördlichen Ural endet und von hier keineswegs nach Osten, sondern nach Nordosten umbiegt, und daß nur an den Nordküsten von Sibirien und zwar innerhalb der heutigen Polargrenze größere Wirkungen ehemaliger Eisdecken zu sehen sind. Wenn wir erwägen, daß im allgemeinen große Landflächen für die Bildung von Binneneisdecken besonders günstig sind, dann muß es uns auffallen, daß der asiatische Kontinent keine entsprechende Eisdecke trug.

An dieser Feststellung kann die Beobachtung nichts ändern, daß[3] im Altai- und im Baikalgebiete, sowie auf dem Berglande von Witim lokale Gletschergebiete existierten; sie waren nur auf einzelne Gebirgskerne beschränkt und am oberen Hoangho waren selbst an dem 6000 m hohen Sarg-Dangerö keine Gletscherspuren zu finden.

Wie Vorposten vor der geschlossenen Truppe, so begleitete im westlichen Europa ein Saum von Eisinseln die Südgrenze des nordischen Eisfeldes. Am Kaukasus und Ararat, in Siebenbürgen und im Balkan, in der Tatra, im mittleren Apennin, auf Korsika und in den Pyrenäen, ja sogar in der Sierra Nevada des südlichen Spanien hat man die Anzeichen einstiger Vergletscherungen nachgewiesen. Das Anwachsen der Alpengletscher wollen wir noch besonders betrachten, und es erscheint auch nicht wunderbar, daß die Gipfel der Vogesen und des Schwarzwaldes kleine Gletscher trugen. Alle diese europäischen Vorkommnisse reichen etwa bis zum 37. Breitengrad, wo ja auch in Nordamerika die südlichen Ausläufer des Felsengebirges und der Sierra Nevada vergletschert waren.

Aber in dieser Hinsicht bildet die weite asiatische Ländermasse eine auffallende Ausnahme; denn in den Gebirgen der Mongolei, des Kwen Luen und von Tibet mit einer mittleren Höhe von 6000 m fehlen die ausgebreiteten alten Moränen, welche wir erwarten müßten, wenn die diluvialen Eisdecken vom heutigen Polarkreis nach allen Seiten gleich weit gereicht hätten. Deutlich erkennen wir, daß die arktischen Eisdecken um denselben Betrag im Ufergebiet des nördlichen Atlantik südwärts rückten, als sie im nördlichsten Asien zurückwichen.

War das Eiszeitphänomen ein allgemein tellurisches, so mußte das Südpolargebiet in völlig harmonischer Weise vergletschert sein. Wenn Nordamerika bis St. Louis Eisdecken trug, dann gingen sie in Südamerika mindestens bis Bahia blanca, und da das niederschlagsreiche und kühle Andengebirge besonders große Gletscher entwickeln mußte, wäre anzunehmen, daß ganz Argentinien, Paraguay und Bolivien bis zum Matto grosso unter riesigen Eisdecken begraben gewesen seien. Allein merkwürdigerweise enden hier nach den neuesten Untersuchungen[4] die Glazialspuren innerhalb der Wendekreise in einer Höhe von 4000 m. Das würde auf Europa übertragen bedeuten, daß während der Eiszeit nur der Montblancgipfel Gletscher getragen habe, das Rhonetal aber eisfrei war!

Wenn man erwägt, um welchen Betrag die Kordilleren von Argentinien seit der Diluvialzeit abgetragen und erniedrigt worden sind, dann wird man wohl verstehen, warum dort so viele Hochtäler bis zu einer Meereshöhe von 5000 m im Westen, von 3000 m im Osten ehemals von Gletschern durchströmt waren.

Auf der bis 3000 m hohen Hochfläche von Ecuadór sind eine Anzahl Vulkane aufgesetzt, welche wie der Chimborasso bis in eine Meereshöhe von 6300 m emporragen und zahlreiche Gletscher talabwärts senden. Diese jetzt noch bestehenden Eisströme waren früher über 500 m länger[5], und man hat daraus geschlossen, daß hier diluviale Eisdecken vorhanden waren. Aber nach unserem Ermessen begegnet uns hier wiederum nur das für alle Gletschergebiete bezeichnende Phänomen eines Schwankens der Gletscherlänge. Keine einzige geologische oder paläontologische Tatsache zwingt uns zu der Annahme, daß diese Rückzugserscheinung der Diluvialperiode angehört; wohl aber sprechen viele Tatsachen dafür, daß die hohen Vulkankegel erst in den jüngsten Zeiten der Erdgeschichte entstanden sind, daß mithin auch ihre Gletscher erst in der Alluvialperiode gebildet wurden. Zudem hat der beste Kenner[6] der südamerikanischen Vulkane darauf hingewiesen, daß Gletscher auf der Spitze eines tropischen Vulkans dessen Gipfel durch ihre eigene abtragende Tätigkeit sehr rasch erniedrigen müssen. Dabei aber vermindert sich die Ausdehnung der Schnee- und Firnfelder, und die Gletscher müssen naturgemäß an Länge abnehmen.

Solange nicht auf verschiedenen Tropenvulkanen wiederholte stratigraphisch gleichzeitige, beträchtliche Schwankungen solcher Gletscher nachgewiesen worden sind, solange nicht das vordiluviale Alter der Vulkanspitze und das diluviale Alter der Schwankungen bewiesen ist, fallen auch diese Tatsachen in den Bereich der wohl vermuteten, aber nicht bewiesenen „diluvialen Gletscherspuren".

In Südafrika fehlen die Anzeichen diluvialer Eisdecken. In der Karbonperiode war ganz Südafrika vergletschert, und im Diluvium sollten die Eismassen ihren Einfluß nicht geltend gemacht haben, obwohl noch heute eine kalte Südpolarströmung bis zur Kongomündung zieht und die Treibeisgrenze im Atlantik 40° erreicht?

Nahe dem Äquator erheben sich die 6000 m hohen Vulkanberge des Kilimandscharo und Kenia, die jetzt noch 3000 m lange Gletscher tragen. Es ist sehr interessant, daß auch deren Länge im Laufe der Zeiten geschwankt hat, daß deutliche Moränen 600 m weiter bergabwärts gefunden werden.[7] Aber was bedeutet diese Zahl eines Abschmelzens um $^1/_5$ der Gletscherlänge, wenn der 10 km lange Rhonegletscher, ohne daß eine Klimaänderung nachweisbar wäre, seit 30 Jahren um 1 km zurückgewichen ist? Die am Kilimandscharo aufgehäuften Moränen sind doch nur ein kleiner Teil der seit Jahrtausenden von seinem Gipfel abgehobelten vulkanischen

Gesteine, und wenn dieser früher höher war, dann mußten notwendig auch etwas größere Eisströme an seinen Flanken herabziehen.

In Südaustralien, Tasmanien und Neuseeland sind alte Gletscherböden nachgewiesen, aber da Neuseeland jetzt noch bis zum 39⁰ ewigen Schnee und bis zum 41⁰ Gletscher trägt, so ist das nach dem früher Gesagten nicht wunderbar.

Wenn wir also in Südamerika, Afrika und Australien Umschau halten, so sehen wir zwar, daß bestehende Gletscher früher etwas größer waren, allein die Länge der abgeschmolzenen Gletscherenden ist so gering, daß damit keine universelle Ausdehnung der eisbildenden Faktoren über die ganze Erde bewiesen werden kann, und zugleich fehlt jeder Anhalt, ob diese Rückzugserscheinungen mit den nordischen gleichaltrig sind.

Wir wenden uns nun zur Betrachtung der Glazialspuren in den Alpen, die gründlich untersucht sind und bemerkenswerte Resultate ergeben haben.

Das Alpensystem verläuft vorwiegend in ost-westlicher Richtung und erhebt sich zwischen einem nordischen Festland und einem südlichen warmen Meer, das zur Pliozänzeit noch die Poebene erfüllte. Wie die Alpenkette noch jetzt eine klimatische Wetterscheide bildet, so mußte diese lange Gebirgsmauer schon in der Diluvialzeit einen ganz besonderen Einfluß auf die klimatischen Verhältnisse, die Zugstraße der barometrischen Depressionen und die Menge der Niederschläge gewinnen.

Die Alpen waren am Schluß der Tertiärzeit aber nicht nur bis zu ihrer jetzigen Höhe gefaltet, sondern bildeten beim Eintritt der Diluvialperiode ein noch höheres Gebirge. Denn wenn wir die bis 400 m hohen Schuttmassen alpiner Gerölle, welche an der Mündung der meisten Alpentäler aufgehäuft sind und in langsam sich verflachenden Schuttkegeln nach den Niederungen des Po, der Donau und der Rhone reichen und den sandigen Schlamm, den diese Flüsse während und seit der Diluvialzeit nach dem Meere getragen haben, wieder an ihren Ursprungsort versetzen, dann werden die Alpentäler enger, die Kämme breiter und die Gipfel höher.

Als sich nun die skandinavischen Eisdecken bis nach Mitteldeutschland hineinschoben und mit ihrem kühlen, feuchten Wolkenkranz das Klima Mitteleuropas veränderten, da mußten sich die Niederschläge gerade an der hohen Alpenmauer, welche nach Süden von einem milden Klima begleitet war, in besonderer Heftigkeit entladen. Alle Täler und Hochflächen füllten sich mit Schnee, und lange Gletscher drangen überall nach der Ebene. Die südlich in der warmen Poebene mündenden Eisströme schmolzen sehr intensiv ab und häuften ihre Moränenwälle mehrere hundert Meter hoch auf. Nach Norden aber drangen sie unter dem Schutze grauer Nebelwolken weit ins Vorland hinein, und da jedem Hauptgletscher aus den Seitentälern von Norden und Süden zahlreiche große Nebengletscher zuströmten, mußte die Eismenge beständig schwanken. Die Eisströme wurden bald weit in die Tiefebene vorgeschoben, bald zogen sie sich langsam wieder zurück.

Mit größter Genauigkeit ist das Schwanken dieser Gletscher untersucht worden[8], und man hat deutlich vier große Vorstöße mit interglazialen Abschmelzperioden, sowie eine größere Zahl untergeordneter Schwankungen nachweisen können.

Aber wenn wir im nordischen Diluvium dieselben Glazialperioden nachzuweisen versuchen, erheben sich grundsätzliche und praktische Schwierigkeiten. Die Alpengletscher bedeckten etwa $^1/_{30}$ der von dem nordischen Binneneis eingenommenen Fläche. Sie sind Gebirgsgletscher, die auf einer Wetterscheide entstanden, und es ist daher wohl berechtigt, sie als eine sekundäre klimatische Influenzerscheinung zu betrachten, die das nordische Phänomen im Kampfe mit dem Klima des Mittelmeers auslöste. Es erscheint uns gewagt, die hier durch lokale klimatische Umstände bedingten Verhältnisse in dem völlig anders gearteten und 1500 km nördlich wurzelnden Binneneis wiederfinden zu wollen. Tatsächlich treten im norddeutschen Diluvium immer wieder Erscheinungen auf, die sich nur mit Zwang in das einwurfsfreie und klare Schema der alpinen Eiszeit mit ihren zahlreichen deutlichen Vorstößen und Rückzugsperioden einschalten lassen.

Nach dieser grundsätzlichen Darlegung unseres Standpunktes wollen wir nun versuchen, den Eintritt der nordischen Vereisung, ihren Verlauf und ihr Ende zu schildern.

Ein ganzes Netz pliozäner, fossilreicher Fundorte ist über Europa ausgebreitet und erlaubt uns ziemlich vollständig die damalige Fauna und Flora und daraus das Klima zu beurteilen. An den Rändern der Conca d'oro bei Palermo gibt es Höhlen, reich an Knochen großer Säugetiere, die, zwar meist zerbrochen und zu einer harten Breccie verkittet, vier Elefantenarten, Hyäne, Urstier, Hirsch und Damhirsch, Schwein und Wildpferd enthalten. Das Nashorn fehlt; aber dafür gibt es bei St. Ciro solche unglaubliche Mengen von Hippopotamusknochen, daß man[9] ihr Volumen auf 2000 cbm schätzen kann. Unter den Elefanten ist der riesige E. antiquus (der Vorfahr des afrikanischen Elefanten) und eine Zwergrasse besonders bemerkenswert, deren Reste auch in Malta, Sardinien, Griechenland und Gibraltar gefunden werden.

Während die Flußpferdherden auf ein älteres, großes, von wasserreichen Flüssen durchströmtes Land hindeuten, zeigen uns die Zwergelefanten auf den Mittelmeerinseln die Symptome einer Degeneration, die eintreten mußte, als ein größeres Land, in einzelne Schollen zerlegt, unter den Fluten des Meeres versank.

Die nächste reichere Fundstelle finden wir im Arnotal und an den benachbarten Abhängen des Apennin. Durch die Felsenenge bei Empoli verbindet jetzt der Arno zwei Talbecken, die früher durch eine lange Bergkette getrennt waren. Die Arnoniederung zwischen Pisa und Florenz war noch zum großen Teil vom Meer überflutet. Eichen, Buchen, Lorbeer, Pinien, Taxus und Sequoia bildeten dichte Bestände, zwischen denen der Vorfahre des Elefanten, das Mastodon, in größeren Familien lebte. Elefanten sind hier selten. Flußpferde, Schweine und Nashorne wateten in der sumpfigen Niederung, ein Hundsaffe, verwandt mit der in Gibraltar jetzt noch lebenden Form, hauste auf dem felsigen Vorgebirge. Am Ufer des Meeres vermischten sich die Skelette verendeter Mastodonten mit den riesigen Knochen angetriebener Wale, und die Stoßzähne des Mastodon sind mit marinen Austern bewachsen.

Im oberen Arnogebiete bildeten sich Braunkohlen in schlammigen Morästen, und hier finden wir die Knochen von Elefanten und Flußpferden in großer Zahl. Das etwa 15 km lange und bis 40 m mächtige Braunkohlenlager zeugt von einem großen Sumpf, in dem die Flußpferde, Tapire, Schweine, Biber und Nashörner sich wohlfühlten, an dessen Ufern Wildpferde, Rinder und Hirsche mit gewaltigen Geweihen zur Tränke kamen, während der räuberische, mit dolchähnlichen Eckzähnen versehene Machairodus ihnen auflauerte und seinen Raub mit Wölfen und Hyänen teilte. Bär und Stachelschwein vervollständigen die Fauna.

An den Abhängen des Apennin bei Bologna treffen wir wieder die Überreste von Elefanten, Rhinozeronten, und von den verschiedenen Arten, die man hat unterscheiden können, ist Elephas meridionalis und Rhinoceros etruscus für Oberitalien am bezeichnendsten.

In Frankreich sind es besonders die Rhoneniederungen, welche pliozäne Funde geliefert haben.[10] Die Pflanzen gehören zum Teil Arten an, welche jetzt noch in Südfrankreich und Spanien leben. Ein kleiner Bambus ist in Frankreich wieder akklimatisiert, die Eichen, Ulmen, Pappeln, Tannen und Fichten stimmen mit rezenten Formen überein. Denselben Eindruck gewinnt man aus dem Studium der am pliozänen Ufer des Mittelmeeres eingebetteten Muscheln. Sie entsprechen durchaus der heutigen Mediterranfauna.

Hippopotamus und Elephas meridionalis sind durch ganz Frankreich verbreitet, Tapire und Wildpferde, Nashörner und Urstiere begleiten sie. Die Flora stimmt mit der italienischen überein. Auch im südlichen England enthält der sogenannte Crag eine Meeresfauna, welche zum größeren Teil jetzt noch lebt; nur einzelne Arten lassen ein etwas wärmeres Wasser erschließen; die Flora des Landes entspricht der heutigen Pflanzenwelt.

Eine reiche Fauna kleiner und großer Landtiere ist im südlichen England nachgewiesen: Elephas meridionalis, E. antiquus, Rhinoceros etruscus, Hippopotamus major, Machairodus latidens, Equus Stenonis, Bär, Wolf, Biber, Riesenhirsch u. a.

Auch in Mitteldeutschland ist E. meridionalis und vereinzelt auch das phylogenetisch ältere Mastodon Borsoni und M. arvernensis gefunden worden.

Besonderes Interesse erweckt die Flora, welche an verschiedenen Fundorten am Fuße der Alpen nachgewiesen ist. Die sogenannten Schieferkohlen von Dürnten, Wetzikon und Mörschweil enthalten Fichten, Föhren, Lärchen, Eiben, Birken, Eichen, Bergahorn und Haselnuß. Auch die Schilf- und Wassergewächse, die Himbeeren und Preißelbeeren stimmen mit rezenten, alpinen Arten überein, und nur die Samen einer Seerose weichen in Einzelheiten von der heutigen Art ab. Elefanten (E. antiquus) und Nashorn (Ph. Mercki), große Rinder (B. primigenius), Hirsche und Bären lebten an den Kohlensümpfen.

So fügen sich zahlreiche Tatsachen zu einem Bild der Pliozänzeit zusammen, das uns erkennen läßt, wie sehr das vordiluviale Europa nach Flora und Klima mit dem heutigen übereinstimmt. Auch die Meeresfauna zeigt nur geringe Unterschiede; wohl aber lebten noch eine Anzahl großer Landsäugetiere, die inzwischen ausgestorben sind.

Leicht können wir die im sumpfigen Wasser von Seen und Flüssen lebenden Nilpferde, Nashörner, Biber und Tapire von den steppenbewohnenden Elefanten, Wildpferden, Rindern und waldliebenden Hirschen unterscheiden, die an den Tränkstellen mit eingebettet wurden, so daß uns in den alten Kohlensümpfen häufig ein seltsames Faunengemisch entgegentritt. Die schweren Leiber der Flußpferde verlangen feste Landbrücken von ihrem heutigen, afrikanischen Wohnorte bis nach England, und die verschiedenen Elefantenarten, welche vielleicht noch gleichzeitig mit den Mastodonten lebten, geben der damaligen Fauna ein sehr charakteristisches Gepräge. Das Auftreten von E. antiquus, dem größten aller Rüsselträger, in Sizilien wie am Fuß der Alpen, ist besonders wichtig.

Diese reiche Flora und Fauna wurde nun durch den Eintritt der diluvialen Schneezeit tiefgreifend umgestaltet. Ungeheure Schneemassen fielen im Ufergebiete des nördlichen Atlantik nieder, und auch die Schneefelder des Alpengebirges begannen zu wachsen. In Norwegen und Schweden drängten sich überall Gletscher in die Täler hinein, wuchsen immer höher empor und verschmolzen bald miteinander zu großen Eisdecken. Die Eisscheide lag nahe der skandinavischen Westküste und bildete natürlich keine scharfe Linie, sondern eine breite Zone, von der das Eis im Westen und Norden bald das Meer erreichte, im Osten und Süden aber ein weites Felsenland überschritt, das während der Tertiärzeit unter einem feuchten, milden Klima tief verwittert und mit mächtigen Schuttdecken überzogen war. Die kambrischen und silurischen Gesteine, ebenso wie die Deckschichten aus der Jura- und Kreidezeit waren zudem nur wenig verhärtet worden, und so lagen weiche Felsarten und durch Verwitterung erweichte Gesteine in ungeheuren Massen über das südliche Skandinavien verbreitet, das ohne eine trennende Ostsee landfest mit Norddeutschland verbunden war. Nur von Westen her drangen einige Buchten der Nordsee bis nach Holstein und Dänemark herein.

Norddeutschland bildete ein sehr unebenes Gebiet. Die von der Kreideperiode bis in die Pliozänzeit reichenden Gebirgsbewegungen hatten das gefaltete Grundgebirge ebenso wie die jüngeren Deckschichten in zahlreiche Schollen zerlegt, welche je nach der tektonischen Lagerung Bergzüge mit Gipfeln aus devonischen oder karbonischen Schiefern, permischen Sandsteinen und Porphyren, triadischen Kalken, jurassischen Kalken und Sandsteinen, Schreibkreide und tertiären Gesteinen aufbauten. Zahlreiche Talsysteme durchzogen dieses bergige Land. Zwar lassen sich die deutschen Flußläufe der vordiluvialen Zeit nicht im Zusammenhang überschauen, aber die großen Züge der westdeutschen Flüsse waren schon angelegt: Rhein und Elbe entwässerten das nördliche Deutschland, Donau und Rhone die südlichen Gebiete. Dichte Wälder[11] aus Eiche, Rotbuche, Hainbuche, Ahorn, Linde und Fichte, in deren Schatten Feldahorn und Heidelbeeren wuchsen, waren weit verbreitet, die Flußufer mit Erle, Weide und Hartriegel bewachsen. Große Seen waren von Karpfen, Hechten und Barschen bewohnt, und Diatomeen bildeten Kieselguhr-Lager in der Lüneburger Heide. Wenn die Fichten blühten, dann trieb der Wind ganze Wolken von Pollenstaub nach den Seen, und an deren Boden setzten sich dünne Pollenschichten ab.

Unaufhaltsam schob sich jetzt von Norden die skandinavische, von Süden die alpine Schnee- und Eisdecke über dieses Gebiet hinweg, kein Frühling unterbrach die winterliche Schneezeit. Die Knospen konnten sich nicht entfalten, der Wald schwand und mit ihm die darin lebende Tierwelt. Bei Bernburg reicht die durch das Bodeneis bewirkte Auflockerung der Muschelkalkschichten etwa 2 m tief.

Vor dem nahenden Eis entstand eine weite, baum- und strauchlose Moostundra,[12] die von den schlammigen Fluten des Schmelzwassers überschüttet wurde. Wie das Vorkommen der eben austreibenden Endknospen von Hypnum turgens bei Oeynhausen zeigt, erfolgte hier die Verschüttung der Moosrasen in der wärmeren Jahreszeit. Das kalte Wasser füllte die Seen und Flüsse und vernichtete die darin lebenden Schaltiere und Fische, die erst später wieder von Osten nach Deutschland hereinwanderten (die damals weit verbreiteten Karpfen wurden sogar erst durch die Römer wieder in Deutschland eingeführt).

Das von der norwegischen Eisscheide nach Westen und Norden abfließende Eis erreichte bald das Küstengebiet, zwängte sich durch steilwandige Täler und rundete dabei die Ufer der heutigen Fjorde. Dann gelangte es in das tiefe Wasser, und eine Kette von riesigen Eisbergen nach der andern löste sich ab, um mit Findlingen beladen, weit in den

Atlantik hinauszuschwimmen. Mehrfach hat man solche mit dem Tiefseenetz hier erbeutet. Aus dem Charakter der Flora auf den Azoren hatte Ch. Darwin vermutet, daß dort Eisberge gestrandet sein müßten, und daß man zwischen den emporgehobenen Lavaschichten erratische Blöcke entdecken müsse. Als man daraufhin die Azoren durchsuchte, fanden sich große, zum Teil polierte Blöcke von Sandstein, Quarz und Glimmerschiefer bis 15 m über dem Meeresspiegel.

Wesentlich anders waren die Schicksale des Eises, das über das landfeste Ostseegebiet nach Norddeutschland gelangte. Es traf überall auf seinem Wege große Massen von Schutt, die es umfloß und in seine Grundmoräne aufnahm; es begegnete nirgends einem größeren Wasserspiegel, und da das Klima nicht nur ungeheure Schneemengen lieferte, sondern zugleich nur geringe Teile von Schnee und Eis taute, so schob sich die mit Sand und Steinen beladene Eisdecke immer weiter nach Süden vor. Hohe Berggipfel wurden umflossen, niedrige Klippen abgehobelt, und so gelangte die sich immer mehr ausdehnende Eisdecke bis nach Schlesien, Sachsen, Thüringen und Westfalen. Am Unterharz reicht die Grenze der erratischen Blöcke bis zu einer Höhe von 450 m, daraus kann man schließen, daß hier die Eisdecke noch mindestens 300 m dick war.

Aber dieses scheinbar gleichartige Vorwärtsdrängen des nordischen Binneneises war das Resultat von zwei sich beständig entgegen arbeitenden Vorgängen: dem Schneefall in Norwegen und dem Abschmelzen, 1500 km südlicher in Deutschland. Nach dem früher Gesagten ist es klar, daß der Rand eines Eisfeldes oder eines Gletschers nur vorübergehend stille stehen kann, daß er vielmehr beständig schwankt und oszilliert. Solche Veränderungen des Eisrandes mußten bei der gewaltigen Ausdehnung des Phänomens und der Gliederung des Binneneises in einzelne Eisströme, die auf dem unebenen Untergrund dahinglitten, nicht nur räumlich, sondern auch zeitlich in beständigem Wechsel miteinander auftreten. Man hat vielfach aus der verschiedenen Richtung der auf derselben Felsenklippe oder in benachbarten Rundhöckergebieten auftretenden Gletscherkritzen und der oft ganz seltsamen Verteilung charakteristischer Geschiebearten geschlossen, daß aufeinanderfolgende „Eiszeiten" eine verschiedene Flußrichtung gehabt haben; aber es scheint, daß in einer großen Binneneisdecke eben solche Wirbel und Bewegungsanomalien vorkommen, wie in dem Flockentanz einer dahinjagenden Schneewolke.

Ein furchtbarer Kampf entspann sich beim Vorrücken des Eises an der Gletscherkante. Denn hier lebte eine alteingesessene Flora und Fauna, welche dem herandringenden Eis so lange als möglich Widerstand leistete und oftmals noch in kleinen Waldinseln sich zu halten suchte, die rings vom Eise umflossen wurden. Zahlreiche Profile lehren uns, daß kleine und große Abschmelzperioden einen raschen Rückzug der Eiskante bedingten, so daß mitten zwischen zwei glazialen Moränen die Ablagerungen und Pflanzenreste der Tundra, bei Hamburg auch marine interglaziale Fossilien eingeschaltet sind.

Es ist sehr bezeichnend, daß auf skandinavischem Boden nur eine einzige[13] untrennbare „Eiszeit“ zu beobachten ist, und daß die interglazialen Erscheinungen in einer mittleren Entfernung von der Heimat des Eises so zahlreich werden, daß man drei oder vier Vorstöße mit ebensoviel Interglazialzeiten unterscheiden kann. Je mehr wir uns aber von Skandinavien entfernen, desto deutlicher tritt uns wieder die Einheitlichkeit des Phänomens entgegen; denn bei seiner größten Ausdehnung erreichte das Eis nur einmal die früher beschriebene Südgrenze.

Genau dieselben Ergebnisse lehrt uns die Vergletscherung der Alpen, wo im Innern der großen Täler die dauernde Vereisung des Gebirges, im Mittellauf und an der Mündung derselben das Schwanken des Eisrandes, und im Vorland wiederum nur der große, energische Vorstoß des Eises aus der Fülle der Einzelprofile hervortritt.

Während in Nordamerika weite Niederungen die vom Eise nach Süden gedrängte Flora und Fauna aufnahmen und ihnen eine sichere Zuflucht boten, von der sie beim Rückzug des Eises wieder ungehindert gegen Norden vorwärtsdringen konnten, wurde der Schneezeit in Europa durch die vorgelagerte Alpenmauer ein besonderes Gepräge aufgedrückt. Denn hier blieb nur ein etwa 300 km breiter Streifen zwischen der Donau und den mitteldeutschen Gebirgen eisfrei, und selbst dieser bot durch die gefährliche Nähe der großen Eisfelder für eine ständige Flora und Fauna überaus ungünstige Verhältnisse.

Aber im Osten über Ungarn und Südrußland nach Asien und im Westen gegen Frankreich öffneten sich weite, schneefreie, fruchtbare Länder. Dorthin wurde die fliehende Fauna gedrängt, von dort aus konnte das vereiste Gebiet nach der großen Schmelzperiode wieder besiedelt werden.

Floristische Studien in den Alpen und tiergeographische Untersuchungen in den nördlichen Gebieten lassen deutlich erkennen, daß die vorrückenden Eisfelder nicht nur die mitteleuropäische Fauna und Flora vertrieben, sondern daß die Bewohner des hohen Nordens und der Hochalpen vor dem Eisrand gegen Mitteldeutschland gedrängt wurden. Aber die eigentlichen nordischen Tiere scheinen erst in größerer Zahl aufzutreten, als das Eis nach der großen Interglazialzeit zum letztenmal vorwärtsdrang. Deshalb wollen wir uns jetzt dieser Periode zuwenden.

Mag auch noch mancher Streit über die Zahl und Ausdehnung der Vorstöße und Abschmelzperioden während der großen Schneezeit herrschen, so hebt sich doch deutlich aus dem Widerstreite der Meinungen die große Interglazialzeit hervor, welche auf den größten Vorstoß des Eises (Haupteiszeit) folgte. Selbst wer die kleineren Interglazialzeiten als lokale und untergeordnete Erscheinungen betrachtet, wird doch nicht die geradezu erdgeschichtliche Bedeutung dieser Episode verkennen dürfen. Zwei seltsame Tatsachen treten uns hier in Mitteleuropa entgegen. Erstens[14] die weite Verbreitung eines ungeschichteten gelben Lehms (Löß), der auf beliebigem Untergrund oder auf dem Geschiebelehm der großen Vereisung, besonders an den windstillen Buchten großer Täler und in wechselnder Meereshöhe weitverbreitet ist und der nach seiner Gesteinsbeschaffenheit und Lagerung so vollkommen mit den Anhäufungen von äolischem Staub in den asiatischen Wüsten übereinstimmt,[15] daß man für beide Ablagerungen dieselbe Bildungsweise annehmen muß.

Der asiatische Löß ist deshalb von so gleichmäßigem, feinem Korn, weil er durch die Deflation, durch die abhebende Tätigkeit bewegter Luft von den verwitterten Gesteinen abgehoben worden ist und weithin durch den Wind transportiert wurde. Nähern sich dann diese Staubnebel den etwas pflanzen- und niederschlagsreicheren Nachbargebieten, dann sinkt zwar ein Teil des Staubes bei ruhiger Luft zu Boden, aber viel beträchtlichere Mengen werden durch Regen[16] (Blutregen) und Schnee herabbefördert. Und wenn die Regen nicht lange andauern, wenn ein trockenes Klima die Bildung von dauernden Abflußrinnen verhindert, dann häufen sich die zarten Staubschichten selbst an steilen Böschungen, durch eine wurzelreiche Grasdecke festgehalten, zu hohen, ungeschichteten Lößlagern an. Und solche Anhäufungen von windgetragenem Staub bildeten sich während der großen Interglazialzeit in dem rasch abtauenden mitteldeutschen Gebiete.

Die Grundmoräne[17] wurde auf große Strecken frei, ihre Unebenheiten verteilten das Schmelzwasser in kleine Becken, deren Spiegel unter dem Einfluß der glazialen Föhne bald eintrocknete. Die kümmerliche Eisflora vermochte sich nicht zu halten und es entstand eine immer breiter werdende Zone lockerer Sand- und Tonebenen ohne nennenswerte Pflanzendecke. In dieser „Deflationszone“ fanden sich alle Erscheinungen der echten Wüste, Dünen schütteten sich auf, Staubstürme trugen das feinere Material hoch in die Luft. Im weiteren Umkreis gediehen Steppenpflanzen, die die Kraft des Windes verminderten, Regen und Schnee halfen überall mit, daß der luftgetragene Staub in dieser Inflationszone zu Boden fiel und sich als mächtige Ablagerung von Löß überall anhäufte, wo ein ruhiger Winkel war.

Nicht minder bezeichnend für diese Zeit ist die weite Verbreitung einer Tierwelt, welche zum Teil endemisch in Mitteleuropa entstand, zum Teil aus Südrußland und Asien einwanderte.

Elephas antiquus war, wie wir sahen, auch außerhalb des Vereisungsgebietes in Europa verbreitet, und auch Rhinoceros Mercki war schon vor der Lößbildung ein Bewohner Deutschlands. Sie drangen jetzt aus ihren Zufluchtsorten nach der vom Eise befreiten Steppe vor, die nach den Wurzelröhrchen im Löß zu schließen eine reiche Grasdecke trug. Auch die oft unglaublich zahlreichen Landschneckchen zeigen, daß die Lößabhänge gut bewachsen waren. In einer Lößmenge von zwei Kubikfuß fanden[18] sich 15000 Schneckchen. Unter 212000 Schnecken gehörten:

98000 zu Succinea oblonga,
75000 zu Helix hispida,
24000 zu Pupa muscorum,
5000 zu Helix arbustorum.

Dazwischen liegen nur ganz selten einige zarte Jugendschalen von Limnaeus, welche erkennen lassen, daß vergängliche Tümpel bei gelegentlichen stärkeren Regen entstanden.

Aber diese Steppenflora nährte nicht nur Elefanten und Nashörner, sondern zog ganze Rudel von echten Steppenbewohnern an, wie sie jetzt noch die trockenen Grasebenen der südrussischen und turkmenischen Steppen beleben. Die Saiga-Antilope, welche weit nach dem nördlichen Sibirien verbreitet war, wanderte über Westpreußen und Ungarn nach Böhmen, Deutschland, Belgien, Frankreich und erreichte sogar das südliche England, das landfest mit Europa verbunden war. Wilde Pferde, Hyänen, Löwen und zahlreiche Nagetiere drangen herein. In lößerfüllten Hohlräumen des Zechsteins kann man gelegentlich die kleinen Kiefer von Steppentieren in solcher Menge sammeln, daß hier zahllose Generationen familienweise gehaust haben müssen.

Der Löß und die Steppentiere sind so zweifellose, sich ergänzende Beweise für ein interglaziales, trockenes Steppenklima, daß ihnen gegenüber jeder Zweifel verstummen muß. Man darf auch das Klima Deutschlands in dieser Zeit nicht etwa mit den moosbedeckten „Tundren" des nördlichen Sibirien und Lapplands vergleichen, sondern nur mit den im Frühling von einem bunten Blumenteppich bedeckten, von Insekten und Vögeln reich belebten, im Sommer ausdorrenden und im Winter unter meterhohem Schnee begrabenen Sand- und Lehmwüsten von Transkaspien.

Durch Flugsand wurde oft der Löß in eine Sandablagerung verwandelt. Die überall umherliegenden Gerölle wurden von dem Sandwinde zu typischen Dreikantern umgebildet; die Porphyrkuppen bei Wurzen und Colmen sind vom Sandwinde spiegelglatt geschliffen; bei Merseburg und Jena trifft man große Blöcke eines oligozänen Quarzits, dessen Flächen geglättet und blatternarbig ausgewetzt sind, wie die harten Felsen der Wüste. Auch den charakteristischen gelben oder braunen, firnisartigen Überzug, den wir so oft auf den freiliegenden Blöcken desselben Quarzits beobachten, müssen wir mit der braunen Schutzrinde (Wüstenlack) vergleichen, die sich in allen Wüsten und Halbwüsten noch heute bildet.

Die Raubtiere, welche während der Diluvialzeit überall reiche Beute fanden, verbargen sich am Tage und während des kalten Winters in den zahlreichen Höhlen, die in Norddeutschland in karbonischen und devonischen, in Süddeutschland besonders in jurassischen Kalken vorhanden waren, und in welche gar leicht der gelbe Lehm hineingeschwemmt wurde, den die Staubwinde überall zusammenwirbelten. Aber auch kranke und sterbende Tiere suchten in den Höhlen eine Zuflucht. Erkennen wir doch jetzt noch an den arthritischen Knochenauswüchsen, daß viele jener Tiere von gichtischen Schmerzen geplagt waren. Indem jahrhunderte- und jahrtausendelang bei allen Wechseln des diluvialen Klimas die Höhlen als Zufluchtsstätten dienten,[19] häuften sich darin ungeheure Mengen von Knochen an. In einer Höhle bei Stramberg sammelte man 9000 Unterkieferhälften von Arvicola (Steppenratte). In der Holensteinhöhle bei Ulm wurden die Knochenreste von 400 Höhlenbären gefunden; die Bären jagten Elefanten, Pferde, Rinder, Elentiere und Hirsche und schleppten ihre Beute in die Höhle, und bei den Kämpfen haben die Hufe der Pferde manche Bärenrippe eingeschlagen, wie zahlreiche geheilte Knochenbrüche beweisen. In der Höhle von Järz Manowitzsche, die nur zum dritten Teil ausgeräumt wurde, ließ sich aus etwa 4000 Eckzähnen berechnen, daß mindestens 1000 Höhlenbären nacheinander darin verendet waren. Selbst die Unterkiefer säugender Jungen sind noch vorhanden. In französischen und englischen Höhlen sind die Bären selten und dafür die Hyänen zahlreich. Bei Kirby Moorside fanden sich in einer Höhle 300 Hyänenschädel. An Stelle des in Europa weitverbreiteten, großen Höhlenbären sind im Kaukasus kleinere Bärenrassen beobachtet worden.

Man hat sich oft darüber gewundert, daß die Bildung von Sinterkrusten und Tropfsteinen in den rezenten Höhlen so ungemein langsam vor sich geht und daraus geschlossen, daß unzählige Jahrtausende nötig waren für die Bildung der Stalaktiten und Sinterfahnen, welche so viele Höhlen schmücken. Auch die Kalksinterablagerungen, welche so häufig an den Quellen in Muschelkalk- und Juratälern entstehen, würden nach den Vorgängen der Gegenwart berechnet, bisweilen ganz ungeheuer lange Zeiträume zu ihrer Bildung gebraucht haben.

Wir müssen aber bedenken, daß die Stärke der Sinterbildung nicht, wie man vielfach glaubt, im direkten, sondern im umgekehrten Verhältnis zu der Menge der Niederschläge steht. In einem regenreichen Klima wird die Erdrinde viel stärker durchspült und ausgewaschen, so daß der größere Teil der von der Gesteinsfeuchtigkeit in den Haarspalten gelösten Kalkmengen rasch an die Erdoberfläche getragen und durch die wasserreichen Bäche und Flüsse nach dem Meere geführt wird. Je geringer die Niederschläge sind, und je mehr die Verdunstung steigt, desto kalkreicheres Wasser sickert aus den Gesteinsklüften hervor, desto rascher entstehen Stalaktiten und Stalagmiten, Sinterkrusten und Terrassen von

Süßwasserkalk. Daher war auch die interglaziale Steppenperiode für solche Kalkbildungen besonders günstig.

Außer den vielverästelten Wurzelröhrchen, welche die Lößablagerungen durchziehen, kennen wir nur vereinzelte Zeugen der interglazialen Flora. Nach dem Gesagten ist auch wohl verständlich, warum auf dem sturmgepeitschten Steppenboden und zwischen den beweglichen Flugsandhügeln noch gelegentlich vertorfte Pflanzenreste konserviert wurden; bei Klinge und Lauenburg hat man solche Ablagerungen beobachtet.

Gehen wir weiter nach Süden, so treffen wir eine berühmte und pflanzenreiche Fundstelle an der Höttinger Alm bei Innsbruck. Hier findet sich 1100 m hoch zwischen zwei Moränen ein weicher Mergel[20] mit zahlreichen Abdrücken von Blättern, unter denen neben vielen, jetzt noch in den Alpen lebenden Gewächsen Rhododendron ponticum und Buxus sempervirens als Vertreter einer etwas wärmeren Flora gelten müssen. Dieselben Vertreter eines milderen Klimas finden wir[21] im Interglazial von Sellere und Pianico am Iseosee.

Nicht minder wichtig sind die eigentümlichen Verwitterungserscheinungen, die wir am Südfuße der Alpen an der Oberfläche älterer Moränen beobachten. Diese sind nämlich von oben her mit einer rotbraunen Verwitterungsdecke (Ferretto) überzogen, welche so vollkommen mit den lateritischen Bildungen des feuchten Tropenlandes übereinstimmen, daß der Forscher, der länger in den Tropen gereist ist, an der Übereinstimmung beider Erscheinungen nicht zweifeln kann. Dieselben roten Lehme sind aber auch am Westabhang der französischen Alpen gegen das Rhonebecken verbreitet, und das Diluvium in Spanien[22] wie in Rumänien[23] zeichnet sich ebenfalls durch das Vorherrschen karminroter Farben aus. Selbst in Nordamerika begegnen wir bei Baltimore entsprechenden Erscheinungen.

So fügen sich die interglazialen Phänomene vom Ostseegebiet bis nach dem Mittelmeer in einer Weise, welche der Vermutung Raum gibt, daß nach dem großen Vorstoß des diluvialen Eises von Süden her die Klimazonen der Steppe und des gewitterreichen Tropenlandes gegen Norden weit hinaufgerückt waren.

Aber um das Maß klimatischer Anomalien voll zu machen, erfolgt nach der Steppenperiode ein erneuter großer Vorstoß des nordischen Eises und der Alpengletscher. Die Ausdehnung und biologische Wirkung dieser letzten „Eiszeit“ läßt sich deshalb besonders gut überschauen, weil ihre Ablagerungen vielfach die vorhergegangenen Bildungen wieder zerstörten, aber selbst später nur wenig verändert worden sind.

So sehen wir denn erratische Blöcke und geschlossene Ablagerungen von Geschiebelehm noch einmal weitverbreitet und mit ihnen an zahlreichen Fundorten die polare Flora und Fauna, welche vor dem Eisrand nach Süden gejagt wurden. Wiederum entsteht ein gewaltiges Ringen zwischen den Bewohnern der Steppe und den von Norden hereindringenden Eistieren, so daß bisweilen beide Faunen zusammen gefunden werden. Aber dennoch war es eine grundverschiedene Lebewelt, welche den Vorstoß des Eises begleitete und lange noch Deutschland bewohnte, als das Eis sich zum letztenmal zurückzog. Statt der Steppengräser finden wir die Pflanzen der Tundra mit der verkrüppelten Zwergbirke. Bei Schussenried[24] wuchsen hochnordische Moose zu 2 m mächtigen Mooslagern an. Darauf weideten Renntiere, von denen dort 200 Exemplare gefunden wurden. Eisbären und Eisfüchse sind vielfach nachgewiesen. Der jetzt in Lappland und Spitzbergen brütende Singschwan flog über die Moosflächen, und die Schneeeule nährte sich von den zahlreichen Lemmingen, die in ganz Deutschland und Polen verbreitet waren. Der jetzt nur im hohen Norden lebende Moschusochse fand sich in Südengland, in Sachsen, Thüringen und bis nach Südwestfrankreich. Wichtig ist es, daß jetzt statt des Elefas antiquus das echte Mammut (E. primigenius) und statt des Rhinoceros Mercki das Rh. tichorhinus überall in Deutschland lebten. Beide waren durch ein dichtes Wollkleid gegen die Kälte geschützt und zogen sich nach der Eiszeit in das nördliche Sibirien zurück, wo man noch jetzt gelegentlich im gefrorenen Boden die gewaltigen Kadaver findet, die beim Überschreiten der gefrorenen Flüsse und des geborstenen Sumpfbodens in Spalten gestürzt waren und darin elend zugrunde gingen.

Die Gemse und der Steinbock bewohnten die deutschen Mittelgebirge, und das nordische Walroß war bis Hamburg verbreitet. Auch von den Alpen drangen die Gletscher wiederum tief in die Täler hinab und drängten die alpine Lebewelt vor sich her. So geschah es,[25] daß ein Bau mit vier Murmeltierskeletten in der nächsten Nähe von Graz erhalten blieb. Selbst in den südlichen Karpathen wurden nordische Pflanzen, wie die Zwergbirke, Salix lapporum, Rhododendron ferrugineum und nordische Käfer beobachtet.

Während die Wirkungen der diluvialen Eisvorstöße in Europa ein besonderes Gepräge dadurch erhielten, daß dem nordischen Eise die Alpengletscher entgegendrangen, vollzogen sich die tiergeographischen Wanderungen in Nordamerika in wesentlich anderer Weise. Die meridional verlaufenden Gebirgsketten leiteten zwar die Wanderzüge in bestimmte Bahnen nach Süden, stellten sich ihnen aber nirgends hindernd entgegen. Die Behringsbrücke war landfest gangbar und nicht durch Eisdecken unwegsam. So kam es, daß zu den vorher schon aus Asien eingewanderten Mastodonten, die sogar über die Antillenbrücke bis Perú, Bolivien und Argentinien gelangten, während der Eiszeit auch das zirkumpolare Mammut trat. Beide Gattungen starben erst am Schlusse der Diluvialzeit dort aus.

Langsam schmolzen die nordamerikanischen Gletscher zurück, und am Rande des weichenden Eises sammelten sich die Schmelzwasser, vielfach aufgestaut durch die Säume der Stirnmoränen. Es entstanden die großen

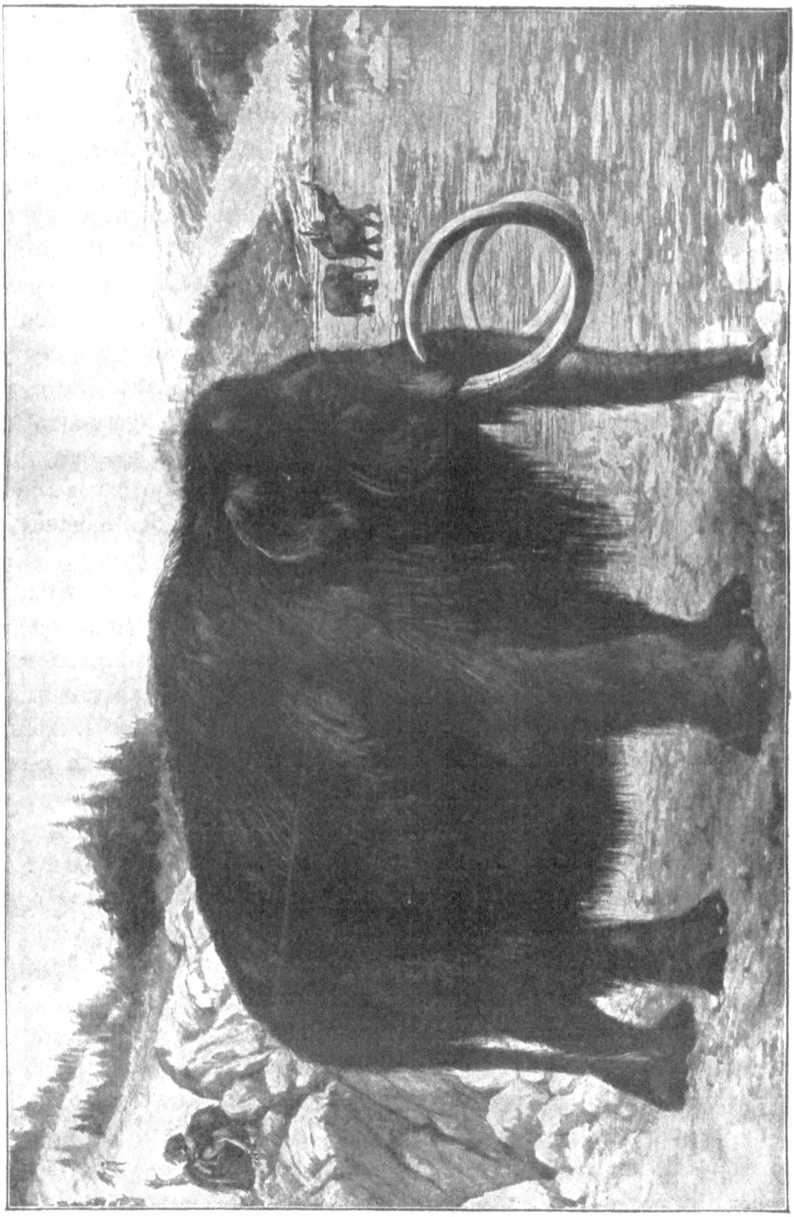

Fig. 275. Mammut an einem diluvialen Stausee.

Seen im Norden der Vereinigten Staaten; zuerst[26] finden wir vor dem zurückweichenden Eisrand drei kleine Staubecken, die nach dem Mississippi getrennt abfließen, dann wird der Chicago-See mit dem Maumee-See verbunden; langsam bilden sich die vier oberen Seen heraus, während bis nach Buffalo noch eine Meeresbucht reicht.

Ehe wir die geographischen Veränderungen Europas am Schlusse der Schneezeit schildern, mag noch darauf aufmerksam gemacht werden, daß die Wirkung des in alle Flüsse strömenden, kalten Schmelzwassers und der im nördlichen und mittleren Atlantik überall umherschwimmenden Eisberge sich in einer sehr energischen Abkühlung des Meeres äußern mußte; wir möchten sogar vermuten, daß die in der heutigen Tiefsee selbst unter dem warmen Wasser des Tropengürtels allgemein verbreitete Temperatur von 5° ein thermisches Relikt der großen Schneezeit ist. Sogar in der Fauna des Mittelmeeres erscheinen einige interessante nordische Gäste. In Südspanien und Sizilien treten altpliozäne Ablagerungen auf, welche noch frei von nordischen Formen sind; dann findet man aber Fusus contrarius, Lucina borealis, Cardium norvegicum, Cyprina islandica, Terebratella septata, alles Schaltiere, die gegenwärtig an den Küsten von Island und Spitzbergen gedeihen.

Als das Eis in Nordeuropa schmolz und der Eisrand schrittweise zurückwich, sammelten sich die Schmelzwasser in einem breiten, flachen Stromsystem, das bei Oppeln im weiten Flußtal der Malapane noch erhalten ist, dann über Breslau, Glogau, Berlin und Wittenberge in das heutige Elbetal mündete und über Hamburg die Nordsee erreichte. Diesem Urstrome flossen nicht allein die Schmelzwasser des Eises, sondern gleichzeitig die zahlreichen mitteldeutschen Flüsse zu.

Das Eis wich immer weiter zurück, und an seinem Rande stauten sich die Seen von Schleswig, Mecklenburg und Pommern auf. Unter der großen, nordischen Eisdecke hatte sich aber inzwischen die flache Senke des heutigen Ostseebeckens gebildet. Als das schmelzende Eis sich dahin zurückzog und eine große Kette von Stauseen an der heutigen Ostseeküste entstand, die sich immer mehr vereinigten und endlich in offener Verbindung mit dem Weißen Meer von hier aus mit einer nordischen Tierwelt besiedelt wurden (besonders Yoldia arctica und Cyprina islandica), begann auch ein großes Abströmen der norddeutschen Wasserrinnen gegen dieses „Yoldiameer", das die skandinavische Insel umflutete. So gliederte sich das von Breslau nach Hamburg verlaufende Urstromsystem in drei Teile: Die Elbe behielt das alte Mündungsgebiet, beherrschte aber jetzt nur noch die Abflußrinnen von Böhmen und Thüringen, während die östlich davon gelegenen Länder durch die neu entstehenden Abzugskanäle der Oder, Weichsel und Düna nach Norden entwässert wurden.

Später erst verband sich Skandinavien mit Rußland durch das Heraustreten der finnischen Landbrücke; der Einfluß des Weißen Meeres hörte auf, vorübergehend war auch Dänemark mit Schonen verbunden, und die Ostsee bildete einen großen, ausgesüßten Binnensee, den man nach der Gattung Ancylus benennt. Erst vor Beginn der Gegenwart haben sich die Abflüsse des „Ancylussees" durch die dänischen Straßen eine offene Verbindung zu der Nordsee gebahnt, deren Tierwelt seither mit dem salzigen Nordseewasser nach der Ostsee hereindringt. Hand in Hand damit ging eine Erwärmung des Ostseewassers, und so finden wir an den schwedischen Küsten junggehobene Muschelbänke mit pliozänen Formen der englischen Küste.

Durch das Schmelzen des Eises wurde auch das skandinavische Festland, dessen Temperatur jahrtausendelang unter 0° gelegen hatte, wieder wärmer; vielleicht reichte diese Erwärmung der Erdrinde hin, um die schwedische Küste um $1^1/_2$ m im Jahrhundert zu heben. Die arktische Flora[27] wurde in Schweden durch Birken, Pappeln, Weiden, Ulmen und Eschen, zuletzt durch die Buchen verdrängt, während aus Osten die Fichten einwanderten und mit den anderen Waldbäumen einen erfolgreichen Kampf begannen.

In Norddeutschland aber folgten[28] auf die Polarpflanzen, die dem Renntier zur Nahrung dienten, Espen und Birken, dann Kiefern, Eichen und Fichten, zwischen denen Hirsche und Rehe, Elche und Auerochsen gediehen.

Man hat viele Versuche gemacht, um die Dauer der diluvialen Schneezeit, als der letzten Periode vor der Gegenwart, nach Jahrtausenden zu berechnen. Aber die dabei gewonnenen Zahlen sind so verschieden groß und sind auf so unsicheren Voraussetzungen aufgebaut, daß die eine Rechnung 100000 Jahre, eine andere die doppelte Zeit ergibt. Etwas genauer werden die Berechnungen, welche das Ende der Eisbedeckungen schätzen; aus der Geschwindigkeit, mit der sich in Nordamerika und am Fuße der Alpen postglaziale Flüsse tiefe Schluchten eingenagt haben, ergeben sich zwischen 8 und 25000 Jahre.

Die biologischen Veränderungen, welche seither in Form und Verteilung der Pflanzen und Tiere eintraten, sind äußerst geringfügig und beruhen wesentlich auf der auslesenden und ansiedelnden Tätigkeit des Menschen.

Fragen wir zum Schluß nach den Ursachen der großen Schneezeit, so zeigen die Verbreitung und Veränderung der Eisdecken und Gletscher und die vordiluviale Lebewelt, daß die sog. Eiszeit nicht mit der tertiären Abkühlung der Polarländer zusammenhängt, sondern eine selbständige Klimaepisode darstellt. Eine Verschiebung des Nordpols um etwa 10° bis in die Gegend von Spitzbergen würde ein nahezu ausreichender Grund für die Verbreitung der europäischen und nordamerikanischen Eisdecken sein und gleichzeitig befriedigend erklären, weshalb der asiatische Kontinent nicht vereiste. Der Südpol würde sich unter diesen Umständen gegen Neuseeland verschoben haben, das ebenfalls mit Tasmanien und Südaustralien große Gletscher trug. In Neuseeland liegt aber auch ein echter

Löß auf den alten Moränen und zeigt uns, daß hier ein entsprechendes, interglaziales Klima wie in Europa und Nordamerika herrschte. Das würde beweisen, daß jene Verlagerung der Erdachse vorübergehend nach der entgegengesetzten Seite erfolgte, so daß am Südfuß der Alpen tropische Verwitterung und in Deutschland ein trockenes Steppenklima herrschen konnten.

Aber wir sind weit entfernt, zu glauben, daß die diluviale Schneezeit durch diese eine Ursache nach allen Seiten erklärt würde. Vielmehr sind wir der Überzeugung, daß große Bewegungen der Erdrinde und damit tiefgreifende Veränderungen in der Verteilung von Wasser und Land, der Meeresströmungen und der barometrischen Zugstraßen durch ihr zufälliges Zusammentreffen mit einer Polverschiebung die gesteigerte Anhäufung von Schnee in den Küstenländern des nördlichen Atlantik bedingt haben. Gegenwärtig ist, wie wir durch Nansens kühne Fahrt wissen, der größte Teil des Nordpolargebietes Tiefseeboden, und doch lehren uns[20] zahlreiche Schalen von Yoldia arctica, Cardium groenlandicum, C. ciliatum, Astarte borealis, A. compressa, Macoma calcaria, Saxicava arctica, Cyrtodaria siliqua und zahlreiche Gehörsteine von Flachseefischen, die man in einer Tiefe von 1000—2500 m zwischen Jan Mayen und Island fand, daß dieser Teil des Nordpolarmeeres in jüngster Zeit um 2000 m gesenkt worden ist. Wenn sich hier so tiefgreifende Veränderungen in der Lithosphäre vollzogen haben, dann liegt der Gedanke nahe, daß Hand in Hand damit eine wesentlich andere Verteilung der Massen eintreten mußte, welche auf die Lage des Drehungspoles nicht ohne Einfluß bleiben konnte.

Die diluviale Schneezeit mit ihren gewaltigen Eisdecken in den Küstenländern des nördlichen Atlantik war also unseres Erachtens ein Ereignis, bedingt durch allgemein tellurisch-kosmische Ursachen, lokal gesteigert durch örtliche geographische Umstände. Nur durch das Zusammentreffen verschiedener Ursachen ergab sich in Europa und Nordamerika eine so außerordentliche Wirkung.

Es ist daher irrig, wenn man die Gegenwart als eine „Interglazialzeit" betrachtet, auf welche abermals große Vorstöße der nordischen und alpinen Eismassen folgen mußten.

Die diluviale Schneeepisode ist vielmehr abgeschlossen, und genau wie auf den in der Karbonzeit vergletscherten Gebieten des Gondwanalandes jetzt Palmenhaine und Urwälder gedeihen, so könnte auch das Klima Europas in einer ferneren Zukunft wieder den feuchtwarmen, tropischen Charakter annehmen, den es vor der Eisperiode besaß.

Verweise

[1] F. E. Geinitz, Die Eiszeit, Braunschweig 1906. — [2] Penck, Himmel und Erde, Bd. IV, S. 3. — [3] Krapotkin, Ref., N. Jahrb. f. Min. 1885 I, S. 736. Futterer, Verh. d. naturw. Vereins Karlsruhe 1900 I, S. 28. — [4] Steinmann, Z. d. D. geol. Ges.

1906, Nr. 7. — [5] H. Meyer, Z. d. Ges. f. Erdk. Berlin 1904, S. 49. — [6] Nach Mitteilungen von W. Reiss. — [7] H. Meyer, Ostafrikanische Gletscherfahrten. — [8] Penck u. Brückner, Die Alpen im Eiszeitalter. — [9] G. Schweinfurth, Briefl. Mitteilung. — [10] Fritel, Paléobotanique, S. 293. — [11] Keilhack, J. d. k. Geol. L.-A. 1882, S. 166. — [12] Müller, dass. 1902, S. 365. — [13] Holst, Ref., N. Jahrb. f. Min. 1897 II, S. 515. — [14] Klockmann, Jahrb. d. K. G. Landes-A. Berlin 1883, S. 238. — [15] v. Richthofen, China I, S. 56. — [16] J. Walther, Naturw. Wochenschr. 1898, S. 241. — [17] Tutkowski, Geol. Centralbl. I, S 405. Fuchs, N. Jahrb. f. Min. 1894, I, S. 113. Staub, N. Jahrb. f. Min. 1893, I, S. 433. — [18] Braun, N. Jahrb. f. Min. 1847, S. 53. O. Fraas, das. 1859, S. 529, Anm. — [19] Nehring, N. Jahrb. f. Min. 1889, I, S. 66. Woldrich, dass. 1886, II, S. 284. O. Fraas, Württemb. Jahreshefte, XVIII, S. 156. F. Roemer, Paläontogr., XIX, S. 203. Owen, Ref. N. Jahrb. f. Min. 1843, S. 629. Anutschin, Ref. das. 1889, I, S. 487. — [20] v. Wettstein, Sitz.-Ber. d. Akad. d. Wissensch. Wien 1888, Januar. — [21] Baltzer, N. Jahrb. f. Min. 1896, I, S. 159. — [22] F. Roemer, das. 1864, S. 771. — [23] Fuchs, das. 1894 I, S. 113. — [24] O. Fraas, Ref. das. 1867, S. 873. — [25] O. Schmidt, das. 1866, S. 437. — [26] Gilbert, Ref. das. 1899, II, S. 446. Chamberlain & Salisbury, Geology III, S. 396. — [27] Nathorst, N. Jahrb. f. Min. 1893, I, S. 213. — [28] v. Fischer-Benzen, Abhandl. d. Naturw. Ver. Hamburg XI, 1891. — [29] Jensen, Vitensk. Medd. fra naturh. For. i Kjobnhavn 1900, S. 229.

29

Der vorgeschichtliche Mensch

Im Jahre 1735 veröffentlichte Karl Linné sein „System der Natur". Er beginnt die Aufzählung der zum Tierreich gehörigen Formen in folgender Weise:

Classis I . . . . Quadrupedia
Ordo I . . . . Anthropomorpha
1. Homo. Nosce te ipsum!
2. Simia.

So hat der größte und unbestechlichste aller Systematiker schon vor 170 Jahren auf die enge Verwandtschaft zwischen Mensch und Affe hingewiesen und durch den bezeichnenden Zusatz: „Mensch. Erkenne dich selbst!" wohl schon damals gegen den Versuch protestieren wollen, den Menschen von seiner tierischen Verwandtschaft loszulösen.

Bei aller Würdigung seiner seelischen und geistigen Eigenart müssen wir den Menschen nach seiner körperlichen Beschaffenheit als ein Glied des tierischen Stammbaumes betrachten.

Nachdem alle Versuche, einen anatomischen Gegensatz zwischen Mensch und Tier nachzuweisen, gescheitert sind, nachdem Goethe den Zwischenkiefer entdeckt hat, nachdem die Zirbeldrüse, welche die alten Philosophen für den Sitz der menschlichen Seele hielten, als ein umgebildetes Auge nachgewiesen worden ist, das wir von den permischen Stegocephalen ererbt haben, nachdem auch alle anderen Menschencharaktere durch die vergleichende Anatomie als tierische Erbstücke erkannt worden sind, darf man auch nicht mehr vor dem Gedanken zurückschrecken, daß sich der Mensch aus tierischen Ahnen langsam entwickelt hat.

Aus leicht verständlichen Gründen hat man sich lange Zeit besonders gegen die Annahme gesträubt, daß der Mensch mit dem Affen verwandt und, wie diese, von affenähnlichen Vorfahren abzuleiten sei. Man hat gesagt, daß man mit ebensoviel Recht die Vorfahren des Menschen unter den Wiederkäuern oder unter den Raubtieren suchen könne. Aber selbst dieser Ausweg ist durch neuere Untersuchungen ausgeschaltet worden. Denn wir wissen jetzt, daß zwischen den Menschen und gerade den Menschenaffen (Orang, Gorilla, Schimpanse) wirkliche Blutsverwandtschaft besteht. Während das Blut der Menschen und Menschenaffen sich chemisch so ähnelt, daß man es von einem Wesen zum andern ohne Schaden überleiten kann, wirkt ihr Blut im Kreislauf der niederen Affen und umgekehrt als eine fremde Substanz, die zerstört oder ausgeschieden werden muß.

Unter diesen Umständen kann man nicht mehr fragen, ob der Mensch von affenähnlichen Vorfahren abstamme, sondern nur, wann und wo er sich aus ihnen entwickelt hat.

Auf sehr verschiedenen Wegen hat man versucht, diesem größten und interessantesten aller erdgeschichtlichen Probleme nahe zu kommen. Die anthropologische Forschung ging von dem geschichtlichen Menschen aus und verfolgte seine Spuren bis in immer ältere Zeiten der Vorgeschichte hinab; die geologische Untersuchung, welche mit wesentlich größeren Zeiträumen zu rechnen gewohnt ist, sieht in den zuletzt verflossenen Jahrtausenden nur eine ganz kurze Episode und verfolgt die stratigraphische und geographische Verbreitung menschenähnlicher Reste durch die einzelnen Abteilungen der Tertiärperiode hindurch.

Obwohl naturgemäß das Schwergewicht unserer Auseinandersetzungen auf geologischem Gebiete liegen muß, so gewinnen wir doch bei Betrachtung der ethnographischen und geschichtlichen Tatsachen nach den Grundsätzen der ontologischen Methode bestimmte Gesichtspunkte, die wir bei der Betrachtung der Urgeschichte des Menschen wohl berücksichtigen müssen.

Die dokumentarische[1] Geschichte des Menschengeschlechtes lehrt uns, daß die älteste Kultur von Mykene etwa um das Jahr 1600—1000 vor Christus blühte. In Ägypten war, wie uns die Elfenbeinfigürchen von Abydos lehren, gegen 4300 v. Chr. schon eine hochentwickelte Kultur; erst viel später, um das Jahr 2800—2500 v. Chr., erbauten die Pharaonen ihre Pyramiden, und auch die altkananäische Kultur von Taanak in Palästina reicht bis zum Jahre 2000 v. Chr., wo hier schon ägyptische Skarabäen als Amulette benutzt wurden. Wenn man erwägt, daß an der berühmten ägyptischen Statue eines hockenden Schreibers das Auge des lebenswahr gebildeten Kopfes aus Quarz, Bronze und Bergkristall zusammengesetzt ist, dann kann man die hohe Blüte jener alten Kultur wohl verstehen.

Aber die neuesten Ausgrabungen in Babylonien[2] haben uns noch eine viel ältere, ebenso hochentwickelte Kultur kennen gelehrt. Um das Jahr 3750 v. Chr. herrschte dort Naram-sin, der Sohn Sargons, in einem riesigen Palast, dessen Bibliothek uns Einblicke tun läßt in die vielgestaltige und reich entwickelte Zivilisation jenes Reiches. Und doch ist Sargons Königsburg (Fig. 21) auf dem eingeebneten Trümmerfelde eines älteren Herrschersitzes erbaut, und langsam lernt man die Bruchstücke einer vorsargonischen Kultur verstehen, die etwa um das Jahr 8000 v. Chr. mit der Einwanderung der Sumerer einsetzt. Ungebrannte Tonziegeln wurden mit Asphalt zu festen Mauern verbunden, aber gebrannte Ziegeln zum Ausmauern der Zisternen und gebrannte Tonröhren für Wasserleitung und Kanalisation verwendet. Zwei aus Kupfer gegossene Ziegenköpfe (Fig. 276) zeugen von der Fertigkeit in der Metallbehandlung. Die Bruchstücke von Marmorstatuen lassen noch erkennen, daß der Augapfel aus bunten Steinen zusammengesetzt und das Haar durch feine Silberdrähte nachgebildet war. Angesichts dieser uralten, historischen Dokumente mutet es uns seltsam an, daß nach der jüdischen Zeitrechnung (nach Rabbi Hillel), deren Angaben wir noch heute in jedem Kalender finden, die Welt am 7. Oktober des Jahres 3761 v. Chr. geschaffen worden sein soll, also um dieselbe Zeit, als König Sargon starb und sein Sohn Naram-sin die Regierung antrat.

Figur 276.
Bronzekopf einer Ziege, ausgegraben in Fara, mit eingesetzten Achataugen.

Wenn wir erwägen, daß der ägyptische Kalender schon um das Jahr 4250 v. Chr. zum erstenmal umgerechnet werden mußte, weil seine Angaben mit dem wirklichen Eintritt der Himmelserscheinungen nicht mehr übereinstimmten, dann gewinnt man ein seltsames Urteil über die Zuverlässigkeit jener Geschichtsangaben.

In Ägypten können wir aber noch viel tiefere Einblicke in die älteste Geschichte des Menschengeschlechts tun. Im Nildelta[3] bei Bessuse wurden 18 m tief in einem Brunnenschacht, am Mahmudiehkanal aber 27 m unter der heutigen Niloberfläche gebrannte Tonscherben gefunden, und daraus hat man berechnet, daß Unterägypten schon um 30—45000

Jahre v. Chr. von einem Volksstamm bewohnt gewesen sein muß, der die Kunst des Feuers kannte und eine gewisse Kultur besaß.

Neuere Entdeckungen führen uns noch viel weiter zurück. Ehe der Nil sein Quellgebiet bis nach dem Hochland von Abessinien und Uganda rückwärts verlegte und jene unerschöpflichen Quellen schwarzer Erde abzutragen begann, trug das Nilwasser kalkige, mergelige, erdige und feinsandige Sedimente nach Unterägypten, und wo das Wasser sich staute, da fielen diese Sinkstoffe zu Boden. Zahlreiche Kolonien von Unio Schweinfurthi gediehen darin und boten den Urbewohnern eine willkommene Nahrung. Ganze Haufen dieser Muscheln liegen mit Steinwerkzeugen auf dem linken Nilufer bei Genamich. Das Fehlen von Tonscherben spricht dafür, daß wir hier in eine Vorzeit zurückblicken, die älter als 30000 Jahre sein muß. Die Form der Steinwerkzeuge (dünne, scharfe Messerklingen) spricht dafür, daß man bei ihrer Erzeugung schon mit großer Geschicklichkeit und ausgebildeter Technik verfuhr.

Vergleichen wir mit diesen Dokumenten einer uralten, ägyptischen Kultur die aus dem nördlichen Europa gewonnenen Zahlen, so setzt man die Steinzeit von 4000—2500 v. Chr. Dann erst beginnt die Benutzung der Metalle. Um dieselbe Zeit also, wo Deutschland, Frankreich und Dänemark von unentwickelten Naturvölkern bewohnt wurden, blühte in den Niederungen des Euphrat und Nil eine höhere Kultur.

Diese Erscheinung des gleichzeitigen Zusammenlebens hochentwickelter und primitiver Völker wird bestätigt durch die Betrachtung der heutigen Menschheit. Nicht nur in verschiedenen Breiten desselben Kontinentes leben zivilisierte Kulturvölker und rohe Naturstämme, sondern sogar mitten zwischen einer bodensässigen und hochgebildeten Bevölkerung finden wir die Horden scheuer Berg- und Waldvölker (Wedda, Akka), die sich kaum aus den Fesseln der Unkultur befreit haben. Wenn dies in unserer von Eisenbahnen und Telegraphendrähten durchzogenen Zeit möglich ist, dann müssen wir zugeben, daß auch in der Vorzeit verschieden hohe Kulturrassen gleichzeitig lebten.

Wir verlassen jetzt das Gebiet anthropologischer Forschung und wollen versuchen, an der Hand geologisch scharfgegliederter Horizonte die Entwicklung der Vorfahrenreihe des Menschen zu schildern. Auch hier mehren sich die Dokumente, indem wir uns der Gegenwart nähern. Anfangs treffen wir nur vereinzelte Knochenreste, dann begegnen uns in Verbindung mit ihnen Werkzeuge, Nahrungsabfälle, Feuerspuren, Schmuck und Hausrat.

Beim Schluß der Kreidezeit, als der Stamm der Säugetiere in unerhörter Weise aufblühte, als aus eierlegenden, reptilienähnlichen Ursäugern alle Zweige des Säugetierstammes angelegt wurden, da finden wir auch die ältesten, eozänen Vorfahren der Primaten, und es ist von großer

Wichtigkeit, daß Europa und Nordamerika zahlreiche Gattungen dieser Uraffen bergen, während sie nach unseren bisherigen Kenntnissen in Asien, Afrika, Australien und Südamerika fehlen. So erscheint uns die Atlantis als die Urheimat der ganzen Gruppe. Hier entwickelt sie sich zu immer charakteristischeren Formen, und erst im Pliozän wird Asien, im Pleistozän Afrika und Südamerika von ihnen besiedelt. Um Mißverständnissen vorzubeugen, wollen wir betonen, daß die in Mittel- und Südamerika lebenden breitnasigen Affen schon im älteren Tertiär hier entstanden sind und sich dort als selbständiger Seitenzweig bis zur Gegenwart entwickelten.

Man faßt die alttertiären Vorfahren der Primaten in zwei Familien zusammen, die schon eine beträchtliche Differenzierung in Knochen, Schädelbau und Zahnreihe erkennen lassen. Von den etwa 18 Gattungen ist meist nur der bezahnte Kieferknochen bekannt; von Adapis, Anaptomorphus und Nekrolemur vollständige Schädel. Wir erkennen aus ihnen und den Bruchstücken des übrigen Skelettes, daß es kleine und mittelgroße Tiere waren, deren Zahnbau für gemischte Kost spricht. Der Gesichtsteil des Schädels ist noch sehr groß, nur bei Anaptomorphus fällt uns die Größe der Gehirnkapseln und das verkürzte Gesicht auf. Der Fußbau stimmt noch mit dem der Urhuftiere überein, und so werden wir zu der Annahme geführt, daß die eozänen Vorfahren der Primaten vierfüßige, bodenbewohnende kleine Tiere waren, die man nach ihrer Körperform und nach ihrer Lebensweise nicht für „Herrentiere“ ansprechen möchte.

Wir haben gesehen, daß das Klima Europas während der Oligozänzeit feuchter wurde, daß ungeheure Sumpfwälder die Niederungen bedeckten, welche im Eozän noch den Charakter flußarmer Steppen besaßen. Sollte es ein Zufall sein, daß echte, baumbewohnende Affen zuerst im mittleren Miozän von Europa auftraten, und daß besonders die Menschenaffen sich in dieser Zeit über Europa und Asien verbreiteten?

Man kennt bisher[4] sechs ausgestorbene Gattungen von Menschenaffen; sie kommen nur in Eurasien vor und fehlen auffallenderweise in Nordamerika. Ihr Unterkiefer war noch verhältnismäßig lang und schmal, so daß für die Zunge, welche bei der Sprachbildung so wichtig ist, wenig Raum blieb. Aber die Extremitäten waren menschenähnlicher gestaltet, als bei den heute lebenden Menschenaffen. Für ihre Lebensweise ist das Vorkommen von Griphopithecus besonders interessant, der bei Neundorf in Ungarn am Ufer einer tiefen Bucht des osteuropäischen Binnenmeeres lebte. Große Schildkröten und Seekühe bewohnten die flachen Inseln, während im nahen Sumpfwald ganze Rudel von Zwerghirschen, Hirschen, Rhinozeronten und Mastodonten weideten.

Gegen Ende der Miozänzeit wanderte[5] das pferdeähnliche Hipparion wahrscheinlich aus Asien nach Europa ein. In Persien, auf Samos, in Attika (bei Pikermi) und in Frankreich sind aus dieser Zeit reiche Faunen überliefert. Besonders die Fauna von Pikermi[6] in der Nähe von Marathon ist durch ihren Formenreichtum berühmt. In dem mit Oleander bewachsenen Bett eines kleinen Tales findet man in rötlichem Lehm die Knochen eingebettet, und allein die französische Expedition hat hier 1900 Exemplare von Hipparion und 700 von Rhinozeros erbeutet. Antilopen, Giraffen bewohnten die grasbewachsene Steppe, während Dinotherium, Mastodon und Schweine im sumpfigen Walde hausten. Und zu dieser Waldfauna müssen wir wohl auch die Affen rechnen, die in ganzen Scharen hier gelebt haben müssen. Der Schädel und die Extremitäten, sowie der lange Schwanz von Mesopithecus sind vollkommen affenähnlich und unterscheiden ihn sehr wesentlich von den miozänen Menschenaffen. Es ist also schon hier jene Trennung eingetreten, welche die eigentlichen Affen von dem Zweige des Primatenstammes abgliederte, der uns in seiner weiteren Entwicklung zum Menschen führt.

Für die Verbreitung der jetzt noch lebenden Menschenaffen wurde in der Folgezeit Ostindien von entscheidender Bedeutung. Hier kennt man am Fuß des Himalaja eine Kette hoher Vorberge, welche, aus dem bei der Faltung des gewaltigen Gebirges gebildeten Schutt aufgebaut, im weiteren Verlauf der Faltung mitgefaltet wurden. So kommt es, daß in diesen Siwalikbergen die Wirbeltierfaunen der miozänen und pliozänen Zeit in eigentümlicher Weise miteinander verbunden erscheinen, und da die Fundorte in fieberreichen, schwer zugänglichen Gegenden liegen, noch nicht stratigraphisch schärfer gesondert werden konnten. Aber auffallend ist der Reichtum dieser sogenannten Siwalikformation an Affen und Menschenaffen, und die Annahme liegt nahe, daß die jetzt in den Küstenländern des Indischen Ozeans verbreiteten Menschenaffen von Nordindien aus dort einwanderten. Der kurzschädlige Orang[7] gelangte nach Sumatra und Borneo, die langschädligen Gattungen Gorilla und Schimpanse nach Afrika, und es ist auffallend, daß hier auch langschädlige Menschenrassen und dagegen in Ostasien die Kurzschädel vorwiegen.

Nachdem das nördliche Eurasien als die Heimat der Menschenaffen nachgewiesen ist, erscheint uns auch der vielbesprochene Fund des Pithecanthropus auf Java[8] in einem neuen Lichte. Denn diese Gattung kommt mit einer reichen Fauna von indischen Diluvialtieren zusammen vor, mit denen sie allem Anschein nach von Indien bis nach Java gewandert ist, um hier auszusterben.

Der wichtigste Fortschritt des Primatenstammes bestand jedenfalls darin, daß die ursprünglich auf dem Boden lebenden Vierfüßler sich mit den Vorderfüßen erhoben und nicht nur in dem Geäst der Bäume umherkletterten, sondern auch beim Gehen Oberkörper und Kopf aufrecht trugen. Wir brauchen nur daran zu denken, welch hohe Blütezeit die Dinosaurier seit der Trias- und die Vögel seit der Juraperiode erreichten, als sie ihre vordere Extremität vom Boden erhoben, um die biologischen Folgen des zweifüßigen Gehens zu verstehen.

So mußte das viel höher organisierte Geschlecht der Primaten einen raschen und großen Aufschwung nehmen, als es aus dem vierhändigen in das zweihändige Stadium überging. Der Greifbereich des Armes wurde sehr vergrößert, die Tastpapillen der Fingerspitzen konnten sich freier ausbilden; die Geschicklichkeit der Hand, die Atmung, die Stimme konnten sich rasch entwickeln. Die Mitteilung gemeinsamer Gefahren und Erlebnisse erweiterte das Bewußtsein der Gegenwart durch die Berücksichtigung von Zukunft und Vergangenheit; dadurch wurde das Weltbild reicher und die geistige Tätigkeit mannigfaltiger.

In der Miozän- und Pliozänperiode waren Menschenaffen über ganz Europa und Asien verbreitet. In China,[9] in den Siwalikbergen, in Steiermark und Schwaben, in Frankreich und Oberitalien sind Zähne und größere Knochenreste gefunden worden, so daß wir wohl sagen dürfen, die paläontologische Urkunde des vorgeschichtlichen Menschen zeigt eine ununterbrochene Ahnenreihe vom Eozän bis zum Pliozän, und diese Entwicklung spielte sich in Eurasien ab.

Aber noch fehlt uns, wenn wir diese affenähnlichen Vorfahren mit den niederen und höheren Menschenrassen der Gegenwart vergleichen, ein Charakter, der für die Menschwerdung bezeichnend und entscheidend ist. Es sind die Äußerungen einer höheren Intelligenz und Kultur, die erst den Menschenaffen zum Menschen machten.

In der langen und ununterbrochenen Reihe, welche von eozänen, kleinen, huftierähnlichen Uraffen durch die Menschenaffen zum Menschen führt, gilt es bestimmte Charaktere zu finden, an denen wir unterscheiden können, ob wir noch einen Menschenaffen oder schon einen Menschen vor uns haben. Wir werden sehen, daß die Schädelform und die Backzahnkrone der ältesten bekannten Menschen völlig übereinstimmt mit den Charakteren der affenähnlichen Vorfahren. Solche tierischen Merkmale, diese Erbstücke affenähnlicher Ahnen sind ja sogar jetzt noch nicht ganz verschwunden und treten bei einzelnen Individuen als Rückschlag und bei negroiden Rassen als Stammeseigentümlichkeit auf.

Wir können also den Gegensatz von Menschenaffe und Mensch nicht nur auf anatomische Merkmale gründen, vielmehr gilt es in der geschlossenen Ahnenreihe unseres Geschlechtes an geologisch leicht erkennbaren und unzweideutigen Zeichen die höhere Intelligenz und die sozialen Gewohnheiten der ältesten Menschen aufzufinden.

Nach unserer Meinung ist hierfür ein Hilfsmittel in der Benutzung von Feuer gegeben. Während kein einziges Tier, selbst kein Menschenaffe, Feuer zu machen oder zu erhalten versteht, beherrschen sämtliche Menschenrassen diese Kunst. Die wenigen Fälle, in denen man auf tropischen Koralleninseln kleine Stämme ohne Feuer beobachtet hat, lassen sich wohl leicht dadurch erklären, daß ihnen das Feuermachen für ihr Leben nicht nötig war, und sie es deshalb verlernten. Nur mit dem Feuer vermag der Mensch alle Räume der Erde bis zum eisigen Pol zu besiedeln. In der altarischen Prometheussage tritt uns die Heiligkeit des Feuers ebenso wie die weltgeschichtliche Bedeutung seines Besitzes deutlich vor die Augen.

Das Feuer muß gehütet werden, am Feuer sammelt sich die Familie, mit dem Feuer kann man den strengen Winter ertragen und bei seinem Schein dunkle Schlupfwinkel und tiefe Höhlen bewohnen. Am Feuer wird eine schwer verdauliche Nahrung genießbar und leicht verderbende Nahrungsmittel können haltbar gemacht werden. Staunen und Bewunderung, Angst und Freude, stilles Behagen und Gesundung strömen uns aus der wärmenden und leuchtenden Flamme entgegen.

Figur 277.
Bearbeiteter Feuersteinschaber (Eolith). Aus dem Miozän von Aurillac.

Leicht sind die Spuren des Feuerbrandes geologisch wiederzuerkennen. Angebrannte Herdsteine und Knochen von Beutetieren, Asche und Holzkohle sind unverwüstliche Merkmale, daß einst ein Feuer gebrannt hat, und wo wir sie finden, da können diese Überreste nicht durch Wasser zusammengeschwemmt worden sein, sondern zeugen von einer Feuerstelle. So wollen wir also den Zeitpunkt und den Ort aufsuchen, wo uns zum erstenmal der feuerbenutzende Mensch entgegentritt.

Das Gebirgsland der Auvergne setzt sich aus zwei Vulkangruppen zusammen, welche von der Miozänzeit bis in die jüngste geologische Vergangenheit der Schauplatz heftiger Ausbrüche waren. Der südliche Gebirgsstock des Cantal zeigt in genau untersuchten Aufschlüssen bei Aurillac[10] Flußsande von Laven überlagert, die eine obermiozäne Flora und Fauna enthalten. Nadelhölzer und Laubbäume bildeten dichte Wälder, in denen Rhinozeros und Mastodon hausten, in sumpfigen Seen lebte das gewaltige

Dinotherium, und von der umliegenden Steppe kamen ganze Rudel des dreizehigen Urpferdes Hipparion, sowie von Hirschen und Gazellen zur Tränke.

Die liegenden Oligozänschichten enthalten plattige Ausscheidungen von Feuerstein, und zahllose Bruchstücke desselben sind den Hipparionschichten eingestreut. Ohne jeden Zweifel erkennt man, daß die Mehrzahl dieser Scherben eine bestimmte Form besitzen, und daß ihr Rand zahlreiche Absplitterungen zeigt, wie sie beim Gebrauch zum Kratzen, Schaben und Hacken entstehen (Fig. 277). Beim genaueren Studium gewinnt man den Eindruck, als ob die Steine nach dem Gebrauch weggeworfen und dann später aufs neue benutzt worden seien, denn ältere Absplitterungen sind angewittert und von neuen Abspleißungen bedeckt. Besonders auffallend ist eine Anzahl großer, hackenähnlicher Stücke. Viele dieser sog. Eolithen passen so bequem in eine Männerhand, aus der dann die abgesplitterte Schneide oder Spitze herausragt, daß man unabweisbar zu der Annahme eines intelligenten Wesens gedrängt wird, das, von Menschengestalt, diese Steine hier benutzte. Freilich hat man noch keine Spur dieses Wesens finden können. Kein Knochenrest, keine Herdstelle gibt uns Rechenschaft von den alten Bewohnern des Cantal, und doch möchte man glauben, daß uns hier die Spuren des Urmenschen erhalten sind.

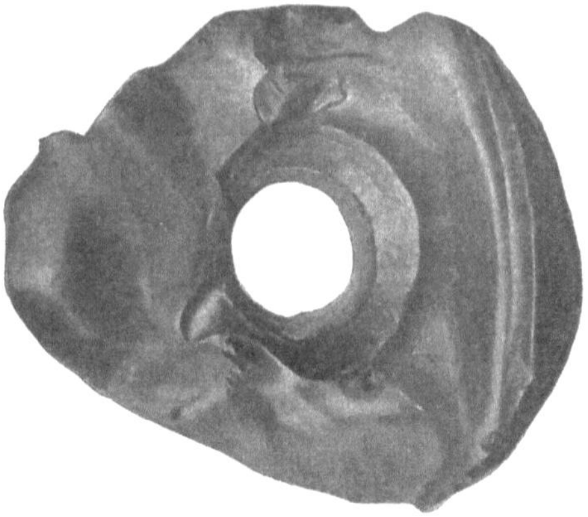

Figur 278.
Ringschaber
aus den Konglomeraten von Theben.

Allein auch der Boden Oberägyptens hat uns uralte Spuren menschlicher Tätigkeit hinterlassen. Bei Qurna (nördlich von Theben) münden einige trockene Wüstenschluchten in das Niltal und haben bei gelegentlichen Gewittergüssen aus der nahen Felsenwüste Kiese und Schotter herausgeführt, die, durch kalkhaltiges Wasser zu einem Konglomerat verkittet, ein günstiges Gestein für die Anlage 5 m tiefer ägyptischer Gräber boten. Hier entdeckte man,[11] in das feste Konglomerat eingebacken, zahlreiche große und kleine Feuersteinwerkzeuge. Es lassen sich besonders folgende Typen unterscheiden:

1. Faustschlägel,
2. runde und ovale Scheiben,
3. Handkieselspitzen,
4. Klingen,

5. Rundschaber,
6. Stielschaber,
7. Bogenschaber und Hohlschaber.

Besonders merkwürdig sind die von einem runden Loch durchbohrten Werkstücke (Ringschaber, Fig. 278), die selbst den Zweifler überzeugen müssen, daß diese Eolithen nicht zufällig entstanden, sondern zielbewußt erzeugt worden sind.

An dem Rande der meisten Stücke sieht man die kunstgerechten Narben der Dengelung neben vereinzelten beim Gebrauch entstandenen Abspleißungen.

Auf dem nahen Kalkplateau fanden sich die Werkstätten für diese uralten Waffen und Geräte. Die Hochebene im Nordwesten ist ganz übersät mit Kieselabsplissen, unvollkommenen und mißlungenen Manufakten, sowie den bei der Fabrikation übrigbleibenden Abfällen.

An vielen dieser Steinwerkzeuge bemerken wir die charakteristischen Schlagmarken, Dengelungen und Gebrauchsspuren, und da das trockene Wüstenklima, das damals genau so wie jetzt herrschte, die Feuersteine mit braunem Wüstenlack überzog, so lassen sich ältere und jüngere Gebrauchsspuren an der Farbe ihrer Patina leicht unterscheiden.

An zahlreichen Stellen hat man neuerdings auch in Europa Eolithen gefunden, und die Einwürfe, die man gegen deren Werkzeugnatur ausgesprochen hat, sind mit überzeugenden Gründen zurückgewiesen worden. Aber es läßt sich nicht verkennen, daß es oft ungemein schwer, ja unmöglich ist, zwischen Eolithen und beliebigen Natursteinen scharf zu unterscheiden. Man darf auch nicht aus der Verbreitung von nur benutzten, nicht aber zum Gebrauch zielbewußt geformten Steinen den Schluß ziehen, daß es eine „eolithische Periode" im Sinne eines urgeschichtlichen Zeitraumes gegeben habe, der, mit einem geologischen Horizont vergleichbar, weit verbreitet, die ältesten Perioden der Menschwerdung bezeichnen könnte.

Es ist ja wiederholt von Reisenden beobachtet worden, daß Affen mit Steinen nach ihren Feinden werfen oder Nüsse aufschlagen. Gerade die Tatsache, daß die Eolithen je nach Bedarf aufgehoben und wieder weggeworfen worden sind, kennzeichnet einen wesentlichen Gegensatz gegenüber dem Werkzeug, dessen Herstellung Mühe und Aufmerksamkeit verlangte, das dadurch dem Besitzer wertvoll wurde, das man ihm mit ins Grab legte, das er nur zufällig verlor oder wegwarf, wenn es unbrauchbar geworden war.

So wertvoll also die rohen Werkzeuge, die man Eolithen nennt, für die Beurteilung der Lebensgewohnheiten menschenähnlicher Affen sind, aus denen sich der Mensch entwickelte, so können sie uns doch diesen weltgeschichtlichen Vorgang nicht erläutern. Sie führen uns bis an die Schwelle der Diluvialperiode, mögen in vielen Fällen auch wohl während derselben noch von den weniger kultivierten Stämmen oder minderwertigen Individuen verwendet worden sein, allein für ein Kennzeichen der Gattung Mensch möchten wir sie nicht halten.

Wir haben die Verbreitung und Bewegungen der diluvialen Eisdecken schon geschildert, welche von Skandinavien bis nach Holland, Westfalen, Thüringen, Schlesien, von den Alpen bis nach der Donauebene und den Zuflüssen des Po reichten, und welche England bis auf einen schmalen Streifen im Süden bedeckten. Wir haben auch aus der Verteilung großer Säugetiere während des oberen Pliozän und des Diluvium beweisen können, daß der Ärmelkanal noch nicht geöffnet war, so daß England wahrscheinlich zwischen Dover und Calais durch eine breite Landbrücke mit Frankreich verbunden war. Wir müssen uns jetzt der klimatischen und tiergeographischen Wirkungen erinnern, welche die Bildung der großen Schnee- und Eisdecken zur Folge hatten.

Mehr als die Hälfte von Europa wurde für Pflanzen und Tiere völlig unbewohnbar. Die während der warmen Tertiärzeit in reicher Fülle entstandenen und selbst im Pliozän noch weitverbreiteten Herden und Rudel von Rindern, Hirschen, Elefanten, Tapiren, Rhinozeronten, Schweinen und Nilpferden, sowie die reiche Fauna kleinerer Säugetiere und Vögel wurden jetzt bei dem unaufhaltsamen Wachsen der skandinavischen, britischen und alpinen Eisdecken aus ihren alten Wohnsitzen verdrängt. Die Laubbäume, Sträucher und Kräuter, die ihnen zur Nahrung und zum Schutz gedient hatten, erfroren und verschwanden, und so drängte sich ein Strom hungernder und frierender, kranker und ermatteter Tiere vor den Eisdecken her. Die Bewohner der britischen Inseln, die nach den südlichen Provinzen gedrängt wurden, fanden noch die Landbrücke offen, welche nahe der belgischen Grenze nach Frankreich führte, und während die schwerfälligen Nilpferde in den frierenden Sümpfen zugrunde gingen, strömten die leichter beweglichen Tiere in rastloser Flucht nach Frankreich und Belgien hinüber.

Die norwegischen Eisdecken, welche über Schweden und das flache Ostseegebiet nach Norddeutschland vorwärtsdrängten, räumten diese Länder von allem aus, was lange Perioden hindurch hier gelebt hatte. Alle diese, aus ihrer nordischen Heimat verdrängten Tiere hätten ihre Flucht gern nach den Mittelmeerländern fortgesetzt, um hier wie ihre nordamerikanischen Leidensgefährten ein milderes, reich bewachsenes Land zu finden, wenn nicht gleichzeitig die Eisströme der Alpen gegen Norden vorwärts gedrungen wären und jedes südliche Weiterwandern verhindert hätten. So blieb nur ein schmaler Raum eisfrei, der Nordfrankreich, Belgien, die Rheinlande, Mitteldeutschland, Oberösterreich und Ungarn umfaßte. Das pontische Binnenmeer ergänzte in Südrußland die Schranke, welche die Eismauer der Alpen und des Kaukasus gegen Nordeuropa zogen. Auf diesem von Schneestürmen durchtobten, in trübe, kalte Winternacht versunkenen Landstrich trafen sich die ermatteten Scharen der flüchtenden Tiere, und hier ist es, wo wir die ältesten unzweideutigen Spuren des feuerbesitzenden Menschen finden (Fig. 277). Zeitlich gehören sie der großen, interglazialen Steppenzeit an, welche auf die gewaltigste Ausdehnung der Gletscher folgte.

Im Neandertal bei Düsseldorf hat man im Jahre 1856 zuerst Skeletteile des ältesten Menschen entdeckt und danach die ganze Rasse als Neandertaler bezeichnet. Dann wurden ähnliche Funde bei Spy in Belgien, bei Taubach unweit Weimar, bei Spitz an der Donau und Krapina, nördlich von Agram, gemacht.[12] Überall tritt uns besonders in der Gestalt

Figur 279.
Schädeldach des Neandertal-Menschen (1/5).

des Schädels derselbe Typus entgegen. Die Schädelkapsel (Fig. 279) ist niedrig und bietet nur Raum für ein unentwickeltes Gehirn; dicke Knochenwülste über den Augen und die großen, vortretenden Kiefer geben dem Gesicht einen fast tierischen Ausdruck. Die Krone der Backenzähne zeigt eine Oberfläche, wie wir sie beim Menschenaffen finden. Die Arme sind verhältnismäßig kurz und das Schlüsselbein zierlich. Die Speiche des Unterarms ist gekrümmt wie bei den Affen, der Oberarm sehr kräftig. Die Schenkelknochen sind so plump, daß man an Bärenknochen erinnert wird. Das Becken ist eng und hoch. Aus der Form der Gelenke an den Beinknochen hat man auf einen nicht völlig gestreckten Gang geschlossen. Die geologischen Umstände, unter denen die genannten Reste gefunden wurden, entrollen uns ein Bild niedrigster Kultur. Rohe

Steinwerkzeuge erinnern noch vielfach an die Eolithen. Klingen und Pfeilspitzen, Stecher und Schaber sind leicht zu unterscheiden, aber an den vollständiger bekannten Fundstellen treffen wir überall die deutlichen Spuren des Herdfeuers. Der weiße Sand von Taubach ist ganz mit kleinen Holzkohlen gespickt; Steine und Elefantenknochen, die man um das Feuer stellte, zeigen Spuren der Hitze.

Die Beschaffenheit des Kalksinters von Taubach, welcher den knochenführenden Sand überlagert, stimmt so sehr mit den Travertinen, die sich in den heißen Quellen von Aquae albulae bei Tivoli bilden, überein, daß wir annehmen, auch die Taubacher Kalksinter seien durch Thermen gebildet worden. Das würde auch verständlich machen, weshalb sich gerade hier eine so ungeheure Zahl kleiner und großer Tiere einfand, welche dem Urmenschen zur Nahrung dienten. Wahrscheinlich sammelten sich die von Eis und Kälte bedrohten Tiere an den warmen Quellen, die niemals zufroren und am Talgehänge der Ilm einen kleinen offenen See bildeten. Schilf und Chara wuchsen im Wasser, das zahlreiche Schnecken belebten. Nadelhölzer standen am Ufer, deren Holz eine Biberfamilie zu ihrem Bau benutzte. Über 100 Exemplare von Rhinoceros Mercki und über 40 von Elephas antiquus sind hier gefunden worden. Neben jugendlichen Elefantenkälbern und kleinen Tieren, die besonders häufig erbeutet worden zu sein scheinen, fallen uns einige Riesenskelette auf von 4 m Höhe und mit Stoßzähnen von mehr als 3 m Länge. Da man von den großen Beutetieren, deren Knochen an der Tränkstelle von Taubach umherlagen, verhältnismäßig wenig Rippen findet, darf man wohl vermuten, daß der Neandertaler die fleischigen Rippenstücke am Feuer dörrte, um sie auf seine Wanderzüge mitnehmen zu können. Ein riesiger Bär wurde wohl besonders auch deshalb gejagt, weil sein mit großen Eckzähnen versehener Unterkiefer ein ausgezeichnetes Beil abgab, mit dem man die Röhrenknochen von Urstier und Hirsch aufspalten konnte, um das Mark zu gewinnen. Noch jetzt paßt der Bäreneckzahn in die deutlich erkennbare Schlagnarbe.

Bei Krapina [13] wurden zahlreiche, meist zertrümmerte und vom Feuer angekohlte Menschenreste gefunden. Die Form des Skeletts stimmt mit der des heutigen Menschen ziemlich überein, aber die Beine waren viel kräftiger, die Arme dagegen zarter. Besonders fällt der massive Kieferknochen auf. Die Jagdbeute bestand neben Menschen aus Nashorn und Bär. Die Röhrenknochen sind stets gespalten. Es mag ein wildes Geschlecht gewesen sein, das dort hauste, und uns die Überreste seiner Kannibalenmahlzeiten hinterließ.

Wenn wir die geschilderten Tatsachen ursächlich verknüpfen wollen, so tritt uns deutlich entgegen, daß das Auftreten der ältesten, nach ihrer Körperbeschaffenheit noch durchaus affenähnlichen, aber durch Feuerstätte, Steinwerkzeuge und die Behandlung ihrer Nahrung in eine höhere, spezifisch menschliche Kulturstufe gehörenden Neandertaler zeitlich und räumlich an die diluviale Vergletscherung Europas geknüpft ist, und daß wir die ältesten Niederlassungen auf dem eisfreien Streifen finden, auf dem sich die vor dem Eisrand fliehende Tierwelt zusammendrängen mußte.

Den Unbilden des kalten Klimas schutzlos preisgegeben, wurde damals die Fauna des mittleren und nördlichen Europa langsam vernichtet, weil sie nicht imstande war, sich auf den pflanzenleeren Tundren zu nähren, und mit ihr muß von den affenähnlichen Ahnen des Menschengeschlechtes manche Horde, manche Rasse und Art zugrunde gegangen sein.

Aber einzelne Stämme paßten sich den neuen Verhältnissen an, und ihr wichtigstes Hilfsmittel war nicht so sehr das wohlgeformte Steinbeil als wie das selbsterzeugte Feuer. Es ist nicht unwahrscheinlich, daß auch in der vorhergegangenen Zeit die eine oder andere Art der Primaten das Feuer großer Waldbrände zu benutzen, vielleicht sogar eine Zeitlang zu hüten lernte. Aber in dem milderen Klima blieb das Feuer kein notwendiges Lebensbedürfnis, und so ließ man endlich die Flamme verlöschen, die mehr ein Wunder oder ein Spiel blieb.

Während der großen Vereisung aber gewann das Feuer immer höhere Bedeutung für den einzelnen Nomaden, der bis dahin ruhe- und planlos die Wälder durchstreift hatte. Am Feuer drängten sich jetzt die scheuen Einzelwesen zusammen, in seinem wärmenden Schein allein konnten die hilflosen Kinder groß werden, und so wurden hier die Fundamente der Familie und des Gemeinsinns gelegt. Nur mit dem Feuer konnten sich die Urmenschen an den nebeltrüben, kalten und schneesturmreichen Rand des Eises wagen, wo ihnen zwar keine pflanzliche Nahrung, aber dafür eine unerschöpfliche, wunderbare Quelle von animalischer Kost entgegendrang.

Durch sie befähigt, die Unbilden des Klimas zu ertragen, durch sie entzündet zu kühnem Handeln, erhob sich unter dem Einfluß von Eis und Feuer ein gewalttätiges, starkes Geschlecht aus den Banden tierischer Ahnen empor. Die gemeinsamen Jagdgründe führten zu erbitterten Kämpfen zwischen verschiedenen Horden, die, keine andere Nahrungsquelle kennend, hier siegen oder sterben mußten. So entfaltete sich List und Klugheit, und der einzelne ging leicht verloren, wenn er nicht zur Horde hielt.

Es würde uns zu weit führen, wenn wir die hier nur angedeuteten Beziehungen noch weiter verfolgen wollten, wenn wir schildern wollten, wie die animalische Nahrung auch die älteste Kleidung, den ersten Schmuck und die ersten Gegenstände der Handfertigkeit erzeugen halfen, wie man die Nahrung räuchern, braten und kochen lernte, und wie im Zusammenhange damit neue Künste und neue Begriffe entstanden.

Die Frage, ob die Kunst des Feuermachens anfangs nur von einzelnen Horden der Urmenschen geübt und erst langsam von den übrigen erlernt wurde, bedarf noch eingehender Untersuchung. Vielleicht hat folgendes einige Bedeutung für dieses Problem: Seit Linné und L. von Buch ist bekannt, daß an den schwedischen Küsten Muschelbänke hoch über dem heutigen Meeresspiegel auftreten und eine wesentliche Strandverschiebung beweisen. Seither haben Brongniart, Lyell, Torell und Gwyn Jeffreys, jene Muschelbänke, besonders in der Umgebung von Uddevalla, untersucht, und zuletzt hat Brögger[14] ihre Fauna in Zusammenhang mit den Bewegungen des Eises und des Landes dargestellt. Die früher so berühmten Fundpunkte am Kapellbacken bei Uddevalla sind gegenwärtig nur schlecht aufgeschlossen, um so gewaltigere Mengen von Schalen finden sich etwa 2 km nordöstlich bei Bräkke. Hier sind große Gneisfelsen, vom Eise rundgeschliffen und mit prächtigen Schrammen bedeckt, unter einem über 15 m hohen und über 500 m breiten Muschelhügel begraben.

So massenhaft liegen hier die weißen Schalen übereinandergehäuft, daß im Jahre 1902 zum Bau eines 20 km langen Eisenbahndammes 80000 Waggons, gefüllt mit weißen Conchilien, herausgeführt wurden.

Die Hauptmasse des Muschelhügels wird aus den dicken Schalen von Saxicava und einem fingerlangen Balanus gebildet, zwischen ihnen sind Schnecken und andere Muscheln selten, doch konnten unter den 50 Arten 36 Exemplare des arktischen Polarmeeres bestimmt werden. Die ganze Fauna stammt aus dem Ende der Schneezeit, wo die schwedischen Küsten 60 m über dem heutigen Meeresspiegel von dem kalten Yoldiameer bespült waren.

Merkwürdigerweise liegen nun diese ungeheuren Massen arktischer Schalen nicht etwa in Schlamm eingebettet, sondern sie sind locker übereinandergeschüttet, und die Zwischenräume sind leer. Zudem sieht man in den großartigen Aufschlüssen nirgends horizontale Schichtung, wohl aber eine ganz unregelmäßige Schüttung mit rasch wechselndem Böschungswinkel. Auf den Gneisfelsen fehlen, soweit die Aufschlüsse im Herbst 1907 feststellen ließen, vollständig die Fußplatten, mit denen Balanus am Felsen festgewachsen ist; man muß daraus schließen, daß die Millionen von Balaniden nicht an dem Felsen gewachsen sind, an dessen Abhängen sie liegen. Diese Tatsachen drängen zu dem überraschenden Schluß, daß die Schalen von Bräkke nicht auf erster Lagerstätte liegen.

Man könnte nun annehmen, daß sie von den Meereswellen ans Ufer geworfen und zu jenem Muschelberg aufgehäuft worden seien, aber dagegen spricht die Tatsache, daß die scharfeckigen Balanusplatten niemals abgerolllt sind.

So werden wir zu der Annahme geführt, daß sich bei Bräkke lange Perioden hindurch eine Horde spätdiluvialer Urmenschen wesentlich von marinen Schaltieren nährte, und daß die Anhäufungen der arktischen Schalen einem gewaltigen „Abfallhaufen" entsprechen.

Keine kohlig verfärbte Zwischenschicht in den riesigen Aufschlüssen deutet nnn darauf hin, daß hier Feuer benutzt worden ist; und so möchte man vermuten, daß die noch am Schluß der Schneezeit hier hausenden Urmenschen das Feuer nicht kannten.

Während der Diluvialzeit wanderte das neu enstandene Menschengeschlecht, seinen Jagdtieren folgend, über die ganze Erde. Wir begegnen hier wiederum einer schon mehrfach erwähnten Erscheinung, daß ein neu entstandener Formenkreis, nachdem er unter dem umbildenden und auslesenden Einfluß erdgeschichtlicher, klimatischer Zwangsmittel eine bestimmte Entwicklungshöhe erreicht hat, ungeheuer fruchtbar wird und sich über weite Flächen verbreitet.

Wir vermögen nicht im einzelnen die Wege zu verfolgen, auf denen das in Europa entstandene Menschengeschlecht nach Afrika und Asien, nach den beiden Amerika und sogar nach Australien gelangte. In Indien fanden sich die ältesten Spuren[15] in den Flußablagerungen des Narbada, wo man zusammen mit dem jetzt ausgestorbenen Elephas insignis auch Hippopotamus namadicus, H. palaeindicus, Bos namadicus und einige Manufakte aus Stein entdeckte. Zahlreichere Funde wurden nordwestlich von Madras gemacht, eingekittet in festen Laterit, der zum Aufbau großer, prähistorischer Steinkreise benutzt worden ist. Das Alter jener Steinwerkzeuge muß also unvergleichlich höher sein, wie die megalithischen Denkmale.

In Australien hat man[16] einen Menschenzahn zusammen mit Knochen von Diprotodon, Thylacoleo und Nototherium gefunden. Da in Australien keine fossilen Affen oder Menschen vorkommen, können diese Urbewohner nicht dort entstanden, sondern müssen von Norden her eingewandert sein. Auch Neuseeland wurde während der Diluvialzeit schon vom Menschen erreicht, der hier Steinwerkzeuge benutzte,[17] die großen, jetzt völlig ausgestorbenen Riesenvögel (Dinornis) jagte und sogar einen domestizierten Hund besaß.

In Japan tritt der Mensch ziemlich frühzeitig auf. Bemerkenswert ist[18] ein luetisch verändertes Schienbein, das aus der Steinzeit stammt.

Trotzdem Nordamerika so genau untersucht ist, fehlen im Osten alle Spuren fossiler Menschenaffen und Manufakten, die eine Besiedlung des Landes in vordiluvialer Zeit wahrscheinlich machen. Aber in den goldführenden Sanden von Kalifornien sind Reste einer sehr alten Menschenrasse gefunden worden,[19] welche vor der Bildung gewaltiger Lavadecken in der Sierra Nevada gelebt haben muß. Wie der berühmte Schädel des Neandertales, so ist auch der Schädel von Calaveras als nicht beweisend hingestellt worden. Geistliche, Romanschriftsteller und kritische Gelehrte haben sich bemüht, nachzuweisen, daß eine Täuschung oder sogar ein Betrug vorliege. Allein wir sind mit Whitney, J. Dana und E. Schmidt der Meinung, daß der durch starke Augenwülste, hohes Jochbein und breite Nasenwurzel ausgezeichnete Schädel tatsächlich von den Urbewohnern Nordamerikas stammt, die über Ostasien und die Behringsbrücke mit Mastodon und Elephas einwanderten. Zahlreiche, vielgebrauchte Reibsteine deuten darauf hin, daß sie von Pflanzennahrung lebten, und die geschliffenen Steinwerkzeuge sprechen für eine große Handfertigkeit.

Auch Südamerika wurde in der Diluvialzeit von wandernden Horden erreicht. Wenn das Mastodon längs der Anden vorwärtsdrang, so war die Antillenbrücke auch für den Menschen gangbar. Er gelangte bis nach Patagonien, wo er mit den letzten aussterbenden Tieren der Pampasformation noch zusammenlebte und, wie es scheint, sogar den Rückenpanzer des Glyptodon als Hütte benutzte.

Aber wir müssen uns jetzt wieder nach Europa wenden, wo die weiteren Stadien der großen Schneezeit noch manche interessante Beziehungen zu dem vorgeschichtlichen Menschen erkennen lassen.

Während der langen Schnee- und Eisperiode, die in wechselnder Ausdehnung die Länder bald bedeckte, bald freilegte, hatte sich in Anpassung an das Polarklima hier allmählich eine Fauna entwickelt, deren bezeichnendste Formen: das Mammut (Elephas primigenius) mit seinen auswärts gewundenen Stoßzähnen und bedeckt mit einem dichten, braunroten Pelz, dann Rhinoceros tichorhinus, ebenfalls durch ein dichtes Haarkleid gegen die Kälte geschützt, der Moschusochse, der Eisbär, der Eisfuchs und das Renntier waren. Diese Formen traten zwar bisweilen zusammen mit der älteren Fauna interglazialer Tiere auf, aber wo wir sie für sich allein finden, entsprechen sie meist den jüngeren Abschnitten der großen Schneezeit. Besonders während des letzten Eisvorstoßes drangen sie weit nach Süden vor, und mit ihnen erscheint eine neue Menschenrasse.

Der Neandertaler Urmensch zeigt noch zahlreiche Spuren aus der tierischen Vorfahrenreihe des Menschengeschlechtes, und obwohl er die Kunst des Feuers besaß und damit den Weg zu einer höheren Kultur beschritten hatte, so zeigen doch seine Lebensgewohnheiten Züge tierischer Roheit. Die Jäger der Renntierzeit[20] dagegen waren ganz wohlgebildete Menschen, die man nach Gestalt und Lebensweise mit den heutigen Eskimos vergleichen kann. Ihr Schädelvolumen entsprach dem des rezenten Menschen. Die Augenwülste sind verschwunden, der Gesichtsteil verkürzt, und Beweise hoher Intelligenz und Kunstfertigkeit sind uns von ihnen überliefert. Am Schweizersbild bei Schaffhausen,[21] bei Schussenried in Oberschwaben und an vielen Fundorten in Frankreich sind ihre Ansiedlungen und ihre Feuerstätten zu finden. Ihre Jagdbeute bestand in erster Linie aus dem Renntier, dann aus dem Wildpferd, daneben sind die Reste von Rhinozeros, Mammut, Halsbandlemming, Schneemaus, Schneehuhn und anderen nordischen Tieren gefunden worden. Die Höhlen in der Dordogne sind dadurch so interessant, daß Schnitzereien aus Knochen und Elfenbein (Fig. 280) und riesige Zeichnungen an den Wänden der Höhlen (Fig. 281) uns die hohe, künstlerische Begabung der Renntierjäger vor Augen führen. Das Mammut, das Renntier, das Wildpferd und der Wisent sind in Form und Haltung so charakteristisch und vollendet dargestellt, daß man das sichere Auge und die sichere Hand dieser Künstler bewundern muß. Sie wohnten in Höhlen oder unter flachen, mit Fellen gedeckten Zelten und formten aus Feuersteinen und anderen Steinarten lange, rasiermesserscharfe Klingen, Pfeilspitzen, Schaber, Beile und zahlreiche kleinere Geräte (Fig. 282 u. 283) aus Knochen und Horn: Harpunen mit Widerhaken, Pfriemen und Gewandhalter, Nähnadeln und Spielzeug. Die Zähne erbeuteter Jagdtiere wurden in regelmäßiger Weise durchbohrt und zu Halsketten gereiht, und sogar kleine Pfeifchen hat man gefunden.

Figur 280.
Zeichnung eines Wildpferdes aus der Höhle von Combarelles und geschnitzter Pferdekopf aus der Höhle Mar d'Azil.

Es besteht also nach Körpergestalt und Kultur eine tiefe Kluft zwischen jenen altdiluvialen und jungdiluvialen Menschen, aber daß sie nicht unüberbrückbar ist, geht aus den Funden[22] von Brücks und Galley Hill hervor, wo man die Überreste von Menschen fand, die nach dem Schädelbau zwischen dem Neandertaler und dem Renntierjäger vermitteln. Hat man doch erst seit wenigen Jahren gelernt, solche Funde streng nach Raum und Zeit zu sondern und mit schärfster wissenschaftlicher Kritik einzureihen in die lange Kette der Entwicklungsstufen, auf denen das Tier zum Menschen ward.

Nachdem einmal die Gestalt des Menschen seine gegenwärtige Ausbildung erreicht hatte, würde es kaum möglich sein, seine weitere Entwicklung in einzelne Epochen zu gliedern, wenn er nicht noch große Fortschritte in der Erzeugung von Werkzeug und Waffen gemacht hätte, an deren Hand es möglich ist, weitere Perioden zu unterscheiden.

In Nordeuropa, wo man zuerst auf diese Dinge achtete und zahlreiche Fundstellen untersuchte, läßt sich nach dem Material, das der

Mensch zu Werkzeugen und Waffen verwandte, leicht die sog. Steinzeit von der Metallzeit unterscheiden. Man gliedert sie in folgender Weise:

I. Steinzeit:
   1. eolithisch, natürlich geformte Steine werden je nach Bedürfnis benutzt;
   2. paläolithisch, Feuerstein u. a. werden für den Gebrauch künstlich geformt und zugeschlagen;
   3. neolithisch, Waffen und Werkzeuge werden nach bestimmten Mustern zugeschlagen und geschliffen.

II. Metallzeit:
   1. Kupferzeit,
   2. Bronzezeit,
   3. Eisenzeit.

So einfach und klar diese Gliederung auch ist, so schwierig wird ihre Anwendung auf einzelne Fälle und der Versuch, dieselbe Technik

Figur 281.
Zeichnung eines Mammuts aus der Höhle von Combarelles.

als chronologisch gleichzeitig zu betrachten. Wie es in der jüngsten Gegenwart noch zahlreiche Menschenstämme gab, welche die Kunst, Metalle zu formen, nicht besaßen und ihre Metallgeräte nur durch Tausch erhalten haben, so darf man auch nach der Technik der Steinwaffen keineswegs ein paläolithisches und neolithisches Zeitalter im Sinne zweier folgender Zeitperioden unterscheiden wollen. Ein einziger geschickter und intelligenter Urmensch kam auf den Gedanken, seine Steinwaffen zu glätten, und als er deren Schönheit und Nutzen kennen gelernt hatte, konnte diese Technik lange Perioden hindurch das wohlgehütete Geheimnis seines Stammes bleiben, mit dessen Hilfe minder geschickte Nachbarstämme besiegt und beraubt wurden.

Und wenn es erlaubt ist, nach den Erscheinungen unserer heutigen Kultur, über Waffenrecht und Waffensitte einen Schluß auf die Sitten jener uralten Zeit zu ziehen, dann könnte man vermuten, daß nur dem Sieger der Gebrauch geschliffener Waffen und Werkzeuge gestattet war, während die unterworfenen Sklavenvölker schon aus politischen Gründen nur roh zugehauene, paläolithische Waffen tragen durften.

Das zeitliche Ineinandergreifen der verschiedenen Techniken wird uns besonders deutlich, wenn wir auf Grund historischer Funde das Auftreten eines bestimmten Metalls bei verschiedenen Völkern betrachten. In Griechenland und Ägypten war etwa vom Jahre 3000 bis 2500 nur das Kupfer

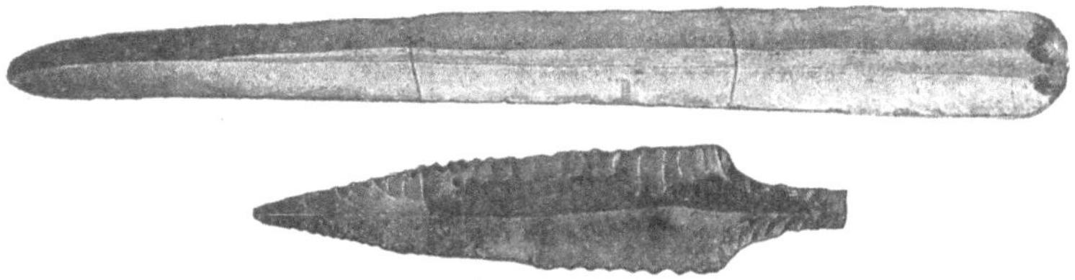

Figur 282.
Messer (1/2) und Pfeilspitze aus Feuerstein aus der älteren Steinzeit.

in Gebrauch. In Griechenland wurde dann bis zum Jahre 1000 Bronze, danach Eisen verwendet, während in Ägypten das Eisen schon gegen 1500 auftrat. Nordamerika hat überhaupt keine Bronzezeit gehabt, seine Urbewohner benutzten nur Kupfer, das sie in den reichen Erzlagern an den kanadischen Seen in gediegenem Zustande fanden, und während in Europa und Nordamerika schon längst eine hochentwickelte Eisenkultur existierte, besaßen die Japaner noch um das Jahr 1700 n. Chr. wesentlich eine Kupfertechnik.

Figur 283.
Pfriemen aus dem Unterarmknochen eines Hirsches, handgerecht zubereitet (1/2).

Der Übergang von einer Technik zur anderen ist also weder gleichzeitig noch einheitlich erfolgt, und das Auftreten einer neuen Art von Geräten war sicherlich in vielen Fällen nur Import durch mühsamen Tauschhandel oder nach kriegerischen Unternehmungen.

Es scheint uns, daß die Anwendung des ältesten Metalls, des Kupfers, in Nordamerika wie in Toskana, in Kleinasien wie im Ural und Ostasien gegenüber der Steinzeit keinen wesentlichen kulturellen Fortschritt bedeutet; denn in allen diesen Ländern sind Kupfer„steine“ weit verbreitet. Das Metall wird vielfach in gediegenem Zustande gefunden und konnte leicht durch Hämmern in jede beliebige Form gebracht werden. Nachdem die Funde von gediegenem Metall erschöpft waren, war vielleicht auch der Schritt nicht groß, das wertvolle Material durch Schmelzen von Malachit oder ähnlichen leicht erkennbaren und leicht zu schmelzenden Kupfererzen zu gewinnen.

Auch die Gewinnung von Eisen aus den im Laterit so weitverbreiteten Ausscheidungen von Brauneisenstein verlangt eine verhältnismäßig geringe Technik. Es tritt ziemlich früh in Afrika auf und wurde vielleicht durch die Ägypter nach den Mittelmeerländern verbreitet.

Dagegen knüpft sich an die Erzeugung der Bronze eine Anzahl von Voraussetzungen, die gewiß nicht häufig erfüllt wurden. Zur Bronze gehören zwei Metalle, Kupfer und Zinn, welche in bestimmtem Verhältnis zusammen geschmolzen werden müssen, damit eine leicht schmelzende und doch sehr harte Legierung entsteht. Lagerstätten[23] von Zinn und Kupfer hatten die Etrusker, diese berühmten Bronzekünstler, nahe beieinander. Schon die alten Bewohner von Populonia kannten am Monte Valeria die Zinnerze der Cento Camerelle, und nicht weit davon bei Massa und Monte Catini fanden sie herrliche Kupfererze mit gediegenem Kupfer.

Auch in Cornwall kommen Erzlager vor, welche Kupferkies und Zinnstein enthalten. Aus Kleinasien sind solche Fundorte nicht bekannt, aber neuerdings im Kaukasus nachgewiesen. Jedenfalls konnte ein geschickter Stamm nur da die erste Bronze erfinden, wo Kupfer und Zinn zusammen vorkamen, und man zuerst zufällig, dann aber mit bewußter Auslese beide Metalle im richtigen Verhältnis von 90 zu 10 zusammenschmolz.

Am Schluß der Schneezeit, als schon die großen Eisdecken verschwunden waren, und sich das Klima langsam in die heutigen Verhältnisse wandelte, fanden sich noch zahlreiche Diluvialtiere in Europa. Das Mammut, das Renntier und ein nordischer Löwe lebten[24] am Harz und im Hügelland von Hannover; das Rhinozeros starb in Böhmen erst vor der letzten Waldperiode aus, und es ist sehr wahrscheinlich, daß das Mammut die Diluvialzeit im nördlichen Sibirien noch lange überlebte, wie Elch und Auerochs in Deutschland oder der Riesenhirsch in Irland. Sind doch noch in den letzten Jahrhunderten Bären, Wölfe und Luchse in Deutschland gejagt und ausgerottet worden, so wie die großen Büffelherden erst vor wenigen Jahrzehnten aus Nordamerika verschwanden.

Aber während die Fauna, an deren Seite der Urmensch entstanden war und die Stufen einer höheren Kultur rasch erstiegen hatte, langsam dahinschwand, breitete sich der Mensch mit dem lodernden Feuerbrand über immer größere Flächen der Erde aus. Mag uns auch nur karge Kunde von diesen ungeheuren Wanderzügen über Länder und Meere in alten Sagen, Wortbildern und mystischen Gebräuchen erhalten sein, sicher bleibt doch die uralte Anschauung bestehen, daß der Homo sapiens schrittweise die ganze Erdkugel eroberte, und daß sein ruheloser erfinderischer Geist alle Möglichkeiten erschöpfte und heute noch zu erschöpfen bemüht ist, die ihm am eisigen Pol, wie in der dürren Wüste, auf unermeßlicher Meeresfläche, wie in dem Reiche der Luft die unbestrittene Herrschaft sichern.

Die Geschicke des Menschengeschlechts aber setzen sich zusammen aus der Geschichte einzelner Horden, Stämme und Rassen. Auch diese wandern in ruhelosem Wechsel von einem Wohnsitz zum andern, und die sog. Völkerwanderung, die Wanderzüge der Mohammedaner und die kolonisatorischen Wanderungen der Europäer sind nur ein schwaches Nachklingen der großen Wanderzüge, welche die Völker der Urzeit unternahmen. Ihre Gründe, ihren Verlauf und ihre Wirkungen zu verfolgen, liegt außerhalb des Rahmens einer geologischen Schilderung.

Verweise

[1] Delitzsch, Babyl. u. assyr. Chronolog. Listen. Meyer, Ägypt. Chronologie. — Sophus Müller, Urgeschichte Europas. — [2] Hilprecht, Die Ausgr. im Baltempel zu Nippur 1903. — [3] Blanckenhorn, Z. d. Ges. f. Erdkunde 1902, S. 761. — [4] Wortmann, Americ. J. of Science 1903, S. 170. Abel, Sitz.-Ber. d. K. k. Akad. d. Wissensch. Wien 1902, S. 1175. Centralbl. f. Min. 1903, S. 182. — [5] Fuchs, N. Jahrb. f. Min. 1883, II, S. 283. — Pawlow, das. 1891, I, S. 330. — [6] Gaudry, das. 1868, S. 114. — [7] Rütimeyer, das. 1868, S. 634. — [8] Dubois, Anatom. Anzeiger 1896, S. 1. — [9] Schlosser, Abh. d. K. bayr. Akad. d. Wissensch. 1903, S. 20. — [10] Verworn, Abh. d. k. Ges. d. Wissensch. Göttingen 1905, Nr. 4. — [11] Pitt-Rivers, J. of the Anthrop. Inst. of Gr. Brit., 1882, Vol. XI, S. 382. Schweinfurth, Z. f. Ethnologie 1901, S. 798. Schweinfurth, Verh. d. Berl. anthropol. Ges. 1902, S. 290. Blanckenhorn, Z. d. Ges. f. Erdkunde 1902, Nr. 9, 10. — [12] Pohlig, N. Jahrb. f. Min. 1892, II, S. 143. Kramberger, Mitt. d. anthrop. Ges. Wien 1901. Klaatsch, Verh. d. anthrop. Ges. Berlin 1902, S. 392. — [13] Gorjanovics-Kramberger, Der diluviale Mensch von Krapina 1906, S. 267. — [14] Brögger, Norges geol. undersögelse Nr. 31. — [15] Oldham, Geol. of India, S. 388, 398. — [16] Branca, Z. f. Ethnologie 1905, S. 170. — [17] van Haast, Geol. of Canterbury, S. 430. — [18] Adachi, Archiv f. Dermatologie 1903, S. 11. — [19] E. Schmidt, Vorgesch. Nordamerikas 1894. — [20] M. Hoernes, Urgesch. d. Menschheit (Göschen) 1905, S. 49. — [21] Luedecke, Verh. d. Leop. Akad. Halle 1898, S. 17. Klaatsch, Weltall u. Menschheit, II, S. 280. — [22] Schwalbe, D.-Österr. Anthrop.-Kongr. Salzburg 1905, 29. Aug. — [23] Beck, Briefl. Mitteilung. — [24] Struckmann, N. Jahrb. f. Min. 1885, I, S. 461. Woldrich, Geol. Centralbl. 1, S. 509.

30

Der Gang der Erdgeschichte

Die Geologie als historische Wissenschaft ist eine recht junge Disziplin. Zu einer Zeit, als kühne Geister auf dem Gebiete der Philosophie, Astronomie und Biologie schon das erste Wehen neuzeitlicher Ideen erkennen ließen, wagte noch niemand den Gedanken zu fassen oder auszusprechen, daß unsere Erde eine lange Geschichte gehabt habe, und daß sich die großen Züge in ihrem Antlitz erst im Laufe von Äonen ausarbeiteten. Noch jetzt erinnert uns das Wort „Diluvium" an eine Zeit, wo man nur eine einzige tiefgreifendere geologische Veränderung anerkannte und in der großen, die sündige Menschheit vernichtenden Flut die gemeinschaftliche Ursache für die Mannigfaltigkeit der geologischen Erscheinungen erblickte.

Es waren bemerkenswerte Fortschritte, als um das Jahr 1695 Woodward zum erstenmal die „antediluviale" Zeit als eine besondere Epoche unterschied, und um 1745 der geniale Buffon aus der Abkühlungsdauer glühender Eisenkugeln berechnete, daß die Erde als Stern 74800 Jahre bis zur Bildung einer festen Steinkruste und weitere 93000 Jahre bis zur Abkühlung auf den Nullpunkt gebraucht habe; aber die weitere Durchführung dieses neuen Gedankens scheiterte an dem Widerstande derer, die glaubten, daß unsere Erde am 7. Oktober 3761 v. Chr. geschaffen worden sei.

Man begann Versteinerungen zu sammeln und zu unterscheiden und als Denkmünzen der Schöpfung oder Reliquien der Sündflut zu beschreiben und abzubilden. Das 1768 erschienene Tafelwerk des Jenenser Professor Walch war der erste bewundernswürdige Anfang der zahllosen Abhandlungen und Monographien, in denen seither die Tierwelt der Vorzeit bearbeitet wurde.

Inzwischen begann man auch die Erdschichten zu gliedern, und Füchsel veröffentlichte im Jahre 1761 eine der grundlegenden Arbeiten mit der ersten geologischen Karte.

Gegen das Jahr 1810 waren schon so viele Versteinerungen bekannt, daß gleichzeitig[1] von Schlotheim in Deutschland, Brongniart in Frankreich und Smith in England zeigten, wie man mit Hilfe derselben das relative Alter der Schichten bestimmen könne. Im Jahre 1822 veröffentlichte Karl v. Hoff seine „Geschichte der natürlichen Veränderungen der Erdoberfläche", worin das langsame und allmähliche Walten der Naturkräfte an zahlreichen Beispielen nachgewiesen wurde.

Während so überall durch sorgfältige Beobachtungen eine Menge von Tatsachen gesammelt und aufgezeichnet wurden, erstand in Cuvier, dem feinsinnigen Begründer der vergleichenden Anatomie, dem geistvollen Bearbeiter der fossilen Tierwelt, ein Führer in der Fülle der Einzelheiten. Mit kühnem Griff stellte er an der Hand von ausgedehnten Beobachtungen eine vielbewunderte Theorie über den Gang der Erdgeschichte auf und führte aus, daß unser Planet durch eine Reihe gewaltsamer revolutionärer Umgestaltungen (Katastrophen) wiederholt verheert und jedesmal durch einen neuen Schöpfungsakt von einer neuen Organismenwelt besiedelt worden sei.

Man ist heutzutage gegen den Begründer der Katastrophenlehre vielfach nicht gerecht; denn seine Hypothese war keineswegs ein bloßes Phantasiegebäude, sondern das Resultat exakter, umfassender Untersuchungen: Die von der Seine durchflossene nordfranzösische Niederung, (das Seinebecken) läßt in großartigen Aufschlüssen und genau untersuchten Profilen leicht erkennen, daß Frankreich noch zur mittleren Kreidezeit fast vollständig vom Meere bedeckt war. Am Schlusse dieser Periode aber zog sich das Meer zurück, und Frankreich trat langsam aus den Fluten hervor. Dieses schwindende Meer bildete zur oberen Kreidezeit eine weite flache Bucht im Nordosten von Frankreich, belebt von einer reichen Meeresfauna und umsäumt von tropischem Urwald.

Durch die großen Regenmengen, welche von allen Seiten dem marinen Seinebecken zuströmten, wurde dies im unteren Tertiär in einen brackischen Sumpf verwandelt, Süßwassermuscheln, Brackwasserschnecken, kleine Kohlenlager und pflanzenreiche Tone wurden auf dem ehemaligen Meeresgrunde abgelagert, und zwischen ihnen trat ganz unvorbereitet eine hochentwickelte Säugetierfauna auf. Besonders in Cernay bei Rheims sind Neoplagiaulax, Phenacodus, Adapisorex, Arctocyon, Plesiadapis gefunden worden. Wir erkennen in dieser ältesten Fauna die Vorfahren der Nagetiere, Raubtiere, ja sogar der Affen.

Aber rasch flutete das Meer wieder in die Seinebucht hinein, die Landpflanzen und Säugetiere verschwanden, und mit zahlreichen tropischen Muscheln, Schnecken und Korallen traten die Nummuliten gesteinsbildend auf. Es bildete sich eine etwa 50 m mächtige, ganz marine Schichtenreihe.

In den überlagernden Gesteinen verschwinden allmählich die Meerestiere, Landpflanzen und Kohlen erschienen wieder, und in flachen Buchten wurde das Meerwasser zu Gipslagern eingedampft. Die großen Gipsbrüche am Montmartre enthalten eine Fülle wunderbar erhaltener Landsäugetiere: Palaeotherium, Anoplotherium, Xiphodon müssen in großen Rudeln hier gelebt haben. Aber es ist eine völlig neue Lebewelt, die durch keine Übergangsformen mit der früheren Fauna verknüpft werden konnte.

Noch einmal drang das Meer von Norden herein und vertrieb die Säugetiere; Austernbänke gediehen, aber brackische Muscheln in den höheren Schichten deuten darauf hin, daß das Meer im Kampfe mit den wasserreichen Flüssen unterlag. Jetzt belebte sich zum drittenmal das sumpfige Ufergebiet mit Säugetieren. Anthracotherium, Chalcotherium, Anchitherium und zahlreiche andere Geschlechter gediehen in großer Artenzahl.

Zu einer Zeit, wo Paris für seine Paläste und Festungsmauern ungeheuere Steinmassen brauchte, hatte Cuvier alle Aufschlüsse untersuchen und die darin enthaltene reiche Fauna sammeln lassen. Deutlich erkannte er die großen Phasen in der Entwicklungsgeschichte der Seineniederung: Dreimal wechselte das Meer mit dem Festlande seinen Platz, dreimal lebte auf ehemaligem Meeresgrunde eine reiche Fauna großer Landtiere.

Alle diese Tatsachen faßte Cuvier 1830 in seinem berühmten Buch: „Discours sur les Révolutions de la surface du globe" zusammen. Man muß das glänzend geschriebene Werk lesen, um zu verstehen, welchen nachhaltigen Einfluß es übte. Cuviers Fehler bestand darin, daß er die lokalen Beobachtungen aus dem Pariser Becken verallgemeinerte — aber seine Profile und seine Faunen gaben ihm wohl ein gewisses Recht, an „Katastrophen" und „Neuschöpfungen" zu denken, denn die sechs Faunen waren nach dem damaligen Wissen durch keine Übergänge verbunden.

Inzwischen ging von England eine neue Richtung aus, die in den Namen Lyell und Darwin gipfelt und bis zum heutigen Tage alles biologische Denken beherrscht. Der Grundsatz der Entwicklungslehre, daß das organische Leben auf der Erde von den ältesten Zeiten bis zur Gegenwart niemals unterbrochen war, schien dem intuitiven Blick der großen Briten als ein Axiom, jetzt aber ist er durch die fünfzigjährige Arbeit der Geologen endgültig bewiesen.

Obwohl Lyell nirgends auf seinen Vorgänger Karl von Hoff hinweist, so ist sein Lebenswerk doch nur eine Fortführung der von diesem inaugurierten Arbeitsrichtung, der in seinem fundamentalen Werke zum erstenmal alle Tatsachen der rezenten Veränderungen der Erde gesammelt hatte.

Die beiden großen geologischen Vorgänge: Abtragung und Auflagerung, Tal- und Bergbildung, die man bis dahin durch kurze, aber alles gewohnte Kräftemaß überschreitende Katastrophen erklärt hatte, führte er auf die Häufung kleiner, unmerklicher Veränderungen im Laufe langer Zeiträume zurück. Steter Tropfen höhlt den Stein, und viele einzelne Sandkörner häufen sich zum Sandberg — das waren die einfachen und so leicht verständlichen Grundsätze, mit Hilfe deren man selbst die gewaltigsten Naturerscheinungen erklären konnte, sofern nur genügend lange Zeiträume angenommen wurden.

Der Widerstand, den ein Goethe den gewalttätigen Hypothesen der Vulkanisten entgegensetzte, er trat jetzt in einer neuen, wissenschaftlich begründeten Form auf, und bald erfreute sich die Lehre von der langsamen Umwandlung des Erdballs allgemeiner Anerkennung.

Aber daraus folgte notgedrungen, daß die Fülle der geologischen Veränderungen, die wir in jedem Profil beobachten, nur durch ungeheure Zeiträume der Erdgeschichte erklärt werden konnten. Jede Schichtenreihe, die seither genauer untersucht wurde, jeder Horizont, den man ausschied, jedes Profil, dessen Mächtigkeit man bestimmte, vergrößerte unaufhaltsam die Länge der geologischen Zeiträume, und da die meisten Beobachter geneigt waren, die maximale Mächtigkeit der untersuchten Schichtenfolge hervorzuheben, so mußten sich auch die geologischen Perioden immer mehr dehnen, und ungezählte Millionen von Jahren, die das Maß jeder Vorstellung überschreiten, fügten sich in der Erdgeschichte übereinander.

Das aber war es, was Darwin brauchte. Ausgehend von den kleinen Veränderungen, die der zielbewußte Züchter benutzt, um neue Spielarten und Rassen zu vermehren, gelangte er zu der Lehre von der natürlichen Zuchtwahl, bei der nicht ein vorausblickender Wille, sondern die zwingende Macht der äußeren Umstände neu entstandene, kaum unterscheidbare Varietäten züchtet, gegenüber weniger glücklichen Konkurrenten begünstigt und immer mehr verbreitet. Der kühne Satz: „Geben Sie ein einfaches, urtypisches Geschöpf zu, wie den Schlammfisch oder Lepidosiren mit den fünf Sinnen und einem Rudimente von Geist, und ich glaube, die natürliche Zuchtwahl kann die Erzeugung aller Wirbeltiere erklären“, zeigt uns den großen Biologen in seinem unerschrockenen Geistesflug.

Es ist merkwürdig, daß Lyell selbst nach dem Erscheinen der „Entstehung der Arten“, die so ganz im Sinne seiner wissenschaftlichen Überzeugungen geschrieben waren, immer noch daran festhielt, daß die in den Erdschichten verteilten fossilen Faunen nicht durch allmähliche Umwandlungen, wie die sie umhüllenden Gesteine, sondern durch wiederholte Schöpfungsimpulse entstanden seien; er schreckte vor den biologischen Folgen seiner eigenen Lehre zurück.

Unter erbitterten Kämpfen errang sich die Entwicklungslehre allgemeine Anerkennung in den Kreisen der Naturforscher, und an die Geologie trat die Forderung heran, die auf theoretischem Wege gewonnenen Ergebnisse durch die Dokumente der Erdgeschichte zu bestätigen.

Man suchte nach Übergangsformen und erkannte mit steigender Freude, wie zahlreiche, ausgestorbene Tiere in die Lücken traten, welche der Stammbaum der lebenden Fauna bot. Sie berechtigten zu der Erwartung, daß die geologische Überlieferung durch weitere Funde immer mehr ausgefüllt werden würde. Wo solche Funde fehlten, da schien ein Hinweis auf die Lückenhaftigkeit der paläontologischen Urkunde alle Bedenken zu zerstreuen.

Inzwischen begann eine neue Art geologischer Forschung. Hatten Cuvier und seine Nachfolger die aus den Steinen gelösten und völlig frei präparierten Fossilien vergleichend anatomisch untersucht und systematisch geordnet, so gewann man während der nun folgenden Periode geologischer Kartenaufnahmen ein ungeheures Material lithologischer und tektonischer Tatsachen; dabei wurden ausgezeichnete Methoden mikroskopischer, physikalischer und chemischer Untersuchung ausgebildet, und die Aufnahmen von Profil und Karte im Freien führten die Arbeit naturgemäß auf das Studium der Schichtgesteine und ihrer Lagerungsverhältnisse.

Solange man die Gesteine nur nach ihren äußeren oder mikroskopischen Kennzeichen beschrieb und in ein petrographisches System einzuordnen versuchte, war freilich das ungeheure Material gesteinskundlicher Dokumente für eine erdgeschichtliche Betrachtung nicht zu verwerten. Erst seitdem die vergleichende Lithologie uns die Ablagerungen einer längst vergangenen Zeit nach den entsprechenden Bildungen der Gegenwart beurteilen läßt, seitdem F. v. Richthofen die regionale Verbreitung charakteristischer Verwitterungsvorgänge, J. Murray die Ablagerungen der Tiefsee, A. Penck die Bildungen der Gletscher und zahlreiche andere Forscher mannigfaltige Probleme aus der Lithogenesis der Gegenwart untersuchten, war es möglich, das Klima der Vorzeit und die geographischen Verhältnisse der einzelnen geologischen Perioden in ihren großen Zügen zu verstehen.

Immer deutlicher lernte man einsehen, daß die großen geologischen Vorgänge einer längst vergangenen Zeit von denselben Bedingungen beherrscht, durch dieselben Wirkungen ausgezeichnet seien, wie die entsprechenden Erscheinungen der Gegenwart. Der kambrische Meeresschlamm schichtete sich nach denselben Gesetzen auf wie die heutigen Ablagerungen des Golfes von Neapel, kambrische Kalkriffe bilden in Nordamerika und Sardinien hohe Felseninseln, eindampfende Buchten verwandelten sich in Salzlager, und sogar die kalireichen Abraumsalze sind noch im Salzton Ostindiens enthalten. Kambrische Lavadecken zeigen fast dieselbe petrographische Zusammensetzung wie unsere jüngsten Basalte, und mächtige Sandmassen schütteten sich mit demselben Böschungswinkel auf, wie wir an den Sanddünen der heutigen Wüsten beobachten können. Ja, die mikroskopische Beschaffenheit eines roten kambrischen Sandsteins stimmt selbst in den feinsten Einzelheiten mit den jüngsten roten Dünensandsteinen Südindiens überein.

Indem wir von jener Urzeit aus die lange Reihe der seither gebildeten Gesteine überschauen, so fällt uns auf, daß sich viele Gesteinsarten immer wiederholen. Konglomerate und Sandsteine, Tone und Kalke, Kohlen- und Salzlager, Porphyre und Granite sind jederzeit gebildet worden, es wechselte nur die Lage ihres Bildungsraumes auf der Erdkugel. Wo heute die Sandmassen einer toten Wüste entstanden, da belebte sich kurz darauf der Meeresboden mit buntem Korallenleben, und wo sich das eine Mal die Grundmoränen mächtiger Eisströme zu Boden setzten, da tobten bald darauf die Stürme einer dürren Steppe.

Es ergibt sich daraus der beinahe selbstverständliche Schluß, daß die (physikalischen und chemischen) im weiteren Sinn klimatischen Veränderungen an der Oberfläche unseres Planeten seit undenklichen Zeiten nach denselben unveränderlichen Gesetzen erfolgt sind. Zwar sind immer wieder Ereignisse eingetreten, welche eine andere Verteilung der Klimazonen, eine andere Anordnung der Meere, eine andere Gruppierung der Kontinente bedingten, trotzdem lassen sich alle diese uralten Vorgänge nach den Grundsätzen der ontologischen Methode an den Erscheinungen der Gegenwart ohne grundsätzliche Schwierigkeit messen.

Aber wenn auch die physikalischen und chemischen Bedingungen der Gesteinsbildung immer wieder dieselben waren, so hat sich doch eines beständig verändert und immer neue Formen angenommen, und das ist die lebendige Substanz der Pflanzen und Tiere. Und so wurden in den aufeinanderfolgenden ähnlichen Gesteinen ganz verschieden gestaltete Überreste von früheren Geschöpfen als Versteinerungen eingebettet, die uns, wie die Seitenzahlen eines Buches, sicher entscheiden lassen, welches Gestein älter und welches geologisch jünger ist.

So ist die Aufeinanderfolge der Gesteine und der Versteinerungen innerhalb der Erdrinde in allen Kontinenten genau untersucht und bis in alle Einzelheiten bekannt.

Indem man nun die normale Aufeinanderfolge der Schichtgesteine feststellte, die Profile nach dem Hangenden und nach dem Liegenden fortsetzte und die Mächtigkeit aller einzelnen Profile zusammenstellte, ergab sich das überraschende Resultat, daß in der Erdrinde ein Schichtenstoß von mindestens 10000 m, vielleicht aber 25000 bis 50000 m enthalten ist, daß jede dieser Schichten eine bestimmte gesetzmäßige Lagerung hat und von jeder anderen ähnlichen scharf unterschieden werden kann.

Viele dieser Gesteine enthalten eine Fülle von Versteinerungen, andere sind fossilarm oder haben ihren Fossilgehalt durch nachträgliche Metamorphose verloren, aber fast in jedem einzelnen Falle kann der Geologe entscheiden, in welcher Periode ein Gestein gebildet worden ist. Oft kann man noch die Bildungsumstände mit großer Sicherheit beurteilen. Aus der Mächtigkeit der einzelnen Bänke läßt sich die Zeitdauer der Ablagerung, aus ihrem tektonischen Verbande die kleinste Bewegung der Erdrinde oder des Meeresspiegels erschließen. In zahlreichen Fällen können wir sicher feststellen, ob in einer bestimmten Zeit und an einem bestimmten Punkte der Erdrinde daselbst ein Meer wogte, ob das Meer flach oder tief war, ob sein Grund tierreich oder unbelebt war, von vulkanischen Aschen bedeckt oder von dem Delta eines großen Flusses überschüttet wurde. Wir können entscheiden, ob ein Festland den Charakter lebensfeindlicher Wüsten besaß, oder ob es mit dichtem Urwald bedeckt war, ob ein eisiges Polarklima alles Leben vernichtete oder eine reiche Fauna in sumpfigen Dschungeln lebte.

Man hat oft die paläontologische Urkunde lückenvoll genannt und die Unvollständigkeit der geologischen Überlieferung überhaupt betont — aber die lithologische Urkunde der Erdgeschichte ist so vollständig, jede Unterbrechung in dem einen Profil wird durch die Schichtenfolge zahlreicher anderer Profile so gut ergänzt, daß uns ein erdgeschichtliches Urkundenmaterial von ungeheurem Umfange zu Gebote steht.

Herbert Spencer hat der Geologie den Vorwurf gemacht, daß sie mit einem unlogischen Zirkelschluß arbeite, wenn sie mit Hilfe der Fossilien den Eintritt eines geologischen Ereignisses und aus der Gleichzeitigkeit der Ereignisse die zeitliche Äquivalenz der Versteinerungen beweise.

Dieser Vorwurf ist wohl berechtigt, solange die Geologie nur mit einer Reihe erdgeschichtlicher Dokumente operiert. Sobald man aber neben den Fossilien auch die lithologischen Eigenschaften der Gesteine der Schlußfolgerung zugrunde legt, verwandelt sich die nur relative Gleichaltrigkeit der paläontologisch-stratigraphischen Daten in eine absolute Gleichzeitigkeit erdgeschichtlicher Ereignisse.

Wir haben an der Hand solcher vergleichenden Untersuchungen die einzelnen Epochen der Erdbildung betrachtet und wollen jetzt zum Schluß noch einige Ergebnisse feststellen, die für den Geologen eigentlich selbstverständlich sind, aber für den Nichtgeologen doch ein gewisses Interesse haben.

Indem wir den ganzen Schichtenstoß von 10000 bis 50000 m genau untersuchter Gesteine überschauen, ergibt sich zuerst, daß zur Bildung dieser so mächtigen Ablagerungen ungeheuer lange Zeiträume nötig waren. Denn in der Regel trennen vollkommen ebene Schichtenfugen eine Ablagerung von der anderen; nur selten begegnen wir den Symptomen rascher, gewaltsamer Verheerungen. Jede einzelne Schichtenreihe ist durch Übergänge mit der nächstfolgenden Formation verbunden; ruhige, ungestörte Absatzbedingungen müssen über ungeheuer große Flächen geherrscht haben. Tausende von Metern feinkörniger Sandsteine wurden in öden Wüsten übereinandergeschichtet, Hunderte von Metern grauen Schlammes bildeten sich am Boden des Meeres, Hunderte von Metern hoch bauten kleine Korallentiere ihre kalkigen Riffe, bis 80 m mächtig schichtete sich verwester Pflanzenmoder zu Kohlenlagern auf. Angesichts solcher, sich immer wiederholender, lange Zeit beanspruchender Bildung bleibt kein Raum für die Annahme katastrophenartig erfolgter Ereignisse.

Aber auch die Faltungen und tektonischen Zerreißungen der Erdrinde sind niemals in der konvulsivischen Weise erfolgt, wie viele annehmen möchten. Gerade die Tatsache, daß Schichtenstöße von mehr als 5000 m Mächtigkeit nahezu bruchlos gefaltet und wie Metallplatten gebogen worden sind, zeigt zweifellos, daß der Gebirgsbildungsprozeß jedesmal ganz langsam einsetzte, allmählich wuchs und unmerklich ausklang. Auch ist niemals die ganze Erdrinde oder größere Teile derselben gleichzeitig gestört worden; stets lagen weite, ruhige Tafelländer zwischen den gefalteten Streifen, und immer suchte sich der Seitenschub wieder andere Gebiete aus, wo er horizontale Schichten überschieben oder in Falten legen konnte.

Die beständigen Transgressionen des Weltmeers haben zwar ohne Unterbrechung die Verbindung von Festland und Ozean verändert, aber sie vollzogen sich ebenfalls in allmählichen Übergängen. So sehr man für die ältere Zeit, als der Mond der Erde näher stand, gewaltige Springfluten annehmen möchte, so hat doch noch kein Profil seit dem Algonkium irgendwo die gewaltigen, marinen Geröllmassen aufgedeckt, die solchen Katastrophen entsprechen könnten.

Langsam, fast unmerklich schlich sich die Salzflut durch die Pforten der Flußmündungen und -niederungen in das Land hinein, langsam wurden die Bewohner des Süßwassers verdrängt, und allmählich gesellten sich zu ihnen die Brackwasserformen. Oft erst nach Bildung von 50 m Gesteinen traten die ersten marinen Tiere auf und nahmen schrittweise an Zahl zu, bis endlich im Hangenden des Profils die reine ozeanische, artenreiche Fauna erscheint.

Ja, selbst die vulkanischen Ausbrüche, die so sehr das Symbol gewaltsamer Kräftewirkungen zu sein scheinen, treten uns in ihrer stratigraphischen Verteilung als verhältnismäßig harmlose Episoden entgegen. Mochte Dekhan oder der Nordwesten der Vereinigten Staaten über Hunderte von Quadratmeilen Fläche mit Lavadecken und Aschenregen überzogen werden, die eine Mächtigkeit von 2000 m erreichen, so liegen diese Zeugen aufeinanderfolgender Ausbrüche doch meist völlig horizontal übereinander; der Schlamm großer Binnenseen, die Konglomerate mächtiger Schuttströme sind ihnen eingeschaltet, und der Vergleich der Fauna, die wir im Liegenden der vulkanischen Decken finden, mit der Tierwelt im Hangenden derselben läßt uns deutlich erkennen, daß Perioden vulkanischer Paroxysmen niemals tiefgreifende Veränderungen der Lebewelt zur Folge hatten.

So lesen wir aus der langen und vollständigen Chronik der Gesteinsfolge nur den einen Satz heraus, daß selbst die größten geologischen Umwälzungen lokale Ereignisse waren, daß sie sich im Laufe langer Jahrtausende abspielten und tatsächlich niemals jene gewaltsame Einwirkung auf die Organismenwelt erkennen lassen, welche in der alten Kataklysmenlehre so hervortrat und noch jetzt das Denken selbst vieler Gebildeten beeinflußt.

Die Frage, ob die uns noch heute bekannten geologischen Kräfte früher viel gewaltsamer aufgetreten seien und katastrophenartig weite Gebiete verändert haben, ist oft bejaht worden; und wenn wir lernen, daß der Tag der Erde anfangs nur vier Stunden lang war, daß der Mond in einem ganz geringen Abstand seine Mutter umkreiste, dann ergibt sich der naheliegende Schluß, daß damals furchtbare Sturmfluten um die Erde jagten. Auch scheint es selbstverständlich, daß die vulkanischen Ausbrüche eine viel größere Macht entfalteten, solange die Erdrinde noch wesentlich dünner war.

Allein in den genau zu untersuchenden Profilen aus den ältesten Formationen fehlen alle Anzeichen für derartige allgemeinere Katastrophen, und selbst in den folgenden Perioden kann man zwar Zeiten intensiverer Abtragung oder Vulkanbildung deutlich unterscheiden, aber es handelt sich hierbei stets um zeitlich wie räumlich eng begrenzte Erscheinungen; überall sehen wir die großen Wirkungen schwacher, aber lang andauernder Veränderungen.

So dehnen sich die Zeiträume, und wenn wir auch kein Mittel kennen, um ihre Dauer nach Jahrtausenden zu berechnen, so fordert doch jede wissenschaftliche Erklärung der Erdgeschichte lange Äonen.

Aber wenn wir auch die langen Zeiträume unbedingt annehmen müssen, so hat man sich im Laufe der letzten Jahrzehnte allzusehr einem geologischen Quietismus überlassen. Steter Tropfen höhlt den Stein, kleine Sandkörner bauen den Dünenberg, feine Asche türmt sich zum Vulkankegel, kaum sichtbare Korallentierchen bilden hohe Kalkriffe und zarter Pflanzenmoder schichtet die Kohlenberge auf. Das alles ist richtig, und doch erkennen wir, indem wir die Folge der lithologischen Dokumente überschauen, daß das Tempo der Erdumbildung nicht mit der Gleichmäßigkeit eines Uhrwerkes abgelaufen ist.

Lange Perioden geringer, kaum merklicher Veränderungen werden unterbrochen durch eine rasche Folge tiefgreifender Umgestaltungen. Oft sehen wir keine Möglichkeit, die Fülle der wechselnden Erscheinungen zu sondern, und keine Mittel, um die Ursachen zu entwirren, die fast ohne Vorbereitung alles ändern, was lange Perioden hindurch stabil war.

Solche heroische Zeiten lebhafter Umbildungen der Erdoberfläche bringen eine andere Verteilung von Wasser und Festland mit sich. Ebenen verwandeln sich in Gebirge, Wüsten in tropische Urwälder, überall berstet die Erdrinde und dampfende Vulkane erheben ihre Aschenkegel, gewaltige Mengen von Schutt sinken von den Bergen nach den Niederungen, und das Meer schreitet kühn in festländische Regionen hinein.

Augenscheinlich ist es nicht eine Kraft, die an den Grenzen der geologischen Zeitalter solche Umgestaltungen hervorruft, und die gesteigerte Wirkung wird nicht dadurch erzeugt, daß eine Ursache ins Ungemessene wächst, sondern indem zufällig verschiedene Kausalreihen zusammenkommen und ihre Wirkung gegenseitig steigern und summieren.

Schon längst hat man diese Tatsachen erkannt und ihnen dadurch Rechnung getragen, daß man die Erdgeschichte in einzelne Perioden und Zeitalter gliederte.

Aber ihre Zeitdauer läßt sich durch kein Mittel auch nur annähernd bestimmen. Man kann die Ereignisse abschätzen, kann Verhältniszahlen gewinnen und diese den weiteren Erörterungen zugrunde legen, aber jeder Zahl haften so viele Fehler an, daß sie auf wissenschaftliche Genauigkeit keinen Anspruch machen kann. Sicher ist nur, daß jede der geologischen Perioden den Umfang von Millionen von Jahren besitzt, daß ungeheure Zeiträume von einem Ereignisse bis zum anderen verflossen sind.

Der Ausdruck geologische Perioden hat vielfach zu der Vermutung geführt, daß es sich hierbei um „periodisch" auftretende Ereignisse handle; allein, wenn wir die aufgezählten geologischen Ereignisse und zahlreiche andere Tatsachengruppen überschauen, so ergibt sich, daß zwar alle Veränderungen unseres Erdballs unter dem Einfluß periodisch wiederkehrender Umstände stattgefunden haben, daß Ebbe und Flut, Tag und Nacht, Sommer und Winter, ja sogar die Präzession der Tag- und Nachtgleichen in regelmäßiger Wiederkehr in die Geschicke der Erde eingriffen, daß aber diese selbst völlig unperiodisch verliefen.

Trotzdem manche Geologen einen wiederkehrenden Rhythmus in der Art der Meeresablagerungen, in dem Auftreten von Erdbeben und Vulkanen oder Eiszeiten, von Transgressionen des Ozeans, oder in der Bildung von Kohlenlagern zu erkennen glaubten, so zeigen doch unsere geologischen Dokumente, daß sich die Folge der erdgeschichtlichen Ereignisse nicht in einer periodisch wiederkehrenden Wellenlinie abgespielt hat. Man tut den Tatsachen Gewalt an, wenn man versucht, sie in einen Zyklus einzuzwängen. Geradeso wie das Leben des Einzelmenschen trotz periodisch wiederkehrender Ereignisse immer zu neuen Gestaltungen, zu neuen Lebensumständen und unerwarteten Entschlüssen vorwärtsschreitet, so folgte eine Periode der Erdentwicklung aus der anderen, ein Ereignis bereitete das nächste vor, aber die große Zahl der beständig durcheinanderspielenden Kausalreihen ließ keine Wiederkehr genau derselben früheren Zustände eintreten.

Im Rahmen dieser lithologischen Tatsachen, welche lückenlos die ganze Folge geologischer Perioden überschauen lassen, gewinnt aber auch die Aufeinanderfolge der Fossilien einen früher vielfach nicht richtig verstandenen und doch so lehrreichen Sinn.

Die paläontologische Urkunde schweigt zwar über die Geschichte der Amöben, Infusorien, Ctenophoren, Siphonophoren, Salpen, Pyrosomen und anderer skelettloser Tiere. Aber daneben gibt es zahlreiche andere Tiergruppen, deren geologisches Auftreten in den aufeinanderfolgenden Erdschichten so tausendfältig belegt ist, daß man heute, wo unsere Museen mit ihren Resten erfüllt sind, nicht mehr die Lückenhaftigkeit allzusehr betonen darf. Ist doch die geologische Urkunde bei den Korallen, Echinodermen, Mollusken, Krebsen, Wirbeltieren unvergleichlich reicher als das Beobachtungsmaterial der Zoologen. Die nur fossil vorkommenden Graptolithen besitzen z. B. eine ebensogroße morphologische Bedeutung, wie die vergänglichen Hydroidpolypen der Gegenwart. Die Lücken des geologischen Stammbaumes sind also nicht größer als die Unvollständigkeit der dem Zoologen zugänglichen Formenkreise.

Die geologische Aufeinanderfolge und der Formenwechsel bei den Foraminiferen, Radiolarien, Spongien, Korallen, Echinodermen, Brachiopoden, Muscheln, Schnecken, Cephalopoden, Fischen, Amphibien, Reptilien, Säugetieren, sind im Laufe der Erdgeschichte vollständig zu überschauen, und selbst über die Medusen, Anneliden, Insekten oder Vögel gibt uns die paläontologische Urkunde so interessante Aufschlüsse, daß der Geologe wohl wagen darf, aus seinem Tatsachenmaterial entwicklungsgeschichtliche Schlüsse zu ziehen.

Eingeordnet in die genau festgelegte Folge von vielen tausend Metern Gestein sehen wir die Überreste uralter Meeresfaunen oder festländischer Floren nach Zeit und Raum wohlgeordnet. Die älteren Ahnen lassen sich von den jüngeren Nachkommen ohne Mühe trennen, und die Mächtigkeit der umhüllenden Gesteine gibt uns einen Maßstab in die Hand, um wenigstens annähernd zu bestimmen, ob die Änderungen im Klima und äußeren Lebensbedingungen sowie der Formenwandel der Arten rasch oder langsam erfolgt ist.

So hat der Geologe vielfach Gelegenheit, ganz genau den Zeitpunkt festzustellen, in welchem ein Seitenzweig entstand, und die Perioden lebhafter Blüte chronologisch scharf zu sondern von den Zeiten geringer Formveränderung.

Wohl sehen wir, daß alle Arten, alle Gattungen, alle Ordnungen veränderlich waren, aber ebenso deutlich erkennen wir auch, daß sich die Variationsfähigkeit der verschiedenen Gruppen zeitlich ändert.

Während der langen Zeiträume, deren Dauer wir nach der Mächtigkeit der Schichtenstärke zwar nicht in Zahlen berechnen, aber doch schätzen können, nahm die lebendige Substanz immer neue Formen an. Aber wie es in der Gegenwart neben variierenden Arten auch scharfumschriebene Formenkreise gibt, so sehen wir in der geologischen Vergangenheit nicht etwa, daß jederzeit alle Arten ineinanderfließen, sondern wir beobachten deutlich, daß zu gewissen Zeiten die eine, dann wieder eine andere Gruppe in Fluß gerät, zahlreiche neue Charaktere erwirbt, mannigfaltige Anpassungserscheinungen zeigt und so formenunbeständig ist wie ein rasch wachsender Keim oder eine sich lebhaft verwandelnde Larvenform.

Nach solchen Zeiten rascher Formveränderung tritt meist eine Zeit verhältnismäßiger Formbeständigkeit ein. Wir sehen dann überall die auslesende Wirkung der äußeren Umstände, aber es entsteht eigentlich nichts Neues, und an dem vorher festgelegten Typus ändern sich nur nebensächliche Eigenschaften.

Diese Phasen lebhafter Formenänderung sind entweder auf die eine oder andere Gruppe beschränkt oder sie treten gleichzeitig bei mehreren Formenkreisen auf; die Länge der vorausgehenden und der darauffolgenden Ruheperiode ist ebenfalls bei verschiedenen Formen ganz verschieden.

Leider können wir nicht mit Zahlen belegen, wie lange Jahrhunderte oder Jahrtausende solche Perioden größerer Formflüssigkeit gedauert haben. Aber nach der Mächtigkeit der inzwischen abgelagerten marinen Sedimente, nach der Fülle der geologischen Veränderungen, der Faltung hoher Gebirge, der Abtragung mächtiger Felsenketten läßt sich wenigstens das eine sagen, daß die Phasen eines lebhaften oder langsamen Artwechsels sich nicht in Jahren oder Jahrhunderten, sondern in wesentlich längeren Perioden abspielen, und daß jedes solches Ereignis nur „sub specie aeternitatis“ betrachtet werden darf.

Gelegentlich haben Geologen und Paläontologen von einer „Umprägung“, einer „sprungweisen“ oder „explosionsartigen Entwicklung“ gesprochen, um dieselbe Tatsache zu bezeichnen, aber sie verbanden damit die Vorstellung, als ob es sich um eine Ausnahme handle, die den natürlichen Gang erdgeschichtlichen Ereignisse unterbrach.

Auch Cuvier kannte ein Bruchstück dieser Tatsachen und nahm zu ihrer Erklärung wiederholte Katastrophen an; aber er legte das Hauptgewicht auf die Vernichtung bestehenden Lebens, während wir vom

Standpunkt der Entwicklungslehre das Wesentliche der Erscheinung in der rascheren Umbildung früher lebender Formen zu neuer Blüte erblicken.

Wir haben zu zeigen versucht, daß jenes rasche Aufblühen, das bald nur eine Gattung, bald eine Familie ergreift, in allen Pflanzen- und Tiergruppen und in allen Perioden der Erdgeschichte vorgekommen ist, und also eine gesetzmäßige Phase in der organischen Entwicklung bedeutet. Daher wollen wir diese Erscheinung mit einem besonderen Ausdruck als die Anastrophe bezeichnen.

Mögen wir die Geschichte der Ammoniten oder der Insekten, die Entwicklung der Flugsaurier oder der Rudisten, das Auftreten der Nummuliten oder der Primaten ins Auge fassen, immer wieder begegnen wir der seltsamen Erscheinung, daß diese Klassen, Ordnungen oder Familien lange Zeit mit indifferenten, wenig charakteristischen Urformen leben, geringe Umbildungen erkennen lassen und weder durch Artenzahl noch durch Individuenreste ausgezeichnet sind.

Dann aber wird die Gruppe anastrophisch. Es ist, als ob das Band sich löste, das eine größere Zahl innerlich schon gesonderter Entwicklungsreihen noch äußerlich zusammenhält, als wenn gleichartige Wurzeltriebe voneinander getrennt würden, jeder fortan sein eigenes Leben führte und auf selbstgewählten Wegen zu einer höheren Entwicklungsstufe emporschritte. Rasch treten die von den Vorfahren ererbten Charaktere zurück; neue Anpassung, reiche Gliederung, intensive Differenzierung prägen den getrennten Brüdern neue Gestalten auf, und bald erinnern nur noch verborgene, fast unauffällige Eigenschaften an die gemeinsame Verwandtschaft. Mit der größeren Formenmannigfaltigkeit wächst die Fähigkeit, unter verschiedenartigen äußeren Umständen zu leben und zu gedeihen. Zahlreiche neue Arten und Gattungen bevölkern den Bildungsraum, dringen von hier erobernd in die Weite und wandern über große Flächen hinweg.

So tritt uns also in der Phylogenie eine auffallende Parallele zu den ontogenetischen Entwicklungsstadien entgegen. Lange Monate wächst die Raupe, ohne daß sich ihre Gestalt und Färbung wesentlich ändert. Dann schließt sie sich in eine feste Hülle ein, aus der sich nach längerer Ruhezeit der bunte Schmetterling freimacht. So verwandelt sich die bilaterale Larvenform der Echinodermen durch eine seltsame Metamorphose in den radiär gebauten Seestern oder Seeigel. Wechselt nicht auch hier das Tempo und die Richtung der Keimesentwicklung? Wenn derartige Phasen einer langsameren oder rascheren Formveränderung noch heute vor unseren Augen abwechseln, wenn neue Spielarten oder Mutationen unvermittelt auftreten, dann scheint es nicht mehr so unverständlich, daß auch die Arten und Gattungen im Laufe der Erdgeschichte bald langsamer, bald rascher aufeinanderfolgten, und daß somit manche rasch verlaufene Metamorphose der Keimesentwicklung nach dem biogenetischen Grundsatz als eine Wiederholung uralter Umprägungen der Stammesgeschichte betrachtet werden muß.

Die Katastrophen Cuviers sollten universelle Ereignisse sein, welche gleichzeitig eine reiche Lebewelt vernichteten und die Erde für eine spontane Neuschöpfung frei machten. Wir wollen mit dem Wort Anastrophe nicht etwa eine Erklärung geben, sondern nur eine, den Geologen wohlbekannte Tatsache schärfer formulieren. Die Katastrophe war ein geologisches Ereignis, welches sehr verhängnisvolle biologische Folgen haben sollte. Die Anastrophe ist eine biologische Erscheinung, nach deren Ursachen zu forschen die künftige Aufgabe der Erdgeschichte sein muß.

Wir haben im Laufe der erdgeschichtlichen Schilderung wiederholt Gelegenheit gehabt, solche Anastrophen an einzelnen Tier- und Pflanzengruppen zu zeigen, und müssen hier auf die dort erwähnten Beispiele verweisen.

Im allgemeinen scheint jede Gruppe, bevor sie ihre Anastrophe erfährt, längere Zeit hindurch in einem nur wenig veränderlichen Ruhezustand zu leben, und es ist, als ob sich in dieser Zeit geringer Formveränderung eine Fülle von Energie und Lebenskraft aufspeicherte, so daß ein verhältnismäßig kleiner äußerer Anstoß dazu gehört, um diese zur reichen Entfaltung zu bringen. Wenn wir zeigen konnten, daß nahe verwandte, zusammenlebende Gruppen zu verschiedenen Zeiten anastrophisch werden und in derselben Zeit eine verschiedene Höhe der Entwicklung erklimmen, so möchten wir vermuten, daß die eine mehr als die andere Kräfte sammeln konnte, so daß derselbe äußere Impuls, der jene bis in ihre tiefsten Grundeigenschaften auflöste und zu neuen, ungeahnten Gruppierungen primitiver Eigenschaften veranlaßte, diese kaum berührte und scheinbar spurlos an ihr vorüberging.

Indem wir jetzt rückblickend den Gang der erdgeschichtlichen Ereignisse überschauen, lassen sich leicht drei Richtungen der anastrophischen Formveränderung unterscheiden:

Die eine ändert zwar Gattungen und Familien, aber doch in solcher Weise, daß die Harmonie zwischen Gestalt und Lebensbedingungen immer rasch wiederhergestellt wird. Besonders auffallend scheint es dabei zu sein, daß gerade gewisse primitive Stammformen ein überaus langes Leben haben und durch lange Zeiträume sich nicht wesentlich ändern, obwohl zahlreiche von ihnen abzuleitende Nebenformen nach kurzer Blütezeit einem raschen Tode verfallen.

Eine zweite Richtung rasch aufblühender Entwicklung führt, wenn wir so sagen dürfen, in eine Sackgasse. Die neuen, an die bestimmte

Existenzbedingung ganz einseitig angepaßten Formen können beim Eintritt neuer klimatischer oder topographischer Umstände sich nicht mehr verändern und gehen rasch zugrunde.

Eine letzte Richtung neu eingeschlagener Entwicklungswege führt endlich zu einer immer reicheren und höheren Entfaltung.

Wir halten es nicht für ausgeschlossen, daß auch die Entstehung des organischen Lebens auf der Erde mit einer großen Anastrophe begann, durch welche aus den indifferenten Anfangsformen rasch zahlreiche neue Typen, die Stammeltern der Stämme, aufsproßten.

Indem wir die Fülle der Arten und Gattungen, welche im Laufe des geologischen Zeitraumes nacheinander gelebt haben, an unserem Auge vorbeiziehen lassen, ergibt sich deutlich, daß die Zahl neu enstehender Arten und Gattungen in allen Perioden nahezu gleich groß war, daß mithin die morphologische Änderungsfähigkeit der Organismen nur wenig schwankte. Das Auftreten neuer Familien und Ordnungen scheint jedoch in engem Zusammenhange mit den kleineren und größeren geographischen Umgestaltungen des Erdballs zu stehen. Oft ist das Zusammentreffen unorganischer und organischer Veränderung so auffallend, daß man ursächliche Beziehungen zwischen beiden anzunehmen berechtigt ist.

Aber die paläontologische Aufeinanderfolge der Fauna zeigt nicht allein eine beständige Verwandlung der Artcharakter, sondern, was ebenso interessant ist, einen Wechsel in der bionomischen Bedeutung der einzelnen Gruppen. Die Graptolithen, Trilobiten, Brachiopoden und Nautiloideen sind ebenso bezeichnend für die Altzeit, wie die Muscheln, Ammoniten und Belemniten für die Mittelzeit der Erde. Jede Periode zeigt eine andere Gruppierung der Formenkreise, andere Machtverhältnisse, andere Abhängigkeiten. Von den erbitterten Kämpfen um die Herrschaft im Meere oder auf dem Festlande zeugen große Leichenfelder, zeugt die Blüte und der Niedergang der Geschlechter.

Man hat immer wieder den Versuch gemacht, in der Aufeinanderfolge der Fossilien, in den nacheinander lebenden Faunen einen bestimmt gerichteten Fortschritt, eine Tendenz zur Vervollkommnung sehen zu wollen. Aber ebenso oft konnte man dem entgegenhalten, daß Rückbildung und Verkümmerung auch neben den aufstrebenden Entwicklungsreihen leicht erkennbar sind.

Vergleichen wir die heutige Lebewelt mit ihren fossilen Vorfahren, so sehen wir gar manche Formen jetzt im Niedergang, deren Ahnen Zeiten hoher Blüte erlebt haben. Viele einst wunderbar entfaltete Zweige des organischen Stammbaumes verkümmern und verdorren und ragen nur mit kläglichen Überresten in die Gegenwart hinein.

Daneben aber sehen wir, wie ganze Faunen und Floren, die einst ein bescheidenes Leben führten, durch innere Kraft und günstige äußere Umstände rasch emporsteigen und in lebhafter Entwicklung immer reichere Entfaltung, immer größere Bedeutung gewinnen.

Am deutlichsten tritt diese aufstrebende Richtung bei dem Zweige des Säugetierstammes zutage, der seit dem Miozän und Diluvium von den älteren, wenig differenzierten Primaten zu unserem eigenen Geschlechte führt. Mit dem lodernden Feuerbrand hat der hochstehende Anthropoide die ersten Schritte auf dem Wege zur Menschheit getan und sich rasch aus den Banden roher Urzustände befreit. Wohl gerüstet zum Kampf mit der organischen und der unbelebten Natur, hat der Sohn des Prometheus das gefährliche Element zu einem gefügigen Werkzeug gestaltet; mit dem Feuer dringt er tief in die Feste der Lithosphäre hinein, mit dem Feuer kürzt er sich die Räume des Erdballs, mit dem Feuer steigt er hoch hinauf in die Lüfte. So ist die leuchtende und kraftspendende Flamme ein Symbol seines Werdens und seiner Zukunft.

Übersicht der Abbildungen

Bei den mit * versehenen Photographien konnte der Urheber nicht mehr festgestellt werden.

Sachregister

Nur die abgebildeten Gattungen sind aufgezählt.

Von einer Erklärung der in diesem Werk gebrauchten Fachausdrücke sehe ich ab, da die soeben erschienene 3. Auflage meiner „Vorschule der Geologie" ein geologisches Wörterbuch enthält.

Berichtigungen.

S. 114, Z. 10 v. o. lies Glasfluß statt Gasfluß.
S. 127, Z. 15 v. o. lies 32 statt 31.
S. 267, Z. 11 v. u. lies Quastenflossern statt Quastenflossen.
S. 284, Fig. 152 lies Cheirurus gibbus statt Cherirurus gilbus.
S. 300, Z. 19 v. u. lies niscus statt miscus.
S. 376, Z. 14 v. o. lies lithen statt ithen.
S. 389, Z. 12 v. o. lies schwarzer Jura statt schwarzes Jura.
S. 389, Z. 13 v. o. lies brauner Jura statt braunes Jura.
S. 389, Z. 14 v. o. lies weißer Jura statt weißes Jura.
S. 394, Fig. 206 lies hexagenus statt hexogenus.
S. 439, Fig. 247 lies Puzosianum statt Puzorianum.
S. 440, Fig. 248 lies Hippurites statt Biradiolites.

Kolibri 360 GmbH
Ferdinand-Jühlke-Straße 7
99095 Erfurt, Deutschland
produktsicherheit@kolibri360.de